U0174241

机 械 设 计 手 册

第 6 版

单 行 本

连 接 与 紧 固

主 编　闻邦椿

副主编　鄂中凯　张义民　陈良玉　孙志礼

　　　　宋锦春　柳洪义　巩亚东　宋桂秋

机 械 工 业 出 版 社

《机械设计手册》第6版 单行本共26分册，内容涵盖机械常规设计、机电一体化设计与机电控制、现代设计方法及其应用等内容，具有系统全面、信息量大、内容现代、突显创新、实用可靠、简明便查、便于携带和翻阅等特色。各分册分别为：《常用设计资料和数据》《机械制图与机械零部件精度设计》《机械零部件结构设计》《连接与紧固》《带传动和链传动 摩擦轮传动与螺旋传动》《齿轮传动》《减速器和变速器》《机构设计》《轴 弹簧》《滚动轴承》《联轴器、离合器与制动器》《起重运输机械零部件和操作件》《机架、箱体与导轨》《润滑 密封》《气压传动与控制》《机电一体化技术及设计》《机电系统控制》《机器人与机器人装备》《数控技术》《微机电系统及设计》《机械系统概念设计》《机械系统的振动设计及噪声控制》《疲劳强度设计 机械可靠性设计》《数字化设计》《工业设计与人机工程》《智能设计 仿生机械设计》。

本单行本为《连接与紧固》，主要介绍连接总论，螺纹和螺纹连接，键、花键和销连接，过盈连接，焊、粘、铆连接等内容。

本书供从事机械设计、制造、维修及有关工程技术人员作为工具书使用，也可供大专院校的有关专业师生使用和参考。

图书在版编目（CIP）数据

机械设计手册. 连接与紧固/闻邦椿主编. —6 版. —北京：机械工业出版社，2020.1（2024.10重印）
ISBN 978-7-111-64736-2

Ⅰ.①机… Ⅱ.①闻… Ⅲ.①机械设计-技术手册②联结件-技术手册③紧固件-技术手册 Ⅳ.①TH122-62②TH131-62

中国版本图书馆 CIP 数据核字（2020）第 024594 号

机械工业出版社（北京市百万庄大街 22 号 邮政编码 100037）
策划编辑：曲彩云 责任编辑：曲彩云 高依楠
责任校对：徐 强 封面设计：马精明
责任印制：常天培
固安县铭成印刷有限公司印刷
2024 年 10 月第 6 版第 2 次印刷
184mm×260mm·20.5 印张·504 千字
标准书号：ISBN 978-7-111-64736-2
定价：65.00 元

电话服务　　　　　　　网络服务
客服电话：010-88361066　　机 工 官 网：www.cmpbook.com
　　　　　010-88379833　　机 工 官 博：weibo.com/cmp1952
　　　　　010-68326294　　金 书 网：www.golden-book.com
封底无防伪标均为盗版　机工教育服务网：www.cmpedu.com

出 版 说 明

《机械设计手册》自出版以来，已经进行了 5 次修订，2018 年第 6 版出版发行。截至 2019 年，《机械设计手册》累计发行 39 万套。作为国家级重点科技图书，《机械设计手册》深受广大读者的欢迎和好评，在全国具有很大的影响力。该书曾获得中国出版政府奖提名奖、中国机械工业科学技术奖一等奖、全国优秀科技图书奖二等奖、中国机械工业部科技进步奖二等奖，并多次获得全国优秀畅销书奖等奖项。《机械设计手册》已成为机械设计领域的品牌产品，是机械工程领域最具权威和影响力的大型工具书之一。

《机械设计手册》第 6 版共 7 卷 55 篇，是在前 5 版的基础上吸收并总结了国内外机械工程设计领域中的新标准、新材料、新工艺、新结构、新技术、新产品、新的设计理论与方法，并配合我国创新驱动战略的需求编写而成的。与前 5 版相比，第 6 版无论是从体系还是内容，都在传承的基础上进行了创新。重点充实了机电一体化系统设计、机电控制与信息技术、现代机械设计理论与方法等现代机械设计的最新内容，将常规设计方法与现代设计方法相融合，光、机、电设计融为一体，局部的零部件设计与系统化设计互相衔接，并努力将创新设计的理念贯穿其中。《机械设计手册》第 6 版体现了国内外机械设计发展的新水平，精心诠释了常规与现代机械设计的内涵、全面荟萃凝练了机械设计各专业技术的精华，它将引领现代机械设计创新潮流、成就新一代机械设计大师，为我国实现装备制造强国梦做出重大贡献。

《机械设计手册》第 6 版的主要特色是：体系新颖、系统全面、信息量大、内容现代、突显创新、实用可靠、简明便查。应该特别指出的是，第 6 版手册具有较高的科技含量和大量技术创新性的内容。手册中的许多内容都是编著者多年研究成果的科学总结。这些内容中有不少依托国家"863 计划""973 计划""985 工程""国家科技重大专项""国家自然科学基金"重大、重点和面上项目资助项目。相关项目有不少成果曾获得国际、国家、部委、省市科技奖励、技术专利。这充分体现了手册内容的重大科学价值与创新性。如仿生机械设计、激光及其在机械工程中的应用、绿色设计与和谐设计、微机电系统及设计等前沿新技术；又如产品综合设计理论与方法是闻邦椿院士在国际上首先提出，并综合 8 部专著后首次编入手册，该方法已经在高铁、动车及离心压缩机等机械工程中成功应用，获得了巨大的社会效益和经济效益。

在《机械设计手册》历次修订的过程中，出版社和作者都广泛征求和听取各方面的意见，广大读者在对《机械设计手册》给予充分肯定的同时，也指出《机械设计手册》卷册厚重，不便携带，希望能出版篇幅较小、针对性强、便查便携的更加实用的单行本。为满足读者的需要，机械工业出版社于 2007 年首次推出了《机械设计手册》第 4 版单行本。该单行本出版后很快受到读者的欢迎和好评。《机械设计手册》第 6 版已经面市，为了使读者能按需要、有针对性地选用《机械设计手册》第 6 版中的相关内容并降低购书费用，机械工业出版社在总结《机械设计手册》前几版单行本经验的基础上推出了《机械设计手册》第 6 版单行本。

《机械设计手册》第 6 版单行本保持了《机械设计手册》第 6 版（7 卷本）的优势和特色，依据机械设计的实际情况和机械设计专业的具体情况以及手册各篇内容的相关性，将原手册的 7 卷 55 篇进行精选、合并，重新整合为 26 个分册，分别为：《常用设计资料和数据》《机械制图与机械零部件精度设计》《机械零部件结构设计》《连接与紧固》《带传动和链传动　摩擦轮传动与螺旋传动》《齿轮传动》《减速器和变速器》《机构设计》《轴　弹簧》《滚动轴承》《联轴器、离合器与制动器》《起重运输机械零部件和操作件》《机架、箱体与导轨》《润滑　密封》《气压传动与控制》《机电一体化技术及设计》《机电系统控制》《机器人与机器人装备》《数控技术》《微机电系统及设计》《机械系统概念设计》《机械系统的振动设计及噪声控制》《疲劳强度设计 机械可靠性设计》《数字化设计》《工业设计与人机工程》《智能设计 仿生机械设计》。各分册内容针对性强、篇幅适中、查阅和携带方便，读者可根据需要灵活选用。

《机械设计手册》第6版单行本是为了助力我国制造业转型升级、经济发展从高增长迈向高质量，满足广大读者的需要而编辑出版的，它将与《机械设计手册》第6版（7卷本）一起，成为机械设计人员、工程技术人员得心应手的工具书，成为广大读者的良师益友。

由于工作量大、水平有限，难免有一些错误和不妥之处，殷切希望广大读者给予指正。

机械工业出版社

前　言

本版手册为新出版的第 6 版 7 卷本《机械设计手册》。由于科学技术的快速发展，需要我们对手册内容进行更新，增加新的科技内容，以满足广大读者的迫切需要。

《机械设计手册》自 1991 年面世发行以来，历经 5 次修订，截至 2016 年已累计发行 38 万套。作为国家级重点科技图书的《机械设计手册》，深受社会各界的重视和好评，在全国具有很大的影响力，该手册曾获得全国优秀科技图书奖二等奖（1995 年）、中国机械工业部科技进步奖二等奖（1997 年）、中国机械工业科学技术奖一等奖（2011 年）、中国出版政府奖提名奖（2013 年），并多次获得全国优秀畅销书奖等奖项。1994 年，《机械设计手册》曾在我国台湾建宏出版社出版发行，并在海内外产生了广泛的影响。《机械设计手册》荣获的一系列国家和部级奖项表明，其具有很高的科学价值、实用价值和文化价值。《机械设计手册》已成为机械设计领域的一部大型品牌工具书，已成为机械工程领域权威的和影响力较大的大型工具书，长期以来，它为我国装备制造业的发展做出了巨大贡献。

第 5 版《机械设计手册》出版发行至今已有 7 年时间，这期间我国国民经济有了很大发展，国家制定了《国家创新驱动发展战略纲要》，其中把创新驱动发展作为了国家的优先战略。因此，《机械设计手册》第 6 版修订工作的指导思想除努力贯彻"科学性、先进性、创新性、实用性、可靠性"外，更加突出了"创新性"，以全力配合我国"创新驱动发展战略"的重大需求，为实现我国建设创新型国家和科技强国梦做出贡献。

在本版手册的修订过程中，广泛调研了厂矿企业、设计院、科研院所和高等院校等多方面的使用情况和意见。对机械设计的基础内容、经典内容和传统内容，从取材、产品及其零部件的设计方法与计算流程、设计实例等多方面进行了深入系统的整合，同时，还全面总结了当前国内外机械设计的新理论、新方法、新材料、新工艺、新结构、新产品和新技术，特别是在现代设计与创新设计理论与方法、机电一体化及机械系统控制技术等方面做了系统和全面的论述和凝练。相信本版手册会以崭新的面貌展现在广大读者面前，它将对提高我国机械产品的设计水平、推进新产品的研究与开发、老产品的改造，以及产品的引进、消化、吸收和再创新，进而促进我国由制造大国向制造强国跃升，发挥出巨大的作用。

本版手册分为 7 卷 55 篇：第 1 卷　机械设计基础资料；第 2 卷　机械零部件设计（连接、紧固与传动）；第 3 卷　机械零部件设计（轴系、支承与其他）；第 4 卷　流体传动与控制；第 5 卷　机电一体化与控制技术；第 6 卷　现代设计与创新设计（一）；第 7 卷　现代设计与创新设计（二）。

本版手册有以下七大特点：

一、构建新体系

构建了科学、先进、实用、适应现代机械设计创新潮流的《机械设计手册》新结构体系。该体系层次为：机械基础、常规设计、机电一体化设计与控制技术、现代设计与创新设计方法。该体系的特点是：常规设计方法与现代设计方法互相融合，光、机、电设计融为一体，局部的零部件设计与系统化设计互相衔接，并努力将创新设计的理念贯穿于常规设计与现代设计之中。

二、凸显创新性

习近平总书记在 2014 年 6 月和 2016 年 5 月召开的中国科学院、中国工程院两院院士大会上分别提出了我国科技发展的方向就是"创新、创新、再创新",以及实现创新型国家和科技强国的三个阶段的目标和五项具体工作。为了配合我国创新驱动发展战略的重大需求,本版手册突出了机械创新设计内容的编写,主要有以下几个方面:

(1)新增第 7 卷,重点介绍了创新设计及与创新设计有关的内容。

该卷主要内容有:机械创新设计概论,创新设计方法论,顶层设计原理、方法与应用,创新原理、思维、方法与应用,绿色设计与和谐设计,智能设计,仿生机械设计,互联网上的合作设计,工业通信网络,面向机械工程领域的大数据、云计算与物联网技术,3D 打印设计与制造技术,系统化设计理论与方法。

(2)在一些篇章编入了创新设计和多种典型机械创新设计的内容。

"第 11 篇　机构设计"篇新增加了"机构创新设计"一章,该章编入了机构创新设计的原理、方法及飞剪机剪切机构创新设计,大型空间折展机构创新设计等多个创新设计的案例。典型机械的创新设计有大型全断面掘进机(盾构机)仿真分析与数字化设计、机器人挖掘机的机电一体化创新设计、节能抽油机的创新设计、产品包装生产线的机构方案创新设计等。

(3)编入了一大批典型的创新机械产品。

"机械无级变速器"一章中编入了新型金属带式无级变速器,"并联机构的设计与应用"一章中编入了数十个新型的并联机床产品,"振动的利用"一章中新编入了激振器偏移式自同步振动筛、惯性共振式振动筛、振动压路机等十多个典型的创新机械产品。这些产品有的获得了国家或省部级奖励,有的是专利产品。

(4)编入了机械设计理论和设计方法论等方面的创新研究成果。

1)闻邦椿院士团队经过长期研究,在国际上首先创建了振动利用工程学科,提出了该类机械设计理论和方法。本版手册中编入了相关内容和实例。

2)根据多年的研究,提出了以非线性动力学理论为基础的深层次的动态设计理论与方法。本版手册首次编入了该方法并列举了若干应用范例。

3)首先提出了和谐设计的新概念和新内容,阐明了自然环境、社会环境(政治环境、经济环境、人文环境、国际环境、国内环境)、技术环境、资金环境、法律环境下的产品和谐设计的概念和内容的新体系,把既有的绿色设计篇拓展为绿色设计与和谐设计篇。

4)全面系统地阐述了产品系统化设计的理论和方法,提出了产品设计的总体目标、广义目标和技术目标的内涵,提出了应该用 IQCTES 六项设计要求来代替 QCTES 五项要求,详细阐明了设计的四个理想步骤,即"3I 调研""7D 规划""1+3+X 实施""5(A+C)检验",明确提出了产品系统化设计的基本内容是主辅功能、三大性能和特殊性能要求的具体实现。

5)本版手册引入了闻邦椿院士经过长期实践总结出的独特的、科学的创新设计方法论体系和规则,用来指导产品设计,并提出了创新设计方法论的运用可向智能化方向发展,即采用专家系统来完成。

三、坚持科学性

手册的科学水平是评价手册编写质量的重要方面,因此,本版手册特别强调突出内容的科学性。

(1)本版手册努力贯彻科学发展观及科学方法论的指导思想和方法,并将其落实到手册内容的编写中,特别是在产品设计理论方法的和谐设计、深层次设计及系统化设计的编写中。

(2)本版手册中的许多内容是编著者多年研究成果的科学总结。这些内容中有不少是国家863、973 计划项目,国家科技重大专项,国家自然科学基金重大、重点和面上项目资助项目的研究成果,有不少成果曾获得国际、国家、部委、省市科技奖励及技术专利,充分体现了本版手册内容的重大科学价值与创新性。

下面简要介绍本版手册编入的几方面的重要研究成果：

1）振动利用工程新学科是闻邦椿院士团队经过长期研究在国际上首先创建的。本版手册中编入了振动利用机械的设计理论、方法和范例。

2）产品系统化设计理论与方法的体系和内容是闻邦椿院士团队提出并加以完善的，编写者依据多年的研究成果和系列专著，经综合整理后首次编入本版手册。

3）仿生机械设计是一门新兴的综合性交叉学科，近年来得到了快速发展，它为机械设计的创新提供了新思路、新理论和新方法。吉林大学任露泉院士领导的工程仿生教育部重点实验室开展了大量的深入研究工作，取得了一系列创新成果且出版了专著，据此并结合国内外大量较新的文献资料，为本版手册构建了仿生机械设计的新体系，编写了"仿生机械设计"篇（第50篇）。

4）激光及其在机械工程中的应用篇是中国科学院长春光学精密机械与物理研究所王立军院士依据多年的研究成果，并参考国内外大量较新的文献资料编写而成的。

5）绿色制造工程是国家确立的五项重大工程之一，绿色设计是绿色制造工程的最重要环节，是一个新的学科。合肥工业大学刘志峰教授依据在绿色设计方面获多项国家和省部级奖励的研究成果，参考国内外大量较新的文献资料为本版手册首次构建了绿色设计新体系，编写了"绿色设计与和谐设计"篇（第48篇）。

6）微机电系统及设计是前沿的新技术。东南大学黄庆安教授领导的微电子机械系统教育部重点实验室多年来开展了大量研究工作，取得了一系列创新研究成果，本版手册的"微机电系统及设计"篇（第28篇）就是依据这些成果和国内外大量较新的文献资料编写而成的。

四、重视先进性

（1）本版手册对机械基础设计和常规设计的内容做了大规模全面修订，编入了大量新标准、新材料、新结构、新工艺、新产品、新技术、新设计理论和计算方法等。

1）编入和更新了产品设计中需要的大量国家标准，仅机械工程材料篇就更新了标准126个，如 GB/T 699—2015《优质碳素结构钢》和 GB/T 3077—2015《合金结构钢》等。

2）在新材料方面，充实并完善了铝及铝合金、钛及钛合金、镁及镁合金等内容。这些材料由于具有优良的力学性能、物理性能以及回收率高等优点，目前广泛应用于航空、航天、高铁、计算机、通信元件、电子产品、纺织和印刷等行业。增加了国内外粉末冶金材料的新品种，如美国、德国和日本等国家的各种粉末冶金材料。充实了国内外工程塑料及复合材料的新品种。

3）新编的"机械零部件结构设计"篇（第4篇），依据11个结构设计方面的基本要求，编写了相应的内容，并编入了结构设计的评估体系和减速器结构设计、滚动轴承部件结构设计的示例。

4）按照 GB/T 3480.1~3—2013（报批稿）、GB/T 10062.1~3—2003 及 ISO 6336—2006 等新标准，重新构建了更加完善的渐开线圆柱齿轮传动和锥齿轮传动的设计计算新体系；按照初步确定尺寸的简化计算、简化疲劳强度校核计算、一般疲劳强度校核计算，编排了三种设计计算方法，以满足不同场合、不同要求的齿轮设计。

5）在"第4卷　流体传动与控制"卷中，编入了一大批国内外知名品牌的新标准、新结构、新产品、新技术和新设计计算方法。在"液力传动"篇（第23篇）中新增加了液黏传动，它是一种新型的液力传动。

（2）"第5卷　机电一体化与控制技术"卷充实了智能控制及专家系统的内容，大篇幅增加了机器人与机器人装备的内容。

机器人是机电一体化特征最为显著的现代机械系统，机器人技术是智能制造的关键技术。由于智能制造的迅速发展，近年来机器人产业呈现出高速发展的态势。为此，本版手册大篇幅增加了"机器人与机器人装备"篇（第26篇）的内容。该篇从实用性的角度，编写了串联机器人、并联机器人、轮式机器人、机器人工装夹具及变位机；编入了机器人的驱动、控制、传感、视角和人工智能等共性技术；结合喷涂、搬运、电焊、冲压及压铸等工艺，介绍了机器人的典型应用实例；介绍了服务机器人技术的新进展。

（3）为了配合我国创新驱动战略的重大需求，本版手册扩大了创新设计的篇数，将原第6卷扩编为两卷，即新的"现代设计与创新设计（一）"（第6卷）和"现代设计与创新设计（二）"（第7卷）。前者保留了原第6卷的主要内容，后者编入了创新设计和与创新设计有关的内容及一些前沿的技术内容。

本版手册"现代设计与创新设计（一）"卷（第6卷）的重点内容和新增内容主要有：

1）在"现代设计理论与方法综述"篇（第32篇）中，简要介绍了机械制造技术发展总趋势、在国际上有影响的主要设计理论与方法、产品研究与开发的一般过程和关键技术、现代设计理论的发展和根据不同的设计目标对设计理论与方法的选用。闻邦椿院士在国内外首次按照系统工程原理，对产品的现代设计方法做了科学分类，克服了目前产品设计方法的论述缺乏系统性的不足。

2）新编了"数字化设计"篇（第40篇）。数字化设计是智能制造的重要手段，并呈现应用日益广泛、发展更加深刻的趋势。本篇编入了数字化技术及其相关技术、计算机图形学基础、产品的数字化建模、数字化仿真与分析、逆向工程与快速原型制造、协同设计、虚拟设计等内容，并编入了大型全断面掘进机（盾构机）的数字化仿真分析和数字化设计、摩托车逆向工程设计等多个实例。

3）新编了"试验优化设计"篇（第41篇）。试验是保证产品性能与质量的重要手段。本篇以新的视觉优化设计构建了试验设计的新体系、全新内容，主要包括正交试验、试验干扰控制、正交试验的结果分析、稳健试验设计、广义试验设计、回归设计、混料回归设计、试验优化分析及试验优化设计常用软件等。

4）将手册第5版的"造型设计与人机工程"篇改编为"工业设计与人机工程"篇（第42篇），引入了工业设计的相关理论及新的理念，主要有品牌设计与产品识别系统（PIS）设计、通用设计、交互设计、系统设计、服务设计等，并编入了机器人的产品系统设计分析及自行车的人机系统设计等典型案例。

（4）"现代设计与创新设计（二）"卷（第7卷）主要编入了创新设计和与创新设计有关的内容及一些前沿技术内容，其重点内容和新编内容有：

1）新编了"机械创新设计概论"篇（第44篇）。该篇主要编入了创新是我国科技和经济发展的重要战略、创新设计的发展与现状、创新设计的指导思想与目标、创新设计的内容与方法、创新设计的未来发展战略、创新设计方法论的体系和规则等。

2）新编了"创新设计方法论"篇（第45篇）。该篇为创新设计提供了正确的指导思想和方法，主要编入了创新设计方法论的体系、规则，创新设计的目的、要求、内容、步骤、程序及科学方法，创新设计工作者或团队的四项潜能，创新设计客观因素的影响及动态因素的作用，用科学哲学思想来统领创新设计工作，创新设计方法论的应用，创新设计方法论应用的智能化及专家系统，创新设计的关键因素及制约的因素分析等内容。

3）创新设计是提高机械产品竞争力的重要手段和方法，大力发展创新设计对我国国民经济发展具有重要的战略意义。为此，编写了"创新原理、思维、方法与应用"篇（第47篇）。除编入了创新思维、原理和方法，创新设计的基本理论和创新的系统化设计方法外，还编入了29种创新思维方法、30种创新技术、40种发明创造原理，列举了大量的应用范例，为引领机械创新设计做出了示范。

4）绿色设计是实现低资源消耗、低环境污染、低碳经济的保护环境和资源合理利用的重要技术政策。本版手册中编入了"绿色设计与和谐设计"篇（第48篇）。该篇系统地论述了绿色设计的概念、理论、方法及其关键技术。编者结合多年的研究实践，并参考了大量的国内外文献及较新的研究成果，首次构建了系统实用的绿色设计的完整体系，包括绿色材料选择、拆卸回收产品设计、包装设计、节能设计、绿色设计体系与评估方法，并给出了系列典型范例，这些对推动工程绿色设计的普遍实施具有重要的指引和示范作用。

5）仿生机械设计是一门新兴的综合性交叉学科，本版手册新编入了"仿生机械设计"篇（第50篇），包括仿生机械设计的原理、方法、步骤，仿生机械设计的生物模本，仿生机械形态与结构设计，仿生机械运动学设计，仿生机构设计，并结合仿生行走、飞行、游走、运动及生机电仿生手臂，编入了多个仿生机械设计范例。

6）第55篇为"系统化设计理论与方法"篇。装备制造机械产品的大型化、复杂化、信息化程度越来越高，对设计方法的科学性、全面性、深刻性、系统性提出的要求也越来越高，为了满足我国制造强国的重大需要，亟待创建一种能统领产品设计全局的先进设计方法。该方法已经在我国许多重要机械产品（如动车、大型离心压缩机等）中成功应用，并获得重大的社会效益和经济效益。本版手册对该系统化设计方法做了系统论述并给出了大型综合应用实例，相信该系统化设计方法对我国大型、复杂、现代化机械产品的设计具有重要的指导和示范作用。

7）本版手册第7卷还编入了与创新设计有关的其他多篇现代化设计方法及前沿新技术，包括顶层设计原理、方法与应用，智能设计，互联网上的合作设计，工业通信网络，面向机械工程领域的大数据、云计算与物联网技术，3D打印设计与制造技术等。

五、突出实用性

为了方便产品设计者使用和参考，本版手册对每种机械零部件和产品均给出了具体应用，并给出了选用方法或设计方法、设计步骤及应用范例，有的给出了零部件的生产企业，以加强实际设计的指导和应用。本版手册的编排尽量采用表格化、框图化等形式来表达产品设计所需要的内容和资料，使其更加简明、便查；对各种标准采用摘编、数据合并、改排和格式统一等方法进行改编，使其更为规范和便于读者使用。

六、保证可靠性

编入本版手册的资料尽可能取自原始资料，重要的资料均注明来源，以保证其可靠性。所有数据、公式、图表力求准确可靠，方法、工艺、技术力求成熟。所有材料、零部件、产品和工艺标准均采用新公布的标准资料，并且在编入时做到认真核对以避免差错。所有计算公式、计算参数和计算方法都经过长期检验，各种算例、设计实例均来自工程实际，并经过认真的计算，以确保可靠。本版手册编入的各种通用的及标准化的产品均说明其特点及适用情况，并注明生产厂家，供设计人员全面了解情况后选用。

七、保证高质量和权威性

本版手册主编单位东北大学是国家211、985重点大学、"重大机械关键设计制造共性技术"985创新平台建设单位、2011国家钢铁共性技术协同创新中心建设单位，建有"机械设计及理论国家重点学科"和"机械工程一级学科"。由东北大学机械及相关学科的老教授、老专家和中青年学术精英组成了实力强大的大型工具书编写团队骨干，以及一批来自国家重点高校、研究院所、大型企业等 30 多个单位、近 200 位专家、学者组成了高水平编审团队。编审团队成员的大多数都是所在领域的著名资深专家，他们具有深广的理论基础、丰富的机械设计工作经历、丰富的工具书编纂经验和执着的敬业精神，从而确保了本版手册的高质量和权威性。

　　在本版手册编写中，为便于协调，提高质量，加快编写进度，编审人员以东北大学的教师为主，并组织邀请了清华大学、上海交通大学、西安交通大学、浙江大学、哈尔滨工业大学、吉林大学、天津大学、华中科技大学、北京科技大学、大连理工大学、东南大学、同济大学、重庆大学、北京化工大学、南京航空航天大学、上海师范大学、合肥工业大学、大连交通大学、长安大学、西安建筑科技大学、沈阳工业大学、沈阳航空航天大学、沈阳建筑大学、沈阳理工大学、沈阳化工大学、重庆理工大学、中国科学院长春光学精密机械与物理研究所、中国科学院沈阳自动化研究所等单位的专家、学者参加。

　　在本版手册出版之际，特向著名机械专家、本手册创始人、第 1 版及第 2 版的主编徐灏教授致以崇高的敬意，向历次版本副主编邱宣怀教授、蔡春源教授、严隽琪教授、林忠钦教授、余俊教授、汪恺总工程师、周士昌教授致以崇高的敬意，向参加本手册历次版本的编写单位和人员表示衷心感谢，向在本手册历次版本的编写、出版过程中给予大力支持的单位和社会各界朋友们表示衷心感谢，特别感谢机械科学研究总院、郑州机械研究所、徐州工程机械集团公司、北方重工集团沈阳重型机械集团有限责任公司和沈阳矿山机械集团有限责任公司、沈阳机床集团有限责任公司、沈阳鼓风机集团有限责任公司及辽宁省标准研究院等单位的大力支持。

　　由于编者水平有限，手册中难免有一些不尽如人意之处，殷切希望广大读者批评指正。

　　　　　　　　　　　　　　　　　　　　　　　　　　　　　　主编　闻邦椿

目　　录

出版说明

前言

第5篇　连接与紧固

第1章　连接总论

1　设计机械连接应考虑的问题 ·············· 5-3
2　连接的类型和选择 ····················· 5-3
　2.1　按拆卸可能性分类 ················· 5-3
　2.2　按锁合分类 ······················ 5-3
3　连接设计的几个问题 ··················· 5-5
　3.1　被连接件接合面设计 ·············· 5-5
　3.2　减小接头的应力集中 ·············· 5-5
　3.3　考虑环境和工作条件的要求 ········ 5-6
　3.4　使连接件受力情况合理 ············ 5-6
4　紧固件的标准和检验 ··················· 5-6
　4.1　紧固件的有关标准 ················· 5-6
　4.2　紧固件的检验项目 ················· 5-6
5　紧固件标记方法 ······················· 5-7

第2章　螺纹和螺纹连接

1　螺纹 ································· 5-9
　1.1　螺纹分类、特点和应用 ············ 5-9
　1.2　螺纹术语及其定义 ················ 5-10
　1.3　普通螺纹（牙型、尺寸及公差） ··· 5-18
　　1.3.1　概述 ····················· 5-18
　　1.3.2　牙型 ····················· 5-18
　　1.3.3　直径与螺距系列 ············ 5-18
　　1.3.4　公称尺寸 ················· 5-18
　　1.3.5　普通螺纹的标记 ··········· 5-23
　　1.3.6　普通螺纹公差 ············· 5-23
　1.4　管螺纹 ························· 5-27
　　1.4.1　55°非密封管螺纹 ·········· 5-27
　　1.4.2　55°密封管螺纹 ············ 5-29
　　1.4.3　60°密封管螺纹 ············ 5-31
　　1.4.4　米制锥螺纹 ··············· 5-33
　　1.4.5　80°非密封管螺纹 ·········· 5-35
2　螺纹连接结构设计 ··················· 5-36

2.1　螺纹紧固件的类型选择 ············ 5-36
2.2　螺栓组的布置 ···················· 5-37
2.3　螺纹零件的结构要素 ·············· 5-38
　2.3.1　螺纹收尾、肩距、退刀槽、
　　　　　倒角 ····················· 5-38
　2.3.2　螺钉拧入深度和钻孔深度 ····· 5-40
　2.3.3　螺纹孔的尺寸 ·············· 5-40
　2.3.4　扳手空间 ·················· 5-43
　2.3.5　开口销孔的位置、尺寸和公差 · 5-44
2.4　螺栓的拧紧和防松 ················ 5-44
　2.4.1　螺纹摩擦计算 ·············· 5-44
　2.4.2　控制螺栓预紧力的方法 ······· 5-45
　2.4.3　螺纹连接常用的防松方法 ····· 5-46
3　螺纹紧固件的性能等级和常用材料 ····· 5-49
3.1　螺栓、螺钉和螺柱 ················ 5-49
　3.1.1　螺栓、螺钉和螺柱的力学性能等级、
　　　　　材料和热处理 ············· 5-49
　3.1.2　螺纹紧固件的应力截面积 ····· 5-51
　3.1.3　最小拉力载荷和保证载荷 ····· 5-51
3.2　螺母 ··························· 5-54
3.3　不锈钢螺栓、螺钉、螺柱和螺母 ···· 5-57
3.4　紧定螺钉 ······················· 5-59
3.5　自攻螺钉 ······················· 5-61
3.6　自挤螺钉 ······················· 5-61
3.7　自钻自攻螺钉 ··················· 5-61
3.8　耐热用螺纹连接副 ················ 5-62
3.9　有色金属螺纹连接件 ·············· 5-62
4　螺栓、螺钉、双头螺柱强度计算 ······· 5-63
4.1　螺栓组受力计算 ·················· 5-63
4.2　按强度计算螺栓尺寸 ·············· 5-66
5　螺纹连接的标准元件和挡圈 ··········· 5-68
5.1　螺栓 ··························· 5-68
5.2　双头螺柱 ······················· 5-90
5.3　螺母 ··························· 5-92

5.4 螺钉 ·················· 5-114
5.5 自攻螺钉 ·················· 5-134
5.6 木螺钉 ·················· 5-140
5.7 垫圈和轴端挡圈 ·················· 5-143
5.8 螺钉、垫圈组合件 ·················· 5-163

第3章 键、花键和销连接

1 键连接 ·················· 5-167
1.1 键和键连接的类型、特点及应用 ····· 5-167
1.2 键的选择和键连接的强度校核
    计算 ·················· 5-168
1.3 键连接的尺寸系列、公差配合和
    表面粗糙度 ·················· 5-168
    1.3.1 平键 ·················· 5-168
    1.3.2 半圆键 ·················· 5-168
    1.3.3 楔键 ·················· 5-168
    1.3.4 键用型钢 ·················· 5-174
    1.3.5 键和键槽的几何公差、配合及
          尺寸标注 ·················· 5-174
    1.3.6 切向键 ·················· 5-176
2 花键连接 ·················· 5-179
2.1 花键基本术语 ·················· 5-179
    2.1.1 一般术语 ·················· 5-179
    2.1.2 花键的种类 ·················· 5-179
    2.1.3 齿廓 ·················· 5-179
    2.1.4 基本参数 ·················· 5-180
    2.1.5 误差、公差及测量 ·················· 5-180
2.2 花键连接的强度计算 ·················· 5-181
    2.2.1 通用简单算法 ·················· 5-181
    2.2.2 花键承载能力计算（精确算法）··· 5-181
2.3 矩形花键连接 ·················· 5-187
    2.3.1 矩形花键公称尺寸系列 ·················· 5-187
    2.3.2 矩形花键的公差与配合 ·················· 5-188
2.4 圆柱直齿渐开线花键连接 ·················· 5-188
    2.4.1 渐开线花键的模数和公称尺寸
          计算 ·················· 5-188
    2.4.2 渐开线花键公差与配合 ·················· 5-188
    2.4.3 渐开线花键参数标注与标记 ·················· 5-196
2.5 圆锥直齿渐开线花键 ·················· 5-197
    2.5.1 术语、代号和定义 ·················· 5-197
    2.5.2 几何尺寸计算公式 ·················· 5-197
    2.5.3 圆锥直齿渐开线花键尺寸系列 ··· 5-198
    2.5.4 圆锥直齿渐开线花键公差 ·················· 5-200
    2.5.5 参数表示示例 ·················· 5-201
3 销连接 ·················· 5-201
3.1 销连接的类型、特点和应用 ·················· 5-201

3.2 销的选择和销连接的强度计算 ····· 5-202
3.3 销的标准件 ·················· 5-204
    3.3.1 圆柱销 ·················· 5-204
    3.3.2 圆锥销 ·················· 5-208
    3.3.3 开口销和销轴 ·················· 5-210
    3.3.4 槽销 ·················· 5-212

第4章 过盈连接

1 过盈连接的类型、特点和应用 ·················· 5-218
2 圆柱面过盈连接计算 ·················· 5-218
2.1 计算基础 ·················· 5-218
    2.1.1 两个简单厚壁圆筒在弹性范围内
          连接的计算 ·················· 5-218
    2.1.2 计算的假定条件 ·················· 5-218
    2.1.3 计算用的符号 ·················· 5-219
    2.1.4 直径变化量的计算公式 ·················· 5-219
2.2 最小过盈量计算公式 ·················· 5-219
2.3 配合的选择 ·················· 5-220
2.4 校核计算 ·················· 5-220
2.5 设计计算例题 ·················· 5-222
3 圆锥过盈配合的计算和选用 ·················· 5-223
3.1 圆锥过盈连接的特点 ·················· 5-223
3.2 圆锥过盈连接的形式及应用 ·················· 5-223
3.3 圆锥过盈连接的计算和选用 ·················· 5-224
    3.3.1 计算基础与假定条件 ·················· 5-224
    3.3.2 计算要点 ·················· 5-224
3.4 油压装拆圆锥过盈连接的参数
    选择 ·················· 5-224
3.5 设计计算例题 ·················· 5-225
3.6 结构设计 ·················· 5-227
    3.6.1 结构要求 ·················· 5-227
    3.6.2 对结合面的要求 ·················· 5-228
    3.6.3 压力油的选择 ·················· 5-228
    3.6.4 装配和拆卸 ·················· 5-228
3.7 螺母压紧的圆锥面过盈连接 ·················· 5-228
4 胀紧连接套 ·················· 5-228
4.1 概述 ·················· 5-228
4.2 基本参数和主要尺寸 ·················· 5-229
4.3 胀紧连接套的材料 ·················· 5-255
4.4 按传递载荷选择胀套的计算 ·················· 5-256
4.5 结合面公差及表面粗糙度 ·················· 5-256
4.6 被连接件的尺寸 ·················· 5-256
4.7 胀紧连接套安装和拆卸的一般
    要求 ·················· 5-257
    4.7.1 安装准备 ·················· 5-257
    4.7.2 安装 ·················· 5-257

4.7.3 拆卸 …………………………… 5-258
4.7.4 防护 …………………………… 5-258
4.8 **ZJ1 型胀紧连接套的连接设计要点** … 5-258
4.8.1 ZJ1 型胀紧套的连接形式 ……… 5-258
4.8.2 夹紧力 …………………………… 5-258
4.8.3 夹紧附件的公称尺寸 …………… 5-259
4.8.4 胀紧套数量和夹紧螺栓数量的
　　　 计算 …………………………… 5-261
4.8.5 计算举例 ………………………… 5-262

第 5 章　焊、粘、铆连接

1 焊接 ………………………………… 5-264
1.1 焊接结构的特点 ……………………… 5-264
1.2 焊接方法及其选择 …………………… 5-264
1.2.1 焊接方法介绍 …………………… 5-264
1.2.2 焊接方法的选择 ………………… 5-266
1.3 焊接材料 ……………………………… 5-268
1.4 电弧焊接头的坡口选择和点焊、
　　缝焊接头尺寸推荐值 ……………… 5-270
1.5 焊接接头的静载强度计算 …………… 5-271
1.5.1 许用应力设计法 ………………… 5-271
1.5.2 可靠性设计方法 ………………… 5-276
1.6 焊接接头的疲劳强度计算 …………… 5-276
1.6.1 许用应力计算法 ………………… 5-276
1.6.2 应力折减系数法 ………………… 5-277
2 粘接 ………………………………… 5-282
2.1 粘接的特点和应用 …………………… 5-282

2.2 胶粘剂的选择 ………………………… 5-282
2.2.1 胶粘剂的分类 …………………… 5-282
2.2.2 胶粘剂选择原则和常用胶粘剂 … 5-282
2.3 粘接接头设计 ………………………… 5-285
2.3.1 粘接接头设计原则 ……………… 5-285
2.3.2 常用粘接接头形式及其改进
　　　 结构 …………………………… 5-286
2.3.3 接头结构强化措施 ……………… 5-287
3 铆接 ………………………………… 5-289
3.1 铆缝的设计 …………………………… 5-289
3.1.1 确定钢结构铆缝的结构参数 …… 5-289
3.1.2 受拉（压）构件的铆接 ………… 5-290
3.1.3 铆钉连接计算 …………………… 5-290
3.1.4 铆钉材料和连接的许用应力 …… 5-291
3.2 铆接结构设计中应注意的几个
　　问题 ………………………………… 5-291
3.3 铆钉 …………………………………… 5-291
3.4 盲铆钉 ………………………………… 5-298
3.4.1 概述 ……………………………… 5-298
3.4.2 抽芯铆钉的力学性能等级与
　　　 材料组合 ……………………… 5-298
3.4.3 抽芯铆钉力学性能 ……………… 5-299
3.4.4 抽芯铆钉尺寸 …………………… 5-301
3.4.5 抽芯铆钉连接计算公式 ………… 5-304
3.5 铆螺母 ………………………………… 5-305
附录　起重机的工作等级和载荷计算 ……… 5-310

第 5 篇　连接与紧固

主　编　吴宗泽
编写人　吴宗泽
审稿人　罗圣国

第5版
第5篇　连接与紧固

主　编　吴宗泽

编写人　吴宗泽　王忠祥

审稿人　罗圣国

第 1 章　连 接 总 论

1　设计机械连接应考虑的问题

在设计连接时应考虑以下问题:

1) 按工作条件和载荷情况正确选择接头结构和连接件。机械零件的接合面常为平面、圆柱面、圆锥面或其他复杂表面(如花键)。为使连接可靠,这些接合面应有足够大的尺寸和合理的形状,并按具体情况安装连接件,如螺栓、铆钉、键等。

2) 有足够的强度。铆接、焊接钢板连接接头的强度常用强度系数 ϕ 表示:

$$\phi = \frac{按接头各种失效方式求得的承载能力中的最低值\ F_M}{未经削弱的(如钢板未钻孔时)被连接件的承载能力\ F_O}$$

强度系数是连接设计的一个性能指标。

3) 加工、装配、拆卸、修理方便。如紧固件应采用标准件,同一台机器上紧固件的规格应尽量减少,要保证拆装所需的操作空间等。

4) 保证连接的可靠性。除保证连接的强度以外,还应该注意避免其他的失效,如防止螺纹连接松脱、粘接剂老化、不同金属连接腐蚀等。连接接头应有可靠的质量检验手段。

5) 减小连接产生的变形。焊接常引起较大的变形,设计和施工中应尽量避免。精密机械应特别注意连接引起的变形。图 5.1-1 所示为用螺钉把钢制导轨固定在铸铁机座上的结构。图 5.1-1a 为刚性导轨结构,螺钉压紧力使导轨变形,导轨工作表面不平直。而图 5.1-1b 所示的结构减小了螺钉压紧部分与导轨连接处的刚度,使导轨精度不受螺钉压力的影响。

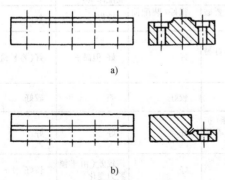

a)

b)

图 5.1-1　减小螺钉压紧变形对导轨精度的影响
a) 刚性结构　b) 柔性连接结构

6) 考虑施工、材料等对环境的影响。如铆接时产生噪声、有的粘接材料对人有不利影响等。特别应注意焊接不慎会引起火灾。

必要时把几种连接方式结合使用,能达到更好的效果,如键-过盈配合、点焊-粘接、铆-焊等。

2　连接的类型和选择

2.1　按拆卸可能性分类

按拆卸可能性分为可拆卸与不可拆卸连接。

1) 可拆卸连接。经若干次反复装拆,连接件和被连接件仍不损坏,能保证原来连接质量的,称为可拆卸连接,如螺纹连接、花键连接等。

2) 不可拆卸连接。拆开这类连接时,必须把连接件或被连接件损坏,如铆接、焊接等。

过盈配合连接可以拆卸,但不能反复多次拆装使用,近年来用高压液压泵装拆过盈配合,使这一问题得到改善。

应根据机器在使用中是否要经常拆卸或拆卸时是否要求保持零件完整,来选择连接形式。

2.2　按锁合分类

按连接所依据的原理,分为力锁合、形锁合和材料锁合三类。

1) 力锁合连接。在两个零件的接合面上有正压力,靠由此产生的摩擦力传力,从而使两零件无相对运动。正压力可由惯性力、电磁力、重力或被连接件的弹性变形产生 (如过盈配合连接)。这种连接在载荷反向时可以没有空回,但是在有振动时容易松动。

2) 形锁合连接。依靠连接件或被连接件的形状交错啮合,把两个零件连接在一起,如花键、平键、圆柱销、加强杆螺栓等。在无载荷时,两零件的接合面间一般没有压力。这类连接拆卸方便,结构简单,连接尺寸较小,适合于振动或冲击较大的场合。

3) 材料锁合连接。用某些材料如钎焊剂、胶粘剂等把两个零件连接在一起,这种方法多为不可拆卸连接。

表 5.1-1、表 5.1-2 可供选择连接形式时参考。

表 5.1-1　连接零件选型参考表

主要特征	功能特征	焊接	钎焊	粘接	铆接	螺栓连接	摩擦锁合连接	形状锁合连接
功能	能承受载荷的多样性	很好（能受各方向的载荷）	有限制（主要受切应力）	有限制（主要受切应力）	有限制（优先在载荷方向）	好（接合零件靠摩擦锁紧时）	好（在摩擦闭合方向内能受各方向的载荷）	有限制（特别对无预紧的连接）
	对中能力	没有（只在有附加结构措施时才有）	没有（只在有附加结构措施时才有）	没有（只在有附加措施时才有）	好（特别当采用热铆时）	有限（需附加结构措施，普通螺栓）；好（加强杆螺栓）	有限（在与摩擦的闭合力，即正压力垂直的方向内）	好（特别是有预紧的连接）
	减振性、刚性	刚性好，几乎没有附加阻尼	刚性好，几乎没有附加阻尼	刚性好，几乎没有附加阻尼	刚性较好，附加阻尼较大（与铆钉布置有关）	刚性可满足一般要求，附加阻尼与结构关系很大	刚性较好，可能有附加阻尼	刚性较好，可能有附加阻尼（预紧时）
	其他功能	几乎没有（密封性能有限）	密封、导电和传热	密封、电绝缘	没有	可有相对运动（用特殊螺纹）	没有	可有相对运动（限制在一个方向）
结构布置	结构多样性	很好（对于形状）；较好（对于材料）	有限（对于形状）；好（对于材料）	有限（对于形状）；好（对于材料）	有限（用于标准型材的连接）	有限（对于标准型材的连接）	好（一般不要求工作表面有特殊形状）	有限（要求专用的形状锁合零件）
	材料利用	好（由于结构合理）	好（应力集中小）	好（应力集中小）	不好（因为应力分布不合理）	不好（因为应力分布不合理）	好（由于结构合理）	不好（因为应力分布经常是不合理的）
	静承载能力	很好（决定于接缝材料）	好（决定于剪切面结构设计）	好（决定于剪切面结构设计）	有限（铆钉布置决定应力分布）	有限（决定于螺栓的质量和数目）	有限（决定于摩擦因数和锁紧力）	有限（因为应力分布不合理）
	动承载能力	有限（取决于形状和冶金的缺陷）	好（应力集中小）	好（应力集中小）	不好（形状和力流引起的应力集中大）	有限（螺纹应力集中和预紧力较大）	好（按力流和变形方法设计的结构）	不好（形状和力流引起的应力集中都大）
	所需空间	小（焊缝形状可按结构特点调整）	大（要求大的接缝面）	大（要求大的接缝面）	中等	中等	中等（按所需锁紧力而定）	中等（按零件形状而定）
可靠性、美观	可靠性	很好（对无间隙焊接）	好（对无间隙钎焊）	有限（露天长期受载）	好	较差（沉降现象、松脱）	好（预紧力不衰减时）	有限（可能脱开、有间隙）
	造型	好或较好（光滑表面或由标准型材限制）	好（光滑表面）	好（光滑表面）	较好	较好	较好	较好
装配检验	难度	低	高	高	低（加工、装配简单，精度要求低）	低（加工简单，标准件）	中等（公差小，工作面形状简单）	高（制造公差小，装配简单）
	自动化程度	较高	较好（工艺装备困难）	较好（工艺装备困难）	高	高（装配简单）	较好（工具和装配昂贵）	高（大批量生产）
	可拆卸性能	不可能	一定条件下可能	一定条件下可能	较差（要破坏铆钉）	很好（装配简单）	较好	好
	质量可靠性	好（小焊缝尺寸，焊缝表面容易观察时）	较差（钎焊不好难看出）	较差（检验困难）	好（铆钉易检查）	好	好，但昂贵	好（容易检查）
使用	过载性能	差（靠塑性变形）	不可能	不可能	差	较好	差	较好
	再利用可能性	几乎没有	几乎没有	很困难	有可能（扩孔后用新铆钉）	好	好	好
	温度性能	很好	有限的热强度	有限的热强度	好	好	较差（由于锁紧力变化）	较好
	耐蚀性	较差	好（因为无间隙连接）	较差（有老化倾向）	较差	较差	好	较差

（续）

主要特征	功能特征	焊接	钎焊	粘接	铆接	螺栓连接	摩擦锁合连接	形状锁合连接
维护	检查维护	简单（可用表面检查）	昂贵（用X射线或超声波）	昂贵（用X射线或超声波）	较易	简单	较差（因摩擦面看不见）	简单（容易拆开检查）
	修理	好（用焊接修理）	可能	几乎不能	可能	可能	可能	可能
	废品材料回收可能	好	较差	较差	较差	好	较好	好
制造成本		低	高	高	低	低	中等	高

表 5.1-2　几种连接形式的主要性能的比较

序号	连接的主要性能 ＼ 连接形式	不可拆卸连接			可拆卸连接				
		铆接	焊接	粘接	过盈配合	螺纹连接	键连接	花键连接	弹性环连接
1	不削弱被连接件强度	C	C	A	B	C	C	C	B
2	接头承载能力不低于被连接零件	A	A	B	A	B	B	A	A
3	被连接零件相互位置均衡、准确	C	C	C	A	C	B	A	A
4	装拆方便	D	D	D	C 或 D	A	B	A	A
5	工艺性好	C	A	B	A 或 B	A	B	A	A
6	有互换性	A	A	A	A	A	A	A	A
7	结构简单	C	A	A	B	B	C	C	C

注：A—好，B—中等，C—差，D—不可能。

3　连接设计的几个问题

3.1　被连接件接合面设计

1）接合面应有合理的形状和足够大的尺寸。为使两零件可靠地连接起来，它们的接合面必须紧密贴合。因此两零件的接合面形状应尽可能简单，以方便得到高精度和紧密的配合。最常见的接合面是平面（如箱体与箱盖之间的连接）或圆柱面（如齿轮与轴）。

图 5.1-2a 中两个零件用凸缘连接，受左右方向力矩 M，由于接合面在中间接触面积很小，两边有较大的间隙，连接螺钉很快松脱；改用图 5.1-2b 所示的结构比较合理。

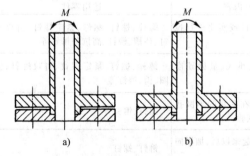

图 5.1-2　接合面应有合理的形状

2）接合面的位置对连接效果有明显的影响。如图 5.1-3 所示，将长度为 L 的圆柱形或平面接合面，中间做出长度为 L_1 的凹槽，可避免因加工误差而产生中间凸起，保证两端接触，连接稳固。

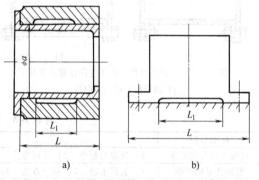

图 5.1-3　改变接合面形状，改进连接效果
a）圆柱形接合面　b）平面接合面

3.2　减小接头的应力集中

1）各紧固件间受力不均匀。紧固件的数量通常比较多，如固定一个气缸盖就要用多个螺钉，应尽量使这些紧固件受力均匀，如提高加工精度（如花键）、采用配作方法（如销钉孔）、提高装配的一致性（如控制螺钉预紧力）等。此外还应注意由于变形不协调引起的应力分布不均匀，图 5.1-4 所示为铆钉、焊接中紧固件受力不均匀的问题。因此在设计中应限制在受力方向的紧固件数量或焊缝长度，并要求接头材料有较大的塑性，使载荷得到均化。

2）连接件引起的应力集中。螺钉、铆钉连接要在零件上钻孔，键连接要在轴上做键槽，这样不但减小了被连接件的承载面积，而且引起应力集中。为减轻这些应力集中，应选用应力集中较小的连接方式，如焊接、

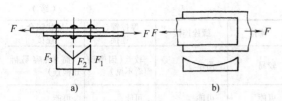

图 5.1-4　紧固件受力不均匀现象

a) 铆钉受力不均匀现象　b) 焊缝受力不均匀现象

粘接、弹性环连接，并采用减小应力集中的结构，如减荷槽等。

对紧固件受力不均匀的计算，除用有限元方法外，还可以参阅有关资料。

3.3　考虑环境和工作条件的要求

在常温环境，冲击或变载荷条件下工作的气缸或液压缸螺栓，长螺栓的柔度较大，抗冲击能力强，宜采用图 5.1-5b 所示的结构。在高温环境下，由于螺

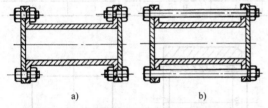

图 5.1-5　考虑环境和工作条件设计螺栓连接

a) 短螺栓　b) 长螺栓

栓长，热膨胀量大，螺栓伸长使其预紧力减小，造成泄漏，图 5.1-6a 所示结构适用于这种场合。

3.4　使连接件受力情况合理

图 5.1-6 所示的点焊连接应承受剪切载荷，避免在受拉或翻倒力矩的情况下，使点焊受拉力。

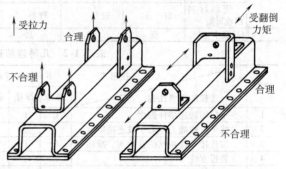

图 5.1-6　点焊连接的合理受力

4　紧固件的标准和检验

4.1　紧固件的有关标准（见表 5.1-3）

4.2　紧固件的检验项目

根据国家标准规定的紧固件力学性能归纳得到的资料见表 5.1-4，其具体检验方法详见有关标准。

表 5.1-3　紧固件的有关标准

标准分类	标准名称
机械工业基础标准	1）极限与配合。2）几何公差。3）表面粗糙度。4）机械制图。5）普通螺纹。6）键与花键
紧固件基础标准	1）名词术语。2）标记方法。3）标注及公差。4）结构要素。5）通用技术条件。6）验收条件
产品标准	各种螺栓、螺柱、螺母、自攻螺钉、木螺钉、垫圈、销钉、铆钉等

表 5.1-4　紧固件检验项目说明

名　称	目　的	主要内容	适用零件
抗拉强度试验	确定紧固件本身的抗拉强度	对机加工试件或实物进行拉力试验	螺栓、螺钉、螺母、紧定螺钉、自攻螺钉、环槽、铆钉、高抗剪铆钉等
硬度试验	检查紧固件的力学性能、全脱碳层深度等	布氏、洛氏、维氏、显微硬度检查	螺栓、螺钉、紧定螺钉、自攻螺钉、垫圈、销、铆钉等
抗剪强度试验	确定紧固件抗剪强度	将紧固件放在夹具的半圆孔内，进行双剪试验	螺钉、铆钉等
板夹紧力试验	确定抽心铆钉等紧固件产生在被连接件上的压紧力	将两板连接起来以后，加横向拉力	铆钉、螺钉
心杆固紧力试验	确定抽心铆钉与被连接件的固紧力	在专用夹具上试验	拉丝抽心铆钉
锁紧性能试验	确定螺母的自锁能力	安装时测锁紧力矩，做多周期加力试验，拧下螺母测松脱力矩	各种螺母、螺钉、锁紧装置等

（续）

名　称	目　的	主要内容	适用零件
密封试验	检验紧固件防液、气介质泄漏性能	用典型压力容器，装入各种紧固件进行测量	螺钉、螺栓、螺母等
振动试验	鉴定各种紧固件系统在加速振动下的防松或抗振能力	将紧固件固定在夹具上，使之产生一定的夹紧力，在振动台上进行试验，有纵向或横向振动	螺栓、各种螺钉、铆钉等
扳手特性试验	鉴定螺母能重复经受拧紧和拧出力矩转动而不产生永久变形的能力	反复拧紧、拧松紧固件至一定拧紧力矩到产品技术条件规定的次数	螺栓、各种螺钉、螺母、锁紧装置
旋具槽转矩试验	鉴定旋具槽承受转矩的能力	反复扭紧螺钉，测试槽寿命	有槽紧固件
紧固件杆部膨胀特性试验	检查可变形实心铆钉和抽心铆钉杆部膨胀特性	在夹具上装紧铆钉，测量钉杆直径变化	铆钉
自锁螺母永久变形试验	鉴定自锁螺母的自锁能力	将试样装到芯棒上，测量其扭紧扭松力矩	自锁螺母
应力松弛试验	试验紧固件的应力松弛	在应力松弛试验机上，保持受载试样初始长度，加热可达1260℃，求一定时间后预载的减小值	在高温下工作的紧固件
应力持久性试验	检验不受结构和尺寸限制的各种紧固件可能产生的脆变	在试件上加稳定的静载荷	多用于高强度钢制造的紧固件
应力腐蚀试验	确定紧固件在加速应力腐蚀条件下对应力腐蚀开裂的相对敏感性	在3.5%（质量分数）NaCl溶液中，加载达技术条件规定的最小破坏拉力的75%。每小时浸入10min，观察裂纹或断裂	在应力腐蚀条件下工作的紧固件
晶间腐蚀试验	确定铝合金紧固件抗电化腐蚀能力	将紧固件放入用浓硝酸与氢氟酸配成的溶液中酸蚀，检查晶间腐蚀深度是否符合规定	铝制紧固件
盐雾试验	确定紧固件在模拟高温度和盐度大气条件下的相对抗盐雾腐蚀的能力	空气湿度在95%~98%，在规定的雾化箱内，5%（质量分数）的盐水雾化，持续试验时间96h	在盐雾中工作的紧固件
湿度试验	确定紧固件在模拟高湿度大气条件下的相对抗湿能力	试验温度在49℃左右，相对湿度在90%左右，持续时间96h	在潮湿环境下工作的紧固件
抗疲劳试验	鉴定紧固件在室温下的抗疲劳性能	利用疲劳试验机和夹具进行试验	受变应力的螺栓、螺母等紧固件

5　紧固件标记方法（见图5.1-7）（摘自 GB/T 1237—2000）

标记示例：

1）螺纹规格 d = M12，公称长度 l = 80mm，性能等级10.9级，表面氧化，产品等级为A级的六角头螺栓的完整标记：

螺栓　GB/T 5782—2016-M12×80-10.9-A-O

2）螺纹规格 d = M12，公称长度 l = 80mm，性能等级8.8级，表面氧化，产品等级为A级的六角头螺栓的简化标记：

螺栓　GB/T 5782　M12×80

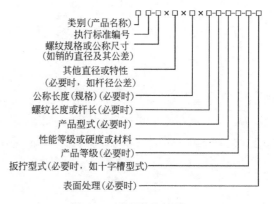

图5.1-7　紧固件的完整标记

紧固件表面处理的标记方法，按 GB/T 13911 的规定。

标记的简化原则：类别（名称）、标准年代号及其前面的"-"，允许全部或部分省略，省略年代的标准应以现行标准为准，标记中的"-"，允许全部或部分省略，标记中的"其他直径或特性"前面的"×"，允许省略，省略后不应造成对标记的误解，一般以空字代替为宜；当产品标准中规定一种产品形式、性能等级或硬度或材料、产品等级、扳拧形式及表面处理时，允许全部或部分省略。当产品标准中规定两种及以上的产品形式、性能等级或硬度或材料、产品等级、扳拧形式及表面处理时，应规定可以省略其中一种，并在产品标准的标记示例下给出省略后的简化标记。

第2章　螺纹和螺纹连接

1　螺纹

1.1　螺纹分类、特点和应用

螺纹分类主要有如下几种方法：

1）用途法。紧固、密封、传动、管、普通（或一般用途）、专用等。

2）牙型法。梯形、锯齿形、圆牙、矩形、三角形、短牙、60°牙、55°牙等。

3）配合性质和形式法。过渡、过盈、间隙、锥/锥、柱/锥、柱/柱等。

4）螺距或直径相对大小法。粗牙、细牙、超细牙、小螺纹等。

5）单位制法。寸制、米制。

6）发明者姓氏或发明国及发布组织法。惠氏、爱克姆、美制、英制、ISO、EN等。

因螺纹标记较为简单并具有唯一性，建议在图样和合同中采用标记代号定义螺纹，必要时可加注相应的标准编号。

常用螺纹的种类、特别和应用见表5.2-1。

表 5.2-1　常用螺纹种类、特点及应用

种 类		牙 型 图	特点及应用
普通细纹		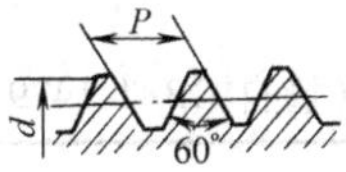	牙型角 $\alpha=60°$。同一直径按其螺距不同，分为粗牙与细牙两种，细牙的自锁性能较好，螺纹零件的强度削弱少，但易滑扣 一般连接多用粗牙螺纹。细牙螺纹多用于薄壁或细小零件，以及受变载、冲击和振动的连接中，还可用于轻载和精密的微调机构中的螺旋副
管螺纹	55°非密封管螺纹	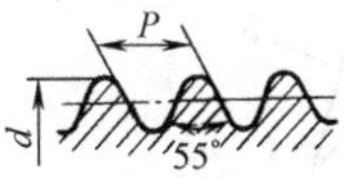	牙型角 $\alpha=55°$。公称直径近似为管子内径，内、外螺纹均为圆柱形的管螺纹，其公称牙型没有间隙，牙顶和牙底都是圆弧形。螺纹副本身不具有密封性，可借助于密封圈在螺纹副之外的端面进行密封。多用于静载下的低压管路系统，如水、煤气管路、润滑和电线管路系统
	55°密封管螺纹	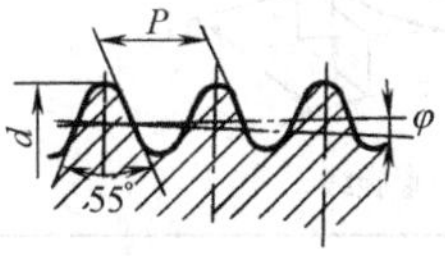	牙型角 $\alpha=55°$。公称直径近似为管子内径，圆锥螺纹分布在1∶16的圆锥管壁上，其内、外螺纹可组成两种密封配合形式：①圆柱内螺纹与圆锥外螺纹组成"柱/锥"配合；②圆锥内螺纹和圆锥外螺纹组成"锥/锥"配合。不用填料可保证螺纹连接的密封性 牙顶和牙底均为圆弧形。当"柱/锥"配合时，在1MPa压力下，可保证足够的紧密性，必要时，允许在螺纹副内添加密封物保证密封。用于低压、水、煤气管路中；圆锥内螺纹与圆锥外螺纹的配合，可用于高温、高压、承受冲击载荷的系统
	60°密封管螺纹	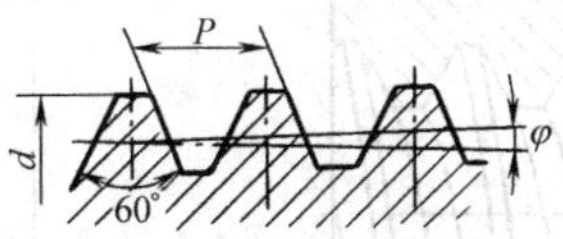	牙型角 $\alpha=60°$。60°密封管螺纹与55°密封管螺纹的配合方式及性能相同，其锥度亦为1∶16。螺纹副本身具有密封性。为保证螺纹连接的密封性，亦可在螺纹副内加入密封物 在汽车、飞机和机床等行业中使用较多
	米制密封螺纹	基本牙型及尺寸系列均符合普通螺纹的规定	牙型角 $\alpha=60°$，用于依靠螺纹密封的连接螺纹。其内、外螺纹可组成两种密封配合形式（锥/锥配合和柱/锥配合） 适用于管子、阀门和旋塞等产品上的一般密封螺纹连接。装配时，推荐在螺纹副内添加合适的密封介质，如密封胶带和密封胶等

（续）

种　类	牙 型 图	特点及应用
梯形螺纹	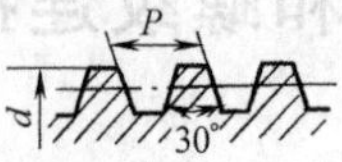	牙型角 α=30°、牙根强度高、工艺性好、螺纹副对中性好,采用剖分螺母时可以调整间隙,传动效率略低于矩形螺纹 用于传动(如机床丝杠)及紧固连接
矩形螺纹	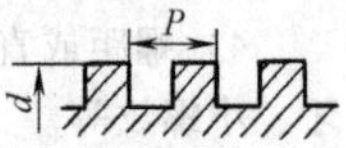	牙型为正方形、传动效率高于其他螺纹,牙厚是螺距的一半、强度较低(螺距相同时比较),精确制造困难,对中精度低 用于传力螺纹,如千斤顶、小型压力机等
锯齿形螺纹 (3°、30°)	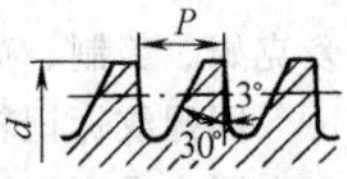	牙型角 α=33°,牙的工作面倾斜 3°、牙的非工作面倾斜 30°。传动效率及强度都比梯形螺纹高,外螺纹的牙底有相当大的圆角,以减小应力集中。螺纹副的大径处无间隙,对中性良好 用于单向受力的传动螺纹,如轧钢机的压下螺旋、螺旋压力机等
圆弧螺纹	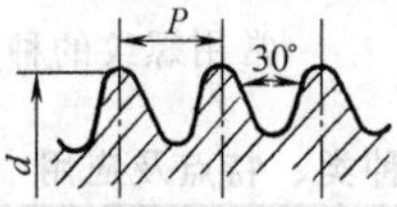	牙型角 α=30°,牙粗、圆角大、螺纹不易碰损,积聚在螺纹凹处的尘垢和铁锈易消除 用于经常和污物接触和易生锈的场合(如水管闸门的螺旋导轴),亦可用在薄壁空心零件上

1.2　螺纹术语及其定义（见表 5.2-2）

表 5.2-2　螺纹术语及其定义（摘自 GB/T 14791—2013）

序号	术　语	定　义
1	螺旋线 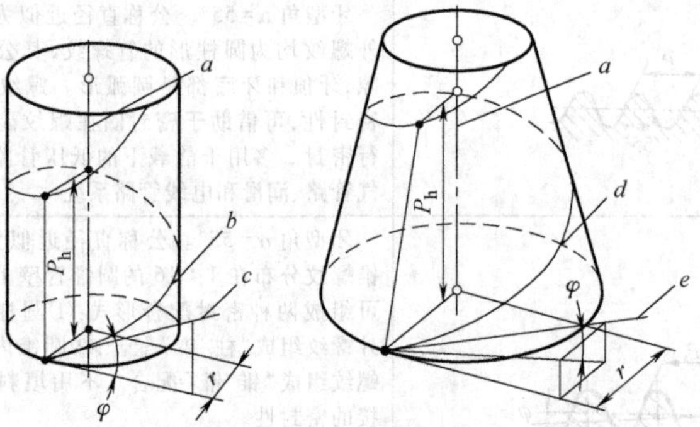 a) 在圆柱表面上的螺旋线　b) 在圆锥表面上的螺旋线	沿着圆柱或圆锥表面运动点的轨迹,该点的轴向位移与相应角位移成定比 a—螺旋线的轴线 b—圆柱形螺旋线 c—圆柱形螺旋线的切线 d—圆锥形螺旋线 e—圆锥形螺旋线的切线 P_h—螺旋线导程 φ—螺旋线导角
2	螺纹	在圆柱或圆锥表面上具有相同牙型、沿螺旋线连续凸起的牙体
3	圆柱螺纹 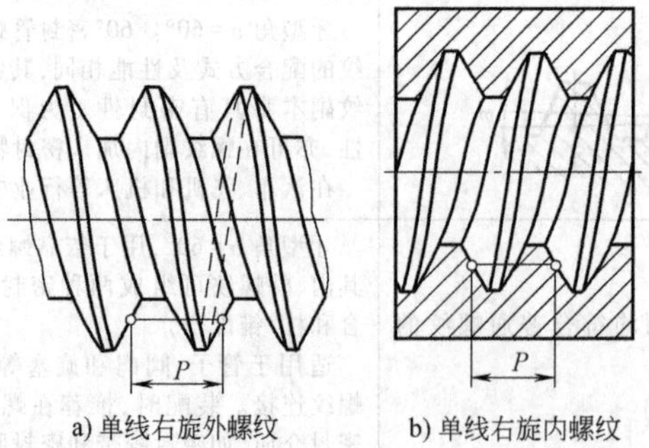 a) 单线右旋外螺纹　b) 单线右旋内螺纹	在圆柱表面上所形成的螺纹 P—螺距

（续）

序号	术　语	定　义
4	圆锥螺纹（见序号58图）	在圆锥表面上所形成的螺纹
5	单线螺纹与多线螺纹 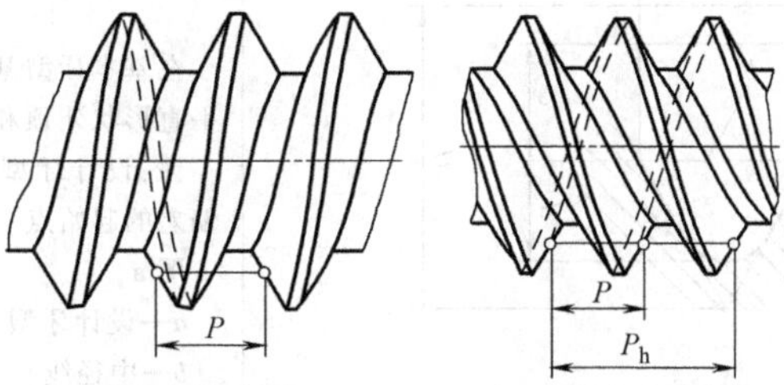 a) 单线左旋外螺纹　　b) 双线右旋外螺纹	单线螺纹:只有一个起始点的螺纹,其螺距等于导程 多线螺纹:具有两个或两个以上起始点的螺纹,其螺距等于导程除以线数 P—螺距 P_h—导程
6	右旋 RH（或左旋 LH）螺纹（见序号3、5图）	顺时针（或逆时针）旋入的螺纹
7	螺纹收尾（见序号58图）	由切削刀具倒角或退出所形成的牙底不完整的螺纹
8	引导螺纹	旋入端的螺纹,其牙底完整而牙顶不完整
9	原始三角形和基本牙型 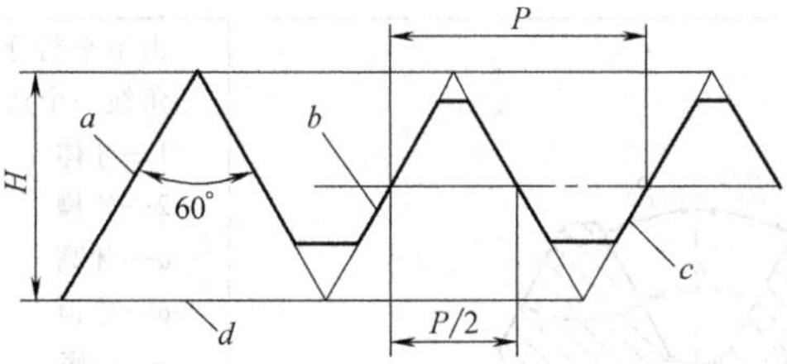 	原始三角形:由延长基本牙型的牙侧获得的三个连续交点所形成的三角形 基本牙型:在螺纹轴线平面内,由理论尺寸、角度和削平高度所形成的内、外螺纹共有的理论牙型。它是确定螺纹设计牙型的基础 a—原始三角形 b—中径线 c—基本牙型 d—底边
10	原始三角形高度 H（见序号9图）	由原始三角形底边到与此底边相对的原始三角形顶点间的径向距离
11	削平高度 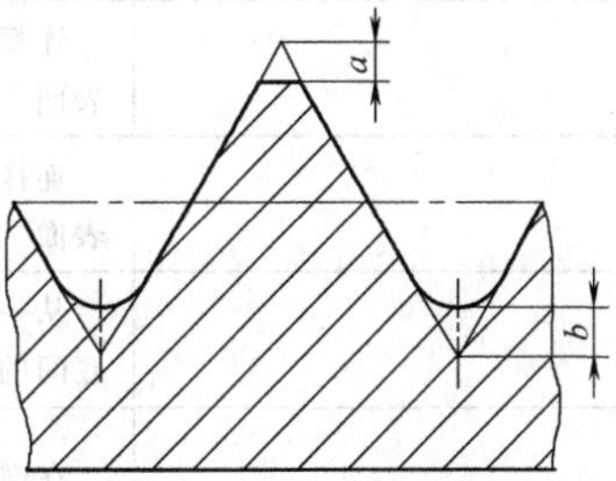 	在螺纹牙型上,从牙顶或牙底到它所在原始三角形的最邻近顶点间的径向距离 a—牙顶削平高度 b—牙底削平高度
12	螺纹牙型	在螺纹轴线平面内的螺纹轮廓形状

（续）

序号	术　语	定　义
13	设计牙型 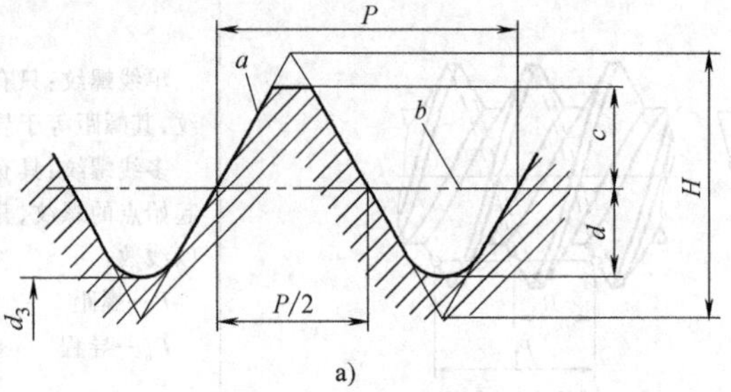 a) 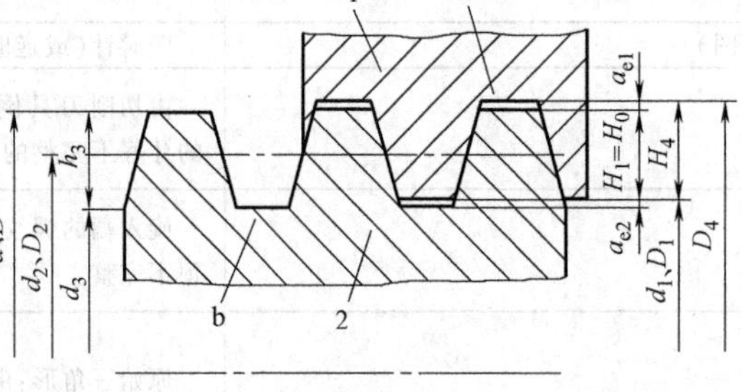 b)	在基本牙型基础上，具有圆弧或平直形状牙顶和牙底的螺纹牙型 注：设计牙型是内、外螺纹极限偏差的起始点 图 a a—设计牙型 b—中径线 c—牙顶高 d—牙底高 图 b 1—内螺纹 2—外螺纹 a—内螺纹设计牙型 b—外螺纹设计牙型
14	最大（最小）实体牙型	具有最大（最小）实体极限的螺纹牙型
15	牙侧 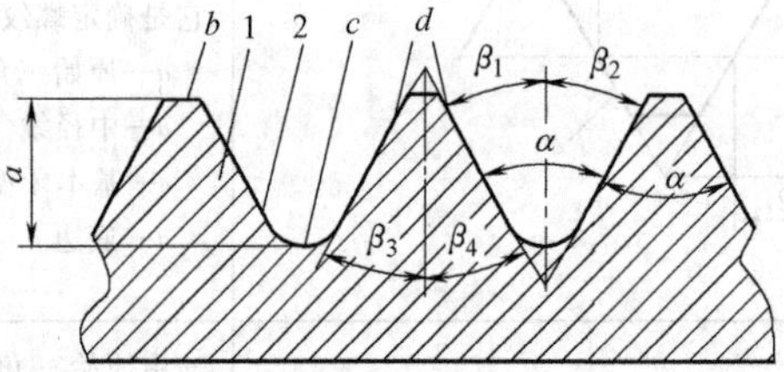 	由不平行于螺纹中径线的原始三角线一个边所形成的螺旋表面 1—牙体 2—牙槽 a—牙高 b—牙顶 c—牙底 d—牙侧 对称螺纹：$\beta_1 = \beta_2$ 非对称螺纹：$\beta_1 \neq \beta_2$
16	同名牙侧	处在同一螺旋面上的牙侧
17	牙体（见序号 15 图）	相邻牙侧间的材料实体
18	牙槽（见序号 15 图）	相邻牙侧间的非实体空间
19	牙顶（见序号 15 图）	连接两个相邻牙侧的牙体顶部表面
20	牙底（见序号 15 图）	连接两个相邻牙侧的牙槽底部表面
21	牙型高度（见序号 15 图牙高）	从一个螺纹牙体的牙顶到其牙底间的径向距离
22	牙侧角 β（米制螺纹）（见序号 15 图） 注：对寸制螺纹，对称螺纹的牙侧角代号为 α，非对称螺纹牙侧角代号为 α_1 和 α_2	在螺纹牙型上，一个牙侧与垂直于螺纹轴线平面间的夹角
23	牙型角 α（米制螺纹）（见序号 15 图） 注：对寸制螺纹，对称螺纹牙型角代号为 2α，非对称螺纹牙型角代号为 $\alpha_1 + \alpha_2$	在螺纹牙型上，两相邻牙侧间的夹角

（续）

序号	术　语	定　义
24	牙顶(牙底)圆弧半径 R、r	在螺纹轴线平面内,牙顶(牙底)上呈圆弧部分的曲率半径
25	公称直径 D、d	代表螺纹尺寸的直径 注:1. 对紧固螺纹和传动螺纹,其大径公称尺寸是螺纹的代表尺寸。对管螺纹,其管子公称尺寸是螺纹的代表尺寸 2. 对内螺纹,使用直径的大写字母代号 D;对外螺纹,使用直径的小写字母代号 d
26	大径 D、d、D_4(米制螺纹) 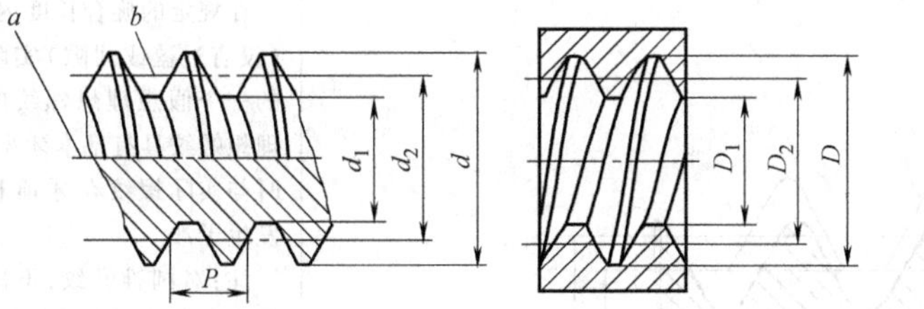 	与外螺纹牙顶或内螺纹牙底相切的假想圆柱或圆锥的直径 注:1. 对圆锥螺纹,不同螺纹轴线位置处的大径是不同的 2. 当内螺纹设计牙型上的大径尺寸不同于其基本牙型上的大径时,设计牙型上的大径使用代号 D_4 a—螺纹轴线 b—中径线
27	小径 D_1、d_1、d_3(见序号 13、26 图)	与外螺纹牙底或内螺纹牙顶相切的假想圆柱或圆锥的直径 注:1. 对圆锥螺纹,不同螺纹轴线位置处的小径是不同的。 2. 当外螺纹设计牙型上的小径尺寸不同于其基本牙型上的小径时,设计牙型上的小径使用代号 d_3
28	顶径 D_1、d(见序号 13、26 图)	与螺纹牙顶相切的假想圆柱或圆锥的直径 注:它是外螺纹的大径或内螺纹的小径
29	底径 D 与 d_1(见序号 26 图)、d_3 与 D_4(米制螺纹)(见序号 13 图)	与螺纹牙底相切的假想圆柱或圆锥的直径 注:1. 它是外螺纹的小径或内螺纹的大径 2. 当内螺纹的设计牙型上的大径尺寸不同于其基本牙型上的大径时,设计牙型上的大径使用代号 D_4 3. 当外螺纹设计牙型上的小径尺寸不同于其基本牙型上的小径时,设计牙型上的小径使用代号 d_3
30	中径 D_2、d_2(见序号 26 图)	中径圆柱或中径圆锥的直径 注:对圆锥螺纹,不同螺纹轴线位置处的中径是不同的

（续）

序号	术　语	定　义
31	单一中径 D_{2s}、d_{2s} 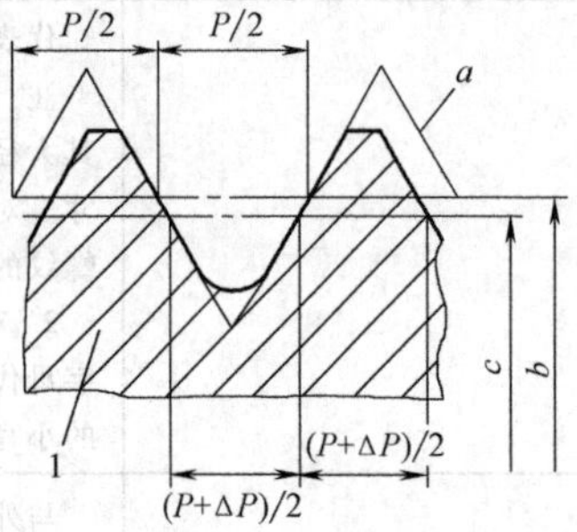 	一个假想圆柱或圆锥的直径,该圆柱或圆锥的素线通过实际螺纹上牙槽宽度等于半个基本螺距的地方。通常采用最佳量针或量球进行测量 注:1. 对圆锥螺纹,不同螺纹轴线位置处的单一中径是不同的 2. 对理想螺纹,其中径等于单一中径 1—带有螺距偏差的实际螺纹 a—理想螺纹 b—单一中径 c—中径
32	作用中径 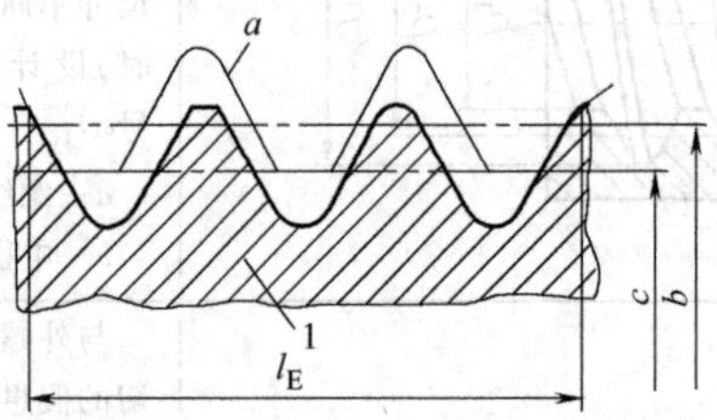 	在规定的旋合长度内,恰好包容(没有过盈或间隙)实际螺纹牙侧的一个假想理想螺纹的中径。该理想螺纹具有基本牙型,并且包容时与实际螺纹在牙顶和牙底处不发生干涉 注:对圆锥螺纹,不同螺纹轴线位置处的作用中径是不同的 1—实际螺纹 l_E—螺纹旋合长度 a—理想内螺纹 b—作用中径 c—中径
33	中径轴线、螺纹轴线(见序号 26 图)	中径圆柱或中径圆锥的轴线 注:如果没有误解风险,大多数场合允许用"螺纹轴线"替代"中径轴线"。但不允许用"大径轴线"或"小径轴线"替代"中径轴线"
34	螺距 P、牙槽螺距 P_2、累积螺距 P_Σ 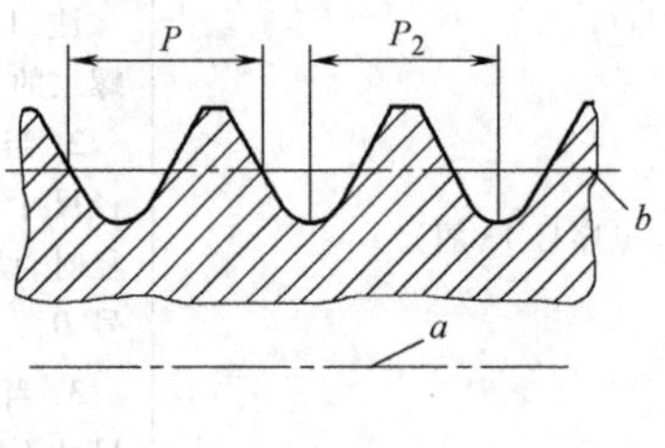 	螺距 P:相邻两牙体上的对应牙侧与中径线相交两点间的轴向距离。牙槽螺距 P_2:相邻两牙槽的对称线在中径线上对应两点间的轴向距离。通常采用最佳量针或量球进行测量 注:牙槽螺距仅适用于对称螺纹,其牙槽对称线垂直于螺纹轴线 累计螺距 P_Σ:相距两个或两个以上螺距的两个牙间的各个螺距之和 a—螺纹轴线 b—中径线
35	牙数 n	每 25.4mm 轴向长度内所包含的螺纹螺距个数 注:此术语主要用于寸制螺纹。牙数是英寸螺距值的倒数。

（续）

序号	术　语	定　义
36	导程 P_h（米制螺纹）和 L（寸制螺纹）、牙槽导程 P_{h2} 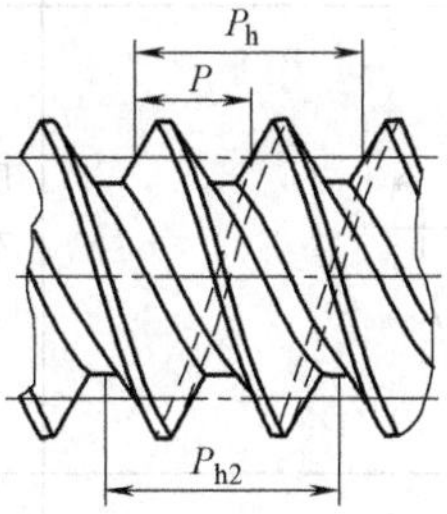	导程：米制螺纹为 P_h，寸制螺纹为 L，指最邻近的两同名牙侧与中径线相交两点间的轴向距离 注：导程是一个点沿着在中径圆柱或中径圆锥上的螺旋线旋转一周所对应的轴向位移 牙槽导程 P_{h2}：处于同一牙槽内的两最邻近牙槽的对称线在中径线上对应两点间的轴向距离。通常采用最佳量针或量球进行测量 注：牙槽导程仅适用于对称螺纹，其牙槽对称线垂直于螺纹轴线
37	升角、导程角、φ（米制螺纹）和 λ（寸制螺纹）	在中径圆柱或中径圆锥上螺旋线的素线与垂直于螺纹轴线平面间的夹角 注：1. 对米制螺纹，其计算公式为 $\tan\varphi = \dfrac{P_h}{\pi d_2}$；对寸制螺纹，其计算公式为 $\tan\lambda = \dfrac{L}{\pi d_2}$ 2. 对圆锥螺纹，其不同螺纹轴线位置处的升角是不同的
38	牙厚	一个牙体的相邻牙侧与中径线相交两点间的轴向距离
39	牙槽宽	一个牙槽的相邻牙侧与中径线相交两点间的轴向距离
40	螺纹接触高度 H_0、牙侧接触高度 H_1 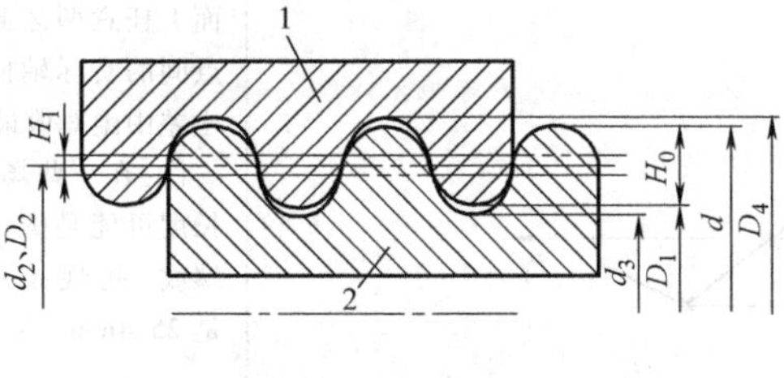	螺纹接触高度：在两个同轴配合螺纹的牙型上，外螺纹牙顶至内螺纹牙顶间的径向距离，即内、外螺纹的牙型重叠径向高度 牙侧接触高度：在两个同轴配合螺纹的牙型上其牙侧重合部分的径向高度 1—内螺纹 2—外螺纹
41	螺纹旋合长度 l_E、螺纹装配长度 l_A 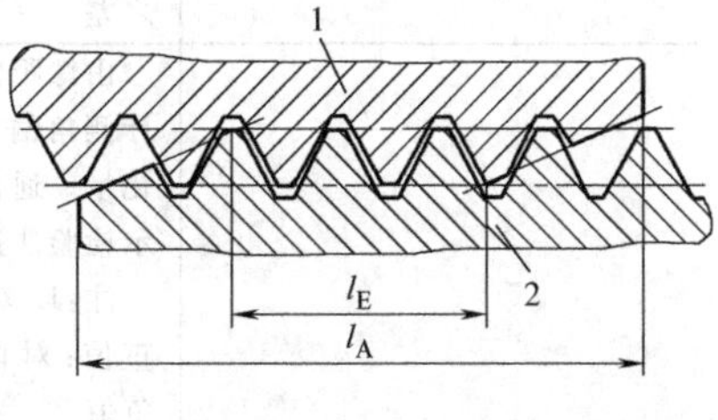	螺纹旋合长度 l_E：两个配合螺纹的有效螺纹相互接触的轴向长度 螺纹装配长度 l_A：两个配合螺纹旋合的轴向长度 注：螺纹装配长度允许包含引导螺纹的倒角和（或）螺纹收尾 1—内螺纹 2—外螺纹
42	大径间隙 a_{e1}（见序号 13 图）	在设计牙型上，同轴装配的内螺纹牙底与外螺纹牙顶间的径向距离

（续）

序号	术　语	定　义
43	小径间隙 a_{e2}（见序号 13 图）	在设计牙型上，同轴装配的内螺纹牙顶与外螺纹牙底间的径向距离
44	行程 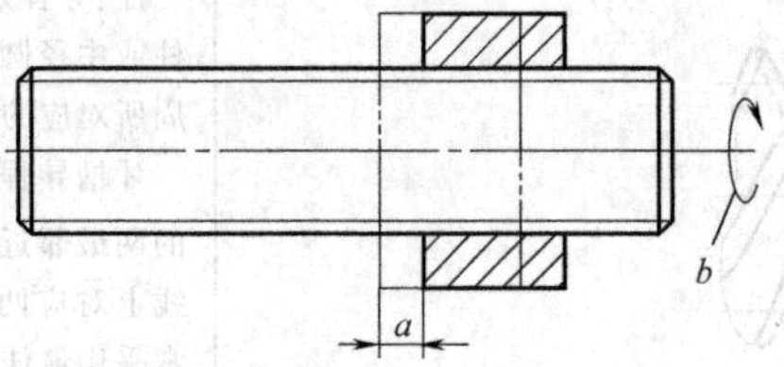	两个配合螺纹相对转动某一角度所产生的相对轴向位移量。此术语通常用于传动螺纹 a—行程 b—转动角度
45	螺距偏差 ΔP	螺距的实际值与其基本值之差
46	牙槽螺距偏差 ΔP_2	牙槽螺距的实际值与其基本值之差
47	累积螺距偏差 ΔP_Σ 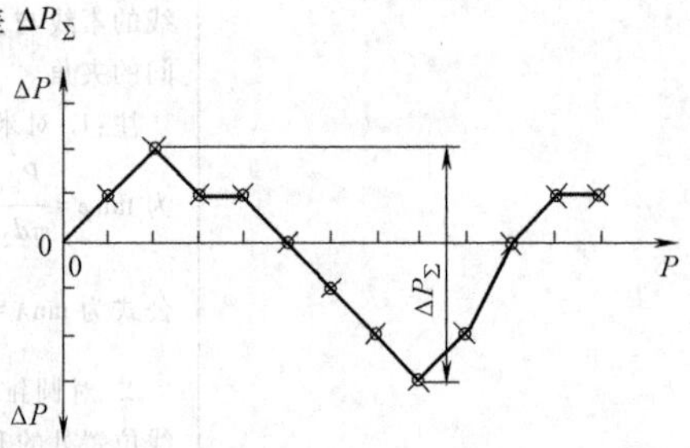	在规定的螺纹长度内，任意两牙体间的实际累积螺距值与其基本累积螺距值中绝对值最大的那个偏差 注：在一些场合，此规定的螺纹长度可能是螺纹旋合长度。对管螺纹，此规定的螺纹长度可能是 25.4mm
48	导程偏差 ΔP_h（米制螺纹）和 ΔL（寸制螺纹）	导程的实际值与其基本值之差
49	牙槽导程偏差 ΔP_{h2}	牙槽导程的实际值与其基本值之差
50	行程偏差	行程的实际值与其基本值之差
51	累积导程偏差 $\Delta P_{h\Sigma}$ 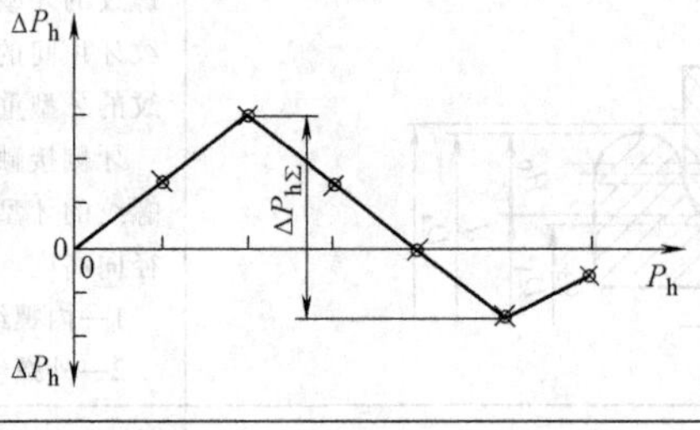	在规定的螺纹长度内，同一螺旋面上任意两牙侧与中径线相交两点间的实际轴向距离与其基本值之差中绝对值最大的那个偏差 注：在一些场合，此规定的螺纹长度可能是螺纹旋合长度。对管螺纹，此规定的螺纹长度可能是 25.4mm
52	牙侧角偏差 $\Delta\beta$（米制螺纹）	牙侧角的实际值与其基本值之差
53	中径当量	由螺距偏差或导程偏差和（或）牙侧角偏差所引起作用中径的变化量。通常利用螺纹指示规的差示检验法进行测量 注：1. 对外螺纹，其中径当量是正值；对内螺纹，其中径当量是负值 2. 中径当量也可细分为螺距偏差的中径当量和牙侧角偏差的中径当量

（续）

序号	术　语		定　义
54	与非对称螺纹相关的术语	承载牙侧	螺纹副中承受外部轴向载荷的牙侧
55		非承载牙侧	螺纹副中不承受外部轴向载荷的牙侧
56		引导牙侧	在螺纹即将装配时,面对与其配合螺纹工件的牙侧
57		跟随牙侧	在螺纹即将装配时,背对与其配合螺纹工件的牙侧
58	完整螺纹 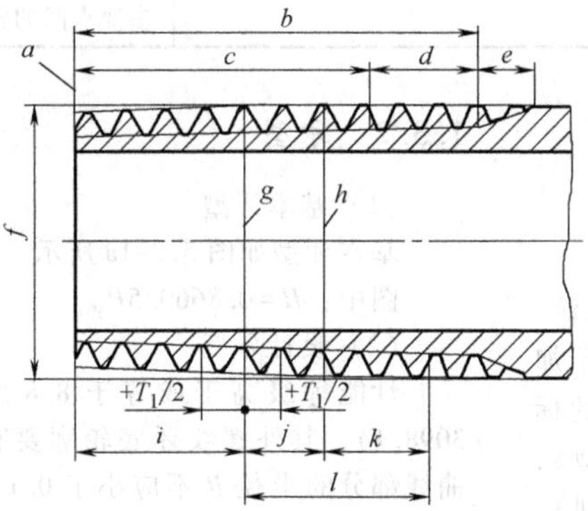		牙顶和牙底均具有完整形状的螺纹 注:当引导螺纹的倒角轴向长度不超过一个螺距,此引导螺纹包含在完整螺纹长度之内 a—参照平面 b—有效螺纹 c—完整螺纹 d—不完整螺纹 e—螺纹收尾 f—基准直径(d) g—基准平面 h—手旋合时最小实体内螺纹工件端面能够到达的轴向位置 i—基准距离 j—与内螺纹正公差相等的余量 k—扳紧余量 l—装配余量 注:序号 58~69 是与密封管螺纹相关的术语
59	不完整螺纹(见序号 58 图)		牙底形状完整,牙顶因与工件圆柱表面相交而形状不完整的螺纹
60	有效螺纹(见序号 58 图)		由完整螺纹和不完整螺纹组成的螺纹,不包含螺尾
61	基准直径(见序号 58 图)		为规定密封管螺纹尺寸而设立的基准基本大径
62	基准平面(见序号 58 图)		垂直于密封管螺纹轴线、具有基准直径的平面 注:螺纹环规和塞规利用此平面进行螺纹工件的检验
63	基准距离(见序号 58 图)		从基准平面到圆锥外螺纹小端面的轴向距离
64	装配余量(见序号 58 图)		在圆锥外螺纹基准平面之后的有效螺纹长度。它提供了与最小实体状态内螺纹的装配量
65	扳紧余量(见序号 58 图)		手旋合后用于扳紧所需的有效螺纹长度。扳紧时,它容纳两配合螺纹工件间的相对运动

（续）

序号	术　语	定　义
66	参照平面(见序号 58 图)	检验螺纹时,读取量规检验数值(基准平面的位置偏差)所参照的螺纹工件可见端面 注:它是内螺纹工件的大端面或外螺纹工件的小端面
67	容纳长度	从内螺纹大端面到妨碍外螺纹扳紧旋入所遇到的第一个障碍物间的轴向距离
68	中径圆锥锥度	在中径圆锥上,两个位置的直径差与这两个位置间的轴向距离之比
69	紧密距	在规定的安装力矩或者其他条件下,圆锥螺纹工件或量规上规定参照点间的轴向距离

1.3 普通螺纹（牙型、尺寸及公差）

1.3.1 概述

普通螺纹是一种使用量最大的紧固连接螺纹。它具有规格多、公差带种类多、旋合性好、易于加工、连接牢固、适用范围广等特点。与其相关的标准有：GB/T 192—2013《普通螺纹　基本牙型》，GB/T 193—2003《普通螺纹　直径与螺距系列》，GB/T 9144—2003《普通螺纹　优选系列》，GB/T 196—2003《普通螺纹　公称尺寸》，GB/T 197—2003《普通螺纹　公差》，GB/T 15756—2008《普通螺纹　极限尺寸》，GB/T 3934—2003《普通螺纹量规　技术条件》等。与加工有关的信息见相应的丝锥、板牙、搓丝板、滚丝轮、底孔直径、搓（滚）丝前的毛坯直径、倒角、肩距退刀槽和收尾等标准。螺纹表面电镀层厚度按 GB/T 5267.1—2002 的规定选取。

1.3.2 牙型

（1）基本牙型

基本牙型如图 5.2-1a 所示。

图中：$H = 0.866025P$。

（2）设计牙型

性能等级高于或等于 8.8 级的紧固件（GB/T 3098.1），其外螺纹牙底轮廓要有圆滑连接的曲线，曲线部分的半径 R 不应小于 $0.125P$。内螺纹的设计牙型对牙底形状无要求，与基本牙型基本相同。外螺纹设计牙型如图 5.2-1b 所示。

1.3.3 直径与螺距系列

1）直径与螺距系列按表 5.2-3 的规定。

2）系列的选择原则。螺纹直径应优先选用第一系列，其次是第二系列，最后选择第三系列。表 5.2-3 中括号内的螺距应尽可能不用。

1.3.4 公称尺寸（见表 5.2-3）

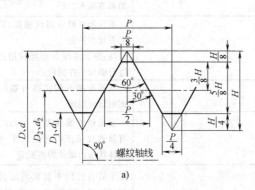
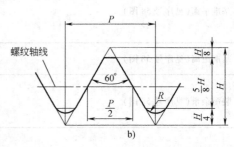

图 5.2-1 牙型

a）基本牙型　b）外螺纹的设计牙型

表 5.2-3　普通螺纹公称尺寸（摘自 GB/T 193—2003 和 GB/T 196—2003）　　　　（mm）

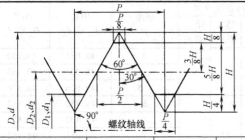

公称尺寸

$D = d$

$D_2 = d_2 = d - 2 \times \dfrac{3}{8} H = d_1 - 0.64952P$

$D_1 = d_1 = d - 2 \times \dfrac{5}{8} H = d - 1.08253P$

$H = \dfrac{\sqrt{3}}{2}P = 0.866025404P$

公称直径 D、d 第一系列	第二系列	第三系列	螺距 P	中径 D_2 或 d_2	小径 D_1 或 d_1
1			**0.25**	0.838	0.729
1			0.2	0.870	0.783
	1.1		**0.25**	0.938	0.829
	1.1		0.2	0.970	0.883
1.2			**0.25**	1.038	0.929
1.2			0.2	1.070	0.983
	1.4		**0.3**	1.205	1.075
	1.4		0.2	1.270	1.183
1.6			**0.35**	1.373	1.221
1.6			0.2	1.470	1.383
	1.8		**0.35**	1.573	1.421
	1.8		0.2	1.670	1.583
2			**0.4**	1.740	1.567
2			0.25	1.838	1.729
	2.2		**0.45**	1.908	1.713
	2.2		0.25	2.038	1.929
2.5			**0.45**	2.208	2.013
2.5			0.35	2.273	2.121
3			**0.5**	2.675	2.459
3			0.35	2.773	2.621
	3.5		**0.6**	3.110	2.850
	3.5		0.35	3.273	3.121
4			**0.7**	3.545	3.242
4			0.5	3.675	3.459
	4.5		**0.75**	4.013	3.688
	4.5		0.5	4.175	3.959
5			**0.8**	4.480	4.134
5			0.5	4.675	4.459
		5.5	0.5	5.175	4.959
6			**1**	5.350	4.917
6			0.75	5.513	5.188
	7		**1**	6.350	5.917
	7		0.75	6.513	6.188
8			**1.25**	7.188	6.647
8			1	7.350	6.917
8			0.75	7.513	7.188
		9	**1.25**	8.188	7.647
		9	1	8.350	7.917
		9	0.75	8.513	8.188
10			**1.5**	9.026	8.376
10			1.25	9.188	8.647
10			1	9.350	8.917
10			0.75	9.513	9.188
		11	**1.5**	10.026	9.376
		11	1	10.350	9.917
		11	0.75	10.513	10.188
12			**1.75**	10.863	10.106
12			1.25	11.188	10.647
12			1	11.350	10.917
	14		**2**	12.701	11.835
	14		1.5	13.026	12.376
	14		1.25①	13.188	12.647
	14		1	13.350	12.917
		15	1.5	14.026	13.376
		15	1	14.350	13.917
16			**2**	14.701	13.835
16			1.5	15.026	14.376
16			1	15.350	14.917
		17	1.5	16.026	15.376
		17	1	16.350	15.917
	18		**2.5**	16.376	15.294
	18		2	16.701	15.835
	18		1.5	17.026	16.376
	18		1	17.350	16.917
20			**2.5**	18.376	17.294
20			2	18.701	17.835
20			1.5	19.026	18.376
20			1	19.350	18.917
	22		**2.5**	20.376	19.294
	22		2	20.701	19.835
	22		1.5	21.036	20.376
	22		1	21.350	20.917
24			**3**	22.051	20.752
24			2	22.701	21.835
24			1.5	23.026	22.376
24			1	23.350	22.917
		25	2	23.701	22.835
		25	1.5	24.026	23.376

（续）

表 5.2.3　普通螺纹（2）公称尺寸（粗牙）（摘自 GB/T 193～196—2003）　　（mm）

公称直径 D、d			螺距 P	中径 D_2 或 d_2	小径 D_1 或 d_1	公称直径 D、d			螺距 P	中径 D_2 或 d_2	小径 D_1 或 d_1
第一系列	第二系列	第三系列				第一系列	第二系列	第三系列			
		25	1	24.350	23.917				3	48.051	46.752
		26	1.5	25.026	24.376			50	2	48.701	47.835
	27		3	25.051	23.752				1.5	49.026	48.376
			2	25.701	24.835				5	48.752	46.587
			1.5	26.026	25.376				4	49.402	47.670
			1	26.350	25.917		52		3	50.051	48.752
		28	2	26.701	25.835				2	50.701	49.835
			1.5	27.026	26.376				1.5	51.026	50.376
			1	27.350	26.917				4	52.402	50.670
30			3.5	27.727	26.211			55	3	53.051	51.752
			(3)	28.051	26.752				2	53.701	52.835
			2	28.701	27.835				1.5	54.026	53.376
			1.5	29.026	28.376				5.5	52.428	50.046
			1	29.350	28.917				4	53.402	51.670
		32	2	30.701	29.835	56			3	54.051	52.752
			1.5	31.026	30.376				2	54.701	53.835
	33		3.5	30.727	29.211				1.5	55.026	54.376
			(3)	31.051	29.752				4	55.402	53.670
			2	31.701	30.835			58	3	56.051	54.752
			1.5	32.026	31.376				2	56.701	55.835
		35②	1.5	34.026	33.376				1.5	57.026	56.376
36			4	33.402	31.670				5.5	56.428	54.046
			3	34.051	32.752				4	57.402	55.670
			2	34.701	33.835		60		3	58.051	56.752
			1.5	35.026	34.376				2	58.701	57.835
		38	1.5	37.026	36.376				1.5	59.026	58.376
	39		4	36.402	34.670				4	59.402	57.670
			3	37.051	35.752			62	3	60.051	58.752
			2	37.701	36.835				2	60.701	59.835
			1.5	38.026	37.376				1.5	61.026	60.376
		40	3	38.051	36.752				6	60.103	57.505
			2	38.701	37.835				4	61.402	59.670
			1.5	39.026	38.376	64			3	62.051	60.752
42			4.5	39.077	37.129				2	62.701	61.835
			4	39.402	37.670				1.5	63.026	62.376
			3	40.051	38.752				4	62.402	60.670
			2	40.701	39.835			65	3	63.051	61.752
			1.5	41.026	40.376				2	63.701	62.835
	45		4.5	42.077	40.129				1.5	64.026	63.376
			4	42.402	40.670				6	64.103	61.505
			3	43.051	41.752				4	65.406	63.670
			2	43.701	42.835		68		3	66.051	64.752
			1.5	44.026	43.376				2	66.701	65.835
48			5	44.752	42.587				1.5	67.026	66.376
			4	45.402	43.670				6	66.103	63.505
			3	46.051	44.752			70	4	67.402	65.670
			2	46.701	45.835				3	68.051	66.752
			1.5	47.026	46.376						

（续）

公称直径 D、d			螺距 P	中径 D_2 或 d_2	小径 D_1 或 d_1	公称直径 D、d			螺距 P	中径 D_2 或 d_2	小径 D_1 或 d_1
第一系列	第二系列	第三系列				第一系列	第二系列	第三系列			
		70	2	68.701	67.835				6	111.103	108.505
			1.5	69.026	68.376		115		4	112.402	110.670
72			6	68.103	65.505				3	113.051	111.752
			4	69.402	67.670				2	113.701	112.835
			3	70.051	68.752		120		6	116.103	113.505
			2	70.701	69.835				4	117.402	115.670
			1.5	71.026	70.376				3	118.051	116.752
		75	4	72.402	70.670				2	118.701	117.835
			3	73.051	71.752				8	119.804	116.340
			2	73.701	72.835				6	121.103	118.505
			1.5	74.026	73.376	125			4	122.402	120.670
	76		6	72.103	69.505				3	123.051	121.752
			4	73.402	71.670				2	123.701	122.835
			3	74.051	72.752				8	134.804	121.340
			2	74.701	73.835				6	126.103	123.505
			1.5	75.026	74.376		130		4	127.402	125.670
		78	2	76.701	75.835				3	128.051	126.752
80			6	76.103	73.505				2	128.701	127.835
			4	77.402	75.670				6	131.103	128.505
			3	78.051	76.752			135	4	132.402	130.670
			2	78.701	77.835				3	133.051	131.752
			1.5	79.026	78.376				2	133.701	132.835
		82	2	80.701	79.835				8	134.804	131.340
	85		6	81.103	78.505				6	136.103	133.505
			4	82.402	80.670	140			4	137.402	135.670
			3	83.051	81.752				3	138.051	136.752
			2	83.701	82.835				2	138.701	137.835
90			6	86.103	83.505				6	141.103	138.505
			4	87.402	85.670		145		4	142.402	140.670
			3	88.051	86.752				3	143.051	141.752
			2	88.701	87.835				2	143.701	142.835
	95		6	91.103	88.505				8	144.804	144.340
			4	92.402	90.670				6	146.103	143.505
			3	93.051	91.752	150			4	147.402	145.670
			2	93.701	92.835				3	148.051	146.752
100			6	96.103	93.505				2	148.701	147.835
			4	97.402	95.670				6	151.103	148.505
			3	98.051	96.752			155	4	152.402	150.670
			2	98.701	97.835				3	153.051	151.752
	105		6	101.103	98.505				8	154.804	151.340
			4	102.402	100.670	160			6	156.103	153.505
			3	103.051	101.752				4	157.402	155.670
			2	103.701	102.835				3	158.051	156.752
110			6	106.103	103.505				6	161.103	158.505
			4	107.402	105.670			165	4	162.402	160.670
			3	108.051	106.752				3	163.051	161.752
			2	108.701	107.835				2	163.701	162.835

（续）

左半部分：

公称直径 D、d 第一系列	第二系列	第三系列	螺距 P	中径 D_2 或 d_2	小径 D_1 或 d_1
	170		8	164.804	161.340
	170		6	166.103	163.505
	170		4	167.402	165.670
	170		3	168.051	166.752
		175	6	171.103	168.505
		175	4	172.402	170.670
		175	3	173.051	171.752
180			8	174.804	171.340
180			6	176.103	173.505
180			4	177.402	175.670
180			3	178.051	176.752
		185	6	181.103	178.505
		185	4	182.402	180.670
		185	3	183.051	181.752
	190		8	184.804	181.340
	190		6	186.103	183.505
	190		4	187.402	185.670
	190		3	188.051	186.752
		195	6	191.103	188.505
		195	4	192.402	190.670
		195	3	193.051	191.752
200			8	194.804	191.340
200			6	196.103	193.505
200			4	197.402	195.670
200			3	198.051	196.752
		205	6	201.103	198.505
		205	4	202.402	200.670
		205	3	203.051	201.752
	210		8	204.804	201.340
	210		6	206.103	203.505
	210		4	207.402	205.670
	210		3	208.051	206.752
		215	6	211.103	208.505
		215	4	212.402	210.670
		215	3	213.051	211.752
220			8	214.804	211.340
220			6	216.103	213.505
220			4	217.402	215.670
220			3	218.051	216.752
		225	6	221.103	218.505
		225	4	222.402	220.670
		225	3	223.051	221.752
	230		8	224.804	221.340
	230		6	226.103	223.505
	230		4	227.402	225.670
	230		3	228.051	226.752
		235	6	231.103	228.505
		235	4	232.402	230.670

右半部分：

公称直径 D、d 第一系列	第二系列	第三系列	螺距 P	中径 D_2 或 d_2	小径 D_1 或 d_1
	235		3	233.051	231.752
240			8	234.804	231.340
240			6	236.103	233.505
240			4	237.402	235.670
240			3	238.051	236.752
		245	6	241.103	238.505
		245	4	242.402	240.670
		245	3	243.051	241.752
	250		8	244.804	241.340
	250		6	246.103	243.505
	250		4	247.402	245.670
	250		3	248.051	246.752
		255	6	251.103	248.505
		255	4	252.402	250.670
	260		8	254.804	251.340
	260		6	256.103	253.505
	260		4	257.402	255.670
		265	6	261.103	258.505
		265	4	262.402	260.670
	270		8	264.804	261.340
	270		6	266.103	263.505
	270		4	267.402	265.670
		275	6	271.103	268.505
		275	4	272.402	270.670
280			8	274.804	271.340
280			6	276.103	273.505
280			4	277.402	275.670
		285	6	281.103	278.505
		285	4	282.402	280.670
		290	8	284.804	281.340
		290	6	286.103	283.505
		290	4	287.402	285.670
		295	6	291.103	288.505
		295	4	292.402	290.670
	300		8	294.804	291.340
	300		6	296.103	293.505
	300		4	297.402	295.670
		310	6	306.103	303.505
		310	4	307.402	305.670
320			6	316.103	313.505
320			4	317.402	315.670
		330	6	326.103	323.505
		330	4	327.402	325.670
	340		6	336.103	333.505
	340		4	337.402	335.670
	350		6	346.103	343.505
	350		4	347.402	345.670

（续）

第一系列	第二系列	第三系列	螺距 P	中径 D_2 或 d_2	小径 D_1 或 d_1	第一系列	第二系列	第三系列	螺距 P	中径 D_2 或 d_2	小径 D_1 或 d_1
360			6	356.103	353.505		460		6	456.103	453.505
360			4	357.402	355.670			470	6	466.103	463.505
		370	6	366.103	363.505		480		6	476.103	473.505
		370	4	367.402	365.670			490	6	486.103	483.505
	380		6	376.103	373.505	500			6	496.103	493.505
	380		4	377.402	375.670			510	6	506.103	503.505
		390	6	386.103	383.505		520		6	516.103	513.505
		390	4	387.402	385.670			530	6	526.103	523.505
400			6	396.103	393.505		540		6	536.103	533.505
400			4	397.402	395.670	550			6	546.103	543.505
		410	6	406.103	403.505		560		6	556.103	553.505
	420		6	416.103	413.505			570	6	566.103	563.505
		430	6	426.103	423.505		580		6	576.103	573.505
	440		6	436.103	433.505			590	6	586.103	583.505
450			6	446.103	443.505	600			6	596.103	593.505

注：1. 公称直径优先选用第一系列，其次选用第二系列，最后选用第三系列。

2. 尽可能避免用括号内的螺距。

3. 黑体螺距为粗牙螺距，其余为细牙螺距。

4. 对直径 150~600mm 的螺纹，需要使用螺距大于 6mm 的螺纹时，应优先选用 8mm 的螺距。

① M14×1.25 仅用于火花塞。

② M35×1.5 仅用于滚动轴承锁紧螺母。

1.3.5　普通螺纹的标记

普通螺纹的完整标记由螺纹特征代号、尺寸代号、公差带代号和其他有必要的信息组成，标记时除特征代号与尺寸代号不隔开外，其他各项之间应用"-"分开。其格式如下：

| 螺纹特征代号 |　　| 尺寸代号 - 公差带代号 - |

| 旋合长度代号 - 旋向代号 |

螺纹特征代号用字母"M"表示；尺寸代号：细牙螺纹的尺寸代号用"公称直径×螺距"表示，对于粗牙螺纹其螺距省略不标，多线螺纹则用"公称直径×Ph 导程 P 螺距"表示。

公差带代号包括螺纹的中径公差带代号和顶径公差带代号，标注时中径公差带代号在前、顶径公差带代号在后，当两者公差带相同时只标注一个代号。在下列情况下中等公差等级螺纹不标注其公差带代号：

内螺纹：

-5H　公称直径小于和等于 1.4mm 时；

-6H　公称直径大于和等于 1.6mm 时。

外螺纹：

-6h　公称直径小于和等于 1.4mm 时；

-6g　公称直径大于和等于 1.6mm 时。

表示内、外螺纹配合时，内螺纹公差带代号在前，外螺纹公差带代号在后，中间用斜线分开。

标记中中等旋合长度（代号为 N）的螺纹不用标注，而短旋合长度（代号为 S）和长旋合长度（代号为 L）则宜标注。

对左向螺纹应标注"LH"代号，右旋螺纹不标注旋向代号。

普通螺纹的标记示例：

M6×0.75-5g4g-L-LH（依次表示：公称直径为 6mm，螺距为 0.75mm 的细牙螺纹，中、顶径公差带 5g4g，长旋合长度，左旋）；

M8（公称直径为 8mm 的粗牙普通螺纹，由于其中径和顶径公差带为 6g 中等旋合长度、右旋，故后三项均被省略不标记）；

M20×2-6H/5g6g-S（内、外螺纹配合时）

1.3.6　普通螺纹公差（摘自 GB/T 197—2003）

1) 普通螺纹的公差带及公差等级。螺纹公差带是沿螺纹牙型分布的牙型公差带，在垂直于螺纹轴线方向计量其公差和偏差值的大小。GB/T 197—2003 规定了内、外螺纹的顶径公差和中径公差的等级（表 5.2-4）。螺纹公差带相对基本牙型的位置是由基本偏差来确定的。国标规定内螺纹有 G（其基本偏差 EI 为正值）和 H（其基本偏差 EI 为零）两种公差带位置，而外螺纹则有 e、f、g（其基本偏差 es 为负值）、h（其基本偏差 es 为零）四种公差带位置。

表 5.2-4　内、外螺纹顶径和中径的公差等级

螺纹直径		公差等级
外螺纹	中径 (d_2)	3,4,5,6,7,8,9
	大径 (d)	4,6,8
内螺纹	中径 (D_2)	4,5,6,7,8
	小径 (D_1)	4,5,6,7,8

注：顶径指外螺纹大径和内螺纹小径。

2）螺纹的旋合长度。两相配合的螺纹沿螺纹轴线方向相互旋合部分的长度称为螺纹的旋合长度。GB/T 197—2003 将旋合长度分为三组：短旋合长度（S）、中等旋合长度（N）及长旋合长度（L）。各组的长度范围见表 5.2-5。

3）推荐公差带见表 5.2-6，其数值见表 5.2-7~表 5.2-9。

表 5.2-5　螺纹旋合长度（摘自 GB/T 197—2003）　　　　　　（mm）

基本大径 D、d >	≤	螺距 P	旋合长度 S ≤	N >	N ≤	L >	基本大径 D、d >	≤	螺距 P	旋合长度 S ≤	N >	N ≤	L >
0.99	1.4	0.2	0.5	0.5	1.4	1.4	22.4	45	1	4	4	12	12
		0.25	0.6	0.6	1.7	1.7			1.5	6.3	6.3	19	19
		0.3	0.7	0.7	2	2			2	8.5	8.5	25	25
1.4	2.8	0.2	0.5	0.5	1.5	1.5			3	12	12	36	36
		0.25	0.6	0.6	1.9	1.9			3.5	15	15	45	45
		0.35	0.8	0.8	2.6	2.6			4	18	18	53	53
		0.4	1	1	3	3			4.5	21	21	63	63
		0.45	1.3	1.3	3.8	3.8	45	90	1.5	7.5	7.5	22	22
2.8	5.6	0.35	1	1	3	3			2	9.5	9.5	28	28
		0.5	1.5	1.5	4.5	4.5			3	15	15	45	45
		0.6	1.7	1.7	5	5			4	19	19	56	56
		0.7	2	2	6	6			5	24	24	71	71
		0.75	2.2	2.2	6.7	6.7			5.5	28	28	85	85
		0.8	2.5	2.5	7.5	7.5			6	32	32	95	95
5.6	11.2	0.75	2.4	2.4	7.1	7.1	90	180	2	12	12	36	36
		1	3	3	9	9			3	18	18	53	53
		1.25	4	4	12	12			4	24	24	71	71
		1.5	5	5	15	15			6	36	36	106	106
									8	45	45	132	132
11.2	22.4	1	3.8	3.8	11	11	180	355	3	20	20	60	60
		1.25	4.5	4.5	13	13			4	26	26	80	80
		1.5	5.6	5.6	16	16			6	40	40	118	118
		1.75	6	6	18	18			8	50	50	150	150
		2	8	8	24	24							
		2.5	10	10	30	30							

表 5.2-6　螺纹的推荐公差带

公差精度		公差带位置 e S	N	L	公差带位置 f S	N	L	公差带位置 g S	N	L	公差带位置 h S	N	L
外螺纹	精密	—	—	—	—	—	—	—	(4g)	(5g4g)	(3h4h)	**4h**	(5h4h)
	中等	—	**6e**	(7e6e)	—	**6f**	—	(5g6g)	**⬚6g⬚**	(7g6g)	(5h6h)	6h	(7h6h)
	粗糙	—	(8e)	(9e8e)	—	—	—	—	8g	(9g8g)	—	—	—

（续）

公差精度		公差带位置 G			公差带位置 H			说明
		S	N	L	S	N	L	
内螺纹	精　密	—	—	—	4H	5H	6H	
	中　等	(5G)	6G	(7G)	5H	6H	7H	
	粗　糙	—	(7G)	(8G)	—	7H	8H	

精密级—用于精密的螺纹
中等级—用于一般用途螺纹
粗糙级—用于制造螺纹有困难的场合,例如深
盲孔内加工螺纹

注：1. 公差带优先选用顺序为：粗字体公差带、一般字体公差带、括号内公差带。带方框的粗字体公差带用于大量生产的紧固件螺纹。

2. 如果不知道螺纹旋合长度的实际值，推荐按中等旋合长度（N）选取螺纹公差带。

3. 表内的内螺纹公差带能与表内的外螺纹公差带形成任意组合。但是，为了保证内、外螺纹间有足够的螺纹接触高度，推荐完工后的螺纹零件宜优先组成 H/g、H/h 或 G/h 配合。对公称直径小于和等于 1.4mm 的螺纹，应选用 5H/6h、4H/6h 或更精密的配合。

4. 如无其他特殊说明，推荐公差带适用于涂镀前螺纹。涂镀后，螺纹实际轮廓上的任何点不应超越按公差位置 H 或 h 所确定的最大实体牙型。推荐公差带仅适用于具有薄涂镀层的螺纹，例如电镀螺纹。

表 5.2-7　内、外螺纹的基本偏差　　　（μm）

螺距 P /mm	基本偏差						螺距 P /mm	基本偏差					
	内螺纹		外螺纹					内螺纹		外螺纹			
	G	H	e	f	g	h		G	H	e	f	g	h
	EI	EI	es	es	es	es		EI	EI	es	es	es	es
0.2	+17	0	—	—	−17	0	1.25	+28	0	−63	−42	−28	0
0.25	+18	0	—	—	−18	0	1.5	+32	0	−67	−45	−32	0
0.3	+18	0	—	—	−18	0	1.75	+34	0	−71	−48	−34	0
0.35	+19	0	—	−34	−19	0	2	+38	0	−71	−52	−38	0
0.4	+19	0	—	−34	−19	0	2.5	+42	0	−80	−58	−42	0
0.45	+20	0	—	−35	−20	0	3	+48	0	−85	−63	−48	0
0.5	+20	0	−50	−36	−20	0	3.5	+53	0	−90	−70	−53	0
0.6	+21	0	−53	−36	−21	0	4	+60	0	−95	−75	−60	0
0.7	+22	0	−56	−38	−22	0	4.5	+63	0	−100	−80	−63	0
0.75	+22	0	−56	−38	−22	0	5	+71	0	−106	−85	−71	0
0.8	+24	0	−60	−38	−24	0	5.5	+75	0	−112	−90	−75	0
1	+26	0	−60	−40	−26	0	6	+80	0	−118	−95	−80	0
							8	+100	0	−140	−118	−100	0

表 5.2-8　内螺纹小径和外螺纹大径公差值　　　（μm）

螺距 P /mm	内螺纹小径公差（T_{D_1}）					外螺纹大径公差（T_d）		
	公差等级							
	4	5	6	7	8	4	6	8
0.2	38	—	—	—	—	36	56	—
0.25	45	56	—	—	—	42	67	—
0.3	53	67	85	—	—	48	75	—
0.35	63	80	100	—	—	53	85	—
0.4	71	90	112	—	—	60	95	—
0.45	80	100	125	—	—	63	100	—

（续）

螺距 P /mm	内螺纹小径公差（T_{D_1}）					外螺纹大径公差（T_d）		
	公差等级							
	4	5	6	7	8	4	6	8
0.5	90	112	140	180	—	67	106	—
0.6	100	125	160	200	—	80	125	—
0.7	112	140	180	224	—	90	140	—
0.75	118	150	190	236	—	90	140	—
0.8	125	160	200	250	315	95	150	236
1	150	190	236	300	375	112	180	280
1.25	170	212	265	335	425	132	212	335
1.5	190	236	300	375	475	150	236	375
1.75	212	265	335	425	530	170	265	425
2	236	300	375	475	600	180	280	450
2.5	280	355	450	560	710	212	335	530
3	315	400	500	630	800	236	375	600
3.5	355	450	560	710	900	265	425	670
4	375	475	600	750	950	300	475	750
4.5	425	530	670	850	1060	315	500	800
5	450	560	710	900	1120	335	530	850
5.5	475	600	750	950	1180	355	560	900
6	500	630	800	1000	1250	375	600	950
8	630	800	1000	1250	1600	450	710	1180

表 5.2-9　内、外螺纹中径公差值　　　　　　　　　　（μm）

基本大径 /mm		螺距 P /mm	内螺纹中径公差（T_{D_2}）					外螺纹中径公差（T_{d_2}）						
>	≤		公差等级											
			4	5	6	7	8	3	4	5	6	7	8	9
0.99	1.4	0.2	40	—	—	—	—	24	30	38	48	—	—	—
		0.25	45	56	—	—	—	26	34	42	53	—	—	—
		0.3	48	60	75	—	—	28	36	45	56	—	—	—
1.4	2.8	0.2	52	—	—	—	—	25	32	40	50	—	—	—
		0.25	48	60	—	—	—	28	36	45	56	—	—	—
		0.35	53	67	85	—	—	32	40	50	63	80	—	—
		0.4	56	71	90	—	—	34	42	53	67	85	—	—
		0.45	60	75	95	—	—	36	45	56	71	90	—	—
2.8	5.6	0.35	56	71	90	—	—	34	42	53	67	85	—	—
		0.5	63	80	100	125	—	38	48	60	75	95	—	—
		0.6	71	90	112	140	—	42	53	67	85	106	—	—
		0.7	75	95	118	150	—	45	56	71	90	112	—	—
		0.75	75	95	118	150	—	45	56	71	90	112	—	—
		0.8	80	100	125	160	200	48	60	75	95	118	150	190
5.6	11.2	0.75	85	106	132	170	—	50	63	80	100	125	—	—
		1	95	118	150	190	236	56	71	90	112	140	180	224
		1.25	100	125	160	200	250	60	75	95	118	150	190	236
		1.5	112	140	180	224	280	67	85	106	132	170	212	265
11.2	22.4	1	100	125	160	200	250	60	75	95	118	150	190	236
		1.25	112	140	180	224	280	67	85	106	132	170	212	265
		1.5	118	150	190	236	300	71	90	112	140	180	224	280
		1.75	125	160	200	250	315	75	95	118	150	190	236	300
		2	132	170	212	265	335	80	100	125	160	200	250	315
		2.5	140	180	224	280	355	85	106	132	170	212	265	335

（续）

基本大径 /mm		螺距 P /mm	内螺纹中径公差(T_{D_2})					外螺纹中径公差(T_{d_2})						
>	≤		公差等级					公差等级						
			4	5	6	7	8	3	4	5	6	7	8	9
22.4	45	1	106	132	170	212	—	63	80	100	125	160	200	250
		1.5	125	160	200	250	315	75	95	118	150	190	236	300
		2	140	180	224	280	355	85	106	132	170	212	265	335
		3	170	212	265	335	425	100	125	160	200	250	315	400
		3.5	180	224	280	355	450	106	132	170	212	265	335	425
		4	190	236	300	375	475	112	140	180	224	280	355	450
		4.5	200	250	315	400	500	118	150	190	236	300	375	475
45	90	1.5	132	170	212	265	335	80	100	125	160	200	250	315
		2	150	190	236	300	375	90	112	140	180	224	280	355
		3	180	224	280	355	450	106	132	170	212	265	335	425
		4	200	250	315	400	500	118	150	190	236	300	375	475
		5	212	265	335	425	530	125	160	200	250	315	400	500
		5.5	224	280	355	450	560	132	170	212	265	335	425	530
		6	236	300	375	475	600	140	180	224	280	355	450	560
90	180	2	160	200	250	315	400	95	118	150	190	236	300	375
		3	190	236	300	375	475	112	140	180	224	280	355	450
		4	212	265	335	425	530	125	160	200	250	315	400	500
		6	250	315	400	500	630	150	190	236	300	375	475	600
		8	280	355	450	560	710	170	212	265	335	425	530	670
180	355	3	212	265	335	425	530	125	160	200	250	315	400	500
		4	236	300	375	475	600	140	180	224	280	355	450	560
		6	265	335	425	530	670	160	200	250	315	400	500	630
		8	300	375	475	600	750	180	224	280	355	560	560	710

1.4　管螺纹

1.4.1　55°非密封管螺纹

GB/T 7307—2001 规定了牙型角为 55°，内、外螺纹都是圆柱形的管螺纹。这种螺纹拧紧后没有密封功能，仅在管路中起机械连接作用，适用于管接头、旋塞、阀门及其他管路附件。

（1）基本牙型

55°圆柱管螺纹的基本牙型如图 5.2-2 所示，其牙顶和牙底呈圆弧形，圆弧半径为 r。大、小径的削平高度均为 $H/6$。公称尺寸见表 5.2-10。

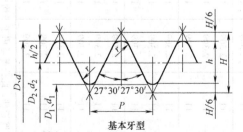

$P=\dfrac{25.4}{n}$；$H/6=0.160082P$；

$H=0.960491P$；$D_2=d_2=d-0.640327P$；

$h=0.640327P$；$D_1=d_1=d-1.280654P$；

$r=0.137329P$

图 5.2-2　55°圆柱管螺纹的基本牙型

（2）公差带

55°圆柱管螺纹公差带位置如图 5.2-3 所示，其内、外螺纹的基本偏差均为零，而且公差带都是向形成间隙的方向分布的，并允许螺纹的牙顶在公差范围内削平。内、外螺纹配合后最小间隙为零，在绝大多数情况下，内、外螺纹都有间隙的配合，这也是圆柱管螺纹不具有密封性能的根本原因。

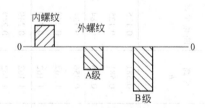

图 5.2-3　55°圆柱管螺纹公差带

外螺纹的中径有 A、B 两种公差等级，A 级的公差值与同标准内螺纹（不分级）的公差值相等，B 级是 A 级的两倍，各直径的公差值见表 5.2-10。

（3）标记方法和示例

GB/T 7307 中规定的非螺纹密封的管螺纹，其标记由螺纹特征代号、尺寸代号（见表 5.2-10 第 1 栏）和公差等级代号组成。特征代号为 G，尺寸代号标注在特征代号之后，外螺纹的公差等级代号写在尺寸代

表 5.2-10　管螺纹基本尺寸和公差

(mm)

尺寸代号	每 25.4mm 内的牙数 n	螺距 P	牙高 h	圆弧半径 r≈	基本直径 大径 d=D	基本直径 中径 d₂=D₂	基本直径 小径 d₁=D₁	外螺纹 大径公差 下偏差	外螺纹 大径公差 上偏差	外螺纹 中径公差 下偏差 A 级	外螺纹 中径公差 下偏差 B 级	外螺纹 中径公差 上偏差	内螺纹 中径公差 下偏差	内螺纹 中径公差 上偏差	内螺纹 小径公差 下偏差	内螺纹 小径公差 上偏差
1/16	28	0.907	0.581	0.125	7.723	7.142	6.561	-0.214	0	-0.107	-0.214	0	0	+0.107	0	+0.282
1/8	28	0.907	0.581	0.125	9.728	9.147	8.566	-0.214	0	-0.107	-0.214	0	0	+0.107	0	+0.282
1/4	19	1.337	0.856	0.184	13.157	12.301	11.445	-0.250	0	-0.125	-0.250	0	0	+0.125	0	+0.445
3/8	19	1.337	0.856	0.184	16.662	15.806	14.950	-0.250	0	-0.125	-0.250	0	0	+0.125	0	+0.445
1/2	14	1.814	1.162	0.249	20.955	19.793	18.631	-0.284	0	-0.142	-0.284	0	0	+0.142	0	+0.541
5/8	14	1.814	1.162	0.249	22.911	21.749	20.587	-0.284	0	-0.142	-0.284	0	0	+0.142	0	+0.541
3/4	14	1.814	1.162	0.249	26.441	25.279	24.117	-0.284	0	-0.142	-0.284	0	0	+0.142	0	+0.541
7/8	14	1.814	1.162	0.249	30.201	29.039	27.877	-0.284	0	-0.142	-0.284	0	0	+0.142	0	+0.541
1	11	2.309	1.479	0.317	33.249	31.770	30.291	-0.360	0	-0.180	-0.360	0	0	+0.180	0	+0.640
1⅛	11	2.309	1.479	0.317	37.897	36.418	34.939	-0.360	0	-0.180	-0.360	0	0	+0.180	0	+0.640
1¼	11	2.309	1.479	0.317	41.910	40.431	38.952	-0.360	0	-0.180	-0.360	0	0	+0.180	0	+0.640
1½	11	2.309	1.479	0.317	47.803	46.324	44.845	-0.360	0	-0.180	-0.360	0	0	+0.180	0	+0.640
1¾	11	2.309	1.479	0.317	53.746	52.267	50.788	-0.360	0	-0.180	-0.360	0	0	+0.180	0	+0.640
2	11	2.309	1.479	0.317	59.614	58.135	56.656	-0.360	0	-0.180	-0.360	0	0	+0.180	0	+0.640
2¼	11	2.309	1.479	0.317	65.710	64.231	62.752	-0.434	0	-0.217	-0.434	0	0	+0.217	0	+0.640
2½	11	2.309	1.479	0.317	75.184	73.705	72.226	-0.434	0	-0.217	-0.434	0	0	+0.217	0	+0.640
2¾	11	2.309	1.479	0.317	81.534	80.055	78.576	-0.434	0	-0.217	-0.434	0	0	+0.217	0	+0.640
3	11	2.309	1.479	0.317	87.884	86.405	84.926	-0.434	0	-0.217	-0.434	0	0	+0.217	0	+0.640
3½	11	2.309	1.479	0.317	100.330	98.851	97.372	-0.434	0	-0.217	-0.434	0	0	+0.217	0	+0.640
4	11	2.309	1.479	0.317	113.030	111.551	110.072	-0.434	0	-0.217	-0.434	0	0	+0.217	0	+0.640
4½	11	2.309	1.479	0.317	125.730	124.251	122.772	-0.434	0	-0.217	-0.434	0	0	+0.217	0	+0.640
5	11	2.309	1.479	0.317	138.430	136.951	135.472	-0.434	0	-0.217	-0.434	0	0	+0.217	0	+0.640
5½	11	2.309	1.479	0.317	151.130	149.651	148.172	-0.434	0	-0.217	-0.434	0	0	+0.217	0	+0.640
6	11	2.309	1.479	0.317	163.830	162.351	160.872	-0.434	0	-0.217	-0.434	0	0	+0.217	0	+0.640

注：对薄壁管件，此公差适用于平均中径，该中径是测量两个相互垂直直径的算术平均值。

号之后。若未注公差等级则为内螺纹，当螺纹为左旋时，在标记的最后加注"LH"。尺寸代号为 1/2 的螺纹示例如下：

A 级外螺纹：G1/2A；

内螺纹：G1/2；

左旋 B 级外螺纹：G1/2B-LH；

螺纹副 G1/2G1/2A。

1.4.2　55°密封管螺纹

GB/T 7306.1、2—2000 规定了螺纹副具有密封能力的牙型角为 55°的管螺纹。标准中规定了两种配合方式，即圆柱内螺纹和圆锥外螺纹配合以及内、外螺纹都是圆锥的配合，这两种配合方式的螺纹副均具有密封性，并允许在螺纹副内加入密封填料来增强密封性，适用于管子、管接头和旋塞等管路附件。

圆柱内螺纹和圆锥外螺纹的配合通常称为直/锥配合，当圆锥外螺纹旋入圆柱内螺纹时，很容易在圆柱内螺纹端面锁紧，并在内、外螺纹的中径尺寸相等处构成一个密封环，如图 5.2-4 所示。内、外螺纹旋紧后，形成这一环是比较容易的，因此大量用于各种低压、静载的场合，如水、煤气管等。

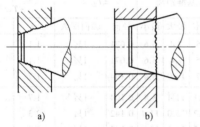

图 5.2-4　两种配合方式的比较

a）内锥/外锥的配合　b）内柱/外锥的配合

内、外螺纹都是圆锥的配合是在内、外螺纹相互旋紧的整个锥面上进行密封，由于受到内、外螺纹锥度、牙型半角等多个要素一致性的制约，要在整个锥面上全部贴合是不容易的，往往已经拧得很紧，却仍然有泄漏，但是当它们一旦实现密封则难以被破坏，比较可靠，一般在高压、动载情况下使用。

（1）基本牙型

管螺纹的原始三角形为顶角为 55°的等腰三角形，大、小径的削平高度均为 H/6，其中锥螺纹的锥度比为 1：16，牙型角的角平分线垂直于螺纹轴线，圆锥管螺纹和圆柱管螺纹基本牙型及公称尺寸见表 5.2-11。

（2）公差

圆锥管螺纹是通过规定基面轴向位移量的公差对各单项要素（如螺距、半角、锥度等）进行综合控制的。这是因为圆锥螺纹在轴向不同位置具有不同的直径尺寸，如果制造有误差，在规定位置上的大径就不等于基准直径，也就是说，此位置的平面不是基准平面，而在另外一个位置上的大径却等于基准直径。这另一个位置上的平面才是基准平面。这个新位置到规定位置的距离就是基准平面的轴向位移量，该值即代表锥螺纹的误差。内、外圆柱、圆锥管螺纹的公差见表 5.2-12。

（3）标记方法和示例

GB/T 7306 中规定的用螺纹密封的管螺纹，其标记由螺纹特征代号、尺寸代号两部分组成。各种螺纹的特征代与规定如下：

Rc——圆锥内螺纹；

Rp——与圆锥外螺纹配合的圆柱内螺纹；

R₁、R₂——分别与圆柱、圆锥内螺纹配合。

表 5.2-11　圆锥管螺纹和圆柱管螺纹的基本牙型及公称尺寸　　　　（mm）

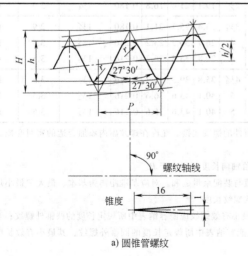

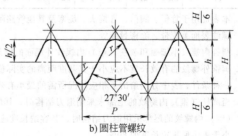

$$P=\frac{25.4}{n}\ ;\ h=0.640327P;$$

$$H=0.960237P;\ r=0.137278P$$

a）圆锥管螺纹　　　　　　　b）圆柱管螺纹

（续）

尺寸代号	每25.4mm内的牙数 n	螺距 P	牙高 h	圆弧半径 r ≈	基准平面上的基本直径		
					大径（基准直径） d = D	中径 d₂ = D₂	小径 d₁ = D₁
1/16	28	0.907	0.581	0.125	7.723	7.142	6.561
1/8	28	0.907	0.581	0.125	9.728	9.147	8.566
1/4	19	1.337	0.856	0.184	13.157	12.301	11.445
3/8	19	1.337	0.856	0.184	16.662	15.806	14.950
1/2	14	1.814	1.162	0.249	20.955	19.793	18.631
3/4	14	1.814	1.162	0.249	26.441	25.279	24.117
1	11	2.309	1.479	0.317	33.249	31.770	30.291
1¼	11	2.309	1.479	0.317	41.910	40.431	38.952
1½	11	2.309	1.479	0.317	47.803	46.324	44.845
2	11	2.309	1.479	0.317	59.614	58.135	56.656
2½	11	2.309	1.479	0.317	75.184	73.705	72.226
3	11	2.309	1.479	0.317	87.884	86.405	84.926
4	11	2.309	1.479	0.317	113.030	111.551	110.072
5	11	2.309	1.479	0.317	138.430	136.951	135.472
6	11	2.309	1.479	0.317	163.830	162.351	160.872

表 5.2-12　内、外圆锥、圆柱管螺纹的公差　　　　　　（mm）

尺寸代号	每25.4mm内牙数 n	螺距 P	基准距离					装配余量		外螺纹的有效螺纹长度 ≥				圆柱内螺纹直径极限偏差 ±$T_2/2$		圆锥内螺纹基准平面轴向位移极限偏差 ±$T_2/2$	
			基本	极限偏差 ±$T_1/2$		最大	最小	长度 ≈	圈数	基准距离				径向	轴向圈数	≈	圈数
				≈	圈数					基本	最大	最小					
1/16	28	0.907	4.0	0.9	1	4.9	3.1	2.5	2¾	6.5	7.4	5.6	0.071	1¼	1.1	1¼
1/8	28	0.907	4.0	0.9	1	4.9	3.1	2.5	2¾	6.5	7.4	5.6	0.071	1¼	1.1	1¼
1/4	19	1.337	6.0	1.3	1	7.3	4.7	3.7	2¾	9.7	11.0	8.4	0.104	1¼	1.7	1¼
3/8	19	1.337	6.4	1.3	1	7.7	5.1	3.7	2¾	10.1	11.4	8.8	0.104	1¼	1.7	1¼
1/2	14	1.814	8.2	1.8	1	10.0	6.4	5.0	2¾	13.2	15.0	11.4	0.142	1¼	2.3	1¼
3/4	14	1.814	9.5	1.8	1	11.3	7.7	5.0	2¾	14.5	16.3	12.7	0.142	1¼	2.3	1¼
1	11	2.309	10.4	2.3	1	12.7	8.1	6.4	2¾	16.8	19.1	14.5	0.180	1¼	2.9	1¼
1¼	11	2.309	12.7	2.3	1	15.0	10.4	6.4	2¾	19.1	21.4	16.8	0.180	1¼	2.9	1¼
1½	11	2.309	12.7	2.3	1	15.0	10.4	6.4	2¾	19.1	21.4	16.8	0.180	1¼	2.9	1¼
2	11	2.309	15.9	2.3	1	18.2	13.6	7.5	3¼	23.4	25.7	21.1	0.180	1¼	2.9	1¼
2½	11	2.309	17.5	3.5	1½	21.0	14.0	9.2	4	26.7	30.2	23.2	0.216	1½	3.5	1½
3	11	2.309	20.6	3.5	1½	24.1	17.1	9.2	4	29.8	33.3	26.3	0.216	1½	3.5	1½
4	11	2.309	25.4	3.5	1½	28.9	21.9	10.4	4½	35.8	39.3	32.3	0.216	1½	3.5	1½
5	11	2.309	28.6	3.5	1½	32.1	25.1	11.5	5	40.1	43.6	36.6	0.216	1½	3.5	1½
6	11	2.309	28.6	3.5	1½	32.1	25.1	11.5	5	40.1	43.6	36.6	0.216	1½	3.5	1½

注：1. 本表适用于管子、阀门、管接头、旋塞及其他管路附件的螺纹连接。允许在螺纹副内添加合适的密封介质，如在螺纹表面缠胶带、涂密封胶等。

2. 圆锥内螺纹小端面和圆柱（锥）内螺纹外端面的倒角轴向长度不得大于 P。

3. 圆锥外螺纹的有效长度不应小于其基准距离的实际值与装配余量之和。对应基准距离为基本、最大和最小尺寸的三种条件，表中分别给出了相应情况所需的最小有效螺纹长度。

4. 当圆柱（锥）内螺纹的尾部未采用退刀结构时，其最小有效螺纹应能容纳表中所规定长度的圆锥外螺纹；当圆柱（锥）内螺纹的尾部采用退刀结构时，其容纳长度应能容纳表中所规定长度的圆锥外螺纹，其最小有效长度应不小于表中所规定长度的80%。

标准规定将管螺纹的尺寸代号（表 5.2-12 的第 1 栏）标注在特征代号之后，当螺纹为左旋时，在标记的最后加注"LH"。尺寸代号为 1/2 的管螺纹示例如下：

圆锥内螺纹：Rc 1/2；

左旋圆柱内螺纹：Rp 1/2-LH；

圆柱内螺纹与圆锥外螺纹的配合：Rp/R₁2。

1.4.3　60°密封管螺纹

GB/T 12716—2011 规定了内、外圆锥螺纹和圆柱内螺纹的牙型、尺寸、公差和标记。内、外螺纹可以组成两种配合：锥/锥和柱/锥，这两种配合的螺纹副本身具有密封能力，使用中允许加入密封填料。适用于管子、阀门、管接头、旋塞及其他管路附件。

（1）尺寸代号

60°密封管螺纹各直径尺寸的代号与其他螺纹标准一致，而在轴向尺寸方面，我国其他螺纹还没有过类似的规定，因此，直接采用了美国标准的代号，如图 5.2-5 所示。各尺寸的代号和名称见表 5.2-13 中。

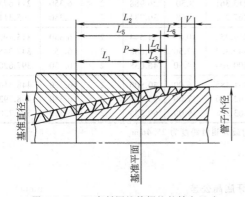

图 5.2-5　60°密封圆锥管螺纹的轴向尺寸

表 5.2-13　60°密封管螺纹尺寸代号和名称

代号	名　称
D	内螺纹大径
d	外螺纹大径
D_2	内螺纹中径
d_2	外螺纹中径
D_1	内螺纹小径
d_1	外螺纹小径
P	螺距
H	原始三角形高度
h	牙型高度
n	25.4mm 内的螺纹牙数
f	削平高度
V	螺尾长度
L_1	基准长度
L_2	有效螺纹长度
L_3	装配余量
L_5	完整螺纹长度
L_6	不完整螺纹长度
L_7	旋紧余量

（2）基本牙型

60°密封管螺纹的牙型，其原始三角形为 60°的等边三角形。圆锥螺纹的锥度为 1∶16，其牙型角的角平分线垂直于螺纹轴线。圆柱内螺纹和圆锥内、外螺纹的牙型如图 5.2-6 所示，牙型上各尺寸间的关系如下：

$$P = 25.4/n,\ H = 0.866025P,\ h = 0.8P,\ f = 0.033P_\circ$$

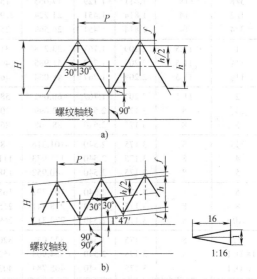

图 5.2-6　60°密封圆锥管螺纹的基本牙型
a）圆柱螺纹　b）圆锥螺纹

圆锥外螺纹基准平面的理论位置位于垂直于螺纹轴线，与小端面（参照平面）相距一个基准距离的平面内；内螺纹基准平面的理论位置位于垂直于螺纹轴线端面（参照平面）内，参见图 5.2-5。圆锥螺纹的大、中、小径的公称尺寸在基准平面上，圆柱内螺纹大、中、小径的公称尺寸应分别与圆锥螺纹在基准平面内的大、中、小径公称尺寸值相等，具体数值见表 5.2-14。

（3）公差

圆锥管螺纹基准平面轴向位置的极限偏差为 ±P，圆柱内螺纹基准平面轴向位置的极限偏差为 ±1.5P；在同一轴向平面内，螺纹的大径和小径尺寸应随中径的尺寸变化而变化，以保证螺纹牙顶高和牙底高在规定的公差范围内，表 5.2-15 列出了牙顶高和牙底高公差的具体数值；对圆锥管螺纹，表 5.2-16 给出了锥度、导程和牙侧角的极限偏差，这些单项要素的误差一般由控制刀具的尺寸来保证；对圆柱内螺纹，表 5.2-17 列出了螺纹中径在径向所对应的极限尺寸。

（4）标记方法和示例

60°密封管螺纹的标记由螺纹特征代号、尺寸代号两部分组成。当螺纹为左旋时，应在尺寸代号后面

表 5.2-14　60°管螺纹的公称尺寸　　　　　　（mm）

| 尺寸代号 | 每25.4mm内牙数 n | 螺距 P | 牙高 h | 基准平面内的基本直径 | | | 基准长度 L_1 | | 装配余量 L_3 | | 外螺纹小端面内的基本小径 |
				大径 $d=D$	中径 $d_2=D_2$	小径 $d_1=D_1$	圈数	尺寸	圈数	尺寸	
1/16	27	0.941	0.752	7.894	7.142	6.389	4.32	4.064	3	2.822	6.137
1/8	27	0.941	0.752	10.242	9.489	8.737	4.36	4.102	3	2.822	8.481
1/4	18	1.411	1.129	13.616	12.487	11.358	4.10	5.785	3	4.233	10.996
3/8	18	1.411	1.129	17.055	15.926	14.797	4.32	6.096	3	4.233	14.417
1/2	14	1.814	1.451	21.224	19.772	18.321	4.48	8.128	3	5.443	17.813
3/4	14	1.814	1.451	26.569	25.117	23.666	4.75	8.618	3	5.443	23.127
1	11.5	2.209	1.767	33.228	31.461	29.694	4.60	10.160	3	6.626	29.060
1¼	11.5	2.209	1.767	41.985	40.218	38.451	4.83	10.668	3	6.626	37.785
1½	11.5	2.209	1.767	48.054	46.278	44.520	4.83	10.668	3	6.626	43.853
2	11.5	2.209	1.767	60.092	58.325	56.558	5.01	11.065	3	6.626	55.867
2½	8	3.175	2.540	72.699	70.159	67.619	5.46	17.335	2	6.350	66.535
3	8	3.175	2.540	88.608	86.068	83.528	6.13	19.463	2	6.350	82.311
3½	8	3.175	2.540	101.316	98.776	96.236	6.57	20.860	2	6.350	94.932
4	8	3.175	2.540	113.973	111.433	108.893	6.75	21.431	2	6.350	107.554
5	8	3.175	2.540	140.952	138.412	135.872	7.50	23.812	2	6.350	134.384
6	8	3.175	2.540	167.792	165.252	162.772	7.66	24.320	2	6.350	161.191
8	8	3.175	2.540	218.441	215.901	213.361	8.50	26.988	2	6.350	211.673
10	8	3.175	2.540	272.312	269.772	267.232	9.68	30.734	2	6.350	265.311
12	8	3.175	2.540	323.032	320.492	317.952	10.88	34.544	2	6.350	315.793
14 O.D.	8	3.175	2.540	354.904	352.364	349.824	12.50	39.688	2	6.350	347.345
16 O.D.	8	3.175	2.540	405.784	403.244	400.704	14.50	46.038	2	6.350	397.828
18 O.D.	8	3.175	2.540	456.565	454.025	451.485	16.00	50.800	2	6.350	448.310
20 O.D.	8	3.175	2.540	507.246	504.706	502.166	17.00	53.975	2	6.350	498.792
24 O.D.	8	3.175	2.540	608.608	606.068	603.528	19.00	60.325	2	6.350	599.758

注：1. 对有效螺纹长度大于 25.4mm 的螺纹，其导程累积误差的最大测量跨度为 25.4mm。

2. 螺尾长度（V）为 3.47P。

3. O.D. 是英文管子外径（Outside Diameter）的缩写。

表 5.2-15　牙顶高和牙底高公差　　　　　　（mm）

25.4mm 轴向长度内所包含的牙数 n	牙顶高和牙底高公差	25.4mm 轴向长度内所包含的牙数 n	牙顶高和牙底高公差
27	0.059	11.5	0.088
18	0.077	8	0.092
14	0.081		

表 5.2-16　锥度、导程和牙侧角极限偏差

在 25.4mm 轴向长度内所包含的牙数 n	中径线锥度(1/16)的极限偏差	有效螺纹的导程累积偏差/mm	牙侧角偏差/(°)
27			±1.25
18、14	+1/96 −1/192	±0.076	±1
11.5、8			±0.75

表 5.2-17　圆柱内螺纹的极限尺寸

| 螺纹的尺寸代号 | 在 25.4mm 长度内所包含的牙数 n | 中径/mm | | 小径/mm |
		max	min	min
1/8	27	9.578	9.401	8.636
1/4	18	12.618	12.355	11.227
3/8	18	16.057	15.794	14.656

（续）

螺纹的尺寸代号	在 25.4mm 长度内所包含的牙数 n	中径/mm		小径/mm
		max	min	min
1/2	14	19.941	19.601	18.161
1/4	14	25.288	24.948	23.495
1	11.5	31.668	31.255	29.489
1¼	11.5	40.424	40.010	38.252
1½	11.5	46.494	46.081	44.323
2	11.5	58.531	58.118	56.363
2½	8	70.457	69.860	67.310
3	8	86.365	85.771	83.236
3½	8	99.072	98.479	95.936
4	8	111.729	111.135	108.585

加注 "LH"。各种螺纹的特征代号规定如下：

NPT——圆锥管螺纹；

NPSC——圆柱内螺纹。

标记示例：

尺寸为 3/4 的右旋圆柱内螺纹为 NPSC3/4；

尺寸为 6 的右旋圆锥内或外螺纹为 NPT6；

尺寸为 14O.D. 的左旋圆锥内螺纹为 NPT14O.D.-LH。

1.4.4　米制锥螺纹

GB/T 1415—2008 规定了米制锥螺纹及与米制外锥螺纹配合的圆柱内螺纹牙型、尺寸、公差和检验。

内、外螺纹可以组成两种配合：圆锥内螺纹/圆锥外螺纹和圆柱内螺纹/圆锥外螺纹，这两种配合形式的螺纹副都具有密封能力，并允许在螺纹副内加入密封填料以提高其密封能力，适用于使用米制螺纹的管路系统。

（1）牙型和公称尺寸（见表 5.2-18）

（2）公差

圆锥螺纹公差见表 5.2-19～表 5.2-21。圆柱内螺纹的牙顶高和牙底高极限偏差见表 5.2-20，圆柱内螺纹中径公差带 H，其公差值应符合 GB/T 197 的规定。

表 5.2-18　米制密封螺纹的牙型和公称尺寸（摘自 GB/T 1415—2008）　　　（mm）

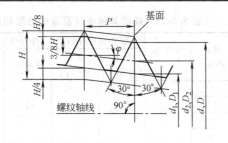

圆锥螺纹的基本牙型

螺纹牙型尺寸按下列公式进行计算

$H = 0.866025404P$

$5H/8 = 0.541265877P$

$3H/8 = 0.324759526P$

$H/4 = 0.216506351P$

$H/8 = 0.108253175P$

米制密封螺纹上各主要尺寸的分布位置

L_1—基准距离　L_2—有效螺纹长度

公称直径 D,d	螺距 P	基面内的直径			基准长度[①]		最小有效螺纹长度[①]	
		大径 D,d	中径 D_2,d_2	小径 D_1,d_1	标准型 L_1	短型 $L_{1短}$	标准型 L_2	短型 $L_{2短}$
8	1	8.000	7.350	6.917	5.500	2.500	8.000	5.500
10	1	10.000	9.350	8.917	5.500	2.500	8.000	5.500
12	1	12.000	11.350	10.917	5.500	2.500	8.000	5.500
14	1.5	14.000	13.026	12.376	7.500	3.500	11.000	8.500

（续）

公称直径 D,d	螺距 P	基面内的直径			基准长度①		最小有效螺纹长度①	
		大径 D,d	中径 D_2,d_2	小径 D_1,d_1	标准型 L_1	短型 $L_{1短}$	标准型 L_2	短型 $L_{2短}$
16	1	16.000	15.350	14.917	5.500	2.500	8.000	5.500
	1.5	16.000	15.026	14.376	7.500	3.500	11.000	8.500
20	1.5	20.000	19.026	18.376	7.500	3.500	11.000	8.500
27	2	27.000	25.701	24.835	11.000	5.000	16.000	12.000
33	2	33.000	31.701	30.835	11.000	5.000	16.000	12.000
42	2	42.000	40.701	39.835	11.000	5.000	16.000	12.000
48	2	48.000	46.701	45.835	11.000	5.000	16.000	12.000
60	2	60.000	58.701	57.835	11.000	5.000	16.000	12.000
72	3	72.000	70.051	68.752	16.500	7.500	24.000	18.000
76	2	76.000	74.701	73.835	11.000	5.000	16.000	12.000
90	2	90.000	88.701	87.835	11.000	5.000	16.000	12.000
	3	90.000	88.051	86.752	16.500	7.500	24.000	18.000
115	2	115.000	113.701	112.835	11.000	5.000	16.000	12.000
	3	115.000	113.051	111.752	16.500	7.500	24.000	18.000
140	2	140.000	138.701	137.835	11.000	5.000	16.000	12.000
	3	140.000	138.051	136.752	16.500	7.500	24.000	18.000
170	3	170.000	168.051	166.752	16.500	7.500	24.000	18.000

注：米制密封圆柱内螺纹基本牙型应符合 GB/T 192—2003 普通螺纹基本牙型的规定。

① 基准长度有两种形式：标准型和短型。两种基准长度分别对应这两种形式的最小有效螺纹长度。标准型基准长度 L_1 和标准型最小有效螺纹长度 L_2 适用于由圆锥内螺纹与圆锥外螺纹组成的"锥/锥"配合螺纹；短型基准长度 $L_{1短}$ 和短型最小有效螺纹长度 $L_{2短}$ 适用于由圆柱内螺纹与圆锥外螺纹组成的"柱/锥"配合螺纹。选择时要注意两种配合形式对应两组不同的基准长度和最小有效螺纹长度，避免选择错误。

表 5.2-19　圆锥螺纹基准平面轴向位置的极限偏差

（mm）

螺距 P	圆锥外螺纹基准平面的极限偏差（±$T_1/2$）	圆锥内螺纹基准平面的极限偏差（±$T_2/2$）
1	0.7	1.2
1.5	1	1.5
2	1.4	1.8
3	2	3

表 5.2-20　螺纹牙顶高和牙底高的极限偏差

（mm）

螺距 P	外螺纹极限偏差		内螺纹极限偏差	
	牙顶高	牙底高	牙顶高	牙底高
1	0 -0.032	-0.015 -0.050	±0.030	±0.030
1.5	0 -0.048	-0.020 -0.065	±0.040	±0.040
2	0 -0.050	-0.025 -0.075	±0.045	±0.045
3	0 -0.055	-0.030 -0.085	±0.050	±0.050

表 5.2-21　螺纹其他单项要素的极限偏差

螺距 P/mm	牙侧角（'）	螺距累积/mm		中径锥角①（'）	
		在 L_1 范围内	在 L_2 范围内	外螺纹	内螺纹
1	±45	±0.04	±0.07	+24 -12	+12 -24
1.5					
2					
3					

① 测量中径锥角的测量跨度为 L_1。

（3）螺纹标记

米制密封螺纹标记由螺纹特征代号、尺寸代号和基准距离组别代号组成。但对于左旋螺纹，还应在基准距离组别之后标注"LH"。

特征代号：

Mc——圆锥螺纹的特征代号；

Mp——圆柱内螺纹的特征代号。

螺纹尺寸代号：为"公称直径×螺距"（单位为 mm）。

基准距离组别代号：当采用标准型基准距离时，可以省略基准距离组别代号（N）；短型基准距离的组别代号为"S"，不能省略。

标记示例：

Mc12×1——表示公称直径为 12mm、螺距为 1mm、标准型基准距离、右旋的圆锥螺纹；

Mc20×1.5-S——表示公称直径为 20mm、螺距为 1.5mm、短型基准距离、右旋的圆锥外螺纹；

Mp42×2-S——表示公称直径为 42mm、螺距为 2mm、短型基准距离、右旋的圆柱内螺纹；

Mc12×1-LH——表示公称直径为 12mm、螺距为 1mm、标准型基准距离、左旋的圆锥外螺纹。

螺纹副：

锥/锥配合（标准型）的螺纹副，其标记方法与单独圆锥内螺纹或圆锥外螺纹完全相同。

柱/锥配合螺纹（短型），螺纹副的特征代号为 "Mp/Mc"。前面为内螺纹的特征代号，后面为外螺纹的特征代号，中间用斜线分开。

标记示例：

Mp/Mc20×1.5-S——表示公称直径为 20mm、螺距为 1.5mm、短型基准距离、右旋的圆柱内螺纹与圆锥外螺纹副；

Mc12×1——表示公称直径为 12mm、螺距为

1mm、标准型基准距离、右旋圆锥螺纹副。

1.4.5　80°非密封管螺纹（摘自 GB/T 29537—2013）（见表 5.2-22~表 5.2-25）

内螺纹直径的下偏差（EI）和外螺纹直径的上偏差（es）为基本偏差，其基本偏差为零。

内、外螺纹各自只有一种公差。每种螺纹的大径、中径和小径公差值相同。

内螺纹的直径极限尺寸和公差应符合表 5.2-24 的规定。

外螺纹的直径极限尺寸和公差应符合表 5.2-25 的规定。

螺纹标记：80°圆柱管螺纹标记应采用表 5.2-23~表 5.2-25 内第 1 列所规定的代号。省略螺纹的螺距和公差带内容。对左旋螺纹，应在螺纹尺寸代号后面加注 "LH"。用 "-" 分开螺纹尺寸代号与旋向代号。

示例：

具有标准系列和标准公差的右旋内螺纹或外螺纹：Pg 21。

表 5.2-22　设计牙型和计算公式

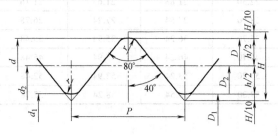

设计牙型

80°圆柱管螺纹的标准系列及其公称尺寸应符合表 5.2-23 的规定

螺纹直径可按下列公式计算

$$D = d$$
$$D_2 = d_2 = d - h = d - 0.4767P$$
$$D_1 = d_1 = d - 2h = d - 0.9534P$$

表 5.2-23　80°圆柱管螺纹的标准系列和公称尺寸　　　　（mm）

螺纹标记代号	牙数 n	螺距 P	牙高 h	大径 $D = d$	中径 $D_2 = d_2$	小径 $D_1 = d_1$	圆弧半径 r
Pg 7	20	1.27	0.61	12.50	11.89	11.28	0.14
Pg 9	18	1.41	0.67	15.20	14.53	13.86	0.15
Pg 11	18	1.41	0.67	18.60	17.93	17.26	0.15
Pg 13.5	18	1.41	0.67	20.40	19.73	19.06	0.15
Pg 16	18	1.41	0.67	22.50	21.83	21.16	0.15
Pg 21	16	1.588	0.76	28.30	27.54	26.78	0.17
Pg 29	16	1.588	0.76	37.00	36.24	35.48	0.17
Pg 36	16	1.588	0.76	47.00	46.24	45.48	0.17
Pg 42	16	1.588	0.76	54.00	53.24	52.48	0.17
Pg 48	16	1.588	0.76	59.30	58.54	57.78	0.17

表 5.2-24　内螺纹的直径极限尺寸和公差　　　　　　　　　　（mm）

螺纹标记代号	大径 D		中径 D_2		小径 D_1		直径公差 T_D
	min	max	min	max	min	max	
Pg 7	12.50	12.65	11.89	12.04	11.28	11.43	0.15
Pg 9	15.20	15.35	14.53	14.68	13.86	14.01	0.15
Pg 11	18.60	18.75	17.93	18.08	17.26	17.41	0.15
Pg 13.5	20.40	20.56	19.73	19.88	19.06	19.21	0.15
Pg 16	22.50	22.65	21.83	21.98	21.16	21.31	0.15
Pg 21	28.30	28.55	27.54	27.79	26.78	27.03	0.25
Pg 29	37.00	37.25	36.24	36.49	35.48	35.73	0.25
Pg 36	47.00	47.25	46.24	46.49	45.48	45.73	0.25
Pg 42	54.00	54.25	53.24	53.49	52.48	52.73	0.25
Pg 48	59.30	59.55	58.54	58.79	57.78	58.03	0.25

表 5.2-25　外螺纹的直径极限尺寸和公差　　　　　　　　　　（mm）

螺纹标记代号	大径 d		中径 d_2		小径 d_1		直径公差 T_d
	max	min	max	min	max	min	
Pg 7	12.50	12.30	11.89	11.69	11.28	11.08	0.20
Pg 9	15.20	15.00	14.53	14.33	13.86	13.66	0.20
Pg 11	18.60	18.40	17.93	17.73	17.26	17.06	0.20
Pg 13.5	20.40	20.20	19.73	19.53	19.06	18.86	0.20
Pg 16	22.50	22.30	21.83	21.63	21.16	20.96	0.20
Pg 21	28.30	28.00	27.54	27.24	26.78	26.48	0.30
Pg 29	37.00	36.70	36.24	35.94	35.48	35.18	0.30
Pg 36	47.00	46.70	46.24	45.94	45.48	45.18	0.30
Pg 42	54.00	53.70	53.24	52.94	52.48	52.18	0.30
Pg 48	59.30	59.00	58.54	58.24	57.78	57.48	0.30

2　螺纹连接结构设计

2.1　螺纹紧固件的类型选择（见表 5.2-26）

表 5.2-26　螺纹紧固件的特点和应用

类型	结构图	特点和应用	类型	结构图	特点和应用
螺栓连接	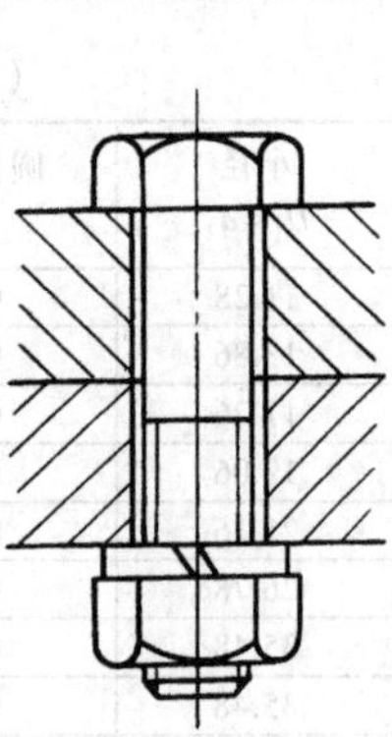	用于连接两个较薄的零件。在被连接件上开有通孔。普通螺栓的钉杆与孔之间有间隙，通孔的加工要求较低，结构简单、装拆方便，应用广泛。加强杆螺栓（GB/T 27）孔与螺杆常采用过渡配合，如 H7/m6、H7/n6。这种连接能精确固定被连接件的相对位置，适于承受横向载荷，但孔的加工精度要求较高，常采用配钻、铰	双头螺柱连接	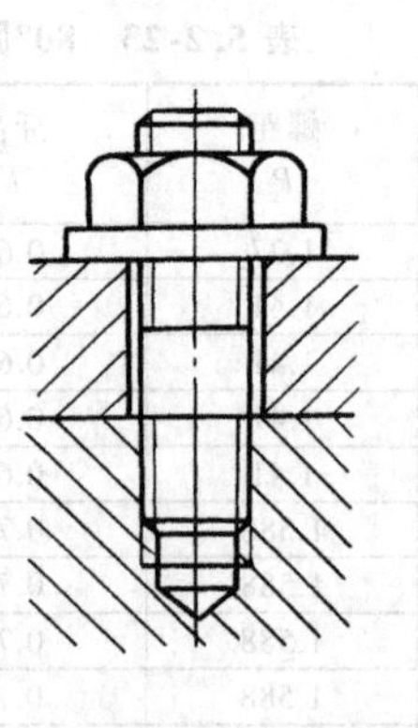	用于被连接件之一较厚，不宜于用螺栓连接，较厚的被连接件强度较差，又需经常拆卸的场合。在厚零件上加工出螺纹孔，薄零件上加工光孔，螺柱拧入螺纹孔中，用螺母压紧薄件。在拆卸时，只需旋下螺母而不必拆下双头螺柱。可避免大型被连接件上的螺纹孔损坏

（续）

类型	结构图	特点和应用	类型	结构图	特点和应用
螺钉连接		螺栓（或螺钉）直接拧入被连接件的螺纹孔中，不用螺母。结构比双头螺柱简单、紧凑。用于两个连接件中一个较厚，但不需经常拆卸，以免螺纹孔损坏的场合	自攻螺钉		用于连接强度要求不高的场合。但一般应预先制出底孔。若采用带钻头部分的自钻自攻螺钉，则不需预制底孔，用于有色金属、木材等
紧定螺钉连接		利用拧入零件螺纹孔中的螺纹末端顶住另一零件的表面或顶入另一零件上的凹坑中，以固定两个零件的相对位置。这种连接方式结构简单，有的可任意改变零件在周向或轴向的位置，便于调整，如电器开关旋钮的固定	木螺钉连接		一般用于木结构的连接。木质件视其材质的硬度和木螺钉的长度，可以不预制或预制出一定大小、深度的预制孔
沉头螺钉		用于强度要求不高，螺纹直径小于 10mm 的场合 螺钉头全部或局部沉入被连接件，这种结构多用于要求外表面平整的场合，如仪器面板	自攻锁紧螺钉连接		其螺纹为弧形三角截面，螺钉经表面淬硬，可拧入金属材料的预制孔内，挤压形成内螺纹 挤压形成的内螺纹比切制的提高强度30%以上。螺钉的最小抗拉强度为800MPa 自攻锁紧螺纹有低拧紧力矩、高锁紧性能，在家用电器、电工和汽车行业中大量使用
			紧固件-组合件连接		垫圈与外螺纹紧固件由标准件专业厂生产后组装成套供应。这种连接件使用方便、省时、安全可靠，常用于密集采用紧固件连接的场合，如电气柜的接线柱

2.2　螺栓组的布置

布置螺栓组包括确定螺栓组中的螺栓数目并给出每个螺栓的位置。应力求使各螺栓受力均匀而且较小，避免螺栓受附加载荷，还应有利于加工和装配等。

1) 接合面处的零件形状应尽量简单，最好是方形、圆形或矩形（图 5.2-7），同一圆周上的螺栓数目应采用 4、6、8、12 等，以便于加工时分度。应使螺栓组的形心与零件接合面的形心重合，最好有两个互相垂直的对称轴，以便于加工和计算。常把接合面中间挖空，以减少接合面加工量和接合面平面度的影响，还可以提高连接刚度。

2) 受力矩的螺栓组，螺栓应远离对称轴，以减小螺栓受力。

3) 受横向力的螺栓组，沿受力方向布置的螺栓不宜超过 6~8 个，以免各螺栓受力严重不均匀。

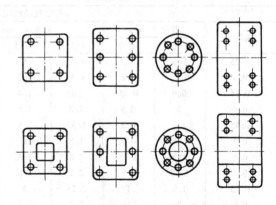

图 5.2-7　零件接合面的形状和螺栓布置

4) 同一螺栓组所用的紧固件的形状、尺寸、材料等应一致，以便于加工和装配。螺栓间的距离可参考表 5.2-27 取值。

5) 为装配螺纹连接时，工具应有足够的操作空间，应保证一定的扳手空间尺寸。

表 5.2-27   螺栓间距参考值

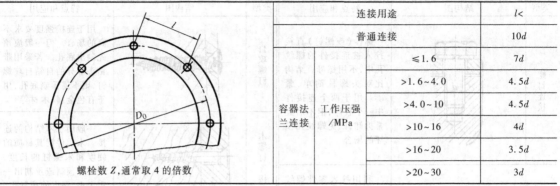

	连接用途		$l<$
	普通连接		$10d$
容器法兰连接	工作压强/MPa	$\leqslant 1.6$	$7d$
		$>1.6 \sim 4.0$	$4.5d$
		$>4.0 \sim 10$	$4.5d$
		$>10 \sim 16$	$4d$
		$>16 \sim 20$	$3.5d$
		$>20 \sim 30$	$3d$

螺栓数 Z,通常取 4 的倍数

2.3   螺纹零件的结构要素

2.3.1   螺纹收尾、肩距、退刀槽、倒角（见表 5.2-28）

表 5.2-28   普通螺纹收尾、肩距、退刀槽、倒角（摘自 GB/T 3—1997）　　　　（mm）

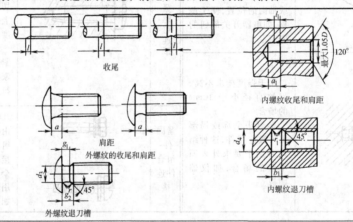

| | 收尾 | | 肩距 | | | | | | |
| 外螺纹的收尾、肩距和退刀槽 | | | | | | | | | |

螺距 P	收尾 l max		肩距 a max			退刀槽			
	一般	短的	一般	长的	短的	g_1 mix	g_2 max	d_3	$r\approx$
0.25	0.6	0.3	0.75	1	0.5	0.4	0.75	$d-0.4$	0.12
0.3	0.75	0.4	0.9	1.2	0.6	0.5	0.9	$d-0.5$	0.16
0.35	0.9	0.45	1.05	1.4	0.7	0.6	1.05	$d-0.6$	0.16
0.4	1	0.5	1.2	1.6	0.8	0.6	1.2	$d-0.7$	0.2
0.45	1.1	0.6	1.35	1.8	0.9	0.7	1.35	$d-0.7$	0.2
0.5	1.25	0.7	1.5	2	1	0.8	1.5	$d-0.8$	0.2
0.6	1.5	0.75	1.8	2.4	1.2	0.9	1.8	$d-1$	0.4
0.7	1.75	0.9	2.1	2.8	1.4	1.1	2.1	$d-1.1$	0.4
0.75	1.9	1	2.25	3	1.5	1.2	2.25	$d-1.2$	0.4
0.8	2	1	2.4	3.2	1.6	1.3	2.4	$d-1.3$	0.4
1	2.5	1.25	3	4	2	1.6	3	$d-1.6$	0.6
1.25	3.2	1.6	4	5	2.5	2	3.75	$d-2$	0.6
1.5	3.8	1.9	4.5	6	3	2.5	4.5	$d-2.3$	0.8
1.75	4.3	2.2	5.3	7	3.5	3	5.25	$d-2.6$	1
2	5	2.5	6	8	4	3.4	6	$d-3$	1
2.5	6.3	3.2	7.5	10	5	4.4	7.5	$d-3.6$	1.2

（续）

外螺纹的收尾、肩距和退刀槽									
螺距 P	收尾 l max		肩距 a max			退刀槽			
	一般	短的	一般	长的	短的	g_1 mix	g_2 max	d_3	$r \approx$
3	7.5	3.8	9	12	6	5.2	9	d-4.4	1.6
3.5	9	4.5	10.5	14	7	6.2	10.5	d-5	1.6
4	10	5	12	16	8	7	12	d-5.7	2
4.5	11	5.5	13.5	18	9	8	13.5	d-6.4	2.5
5	12.5	6.3	15	20	10	9	15	d-7	2.5
5.5	14	7	16.5	22	11	11	17.5	d-7.7	3.2
6	15	7.5	18	24	12	11	18	d-8.3	3.2
参考值	≈2.5P	≈1.25P	≈3P	=4P	=2P	—	≈3P	—	—

注：1. 应优先选用"一般"长度的收尾和肩距；"短"收尾和"短"肩距仅用于结构受限制的螺纹件上；产品等级为 B 或 C 级的螺纹，紧固件可采用"长"肩距。

　　2. d 为螺纹公称直径（大径）代号。

　　3. d_3 公差为：h13（d>3mm）、h12（d≤3mm）。

内螺纹的收尾、肩距和退刀槽								
螺距 P	收尾 l_1 max		肩距 a_1		退 刀 槽			
					b_1		d_4	r_1 ≈
	一般	短的	一般	长的	一般	短的		
0.25	1	0.5	1.5	2				
0.3	1.2	0.6	1.8	2.4				
0.35	1.4	0.7	2.2	2.8			d+0.3	
0.4	1.6	0.8	2.5	3.2				
0.45	1.8	0.9	2.8	3.6				
0.5	2	1	3	4	2	1		0.2
0.6	2.4	1.2	3.2	4.8	2.4	1.2		0.3
0.7	2.8	1.4	3.5	5.6	2.8	1.4	D+0.3	0.4
0.75	3	1.5	3.8	6	3	1.5		0.4
0.8	3.2	1.6	4	6.4	3.2	1.6		0.4
1	4	2	5	8	4	2		0.5
1.25	5	2.5	6	10	5	2.5	D+0.5	0.6
1.5	6	3	7	12	6	3		0.8
1.75	7	3.5	9	14	7	3.5		0.9
2	8	4	10	16	8	4		1
2.5	10	5	12	18	10	5		1.2
3	12	6	14	22	12	6		1.5
3.5	14	7	16	24	24	7		1.8
4	16	8	18	26	16	8	D+0.5	2
4.5	18	9	21	29	18	9		2.2
5	20	10	23	32	20	10		2.5
5.5	22	11	25	35	22	11		2.8
6	24	12	28	38	24	12		3
参考值	=4P	=2P	≈(6~5)P	≈(8~6.5)P	=4P	=2P	—	≈0.5P

注：1. 应优先选用"一般"长度的收尾和肩距；容屑需要较大空间时可选用"长"肩距，结构限制时可选用"短"收尾。

　　2. "短"退刀槽仅在结构受限制时采用。

　　3. d_4 公差为 H13。

　　4. D 为螺纹公称直径（大径）代号。

2.3.2　螺钉拧入深度和钻孔深度（见表 5.2-29、表 5.2-30）

表 5.2-29　粗牙螺栓、螺钉的拧入深度、攻螺纹深度和钻孔深度　　　　（mm）

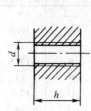
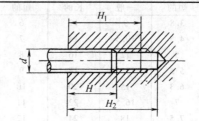

公称直径 d	钢和青铜				铸 铁				铝			
	通孔	不通孔			通孔	不通孔			通孔	不通孔		
	拧入深度 h	拧入深度 H	攻螺纹深度 H_1	钻孔深度 H_2	拧入深度 h	拧入深度 H	攻螺纹深度 H_1	钻孔深度 H_2	拧入深度 h	拧入深度 H	攻螺纹深度 H_1	钻孔深度 H_2
3	4	3	4	7	6	5	6	9	8	6	7	10
4	5.5	4	5.5	9	8	6	7.5	11	10	8	10	14
5	7	5	7	11	10	8	10	14	12	10	12	16
6	8	6	8	13	12	10	12	17	15	12	15	20
8	10	8	10	16	15	12	14	20	20	16	18	24
10	12	10	13	20	18	15	18	25	24	20	23	30
12	15	12	15	24	22	18	21	30	28	24	27	36
16	20	16	20	30	28	24	28	33	36	32	36	46
20	25	20	24	36	35	30	35	47	45	40	45	57
24	30	24	30	44	42	35	42	55	55	48	54	68
30	36	30	36	52	50	45	52	68	70	60	67	84
36	45	36	44	62	65	55	64	82	80	72	80	98
42	50	42	50	72	75	65	74	95	95	85	94	115
48	60	48	58	82	85	75	85	108	105	95	105	128

表 5.2-30　普通螺纹的内、外螺纹余留长度、钻孔余留深度　　　　（mm）

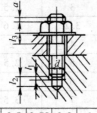
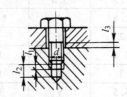

	螺距 P	0.5	0.7	0.75	0.8	1	1.25	1.5	1.75	2	2.5	3	3.5	4	4.5	5	5.5	6
余留长度	内螺纹 l_1	1	1.5	1.5	1.5	2	2.5	3	3.5	4	5	6	7	8	9	10	11	12
	钻孔 l_2	4	5	6	6	7	9	10	13	14	17	20	23	26	30	33	36	40
	外螺纹 l_3	2	2.5	2.5	2.5	3.5	4	4.5	5.5	6	7	8	9	10	11	13	16	18
末端长度 a		1~2		2~3		2.5~4		3.5~5		4.5~6.5		5.5~8		7~11		10~15		

2.3.3　螺纹孔的尺寸（见表 5.2-31~表 5.2-37）

表 5.2-31　螺栓和螺钉通孔（摘自 GB/T 5277—1985）　　　　（mm）

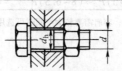

（续）

螺纹直径 d	通孔 d_h			螺纹直径 d	通孔 d_h		
	系　列				系　列		
	精装配 H12	中等装配 H13	粗装配 H14		精装配 H12	中等装配 H13	粗装配 H14
M1	1.1	1.2	1.3	M36	37	39	42
M1.2	1.3	1.4	1.5	M39	40	42	45
M1.4	1.5	1.6	1.8	M42	43	45	48
M1.6	1.7	1.8	2	M45	46	48	52
M1.8	2	2.1	2.2	M48	50	52	56
M2	2.2	2.4	2.6	M52	54	56	62
M2.5	2.7	2.9	3.1	M56	58	62	66
M3	3.2	3.4	3.6	M60	62	66	70
M3.5	3.7	3.9	4.2	M64	66	70	74
M4	4.3	4.5	4.8	M68	70	74	78
M4.5	4.8	5	5.3	M72	74	78	82
M5	5.3	5.5	5.8	M76	78	82	86
M6	6.4	6.6	7	M80	82	86	91
M7	7.4	7.6	8	M85	87	91	96
M8	8.4	9	10	M90	93	96	101
M10	10.5	11	12	M95	98	101	107
M12	13	13.5	14.5	M100	104	107	112
M16	17	17.5	18.5	M105	109	112	117
M18	19	20	21	M110	114	117	122
M20	21	22	24	M115	119	122	127
M22	23	24	26	M120	124	127	132
M24	25	26	28	M125	129	132	137
M27	28	30	32	M130	134	137	144
M30	31	33	35	M140	144	147	155
M33	34	36	38	M150	155	158	165

表 5.2-32　沉头螺钉用沉孔尺寸（摘自 GB/T 152.2—2014）　　　（mm）

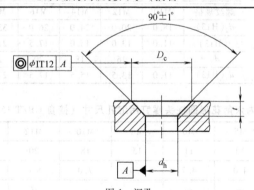

图 1　沉孔

公称规格	螺纹规格		d_h [1]		D_c		t
			min（公称）	max	min（公称）	max	≈
1.6	M1.6	—	1.80	1.94	3.6	3.7	0.95
2	M2	ST2.2	2.40	2.54	4.4	4.5	1.05
2.5	M2.5	—	2.90	3.04	5.5	5.6	1.35
3	M3	ST2.9	3.40	3.58	6.3	6.5	1.55
3.5	M3.5	ST3.5	3.90	4.08	8.2	8.4	2.25
4	M4	ST4.2	4.50	4.68	9.4	9.6	2.55
5	M5	ST4.8	5.50	5.68	10.40	10.65	2.58
5.5	—	ST5.5	6.00 [2]	6.18	11.50	11.75	2.88
6	M6	ST6.3	6.60	6.82	12.60	12.85	3.13
8	M8	ST8	9.00	9.22	17.30	17.55	4.28
10	M10	ST9.5	11.00	11.27	20.0	20.3	4.65

① 按 GB/T 5277 中等装配系列的规定，公差带为 H13；

② GB/T 5277 中无此尺寸。

表 5.2-33　沉头螺钉用沉头孔的标记和表示方法（摘自 GB/T 152.2—2014）

标记示例

头部形状符合 GB/T 5279、螺纹规格为 M4 的沉头螺钉，或螺纹规格为 ST4.2 的自攻螺钉用公称规格为 4mm 沉孔的标记：

沉孔　GB/T 152.2-4

在技术图样上，沉孔表示方法

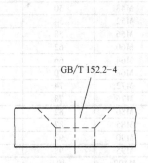
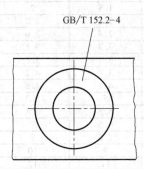

表 5.2-34　内六角圆柱头螺钉用沉孔尺寸（摘自 GB/T 152.3—1988）　　　　（mm）

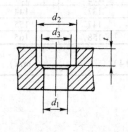

螺纹规格	M1.6	M2	M2.5	M3	M4	M5	M6	M8
d_2(H13)	3.3	4.3	5.0	6.0	8.0	10.0	11.0	15.0
t(H13)	1.8	2.3	2.9	3.4	4.6	5.7	6.8	9.0
d_3	—	—	—	—	—	—	—	—
d_1(H13)	1.8	2.4	2.9	3.4	4.5	5.5	6.6	9.0
螺纹规格	M10	M12	M14	M16	M20	M24	M30	M36
d_2(H13)	18.0	20.0	24.0	26.0	33.0	40.0	48.0	57.0
t(H13)	11.0	13.0	15.0	17.5	21.5	25.5	32.0	38.0
d_3	—	16	18	20	24	28	36	42
d_1(H13)	11.0	13.5	15.5	17.5	22.0	26.0	33.0	39.0

表 5.2-35　内六角花形圆柱头螺钉用沉孔尺寸（摘自 GB/T 152.3—1988）　　　　（mm）

螺纹规格	M4	M5	M6	M8	M10	M12	M14	M16	M20
d_2(H13)	8	10	11	15	18	20	24	26	33
t	3.2	4.0	4.7	6.0	7.0	8.0	9.0	10.5	12.5
d_3	—	—	—	—	—	16	18	20	24
d_1(H13)	4.5	5.5	6.6	9.0	11.0	13.5	15.5	17.5	22.0

表 5.2-36　六角头螺栓和六角头螺母用沉孔（摘自 GB/T 152.4—1988）　　　　（mm）

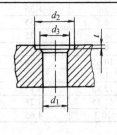

螺纹规格	M1.6	M2	M2.5	M3	M4	M5	M6	M8	M10	M12	M14	M16	M18	M20
d_2(H15)	5	6	8	9	10	11	13	18	22	26	30	33	36	40
d_3	—	—	—	—	—	—	—	—	16	18	20	22	24	
d_1(H13)	1.8	2.4	2.9	3.4	4.5	5.5	6.6	9.0	11.0	13.5	15.5	17.5	20.0	22.0
螺纹规格	M22	M24	M27	M30	M33	M36	M39	M42	M45	M48	M52	M56	M60	M64
d_2(H15)	43	48	53	61	66	71	76	82	89	98	107	112	118	125
d_3	26	28	33	36	39	42	45	48	51	56	60	68	72	76
d_1(H13)	24	26	30	33	36	39	42	45	48	52	56	62	66	70

表 5.2-37　地脚螺栓孔和凸缘 （mm）

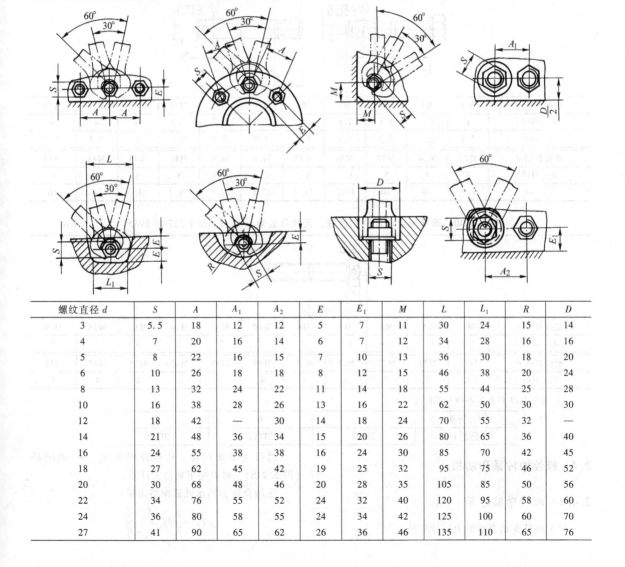

d	16	20	24	30	36	42	48	56	64	76	90	100	115	130
d_1	20	25	30	40	50	55	65	80	95	110	135	145	165	185
D	45	48	60	85	100	110	130	170	200	220	280	280	330	370
L	25	30	35	50	55	60	70	95	110	120	150	150	175	200
L_1	22	25	30	50	55	60	70							
	图 a 采用钻孔							图 b 采用铸孔						

注：根据结构和工艺要求，必要时尺寸 L 及 L_1 可以变动。

2.3.4　扳手空间（见表 5.2-38）

表 5.2-38　扳手空间 （mm）

螺纹直径 d	S	A	A_1	A_2	E	E_1	M	L	L_1	R	D
3	5.5	18	12	12	5	7	11	30	24	15	14
4	7	20	16	14	6	7	12	34	28	16	16
5	8	22	16	15	7	10	13	36	30	18	20
6	10	26	18	18	8	12	15	46	38	20	24
8	13	32	24	22	11	14	18	55	44	25	28
10	16	38	28	26	13	16	22	62	50	30	30
12	18	42	—	30	14	18	24	70	55	32	—
14	21	48	36	34	15	20	26	80	65	36	40
16	24	55	38	38	16	24	30	85	70	42	45
18	27	62	45	42	19	25	32	95	75	46	52
20	30	68	48	46	20	28	35	105	85	50	56
22	34	76	55	52	24	32	40	120	95	58	60
24	36	80	58	55	24	34	42	125	100	60	70
27	41	90	65	62	26	36	46	135	110	65	76

（续）

螺纹直径 d	S	A	A_1	A_2	E	E_1	M	L	L_1	R	D
30	46	100	72	70	30	40	50	155	125	75	82
33	50	108	76	75	32	44	55	165	130	80	88
36	55	118	85	82	36	48	60	180	145	88	95
39	60	125	90	88	38	52	65	190	155	92	100
42	65	135	96	96	42	55	70	205	165	100	106
45	70	145	105	102	45	60	75	220	175	105	112
48	75	160	115	112	48	65	80	235	185	115	126
52	80	170	120	120	48	70	84	245	195	125	132
56	85	180	126	—	52	—	90	260	205	130	138
60	90	185	134	—	58	—	95	275	215	135	145
64	95	195	140	—	58	—	100	285	225	140	152

2.3.5　开口销孔的位置、尺寸和公差（见表 5.2-39、表 5.2-40）

表 5.2-39　开口销孔的位置、尺寸及公差（摘自 GB/T 5278—1985）　　　（mm）

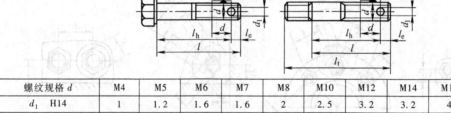

螺纹规格 d	M4	M5	M6	M7	M8	M10	M12	M14	M16	M18	M20
d_1　H14	1	1.2	1.6	1.6	2	2.5	3.2	3.2	4	4	4
l_e　min	2.3	2.6	3.3	3.3	3.9	4.9	5.9	6.5	7	7.7	7.7
螺纹规格 d	M22	M24	M27	M30	M33	M36	M39	M42	M45	M48	M52
d_1　H14	5	5	5	6.3	6.3	6.3	6.3	8	8	8	8
l_e　min	8.7	10	10	11.2	11.2	12.5	12.5	14.7	14.7	16	16

表 5.2-40　螺栓用金属丝孔的位置、尺寸及公差（摘自 GB/T 5278—1985）　　（mm）

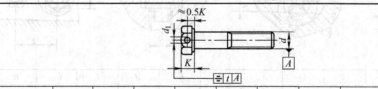

螺纹规格 d	M4	M5	M6	M7	M8	M10	M12	M14	M16	M18	M20
d_1　H14	1.2	1.2	1.6	1.6	2	2	2	2	3	3	3
螺纹规格 d	M22	M24	M27	M30	M33	M36	M39	M42	M45	M48	M52
d_1　H14	3	3	3	3	4	4	4	4	4	4	5

注：表 5.2-39 和表 5.2-40 中几何公差 t

产品等级	A	B	C
公差 t	2IT13	2IT14	2IT15

2.4　螺栓的拧紧和防松

2.4.1　螺纹摩擦计算

（1）螺母支承面摩擦力矩计算公式

螺母支承面内径、外径分别为 d_0、d_w 的圆环（图 5.2-8），可以按下列公式计算：

按跑合推力轴承计算摩擦力矩：

$$T_2 = \frac{1}{3} F f_1 \frac{d_w^3 - d_0^3}{d_w^2 - d_0^2}$$

按未磨合推力轴承计算摩擦力矩:

$$T'_2 = \frac{1}{4}Ff_1(d_w + d_0)$$

式中　F——螺栓的轴向预紧力;

　　　f_1——螺母支承面的摩擦因数。

按六角螺母尺寸 (GB/T 6170—2015) $d_0/d_w = 0.60 \sim 0.71$,以上两式的相对误差为 $(T_2-T'_2)/T_2 = (1\sim2)\%$。两式差别不大。

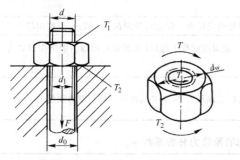

图 5.2-8　螺母的支承面尺寸

(2) 拧紧螺母的扭矩系数

拧紧螺母所需力矩 T 为螺纹摩擦力矩 T_1 和支承面摩擦力矩 T_2 (T'_2) 之和,计算螺母拧紧力矩的计算公式为

$$T = T_1 + T'_2 = \frac{F}{2}d_2\tan(\lambda + \rho_v) + \frac{1}{2}Ff_1d_m$$

$$= \frac{F}{2}[d_2\tan(\lambda + \rho_v) + d_m f_1]$$

式中　　　　F——预紧力;

　　　　　d_2——螺纹中径;

　　　　　λ——螺纹升角;

　　　　　ρ_v——螺纹当量摩擦角;

$d_m = (d_w + d_0)/2$——螺母支承面平均直径;

　　　　　f_1——螺母支承面摩擦因数。

取力矩系数 $K = \frac{1}{2}\left[\frac{d_2}{d}\tan(\lambda + \rho_v) + \frac{d_m}{d}f_1\right]$

式中　d——螺栓大径。

则螺母拧紧力矩的计算公式为

$$T = KFd$$

取 $d_2/d = 0.92$,$\lambda = 2.5°$,$\rho_v = 9.83°$,$d_m/d = 1.3$,$f_1 = 0.15$;则可近似取扭矩系数为

$$K \approx \frac{1}{2}\times\frac{d_2}{d}\tan\lambda + \frac{1}{2}\times\frac{d_2}{d}\tan\rho_v + \frac{d_m}{d}f_1$$

$$= 0.0121 + 0.0797 + 0.0975$$

$$= 0.197 \approx 0.2$$

由以上计算可知:可以近似取 $K = 0.2$,拧紧螺母的力矩由三部分组成,第一部分由升角产生,用于产生预紧力使螺栓杆伸长;第二部分为螺纹副摩擦,约占 40%;第三部分为支承面摩擦,约占 50%,后两项约占 90%。靠控制螺母的拧紧力矩控制螺栓的预紧力时,必须精确控制螺纹紧固件的摩擦因数。为此应对垫圈进行适当处理。

美、德、日等国建议的力矩系数 $K = 0.15 \sim 0.2$,加润滑油的可达 0.12。

2.4.2　控制螺栓预紧力的方法

采用不同的拧紧方法得到的预紧力分布不同 (见表 5.2-41),可由分散系数 α_A 表示:

$$\alpha_A = \frac{F_{max}}{F_{min}} = \frac{F_m + 2\sigma}{F_m - 2\sigma}$$

式中　F_{max}——最大预紧力;

　　　F_{min}——最小预紧力;

　　　F_m——平均预紧力;

　　　σ——标准离差。

测试数据见表 5.2-42。

表 5.2-41　控制螺栓预紧力的方法

序号	控制方法	特点和应用
1	感觉法	靠操作者在拧紧时的感觉和经验,拧紧 4.6 级螺栓施加在扳手上的拧紧力 F 如下 <table><tr><td>螺纹大径</td><td>拧紧力 F</td><td>操作要领</td></tr><tr><td>M6</td><td>45N</td><td>只加腕力</td></tr><tr><td>M8</td><td>70N</td><td>加腕力和肘力</td></tr><tr><td>M10</td><td>130N</td><td>加全手臂力</td></tr><tr><td>M12</td><td>180N</td><td>加上半身力</td></tr><tr><td>M16</td><td>320N</td><td>加全身力</td></tr><tr><td>M20</td><td>500N</td><td>加上全身重量</td></tr></table>最经济简单,一般认为对有经验的操作者,误差可达 ±40%,用于普通的螺纹连接
2	力矩法	用测力矩扳手或定力矩扳手控制预紧力,这是国内外长期以来应用广泛的控制预紧力的方法。费用较低,一般认为误差有 ±25%。若表面有涂层,支承面、螺纹表面质量较好,力矩扳手示值准确,则误差可显著减小。有润滑的控制效果较好
3	测量螺栓伸长法	用于螺栓在弹性范围内时的预紧力控制。误差在 ±(3%~5%),使用麻烦,费用高。用于特殊需要的场合

（续）

序号	控制方法	特点和应用
4	螺母转角法	螺旋预紧达到预紧力 F_0 时所需的螺母转角 θ 由下式求得 $$\theta = \frac{360°}{P} \times \frac{F_0}{C_p}$$ 式中　P——螺距（mm） 　　　C_p——螺栓的刚度（N/mm） 采用此法，需先把螺栓副拧紧到"密贴"位置，再转过角度 θ。误差±15%。在美国和德国的汽车工业和钢结构中广泛使用
5	应变计法	在螺栓的无螺纹部分贴电阻应变片，以控制螺钉杆所受拉力。误差可控制在±1%以内，但费用昂贵
6	螺栓预胀法	对于较大的螺栓，如汽轮机螺栓，用电阻加热到一定温度后拧上螺母（不预紧），冷却后即产生预紧力。控制加热温度即可控制预紧力
7	液压拉伸法	用专门的液压拉伸装置拉伸螺栓到一定轴向力，拧上螺母后，除去外力即可得到预期的预紧力

表 5.2-42　不同的拧紧方法得到的预紧力分散系数 α_A

扭紧方法	分散系数 α_A	扭紧方法	分散系数 α_A
用测力矩扳手	1.6~1.8	加热螺栓至一定温度，拧紧螺母	1.0
用定力矩扳手	1.7~2.5	用动力冲击拧紧螺母	2.5~4
用钢球放在螺栓顶部测其伸长	1.2	用液压控制预紧力	1.0

2.4.3　螺纹连接常用的防松方法（见表 5.2-43）

表 5.2-43　螺纹连接常用防松方法

类型	结　构	特点及应用
自由旋转型	弹簧垫圈 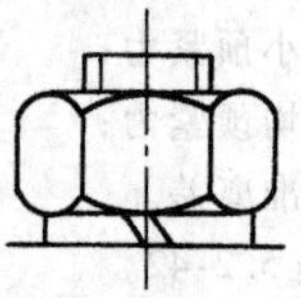	依靠弹簧垫圈在压平后产生的弹力及其切口尖角嵌入被连接件及紧固件支承面起防松作用。结构简单、成本低、使用简便 　　GB 93、GB 859等弹簧垫圈，弹力不均，也不十分可靠，多用于不甚重要的连接。对连接表面不允许划伤和经常拆卸的场合不宜选用 　　GB/T 7245、GB/T 7246等鞍形或波形弹簧垫圈可明显改善一般弹簧垫圈之不足
	双螺母 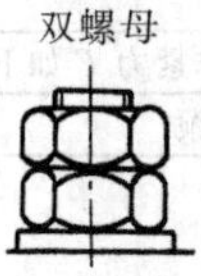 	两个螺母对顶拧紧，构成螺纹连接副纵向压紧。正确的安装方法为：先用规定的拧紧力矩的80%拧紧下面的螺母，再用100%的拧紧力矩拧紧上面的螺母；下面的螺母螺纹牙只受对顶力，其高度可以减小，一般用薄螺母；而上面的螺母用1型标准螺母；有的为防止装错和保证下面的螺母有足够的强度，则采用两个等高的螺母（1型） 　　该结构简单、成本低、重量大，多用于低速重载或载荷平稳的场合
	扣紧螺母 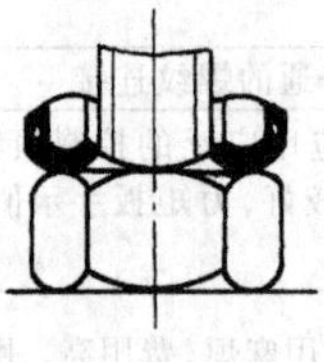 	先用六角螺母紧固连接件，然后旋上 GB 805 扣紧螺母（扣紧螺母的螺纹有缺口，用以锁紧），并用手拧紧，再扳手拧紧（约转过 60°~90°）。松开扣紧螺母时，必须先拧紧六角螺母，使其与扣紧螺母之间产生间隙，然后才能拧下扣紧螺母，以免划伤螺栓螺纹 　　该结构防松性能良好，但不宜用于频繁装卸的场合；国外在电力铁塔上使用效果良好，可达几十年不松动

（续）

类型	结　构	特点及应用
自由旋转型	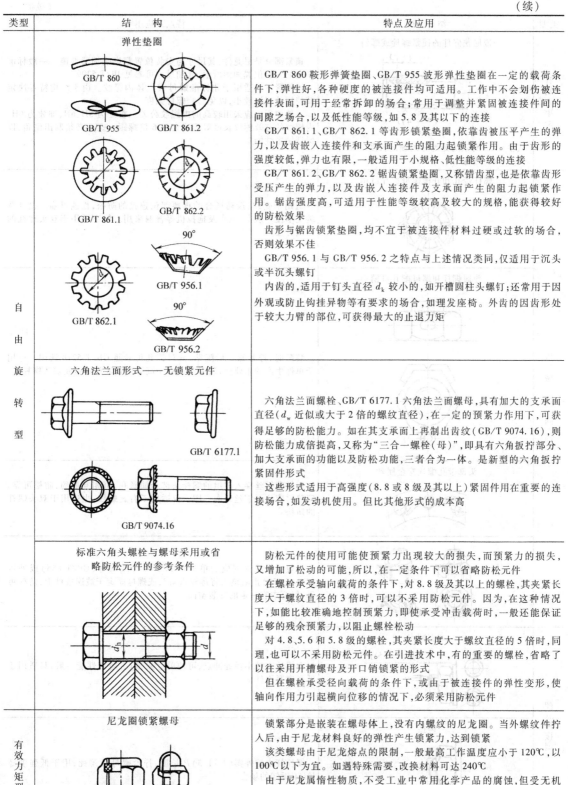	GB/T 860 鞍形弹簧垫圈、GB/T 955 波形弹性垫圈在一定的载荷条件下,弹性好,各种硬度的被连接件均可适用。工作中不会划伤被连接件表面,可用于经常拆卸的场合;常用于调整并紧固被连接件间的间隙之场合,以及低性能等级,如 5.8 及其以下的连接 GB/T 861.1、GB/T 862.1 等齿形锁紧垫圈,依靠齿被压平产生的弹力,以及齿嵌入连接件和支承面产生的阻力起锁紧作用。由于齿形的强度较低,弹力也有限,一般适用于小规格、低性能等级的连接 GB/T 861.2、GB/T 862.2 锯齿锁紧垫圈,又称错齿型,也是依靠齿形受压产生的弹力,以及齿嵌入连接件及支承面产生的阻力起锁紧作用。锯齿强度高,可适用于性能等级较高及较大的规格,能获得较好的防松效果 齿形与锯齿锁紧垫圈,均不宜于被连接件材料过硬或过软的场合,否则效果不佳 GB/T 956.1 与 GB/T 956.2 之特点与上述情况类同,仅适用于沉头或半沉头螺钉 内齿的,适用于钉头直径 d_k 较小的,如开槽圆柱头螺钉;还常用于因外观或防止钩挂异物等有要求的场合,如理发座椅。外齿的因齿形处于较大力臂的部位,可获得最大的止退力矩
	六角法兰面形式——无锁紧元件	六角法兰面螺栓、GB/T 6177.1 六角法兰面螺母,具有加大的支承面直径(d_w 近似或大于 2 倍的螺纹直径),在一定的预紧力作用下,可获得足够的防松能力。如在其支承面上再制出齿纹(GB/T 9074.16),则防松能力成倍提高,又称为"三合一螺栓(母)",即具有六角扳拧部分、加大支承面的功能以及防松功能,三者合为一体。是新型的六角扳拧紧固件形式 这些形式适用于高强度(8.8 或 8 级及其以上)紧固件用在重要的连接场合,如发动机使用。但比其他形式的成本高
	标准六角头螺栓与螺母采用或省略防松元件的参考条件	防松元件的使用可能使预紧力出现较大的损失,而预紧力的损失,又增加了松动的可能,所以,在一定条件下可以省略防松元件 在螺栓承受轴向载荷的条件下,对 8.8 级及其以上的螺栓,其夹紧长度大于螺纹直径的 3 倍时,可以不采用防松元件。因为,在这种情况下,如能比较准确地控制预紧力,即使承受冲击载荷时,一般还能保证足够的残余预紧力,以阻止螺栓松动 对 4.8、5.6 和 5.8 级的螺栓,其夹紧长度大于螺纹直径的 5 倍时,同理,也可以不采用防松元件。在引进技术中,有的重要的螺栓,省略了以往采用开槽螺母及开口销锁紧的形式 但在螺栓承受径向载荷的条件下,或由于被连接件的弹性变形,使轴向作用力引起横向位移的情况下,必须采用防松元件
有效力矩型	尼龙圈锁紧螺母	锁紧部分是嵌装在螺母体上,没有内螺纹的尼龙圈。当外螺纹件拧入后,由于尼龙材料良好的弹性产生锁紧力,达到锁紧 该类螺母由于尼龙熔点的限制,一般最高工作温度应小于 120℃,以 100℃ 以下为宜。如遇特殊需要,改换材料可达 240℃ 由于尼龙属惰性物质,不受工业中常用化学产品的腐蚀,但受无机酸、弱酸与强酸的腐蚀。因此,装入尼龙圈之后不可进行电镀 理论与实践表明,这种螺母经拧入、拧出 400 次以上,性能基本稳定

（续）

类型	结　构	特点及应用
有效力矩型	带尼龙嵌件的锁紧螺栓或螺钉 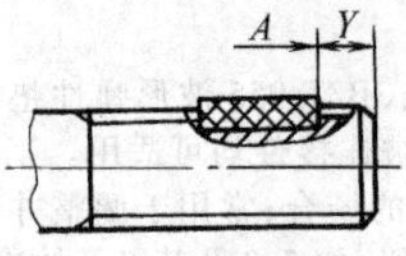 $Y=(3\sim4)P$ $A=5P$ 式中　A—有效力矩部分的轴向长度 P—螺距	锁紧部分是尼龙件，其尺寸与安装位置都影响锁紧性能。一般标准规定的安装位置如图所示，详细尺寸可参见 JB/T 5399 该锁紧方式适用于非标准螺母或机体内螺纹。由于结构特点决定其使用的规格较小，以免影响螺杆强度 一般使用中应采用较高的内螺纹公差。粗牙为 5H、6H；细牙为 6H。内螺纹的有效螺纹长度等于或大于 6 倍螺距。螺孔必须制出倒角，以保证锁紧性能
机械锁固型	螺杆带孔和开槽螺母配开口销 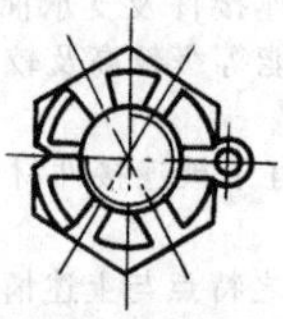	适用于变载、振动场合的重要部位连接的防松，性能可靠。设计及装配不便。航空、汽车及拖拉机等普遍采用。但不适用于双头螺柱的防松方法
	普通螺杆和螺母配开口销 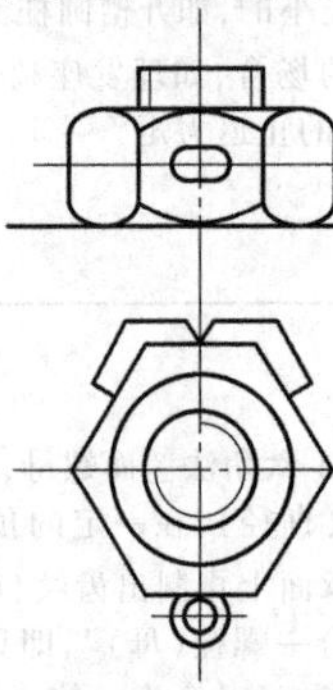	装配时，拧紧螺母后配钻；开口销孔可参照 GB/T 5278 选用。适用于单件生产的重要连接，但不适用于高强度紧固件连接及双头螺柱
	头部带孔螺栓穿金属丝 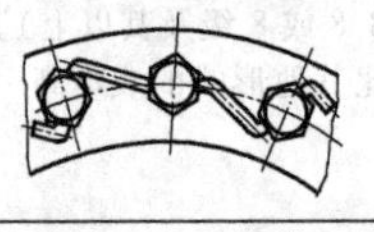	用低碳钢丝穿入成组的螺栓头部金属丝孔，可相互制约，防松可靠。安装时应注意钢丝走向。图示仅适用于右旋螺纹；也适用于双头螺柱的防松
	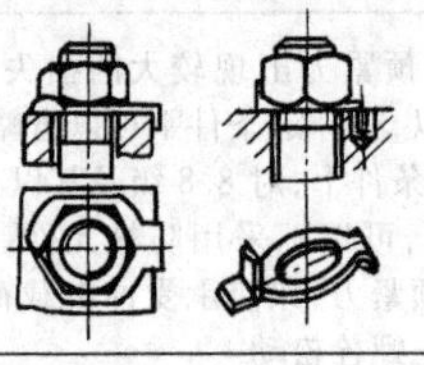	一般用低碳钢制成的单耳（GB/T 854）或双耳（GB/T 855）或外舌（GB/T 856）止动垫圈将螺栓六角头或螺母固定于被连接件上，防松可靠，但要求有一定的安装空间
冲点铆接型	端面冲点 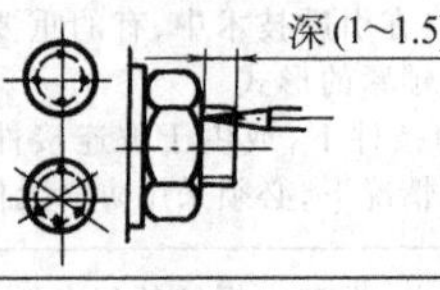 深$(1\sim1.5)P$	在螺纹末端小径处冲点，可冲单点或多点，防松性能一般，只适用于低强度紧固件
	铆接 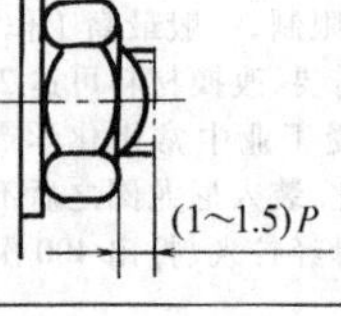 $(1\sim1.5)P$	螺栓杆末端外露$(1\sim1.5)P$ 长度，拧紧螺母后铆死，用于低强度螺栓，不拆卸的场合

（续）

类型	结　　构	特点及应用
黏接型	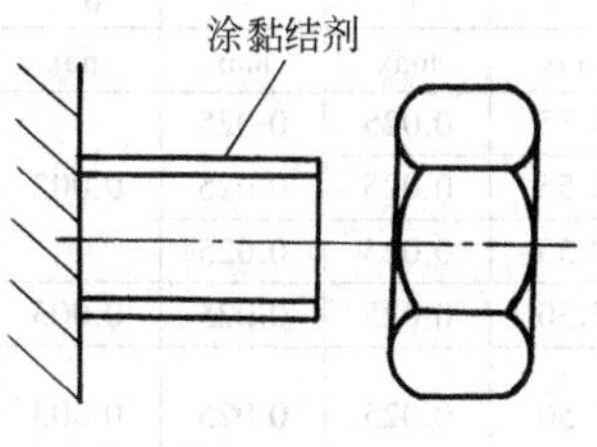 涂黏结剂	黏接螺纹方法简单、经济并有效。其防松性能与黏结剂直接相关，大体分为：低强度、中等强度和高温（承受100℃以上）条件，以及可以拆卸或不可拆卸等要求，应分别选用适当的黏结剂

3　螺纹紧固件的性能等级和常用材料

3.1　螺栓、螺钉和螺柱

在紧固件各项性能中，力学和工作性能至关重要，它是设计选用和衡量紧固件的基本依据。在现行国际和国家标准中将其统称为力学性能（GB/T 3098系列标准）。

3.1.1　螺栓、螺钉和螺柱的力学性能等级、材料和热处理

（1）范围

螺栓、螺钉和螺柱的力学性能（GB/T 3098.1—2010）适用于碳钢或合金钢制造的螺栓、螺钉和螺柱等外螺纹紧固件，无论何种形状，只要用于承受轴向拉力载荷的场合，均应保证其具有足够的抗拉强度、屈服点和韧度等。对于紧定螺钉及类似的不规定抗拉强度的螺纹紧固件及承剪零件的性能要求与之不同。当工作温度高于300℃或低于-50℃时，产品的力学性能可能发生明显改变，使用中应予以注意。

（2）材料

适合各力学性能等级的材料成分及热处理状态见表 5.2-44。对材料的要求只规定其类别和部分主要化学成分的极限要求，对于 8.8～12.9 级的产品，还必须遵循最低回火温度要求。根据供需双方协议，当供方能够保证力学性能要求时，可以采用表 5.2-44 以外的材料和热处理。

（3）力学性能

螺栓、螺钉和螺柱的力学性能指标见表 5.2-45。

最小拉伸载荷反映螺栓、螺钉和螺柱实物的抗拉强度，由产品的螺纹应力截面积和最小抗拉强度的乘积确定。粗牙螺纹的最小拉伸载荷见表 5.2-47；细牙螺纹的最小拉伸载荷见表 5.2-48。对一端为粗牙螺纹、另一端为细牙螺纹的双头螺柱，应按对粗牙螺纹的规定选取载荷。

最小保证载荷反映螺纹产品实物不产生明显塑性变形所能承受载荷的极限，由产品的螺纹应力截面积和保证应力的乘积确定。粗牙螺纹的保证载荷见表 5.2-49；细牙螺纹的保证载荷见表 5.2-50。对一端为粗牙螺纹、另一端为细牙螺纹的双头螺柱，应按对粗牙螺纹的规定选取载荷。

螺纹规格小于 M3 的和螺纹规格为 M3～M10，因长度太短而不能实施拉力试验的螺栓和螺钉，可用扭矩试验代替拉力试验。

表 5.2-44　适合各力学性能等级的材料成分和热处理状态（摘自 GB/T 3098.1—2010）

性能等级	材料和热处理	化学成分极限（熔炼分析%）[①]					回火温度/℃
		C		P	S	B[②]	
		min	max	max	max	max	min
4.6[③][④]	碳素钢或添加元素的碳素钢	—	0.55	0.050	0.060	未规定	—
4.8[④]		—	0.55	0.050	0.060		
5.6[③]		0.13	0.55	0.050	0.060		
5.8[④]		—	0.55	0.050	0.060		
6.8[④]		0.15	0.55	0.050	0.060		
8.8[⑥]	添加元素的碳素钢（如硼或锰或铬）淬火并回火	0.15[⑤]	0.40	0.025	0.025	0.003	425
	碳素钢淬火并回火	0.25	0.55	0.025	0.025		
	合金钢淬火并回火	0.20	0.55	0.025	0.025		
9.8[⑥]	添加元素的碳素钢（如硼或锰或铬）淬火并回火	0.15[⑤]	0.40	0.025	0.025	0.003	425
	碳素钢淬火并回火	0.25	0.55	0.025	0.025		
	合金钢淬火并回火[⑦]	0.20	0.55	0.025	0.025		

（续）

性能等级	材料和热处理	化学成分极限（熔炼分析%）[1]					回火温度/℃
		C		P	S	B[2]	
		min	max	max	max	max	min
10.9[6]	添加元素的碳钢（如硼或锰或铬）淬火并回火	0.20[5]	0.55	0.025	0.025		425
	碳素钢淬火并回火	0.25	0.55	0.025	0.025	0.003	
	合金钢淬火并回火[7]	0.20	0.55	0.025	0.025		
12.9[6][8][9]	合金钢淬火并回火[7]	0.30	0.50	0.025	0.025	0.003	425
12.9[6][8][9]	添加元素的碳素钢（如硼或锰或铬或钼）淬火并回火	0.28	0.50	0.025	0.025	0.003	380

① 有争议时，实施成品分析。

② 硼的含量（质量分数，余同）可达 0.005%，非有效硼由添加钛和/或铝控制。

③ 对 4.6 和 5.6 级冷镦紧固件，为保证达到要求的塑性和韧性，可能需要对其冷镦用线材或冷镦紧固件产品进行热处理。

④ 这些性能等级允许采用易切钢制造，其 S、P 和 Pb 的最大含量为：S0.34%；P0.11%；Pb0.35%。

⑤ 对碳含量低于 0.25% 的添加 B 的碳素钢，其 Mn 的最低含量：8.8 级为 0.6%；9.8 级和 10.9 级为 0.7%。

⑥ 对这些性能等级用的材料，应有足够的淬透性，以确保紧固件螺纹截面的芯部在"淬硬"状态、回火前获得约 90% 的马氏体组织。

⑦ 这些合金钢至少应含有下列的一种元素，其最小含量分别为：Cr0.30%；Ni0.30%；Mo0.20%；V0.10%。当含有二、三或四种复合的合金成分时，合金元素的含量不能少于单个合金元素含量总和的 70%。

⑧ 对 12.9/12.9 级表面不允许有金相能测出的白色磷化物聚层。去除磷化物聚集层应在热处理前进行。

⑨ 当考虑使用 12.9/12.9 级时，应谨慎从事。紧固件制造者的能力、服役条件和扭拧方法都应仔细考虑。除表面处理外，使用环境也可能造成紧固件的应力腐蚀开裂。

表 5.2-45　螺栓、螺钉和螺柱的力学性能（摘自 GB/T 3098.1—2010）

序号	力学性能		性能等级									
			4.6	4.8	5.6	5.8	6.8	8.8		9.8 d≤16mm	10.9	12.9/12.9
								d≤16mm[1]	d>16mm[2]			
1	抗拉强度 R_m/MPa	公称[3]	400		500		600	800		900	1000	1200
		min	400	420	500	520	600	800	830	900	1040	1220
2	下屈服强度 R_{eL}[4]/MPa	公称[3]	240	—	300	—	—	—	—	—	—	—
		min	240		300							
3	规定非比例延伸 0.2% 的应力 $R_{p0.2}$/MPa	公称[3]						640	640	720	900	1080
		min						640	660	720	940	1100
4	紧固件实物的规定非比例延伸 0.0048d 的应力 R_{pf}/MPa	公称[3]		320	—	400	480					
		min		340[5]		420[5]	480[5]					
5	保证应力 S_p[6]/MPa	公称	225	310	280	380	440	580	600	650	830	970
	保证应力比 $S_{P,公称}/R_{eL,min}$ 或 $S_{P,公称}/R_{P0.2,min}$ 或 $S_{P,公称}/R_{Pf,min}$		0.94	0.91	0.93	0.90	0.92	0.91	0.91	0.90	0.88	0.88
6	机械加工试件的断后伸长率 A(%)	min	22		20		—	12	12	10	9	8
7	机械加工试件的断面收缩率 Z(%)	min				—			52	48	48	44
8	紧固件实物的断后伸长率 A_f	min	—	0.24	—	0.22	0.20					
9	头部坚固性		不得断裂或出现裂缝									
10	维氏硬度 HV,$F \geqslant 98N$	min	120	130	155	160	190	250	255	290	320	385
		max	220				250	320	335	360	380	435

（续）

序号	力学性能		性能等级									
			4.6	4.8	5.6	5.8	6.8	8.8 d≤16mm①	8.8 d>16mm②	9.8 d≤16mm	10.9	12.9/12.9
11	布氏硬度　HBW	min	114	124	147	152	181	245	250	286	316	380
		max	209⑦				238	316	331	355	375	429
12	洛氏硬度　HRB	min	67	71	79	82	89					
		max	95.0⑦				99.5					
	洛氏硬度　HRC	min	—					22	23	28	32	39
		max	—					32	34	37	39	44
13	表面硬度⑩　HV0.3	max						⑧			⑧⑨	⑧⑨
14	螺纹未脱碳层的高度 E/mm	min						$1/2H_1$			$2/3H_1$	$3/4H_1$
	螺纹全脱碳层的深度 G/mm	max	0.015									
15	再回火后硬度的降低值　HV	max	20									
16	破坏扭矩 M_B/N·m	min	—					按 GB/T 3098.13 的规定				
17	吸收能量 KV⑪⑫/J	min	—	27	—			27	27	27	27	⑬
18	表面缺陷		GB/T 5779.1⑭									GB/T 5779.3

① 数值不适用于螺栓连接结构。

② 对螺栓连接结构 $d \geqslant$ M12。

③ 规定公称值，仅为性能等级标记制度的需要。

④ 在不能测定下屈服强度 R_{eL} 的情况下，允许测量规定非比例延伸 0.2% 的应力 $R_{P0.2}$。

⑤ 对性能等级 4.8、5.8 和 6.8 的 $R_{Pf,min}$ 数值尚在调查研究中。表中数值是按保证载荷比计算给出的，而不是实测值。

⑥ 表 5.2-49 和表 5.2-50 规定了保证载荷值。

⑦ 在紧固件的末端测定硬度时，应分别为：250HV、238HBW 或 99.5HRB。

⑧ 当采用 HV0.3 测定表面硬度及芯部硬度时，紧固件的表面硬度不应比芯部硬度高出 30HV 单位。

⑨ 表面硬度不应超出 390HV。

⑩ 表面硬度不应超出 435HV。

⑪ 试验温度在 -20℃ 下测定。

⑫ 适用于 $d \geqslant$ 16mm。

⑬ KV 数值尚在调查研究中。

⑭ 由供需双方协议，可用 GB/T 5779.3 代替 GB/T 5779.1。

3.1.2　螺纹紧固件的应力截面积

螺纹紧固件的应力截面积（GB/T 16823.1—1997）适用于计算外螺纹的应力和内螺纹保证应力。

螺纹的应力截面积计算公式为

$$A_s = \frac{\pi}{4}\left(\frac{d_2 + d_3}{2}\right)^2 \qquad (5.2\text{-}1)$$

或 $A_s = 0.7854(d - 0.9382P)^2$

式中　A_s——螺纹的应力截面积（mm^2）；

$\quad\quad\ \pi$——圆周率，$\pi = 3.1416$；

$\quad\quad\ d_2$——螺纹中径的公称尺寸（mm）；

$\quad\quad\ d_3$——螺纹小径的公称尺寸（d_1）减去螺纹原始三角形高度（H）的 1/6 值，即：

$$d_3 = d_1 - \frac{H}{6}$$

$\quad\quad\ H$——螺纹原始三角形高度（$H = 0.866025P$）（mm）；

$\quad\quad\ d$——外螺纹大径的公称尺寸（mm）；

$\quad\quad\ P$——螺距（mm）。

粗牙螺纹 M1 ~ M68（GB/T 193—2003）和细牙螺纹 M8×1 ~ M130×6（GB/T 193—2003）的应力截面积（A_s，取 3 位有效数字）见表 5.2-46。

3.1.3　最小拉力载荷和保证载荷

国家标准规定了各种螺纹紧固件力学性能及其试验方法，见 GB/T 3098.1—2010 ~ GB/T 3098.17—2000。按螺栓、螺钉和螺柱的力学性能及其试验方法（GB/T 3098.1—2010），拉力试验的试件形状及尺寸如图 5.2-9 所示。

最小拉力载荷（$A_s \times R_m$），式中 A_s 是螺纹紧固件

表 5.2-46　螺纹紧固件的应力截面积（摘自 GB/T 16823.1—1997）　　　　（mm）

粗　牙　螺　纹			细　牙　螺　纹			粗　牙　螺　纹			细　牙　螺　纹		
螺纹直径 d	螺距 P	应力截面积 A_s/mm²	螺纹直径 d	螺距 P	应力截面积 A_s/mm²	螺纹直径 d	螺距 P	应力截面积 A_s/mm²	螺纹直径 d	螺距 P	应力截面积 A_s/mm²
1	0.25	0.46	8	1	39.2	14	2	115	56	4	2144
1.1	0.25	0.588	10	1	64.5	16	2	157	60	4	2490
1.2	0.25	0.732	10	1.25	31.2	18	2.5	192	64	4	2851
1.4	0.3	0.983	12	1.25	92.1	20	2.5	245	72	6	3460
1.6	0.35	1.27	12	1.5	88.1	22	2.5	303	76	6	3890
1.8	0.35	1.70	14	1.5	125	24	3	353	80	6	4340
2	0.4	2.07	16	1.5	167	27	3	459	85	6	4950
2.2	0.45	2.48	18	1.5	216	30	3.5	561	90	6	5590
2.5	0.45	3.39	20	1.5	272	33	3.5	694	95	6	6270
3	0.5	5.03	20	2	258	36	4	817	100	6	7000
3.5	0.6	6.78	22	1.5	333	39	4	976	105	6	7760
4	0.7	8.78	24	2	384	42	4.5	1120	110	6	8560
4.5	0.75	11.3	27	2	496	45	4.5	1310	115	6	9390
5	0.8	14.2	30	2	621	48	5	1470	120	6	10300
6	1	20.1	33	2	761	52	5	1760	125	6	11200
7	1	28.9	36	3	865	56	5.5	2030	130	6	12100
8	1.25	36.6	39	3	1030	60	5.5	2360			
10	1.5	58.0	45	3	1400	64	6	2680			
12	1.75	84.3	52	4	1830	68	6	3060			

的应力截面积，由表5.2-46查得。R_m最小抗拉强度，由表5.2-45查得。由此求得的$A_s \times R_m$见表5.2-47和表5.2-48。当试验拉力达到表中规定的最小拉力载荷$A_s \times R_m$时，不得断裂。当载荷增大至大于（$A_s \times R_m$）直至拉断，断裂应发生在杆部或螺纹部分，而不应发生在头与杆的交接处。

保证载荷（$A_s \times S_P$），式中A_s为螺纹的应力截面积，查表5.2-46。S_P为保证应力，由表5.2-45查得。由此求得的（$A_s \times S_P$）见表5.2-49和表5.2-50。在试件上施加保证载荷以后，其永久伸长量（包括测量误差），不应大于12.5μm。

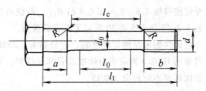

图 5.2-9　拉力试验的试件

d—外螺纹大径　d_0—试件直径（$d_0 < $ 外螺纹小径 d_1）
b—螺纹长度（$b \geqslant d$）　l_0—$5d_0$ 或 $5.65\sqrt{F_0}$, $F_0 = \frac{\pi}{4}d_0^2$—中间光杆部分截面积　l_c—直线部分的长度 $= (l_0 + d_0)$　l_t—试件的总长度 $= (l_c + 2R + a + b)$
R—圆角半径（$R \geqslant 4$mm）　$a \geqslant 0$

表 5.2-47　粗牙螺纹最小拉伸载荷（摘自 GB/T 3098.1—2010）

螺纹规格 (d)	螺纹公称应力截面积 $A_{s,公称}$[1]/mm²	性能等级								
		4.6	4.8	5.6	5.8	6.8	8.8	9.8	10.9	12.9/12.9
		最小拉伸载荷 $F_{m,min}(A_{s,公称} \times R_{m,min})$/N								
M3	5.03	2010	2110	2510	2620	3020	4020	4530	5230	6140
M3.5	6.78	2710	2850	3390	3530	4070	5420	6100	7050	8270
M4	8.78	3510	3690	4390	4570	5270	7020	7900	9130	10700
M5	14.2	5680	5960	7100	7380	8520	11350	12800	14800	17300
M6	20.1	8040	8440	10000	10400	12100	16100	18100	20900	24500
M7	28.9	11600	12100	14400	15000	17300	23100	26000	30100	35300
M8	36.6	14600[2]	15400	18300[2]	19000	22000	29200[2]	32900	38100[2]	44600
M10	58	23200[2]	24400	29000[2]	30200	34800	46400[2]	52200	60300[2]	70800
M12	84.3	33700	35400	42200	43800	50600	67400[3]	75900	87700	103000
M14	115	46000	48300	57500	59800	69000	92000[3]	104000	120000	140000
M16	157	62800	65900	78500	81600	94000	125000[3]	141000	163000	192000

（续）

螺纹规格 (d)	螺纹公称 应力截面积 $A_{s,公称}$[1]/mm²	性能等级								
		4.6	4.8	5.6	5.8	6.8	8.8	9.8	10.9	12.9/12.9
		最小拉伸载荷 $F_{m,min}(A_{s,公称} \times R_{m,min})$/N								
M18	192	76800	80600	96000	99800	115000	159000	—	200000	234000
M20	245	98000	103000	122000	127000	147000	203000	—	255000	299000
M22	303	121000	127000	152000	158000	182000	252000	—	315000	370000
M24	353	141000	148000	176000	184000	212000	293000	—	367000	431000
M27	459	184000	193000	230000	239000	275000	381000	—	477000	560000
M30	561	224000	236000	280000	292000	337000	466000	—	583000	684000
M33	694	278000	292000	347000	361000	416000	576000	—	722000	847000
M36	817	327000	343000	408000	425000	490000	678000	—	850000	997000
M39	976	390000	410000	488000	508000	586000	810000	—	1020000	1200000

① $A_{s,公称}$ 的计算见 3.1.2。

② 6az 螺纹（GB/T 22029）的热浸镀锌紧固件，应按 GB/T 5267.3 中附录 A 的规定。

③ 对螺栓连接结构为：70000N（M12）、95500N（M14）和 130000N（M16）。

表 5.2-48　细牙螺纹最小拉伸载荷（摘自 GB/T 3098.1—2010）

螺纹规格 (d×P)	螺纹公称 应力截面积 $A_{s,公称}$[1]/mm²	性能等级								
		4.6	4.8	5.6	5.8	6.8	8.8	9.8	10.9	12.9/12.9
		最小拉伸载荷 $F_{m,min}(A_{s,公称} \times R_{m,min})$/N								
M8×1	39.2	15700	16500	19600	20400	23500	31360	35300	40800	47800
M10×1.25	61.2	24500	25700	30600	31800	36700	49000	55100	63600	74700
M10×1	64.5	25800	27100	32300	33500	38700	51600	58100	67100	78700
M12×1.5	88.1	35200	37000	44100	45800	52900	70500	79300	91600	107000
M12×1.25	92.1	36800	38700	46100	47900	55300	73700	82900	95800	112000
M14×1.5	125	50000	52500	62500	65000	75000	100000	112000	130000	152000
M16×1.5	167	66800	70100	83500	86800	100000	134000	150000	174000	204000
M18×1.5	216	86400	90700	108000	112000	130000	179000	—	225000	264000
M20×1.5	272	109000	114000	136000	141000	163000	226000	—	283000	332000
M22×1.5	333	133000	140000	166000	173000	200000	276000	—	346000	406000
M24×2	384	154000	161000	192000	200000	230000	319000	—	399000	469000
M27×2	496	198000	208000	248000	258000	298000	412000	—	516000	605000
M30×2	621	248000	261000	310000	323000	373000	515000	—	646000	758000
M33×2	761	304000	320000	380000	396000	457000	632000	—	791000	928000
M36×3	865	346000	363000	432000	450000	519000	718000	—	900000	1055000
M39×3	1030	412000	433000	515000	536000	618000	855000	—	1070000	1260000

① $A_{s,公称}$ 的计算见 3.1.2。

表 5.2-49　粗牙螺纹保证载荷（摘自 GB/T 3098.1—2010）

螺纹规格 (d)	螺纹公称 应力截面积 $A_{s,公称}$[1]/mm²	性能等级								
		4.6	4.8	5.6	5.8	6.8	8.8	9.8	10.9	12.9/12.9
		保证载荷 $F_P(A_{s,公称} \times S_{P,公称})$/N								
M3	5.03	1130	1560	1410	1910	2210	2920	3270	4180	4880
M3.5	6.78	1530	2100	1900	2580	2980	3940	4410	5630	6580
M4	8.78	1980	2720	2460	3340	3860	5100	5710	7290	8520
M5	14.2	3200	4400	3980	5400	6250	8230	9230	11800	13800
M6	20.1	4520	6230	5630	7640	8840	11600	13100	16700	19500
M7	28.9	6500	8980	8090	11000	12700	16800	18800	24000	28000
M8	36.6	8240[2]	11400	10200[2]	13900	16100	21200[2]	23800	30400[2]	35500
M10	58	13000[2]	18000	16200[2]	22000	25500	33700[2]	37700	48100[2]	56300
M12	84.3	19000	26100	23600	32000	37100	48900[3]	54800	70000	81800

（续）

螺纹规格 (d)	螺纹公称应力截面积 $A_{s,公称}$[①]/mm²	性能等级								
		4.6	4.8	5.6	5.8	6.8	8.8	9.8	10.9	12.9/12.9
		保证载荷 $F_P(A_{s,公称} \times S_{P,公称})$/N								
M14	115	25900	35600	32200	43700	50600	66700[③]	74800	95500	112000
M16	157	35300	48700	44000	59700	69100	91000[③]	102000	130000	152000
M18	192	43200	59500	53800	73000	84500	115000	—	159000	186000
M20	245	55100	76000	68600	93100	108000	147000	—	203000	238000
M22	303	68200	93900	84800	115000	133000	182000	—	252000	294000
M24	353	79400	109000	98800	134000	155000	212000	—	293000	342000
M27	459	103000	142000	128000	174000	202000	275000	—	381000	445000
M30	561	126000	174000	157000	213000	247000	337000	—	466000	544000
M33	694	156000	215000	194000	264000	305000	416000	—	576000	673000
M36	817	184000	253000	229000	310000	359000	490000	—	678000	792000
M39	976	220000	303000	273000	371000	429000	586000	—	810000	947000

① $A_{s,公称}$ 的计算见 3.1.2。

② 6az 螺纹（GB/T 22029）的热浸镀锌紧固件，应按 GB/T 5267.3 中附录 A 的规定。

③ 对螺栓连接结构为：50700N（M12）、68800N（M14）和 94500N（M16）。

表 5.2-50　细牙螺纹保证载荷（摘自 GB/T 3098.1—2010）

螺纹规格 (d×P)	螺纹公称应力截面积 $A_{s,公称}$[①]/mm²	性能等级								
		4.6	4.8	5.6	5.8	6.8	8.8	9.8	10.9	12.9/12.9
		保证载荷 $F_P(A_{s,公称} \times S_{P,公称})$/N								
M8×1	39.2	8820	12200	11000	14900	17200	22700	25500	32500	38000
M10×1.25	61.2	13800	19000	17100	23300	26900	355000	39800	50800	59400
M10×1	64.5	14500	20000	18100	24500	28400	37400	41900	53500	62700
M12×1.5	88.1	19800	27300	24700	33500	38800	51100	57300	73100	85500
M12×1.25	92.1	20700	28600	25800	35000	40500	53400	59900	76400	89300
M14×1.5	125	28100	38800	35000	47500	55000	72500	81200	104000	121000
M16×1.5	167	37800	51800	46800	63500	73500	96900	109000	139000	162000
M18×1.5	216	48600	67000	60500	82100	95000	130000	—	179000	210000
M20×1.5	272	61200	84300	76200	103000	120000	163000	—	226000	264000
M22×1.5	333	74900	103000	93200	126000	146000	200000	—	276000	323000
M24×2	384	86400	119000	108000	146000	169000	230000	—	319000	372000
M27×2	496	112000	154000	139000	188000	218000	298000	—	412000	481000
M30×2	621	140000	192000	174000	236000	273000	373000	—	515000	602000
M33×2	761	171000	236000	213000	289000	335000	457000	—	632000	738000
M36×3	865	195000	268000	242000	329000	381000	519000	—	718000	839000
M39×3	1030	232000	319000	288000	391000	453000	618000	—	855000	999000

① $A_{s,公称}$ 的计算见 3.1.2。

3.2　螺母（见表 5.2-51～表 5.2-54）

表 5.2-51　螺母材料的化学成分

性能等级		化学成分（质量分数，%）			
		C max	Mn min	P max	S max
4、5、6	—	0.50	—	0.110	0.150
8、9	04	0.58	0.25	0.060	0.150
10	05	0.58	0.30	0.048	0.058
12	—	0.58	0.45	0.048	0.058

注：1. 4、5、6、04、05 级允许用易切钢制造（供需双方另有协议除外），其 S、P 及 Pb 的最大质量分数为：S0.30%；P0.11%；Pb0.35%。

2. 对于 10、12、15 级，为改善螺母的力学性能，必要时，可增添合金元素。

表 5.2-52　螺母的力学性能

性能等级	粗牙螺母(GB/T 3098.2)				细牙螺母(GB/T 3098.4)				螺母	
	螺纹直径 D/mm	保证应力 S_p/MPa	维氏硬度 HV min	max	螺纹直径 D/mm	保证应力 S_p/MPa	维氏硬度 HV min	max	热处理	形式
04	≤39	380	188	302	≤39	380	188	302	不淬火回火	薄型
05	≤39	500	272	353	≤39	500	272	353	淬火并回火	薄型
4	>16~39	510	117	302	—	—	—	—	不淬火回火	1型
5	≤4	520	130	302					不淬火回火	1型
	>4~7	580			8~16	690	175	302		
	>7~10	590								
	>10~16	610								
	>16~39	630	146		>16~39	720	190			
6	≤4	600	150	302					不淬火回火	1型
	>4~7	670			8~10	770	188	302		
	>7~10	680			>10~16	780				
	>10~16	700			>16~33	870	233			
	>16~39	720	170		>33~39	930				
8	≤4	800	180						不淬火回火	1型
	>4~7	855	200	302						
	>7~10	870								
	>10~16	880								
	>16~39	890	180	302	8~16	890	195	302		2型
	—	—	—	—		955	250		淬火并回火	
					>16~33	1030	295	353		1型
	>16~39	920	233	353	>33~39	1090				
9	≤4	900	170						不淬火回火	2型
	>4~7	915	188	302						
	>7~10	940								
	>10~16	950								
	>16~39	920								
10	≤10	1040	272	353	8~10	1100	295		淬火并回火	1型
	>10~16	1050			>10~16	1110		353		
	>16~39	1060			—	—				
	—	—	—		>16~39	1080	260			2型
12	≤10	1140	295						淬火并回火	1型
	>10~16	1170		353						
	≤7	1150	272		8~10	1200	295	353		2型
	>7~10	1160								
	>10~16	1190			>10~16					
	>16~39	1200								

注：1. 最低硬度仅对经热处理的螺母或规格太大而不能进行保证载荷试验的螺母，才是强制性的；对其他螺母，是指导性的。对不淬火回火而又能满足保证载荷试验的螺母，最低硬度应不作为拒收（考核）依据。

　　2. D>16mm 的 6 级细牙螺母，也可以淬火并回火处理，由制造者确定。

表 5.2-53　粗牙螺纹螺母保证载荷值（GB/T 3098.2—2015）

螺纹规格 D/mm	螺距 P/mm	保证载荷[1]/N 性能等级						
		04	05	5	6	8	10	12
M5	0.8	5400	7100	8250	9500	12140	14800	16300
M6	1	7640	10000	11700	13500	17200	20900	23100
M7	1	11000	14500	16800	19400	24700	30100	33200
M8	1.25	13900	18300	21600	24900	31800	38100	42500
M10	1.5	22000	29000	34200	39400	50500	60300	67300
M12	1.75	32000	42200	51400	59000	74200	88500	100300
M14	2	43700	57500	70200	80500	101200	120800	136900
M16	2	59700	78500	95800	109900	138200	164900	186800
M18	2.5	73000	96000	121000	138200	176600	203500	230400
M20	2.5	93100	122500	154400	176400	225400	259700	294000
M22	2.5	115100	151500	190900	218200	278800	321200	363600
M24	3	134100	176500	222400	254200	324800	374200	423600
M27	3	174400	229500	289200	330500	422300	486500	550800
M30	3.5	213200	280500	353400	403900	516100	594700	673200
M33	3.5	263700	347000	437200	499700	638500	735600	832800
M36	4	310500	408500	514700	588200	751600	866000	980400
M39	4	370900	488000	614900	702700	897900	1035000	1171000

[1] 使用薄螺母时，应考虑其脱扣载荷低于全承载能力螺母的保证载荷。

表 5.2-54　细牙螺纹螺母保证载荷值（GB/T 3098.2—2015）

螺纹规格 (D×P)/mm	保证载荷[1]/N 性能等级						
	04	05	5	6	8	10	12
M8×1	14900	19600	27000	30200	37400	43100	47000
M10×1.25	23300	30600	44200	47100	58400	67300	73400
M10×1	24500	32200	44500	49700	61600	71000	77400
M12×1.5	33500	44000	60800	68700	84100	97800	105700
M12×1.25	35000	46000	63500	71800	88000	102200	110500
M14×1.5	47500	62500	86300	97500	119400	138800	150000
M16×1.5	63500	83500	115200	130300	159500	185400	200400
M18×2	77500	102000	146900	177500	210100	220300	—
M18×1.5	81700	107500	154800	187000	221500	232200	—
M20×2	98000	129000	185800	224500	265700	278600	—
M20×1.5	103400	136000	195800	236600	280200	293800	—
M22×2	120800	159000	229000	276700	327500	343400	—
M22×1.5	126500	166500	239800	289700	343000	359600	—
M24×2	145900	192000	276500	334100	395500	414700	—
M27×2	188500	248000	351100	431500	510900	536700	—
M30×2	236000	310500	447100	540300	639600	670700	—
M33×2	289200	380500	547900	662100	783800	821900	—
M36×3	328700	432500	622800	804400	942800	934200	—
M39×3	391400	5158000	741600	957900	1123000	1112000	—

[1] 使用薄螺母时，应考虑其脱扣载荷低于全承载能力螺母的保证载荷。

3.3　不锈钢螺栓、螺钉、螺柱和螺母

（1）范围

不锈钢螺栓、螺钉、螺柱和螺母的力学性能（GB/T 3098.6—2014、GB/T 3098.15—2014）用于由奥氏体、马氏体和铁素体耐蚀不锈钢制造的、任何形状的、螺纹直径为 $1.6 \sim 39$mm 的螺栓、螺钉、螺柱和螺母。螺母的对边宽度不应小于 $1.45D$，螺纹有效长度不应小于 $0.6D$。

（2）性能等级的标记和标志

1）性能等级的标记代号见表 5.2-55、表 5.2-56。

表 5.2-55　不锈钢螺栓、螺钉和螺柱的标记代号（GB/T 3098.6—2014）

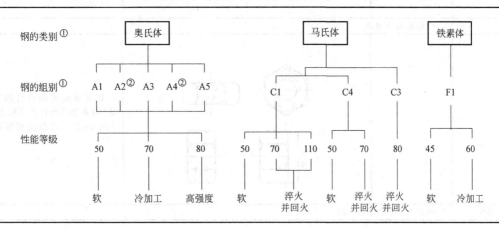

① 表中钢的类别和组别的分级见 GB/T 3098.6—2014 中附录 B。

② 碳的质量分数低于 0.03% 的低碳不锈钢，可增加标记 L，如 A4L-80。

表 5.2-56　不锈钢螺母的标记代号（GB/T 3098.15—2014）

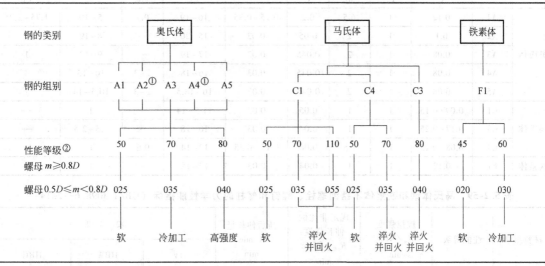

① 碳质量分数低于 0.03% 的低碳不锈钢，可增加标记 "L"，如 A4L-80。

② 按 GB/T 5267.4 进行表面钝化处理，可以增加标记 "P"。示例：A4-80P。

2）性能等级的标志方法见表 5.2-57。对所有标志性能等级的产品，在产品上必须同时制出制造者标识、商标（鉴别）。

（3）材料

按标准生产的紧固件适用的不锈钢化学成分见表 5.2-58。

（4）力学性能

在常温下，马氏体钢和铁素体钢紧固件的力学性能指标见表 5.2-59 和表 5.2-60；奥氏体钢紧固件的力学性能指标见表 5.2-61 和表 5.2-62，螺纹规格 ≤5mm 的奥氏体钢螺钉的破坏扭矩见表 5.2-63。

表 5.2-57　性能等级的标志方法

品　种	标志代号	标志部位			标志要求
六角头螺栓、内六角和内六角花形圆柱头螺钉	与标志代号一致				在头部顶面用凸字或凹字标志,或在头部侧面用凹字标志
螺柱	由供需双方协议				
螺母					在支承面或侧面打凹字标志,或在倒角面打凸字标志,但凸字标志不应凸出到螺母支承面
左旋螺纹	见表 5.2-2 中序号 5 图				

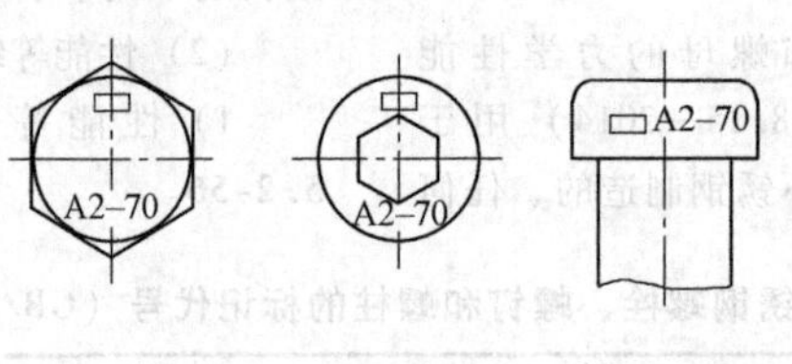

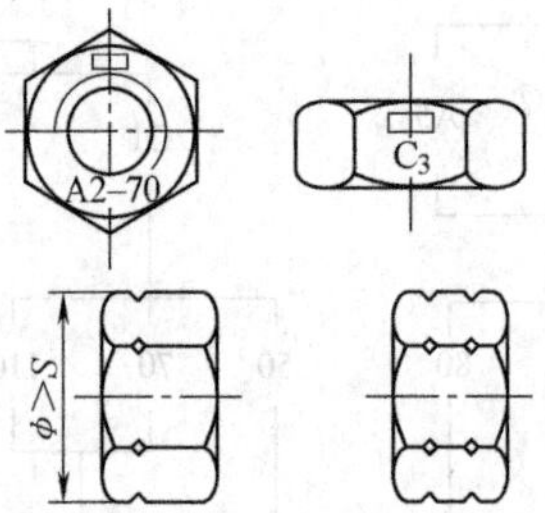

表 5.2-58　适合各力学性能等级的不锈钢材料化学成分（GB/T 3098.6—2014）

类别	组别	化学成分(质量分数,%)								
		C	Si	Mn	P	S	Cr	Mo	Ni	Cu
奥氏体	A1	0.12	1	6.5	0.2	0.15~0.35	16~19	0.7	5~10	1.75~2.25
	A2	0.1	1	2	0.05	0.03	15~20	—	8~19	4
	A3	0.08	1	2	0.045	0.03	17~19	—	9~12	1
	A4	0.08	1	2	0.045	0.03	16~18	2~3	10~15	4
	A5	0.08	1	2	0.045	0.03	16~18.5	2~3	10.5~14	1
马氏体	C1	0.09~0.15	1	1	0.05	0.03	11.5~14	—	1	
	C3	0.17~0.25	1	1	0.04	0.03	16~18	—	1.5~2.5	.
	C4	0.08~0.15	1	1.5	0.06	0.15~0.35	12~14	0.6	1	
铁素体	F1	0.12	1	1	0.04	0.03	15~18	—	1	

表 5.2-59　马氏体钢和铁素体不锈钢螺栓、螺钉和螺柱的力学性能指标（GB/T 3098.6—2014）

材料组别		性能等级	抗拉强度 R_m/MPa min	规定非比例伸长强度 $R_{p0.2}$/MPa min	断后伸长量 A/mm min	硬　度		
						HV	HBW	HRC
马氏体	C1	50	500	250	0.2d	155~220	147~209	—
		70	700	410	0.2d	220~330	209~314	20~34
		110	1100	820	0.2d	350~440	—	36~45
	C3	80	800	640	0.2d	240~340	228~323	21~35
	C4	50	500	250	0.2d	155~220	147~209	—
		70	700	410	0.2d	220~330	209~314	20~34
铁素体	F1	45	450	250	0.2d	135~220	128~209	—
		60	600	410	0.2d	180~285	171~271	—

表 5.2-60　马氏体和铁素体不锈钢螺母的力学性能指标（GB/T 3098.15—2014）

类别	组别	性能等级		保证应力 S_P/MPa		硬　　度		
		螺母 $(m \geqslant 0.8D)$	螺母 $(0.5D \leqslant m < 0.8D)$	螺母 $(m \geqslant 0.8D)$	螺母 $(0.5D \leqslant m < 0.8D)$	HBW	HRC	HV
马氏体	C1	50	025	500	250	147~209	—	155~220
		70	—	700	—	209~314	20~34	220~330
		110①	055①	1100	550	—	36~45	350~440
	C3	80	040	800	400	228~323	21~35	240~340
	C4	50		500		147~209	—	155~220
		70	035	700	350	209~314	20~34	220~330
铁素体	F②	45	020	450	200	128~209	—	135~220
		60	030	600	300	171~271	—	180~285

① 淬火并回火，最低回火温度为 275℃。
② 螺纹公称直径 $D \leqslant 24$mm。

表 5.2-61　奥氏体不锈钢螺栓、螺钉和螺柱的力学性能指标（GB/T 3098.6—2014）

钢的组别	性能等级	抗拉强度 R_m/MPa min	规定非比例伸长应力 $R_{p0.2}$/MPa min	断后伸长量 A/mm min
A1、A2	50	500	210	0.6d
A3、A4	70	700	450	0.4d
A5	80	800	600	0.3d

表 5.2-62　奥氏体不锈钢螺母的力学性能指标（GB/T 3098.15—2014）

类型	组别	性能等级		保证应力 S_P/(N/mm²)	
		螺母 $(m \geqslant 0.8D)$	螺母 $(0.5D \leqslant m < 0.8D)$	螺母 $(m \geqslant 0.8D)$	螺母 $(0.5D \leqslant m < 0.8D)$
奥氏体	A1、A2、A3、A4、A5	50	025	500	250
		70	035	700	350
		80	040	800	400

表 5.2-63　奥氏体不锈钢螺栓和螺钉的破坏扭矩（GB/T 3098.6—2014）

粗牙螺纹	破坏扭矩 M_{Bmin}/(N·m) 性能等级		
	50	70	80
M1.6	0.15	0.2	0.24
M2	0.3	0.4	0.48
M2.5	0.6	0.9	0.96
M3	1.1	1.6	1.8
M4	2.7	3.8	4.3
M5	5.5	7.8	8.8
M6	9.3	13	15
M8	23	32	37
M10	46	65	74
M12	80	110	130
M16	210	290	330

对马氏体和铁素体钢螺栓和螺钉的破坏扭矩值，应由供需双方协议。

3.4　紧定螺钉

（1）范围

紧定螺钉力学性能（GB/T 3098.3—2016）适用于碳钢或合金钢制造的、螺纹直径为 1.6~39mm 的紧定螺钉及类似的不规定抗拉强度的螺纹紧固件，工作温度为 -50~300℃（用易切钢制造的螺母不能用于 250℃ 以上）。

（2）性能等级的标记和标志

紧定螺钉利用其拧入内螺纹时产生的轴向压力紧固零件，影响其效果的主要因素是硬度，所以用硬度来衡量其力学性能；一般认为，硬度越高，性能越好。自然，性能等级标记代号就与螺钉的硬度值有关。

性能等级代号由数字（最低维氏硬度的 10%）和表示硬度的字母 H 组成（见表 5.2-64）。

紧定螺钉一般不要求标志。如有特殊需要，由供需双方协议，按性能等级标记代号进行标志，但不要求标志制造者的识别标志、商标（鉴别）。

表 5.2-64　紧定螺钉性能等级的标记

（GB/T 3098.3—2016）

性能等级	14H	22H	33H	45H
维氏硬度 HV　min	140	220	330	450

（3）材料

适合各力学性能等级的材料及热处理状态见

表 5.2-65。对材料的要求只规定部分主要化学成分的极限要求。对性能等级为 45H 级的紧定螺钉，当满足标准规定的扭矩试验时，亦可采用其他材料。

（4）力学性能

在常温下，紧定螺钉的力学性能见表 5.2-66，内六角紧定螺钉的保证扭矩见表 5.2-67。

表 5.2-65　适合各力学性能等级的材料及热处理（GB/T 3098.3—2016）

硬度等级	材　料	热处理[1]	化学成分极限（熔炼分析）[2] %			
			C		P	S
			max	min	max	max
14H	碳钢[3]	—	0.50	—	0.11	0.15
22H	碳钢[4]	淬火并回火	0.50	0.19	0.05	0.05
33H	碳钢[4]	淬火并回火	0.50	0.19	0.05	0.05
45H	碳钢[4],[5]	淬火并回火	0.50	0.45	0.05	0.05
	添加元素的碳钢[4]（如硼或锰或铬）	淬火并回火	0.50	0.28	0.05	0.05
	合金钢[4],[6]	淬火并回火	0.50	0.30	0.05	0.05

① 不允许表面硬化。

② 有争议时，实施成品分析。

③ 可以使用易切钢，其铅、磷和硫的最大含量分别为 0.35%、0.11%、0.34%。

④ 可以使用最大 Pb 含量为 0.35% 的钢。

⑤ 仅适用于 $d \leqslant M16$。

⑥ 这些合金钢至少应含有下列的一种元素，其最小含量分别为 Cr0.30%、Ni0.30%、Mo0.20%、V0.10%。当含有二、三或四种复合的合金成分时，合金元素的含量不能少于单个合金元素含量总和的 70%。

表 5.2-66　紧定螺钉的力学性能（GB/T 3098.3—2016）

序号	机械和物理性能			硬度等级			
				14H	22H	33H	45H
1	测试硬度						
	1.1	维氏硬度 HV10	min	140	220	330	450
			max	290	300	440	560
	1.2	布氏硬度 HBW $F=30D^2$	min	133	209	314	428
			max	276	285	418	532
	1.3	洛氏硬度	HRB min	75	95	—	—
			HRB max	105	①	—	—
			HRC min	—	①	33	45
			HRC max	—	30	44	53
2	扭矩强度			—	—	—	见表5
3	螺纹未脱碳层的高度 E/mm		min	—	$1/2H_1$	$2/3H_1$	$3/4H_1$
4	螺纹全脱碳层的深度 G/mm		max	—	0.015	0.015	②
5	表面硬度 HV0.3（见 9.1.3）		max	—	320	450	580
6	无增碳 HV0.3		max	—	③	③	③
7	表面缺陷			GB/T 5779.1			

① 对 22H 级如进行洛氏硬度试验时，需要采用 HRB 试验最小值和 HRC 试验最大值。

② 对 45H 不允许有全脱碳层。

③ 当采用 HV0.3 测定表面硬度及芯部硬度时，紧固件的表面硬度不应比芯部硬度高出 30HV 单位。

表 5.2-67　内六角紧定螺钉的保证扭矩（GB/T 3098.3—2016）

螺纹直径	试验螺钉的最小长度/mm				保证扭矩	螺纹直径	试验螺钉的最小长度/mm				保证扭矩
d/mm	平端	凹端	锥端	圆柱端	/(N·m)	d/mm	平端	凹端	锥端	圆柱端	/(N·m)
3	4	5	5	6	0.9	12	16	16	16	20	65
4	5	6	6	8	2.5	16	20	20	20	25	160
5	6	6	8	8	5	20	25	25	25	30	310
6	8	8	8	10	8.5	24	30	30	30	35	520
8	10	10	10	12	20	30	36	36	36	45	860
10	12	12	12	16	40						

3.5　自攻螺钉

自攻螺钉力学性能（GB/T 3098.5—2016）适用于渗碳钢制造的、螺纹规格为 ST2.2~ST8 的自攻螺钉。自攻螺钉不区分力学性能等级，也就没有性能等级的标记和标志，主要力学性能和工作性能要求见表 5.2-68。

3.6　自挤螺钉

自挤螺钉力学性能（GB/T 3098.7—2000）适用于渗碳钢或合金钢制造的、螺纹规格为 M2~M12 的自挤螺钉。自挤螺钉不区分力学性能等级。产品不做标志。

（1）材料和热处理

自挤螺钉应由渗碳钢冷镦制造，表 5.2-69 给出的化学成分仅是指导性的。螺钉应进行渗碳淬火并回火处理，心部硬度为 290~370HV10，表面硬度应 ≥ 450HV0.3，表面渗碳层深度按表 5.2-70 规定，力学性能和工作性能要求见表 5.2-71。

（2）力学性能和工作性能

自挤螺钉主要力学性能和工作性能要求见表 5.2-71。

表 5.2-68　自攻螺钉的主要力学性能和工作性能（GB/T 3098.5—2016）

螺纹规格		ST2.2	ST2.6	ST2.9	ST3.3	ST3.5	ST3.9	ST4.2	ST4.8	ST5.5	ST6.3	ST8	ST9.5
破坏扭矩/N·m	min	0.45	0.90	1.5	2.0	2.7	3.4	4.4	6.3	10.0	13.6	30.5	68.0
渗碳层深度/mm	min		0.04			0.05			0.10			0.15	
	max		0.10			0.18			0.23			0.28	
表面硬度　≥								450HV0.3					
心部硬度					螺纹≤ST3.9；270~370HV5，螺纹≥ST4.2；270~370HV10								
显微组织					在渗碳层与心层间的显微组织不应呈现带状亚共析铁素体								

表 5.2-69　自挤螺钉的材料化学成分（GB/T 3098.7—2000）

性能等级	化学成分(质量分数,%)			
	C		Mn	
	min	max	min	max
桶样	0.15	0.25	0.70	1.65
检验	0.13	0.27	0.64	1.71

表 5.2-70　自挤螺钉表面渗碳层深度（GB/T 3098.7—2000）（mm）

螺纹规格	渗碳层深度	
	min	max
M2、M2.5	0.04	0.12
M3、M3.5	0.05	0.18
M4、M5	0.10	0.25
M6、M8	0.15	0.28
M10、M12	0.15	0.32

表 5.2-71　自挤螺钉主要力学性能和工作性能要求（GB/T 3098.7—2000）

螺纹规格	拧入扭矩 /N·m max	最小破坏扭矩 /N·m min	破坏拉力载荷 (参考)/N min
M2	0.3	0.5	1940
M2.5	0.6	1.2	3150
M3	1.1	2.1	4680
M3.5	1.7	3.4	6300
M4	2.5	4.9	8170
M5	5	10	13200
M6	8.5	17	18700
M8	21	42	34000
M10	43	85	53900
M12	75	150	78400

3.7　自钻自攻螺钉（见表 5.2-72、表 5.2-73）

表 5.2-72　自钻自攻螺钉钻孔和攻螺纹试验数据（GB/T 3098.11—2002）

螺纹规格	试验板厚度[①]/mm	轴向力/N	拧入时间/s max	载荷下螺钉转速/r·min⁻¹	螺纹规格	试验板厚度[①]/mm	轴向力/N	拧入时间/s max	载荷下螺钉转速/r·min⁻¹
ST2.9	0.7+0.7=1.4	150	3	1800~2500	ST4.8	2+2=4	250	7	1800~2500
ST3.5	1+1=2	150	4	1800~2500	ST5.5	2+3=5	350	11	1000~1800
ST4.2	1.5+1.5=3	250	5	1800~2500	ST6.3	2+3=5	350	13	1000~1800

① 试验板厚度可以由两块钢板组成。这些数值仅适用于验收检查。

表 5.2-73 自钻自攻螺钉主要力学性能和工作性能要求 (GB/T 3098.11—2002)

螺纹规格		ST2.9	ST3.5	ST4.2	ST4.8	ST5.5	ST6.3
破坏力矩/N·m min		1.5	2.8	4.7	6.9	10.4	16.9
渗碳层深度 /mm	min	0.05		0.10		0.15	
	max	0.18		0.23		0.28	
热处理		渗碳淬火并回火推荐最低回火温度330℃					
表面硬度≥		530HV0.3					
心部硬度		320HV5~400HV5		320HV10~400HV10			
显微组织		显微金相组织中表面硬化层与心部之间不允许出现带状铁素体等异常组织					

3.8 耐热用螺纹连接副 (见表 5.2-74)

表 5.2-74 耐热用螺纹连接副的材料

持续工作的极限温度 /℃ (参考)	螺栓、螺柱		螺母	
	材料牌号	标准	材料牌号	标准
400	35A 45	GB/T 699	35	GB/T 699
500	30CrMo 35CrMo 35CrMoA	GB/T 3077	35、45	GB/T 699
			20CrMoA	GB/T 3077
510	21CrMoV	—	20CrMoA 35CrMoA	GB/T 3077
550	20CrMoV 21CrMoV		30CrMo 35CrMo	GB/T 3077
570	20CrMoVTiB 20CrMoVNbYiB		20CrMoV 21CrMoV	
600	2Cr12WMoVNb		20CrMoV	—
650	GH2132	—	21CrMoV	

注: 1. 螺栓、螺柱应比螺母的硬度高 (如高 30~50HBW)。

2. 受力套管的材料,推荐采用与螺柱相同的材料。

3.9 有色金属螺纹连接件 (见表 5.2-75、表 5.2-76)

表 5.2-75 适合各性能等级的材料牌号

性能等级	材料牌号	标准	性能等级	材料牌号	标准
CU1	T2	GB/T 5231	AL1	5A02	GB/T 3190
CU2	H62	GB/T 5231	AL2	2A11、5A05	GB/T 3190
CU3	HPb58-2	GB/T 5231	AL3	5A43	GB/T 3190
CU4	QSn6.5-0.4	GB/T 5231	AL4	2B11、2A90	GB/T 3190
CU5	QSi1-3	GB/T 5231	AL5	—	—
CU6		GB/T 5231	AL6	7A09	GB/T 3190
CU7	QAl10-4-4	GB/T 5231			

表 5.2-76 有色金属外螺纹件的力学性能指标

性能等级	螺纹直径 /mm	抗拉强度 /MPa	下屈服强度 /MPa	断后伸长率 (%)	性能等级	螺纹直径 /mm	抗拉强度 /MPa	下屈服强度 /MPa	断后伸长率 (%)
CU1	≤39	240	160	14	AL1	≤10	270	230	3
CU2	≤6	440	340	11		>10~20	250	180	4
	>6~39	370	250	19	AL2	≤14	310	205	6
CU3	≤6	440	340	11		>14~36	280	200	6
	>6~39	370	250	19	AL3	≤6	320	250	7
CU4	≤12	470	340	22		>6~39	310	260	10
	>12~39	400	200	33	AL4	≤10	420	290	6
CU5	≤39	590	840	12		>10~39	380	260	10
CU6	>6~39	440	180	18	AL5	≤39	460	380	7
CU7	>12~39	640	270	15	AL6	≤39	510	440	7

4　螺栓、螺钉、双头螺柱强度计算

4.1　螺栓组受力计算

在计算螺栓组时，要求出受力最大的螺栓载荷，首先把螺栓组所受载荷向接合面螺栓组几何中心简化，可分解为 4 种典型受力情况，表 5.2-77 介绍了这 4 种典型载荷。表 5.2-78 给出这 4 种情况中每个螺栓受力的计算方法。应注意，横向载荷和力矩对螺栓组中螺栓的作用力应该分别求出每个螺栓受力后向量合成，求出每个螺栓受力。在一组螺栓中，找出受力最大的螺栓，进行强度计算，求出螺栓直径，其余螺栓取同一直径。

表 5.2-77　螺栓组受力情况分析

螺栓组受力一般情况简图	螺栓组所受载荷分解	螺栓组典型载荷
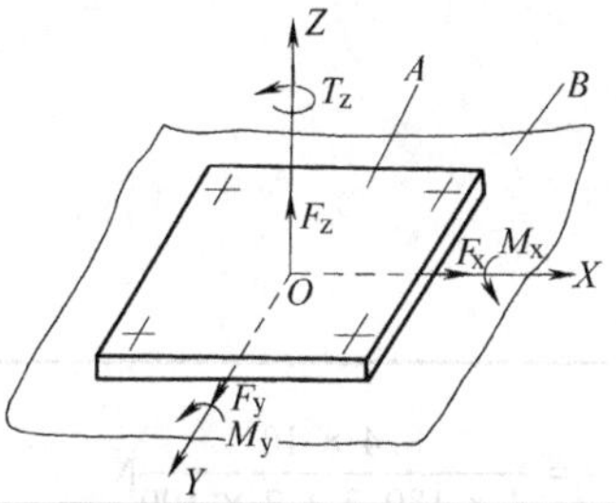	沿 x 方向受力 F_x	受横向力螺栓组
	沿 y 方向受力 F_y	
	绕 z 轴转矩 T_z	受扭转力矩螺栓组
	绕 x 轴翻转力矩 M_x	受翻转力矩螺栓组
	绕 y 轴翻转力矩 M_y	
	沿 z 方向受力 F_z	受轴向力螺栓组

表 5.2-78　螺栓受力计算公式

螺栓组载荷情况	每个螺栓受力计算公式	
	普通螺栓	加强杆螺栓
受横向力螺栓组 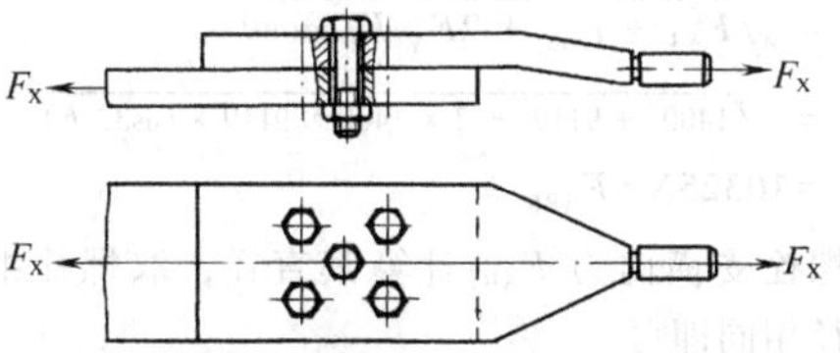 	$F_A = \dfrac{F_x}{Z}$　各螺栓受力相等	$F'_A = \dfrac{F_x}{Z}$　各螺栓受力相等 Z—螺栓数
受扭转力矩螺栓组 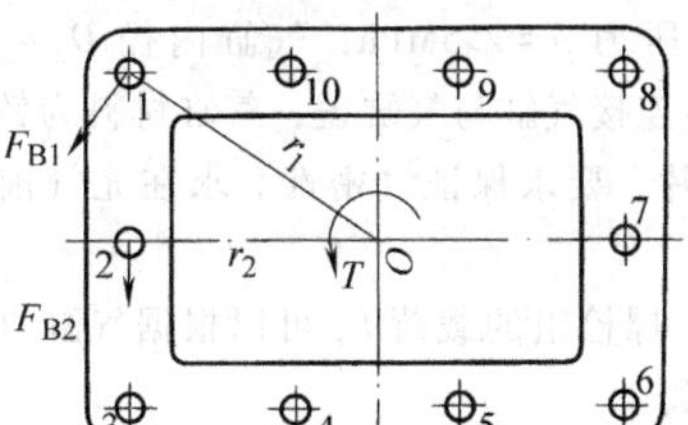 	$F_B = \dfrac{T_z}{r_1 + r_2 + \cdots + r_n}$ 各螺栓受力相等	$F'_B = \dfrac{T_z r_{max}}{r_1^2 + r_2^2 + \cdots + r_n^2}$ 各螺栓受力与其至中心的距离成正比例 n—螺栓数
受轴向力螺栓组 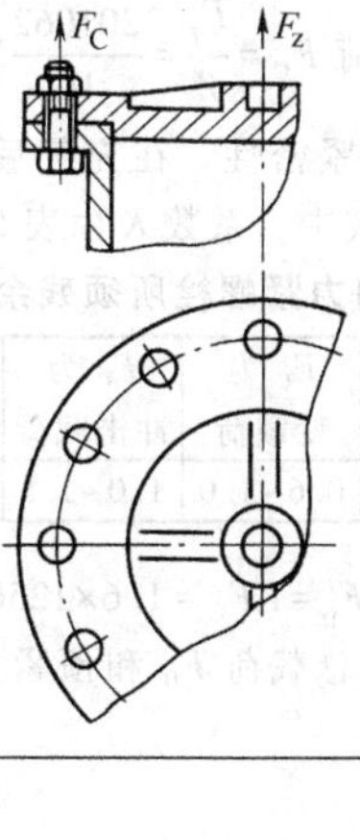	$F_C = \dfrac{F_z}{Z}$　各螺栓受力相等	—

（续）

螺栓组载荷情况	每个螺栓受力计算公式

受翻转力矩螺栓组

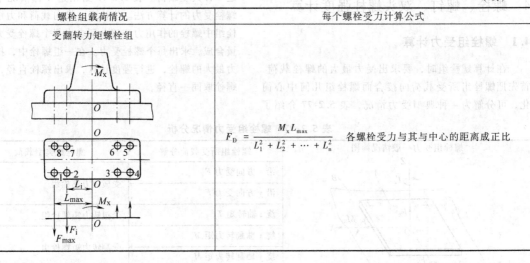

$$F_D = \frac{M_x L_{max}}{L_1^2 + L_2^2 + \cdots + L_n^2}$$ 各螺栓受力与其与中心的距离成正比

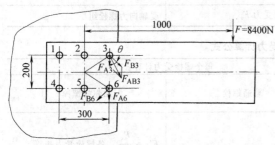

图 5.2-10 例1图

例 5.2-1 如图 5.2-10 所示，由 4 个普通螺栓固定的钢板，受力 $F = 8400$N，求每个螺栓受力。

$$\theta = \arctan\frac{100}{150} = 32.69°$$

解 1）将载荷向螺栓组中心 O 点简化，螺栓组受外载荷：横向力 $F_x = F = 8400$N，扭转力矩 $T_z = F \times L = 8400 \times 1000$N · mm $= 8.4 \times 10^6$N · mm。分别计算对每个螺栓的作用力，再合成。

2）求横向力 F_x 对螺栓的作用力　由表 5.2-78 螺栓受力计算公式，各螺栓受力相同。

$$F_{A1} = F_{A2} = F_{A3} = F_{A4} = F_{A5} = F_{A6} = F_A$$

$$= \frac{F_x}{Z} = \frac{8400}{6}N = 1400N$$

3）求扭转力矩 T_z 对螺栓的作用力　由表 5.2-78 螺栓受力计算公式，各螺栓受力相同。

$$r_1 = r_3 = r_4 = r_6 = \sqrt{100^2 + 150^2}\,mm$$

$$= 180.3mm$$

$$r_2 = r_4 = 100mm$$

$$F_{B1} = F_{B2} = F_{B3} = F_{B4} = F_{B5} = F_{B6} = F_B$$

$$= \frac{T_z}{r_1 + r_2 + \cdots + r_n}$$

$$= \frac{8.4 \times 10^6}{4 \times 180.3 + 2 \times 100}N$$

$$= 9119N$$

4）由图 5.2-10 可知，F_{A3}、F_{B3} 的合力 F_{AB3} 与 F_{A6}、F_{B6} 的合力 F_{AB6} 相等而且是最大值。

$$F_{AB3} = \sqrt{F_{A3}^2 + F_{B3}^2 + 2F_{A3}F_{B3}\cos\theta}$$

$$= \sqrt{1400^2 + 9119^2 + 2 \times 1400 \times 9119 \times \cos 32.69°}\ N$$

$$= 10325N = F_{AB6}$$

按螺栓受横向力 F_{AB1} 计算其直径，取螺栓组各螺栓直径相同即可。

例 5.2-2 在表 5.2-78 图所示气缸连接中，气缸中气体最大压力 $p = 2.5$MPa，气缸内径 $D_2 = 320$mm。用 16 个螺栓连接气缸与气缸盖，气缸材料为铸钢，用铜皮石棉垫片，要求保证气密性。求在充气前后螺栓受力。

解 1）螺栓组的载荷 F_z 可以根据气缸直径和气体压力 p 求得

$$F_z = \frac{\pi}{4}D_2^2 p = \frac{\pi}{4} \times 320^2 \times 2.5N = 201062N$$

每个螺栓的轴向载荷 $F_C = \frac{F_z}{Z} = \frac{201062}{16}N = 12566N$

2）为了气缸的紧密性，在充气后螺栓所须残余预紧力 $F'_p = KF_C$，式中，系数 K 由表 5.2-79 求得。

表 5.2-79　受轴向力紧螺栓所须残余预紧力系数 K

工作情况	一般连接	F_C 为变载荷	F_C 为冲击载荷	压力容器或重要连接
K 值	0.2~0.6	0.6~1.0	1.0~1.5	1.5~1.8

按上表残余预紧力 $F'_p = KF_C = 1.6 \times 12566N = 20106N$

3）螺栓所受的总载荷 F_0 和预紧力 F_p 可由以下公式求得

$$F_0 = F_C + F'_p$$
$$F_p = F'_p + (1 - \lambda) F_C$$

在以上两式中 λ 为螺栓连接的相对刚度由表5.2-80求得。

表 5.2-80　螺栓连接的相对刚度 λ

垫片材料	金属（或无垫片）	皮革	铜皮石棉	橡胶
λ	0.2~0.3	0.7	0.8	0.9

在此采用铜皮石棉垫片 $\lambda = 0.8$。

螺栓所受的总载荷 $F_0 = F_C + F'_p = (12566 + 20106)\text{N} = 32672\text{N}$

每个螺栓的预紧力 $F_p = F'_p + (1 - \lambda) F_C = 20106 + (1-0.8)12566\text{N} = 22619\text{N}$

根据螺栓所受的总载荷 $F_0 = 32672\text{N}$ 按强度计算螺栓直径。

例 5.2-3 轴承支座的尺寸和受力如图 5.2-11 所示。求螺栓的载荷和预紧力。

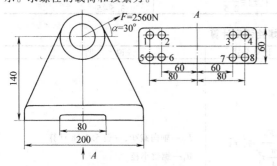

图 5.2-11　例 3 图

解 1）将载荷向相互连接的两零件接合面螺栓组中心 O 点简化，螺栓组受外载荷：

横向力 $F_x = F\cos\alpha = 2560\text{N} \times \cos30° = 2295\text{N}$

轴向力 $F_z = F\sin\alpha = 2560\text{N} \times \sin30° = 1280\text{N}$

翻转力矩 $M_y = F_x \times H = 2295 \times 140\text{N} \cdot \text{mm} = 3.213 \times 10^5\text{N} \cdot \text{mm}$

在以上各载荷的作用下，此螺栓连接应满足以下条件：

螺栓有足够的抗拉强度；在翻转力矩 M_y 和轴向力 F_z 作用下，支座右端不压坏地面；左端与地面不分离；在横向力 F_x 作用下支座不打滑。

2）求螺栓承受载荷、螺栓受翻转力矩 M_y 和轴向力 F_z 的综合作用。

查表 5.2-78，由翻转力矩 M_y 产生的最大拉力

$$F_D = \frac{M_x L_{\max}}{L_1^2 + L_2^2 + \cdots + L_n^2} = \frac{3.213 \times 10^5 \times 80}{4 \times 80^2 + 4 \times 60^2}\text{N} = 642.6\text{N}$$

查表 5.2-78，由轴向力 F_z 产生的拉力

$$F_C = \frac{F_z}{Z} = \frac{1280}{8}\text{N} = 160\text{N}$$

以上两项相加受力最大螺栓的载荷 $F_{CD} = F_C + F_D = 160\text{N} + 642.6\text{N} = 802.6\text{N}$。

3）取每个螺栓预紧力 $F_p = 1200\text{N}$。预紧力 F_p 引起两零件接合面间的压应力 $\sigma_p = \frac{ZF_p}{A} = \frac{8 \times 1200}{12000}\text{MPa} = 0.8\text{MPa}$。

接合面面积 $A = bL(1-\alpha) = 100 \times 200 \times (1-0.4)\text{mm}^2 = 12000\text{mm}^2$。

α 为缺口长度80mm与接合面长度 $L = 200\text{mm}$ 之比：$\alpha = \frac{80}{200} = 0.4$。

翻转力矩 M_y 引起两零件接合面间的压应力 $\sigma_M = \frac{M_y}{W} = \frac{3.213 \times 10^5}{6.24 \times 10^5}\text{MPa} = 0.52\text{MPa}$。

$$W = \frac{bL^2}{6}(1-\alpha^4) = \frac{100 \times 200^2}{6}(1-0.4^4)\text{mm}^3 = 6.24 \times 10^5\text{mm}^3。$$

轴向力 F_z 引起的接合面压应力减小量 $\sigma_z = \frac{F_z}{A} = \frac{1280}{12000}\text{MPa} = 0.11\text{MPa}$。

考虑螺栓刚度远小于地基刚度（$\lambda \approx 0$），因而可以不必计算连接件的相对刚度，而以应力直接代数相加。

接合面右端压应力 $\sigma_r = \sigma_p + \sigma_M - \sigma_z = (0.8 + 0.52 - 0.11)\text{MPa} = 1.21\text{MPa} < [\sigma_p] = 2.5\text{MPa}$。

接合面左端压应力 $\sigma_l = \sigma_p - \sigma_M - \sigma_z = (0.8 - 0.52 - 0.11)\text{MPa} = 0.17\text{MPa} > 0$

按工作要求 σ_r 应小于接合面的许用挤压应力 $[\sigma_p]$，由表 5.2-81 查得，混凝土地基 $[\sigma_p] = 2.5\text{MPa}$；而 σ_l 应 > 0，以保证接合面不分离。以上两个条件都满足，表明取每个螺栓预紧力 $F_p = 1200\text{N}$ 是合理的。接合面的形状和尺寸是可用的。

表 5.2-81　接合面材料的许用挤压应力 $[\sigma_p]$

材料	钢	铸铁	混凝土	砖（水泥浆缝）	木材
$[\sigma_p]/\text{MPa}$	$0.8R_{eL}$	$(0.4~0.5)R_m$	2~3	1.5~2.0	2~4

4）校核在横向力 $F_x = 2295\text{N}$ 作用下轴承支座不滑动。连接的接合面间的摩擦因数 $f = 0.28$。轴承支座与地基表面之间的正压力为

$F_H = ZF_p - F_z = (8 \times 1200 - 1280)\text{N} = 8320\text{N}$。最大摩擦力为 $F_H \times f = 8320 \times 0.28\text{N} = 2330\text{N} > F_x = 2295\text{N}$。

表明轴承支座不会滑动。如不满足应加附加

装置。

5) 螺栓所受拉力。由于螺栓与地基相比刚度极小，因而可以取 $\lambda \approx 0$，从而导出螺栓受力

$$F_0 \approx F_p = 1200N$$

可按这一数值计算螺栓尺寸。

4.2 按强度计算螺栓尺寸（见表 5.2-82 ~ 表 5.2-86）

表 5.2-82 加强杆螺栓强度计算

结构简图	计算项目	计算公式	说 明
受横向载荷加强杆螺栓连接	按挤压强度计算	$\sigma_p = \dfrac{F'_A}{d_0 \delta} \leqslant [\sigma_p]$	F'_A—螺栓所受横向载荷见表 5.2-78
	按抗剪强度计算	$\tau = \dfrac{F'_A}{m \dfrac{\pi}{4} d_0^2} \leqslant [\tau]$	m—螺栓受剪面个数 d_0—螺栓受剪面直径 δ—受挤压高度（取 δ_1、δ_2 中的较小值）

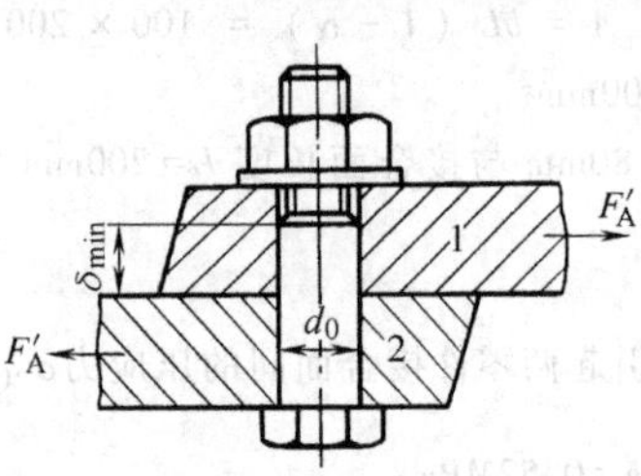

加强杆螺栓许用应力	静载荷	变载荷
许用挤压应力 $[\sigma_p]$	钢 $[\sigma_p] = \dfrac{R_{eL}}{1.25}$ 铸铁 $[\sigma_p] = \dfrac{R_{eL}}{2 \sim 2.5}$	$[\sigma_p]$—将静载荷的许用值乘以 $0.7 \sim 0.8$
许用切应力 $[\tau]$	$[\tau] = \dfrac{R_{eL}}{2.5}$	$[\tau] = \dfrac{R_{eL}}{3.5 \sim 5}$

表 5.2-83 普通螺栓强度计算

结构简图	计算项目	计算公式	说 明
受轴向载荷松螺栓连接 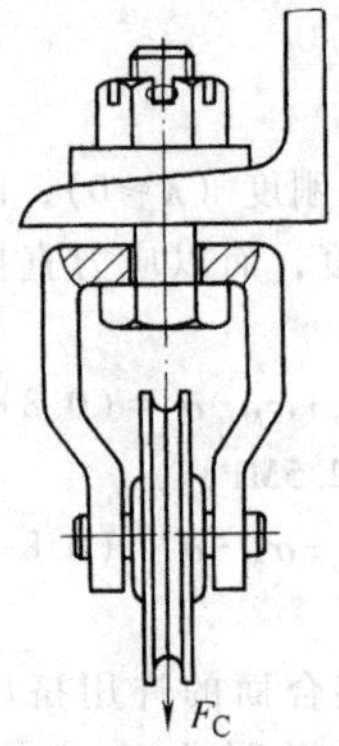	螺杆拉断	$\sigma = \dfrac{F_C}{\dfrac{\pi}{4} d_1^2} \leqslant [\sigma]$ $[\sigma] = \dfrac{R_{eL}}{S_s}$	F_C—轴向载荷，按表 5.2-78 计算 d_1—螺纹小径 R_{eL}—螺栓屈服强度 S_s—安全系数，一般取 $1.2 \sim 1.7$
受横向载荷紧螺栓连接 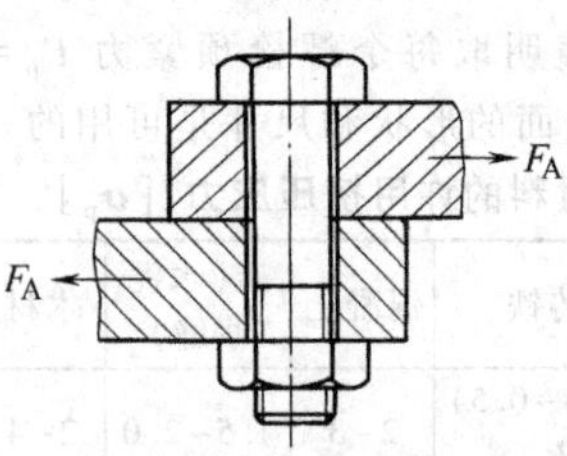	螺栓受轴向预紧力 F_p 压紧被连接件，在被连接件之间产生摩擦力 F_A，传递横向载荷 螺杆受拉伸扭转综合作用	预紧力 $F_p = \dfrac{K_f F_A}{mf}$ $\sigma = \dfrac{1.3 F_p}{\dfrac{\pi}{4} d_1^2} \leqslant [\sigma]$ $[\sigma] = \dfrac{R_{eL}}{S_s}$	F_A—横向载荷，按表 5.2-78 计算 K_f—可靠性系数，取 $1.1 \sim 1.3$ m—接合面数 f—接合面间摩擦因数 d_1—螺纹小径 R_{eL}—螺栓屈服强度 S_s—安全系数，由表 5.2-84 查得
受轴向载荷紧螺栓连接 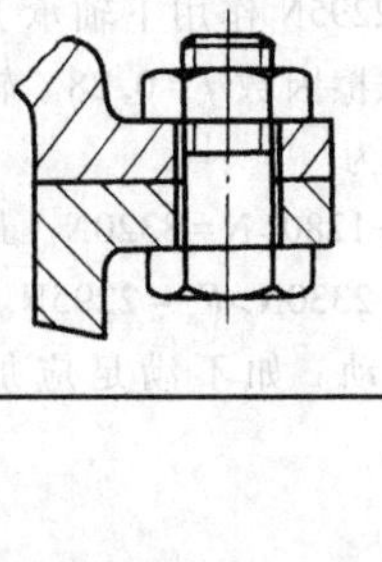	静载荷—按螺栓最大拉伸力 F_0 计算（式 5.2-2）	$\sigma = \dfrac{1.3 F_0}{\dfrac{\pi}{4} d_1^2} \leqslant [\sigma]$ $[\sigma] = \dfrac{R_{eL}}{S_s}$	F_0—螺栓所受的总载荷，按表 5.2-78 计算 d_1—螺纹小径 R_{eL}—螺栓屈服强度 S_s—安全系数，由表 5.2-84 查得
	变载荷—按螺栓应力幅 σ_a 计算	$\sigma_a = \lambda \dfrac{2 F_C}{\pi d_1^2} \leqslant [\sigma_a]$	F_C—轴向载荷，按表 5.2-78 计算 $[\sigma_a]$—许用应力幅，按表 5.2-85 计算

表 5.2-84　预紧螺栓连接的安全系数

材料种类	静 载 荷			变 载 荷		
	M6～M16	M16～M30	M30～M60	M6～M16	M16～M30	M30～M60
碳素钢	4～3	3～2	2～1.3	10～6.5	6.5	6.5～10
合金钢	5～4	4～2.5	2.5	7.5～5	5	6～7.5

表 5.2-85　许用应力幅 $[\sigma_a]$ 计算

许用应力计算公式 $[\sigma_a] = \dfrac{\varepsilon K_t K_u \sigma_{-1t}}{K_\sigma S_a}$										
尺寸因数 ε	螺栓直径 d/mm	<12	16	20	24	30	36	42	48	56	64
	ε	1	0.87	0.8	0.74	0.65	0.64	0.60	0.57	0.54	0.53
螺纹制造工艺因数 K_t	切制螺纹 $K_t = 1$, 滚制、搓制螺纹 $K_t = 1.25$										
受力不均匀因数 K_u	受压螺母 $K_u = 1$, 受拉螺母 $K_u = 1.5～1.6$										
试件的疲劳极限 σ_{-1t}	见表 5.2-86										
缺口应力集中因数 K_σ	螺栓材料 R_m/MPa	400		600		800		1000			
	K_σ	3		3.9		4.8		5.2			
安全因数 S_a	安装螺栓情况	控制预紧力			不控制预紧力						
	S_a	1.5～2.5			2.5～5						

表 5.2-86　常用螺纹材料力学性能

（MPa）

	抗拉强度 R_m	屈服强度 R_{eL}	抗压疲劳极限 σ_{-1t}
10	340～420	210	120～150
Q215-A	340～420	220	
Q235-A	410～470	240	120～160
35	540	320	170～220
45	610	360	190～250
15MnVB	1000～1200	800	
40Cr	750～1000	650～900	240～340
30CrMnSi	1080～1200	900	

例 5.2-4　在例 1 中，采用普通螺栓连接或加强杆螺栓连接，分别计算螺栓尺寸。

解　（1）采用普通螺栓连接

由表 5.2-83，预紧力 $F_p = \dfrac{K_f F_A}{mf}$，在此预紧力 F_A 为例 1 中之 F_{AB1}，$F_A = F_{AB1} = 10325\text{N}$，将 $m = 1$、$f = 0.16$、$K_f = 1.2$ 代入得

$$F_p = \frac{K_f F_A}{mf} = \frac{1.2 \times 10325}{1 \times 0.16}\text{N} = 77438\text{N}$$

由表 5.2-83，按拉扭综合作用计算螺栓直径，计算公式为

$$\sigma = \frac{1.3 F_p}{\frac{\pi}{4} d_1^2} \leqslant [\sigma], \quad [\sigma] = \frac{R_{eL}}{S_s}$$

采用 6.8 级螺栓，$R_{eL} = 480\text{MPa}$，由表 5.2-84，安全因数 $S_s = 2$（假定螺栓直径 $d = 30\text{mm}$）则

$$[\sigma] = \frac{R_{eL}}{S_s} = \frac{480}{2}\text{MPa} = 240\text{MPa}$$

由螺栓直径计算公式得

$$d_1 = \sqrt{\frac{4 \times 1.3 F_p}{\pi \times \sigma}} = \sqrt{\frac{5.2 \times 77438}{\pi \times 240}}\text{mm}$$
$$= 23.1\text{mm}$$

按 GB/T 196—2003（见表 5.2-3）选 M30 螺栓，其小径 $d_1 = 26.211\text{mm}$。

（2）按加强杆螺栓设计

1）求螺栓所受的横向力。加强杆螺栓与普通螺栓受力不同，不能再用例 1 的计算结果。按表 5.2-78 受扭转力矩的加强杆螺栓，各螺栓受力与至中心的距离成正比。

$$F'_{B3} = \frac{T_z r_{max}}{r_1^2 + r_2^2 + \cdots + r_n^2}$$
$$= \frac{8.4 \times 10^6 \times 180.3}{4 \times 180.3^2 + 2 \times 100^2}\text{N} = 10095\text{N}$$

求 F_{A3} 与 F'_{B3} 之合力 F_{AB3}

$$F_{AB3} = \sqrt{F_{A3}^2 + F'^2_{B3} + 2F_{A3}F'_{B3}\cos\theta}$$
$$= \sqrt{1400^2 + 10095^2 + 2 \times 1400 \times 10095 \times \cos 32.69°}\text{N}$$
$$= 11299\text{N}$$

2）确定许用压力。螺栓仍取 6.8 级，则按表 5.2-82 其许用切应力为

$$[\tau] = \frac{R_{eL}}{2.5} = \frac{480}{2.5}\text{MPa} = 192\text{MPa}$$

$$[\sigma_p] = \frac{R_{eL}}{1.25} = \frac{480}{1.25}\text{MPa} = 384\text{MPa}$$

3）求螺栓尺寸。先按抗剪强度计算螺栓钉杆直

径 d_0，由公式 $\tau = \dfrac{F'_A}{m\dfrac{\pi}{4}d_0^2} \leqslant [\tau]$ 得

$$d_0 = \sqrt{\frac{4F'_A}{m\pi[\tau]}} = \sqrt{\frac{4 \times 11299}{1 \times \pi \times 192}}\,\text{mm} = 8.66\text{mm}$$

查加强杆螺栓国家标准 GB/T 27—2013 选用 M8 六角头加强杆螺栓（钉杆直径 $d_0 = 9\text{mm}$），取板厚 $b_1 = b_2 = 10\text{mm}$，则由图 5.2-12 可知挤压面尺寸为 $\delta_1 = 8\text{mm}$，$\delta_2 = l - (l - l_3) - \delta_1 = (30 - 15 - 10)\,\text{mm} = 5\text{mm} = \delta_{\min}$，按 $\delta_2 = 5\text{mm}$ 计算

$$\sigma_p = \frac{F'_A}{d_0\delta_2} = \frac{11299}{9 \times 5}\,\text{MPa} = 251\text{MPa} \leqslant [\sigma_p] = 384\text{MPa}$$

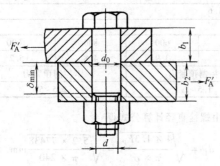

图 5.2-12　例 4 图

5 螺纹连接的标准元件和挡圈

5.1 螺栓（见表 5.2-87～表 5.2-115）

对常用螺栓的说明：

1）六角头螺栓产品等级分为 A、B、C 三级。其中 A 级精度最高，C 级精度最差。A 级用于承载较大，要求精度高或受冲击、振动载荷的场合。

2）六角法兰面螺栓的防松性能较好，承载面积较大，可用于连接较软的材料。

3）钢结构用高强度六角头螺栓主要用于工业与民用建筑、塔架、桥梁、起重机的钢结构。

4）加强杆螺栓能精确固定被连接件的相互位置，适用于承受横向载荷。

5）方头螺栓的螺栓头与扳手的接触面较六角头大，便于卡住和扳拧。也可用于 T 形槽中，常用于比较粗糙的结构。

6）半圆头螺栓用于受到结构限制不便于采用其他形状钉头的场合。钉头比较光滑、美观。大半圆头常用于连接较软的零件或木制件。

7）活节螺栓常用于经常拆卸的场合。

8）U 形螺栓常用于固定管子。

表 5.2-87　六角头螺栓（GB/T 5782—2016）、六角头螺栓细牙（GB/T 5785—2016）　（mm）

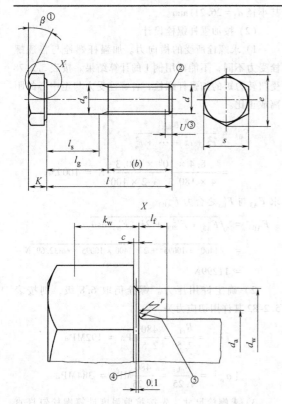

标记示例

螺纹规格 $d = $ M12、公称长度 $l = 80\text{mm}$、性能等级为 8.8 级、表面氧化、A 级六角头螺栓的标记

螺栓　GB/T 5782　M12×80

螺纹规格 $d = $ M12×1.5、公称长度 $l = 80\text{mm}$、细牙螺纹、性能等级为 8.8 级、表面氧化、A 级六角头螺栓的标记

螺栓 GB/T 5785　M12×1.5×80

（续）

螺纹规格 （6g）	d	M1.6	M2	M2.5	M3	（M3.5）	M4	M5	M6
	$d \times P$								
b （参考）	$l \leqslant 125$	9	10	11	12	13	14	16	18
	$125 < l < 200$	15	16	17	18	19	20	22	24
	$l > 200$	28	29	30	31	22	33	35	37
e min	A 级	3.41	4.32	5.45	6.01	6.58	7.66	8.79	11.05
	B 级	3.28	4.18	5.31	5.88	6.44	7.50	8.63	10.89
s	min	3.20	4.00	5.00	5.50	6.00	7.00	8.00	10.00
	max — A 级	3.02	3.82	4.82	5.32	5.82	6.78	7.78	9.78
	max — B 级	2.90	3.70	4.70	5.20	5.70	6.64	7.64	9.64
K（公称）		1.1	1.4	1.7	2	2.4	2.8	3.5	4
l 长度范围（公称）		12,16	16,20	16~25	20~30	20~35	25~40	25~50	30~60

螺纹规格 （6g）	d	M8	M10	M12	（M14）	M16	（M18）	M20	（M22）
	$d \times P$	M8×1	M10×1	M12×1.5		M16×1.5		M20×1.5	M22×1.5
			（M10×1.25）	（M12×1.25）	（M14×1.5）		（M18×1.5）	（M20×2）	（M22×1.5）
b （参考）	$l \leqslant 125$	22	26	30	34	38	42	46	50
	$125 < l \leqslant 200$	28	32	36	40	44	48	52	56
	$l > 200$	41	45	49	53	57	61	65	69
e min	A 级	14.38	17.77	20.03	23.36	26.75	30.14	33.53	37.72
	B 级	14.20	17.59	19.85	22.76	26.17	29.56	32.95	37.29
s	min	13.00	16.00	18.00	21.00	24.00	27.00	30.00	34.00
	max — A 级	12.73	15.73	17.73	20.67	23.67	26.67	29.67	33.38
	max — B 级	12.57	15.57	17.57	20.16	23.16	26.16	29.16	33.00
K（公称）		5.3	6.4	7.5	8.8	10	11.5	12.5	14
l 长度范围（公称）		40~80	45~100	50~120	60~140	65~160	70~180	80~200	90~220

螺纹规格 （6g）	d	M24	（M27）	M30	（M33）	M36	（M39）	M42	（M45）
	$d \times P$	M24×2		M30×2		M36×3		M42×3	
			（M27×2）		（M33×2）		（M39×3）		（M45×3）
b （参考）	$l \leqslant 125$	54	60	66	—	—	—	—	—
	$125 < l \leqslant 200$	60	66	72	78	84	90	96	102
	$l > 200$	73	79	85	91	97	103	109	115
e min	A 级	39.98	—	—	—	—	—	—	—
	B 级	39.55	45.2	50.85	55.37	60.79	66.44	71.3	76.95
s	min	36.00	41	46	50	55.0	60.0	65	70.0
	max — A 级	35.38	—	—	—	—	—	—	—
	max — B 级	35.00	40	45	49	53.8	58.8	63.1	68.1
K（公称）		15	17	18.7	21	22.5	25	26	28
l 长度范围（公称）		90~240	100~260	100~300	130~320	140~340	150~380	160~440	180~440

螺纹规格 （6g）	d	M48		（M52）		M56		（M60）		M64
	$d \times P$	M48×3				M56×4				M64×4
				（M52×4）				（M60×4）		
b （参考）	$l \leqslant 125$	—		—		—		—		—
	$125 < l \leqslant 200$	108		116		—		—		—
	$l > 200$	121		129		127		145		153

（续）

螺纹规格 （6g）	d	M48	（M52）	M56	（M60）	M64
	$d{\times}P$	M48×3		M56×4		M64×4
			（M52×4）		（M60×4）	
e min	A 级	—	—	—	—	—
	B 级	89.6	88.25	93.56	99.21	104.86
s	min	75.0	80.0	85.0	90.0	95.0
	A 级 max	—	—	—	—	—
	B 级 max	73.1	78.1	82.8	87.8	92.8
K（公称）		30	33	35	38	40
l 长度范围（公称）		180~480	200~480	220~500	240~500	260~500

注：1. 螺栓的性能等级和表面处理

性能等级	钢	$d{<}3mm$ 或 $d{>}39mm$：按协议；$3mm{\leqslant}d{\leqslant}39mm$：5.6、8.8、10.9；$3mm{\leqslant}d{\leqslant}16mm$：9.8
	不锈钢	$d{\leqslant}24mm$：A2-70、A4-70；$24mm{<}d{\leqslant}39mm$：A2-50、A4-50；$d{>}39mm$：按协议
	有色金属	CU2、CU3、AL4
表面处理	钢	不经处理，电镀，非电解锌片涂层
	不锈钢	简单处理，钝化处理
	有色金属	简单处理，电镀

2. $l_{gmax}=l_{公称}-b$。

3. 括号内的螺纹规格为非优选的螺纹规格。

① $\beta=15°\sim30°$。

② 末端应倒角（GB/T 2）。

③ 不完整螺纹的长度 $u{\leqslant}2P$。

④ d_w 的仲裁基准。

⑤ 最大圆弧过渡。

表 5.2-88　六角头螺栓　全螺纹（GB/T 5783—2016）　　　　　　（mm）

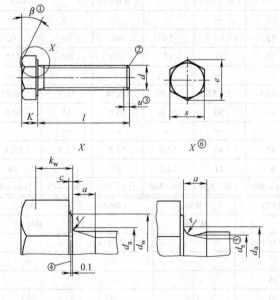

标记示例：

螺纹规格为 M12，公称长度 $l=80mm$，全螺纹，性能等级为 8.8 级，表面不经处理，产品等级为 A 的六角头螺栓的标记为

螺栓 GB/T 5783-M12×80

（续）

螺纹规格 d(6g)			M1.6	M2	M2.5	M3	(M3.5)	M4	M5	M6
a	max		1.05	1.20	1.35	1.50	1.80	2.1	2.40	3.00
e	min	A级	3.41	4.32	5.45	6.01	6.58	7.66	8.70	11.05
		B级	3.28	4.18	5.31	5.88	6.44	7.50	8.63	10.89
s	max		3.20	4.00	5.00	5.50	6	7	8	10
	min	A级	3.02	3.82	4.82	5.32	5.82	6.78	7.78	9.78
		B级	2.90	3.70	4.70	5.20	5.70	6.64	7.64	9.64
K(公称)			1.1	1.4	1.7	2	2.4	2.8	3.5	4
l 长度范围(公称)			2~16	4~20	5~25	6~30	20~35	8~40	10~50	12~60

螺纹规格 d(6g)			M8	M10	M12	(M14)	M16	(M18)	M20	(M22)
a	max		4.10	4.50	5.30	6.00	6.00	7.50	7.50	7.50
e	min	A级	14.38	17.77	20.03	23.36	26.75	30.14	33.53	37.72
		B级	14.20	17.59	19.85	22.78	26.17	29.56	32.95	37.29
s	max		13	16	18	21	24	27	30	34
	min	A级	12.73	15.73	17.73	20.67	23.67	26.67	29.67	33.38
		B级	12.57	15.57	17.57	20.16	23.16	26.16	29.16	33.00
K(公称)			5.3	6.4	7.5	8.8	10	11.5	12.5	14
l 长度范围(公称)			16~80	20~100	25~120	30~140	30~150	35~150	40~150	40~150

螺纹规格 d(6g)			M24	(M27)	M30	(M33)	M36	(M39)	M42	(M45)
a	max		9.00	9.00	10.50	10.50	12.00	12.00	13.50	13.50
e	min	A级	39.98	—	—	—	—	—	—	—
		B级	39.55	45.20	50.85	55.37	60.79	66.44	71.30	76.95
s	max		36	41	46	50	55	60	65	70
	min	A级	35.38	—	—	—	—	—	—	—
		B级	35.00	40	45.00	49.00	53.80	58.80	63.10	68.10
K(公称)			15	17	18.7	21	22.5	25	26	28
l 长度范围(公称)			50~150	55~150	60~150	65~200	70~150	80~200	80~200	90~200

螺纹规格 d(6g)			M48		(M52)		M56		(M60)		M64
a	max		15.00		15.00		16.5		16.5		18.00
e	min	A级	—		—		—		—		—
		B级	82.60		88.25		93.56		99.21		104.86
s	max		75		80		85		90		95
	min	A级	—		—		—		—		—
		B级	73.10		78.10		82.80		87.80		92.80
K(公称)			30		33		35		38		40
l 长度范围(公称)			100~200		100~200		110~200		130~200		120~200

注：1. 螺栓的性能等级和表面处理

性能等级	钢	d<3mm 或 d>39mm:按协议;3mm≤d≤39mm:5.6,8.8,10.9;3mm≤d≤16mm:9.8
	不锈钢	d≤24mm,A2-70,A4-70;24mm<d≤39mm:A2-50,A4-50;d>39mm:按协议
	有色金属	CU2、CU3、AL4
表面处理	钢	不经处理,电镀,热浸镀锌层
	不锈钢	简单处理,钝化处理
	有色金属	简单处理,电镀

2. 括号内的螺纹规格为非优选的螺纹规格，请优先选择无括号的优选的螺纹规格。

3. 长度系列为：2（1 进位），6（2 进位），12（4 进位），25（5 进位），70（10 进位），160（20 进位）200。

① β=15°~30°。

② 末端应倒角（GB/T 2）。

③ 不完整螺纹的长度 u≤2P。

④ d_w 的仲裁基准。

⑤ d_s≈螺纹中径。

⑥ 允许的形状。

表 5.2-89　细牙全螺纹六角头螺栓（GB/T 5786—2016）（图同表 5.2-88）　　（mm）

螺纹规格 $d×P$ (6g)	M8×1	M10×1	M12×1.5	(M14×1.5)	M16×1.5	M18×1.5	(M20×2)
		(M10×1.25)	(M12×1.25)				M20×1.5
a　max	3	3(4)	4.5(4)	4.5	4.5	4.5	4.5(6)[②]
e min　A级	14.38	17.77	20.03	23.36	26.75	30.14	33.53
B级	14.20	17.59	19.85	22.78	26.17	29.56	32.95
s　max	13	16	18	21	24	27	30
min　A级	12.73	15.73	17.73	20.67	23.67	26.67	29.67
B级	12.57	15.57	17.57	20.16	23.16	26.16	29.16
K(公称)	5.3	6.4	7.5	8.8	10	11.5	12.5
l　A级	16~90	20~100	25~120	30~140	35~150	33~150	40~150
B级	—	—	—	—	160	160~180	160~200

螺纹规格 $d×P$ (6g)	(M22×1.5)	M24×2	(M27×2)	M30×2	(M33×2)	M36×3	(M39×3)
a　max	4.5	6	6	6	6	9	9
e min　A级	37.72	39.98	—	—	—	—	—
B级	37.29	39.55	45.2	50.85	55.37	60.79	66.44
s　max	34	36	41	46	50	55	60
min　A级	33.38	35.38	—	—	—	—	—
B级	33	35	40	45	49	53.8	58.8
K(公称)	14	15	17	18.7	21	22.5	25
l　A级	45~150	40~150	—	—	—	—	—
B级	160~220	160~200	55~280	40~220	65~360	40~220	80~380

螺纹规格 $d×P$ (6g)	M42×3	(M45×3)	M48×3	(M52×4)	M56×4	(M60×4)	M64×4
a　max	9	9	9	12	12	12	12
e min　B级	71.3	76.95	82.6	88.25	93.56	99.21	104.86
s　max	65	70	75	80	85	90	95
min　B级	63.1	68.1	73.1	78.1	82.8	87.8	92.8
K(公称)	26	28	30	33	35	38	40
l　B级	90~420	90~440	100~480	100~500	120~500	110~500	130~500

注：1. 螺栓的性能等级和表面处理

性能等级	钢	$d≤39mm$:5.6、8.8、10.9；$d>39mm$:按协议
	不锈钢	$d≤24mm$:A2-70、A4-70；$24mm<d≤39mm$:A2-50、A4-50；$d>39mm$:按协议
	有色金属	CU2、CU3、AL4
表面处理	钢	不经处理,电镀,非电解锌片涂层
	不锈钢	简单处理,钝化处理
	有色金属	简单处理,电镀

2. 括号内的螺纹规格为非优选的螺纹规格，请优先选择无括号的优选的螺纹规格。

3. 长度系列（单位为 mm）：16、20、25~70（5 进位）、70~160（10 进位）、160~500（20 进位）。

标记示例

螺纹规格为 M12×1.5，公称长度 $l=80$mm，细牙螺纹，全螺纹，性能等级为 8.8 级，表面不经处理，产品等级为 A 级的六角头螺栓的标记为

螺栓 GB/T 5786　M12×1.5×80

表 5.2-90　C 级六角头螺栓（摘自 GB/T 5780—2016）**和全螺纹六角头螺栓**（GB/T 5781—2016）

（mm）

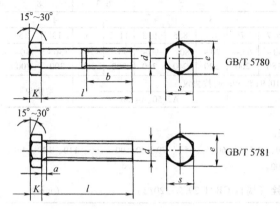

GB/T 5780

GB/T 5781

标记示例

　　螺纹规格 d = M12、公称长度 l = 80mm、性能等级为 4.8 级、不经表面处理、C 级六角头螺栓,标记为

　　　　螺栓　GB/T 5780　M12×80

螺纹规格 d(8g)		M5	M6	M8	M10	M12	(M14)	M16	(M18)	M20	(M22)	M24	(M27)
b	$l \leqslant 125$	16	18	22	26	30	34	38	42	46	50	54	60
	$125 < l \leqslant 200$	22	24	28	32	36	40	44	48	52	56	60	66
	$l > 200$	35	37	41	45	49	53	57	61	65	69	73	79
a max		2.4	3	4	4.5	5.3	6	6	7.5	7.5	7.5	9	9
e min		8.63	10.89	14.2	17.59	19.85	22.78	26.17	29.56	32.95	37.29	39.55	45.2
K(公称)		3.5	4	5.3	6.4	7.5	8.8	10	11.5	12.5	14	15	17
s	max	8	10	13	16	18	21	24	27	30	34	36	41
	min	7.64	9.64	12.57	15.57	17.57	20.16	23.16	26.16	29.16	33	35	40
l[①]	GB/T 5780	25~50	30~60	40~80	45~100	55~120	60~140	65~160	80~180	65~200	90~220	100~240	110~260
	GB/T 5781	10~50	12~60	16~80	20~100	25~180	30~140	30~160	35~180	40~200	45~220	50~240	55~280
性能等级	钢	4.6,4.8											
表面处理	钢	1)不经处理;2)电镀;3)非电解锌片涂层											
螺纹规格 d(8g)		M30	(M33)	M36	(M39)	M42	(M45)	M48	(M52)	M56	(M60)	M64	
b	$l \leqslant 125$	66	72										
	$125 < l \leqslant 200$	72	78	84	90	96	102	108	116		132		
	$l > 200$	85	91	97	103	109	115	121	129	137	145	153	
a max		10.5	10.5	12	12	13.5	13.5	15	15	16.5	16.5	18	
e min		50.85	55.37	60.79	66.44	72.02	76.95	82.6	88.25	93.56	99.21	104.86	
K(公称)		18.7	21	22.5	25	26	28	30	33	35	38	40	
s	max	46	50	55	60	65	70	75	80	85	90	95	
	min	45	49	53.8	58.8	63.8	68.1	73.1	78.1	82.8	87.8	92.8	
l[①]	GB/T 5780	120~300	130~320	140~360	150~400	180~420	180~440	200~480	200~500	240~500	240~500	260~500	
	GB/T 5781	60~300	65~360	70~360	80~400	80~420	90~440	100~480	100~500	110~500	120~500	120~500	
性能等级	钢	4.6,4.8					按协议						
表面处理	钢	1)不经处理;2)电镀;3)非电解锌片涂层											

注:尽可能不采用括号内的规格。

① 长度系列（单位为 mm）:10、12、16、20~70 (5 进位)、70~150 (10 进位)、180~500 (20 进位)。

表 5.2-91　螺杆带孔（GB/T 31.1—2013）、**头部带孔**（GB/T 32.1—1988）**六角头螺栓**　　（mm）

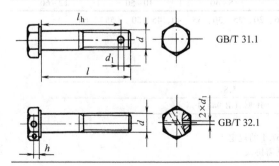

GB/T 31.1

GB/T 32.1

标记示例

　　螺纹规格 d = M12、公称长度 l = 80mm、性能等级为 8.8 级、表面氧化、A 级六角头螺杆带孔螺栓的标记为

　　　　螺栓　GB/T 31.1　M12×80

表 5.2-90　（铰六角头螺栓　细牙 GB/T 5786－2016）　细牙螺纹六角头螺栓（GB/T 5785－2016）　　　　　　（续）

螺纹规格 d(6g)		M6	M8	M10	M12	(M14)	M16	(M18)	M20	(M22)	M24	(M27)	M30	M36	M42	M48
d_1 min	GB/T 31.1	1.6	2	2.5	3.2			4			5		6.3		8	
	GB/T 32.1	1.6	2					3					4			
h		2	2.6	3.2	3.7	4.4	5	5.7	7	7.5	8.5	9.3	11.2	5	13	15
l(公称)		30~60	35~80	40~100	45~120	50~140	55~160	60~180	65~200	70~220	80~240	90~300	90~300	110~300	130~300	140~300
性能等级	钢	$d\leqslant39\text{mm}$：5.6、8.8、10.9；$d>39\text{mm}$：按协议													按协议	
	不锈钢	A2-70、A4-70								A2-50、A4-50						

注：1. 尽可能不采用括号内的规格。

　　2. 表面处理：钢—氧化、镀锌钝化，不锈钢—不经处理。

　　3. l 长度尺寸系列（单位为 mm）：30、35、40、45、50、（55）、60、（65）70、80、90、100、110、120、130、140、150、160、180、200、220、240、260、280、300。

表 5.2-92　六角头带十字槽螺栓（摘自 GB/T 29.2—2013）　　　　　　　　　　（mm）

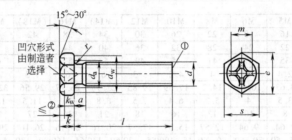

标记示例

螺纹规格 d＝M6、公称长度 l＝40mm、性能等级为 5.8 级、产品等级为 B 级的六角头带十字槽螺栓的标记为

螺栓 GB/T 29.2　M6×40

螺纹规格 d			M4	M5	M6	M8
a	max		2.1	2.4	3	3.75
d_a	max		4.7	5.7	6.8	9.2
d_w	min		5.7	6.7	8.7	11.4
e	min		7.5	8.53	10.89	14.2
k		公称	2.8	3.5	4	5.3
k_w		min	1.8	2.3	2.6	3.5
r		max	0.2	0.2	0.25	0.4
s		max	7	8	10	13
		min	6.64	7.64	9.64	12.57
十字槽 H 型	槽号	序号	2		3	
	m	参考	4	4.8	6.2	7.2
	插入深度	max	1.93	2.73	2.86	3.86
		min	1.4	2.19	2.31	3.24
l(公称)			8~35	8~40	10~50	12~60

注：1. 长度 l 标准系列（单位为 mm）：8、10、12、（14）、16、20、25、30、35、40、45、50、（55）、60。

　　2. 尽可能不采用括号内的规格。

① 辗制末端（GB/T 2）。

② $0.2k_{公称}$。

机械性能等级	5.8
十字槽	H 型，GB 944.1
表面处理	①不经处理 ②电镀技术要求按 GB/T 5267.1 的规定 ③如需其他表面处理,应按供需协议

表 5.2-93 六角头头部带槽螺栓（GB/T 29.1—2013） （mm）

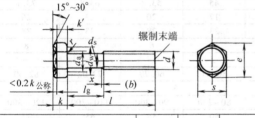

标记示例

螺纹规格 d = M12、公称长度 l = 80mm、性能等级为 8.8 级、表面氧化、全螺纹、A 级六角头头部带槽螺栓的标记

螺栓 GB/T 29.1 M12×80

螺纹规格 d (6g)	M3	M4	M5	M6	M8	M10	M12
n	0.8	1.2	1.2	1.6	2	2.5	3
t min	0.7	1	1.2	1.4	1.9	2.4	3
l(公称)	6~30	8~40	10~50	12~60	16~80	20~100	25~120
性能等级 钢	5.6、8.8、10.9						
性能等级 不锈钢	A2-70、A4-70						
性能等级 有色金属	CU2、CU3、AL4						
l 长度系列	6、8、10、12、16、20、25、30、35、40、45、50、55、60、65、70、80、90、100、110、120						

表 5.2-94 B 级细杆六角头螺栓（GB/T 5784—1986） （mm）

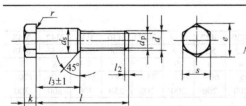

标记示例

螺纹规格 d = M12、公称长度 l = 80mm、性能等级为 5.8 级、不经表面处理、B 级六角头螺栓的标记

螺栓 GB/T 5784 M12×80

螺纹规格 d (6g)		M3	M4	M5	M6	M8	M10	M12	(M14)	M16	M20
b (参考)	$l \leqslant 125$	12	14	16	18	22	26	30	34	38	46
	$125 < l \leqslant 200$	—	—	—	—	28	32	36	40	44	52
e	min	5.98	7.50	8.63	10.89	14.20	17.59	19.85	22.78	26.17	32.95
s	max	5.5	7	8	10	13	16	18	21	24	30
	min	5.20	6.64	7.64	9.64	12.57	15.57	17.57	20.16	23.16	29.16
k	公称	2	2.8	3.5	4	5.3	6.4	7.5	8.8	10	12.5
l[1]	长度范围	20~30	20~40	25~50	25~60	30~80	40~100	45~120	50~140	55~150	65~150
性能等级	钢	5.8、6.8、8.8									
	不锈钢	A2-70									

注：1. 尽可能不采用括号内的规格。

2. 表面处理：钢—不经处理、镀锌钝化、氧化；不锈钢—不经处理。

[1] 长度系列（单位为 mm）：20~50（5 进位）、(55)、60、(65)、70~150（10 进位）。

表 5.2-95 六角头加强杆螺栓（GB/T 27—2013） （mm）

标记示例

螺纹规格 d = M12、公称长度 l = 80mm、性能等级为 8.8 级、表面氧化、A 级六角头铰制孔用螺栓的标记

螺栓 GB/T 27 M12×80

d_s 按 m6 制造时应加标记 m6

螺栓 GB/T 27 M12m6×80

螺纹规格 d (6g)			M6	M8	M10	M12	(M14)	M16	(M18)	M20
d_s (h9)	max		7	9	11	13	15	17	19	21
s	max		10	13	16	18	21	24	27	30
	min	A 级	9.78	12.73	15.73	17.73	20.67	23.67	26.67	29.67
		B 级	9.64	12.57	15.57	17.57	20.16	23.16	26.16	29.16

（续）

螺纹规格 d (6g)			M6	M8	M10	M12	(M14)	M16	(M18)	M20
k	公称		4	5	6	7	8	9	10	11
d_p			4	5.5	7	8.5	10	12	13	15
l_2			1.5		2			3		4
e min	A级		11.05	14.38	17.77	20.03	23.35	26.75	30.14	33.53
	B级		10.89	14.20	17.59	19.85	22.78	26.17	29.56	32.95
g			2.5					3.5		
$l^{①}$ 长度范围			25~65	25~80	30~120	35~180	40~180	45~200	50~200	55~200
$l-l_3$			12	15	18	22	25	28	30	32
性能等级			8.8							
表面处理			氧化							

螺纹规格 d (6g)			(M22)	M24	(M27)	M30	M36	M42	M48
d_s (h9)	max		23	25	28	32	38	44	50
s	max		34	36	41	46	55	65	75
	min	A级	33.38	35.38	—	—	—	—	—
		B级	33	35	40	45	53.8	63.8	73.1
k	公称		12	13	15	17	20	23	26
d_p			17	18	21	23	28	33	38
l_2			4			5	6	7	8
e min	A级		37.72	39.98	—	—	—	—	—
	B级		37.29	39.55	45.2	50.85	60.79	72.02	82.60
g			3.5			5			
$l^{①}$ 长度范围			60~200	65~200	75~200	80~230	90~300	110~300	120~300
$l-l_3$			35	38	42	50	55	65	70
性能等级			8.8				按协议		
表面处理			氧化						

注：尽可能不采用括号内的规格。

① 长度系列（单位为 mm）：25、(28)、30、(32)、35、(38)、40~50（5 进位）、(55)、60、(65)、70、(75)、80、(85)、90、(95)、100~260（10 进位）、280、300。

表 5.2-96　六角头螺杆带孔加强杆螺栓（摘自 GB/T 28—2013）

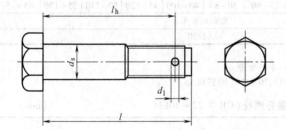

标记示例

螺纹规格 d = M12，d_s 按 GB/T 27 规定，公称长度 l = 60mm，机械性能等级为 8.8 级，表面氧化处理，产品等级为 A 级带 3.2mm 开口销孔的六角头加强杆螺栓的标记

螺栓　GB/T 28　M12×60

若 d_s 按 m6 制造，其余条件同上时，应标记为

螺栓　GB/T 28　M12m6×60

螺纹规格 d		M6	M8	M10	M12	(M14)	M16	(M18)	M20	(M22)	M24	(M27)	M30	M36	M42	M48
d_1	max	1.85	2.25	2.75	3.5	3.5	4.3	4.3	4.3	5.3	5.3	5.3	6.66	6.66	8.36	8.36
	min	1.6	2	2.5	3.2	3.2	4	4	4	5	5	5	6.3	6.3	8	8
l（公称）		25~65	25~80	30~120	35~180	40~180	45~200	50~200	55~200	60~200	65~200	75~200	80~230	90~300	110~300	120~300
机械性能		d≤39mm，8.8；d>39mm，按协议														
表面处理		氧化，如需其他表面处理，应由供需协议														

注：1. 其余尺寸按 GB/T 27 规定。

2. 括号内为非优选的规格，尽可能不采用。

3. 长度 l 尺寸系列（单位为 mm）：25、(28)、30、(32)、35、(38)、40、45、50、(55)、60、(65)、70、(75)、80、(85)、90、(95)、100、110、120、130、140、150、160、170、180、190、200、210、220、230、240、250、260、280、300。

表 5.2-97　B 级加大系列（GB/T 5789—1986）、B 级细杆加大系列

六角法兰面螺栓（GB/T 5790—1986）　　　　　　　　　　（mm）

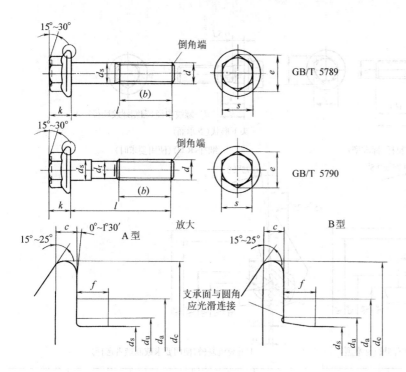

标记示例

螺纹规格 d = M12、公称长度 l = 80mm、性能等级为 8.8 级、表面氧化、A 或 B 型六角法兰面螺栓的标记

螺栓 GB/T 5789 M12×80

螺纹规格　　d (6g)		M5	M6	M8	M10	M12	(M14)	M16	M20
b	$l \leqslant 125$	16	18	22	26	30	34	38	48
	$125 < l \leqslant 200$	—	—	28	32	36	40	44	52
d_a max	A 型	5.7	6.8	9.2	11.2	13.7	15.7	17.7	22.4
	B 型	6.2	7.4	10	12.6	15.2	17.7	20.7	25.7
c	min	1	1.1	1.2	1.5	1.8	2.1	2.4	3
d_c	max	11.8	14.2	18	22.3	26.6	30.5	35	43
d_u	max	5.5	6.6	9	11	13.5	15.5	17.5	22
d_s	max	5	6	8	10	12	14	16	20
f	max	1.4		2			3		4
e	min	8.56	10.8	14.08	16.32	19.68	22.58	25.94	32.66
k	max	5.4	6.5	8.1	9.2	10.4	12.4	14.1	17.7
s	max	8	10	13	15	18	21	24	30
l[1]	GB/T 5789	10~50	12~60	16~80	20~100	25~120	30~140	35~160	40~200
	GB/T 5790	30~50	35~60	40~80	45~100	50~120	55~140	60~160	70~200
性能等级	钢	8.8、10.9							
	不锈钢	A2-70							
表面处理	钢	1)氧化;2)镀锌钝化							
	不锈钢	不经处理							

注：尽可能不采用括号内的规格。

① 长度系列（单位为 mm）：10、12、16、20~50（5 进位）、(55)、60、(65)、70~200（10 进位）。

表 5.2-98　六角法兰面螺栓小系列和六角法兰面螺栓细牙小系列

（摘自 GB/T 16674.1—2016 和 GB/T 16674.2—2016）　　　　　　（mm）

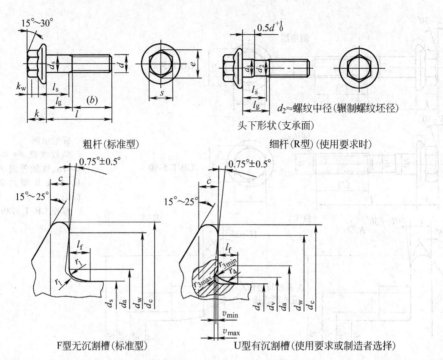

粗杆（标准型）　　　　　　　　　　细杆（R型）（使用要求时）

F型无沉割槽（标准型）　　　　　U型有沉割槽（使用要求或制造者选择）

螺纹规格	d		M5	M6	M8	M10	M12	（M14）	M16
（6g）	$d×P$				M8×1	M10×1 M10×1.25	M12×1.25 M12×1.5	（M14×1.5）	M16×1.5
b（参考）	$l≤125$		16	18	22	26	30	34	38
	$125<l≤200$		—	—	28	32	36	40	44
c	min		1	1.1	1.2	1.5	1.8	2.1	2.4
d_a　max	F 型		5.7	6.8	9.2	11.2	13.7	15.7	17.7
	U 型		6.2	7.5	10	12.5	15.2	17.7	20.5
d_c　max			11.4	13.6	17	20.8	24.7	28.6	32.8
d_s	max		5.00	6.00	8.00	10.00	12.00	14.00	16.00
	min		4.82	5.82	7.78	9.78	11.73	13.73	15.73
d_v　max			5.5	6.6	8.8	10.8	12.8	14.8	17.2
d_w　min			9.4	11.6	14.9	18.7	22.5	26.4	30.6
e　min			7.59	8.71	10.95	14.26	16.5	19.86	23.15
k　max			5.6	6.9	8.5	9.7	12.1	12.9	15.2
k_w　min			2.3	2.9	3.8	4.3	5.4	5.6	6.8
l_f　max			1.4	1.6	2.1	2.1	2.1	2.1	3.2
r_1　min			0.2	0.25	0.4	0.4	0.6	0.6	0.6
r_2[①]　max			0.3	0.4	0.5	0.6	0.7	0.9	1
r_3	max		0.25	0.26	0.36	0.45	0.54	0.63	0.72
	min		0.10	0.11	0.16	0.20	0.24	0.28	0.32
r_4	（参考）		4	4.4	5.7	5.7	5.7	5.7	8.8

（续）

螺纹规格	d	M5	M6	M8	M10	M12	（M14）	M16
s	max	7.00	8.00	10.00	13.00	15.00	18.00	21.00
	min	6.78	7.78	9.78	12.73	14.73	17.73	20.67
v	max	0.15	0.20	0.25	0.30	0.35	0.45	0.50
	min	0.05	0.05	0.10	0.15	0.15	0.20	0.25
l		25~50	30~60	35~80	40~100	45~120	50~140	55~160
性能等级	钢	8.8、9.8、10.9、12.9/12.9						
	不锈钢	A2-70						
表面处理	钢	1)不经处理;2)电镀(按 GB/T 5267.1);3)非电解锌片涂层						
	不锈钢	1)简单处理;2)钝化处理						

注：1. 长度系列（单位为 mm）：10、12、16、20~50（5 进位）、55、60、65、70~160（10 进位）。

　　2. 标记示例：

　　1）螺纹规格 d=M12、公称长度 l=80mm、由制造者任选 U 型或 F 型、小系列、8.8 级、表面不经处理、产品等级为 A 级的六角系列的法兰面螺栓的标记：螺栓 GB/T 16674.1 M12×80。

　　2）螺纹规格 d=M12、公称长度 l=80mm、F 型、小系列、8.8 级、表面不经处理、产品等级为 A 级的六角系列的法兰面螺栓的标记：

　　　　螺栓 GB/T 16674.1 M12×80-F。

　　3）上述两例如在特殊情况下，要求细杆 R 型时，则应增加 "R" 的标记：螺栓　GB/T 16674.1　M12×80-R。

① r_2 适用于棱角和六角面。

表 5.2-99　栓接结构用大六角头螺栓螺纹长度按 GB/T 3106 C 级 8.8 和 8.9 级（摘自 GB/T 18230.1—2000）

短螺纹长度 C 级　8.8 和 10.9 级（摘自 GB/T 18230.2—2000）　　　　（mm）

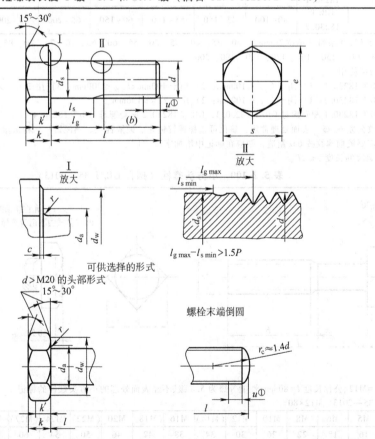

$l_{g\,max} - l_{s\,min} > 1.5P$

可供选择的形式

d>M20 的头部形式

螺栓末端倒圆

$r_c \approx 1.4d$

标记示例

　　螺纹规格 d=M16、公称长度 l=80mm、性能等级为 8.8 级、表面氧化、产品等级为 C 级、螺纹长度按 GB/T 3106 的栓接结构用大六角头螺栓的标记

　　　　螺栓　GB/T 18230.1　M16×80

（续）

螺纹规格 d		M12	M16	M20	(M22)	M24	(M27)	M30	M36
螺距 P		1.75	2	2.5	2.5	3	3	3.5	4
$b_{参考}$ GB/T 18230.1	1)	30	38	46	50	54	60	66	78
	2)	—	44	52	56	60	66	72	84
	3)	—	—	65	69	73	79	85	97
$b_{参考}$ GB/T 18230.2	4)	25	31	36	38	41	44	49	56
	5)	32	38	43	45	48	51	56	63
c	max	0.8	0.8	0.8	0.8	0.8	0.8	0.8	0.8
	min	0.4	0.4	0.4	0.4	0.4	0.4	0.4	0.4
d_a	max	15.2	19.2	24.4	26.4	28.4	32.4	35.4	42.4
d_s	max	12.70	16.70	20.84	22.84	24.84	27.84	30.84	37.00
	min	11.30	15.30	19.16	21.16	23.16	26.16	29.16	35.00
d_w	max				$d_{wmax}=S_{实际}$				
	min	19.2	24.9	31.4	33.3	38.0	42.8	46.5	55.9
e	min	22.78	29.56	37.29	39.55	45.20	50.85	55.37	66.44
k	公称	7.5	10	12.5	14	15	17	18.7	22.5
	max	7.95	10.75	13.40	14.90	15.90	17.90	19.75	23.55
	min	7.05	9.25	11.60	13.10	14.10	16.10	17.65	21.45
k'	min	4.9	6.5	8.1	9.2	9.9	11.3	12.4	15.0
r	min	1.2	1.2	1.5	1.5	1.5	2.0	2.0	2.0
s	max	21	27	34	36	41	46	50	60
	min	20.16	26.16	33	35	40	45	49	58.8
$l_{公称}$	GB/T 18230.1	35~100	40~150	45~150	50~150	55~200	60~200	70~200	85~200
	GB/T 18230.2	40~100	45~150	55~150	60~150	65~200	70~200	80~200	90~200

注：1. 长度 l 尺寸系列（单位为 mm）：30、35、40、45、50、55、60、65、70、75、80、85、90、95、100、110、120、130、140、150、160、170、180、190、200。

2. b 长度使用：

GB/T 18230.1：1) 用于 $l_{公称} \leqslant 100$mm；2) 用于 100mm$<l_{公称} \leqslant 200$mm；3) 用于 $l_{公称}>200$mm。

GB/T 18230.2：1) 用于 $l_{公称} \leqslant 100$mm；2) 用于 $l_{公称}>100$mm。

3. GB/T 18230.1 配套螺母 GB/T 18230.3，GB/T 18230.2 配套螺母 GB/T 18230.4。

4. 螺纹公差 6g 级，表面处理常规：氧化可选择镀锌钝化、镀隔钝化、热浸镀锌、粉末渗锌。

5. 如需要镀前螺纹按 6az 制造，则应在标记中增加字母"U"。

① 不完整螺纹的长度 $u \leqslant 2P$。

表 5.2-100　小方头螺栓（摘自 GB/T 35—2013）　　　　　　（mm）

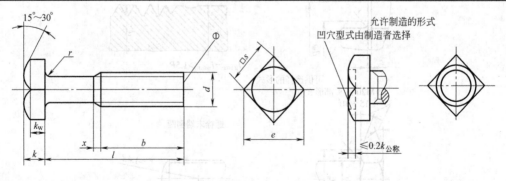

标记示例

螺纹规格 d=M12、公称长度 l=80mm、性能等级为 5.8 级、不经表面处理的小方头螺栓的标记

螺栓 GB/T 35—2013　M12×80

螺纹规格 d		M5	M6	M8	M10	M12	(M14)	M16	(M18)	M20	(M22)	M24	(M27)	M30	M36	M42	M48
b	$l \leqslant 125$	16	18	22	26	30	34	38	42	46	50	54	60	66	78	—	—
	$125<l \leqslant 200$	—	—	28	32	36	40	44	48	52	56	60	66	72	84	96	108
	$l>200$	—	—	—	—	—	—	57	61	65	69	73	79	85	97	109	121
e	min	9.93	12.53	16.34	20.24	22.84	26.21	30.11	34.01	37.91	42.9	45.5	52	58.5	69.94	82.03	95.05

（续）

螺纹规格 d		M5	M6	M8	M10	M12	(M14)	M16	(M18)	M20	(M22)	M24	(M27)	M30	M36	M42	M48
	公称	3.5	4	5	6	7	8	9	10	11	12	13	15	17	20	23	26
k	min	3.26	3.76	4.76	5.76	6.71	7.71	8.71	9.71	10.65	11.65	12.65	14.65	16.65	19.58	22.58	25.58
	max	3.74	4.24	5.24	6.24	7.29	8.29	9.29	10.29	11.35	12.35	13.35	15.35	17.35	20.42	23.42	26.42
r	min	0.2	0.25	0.4	0.4	0.6	0.6	0.6	0.8	0.8	0.8	0.8	1	1	1	1.2	1.6
s	max	8	10	13	16	18	21	24	27	30	34	36	41	46	55	65	75
	min	7.64	9.64	12.57	15.57	17.57	20.16	23.16	26.13	29.16	33	35	40	45	53.5	63.1	73.1
x	min	2	2.5	3.2	3.8	4.2	5	5	6.3	6.3	6.3	7.5	7.5	8.8	10	11.3	12.5
商品规格 l		20~50	30~60	35~80	40~100	45~120	55~140	55~160	60~180	65~200	70~260	80~240	90~260	90~300	110~300	130~300	140~300
l 系列		20、25、30、35、40、45、50、(55)、60、(65)、70、80、90、100、110、120、130、140、150、160、180、200、220、240、260、280、300																

技术条件	材料	螺纹公差	性能等级	表面处理
	钢	6g	$d\leqslant39$ 时:5.8、8.8;$d>39$ 时按协议	1)不经处理;2)镀锌钝化

注：1. 尽可能不采用括号内的规格，它们是非优选的规格。

2. 螺栓末端按 GB/T 2 规定；无螺纹部分杆径约等于螺纹中径或等于螺纹大径。

3. 无螺纹部分杆径约等于螺纹中径或螺纹大径。

① 辗制末端（GB/T 2）。

表 5.2-101　圆头方颈螺栓（GB/T 12—2013）　　　（mm）

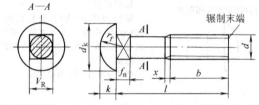

标记示例

螺纹规格 d＝M12、公称长度 l＝80mm、性能等级为 4.8 级、不经表面处理的圆头方颈螺栓的标记

螺栓 GB/T 12 M12×80

螺纹规格 d (8g)		M6	M8	M10	M12	(M14)	M16	M20
b (参考)	$l\leqslant125$	18	22	26	30	34	38	46
	$125<l\leqslant200$	—	28	32	36	40	44	52
d_k	max	13.1	17.1	21.3	25.3	29.3	33.6	41.6
f_n	max	4.4	5.4	6.4	8.45	9.45	10.45	12.55
k	max	4.08	5.28	6.48	8.9	9.9	10.9	13.1
V_R	max	6.3	8.36	10.36	12.43	14.43	16.43	20.82
r_f		7	9	11	13	15	18	22
x	max	2.5	3.2	3.8	4.3	5		6.3
l①	长度范围	16~60	16~80	25~100	30~120	40~140	45~160	60~200
性能等级		4.6、4.8						
表面处理		1)不经处理;2)电镀;3)如需其他表面处理,应由供需协议						

注：尽可能不采用括号内的规格。

① 长度系列（单位为 mm）：16、20~50（5 进位）、(55)、60、(65)、70~160（10 进位）、180、200。

表 5.2-102　小半圆头低方颈螺栓　B 级（GB/T 801—1998）　　　（mm）

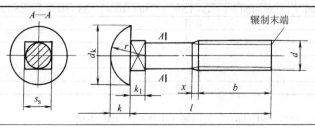

标记示例

螺纹规格 d＝M12、公称长度 l＝80mm、性能等级为 4.8 级、不经表面处理的半圆头低方颈螺栓的标记

螺栓 GB/T 801 M12×80

（续）

螺纹规格 d （8g）		M6	M8	M10	M12	M16	M20
b	$l \le 125$	18	22	26	30	38	46
（参考）	$125 < l \le 200$	—	—	—	—	44	52
d_k	max	14.2	18	22.3	26.6	35	43
k	max	3.6	4.8	5.8	6.8	8.9	10.9
s_s	max	6.48	8.58	10.58	12.7	16.7	20.84
l[①]	长度范围	12~60	14~80	20~100	20~120	30~160	35~160
性能等级		4.8、8.8、10.9					
表面处理		1）不经处理；2）镀锌钝化；3）热镀锌					

注：尽可能不采用括号内的规格。

① 长度系列（单位为mm）：12、（14）、16、20~65（5进位）、70~160（10进位）。

表 5.2-103   加强半圆头方颈螺栓（GB/T 794—1993）   （mm）

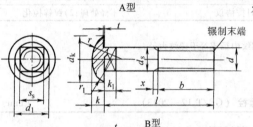

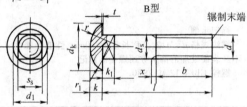

A型 　　　　　　　　允许制造的方颈倒角形式　　　辗制末端

B型 　　　　　　　　允许制造的头部形式　　　辗制末端

允许制造的方颈倒角形式

标记示例

螺纹规格 d = M12、公称长度 l = 80mm、性能等级为 8.8 级、不经表面处理的 A 型加强半圆头方颈螺栓的标记

螺栓 GB/T 794 M12×80

螺纹规格	d	M6	M8	M10	M12	(M14)	M16	M20
螺纹公差	A 型	6g						
	B 型	8g						
b	$l \le 125$	18	22	26	30	34	38	46
（参考）	$125 < l \le 200$	—	28	32	36	40	44	52
d_k	max	15.1	19.1	24.3	29.3	33.6	36.6	45.6
d_1		10	13.5	16.5	20	23.6	26	32
k	max	3.98	4.98	6.28	7.48	8.9	9.9	11.9
k_1	max	4.4	5.4	6.4	8.45	9.45	10.45	12.55
r		14	18	24	26	30	34	40
r_1		4.5	5	7	9	10.5	14
s_s	max	6.3	8.36	10.36	12.43	14.43	16.43	20.52
x	max	2.5	3.2	3.8	4.2	5		6.3
l[①]	长度范围	20~60	25~80	40~100	45~120	50~140	55~160	65~200
产品等级	A 型	B 级						
	B 型	C 级						
性能等级	A 型	8.8						
	B 型	3.6、4.8						
表面处理	A 型	氧化						
	B 型	1）不经处理；2）氧化						

注：尽可能不采用括号内的规格。

① 长度系列（单位为mm）：20~50（5进位）、（55）、60、（65）、70~160（10进位）、180、200。

表 5.2-104　扁圆头带榫螺栓（GB/T 15—2013）　　　　　　（mm）

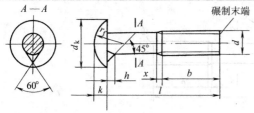

标记示例

螺纹规格 d = M12、公称长度 l = 80mm、性能等级为 4.8 级、不经表面处理的扁圆头带榫螺栓的标记

螺栓 GB/T 15 M12×80

螺纹规格　d (8g)		M6	M8	M10	M12	(M14)	M16	M20	M24
b （参考）	$l \leqslant 125$	18	22	26	30	34	38	46	54
	$125 < l \leqslant 200$	—	28	32	36	40	44	52	60
d_k	max	15.1	19.1	24.3	29.3	33.6	36.6	45.6	53.9
h	max	3.5	4.3	5.5	6.7	7.7	8.8	9.9	12
k	max	3.48	4.48	5.48	6.48	7.9	8.9	10.9	13.1
r_f		11	14	18	22		26	32	34
x	max	2.5	3.2	3.8	4.3	5		6.3	7.5
l[1]	长度范围	20~60	20~80	30~100	35~120	35~140	50~160	60~200	80~200
性能等级		4.8							
表面处理		1)不经处理；2)电镀；3)如需其他表面处理,应由供需协议							

注：尽可能不采用括号内的规格。

[1] 长度系列（单位为 mm）：20~50（5 进位）、(55)、60、(65)、70~160（10 进位）、180、200。

表 5.2-105　扁圆头方颈螺栓（摘自 GB/T 14—2013）　　　　　　（mm）

标记示例

螺纹规格 d = M12、公称长度 l = 80mm、性能等级为 4.8 级、不经表面处理、产品等级为 C 级的扁圆头方颈螺栓的标记

螺栓　GB/T 14　M12×80

螺纹规格 d		M5	M6	M8	M10	M12	M16	M20
b[4]	$l \leqslant 125$	16	18	22	26	30	38	46
	$125 < l \leqslant 200$	—	—	28	32	36	44	52
	$l > 200$	—	—	—	—	—	57	65
d_k	max = 公称	13	16	20	24	30	38	46
d_s	max	5.48	6.48	8.58	10.58	12.7	16.7	20.84
e[5]	min	5.9	7.2	9.6	12.2	14.7	19.9	24.9
f_n	max	4.1	4.6	5.6	6.6	8.8	12.9	15.9
k	min	2.5	3	4	5	6	8	10
r	max	0.4	0.5	0.8	0.8	1.2	1.2	1.6
V_n	max	5.48	6.48	8.58	10.58	12.7	16.7	20.84
l	公称	20~50	30~60	40~80	45~100	55~120	65~200	80~200
l 系列		20、25、30、35、40、45、50、(55)、60、(65)、70、80、90、100、110、120、130、140、150、160、180、200[6][7]						

① 辗制末端（GB/T 2）。

② 不完整螺纹的长度 $u \leqslant 2P$。

③ 圆的或平的。

④ 公称长度 $l \leqslant 70$mm 和螺纹直径 $d \leqslant$ M12 的螺栓，允许制出全螺纹 $(l_{gmax} = f_{nmax} + 2P)$。

⑤ e_{min} 的测量范围：从支承面起长度等于 $0.8f_{nmin}$ $(e_{min} = 1.3V_{nmin})$。

⑥ 公称长度在 200mm 以上，采用按 20mm 递增的尺寸。

⑦ 尽可能不采用括号内的规格。

表 5.2-106　沉头方颈螺栓（摘自 GB/T 10—2013）　　　　　　　　　　（mm）

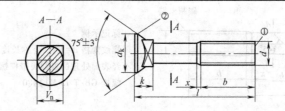

标记示例

螺纹规格 d=M12、公称长度 l=80mm、性能等级 4.8 级、不经表面处理、产品等级为 C 级的沉头方颈螺栓的标记

螺栓 GB/T 10　M12×80

螺纹规格 d		M6	M8	M10	M12	M16	M20
P		1	1.25	1.5	1.75	2	2.5
b	$l \leq 125$	18	22	26	30	38	46
	$125 < l \leq 200$	—	28	32	36	44	52
d_k	max	11.05	14.55	17.55	21.65	28.65	36.80
	min	9.95	13.45	16.45	20.35	27.35	35.2
k	max	6.1	7.25	8.45	11.05	13.05	15.05
	min	5.3	6.35	7.55	9.95	11.95	13.95
V_n	max	6.36	8.36	10.36	12.43	16.43	20.52
	min	5.84	7.8	9.8	11.76	15.76	19.72
x	max	2.5	3.2	3.8	4.3	5	6.3
l 公称		25~60	25~80	30~100	30~120	45~160	55~200
l 系列		\multicolumn{6}{l}{25、30、35、40、45、50、(55)、60、(65)、70、80、90、100、110、120、130、140、150、160、180、200}

技术条件	材料	螺纹公差	性能等级	表面处理	产品等级
	钢	8g	4.6、4.8	1)不处理;2)氧化;3)如需其他表面处理,应由供需协议	C

注: 1. 尽可能不采用括号内的规格。

　　2. 无螺纹部分杆径约等于螺纹中径或螺纹大径。

① 辗制末端（GB/T 2）。

② 圆的或平的。

表 5.2-107　圆头带榫螺栓（摘自 GB/T 13—2013）　　　　　　　　　　（mm）

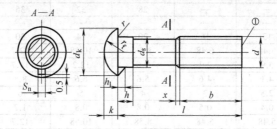

标记示例

螺纹规格 d=M12、公称长度 l=80mm、性能等级 4.8 级、不经表面处理、产品等级为 C 级的圆头带榫螺栓的标记

螺栓 GB/T 13　M12×60

螺纹规格 d		M6	M8	M10	M12	(M14)	M16	M20	M24
P		1	1.25	1.5	1.75	2	2	2.5	3
b	$l \leq 125$	18	22	26	30	34	38	46	54
	$125 < l \leq 200$	—	28	32	36	40	44	52	60
d_k	max	12.1	15.1	18.1	22.3	25.3	29.3	35.6	43.6
	min	10.3	13.3	16.3	20.16	23.16	27.16	33	41

（续）

螺纹规格 d		M6	M8	M10	M12	（M14）	M16	M20	M24
S_n	max	2.7	2.7	3.8	3.8	4.8	4.8	4.8	6.3
	min	2.3	2.3	3.2	3.2	4.2	4.2	4.2	5.7
h_1	max	2.7	3.2	3.8	4.3	5.3	5.3	6.3	7.4
	min	2.3	2.8	3.2	3.7	4.7	4.7	5.7	6.6
k	max	4.08	5.28	6.48	8.9	9.9	10.9	13.1	17.1
	min	3.2	4.4	5.6	7.55	8.55	9.55	11.45	15.45
d_s	max	6.48	8.58	10.58	12.7	14.7	16.7	20.84	24.84
	min	5.52	7.42	9.42	11.3	13.3	15.3	19.16	23.16
h	min	4	5	6	7	8	9	11	13
r	min	0.5	0.5	0.5	0.8	0.8	1	1	1.5
r_f	≈	6	7.5	9	11	13	15	18	22
x	max	2.5	3.2	3.8	4.3	5	5	6.3	7.5
l		20～60	20～80	30～100	35～120	35～140	50～160	60～200	80～200
长度 l 系列		20、25、30、35、40、45、50、（55）、60、（65）、70、80、90、100、110、120、130、140、150、160、180、200							
机械性能		4.6、4.8							
表面处理		1）不经处理；2）电镀，要求按 GB/T 5287.1；3）如需其他表面处理，应由供需协议							

注：无螺纹部分杆径约等于螺纹中径或螺纹大径。

① 辗制末端（GB/T 2）。

表 5.2-108　沉头带榫螺栓（摘自 GB/T 11—2013）　　　　（mm）

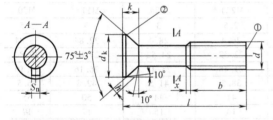

标记示例

螺纹规格 d＝M12、公称长度 l＝80mm、性能等级为 4.8 级、不经表面处理、产品等级为 C 级的沉头带榫螺栓的标记

螺栓 GB/T 11　M12×80

螺纹规格 d		M6	M8	M10	M12	（M14）	M16	M20	（M22）	M24
b	$l \leqslant 125$	18	22	26	30	34	38	46	50	54
	$125 < l \leqslant 200$	—	28	32	36	40	44	52	56	60
d_k	max	11.05	14.55	17.55	21.65	24.65	28.65	36.8	40.8	45.8
	min	9.95	13.45	16.45	20.35	23.35	27.35	35.2	39.2	44.2
S_n	max	2.7	2.7	3.8	3.8	4.3	4.8	4.8	6.3	6.3
	min	2.3	2.3	3.2	3.2	3.7	4.2	4.2	5.7	5.7
h	max	1.2	1.6	2.1	2.4	2.9	3.3	4.2	4.5	5
	min	0.8	1.1	1.4	1.6	1.9	2.2	2.8	3	3.3
k	≈	4.1	5.3	6.2	8.5	8.9	10.2	13	14.3	16.5
x	max	2.5	3.2	3.8	4.3	5	5	6.3	6.3	7.5
l 公称		25～60	30～80	35～100	40～120	45～140	45～160	60～200	65～200	80～200
l 系列		25、30、35、40、45、50、（55）、60、（65）、70、80、90、100、110、120、130、140、150、160、180、200								

技术条件	材料	螺纹公差	性能等级	表面处理			产品等级
	钢	8g	4.6、4.8	1）不经处理；2）电镀；3）如需其他表面处理，应由供需协议			C

注：1. 尽可能不采用括号内的规格。

　　2. 无螺纹部分杆径约等于螺纹中径或螺纹大径。

① 辗制末端（GB/T 2）。

② 圆的或平的。

表 5.2-109　钢结构用扭剪型高强度螺栓连接副（GB/T 3632—2008）　　　　　（mm）

螺栓连接副形式

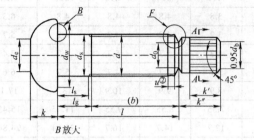

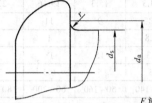

B 放大

A—A 放大

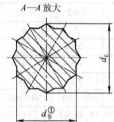

F 放大

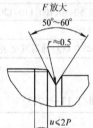

标记示例

粗牙普通螺纹，d = M20、l = 100mm、性能等级为 10.9S、表面防锈处理钢结构用扭剪型高强度螺纹连接

螺纹连接副　GB/T 3632　M20×100

螺纹规格 d		M16	M20	（M22）[3]	M24	（M27）[3]	M30
P[4]		2	2.5	2.5	3	3	3.5
d_a	max	18.83	24.4	26.4	28.4	32.84	35.84
d_s	max	16.43	20.52	22.52	24.52	27.84	30.84
	min	15.57	19.48	21.48	23.48	26.16	29.16
d_w	min	27.9	34.5	38.5	41.5	42.8	46.5
d_k	max	30	37	41	44	50	55
k	公称	10	13	14	15	17	19
	max	10.75	13.90	14.90	15.90	17.90	20.05
	min	9.25	12.10	13.10	14.10	16.10	17.95
k'	min	12	14	15	16	17	18
k''	max	17	19	21	23	24	25
r	min	1.2	1.2	1.2	1.6	2.0	2.0
d_0	≈	10.9	13.6	15.1	16.4	18.6	20.6
d_b	公称	11.1	13.9	15.4	16.7	19.0	21.1
	max	11.3	14.1	15.6	16.9	19.3	21.4
	min	11.0	13.8	15.3	16.6	18.7	20.8
d_c	≈	12.8	16.1	17.8	19.3	21.9	24.4
d_e	≈	13	17	18	20	22	24
$\dfrac{(b)}{l}$		$\dfrac{30}{40\sim50}$	$\dfrac{35}{45\sim60}$	$\dfrac{40}{50\sim65}$	$\dfrac{45}{55\sim70}$	$\dfrac{50}{65\sim75}$	$\dfrac{55}{70\sim80}$
		$\dfrac{35}{55\sim130}$	$\dfrac{40}{65\sim160}$	$\dfrac{45}{70\sim220}$	$\dfrac{50}{75\sim220}$	$\dfrac{55}{80\sim220}$	$\dfrac{60}{85\sim220}$
l 系列公称							

l 系列公称：40~100（5 进位），110~200（10 进位），220

① d_b 为内切圆直径。

② u 为不完整螺纹的长度。

③ 括号内的规格为第二选择系列，应优先选用第一系列（不带括号）的规格。

④ P—螺距。

表 5.2-110　钢结构用高强度大六角头螺栓（摘自 GB/T 1228—2006）　　　　　（mm）

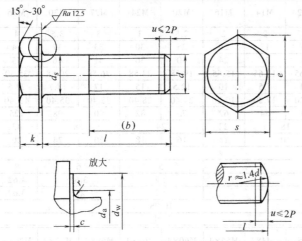

末端可选择的形式(P 是螺距)头部可选择的形式

标记示例

螺纹规格 d = M20、公称长度 l = 100mm、性能等级为 10.9S 级的钢结构用高强度大六角头螺栓的标记

螺栓 GB/T 1228—2006　M20×100

螺纹规格 d		M12	M16	M20	(M22)	M24	(M27)	M30
d_w	min	19.2	24.9	31.4	33.3	38.0	42.8	46.5
e	min	22.78	29.56	37.29	39.55	45.20	50.85	55.37
k	公称	7.5	10	12.5	14	15	17	18.7
r	min	1.0	1.0	1.5	1.5	1.5	2.0	2.0
s	max	21	27	34	36	41	46	50
c	max	0.8						
$\dfrac{b}{l}$		25 35~40 30 45~75	30 45~50 35 55~130	35 50~60 40 65~160	40 55~65 45 70~220	45 60~70 50 75~240	50 65~75 55 80~260	55 70~80 60 85~260
l 系列		35~100(按 5 进级)、110~200(按 10 进级)、220、240、260						
公称应力截面积 A_s/mm^2		84.3	157	245	303	353	459	561
拉力载荷/N		等于 $A_s × R_m$						

技术条件	性能等级	抗拉强度 R_m MPa	屈服强度 $R_{p0.2}$	推荐材料	洛氏硬度 HRC	通用规格	螺纹 公差带	产品 等级
	10.9s	1040~1240	940	20MnTiB	33~39	≤M24	6g	C
				35VB		≤M30		
	8.8s	830~1030	660	45、35	24~31	≤M20		
				40Cr		≤M24		
				35VB、35CrMo		≤M30		

注：1. 表中列出的技术条件按 GB/T 1231—2006。

　　2. 括号内的规格为第二选择系列。

　　3. 长度 l 尺寸系列（单位为 mm）：35、40、45、50、55、60、65、70、75、80、85、90、95、100、110、120、130、140、150、160、170、180、190、200、220、240、260。

表 5.2-111　钢网架螺栓球节点用高强度螺栓（GB/T 16939—2016）　　　　　（mm）

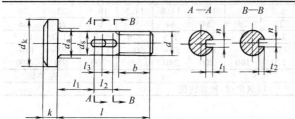

标记示例

螺纹规格 d = M30、公称长度 l = 98mm、性能等级为 10.9 级、表面氧化的钢网架球节点用高强度螺栓的标记

螺栓 GB/T 16939 M30×98

（续）

螺纹规格 d（6g）	M12	M14	M16	M20	M24	M27	M30	M36	M39	M42
P	1.75	2	2	2.5	3	3	3.5	4	4	4.5
b　min	15	17	20	25	30	33	37	44	47	50
d_k　max	18	21	24	30	36	41	46	55	60	65
d_s　min	11.65	13.65	15.65	19.58	23.58	26.58	29.58	35.50	38.50	41.50
k　nom	6.4	7.5	10	12.5	15	17	18.7	22.5	25	26
d_a　max	15.20	17.20	19.20	24.40	28.40	32.40	35.40	42.40	45.40	48.60
l　nom	50	54	62	73	82	90	98	125	128	136
l_1　nom	18		22		24		28		43	43
l_2　ref	10		13	16	18	20	24	26	26	
l_3	4									
n　min	3			5		6		8		8
t_1　min	2.2			2.7		3.62		4.62		4.62
t_2　min	1.7			2.2		2.7		3.62		3.62
性能等级	10.9S								9.8S	
表面处理	氧化									

螺纹规格 d（6g）	M45	M48	M56×4	M60×4	M64×4	M68×4	M72×4	M76×4	M80×4	M85×4
P	4.5	5	4	4	4	4	4	4	4	4
b　min	55	58	66	70	74	78	83	87	92	98
d_k　max	70	75	90	95	100	100	105	110	125	125
d_s　min	44.50	47.50	55.86	59.86	63.86	67.94	71.98	76.02	80.06	84.98
k　nom	28	30	35	38	40	45	45	50	55	55
d_a　max	52.60	56.60	67.00	71.00	75.00	79.00	83.00	87.00	91.00	96.00
l　nom	145	148	172	196	205	215	230	240	245	265
l_1　nom	48		53		58		63		68	
l_2　ref	30		42		57	65	70	75	80	85
l_3	4									
n　min	8									
t_1　min	4.62									
t_2　min	3.62									
性能等级	9.8S									
表面处理	氧化									

表 5.2-112　T 形槽用螺栓（GB/T 37—1988）　　　　　（mm）

标记示例

螺纹规格 d = M12、公称长度 l = 80mm、性能等级为 8.8 级、表面氧化的 T 形槽用螺栓的标记

螺栓 GB/T 37 M12×80

螺纹规格　d（6g）		M5	M6	M8	M10	M12	M16	M20	M24	M30	M36	M42	M48
b（参考）	l≤125	16	18	22	26	30	38	46	54	66	78	—	—
	125<l≤200	—	—	28	32	36	44	52	60	72	84	96	108
	l>200	—	—	—	—	—	57	65	73	85	97	109	121
d_s　max		5	6	8	10	12	16	20	24	30	36	42	48
D		12	16	20	25	30	38	46	58	75	85	95	105
k　max		4.24	5.24	6.24	7.29	8.89	11.95	14.35	16.35	20.42	24.42	28.42	32.5
h		2.8	3.4	4.1	4.8	6.5	9	10.4	11.8	14.5	18.5	22	26
s　公称		9	12	14	18	22	28	34	44	56	67	76	86
x　max		2	2.5	3.2	3.8	4.2	5	6.3	7.5	8.8	10	11.3	12.5
l[1]　长度范围		25~50	30~60	35~80	40~100	45~120	55~160	65~200	80~240	90~300	110~300	130~300	140~300
性能等级　钢		8.8										按协议	
表面处理　钢		1)氧化;2)镀锌钝化											

注：尽可能不采用括号内的规格。

[1] 长度系列（单位为 mm）：20~50（5 进位）、（55）、60、（65）、70~160（10 进位）、180~300（20 进位）。

表 5.2-113　活节螺栓（GB/T 798—1988）　　　　　　　　　　（mm）

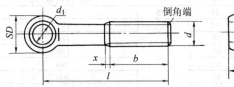

标记示例
螺纹规格 d＝M12、公称长度 l＝80mm、性能等级为 4.6 级、不经表面处理的活节颈螺栓的标记
螺栓 GB/T 798 M12×80

螺纹规格 d (8g)		M4	M5	M6	M8	M10	M12	M16	M20	M24	M30	M36
d_1	公称	3	4	5	6	8	10	12	16	20	25	30
s	公称	5	6	8	10	12	14	18	22	26	34	40
b		14	16	18	22	26	30	38	52	60	72	84
D		8	10	12	14	18	22	28	34	42	52	64
x	max	1.75	2	2.5	3.2	3.8	4.2	5	6.3	7.5	8.8	10
l[①]	长度范围	20~35	25~45	30~55	35~70	40~110	50~130	60~160	70~180	90~260	110~300	130~300
性能等级	钢	4.6、5.6										
表面处理	钢	1)不经处理;2)镀锌钝化										

注：尽可能不采用括号内的规格。

① 长度系列（单位为 mm）：20~50（5 进位）、(55)、60、(65)、70~160（10 进位）、180~300（20 进位）。

表 5.2-114　地脚螺栓（GB/T 799—1988）　　　　　　　　　　（mm）

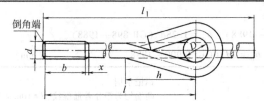

标记示例
螺纹规格 d＝M12、公称长度 l＝400mm、性能等级为 3.6 级、不经表面处理的地脚螺栓的标记
螺栓 GB/T 799 M12×400

螺纹规格 d (8g)		M6	M8	M10	M12	M16	M20	M24	M30	M36	M42	M48
b	max	27	31	36	40	50	58	68	80	94	106	118
	min	24	28	32	36	44	52	60	72	84	96	108
D		10		15		20		30		45	60		70
h		41	46	65	82	93	127	139	192	244	261	302
l_1		l+37		l+53		l+72		l+110		l+165	l+217		l+225
x	max	2.5	3.2	3.8	4.3	5	6.3	7.5	8.8	10	11.3	12.5
l[①]	长度范围	80~160	120~220	160~300	160~400	220~500	300~630	300~800	400~1000	500~1000	630~1250	630~1500
性能等级	钢	3.6								按协议		
表面处理	钢	1)不经处理;2)氧化;3)镀锌钝化										

① 长度系列（单位为 mm）为 80、120、160、220、300、400、500、630、800、1000、1250、1500。

表 5.2-115　U 形螺栓（JB/ZQ 4321—2006）　　　　　　　　　　（mm）

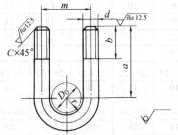

标记示例
管子外径 D_0＝25mm 的 U 形螺栓标记
U 形螺栓 25　JB/ZQ 4321—2006

D_0	r	d	L	a	b	m	C	1000 件质量/kg
14	8	M6	98	33	22	22	1	22
18	10		108	35		26		24
22	12	M10	135	42	28	34	1.5	83
25	14		143	44		38		88

（续）

D_0	r	d	L	a	b	m	C	1000 件质量/kg
33	18	M10	160	48	28	46	1.5	99
38	20		192	55		52		171
42	22		202	57		56		180
45	24		210	59		60		188
48	25		220	60		62		196
51	27	M12	225	62	32	66		300
57	31		240	66		74		314
60	32		250	67		76		223
76	40		289	75		92		256
83	43		310	78		98	2	276
89	46		325	81		104		290
102	53		365	93		122		575
108	56		390	96		128		616
114	59		405	99		134		640
133	69	M16	450	109	38	154		712
140	72		470	112		160		752
159	82		520	122		180		822
165	85		538	125		186		850
219	112		680	152		240		1075

注：表中 L 为毛坯长度，D_0 为管子外径。

5.2　双头螺柱（见表5.2-116～表5.2-118）

表 5.2-116　双头螺柱 $b_m = 1d$（GB/T 897—1988）、$b_m = 1.25d$（GB 898—1988）、

$b_m = 1.5d$（GB 899—1988）和 $b_m = 2d$（GB/T 900—1988）　　　　　（mm）

标记示例

两端均为粗牙普通螺纹、$d = 10mm$、$l = 50mm$、性能等级为 4.8 级、不经表面处理、B 型、$b_m = 1d$ 的双头螺柱的标记

螺柱 GB/T 897 M10×50

旋入机体一端为过渡配合螺纹的第一种配合，旋入螺母一端为粗牙普通螺纹、$d = 10mm$、$l = 50mm$、性能等级为 8.8 级、镀锌钝化、B 型、$b_m = 1d$ 的双头螺柱的标记

螺柱 GB/T 897 GM10-M10 × 50 - 8.8-Zn · D

螺纹规格　d (6g)	M2	M2.5	M3	M4	M5	M6	M8	M10	M12	(M14)	M16
b_m 公称　GB/T 897					5	6	8	10	12	14	16
GB 898					6	8	10	12	15	18	20
GB 899	3	3.5	4.5	6	8	10	12	15	18	21	24
GB/T 900	4	5	6	8	10	12	16	20	24	28	32
x　max					2.5P						
$\dfrac{l^{①}}{b}$ 长度范围	$\dfrac{12\sim16}{6}$	$\dfrac{14\sim18}{8}$	$\dfrac{16\sim20}{6}$	$\dfrac{16\sim22}{8}$	$\dfrac{16\sim22}{10}$	$\dfrac{20\sim22}{10}$	$\dfrac{20\sim22}{12}$	$\dfrac{25\sim28}{14}$	$\dfrac{25\sim30}{16}$	$\dfrac{30\sim35}{18}$	$\dfrac{30\sim38}{20}$
	$\dfrac{18\sim25}{10}$	$\dfrac{20\sim30}{11}$	$\dfrac{22\sim40}{12}$	$\dfrac{25\sim40}{14}$	$\dfrac{25\sim50}{16}$	$\dfrac{25\sim30}{14}$	$\dfrac{25\sim30}{16}$	$\dfrac{30\sim38}{16}$	$\dfrac{32\sim40}{20}$	$\dfrac{38\sim45}{25}$	$\dfrac{40\sim55}{30}$
						$\dfrac{32\sim75}{18}$	$\dfrac{32\sim90}{22}$	$\dfrac{40\sim120}{26}$	$\dfrac{45\sim120}{30}$	$\dfrac{50\sim120}{34}$	$\dfrac{60\sim120}{38}$
								$\dfrac{130}{32}$	$\dfrac{130\sim180}{36}$	$\dfrac{130\sim180}{40}$	$\dfrac{130\sim200}{44}$

（续）

螺纹规格 d　(8g)		(M18)	M20	(M22)	M24	(M27)	M30	(M33)	M36	(M39)	M42	M48
b_m 公称	GB/T 897	18	20	22	24	27	30	33	36	39	42	48
	GB 898	22	25	28	30	35	38	41	45	49	52	60
	GB 899	27	30	33	36	40	45	49	54	58	63	72
	GB/T 900	36	40	44	48	54	60	66	72	78	84	96
x	max	2.5P										
$\dfrac{l^①}{b}$ 长度范围	l	35~40	35~40	40~45	45~50	50~60	60~65	65~70	65~75	70~80	70~80	80~90
	b	22	25	30	30	35	40	45	45	50	50	60
	l	45~60	45~65	50~70	55~75	65~85	70~90	75~95	80~110	85~110	85~110	95~110
	b	35	35	40	45	50	50	60	60	60	70	80
	l	65~120	70~120	75~120	80~120	90~120	95~120	100~120	120	120	120	120
	b	42	46	50	54	60	66	72	78	84	90	102
	l	130~200	130~200	130~200	130~200	130~200	130~200	130~200	130~200	130~200	130~200	130~200
	b	48	52	56	60	66	72	78	84	90	96	108
	l						210~250	210~300	210~300	210~300	210~300	210~300
	b						85	91	97	103	109	121

注：1. 尽可能不采用括号内的规格。
　　2. 旋入机体端可以采用过渡或过盈配合螺纹：GB/T 897~899：GM、G2M；GB/T 900：GM、G3M、YM。
　　3. 旋入螺母端可以采用细牙螺纹。
　　4. 性能等级：钢—4.8、5.8、6.8、8.8、10.9、12.9；不锈钢—A2-50、A2-70。
　　5. 表面处理：钢—不经处理、氧化、镀锌钝化；不锈钢—不经处理。
① 长度系列（单位为 mm）：12、(14)、16、(18)、20、(22)、25、(28)、30、(32)、35、(38)、40、45、50、(55)、60、(65)、70、75、80、85、90、95、100~260（10 进位）、280、300。

表 5.2-117　等长双头螺柱　B 级（GB/T 901—1988）　　　　　（mm）

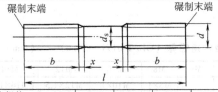

标记示例
螺纹规格 d＝M12、公称长度 l＝100mm、性能等级为 4.8 级、不经表面处理的 B 级等长双头螺柱的标记
螺柱　GB/T 901 M12×100

螺纹规格 d　(6g)		M2	M2.5	M3	M4	M5	M6	M8	M10	M12	(M14)	M16	(M18)
b		10	11	12	14	16	18	28	32	36	40	44	48
x	max	1.5P											
l① 长度范围		10~60	10~80	12~250	16~300	20~300	25~300	32~300	40~300	50~300	60~300	60~300	60~300
性能等级	钢	4.8、5.8、6.8、8.8、10.9、12.9											
	不锈钢	A2-50、A2-70											
表面处理	钢	1)不经处理;2)镀锌钝化											
	不锈钢	不经处理											

螺纹规格 d　(6g)		M20	(M22)	M24	(M27)	M30	(M33)	M36	(M39)	M42	M48	M56
b		52	56	60	66	72	78	84	89	96	108	124
x	max	1.5P										
l① 长度范围		70~300	80~300	90~300	100~300	120~400	140~400	140~500	140~500	140~500	150~500	190~500
性能等级	钢	4.8、5.8、6.8、8.8、10.9、12.9										
	不锈钢	A2-50、A2-70										
表面处理	钢	1)不经处理;2)镀锌钝化										
	不锈钢	不经处理										

注：尽可能不采用括号内的规格。
① 长度系列（单位为 mm）：10、12、(14)、16、(18)、20、(22)、25、(28)、30、(32)、35、(38)、40、45、50、(55)、60、(65)、70、(75)、80、(85)、90、(95)、100~260（10 进位）、280、300、320、350、380、400、420、450、480、500。

表 5.2-118　等长双头螺柱　C 级（GB/T 953—1988）　　　　　（mm）

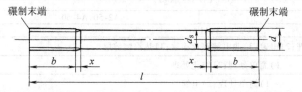

标记示例
螺纹规格 d＝M10、公称长度 l＝100mm、螺纹长度 b＝26mm 性能等级为 4.8 级、不经表面处理的 C 级等长双头螺柱的标记
螺柱　GB/T 953 M10×100
需要加长螺纹时，应加标记 Q
螺柱　GB/T 953 M10×100-Q

（续）

螺纹规格 d (8g)		M8	M10	M12	(M14)	M16	(M18)	M20	(M22)
b	标准	22	26	30	34	38	42	46	50
	加长	41	45	49	53	57	61	65	69
x	max	1.5P							
l①	长度范围	100~600	100~800	150~1200	150~1200	200~1500	200~1500	260~1500	260~1800
性能等级	钢	4.8、6.8、8.8							
表面处理	钢	1)不经处理;2)镀锌钝化							
螺纹规格 d (8g)		M24	(M27)	M30	(M33)	M36	(M39)	M42	M48
b	标准	54	60	66	72	78	84	90	102
	加长	72	79	85	91	97	103	109	121
x	max	1.5P							
l①	长度范围	300~1800	300~2000	350~2500	350~2500	350~2500	350~2500	500~2500	500~2500
性能等级	钢	4.8、6.8、8.8							
表面处理	钢	1)不经处理;2)镀锌钝化							

注: 1. 尽可能不采用括号内的规格。
　　2. 性能等级（钢）:4.8、6.8、8.8。
　　3. 表面处理（钢）:不经处理,镀锌钝化。
① 长度系列（单位为 mm）:100~200（10 进位）、220~320（20 进位）、350、380、400、420、450、480、500~1000（50 进位）1100~2500（100 进位）。

5.3　螺母（见表 5.2-119~表 5.2-156）

表 5.2-119　1 型六角螺母（GB/T 6170—2015）、细牙 1 型六角螺母（GB/T 6171—2016）　　　（mm）

螺纹规格 (6H)	D	M1.6	M2	M2.5	M3	(M3.5)	M4	M5	M6	M8	M10	M12	(M14)
	D×P									M8×1	M10×1	M12×1.5	(M14×1.5)
											(M10×1.25)	(M12×1.25)	
e	min	3.41	4.32	5.45	6.01	6.58	7.66	8.79	11.05	14.38	17.77	20.03	23.36
s	max	3.2	4	5	5.5	6	7	8	10	13	16	18	21
	min	3.02	3.82	4.82	5.32	5.82	6.78	7.78	9.78	12.73	15.73	17.73	20.67
m	max	1.3	1.6	2	2.4	2.8	3.2	4.7	5.2	6.8	8.4	10.8	12.8
性能等级	钢	按协议								6、8、10(QT)			
	不锈钢	A2-70、A4-70											
	有色金属	CU2、CU3、AL4											
表面处理（全部尺寸）	钢	1)不经处理;2)电镀;3)非电解锌片涂层;4)热浸镀锌层											
	不锈钢	1)简单处理;2)钝化处理											
	有色金属	1)简单处理;2)电镀											

螺纹规格 (6H)	D	M16	(M18)	M20	(M22)	M24	(M27)	M30	(M33)	M36
	D×P	M16×1.5	(M18×1.5)	(M20×2)	(M22×1.5)	M24×2	(M27×2)	M30×2	(M33×2)	M36×3
				M20×1.5						
e	min	26.75	29.56	32.95	37.29	39.55	45.2	50.85	55.37	60.79
s	max	24	27	30	34	36	41	46	50	55
	min	23.67	26.16	29.16	33	35	40	45	49	53.8
m	max	14.8	15.8	18	19.4	21.5	23.8	25.6	28.7	31
性能等级	钢	6、8、10(QT)	6、8(QT)、10(QT)							
	不锈钢	A2-70、A4-70				A2-50、A4-50				
	有色金属	CU2、CU3、AL4								
表面处理（全部尺寸）	钢	1)不经处理;2)电镀;3)非电解锌片涂层;4)热浸镀锌层								
	不锈钢	1)简单处理;2)钝化处理								
	有色金属	1)简单处理;2)电镀								

（续）

螺纹规格 (6H)	D	(M39)	M42	(M45)	M48	(M52)	M56	(M60)	M64
	D×P	(M39×3)	M42×3	(M45×3)	M48×3	(M52×4)	M56×4	(M60×4)	M64×4
e	min	66.44	71.30	76.95	82.60	88.25	93.56	99.21	104.86
s	max	60	65	70	75	80	85	90	95
	min	58.8	63.1	68.1	73.1	78.1	82.8	87.8	92.8
m	max	33.4	34	36	38	42	45	48	51

性能等级	钢	6、8(QT)、10(QT)	按协议
	不锈钢	A2-50、A4-50	按协议
	有色金属	CU2、CU3、AL4	
表面处理（全部尺寸）	钢	1)不经处理;2)电镀;3)非电解锌片涂层;4)热浸镀锌层	
	不锈钢	1)简单处理;2)钝化处理	
	有色金属	1)简单处理;2)电镀	

注：1. 括号内的螺纹规格为非优选的螺纹规格。
　　2. QT—淬火并回火。

表 5.2-120　C 级 1 型六角螺母（摘自 GB/T41—2016）　　　　（mm）

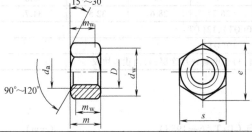

标记示例
　螺纹规格为 M12、性能等级为 5 级、不经表面处理、C 级的 1 型六角螺母,标记为
　螺母　GB/T 41　M12

螺纹规格 D (7H)		M5	M6	M8	M10	M12	(M14)	M16	(M18)	M20	(M22)	M24	(M27)
e	min	8.63	10.89	14.20	17.59	19.85	22.78	26.17	29.56	32.95	37.29	39.55	45.2
s	max	8	10	13	16	18	21	24	27	30	34	36	41
	min	7.64	9.64	12.57	15.57	17.57	20.16	23.16	26.16	29.16	33	35	40
m	max	5.6	6.4	7.90	9.50	12.20	13.9	15.90	16.90	19.00	20.20	22.30	24.70
性能等级	钢	5											
表面处理	钢	①不经处理;②电镀;③非电解锌片涂层;④热浸镀锌层;⑤由供需协议											

螺纹规格 D (7H)		M30	(M33)	M36	(M39)	M42	(M45)	M48	(M52)	M56	(M60)	M64
e	min	50.85	55.37	60.79	66.44	71.30	76.95	82.6	88.25	93.56	99.21	104.86
s	max	46	50	55	60	65	70	75	80	85	90	95
	min	45	49	53.8	58.8	63.1	68.1	73.1	78.1	82.8	87.8	92.8
m	max	26.40	29.50	31.90	34.30	34.90	36.90	38.90	42.90	45.90	48.90	52.40
性能等级	钢	5			按协议							
表面处理	钢	1)不经处理;2)电镀;3)非电解锌片涂层;4)热浸镀锌层;5)由供需协议										

注：尽可能不采用括号内的规格。

表 5.2-121　2 型六角螺母粗牙（摘自 GB/T 6175—2016）**和 2 型六角螺母细牙**（GB/T 6176—2016）

（mm）

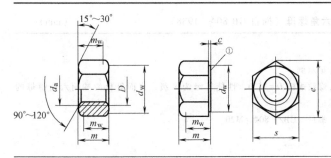

标记示例
　螺纹规格为 M16、性能等级为 10 级、表面不经处理、A 级 2 型六角螺母,标记为
　　螺母　GB/T 6175　M16

（续）

螺纹规格 (6H)	D	M5	M6	M8	M10	M12	(M14)	M16	
	$D \times P$			M8×1	M10×1	M12×1.5	(M14×1.5)	M16×1.5	(M18×1.5)
					(M10×1.25)	(M12×1.25)			
e	min	8.79	11.05	14.38	17.77	20.03	23.35	26.75	29.56
s	max	8	10	13	16	18	21	24	27.00
	min	7.78	9.78	12.73	15.73	17.73	20.67	23.67	26.16
m	max	5.1	5.7	7.5	9.3	12	14.1	16.4	17.6
性能等级	GB/T 6175	10(QT),12(QT)							
	GB/T 6176	8、10(QT),12(QT)						10(QT)	
表面处理	钢	1)不经处理;2)电镀;3)非电解锌片涂层;4)由供需协议							
螺纹规格 (6H)	D	M20		M24		M30		M36	
	$D \times P$	(M20×2)	(M22×1.5)	M24×2	(M27×2)	M30×2	(M33×2)	M36×3	
		M20×1.5							
e	min	32.95	37.29	39.55	45.2	50.85	55.37	60.79	
s	max	30	34	36	41	46	50	55	
	min	29.16	33	35	40	45	49	53.8	
m	max	20.3	21.8	23.9	26.7	28.6	32.5	34.7	
性能等级	GB/T 6175	10(QT),12(QT)							
	GB/T 6176	10(QT)							
表面处理	钢	1)不经热处理;2)电镀;3)非电解锌片涂层;4)由供需协议							

注：1. 括号内为非优选的螺纹规格。

　　2. QT—淬火并回火。

① 要求垫圈面形式时，应在订单中注明。

表 5.2-122　六角厚螺母（摘自 GB/T 56—1988）　　　　　（mm）

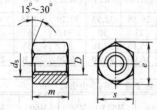

标记示例

螺纹规格 D = M20、性能等级为 5 级、不经表面处理的六角厚螺母的标记

螺母　GB/T 56　M20

螺纹规格 (6H)	D	M16	(M18)	M20	(M22)	M24	(M27)	M30	M36	M42	M48
e	min	26.17	29.56	32.95	37.29	39.55	45.2	50.85	60.79	72.09	82.6
s	max	24	27	30	34	36	41	46	55	65	75
	min	23.16	26.16	29.16	33	35	40	45	53.8	63.1	73.1
m	max	25	28	32	35	38	42	48	55	65	75
性能等级	钢	5、8、10									
表面处理	钢	1) 不经处理;2) 氧化									

注：尽可能不采用括号内的规格。

表 5.2-123　球面六角螺母（摘自 GB 804—1988）　　　　　（mm）

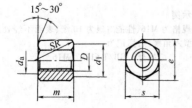

标记示例

螺纹规格 D = M20、性能等级为 8 级、表面氧化的球面六角螺母的标记

螺母　GB/T 804　M20

（续）

螺纹规格(6H) D		M6	M8	M10	M12	M16	M20	M24	M30	M36	M42	M48
d_a	min	6	8	10	12	16	20	24	30	36	42	48
d_1		7.5	9.5	11.5	14	18	22	26	32	38	44	50
e	min	11.05	14.38	17.77	20.03	26.75	32.95	39.55	50.85	60.79	72.09	82.6
s	max	10	13	16	18	24	30	36	46	55	65	75
	min	9.78	12.73	15.73	17.73	23.67	29.16	35	45	53.8	63.8	73.1
m	max	10.29	12.35	16.35	20.42	25.42	32.5	38.5	48.5	55.6	65.6	75.6
m'	min	7.77	9.32	12.52	15.66	19.66	25.2	30	38	43.52	51.52	59.52
SR		10	12	16	20	25	32	36	40	50	63	70
性能等级	钢	8、10										
表面处理	钢	氧化										

注：A 级用于 $D \leqslant$ M16；B 级用于 $D >$ M16。

表 5.2-124 A 和 B 级粗牙（摘自 GB/T 6172.1—2016）、细牙（摘自 GB/T 6173—2015）六角薄螺母

（mm）

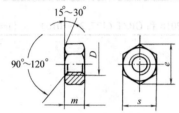

标记示例

螺纹规格 D＝M12、性能等级为 04 级、不经表面处理、A 级六角薄螺母的标记

螺母 GB/T 6172.1 M12

螺纹规格 (6H)	D	M1.6	M2	M2.5	M3	M(3.5)	M4	M5	M6	M8	M10	M12	(M14)	M16
	$D \times P$	—	—	—	—	—	—	—	—	M8×1	M10×1	M12×1.5	(M14×1.5)	M16×1.5
		—	—	—	—	—	—	—	—	—	(M10×1.25)	(M12×1.25)	—	—
e	min	3.41	4.32	5.45	6.01	6.58	7.66	8.79	11.05	14.38	17.77	20.03	23.35	26.75
s	max	3.2	4	5	5.5	6	7	8	10	13	16	18	21	24
	min	3.02	3.82	4.82	5.32	6.58	6.78	7.78	9.78	12.73	15.73	17.73	20.67	23.67
m	max	1	1.2	1.6	1.8	2	2.2	2.7	3.2	4	5	6	7	8

螺纹规格 (6H)	D	(M18)	M20	(M22)	M24	(M27)	M30	(M33)	M36
	$D \times P$	(M18×1.5)	(M20×2)	(M22×1.5)	M24×2	(M27×2)	M30×2	(M33×2)	M36×3
		—	M20×1.5	—	—	—	—	—	—
e	min	29.56	32.95	37.29	39.55	45.2	50.85	55.37	60.79
s	max	27	30	34	36	41	46	50	55
	min	26.16	29.16	33	35	40	45	49	53.8
m	max	9	10	11	12	13.5	15	16.5	18

螺纹规格 (6H)	D	(M39)	M42	(M45)	M48	(M52)	M56	(M60)	M64
	$D \times P$	(M39×3)	M42×3	(M45×3)	M48×3	(M52×4)	M56×4	(M60×4)	M64×4
e	min	66.44	71.30	76.95	82.60	88.25	93.56	99.21	104.86
s	max	60	65	70	75	80	85	90	95
	min	58.8	63.1	68.1	73.1	78.1	82.8	87.8	92.8
m	max	19.5	21	22.5	24	26	28	30	32

注：1. 括号内为非优选的螺纹规格。

2. 表面处理：钢—不经处理、镀锌钝化、氧化；不锈钢—不经处理。

3. 性能等级

螺纹规格 D	M1.6~M5	M6~M24	(M27) ~ (M39)	M42~M64
钢	按协议	04、05 (QT)		按协议
不锈钢	A2-035、A4-035		A2-025、A4-025	按协议
有色金属		CU2、CU3、AL4		

表 5.2-125　无倒角六角薄螺母（摘自 GB/T 6174—2016）　　　　　　　　（mm）

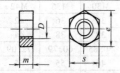

标记示例

螺纹规格为 M6、钢螺母硬度大于或等于 110HV30、不经表面处理、B 级的无倒角六角薄螺母的标记

螺母　GB/T 6174　M6

螺纹规格(6H)	D	M1.6	M2	M2.5	M3	(M3.5)	M4	M5	M6	M8	M10
e	min	3.28	4.18	5.31	5.88	6.44	7.50	8.63	10.89	14.20	17.59
s	max	3.2	4	5	5.5	6.0	7	8	10	13	16
s	min	2.9	3.7	4.7	5.2	5.7	6.64	7.64	9.64	12.57	15.57
m	max	1	1.2	1.6	1.8	2	2.2	2.7	3.2	4	5
性能等级	钢	硬度 110HV30(min)									
性能等级	有色金属	材料符合 GB/T 3098.10									
表面处理	钢	1)不经处理;2)电镀;3)非电解锌片涂层									
表面处理	有色金属	1)简单处理;2)电镀									

注：尽可能不采用括号内的规格。

表 5.2-126　2 型六角法兰面螺母粗牙、细牙（摘自 GB/T 6177.1—2016 和 GB/T 6177.2—2016）　（mm）

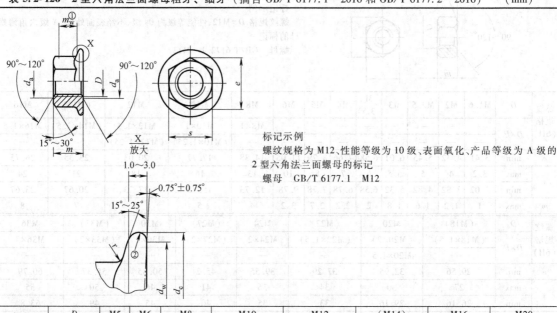

标记示例

螺纹规格为 M12、性能等级为 10 级、表面氧化、产品等级为 A 级的 2 型六角法兰面螺母的标记

螺母　GB/T 6177.1　M12

螺纹规格(6H)	D	M5	M6	M8	M10	M12	(M14)	M16	M20
螺纹规格(6H)	D×P			M8×1	M10×1.25	M12×1.25	(M14×1.5)	M16×1.5	M20×1.5
螺纹规格(6H)	D×P			—	(M10×1)	(M12×1.5)			
d_c	min	11.8	14.2	17.9	21.8	26	29.9	34.5	42.8
e	min	8.79	11.05	14.38	16.64	20.03	23.36	26.75	32.95
s	max	8	10	13	15	18	21	24	30
s	min	7.78	9.78	12.73	14.73	17.73	20.67	23.67	29.16
m	max	5	6	8	10	12	14	16	20
m	min	4.7	5.7	7.64	9.64	11.57	13.3	15.3	18.7
性能等级	钢	8、10(QT)、12(QT)							
性能等级	不锈钢	A2-70							
表面处理	钢	1)不经处理;2)电镀;3)非电解锌片涂层							
表面处理	不锈钢	1)简单处理;2)钝化处理							

注：尽可能不采用括号内的规格。

① m_w 是扳拧高度。

② 棱边形状由制造者任选。

表 5.2-127　A 和 B 级粗牙（摘自 GB/T 6178—1986）、**细牙**（摘自 GB/T 9457—1988）**1 型六角开槽螺母**

（mm）

允许制造的形式

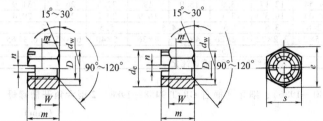

标记示例

螺纹规格 D = M12、性能等级为 8 级、表面氧化、A 级 1 型六角开槽螺母的标记

螺母　GB/T 6178　M12

螺纹规格	D	M4	M5	M6	M8	M10	M12	(M14)	M16
(6H)	$D×P$	—	—	—	M8×1	M10×1	M12×1.5	(M14×1.5)	M16×1.5
		—	—	—		M10×1.25	M12×1.25		
e	min	7.66	8.79	11.05	14.38	17.77	20.03	23.35	26.75
s	max	7	8	10	13	16	18	21	24
	min	6.78	7.78	9.78	12.73	15.73	17.73	20.67	23.67
m	max	5	6.7	7.7	9.8	12.4	15.8	17.8	20.8
	min	4.7	6.34	7.34	9.44	11.97	15.37	17.37	20.28
m'	min	2.32	3.52	3.92	5.15	6.43	8.3	9.68	11.28
W	max	3.2	4.7	5.2	6.8	8.4	10.8	12.8	14.8
	min	2.9	4.4	4.9	6.44	8.04	10.37	12.37	14.37
n	min	1.2	1.4	2	2.5	2.8	3.5	3.5	4.5
d_e									
开口销		1×10	1.2×12	1.6×14	2×16	2.5×20	3.2×22	3.2×26	4×28
性能等级	钢	6、8、10							
表面处理	钢	1）氧化;2）不经处理;3）镀锌钝化							

螺纹规格	D	—	M20	—	M24	—	M30	—	M36
(6H)	$D×P$	(M18×1.5)	M20×2	(M22×1.5)	M24×2	(M27×2)	M30×2	(M33×2)	M36×3
			M20×1.5						
d_w	min	24.8	27.7	31.4	33.2	38	42.7	46.6	51.1
e	min	29.56	32.95	37.29	39.55	45.2	50.85	55.37	60.79
s	max	27	30	34	36	41	46	50	55
	min	26.16	29.16	33	35	40	45	49	53.8
m	max	21.8	24	27.4	29.5	31.8	34.6	37.7	40
m'	min	12.08	13.52	14.85	16.16	18.37	19.44	22.16	23.52
W	max	15.8	18	19.4	21.5	23.8	25.6	28.7	31
	min	15.1	17.3	18.56	20.66	22.96	24.76	27.86	30
n	min	4.5		5.5			7		
d_e		25	28	30	34	38	42	46	50
开口销		4×32	4×36	5×40		5×45	6.3×50	6.3×60	6.3×65
性能等级	钢	6、8							
表面处理	钢	1）氧化;2）不经处理;3）镀锌钝化							

注：尽可能不采用括号内的规格。

表 5.2-128　C 级 1 型六角开槽螺母（摘自 GB/T 6179—1986）

（mm）

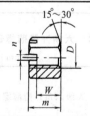

标记示例

螺纹规格 D = M5、性能等级为 5 级、不经表面处理、C 级 1 型六角开槽螺母的标记

螺母　GB/T 6179　M5

螺纹规格	D	M5	M6	M8	M10	M12	(M14)	M16	M20	M24	M30	M36
(6H)												
e	min	8.63	10.89	14.20	17.59	19.85	22.78	26.17	32.95	39.55	50.85	60.79
s	max	8	10	13	16	18	21	24	30	36	46	55
	min	7.64	9.64	12.57	15.57	17.57	20.16	23.16	29.16	35	45	53.8

（续）

螺纹规格 (6H)	D	M5	M6	M8	M10	M12	(M14)	M16	M20	M24	M30	M36
m	max	7.6	8.9	10.94	13.54	17.17	18.9	21.9	25	30.3	35.4	40.9
W	max	5.6	6.4	7.94	9.54	12.17	13.9	15.9	19	22.3	26.4	31.9
	min	4.4	4.9	6.44	8.04	10.37	12.1	14.1	16.9	20.2	24.3	29.4
n	min	1.4	2	2.5	2.8	3.5	3.5	4.5	4.5	5.5	7	7
开口销		1.2×12	1.6×14	2×16	2.5×20	3.2×22	3.2×26	4×28	4×36	5×40	6.3×50	6.3×65
性能等级	钢	4、5										
表面处理	钢	1)不经处理;2)镀锌钝化										

注：尽可能不采用括号内的规格。

表 5.2-129　A 级和 B 级粗牙（摘自 GB/T 6180—1986）、细牙（摘自 GB/T 9458—1988）2 型六角开槽螺母

（mm）

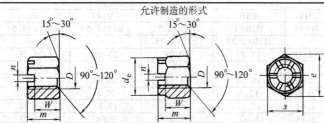

允许制造的形式

标记示例
　　螺纹规格 D＝M5、性能等级为 9 级、表面氧化、A 级 2 型六角开槽螺母的标记
　　螺母　GB/T 6180　M5
　　螺纹规格 D＝M8×1、性能等级为 8 级、表面氧化、A 级 2 型六角开槽细牙螺母的标记
　　螺母　GB/T 9458　M8×1

螺纹规格 (6H)	D	M5	M6	M8	M10	M12	(M14)	M16
	D×P	—	—	M8×1	M10×1 M10×1.25	M12×1.5 M12×1.25	(M14×1.5)	M16×1.5
e	min	8.79	11.05	14.38	17.77	20.03	23.36	26.75
s	max	8	10	13	16	18	21	24
	min	7.78	9.78	12.73	15.73	17.73	20.67	23.67
m	max	7.1	8.2	10.5	13.3	17	19.1	22.4
W	max	5.1	5.7	7.5	9.3	12	14.1	16.4
	min	4.8	5.4	7.14	8.94	11.57	13.67	15.97
n	min	1.4	2	2.5	2.8	3.5	3.5	4.5
d_e	max	—	—	—	—	—	—	—
开口销		1.2×12	1.6×14	2×16	2.5×20	3.2×22	3.2×26	4×28
性能等级	GB/T 6180	9、12						
	GB/T 9458	8、10						
表面处理	钢	1)氧化;2)不经处理;3)镀锌钝化						

螺纹规格 (6H)	D	—	M20	—	M24	—	M30	—	M36
	D×P	(M18×1.5)	M20×2 M20×1.5	(M22×1.5)	M24×2	(M27×2)	M30×2	(M33×2)	M36×3
e	min	29.56	32.95	37.29	39.55	45.2	50.85	55.37	60.79
s	max	27	30	34	36	41	46	50	55
	min	26.16	29.16	33	35	40	45	49	53.8
m	max	23.6	26.3	29.8	31.9	34.7	37.6	41.5	43.7
W	max	17.6	20.3	21.8	23.9	26.7	28.6	32.5	34.7
	min	16.9	19.46	20.5	23.06	25.4	27.78	30.9	33.7
n	min	4.5	4.5	5.5	5.5	7	7	7	7
d_e	max	25	28	30	34	38	42	46	50
开口销		4×32	4×36	5×40	5×40	5×45	6.3×50	6.3×60	6.3×65
性能等级	GB/T 6180	9、12							
	GB/T 9458	10							
表面处理	钢	1)氧化;2)镀锌钝化							

注：尽可能不采用括号内的规格。

表 5.2-130　A 级和 B 级粗牙（摘自 GB 6181—1986）、细牙（摘自 GB/T 9459—1988）六角开槽薄螺母

（mm）

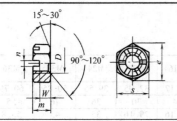

标记示例
　　螺纹规格 D＝M12、性能等级为 04 级、不经表面处理、A 级六角开槽薄螺母的标记
　　螺母　GB 6181　M12
　　螺纹规格 D＝M10×1、性能等级为 04 级、不经表面处理、A 级六角开槽细牙薄螺母的标记
　　螺母　GB/T 9459　M10×1

（续）

螺纹规格 (6H)	D	M5	M6	M8	M10	M12	(M14)	M16
	D×P	—	—	M8×1	M10×1	M12×1.5	(M14×1.5)	M16×1.5
		—	—		M10×1.25	M12×1.25		
e	min	8.79	11.05	14.38	17.77	20.03	23.35	26.75
s	max	8	10	13	16	18	21	24
	min	7.78	9.78	12.73	15.73	17.73	20.67	23.67
m	max	5.1	5.7	7.5	9.3	12	14.1	16.4
W	max	3.1	3.2	4.5	5.3	7	9.1	10.4
	min	2.8	2.9	4.2	5	6.64	8.74	9.79
n	min	1.4	2	2.5	2.8	3.5	3.5	4.5
开口销		1.2×12	1.6×14	2×16	2.5×20	3.2×22	3.2×26	4×28
性能等级	钢	04、05						
	不锈钢①	A2-50						
表面处理	钢	1) 氧化；2) 不经处理；3) 镀锌钝化						
	不锈钢	不经处理						
螺纹规格 (6H)	D	—	M20	—	M24	—	M30	—	M36
	D×P	(M18×1.5)	M20×2	(M22×1.5)	M24×2	(M27×2)	M30×2	(M33×2)	M36×3
			M20×1.5						
e	min	29.56	32.95	37.29	39.55	45.2	50.85	55.37	60.79
s	max	27	30	34	36	41	46	50	55
	min	26.16	29.16	33	35	40	45	49	53.8
m	max	17.6	20.3	21.8	23.9	26.7	28.6	32.5	34.7
W	max	11.6	14.3	14.8	15.9	18.7	19.6	23.5	25.7
	min	10.9	13.6	14.1	15.2	17.86	18.76	22.66	24.86
n	min	4.5		5.5			7		
开口销		4×32	4×36	5×40		5×45	6.3×50	6.3×60	6.3×65
性能等级	钢	04、05							
	不锈钢①	A2-50							
表面处理	钢	1) 氧化；2) 不经处理；3) 镀锌钝化							
	不锈钢	不经处理							

注：尽可能不采用括号内的规格。

① 仅用于 GB 6181。

表 5.2-131　1 型非金属嵌件六角锁紧螺母（摘自 GB/T 889.1—2015）、
1 型非金属嵌件六角锁紧螺母细牙（摘自 GB/T 889.2—2016）　　（mm）

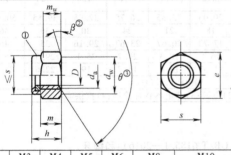

标记示例
螺纹规格 D=M12、性能等级为 8 级、表面氧化、A 级 1 型非金属嵌件六角锁紧螺母的标记
螺母　GB/T 889.1　M12

螺纹规格 (6H)	D	M3	M4	M5	M6	M8	M10	M12	(M14)	M16	M20	M24	M30	M36
	D×P	—	—	—	—	M8×1	M10×1 M10×1.25	M12×1.25 M12×1.5	(M14 ×1.5)	M16 ×1.5	M20 ×1.5	M24 ×2	M30 ×2	M36 ×3
e	min	6.01	7.66	8.79	11.05	14.38	17.77	20.03	23.36	26.75	32.95	39.55	50.85	60.79
s	max	5.5	7	8	10	13	16	18	21	24	30	36	46	55
	min	5.32	6.78	7.78	9.78	12.73	15.73	17.73	20.67	23.67	29.16	35	45	53.8
h	max	4.5	6	6.8	8	9.5	11.9	14.9	17	19.1	22.8	27.1	32.6	38.9
m	min	2.15	2.9	4.4	4.9	6.44	8.04	10.37	12.1	14.1	16.9	20.2	24.3	29.4
性能等级	钢	5、8、10												
表面处理	钢	1) 不经处理；2) 镀锌钝化												

注：1. 尽可能不采用括号内的规格。
2. A 级用于 D≤16mm，B 级用于 D>16mm 的螺母。
① 有效力矩部分形状由制造者自选。
② β=15°~30°。
③ θ=90°~120°。

表 5.2-132　A 和 B 级 1 型全金属六角锁紧螺母（摘自 GB/T 6184—2000）　　　　　　（mm）

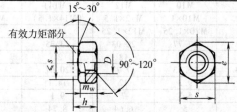

标记示例

螺纹规格 D＝M12、性能等级为 8 级、表面氧化、A 级 1 型全金属六角锁紧螺母的标记

螺母　GB/T 6184　M12

螺纹规格 (6H)	D	M5	M6	M8	M10	M12	(M14)	M16	(M18)	M20	(M22)	M24	M30	M36
e	min	8.79	11.05	14.38	17.77	20.03	23.36	26.75	29.56	32.95	37.29	39.55	50.85	60.79
s	max	8	10	13	16	18	21	24	27	30	34	36	46	55
	min	7.78	9.78	12.73	15.73	17.73	20.67	23.67	26.16	29.16	33	35	45	53.8
h	max	5.3	5.9	7.1	9	11.6	13.2	15.2	17	19	21	23	26.9	32.5
	min	4.8	5.4	6.44	8.04	10.37	12.1	14.1	15.01	16.9	18.1	20.2	24.3	29.4
m_w	min	3.52	3.92	5.15	6.43	8.3	9.68	11.28	12.08	13.52	14.5	16.16	19.44	23.52
性能等级	钢	5、8、10（QT）								5、8（QT）、10（QT）				
表面处理	钢	1）不经热处理；2）电镀；3）非电解锌片涂层；4）按供需协议												

注：1. 尽可能不采用括号内的规格。
　　2. QT—淬火并回火。

表 5.2-133　2 型非金属嵌件六角锁紧螺母（摘自 GB/T 6182—2016）　　　　　　（mm）

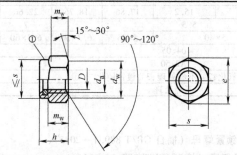

标记示例

螺纹规格为 M12、性能等级为 10 级、表面不经处理、A 级 2 型非金属嵌件六角锁紧螺母，标记为

螺母　GB/T 6182　M12

螺纹规格 (6H)	D	M5	M6	M8	M10	M12	(M14)	M16	M20	M24	M30	M36
e	min	8.79	11.05	14.38	17.77	20.03	23.35	26.75	32.95	39.55	50.85	60.79
s	max	8	10	13	16	18	21	24	30	36	46	55
	min	7.78	9.78	12.73	15.73	17.73	20.67	23.67	29.16	35	45	53.8
h	max	7.2	8.5	10.2	12.8	16.1	18.3	20.7	25.1	29.5	35.6	42.6
m	min	4.8	5.4	7.14	8.94	11.57	13.4	15.7	19	22.6	27.3	33.1
性能等级	钢	10(QT)、12(QT)										
表面处理	钢	1)不经处理；2)电镀；3)非电解锌片涂层；4)按供需协议										

注：1. 尽可能不采用括号内的规格。
　　2. QT—淬火并回火。
① 有效力矩部分，形状由制造者任选。

表 5.2-134　粗牙（摘自 GB/T 6185.1—2016）**和细牙**

（摘自 GB/T 6185.2—2016）**2 型全金属六角锁紧螺母**　　　　　　（mm）

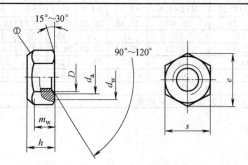

标记示例

螺纹规格为 M12、性能等级为 8 级、表面不经处理、A 级 2 型全金属六角锁紧螺母，标记为

螺母　GB/T 6185.1　M12

（续）

螺纹规格 (6H)		M5	M6	M8	M10	M12	(M14)	M16	M20	M24	M30	M36
	D	M5	M6	M8	M10	M12	(M14)	M16	M20	M24	M30	M36
	$D \times P$			M8×1	M10×1	M12×1.25	(M14×1.5)	M16×1.5	M20×1.5	M24×2	M30×2	M36×3
					M10×1.25	M12×1.5						
e	min	8.79	11.05	14.38	17.77	20.03	23.35	26.75	32.95	39.55	50.85	60.79
s	max	8	10	13	16	18	21	24	30	36	46	55
	min	7.78	9.78	12.73	15.73	17.73	20.67	23.67	29.16	35	45	53.8
h	max	5.1	6	8	10	12	14.1	16.4	20.3	23.9	30	36
	min	4.8	5.4	7.14	8.94	11.57	13.4	15.7	19	22.6	27.3	33.1
m_w	min	3.52	3.92	5.15	6.43	8.3	9.68	11.28	13.52	16.16	19.44	23.52
性能等级	钢	GB/T 6185.1　5,8,10(QT),12(QT)										
		GB/T 6185.2　8mm≤D≤16mm:8、10(QT)、12(QT)　16mm<D≤36mm:8(QT)、10(QT)										
表面处理	钢	1)不经处理;2)电镀;3)非电解锌片涂层;4)按供需协议										

注：尽可能不采用括号内的规格。

① 有效力矩部分形状由制造者自选。

表 5.2-135　2 型全金属六角锁紧螺母　9 级（摘自 GB/T 6186—2000）　　　　（mm）

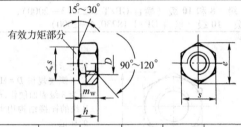

标记示例

螺纹规格 D=M12、性能等级为 9 级、表面氧化、A 级 2 型全金属六角锁紧螺母的标记

　螺母　GB/T 6186　M12

螺纹规格 (6H)		M5	M6	M8	M10	M12	(M14)	M16	M20	M24	M30	M36
	D	M5	M6	M8	M10	M12	(M14)	M16	M20	M24	M30	M36
e	min	8.79	11.05	14.38	17.77	20.03	23.36	26.75	32.95	39.55	50.85	60.79
s	max	8	10	13	16	18	21	24	30	36	46	55
	min	7.78	9.78	12.73	15.73	17.73	20.67	23.67	29.16	35	45	53.8
h	max	5.3	6.7	8	10.5	13.3	15.4	17.9	21.8	26.4	31.8	38.5
	min	4.8	5.4	7.14	8.94	11.57	13.4	15.7	19	22.6	27.3	33.1
m_w	min	3.84	4.32	5.71	7.15	9.26	10.7	12.6	15.2	18.1	21.8	26.5
性能等级	钢	9										
表面处理	钢	1)氧化;2)镀锌钝化										

注：尽可能不采用括号内的规格。

表 5.2-136　2 型非金属嵌件粗牙（摘自 GB/T 6183.1—2016）、

细牙（摘自 GB/T 6183.2—2016）、**细牙六角法兰面锁紧螺母**　　　　（mm）

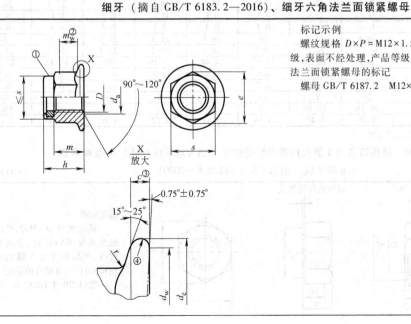

标记示例

螺纹规格 $D \times P$=M12×1.5,细牙螺纹,性能等级为 8 级、表面不经处理,产品等级为 A 级的 2 型金属嵌件六角法兰面锁紧螺母的标记

　螺母 GB/T 6187.2　M12×1.5

（续）

螺纹规格 (6H)	D	M5	M6	M8	M10	M12	(M14)	M16	M20
	$D×P$	—	—	M8×1	M10×1	M12×1.5	(M14×1.5)	M16×1.5	M20×1.5
		—	—	—	M10×1.25	M12×1.25	—	—	—
d_c	min	11.8	14.2	17.9	21.8	26	29.9	34.5	42.8
c	min	1	1.1	1.2	1.5	1.8	2.1	2.4	3
e	min	8.79	11.05	14.38	16.64	20.03	23.36	26.75	32.95
h	max	7.10	9.10	11.1	13.5	16.1	18.2	20.3	24.8
m	min	4.7	5.7	7.64	9.54	11.57	13.3	15.3	18.7
s	max	8	10	13	15	18	21	24	30
	min	7.78	9.78	12.73	14.73	17.73	20.67	23.67	29.16
性能等级	GB/T 6183.1					8、10(QT)			
	GB/T 6183.2				8mm≤D≤16mm,6、8、10(QT),16mm<D≤20mm 6(QT)、8(QT)、10(QT)				
表面处理					1)不经处理;2)电镀;3)非电解锌片涂层;4)按供需协议				

注：尽可能不采用括号内的规格。
① 有效力矩部分形状由制造者自选。
② m_w 为扳拧高度。
③ c 在 d_{wmin} 处测量。
④ 棱边形状由制造者任选。

表 5.2-137　栓接结构用大六角螺母　B 级　8 和 10 级（摘自 GB/T 18230.3—2000）、栓接结构用 1 型大六角螺母　B 级　10 级（摘自 GB/T 18230.4—2000）　　（mm）

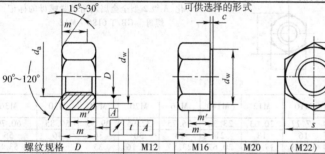

标记示例：
螺纹规格 D = M20,性能等级为 8 级表面硬化,产品等级为 B 级的栓接结构用大六角螺母的标记
螺母 GB/T 18230.3　M20

螺纹规格 D			M12	M16	M20	(M22)	M24	(M27)	M30	M36
螺距 P			1.75	2	2.5	2.5	3	3	3.5	4
d_a		max	13	17.3	21.6	23.8	25.9	29.1	32.4	38.9
		min	12	16	20	22	24	27	30	36
d_w		max				= $S_{实际}$				
		min	19.2	24.9	31.4	33.3	38.0	42.8	46.5	55.9
e		min	22.78	29.56	37.29	39.55	45.20	50.85	55.37	66.44
GB/T 18230.3	m	max	12.3	17.1	20.7	23.6	24.2	27.6	30.7	36.6
		min	11.9	16.4	19.4	22.3	22.9	26.3	29.1	35.0
	m'	min	9.5	13.1	15.5	17.8	18.3	21.0	23.3	28.0
	c	max	0.8	0.8	0.8	0.8	0.8	0.8	0.8	0.8
		min	0.4	0.4	0.4	0.4	0.4	0.4	0.4	0.4
GB/T 18230.4	m	max	10.8	14.8	18	19.4	21.5	23.8	25.6	31
		min	10.37	14.1	16.9	18.1	20.2	22.5	24.3	29.4
	m'	min	8.3	11.28	13.52	14.48	16.16	18	19.44	23.52
	c	max	0.6	0.8	0.8	0.8	0.8	0.8	0.8	0.8
		min	0.15	0.2	0.2	0.2	0.2	0.2	0.2	0.2
s		max	21	27	34	36	41	46	50	60
		min	20.16	26.16	33	35	40	45	49	58.8
t			0.38	0.47	0.58	0.63	0.72	0.80	0.87	1.05

注：括号内的规格为第二选择系列。

表 5.2-138　栓接结构用 1 型六角螺母热浸镀锌（加大攻螺纹尺寸）A 级和 B 级 5.6 和 8 级（摘自 GB/T 18230.6—2000）　　（mm）

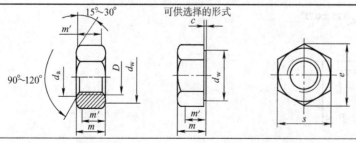

标记示例：
螺纹规格 D = M12,性能等级为 8 级、6A×螺纹、表面热浸镀锌,产品等级为 A 级的栓接结构用I型六角螺母的标记
螺母 GB/T 18230.6　M12

（续）

螺纹规格 D		M10	M12	（M14）	M16	M20	M24	M30	M36
P		1.5	1.75	2	2	2.5	3	3.5	4
c	max	0.6	0.6	0.6	0.8	0.8	0.8	0.8	0.8
d_a	min	10	12	14	16	20	24	30	36
	max	10.8	13	15.1	17.3	21.6	25.9	32.4	38.9
d_w	min	14.6	16.6	19.6	22.5	27.7	33.2	42.7	51.1
e	min	17.77	20.03	23.35	26.75	32.95	39.55	50.85	60.79
m	max	8.4	10.8	12.8	14.8	18	21.5	25.6	31
	min	8.04	10.37	12.1	14.1	16.9	20.2	24.3	29.4
m'	min	6.43	8.3	9.68	11.28	13.52	16.16	19.44	23.52
s	max	16	18	21	24	30	36	46	55
	min	15.73	17.73	20.67	23.67	29.16	35	45	53.8

注：1. 保证应力 S_P（MPa）为

螺纹直径	性能等级		
D/mm	5	6	8
M10	483	551	710
M12、M14、M16	510	580	710
M20、M24、M30、M36	560	650	850

2. 括号内的规格为第二选择系列。

表 5.2-139　栓接结构用 2 型六角螺母热浸镀锌（加大攻螺纹尺寸）

A 级　9 级（摘自 GB/T 18230.7—2000）　　　　　　　　　（mm）

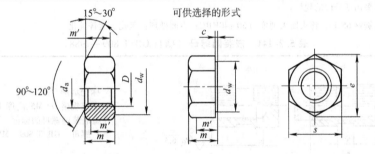

可供选择的形式

标记示例

螺纹规格 D=M12,性能等级为 9 级、6AX 螺纹、表面热浸镀锌,产品等级为 A 级的栓接结构用 2 型六角螺母的标记

螺母 GB/T 18230.7　M12

螺纹规格　D		M10	M12	（M14）	M16
P		1.5	1.75	2	2
c	max	0.6	0.6	0.6	0.8
d_a	min	10	12	14	16
	max	10.8	13	15.1	17.3
d_w	min	14.6	16.6	19.6	22.5
e	min	17.77	20.03	23.35	26.75
m	max	9.3	12	14.1	16.4
	min	8.94	11.57	13.4	15.7
m'	min	7.15	9.26	10.7	12.6
s	max	16	18	21	24
	min	15.73	17.73	20.67	23.67

注：1. 6AX 螺纹保证载荷（性能等级 9）

螺纹规格 D	公称应力截面积 A_s/mm^2	保证应力 S_P/MPa	保证载荷 $A_s \times S_P$/N
M10	58.0	775	45000
M12	84.3	800	67500
M14	115	810	93500
M16	157	810	127500

2. 括号内的规格为第二选择系列。

表 5.2-140　扣紧螺母（摘自 GB 805—1988）　　　　　　　　　　（mm）

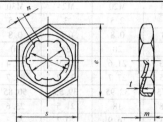

标记示例

螺纹规格 D = M12、材料为 65Mn、热处理硬度 30~40HRC、表面氧化的扣紧螺母的标记

螺母　GB 805　M12

螺纹规格 $D×P$	D max	D min	s max	s min	D_1	n	e	m	t
6×1	5.3	5	10	9.73	7.5		11.5	3	0.4
8×1.25	7.16	6.8	13	12.73	9.5	1	16.2	4	0.5
10×1.5	8.86	8.5	16	15.73	12		19.6	5	0.6
12×1.75	10.73	10.3	18	17.73	14	1.5	21.9		0.7
(14×2)	12.43	12	21	20.67	16	1.5	25.4	6	0.8
16×2	14.43	14	24	23.67	18		27.7		
(18×2.5)	15.93	15.5	27	26.16	20.5		31.2		
20×2.5	17.93	17.5	30	29.16	22.5	2	34.6	7	1
(22×2.5)	20.02	19.5	34	33	25		36.9		
24×3	21.52	21	36	35	27		41.6		
(27×3)	24.52	24	41	40	30	2.5	47.3	9	1.2
30×3.5	27.02	26.5	46	45	34		53.1		
36×4	32.62	32	55	53.8	40		63.5	12	1.4
42×4.5	38.12	37.5	65	63.8	47	3	75		1.8
48×5	43.62	43	75	73.1	54		86.5	14	

注：1. 尽可能不采用括号内的规格。

　　2. 材料：弹簧钢 65Mn，淬火回火硬度为 30~40HRC；表面处理：氧化、镀锌钝化。

表 5.2-141　嵌装圆螺母（摘自 GB/T 809—1988）　　　　　　　（mm）

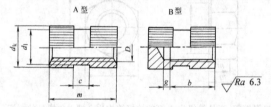

标记示例

螺纹规格 D = M5、高度 10mm、材料为 H62 的 A 型嵌装圆螺母的标记

螺母　GB/T 809　M5×10

螺纹规格 D			M2	M2.5	M3	M4	M5	M6	M8	M10	M12
d_k（滚花前）	max		4	4.5	5	6	8	10	12	15	18
	min		3.82	4.32	4.82	6.82	7.78	9.78	11.73	14.73	17.73
d_1	max		3	3.5	4	5	7	9	10	13	16

公称 m	m min	m max	b max	b min	c	g									
2	1.75	2	—	—	0.6	—									
3	2.75	3	—	—	0.8	—									
4	3.70	4	—	—	1.2	—									
5	4.70	5	—	—	1.2	—									
6	5.70	6	3.24	2.76	2	1.5									
8	7.64	8	4.74	4.26	2	1.5									
10	9.64	10	6.29	5.71	3	1.5									
12	11.57	12	8.29	7.71	3	1.5									
14	13.57	14	10.29	9.71	4	1.5									
16	15.57	16	11.35	10.65	4	1.5									
18	17.57	18	12.35	11.65	4	2.5									
20	19.48	20	14.35	13.65	6	2.5									
25	24.48	25	19.42	18.58	6	2.5									
30	29.48	30	20.42	19.58	6	2.5									

注：1. 粗折线为 A 型的选用范围；虚折线为 B 型的选用范围。

　　2. 技术条件

　　　　螺纹按 6H 制造（GB/T 196、GB/T 197）。

　　　　直纹滚花按 GB/T 6403.3 的规定。

　　　　经供需双方协议，允许制造六角嵌装螺母。

　　　　经供需双方协议，对 B 型允许制成组合结构的形式。

表 5.2-142　钢结构用扭剪型高强度螺栓连接副（摘自 GB/T 3632—2008）　（mm）

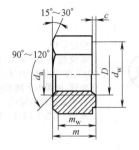 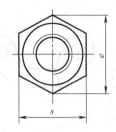

标记示例
　螺纹规格 D=M20、性能等级为 10S 级、表面防锈处理的钢结构用扭剪型高强度螺母
　螺母　GB/T 3632　M20

螺纹规格 D		M16	M20	(M22)	M24	(M27)	M30
P		2	2.5	2.5	3	3	3.5
d	max	17.3	21.6	23.8	25.9	29.1	32.4
	min	16	20	22	24	27	30
d_w	min	24.9	31.4	33.3	38.0	42.8	46.5
e	min	29.56	37.29	39.55	45.20	50.85	55.37
m	max	17.1	20.7	23.6	24.2	27.6	30.7
	min	16.4	19.4	22.3	22.9	26.3	29.1
m_w	min	11.5	13.6	15.6	16.0	18.4	20.4
c	max	0.8	0.8	0.8	0.8	0.8	0.8
	min	0.4	0.4	0.4	0.4	0.4	0.4
s	max	27	34	36	41	46	50
	min	26.16	33	35	40	45	49
支承面对螺纹轴线的全跳动公差		0.38	0.47	0.50	0.57	0.64	0.70

注：括号内的规格为第二选择系列。

表 5.2-143　钢结构用高强度大六角螺母（摘自 GB/T 1229—2006）　（mm）

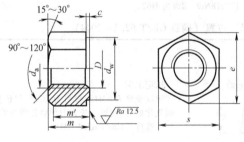

标记示例
　螺纹规格 D=M20、性能等级为 10H 级的钢结构用高强度大六角螺母的标记
　螺母　GB/T 1229　M20
　螺纹规格 D=M20、性能等级为 8H 级的钢结构用高强度大六角螺母的标记
　螺母　GB/T 1229　M20-8H

螺纹规格 D		N12	M16	M20	(M22)	M24	(M27)	M30
P		1.75	2	2.5	2.5	3	3	3.5
d_a	max	13	17.3	21.6	23.8	25.9	29.1	32.4
	min	12	16	20	22	24	27	30
d_w	min	19.2	24.9	31.4	33.3	38.0	42.8	46.5
e	min	22.78	29.56	37.29	39.55	45.20	50.85	55.37
m	max	12.3	17.1	20.7	23.6	24.2	27.6	30.7
	min	11.87	16.4	19.4	22.3	22.9	26.3	29.1
m'	min	8.3	11.5	13.6	15.6	16.0	18.4	20.4
c	max	0.8	0.8	0.8	0.8	0.8	0.8	0.8
	min	0.4	0.4	0.4	0.4	0.4	0.4	0.4
s	max	21	27	34	36	41	46	50
	min	20.16	26.16	33	35	40	45	49
支承面对螺纹轴线的垂直度公差		0.29	0.38	0.47	0.50	0.57	0.64	0.70
每1000个钢螺母的理论质量/kg		27.68	61.51	118.77	146.59	202.67	288.51	374.01

注：括号内的规格为第二选择系列。

表 5.2-144　蝶形螺母　圆翼（摘自 GB/T 62.1—2004）　　　　　　　（mm）

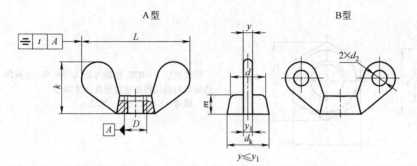

A型　　　　　　　　B型

标记示例
螺纹规格 D = M10、材料为 Q215、保证扭矩为 I 级、表面氧化处理、两翼为半圆形的 A 型螺形锁紧螺母的标记
螺母　GB/T 62.1　M10

螺纹规格 D	d_k min	d ≈	L		k		m min	y max	y_1 max	d_2 max	t max
M2	4	3	12		6		2	2.5	3	2	0.3
M2.5	5	4	16		8		3	2.5	3	2.5	0.3
M3	5	4	16	±1.5	8		3	2.5	3	3	0.4
M4	7	6	20		10		4	3	4	4	0.4
M5	8.5	7	25		12	±1.5	5	3.5	4.5	4	0.5
M6	10.5	9	32		16		6	4	5	5	0.5
M8	14	12	40		20		8	4.5	5.5	6	0.6
M10	18	15	50		25		10	5.5	6.5	7	0.7
M12	22	18	60	±2	30		12	7	8	8	1
(M14)	26	22	70		35		14	8	9	9	1.1
M16	26	22	70		35		14	8	9	10	1.2
(M18)	30	25	80		40	±2	16	8	10	10	1.4
M20	34	28	90		45		18	9	11	11	1.5
(M22)	38	32	100	±2.5	50		20	10	12	11	1.6
M24	43	36	112		56		22	11	13	12	1.8

注：1. 尽可能不采用括号内的规格。
　　2. 材料：保证扭矩 I 级为 Q215、Q235、KT30-6、12Cr18Ni9，II 级为 H62。

表 5.2-145　蝶形螺母　方翼（摘自 GB/T 62.2—2004）　　　　　　　（mm）

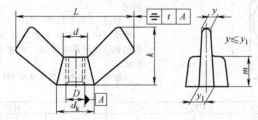

标记示例
螺纹规格 D = M10、材料为 Q215、保证扭矩为 1 级、表面氧化处理、两翼为长方形的蝶形螺母的标记
螺母　GB/T 62.2　M10

螺纹规格 D	d_k min	d ≈	L		k		m min	y max	y_1 max	t max
M3	6.5	4	17		9		3	3	4	0.4
M4	6.5	4	17		9		3	3	4	0.4
M5	8	6	21	±1.5	11		4	3.5	4.5	0.5
M6	10	7	27		13	±1.5	4.5	4	5	0.5
M8	13	10	31		16		6	4.5	5.5	0.6
M10	16	12	36		18		7.5	5.5	6.5	0.7
M12	20	16	48		23		9	7	8	1
(M14)	20	16	48	±2	23		9	7	8	1.1
M16	27	22	68		35		12	8	9	1.2
(M18)	27	22	68		35	±2	12	8	9	1.4
M20	27	22	68		35		12	8	9	1.5

注：1. 尽可能不采用括号内的规格。
　　2. 材料：保证扭矩 I 级为 Q215、Q235、KT30-6、12Cr18Ni9，II 级为 H62。

表 5.2-146 蝶形螺母 冲压（摘自 GB/T 62.3—2004） （mm）

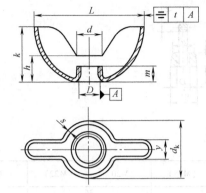

标记示例

螺纹规格 D＝M5、材料为 Q215、保证扭矩为Ⅱ级，经表面氧化处理、用钢板冲压制成的 A 形蝶型螺母的标记

螺母 GB/T 62.3 M5

螺纹规格 D	d_k max	d ≈	L	k	h ≈	y max	A 型（高型）		B 型（低型）			t max
							m	S	m	S		
M3	10	5	16	6.5	2	4	3.5		1.4			0.4
M4	12	6	19	8.5	2.5	5	4	±0.5	1.6	±0.3	0.8	0.4
M5	13	7	22	9	3	5.5	4.5		1.8			0.5
M6	15	9	25	±1	9.5	3.5	6	2.4	±0.4	1	0.5
M8	17	10	28	11	5	7	6	±0.8	3.1			0.6
M10	20	12	35	±1.5	12	6	8	1.2	±0.5	1.2	0.7

注：材料：保证扭矩 A 型Ⅱ级、B 型Ⅲ级均为 Q215、Q235。

表 5.2-147 蝶形螺母 压铸（摘自 GB/T 62.4—2004） （mm）

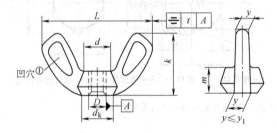

凹穴①

① 有无凹穴及其形式与尺寸，由制造者确定。

标记示例

螺纹规格 D＝M5、材料为 ZZnAlD4-3、保证扭矩为Ⅱ级、不经表面处理、用锌合金压铸制成的蝶形螺母的标记

螺母 GB/T 62.4 M5

螺纹规格 D	d_k max	d ≈	L	k	m min	y max	y_1 max	t max
M3	5	4	16	8.5	2.4	2.5	3	0.4
M4	7	6	21	11	3.2	3	4	0.4
M5	8.5	7	21	11	4	3.5	4.5	0.5
M6	10.5	9	23	±1.5	14	5	4	5	0.5
M8	13	10	30	16	6.5	4.5	5.5	0.6
M10	16	12	37	±2	19	8	5.5	6.5	0.7

注：材料：保证扭矩Ⅱ级为锌合金 ZZnAlD4-3。

表 5.2-148　环形螺母（摘自 GB/T 63—1988）　　　　　　　　（mm）

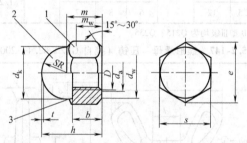

$b \approx d_k$

标记示例

螺纹规格 D＝M16、材料 ZCuZn40Mn2、不经表面处理的环形螺母的标记

　　螺母　GB/T 63　M16

螺纹规格 D (6H)	M12	(M14)	M16	(M18)	M20	(M22)	M24
d_k	24		30		36		46
d	20		26		30		38
m	15		18		22		26
k	52		60		72		84
l	66		76		86		98
d_1	10		12		13		14
R	6				8		10
材　料	ZCuZn40Mn2						

注：尽可能不采用括号内的规格。

表 5.2-149　组合式盖形螺母（摘自 GB/T 802.1—2008）　　　　　（mm）

1—螺母体　2—螺母盖　3—铆合部位,形状由制造者任选

标记示例

螺纹规格 D＝M12、性能等级为 6 级、表面氧化处理的组合式盖形螺母的标记

　　螺母　GB/T 802.1　M12

螺纹规格 D[1]	第 1 系列	M4	M5	M6	M8	M10	M12
	第 2 系列	—	—	—	M8×1	M10×1	M12×1.5
	第 3 系列	—	—	—	—	M10×1.25	M12×1.25
P[2]		0.7	0.8	1	1.25	1.5	1.75
d_a	max	4.6	5.75	6.75	8.75	10.8	13
	min	4	5	6	8	10	12
d_k	≈	6.2	7.2	9.2	13	16	18
d_w	min	5.9	6.9	8.9	11.6	14.6	16.6
e	min	7.66	8.79	11.05	14.38	17.77	20.03
h	max＝公称	7	9	11	15	18	22
m	≈	4.5	5.5	6.5	8	10	12
b	≈	2.5	4	5	6	8	10
m_w	min	3.6	4.4	5.2	6.4	8	9.6
SR	≈	3.2	3.6	4.6	6.5	8	9
s	公称	7	8	10	13	16	18
	min	6.78	7.78	9.78	12.73	15.73	17.73
t	≈	0.5	0.5	0.8	0.8	0.8	1

（续）

螺纹规格 D①		(M14)	M16	(M18)	M20	(M22)	M24
	第 1 系列	(M14)	M16	(M18)	M20	(M22)	M24
	第 2 系列	(M14×1.5)	M16×1.5	(M18×1.5)	M20×2	(M22×1.5)	M24×2
	第 3 系列	—	—	(M18×2)	M20×1.5	(M22×2)	—
P②		2	2	2.5	2.5	2.5	3
d_a	max	15.1	17.3	19.5	21.6	23.7	25.9
	min	14	16	18	20	22	24
d_k	≈	20	22	25	28	30	34
d_w	min	19.6	22.5	24.9	27.7	31.4	33.3
e	min	23.35	26.75	29.56	32.95	37.29	39.55
h	max = 公称	24	26	30	35	38	40
m	≈	13	15	17	19	21	22
b	≈	11	13	14	16	18	19
m_w	min	10.4	12	13.6	15.2	16.8	17.6
SR	≈	10	11.5	12.5	14	15	17
s	公称	21	24	27	30	34	36
	min	20.67	23.67	26.16	29.16	33	35
t	≈	1	1	1.2	1.2	1.2	1.2

① 尽可能不采用括号内的规格；按螺纹规格第 1 至第 3 系列，依次优先选用。

② P—粗牙螺纹螺距。

表 5.2-150　滚花高螺母（摘自 GB/T 806—1988）**和滚花薄螺母**（摘自 GB/T 807—1988）　（mm）

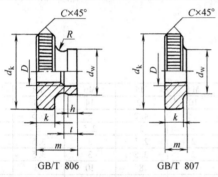

GB/T 806　　GB/T 807

标记示例

螺纹规格 D = M5、性能等级为 5 级、不经表面处理的滚花高螺母和滚花薄螺母分别标记为

螺母　GB/T 806　M5

螺母　GB/T 807　M5

螺纹规格	D(6H)	M1.4	M1.6	M2	M2.5	M3	M4	M5	M6	M8	M10
d_k	max	6	7	8	9	11	12	16	20	24	30
（滚花前）	min	5.78	6.78	7.78	8.78	10.73	11.73	15.73	19.67	23.67	29.67
d_w	max	3.5	4	4.5	5	6	8	10	12	16	20
	min	3.2	3.7	4.2	4.7	5.7	7.64	9.64	11.57	15.57	19.48
C		0.2				0.3		0.5		0.8	
GB/T 806	m max	—	4.7	5	5.5	7	8	10	12	16	20
	k	—	2	2	2.2	2.8	3	4	5	6	8
	t max	—	1.5		2		2.5	3	4	5	6.5
	R min	—	1.25		1.5		2	2.5	3	4	5
	h	—	0.8		1		1.2	1.5	2	2.5	3	3.8
	d_1	—	3.6	3.8	4.4	5.2	6.4	9	11	13	17.5
GB/T 807	m max	—	2		2.5		3	4	5	6	8
	k	1.5		2		2.5		3.5	4	5	6

表 5.2-151　C 级方螺母（摘自 GB/T 39—1988）　（mm）

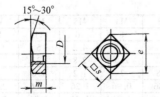

标记示例

螺纹规格 D = M16、性能等级为 5 级、不经表面处理、C 级方螺母的标记

螺母　GB/T 39　M12

螺纹规格	D(7H)	M3	M4	M5	M6	M8	M10	M12	(M14)	M16	(M18)	M20	(M22)	M24
s	max	5.5	7	8	10	13	16	18	21	24	27	30	34	36

（续）

螺纹规格	D(7H)	M3	M4	M5	M6	M8	M10	M12	(M14)	M16	(M18)	M20	(M22)	M24
s	min	5.2	6.64	7.64	9.64	12.57	15.57	17.57	20.16	23.16	26.16	29.16	33	35
m	max	2.4	3.2	4	5	6.5	8	10	11	13	15	16	18	19
	min	1.4	2	2.8	3.8	5	6.5	8.5	9.2	11.2	13.2	14.2	16.2	16.9
e	min	6.76	8.63	9.93	12.53	16.34	20.24	22.84	26.21	30.11	34.01	37.91	42.9	45.5

注：尽可能不采用括号内的规格。

表 5.2-152 端面带孔圆螺母（摘自 GB/T 815—1988）和侧面带孔圆螺母（摘自 GB/T 816—1988）

（mm）

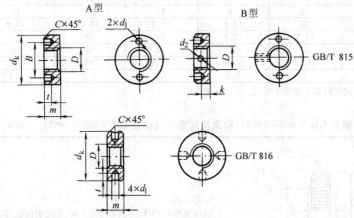

标记示例
螺纹规格 D = M5、材料为 Q235、不经表面处理的 A 型端面带孔圆螺母的标记
螺母 GB/T 815 M5

螺纹规格	D(6H)	M2	M2.5	M3	M4	M5	M6	M8	M10
d_k	max	5.5	7	8	10	12	14	18	22
m	max	2	2.2	2.5	3.5	4.2	5	6.5	8
d_1		1	1.2	1.5		2	2.5	3	3.5
t	GB/T 815	2	2.2	1.5	2	2.5	3	3.5	4
	GB/T 816	1.2		1.5	2	2.5	3	3.5	4
B		4	5	5.5	7	8	10	13	15
k		1	1.1	1.3	1.8	2.1	2.5	3.3	4
d_2		M1.2	M1.4	M2	M1.4	M2	M2.5	M3	M3
垂直度 δ		按 GB/T 3103.1 中 11.2 对 A 级产品的规定							
材料		Q235							
表面处理		1) 不经表面处理; 2) 氧化; 3) 镀锌钝化							

表 5.2-153 带槽圆螺母（摘自 GB/T 817—1988）   （mm）

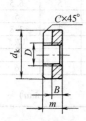

标记示例
螺纹规格 D = M5、材料为 Q235、不经表面处理的 A 型带槽圆螺母的标记
螺母 GB/T 817 M5

螺纹规格	D(6H)	M1.4	M1.6	M2	M2.5	M3	M4	M5	M6	M8	M10	M12
d_k	max	3	4	1.5	5.5	6	8	10	11	14	18	22
m	max	1.6	2	2.2	2.5	3	3.5	4.2	5	6.5	8	10
B	max	1.1	1.2	1.4	1.6	2	2.5	2.8	3	4	5	6
n	公称	0.4		0.5	0.6	0.8	1	1.2	1.6	2	2.5	3
	min	0.46		0.56	0.66	0.86	0.96	1.26	1.66	2.06	2.56	3.06
	max	0.6		0.7	0.8	1	1.31	1.51	1.91	2.31	2.81	3.31
K		—		1.1	1.3	1.8	2.1	2.5	3.3	4	5	
C		0.1		0.2		0.3	0.4		0.5		0.8	

（续）

螺纹规格 D(6H)	M1.4	M1.6	M2	M2.5	M3	M4	M5	M6	M8	M10	M12
d_2		—		M1.4				M2		M3	M4
垂直度 δ	按 GB/T 3103.1 中 11.2 对 A 级产品的规定										
材　料	Q235										
表面处理	1)不经表面处理;2)氧化;3)镀锌钝化										

表 5.2-154　小圆螺母（摘自 GB/T 810—1988）　　　　　　　　（mm）

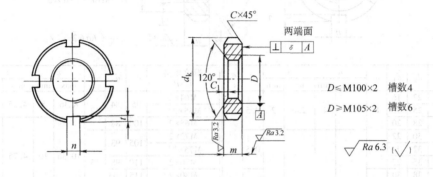

$D \leqslant M100\times2$　槽数4
$D \geqslant M105\times2$　槽数6

螺纹规格 $D\times P$	M10×1	M12×1.25	M14×1.5	M16×1.5	M18×1.5	M20×1.5	M22×1.5	M24×1.5	M27×1.5	M30×1.5	M33×1.5	M36×1.5	M39×1.5	M42×1.5
d_k	20	22	25	28	30	32	35	38	42	45	48	52	55	58
m	6						8							
n max	4.3				5.30					6.30				
n min	4				5					6				
t max	2.6				3.10					3.60				
t min	2				2.5					3				
C	0.5						1							
C_1	0.5													

螺纹规格 $D\times P$	M45×1.5	M48×1.5	M52×1.5	M56×2	M60×2	M64×2	M68×2	M72×2	M76×2	M80×2	M85×2	M90×2	M95×2	M100×2
d_k	62	68	72	78	80	85	90	95	100	105	110	115	120	125
m	8		10							12				
n max	6.3			8.36						10.36				12.43
n min	6			8						10				12
t max	3.6			4.25						4.75				5.75
t min	3			3.5						4				5
C	1								1.5					
C_1	0.5			1										

螺纹规格 $D\times P$	M105×2	M110×2	M115×2	M120×2	M125×2	M130×2	M140×2	M150×2	M160×3	M170×3	M180×3	M190×3	M200×3
d_k	130	135	140	145	150	160	170	180	195	205	220	230	240
m	15				18				22				
n max	12.43				14.43				16.43				
n min	12				14				16				
t max	5.75				6.75				7.90				
t min	5				6				7				
C	1.5						2						
C_1	1						1.5						

表 5.2-155　圆螺母（摘自 GB/T 812—1988）　　　（mm）

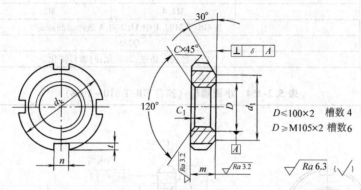

$D \leqslant 100 \times 2$　槽数 4
$D \geqslant \mathrm{M}105 \times 2$　槽数 6

螺纹规格 $D \times P$	d_k	d_1	m	n max	n min	t max	t min	C	C_1
M10×1	22	16							
M12×1.25	25	19	8	4.3	4	2.6	2	0.5	
M14×1.5	28	20							
M16×1.5	30	22							
M18×1.5	32	24						0.5	
M20×1.5	35	27							
M22×1.5	38	30		5.3	5	3.1	2.5		
M24×1.5	42	34							
M25×1.5①	42	34							
M27×1.5	45	37						1	0.5
M30×1.5	48	40							
M33×1.5	52	43	10						
M35×1.5①	52	43							
M36×1.5	55	46							
M39×1.5	58	49		6.3	6	3.6	3		
M40×1.5①	58	49							
M42×1.5	62	53							
M45×1.5	68	59							
M48×1.5	72	61						1.5	
M50×1.5①	72	61							
M52×1.5	78	67	12						
M55×2*	78	67		8.36	8	4.25	3.5	1	
M56×2	85	74							
M60×2	90	79							
M64×2	95	84	12	8.36	8	4.25	3.5		
M65×2①	95	84							
M68×2	100	88							
M72×2	105	93	15	10.36	10	4.75	4		
M75×2①	105	93							
M76×2	110	98							
M80×2	115	103							
M85×2	120	108							
M90×2	125	112	18	12.43	12	5.75	5	1.5	1
M95×2	130	117							
M100×2	135	122							
M105×2	140	127							
M110×2	150	135							
M115×2	155	140							
M120×2	160	145	22	14.43	14	6.75	6		
M125×2	165	150							
M130×2	170	155							
M140×2	180	165							
M150×2	200	180	26						
M160×3	210	190							
M170×3	220	200		16.43	16	7.9	7	2	1.5
M180×3	230	210							
M190×3	240	220	30						
M200×3	250	230							

① 仅用于滚动轴承锁紧装置。

表 5.2-156　带锁紧槽圆螺母　　　（mm）

材料:45
热处理: 扳手孔 d_1 C42

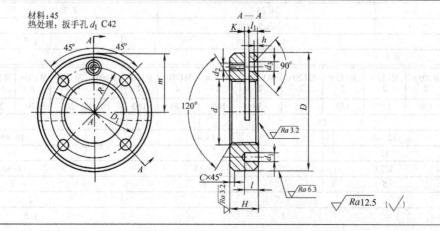

（续）

d	D	D_1 公称尺寸	D_1 允差	H 公称尺寸	H 允差	d_1 公称尺寸	d_1 允差	d_2	d_3	R	l	h 公称尺寸	h 允差	l_1	K	m	C	螺钉 GB/T 68 —2016
M10×1	22	16	+0.12	6	-0.30	3	+0.25	M2	2.6	8	3	1.2	-0.3	1.2	1.5	15	0.2	M2×4
M12×1.25	25	18								9								
M16×1.5	30	22	+0.14	8		3.5	+0.25	M3	3.6	11.5	4	1.5	-0.3	1.5	1.5	20	0.5	M3×6
M18×1.5	32	24								12.5								
M20×1.5	35	27								13.5								
(M22×1.5)	38	30				4				15						25		
M24×1.5	42	34	+0.17	10	-0.36			M4	4.8	16.5	5	2		2				M4×8
(M27×1.5)	45									18						30		
M30×1.5	48	38				4.5				19.5								
(M33×1.5)	52	42					+0.30			20.5	6				2	35		
M36×1.5	55	46						M5	6	23		2.5		3				M5×8
(M39×1.5)	58									24.5						40		
M42×1.5	62	54				5.5				26			-0.4					
(M45×1.5)	68									28.5						45	1	
M48×1.5	72	62	+0.20	12				M6	7	30	7	3		4				M6×10
(M52×1.5)	78					6.5				32.5						50		
M56×2	85	72								35.5								
(M60×2)	90					7.5				38						55		
M64×2	95	80								40	8							
(M68×2)	100									42						60		M6×12
M72×2	105	90		15	-0.43					44				5	3			
(M76×2)	110					9	+0.36			46.5								M8×12
M80×2	115	100								49								
(M85×2)	120		+0.23					M8	9	51	10	4	-0.5				1.5	
M90×2	125	110		18						54						65		
(M95×2)	130									56.5				6				M8×15
M100×2	135	120								59						70		

注：1. 括号内的规格尽量不用。

　　2. 表面发蓝处理。

5.4　螺钉（见表 5.2-157～表 5.2-181）

表 5.2-157　开槽圆柱头螺钉（摘自 GB/T 65—2016）、开槽盘头螺钉（摘自 GB/T 67—2016）、开槽沉头螺钉（摘自 GB/T 68—2016）、开槽半沉头螺钉（摘自 GB/T 69—2016）　（mm）

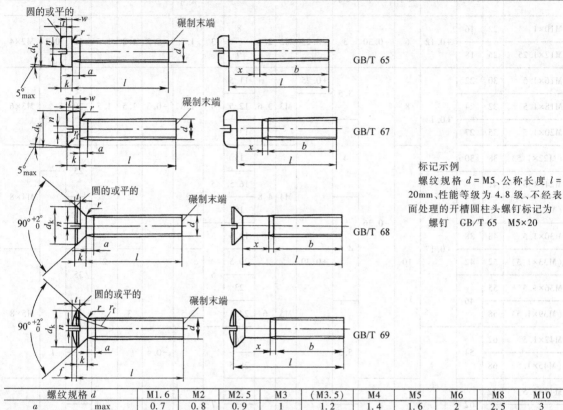

标记示例

螺纹规格 d = M5、公称长度 l = 20mm、性能等级为 4.8 级、不经表面处理的开槽圆柱头螺钉标记为

螺钉　GB/T 65　M5×20

螺纹规格 d		M1.6	M2	M2.5	M3	(M3.5)	M4	M5	M6	M8	M10
a	max	0.7	0.8	0.9	1	1.2	1.4	1.6	2	2.5	3
b	min	25					38				
n	公称	0.4	0.5	0.6	0.8	1	1.2	1.2	1.6	2	2.5
x	max	0.9	1	1.1	1.25	1.5	1.75	2	2.5	3.2	3.8
d_k	max										
	GB/T 65	3.00	3.80	4.50	5.50	6	7	8.5	10	13	16
	GB/T 67	3.2	4	5	5.6	7	8	9.5	12	16	20
	GB/T 68 GB/T 69	3	3.8	4.7	5.5	7.3	8.4	9.3	11.3	15.8	18.3
k	max										
	GB/T 65	1.10	1.40	1.80	2.00	2.4	2.6	3.3	3.9	5	6
	GB/T 67	1	1.3	1.5	1.8	2.1	2.4	3	3.6	4.8	6
	GB/T 68 GB/T 69	1	1.2	1.5	1.65	2.35	2.7		3.3	4.65	5
t	min										
	GB/T 65	0.45	0.6	0.7	0.85	1	1.1	1.3	1.6	2	2.4
	GB/T 67	0.35	0.5	0.6	0.7	0.8	1	1.2	1.4	1.9	2.4
	GB/T 68	0.32	0.4	0.5	0.6	0.9	1	1.1	1.2	1.8	2
	GB/T 69	0.64	0.8	1	1.2	1.4	1.6	2	2.4	3.2	3.8
r	min	GB/T65 GB/T67		0.1			0.2		0.25	0.4	
r	max	GB/T 68 GB/T 69									
		0.4	0.5	0.6	0.8	0.9	1	1.3	1.5	2	2.5
r_f	参考	GB/T67	0.5	0.6	0.8	0.9	1	1.2	1.5	1.8	2.4	3
r_f	≈	GB/T69	3	4	5	6	8.5	9.5	9.5	12	16.5	19.5
f		GB/T 69	0.4	0.5	0.6	0.7	0.8	1	1.2	1.4	2	2.3
w	min	GB/T 65	0.4	0.5	0.7	0.75	1	1.1	1.3	1.6	2	2.4
		GB/T 67	0.3	0.4	0.5	0.7	0.8	1	1.2	1.4	1.9	2.4
l[①] 长度范围	GB/T 65	2~16	3~20	3~25	4~30	5~35	5~40	6~50	8~60	10~80	12~80
	GB/T 67	2~16	2.5~20	3~25	4~30	5~35	5~40	6~50	8~60	10~80	12~80

（续）

螺纹规格 d		M1.6	M2	M2.5	M3	(M3.5)	M4	M5	M6	M8	M10
$l^{①}$ 长度范围	GB/T 68 GB/T 69	2.5~16	3~20	4~25	5~30	6~35	6~40	8~50	8~60	10~80	12~80
性能等级	钢	按协议					4.8、5.8				
	不锈钢	A2-50、A2-70									
	有色金属	按协议				Cu2、Cu3、AL4					
表面处理	钢	1)不经处理;2)电镀;3)非电解涂层;4)按协议									
	不锈钢	1)简单处理;2)钝化处理									
	有色金属	1)简单处理;2)电镀									

① 长度系列为（单位为 mm）：3、4、5、6~12（2 进位）（14）、16、20~50（5 进位）、（55）、60、（65）、70、（75）、80。

表 5.2-158　十字槽盘头螺钉（摘自 GB/T 818—2016）、**十字槽沉头螺钉**（摘自 GB/T 819.1—2016）、
十字槽半沉头螺钉（摘自 GB/T 820—2015）、**十字槽圆柱头螺钉**（摘自 GB/T 822—2016）、
十字槽小盘头螺钉（摘自 GB/T 823—2016）　　　　　　　　　　　　（mm）

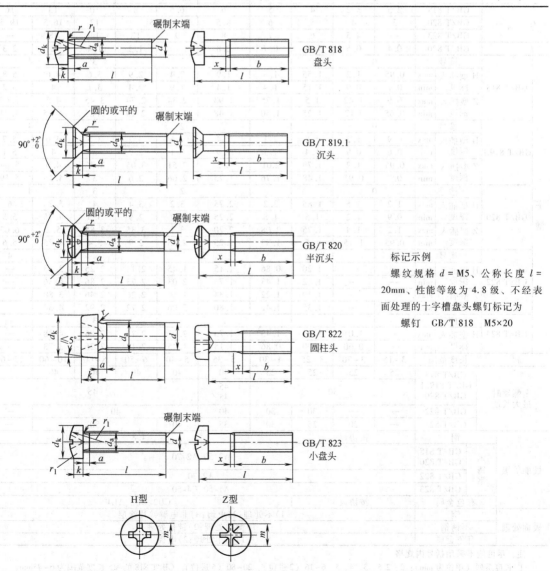

标记示例
螺纹规格 d = M5、公称长度 l = 20mm、性能等级为 4.8 级、不经表面处理的十字槽盘头螺钉标记为
　　螺钉　GB/T 818　M5×20

（续）

螺纹规格	d		M1.6	M2	M2.5	M3	(M3.5)	M4	M5	M6	M8	M10
a	max		0.7	0.8	0.9	1	1.2	1.4	1.6	2	2.5	3
b	min		25					38				
d_a	max		2.0	2.6	3.1	3.6	4.1	4.7	5.7	6.8	9.2	11.2
x	max		0.9	1	1.1	1.25	1.5	1.75	2	2.5	3.2	3.8
d_k　max		GB/T 818	3.2	4	5	5.6	7	8	9.5	12	16	20
		GB/T 819 GB/T 820	3	3.8	4.7	5.5	7.3	8.4	9.3	11.3	15.8	18.3
		GB/T 822	—	—	4.5	5	6	7	8.5	10	13.0	—
		GB/T 823	—	3.5	4.5	5.5	6	7	9	10.5	14	—
k　max		GB/T 818	1.3	1.6	2.1	2.4	2.6	3.1	3.7	4.6	6	7.5
		GB/T 819 GB/T 820	1	1.2	1.5	1.65	2.35	2.7		3.3	4.65	5
		GB/T 822	—	—	1.8	2.0	2.4	2.6	3.3	3.9	5	—
		GB/T 823	—	1.4	1.8	2.15	2.45	2.75	3.45	4.1	5.4	—
r　min		GB/T 818	0.1					0.2		0.25	0.4	
		GB/T 822	—	—	0.1			0.2		0.25	0.4	—
		GB/T 823	0.1					0.2		0.25	0.4	
r　max		GB/T 819 GB/T 820	0.4	0.5	0.6	0.8	0.9	1	1.3	1.5	2	2.5
r_f　≈		GB/T 818	2.5	3.2	4	5	6	6.5	8	10	13	16
		GB/T 820	3	4	5	6	8.5	9.5		12	16.5	19.5
		GB/T 823	—	4.5	6	7	8	9	12	14	18	—
f		GB/T 820	0.4	0.5	0.6	0.7	0.8	1	1.2	1.4	2	2.3

十字槽				M1.6	M2	M2.5	M3	(M3.5)	M4	M5	M6	M8	M10
	GB/T 818	槽号		0		1			2		3	4	
		H 型插入深度	max	0.95	1.2	1.55	1.8	1.9	2.4	2.9	3.6	4.6	5.8
			min	0.7	0.9	1.15	1.4	1.4	1.9	2.4	3.1	4	5.2
		Z 型插入深度	max	0.9	1.42	1.5	1.75	1.93	2.34	2.74	3.45	4.5	5.69
			min	0.65	1.17	1.25	1.50	1.48	1.89	2.29	3.03	4.05	5.24
	GB/T 819.1	槽号		0		1			2		3	4	
		H 型插入深度	max	0.9	1.2	1.8	2.1	2.4	2.6	3.2	3.6	4.6	5.7
			min	0.6	0.9	1.4	1.7	1.9	2.1	2.7	3	4	5.1
		Z 型插入深度	max	0.95	1.2	1.73	2.01	2.2	2.51	3.05	3.45	4.6	5.64
			min	0.7	0.95	1.48	1.76	1.75	2.06	2.6	3	4.15	5.19
	GB/T 820	槽号		0		1			2		3	4	
		H 型插入深度	max	1.2	1.5	1.85	2.2	2.75	3.2	3.4	4	5.25	6
			min	0.9	1.2	1.5	1.8	2.25	2.7	2.9	3.5	4.75	5.5
		Z 型插入深度	max	1.2	1.4	1.75	2.08	2.70	3.1	3.35	3.85	5.2	6.05
			min	0.95	1.15	1.5	1.83	2.25	2.65	2.9	3.4	4.75	5.6
	GB/T 822	槽号		—	1		2				3	4	
		H 型插入深度	max	—	—	1.20	0.86	1.15	1.45	2.14	2.25	3.73	—
			min	—	—	1.62	1.43	1.73	2.03	2.73	2.86	4.36	—
		Z 型插入深度	max	—	—	1.10	1.22	1.34	1.60	2.26	2.46	3.88	—
			min	—	—	1.35	1.42	1.80	2.06	2.72	2.92	4.34	—
	GB/T 823	槽号		—	1		2			3			
		H 型插入深度	max	—	1.01	1.42	1.43	1.73	2.03	2.73	2.86	4.38	—
			min	—	0.60	1.00	0.86	1.15	1.45	2.14	2.26	3.73	—

l[①]	长度范围		3~16	3~20	3~25	4~30	5~35	5~40	6~50	8~60	10~60	12~60
全螺纹时最大长度	GB/T 818		25	25	25	25	40	40	40	40	40	
	GB/T 819.1 GB/T 820		30				45 45			45		
	GB/T 822		—	—	30	30	40	40			—	
	GB/T 823		—	20	25	30	35	40	50			—

性能等级	钢		按协议					4.8				
	不锈钢	GB/T 818 GB/T 820	A2-50、A2-70									
		GB/T 822	A2-70									
		GB/T 823	A1-50、C4-50									
	有色金属		按协议				CU2、CU3、AL4					
表面处理	钢		1)不处理；2)电镀；3)非电解锌片涂层									
	不锈钢		1)简单处理；2)钝化处理									
	有色金属		1)简单处理；2)电镀									

注：尽可能不采用括号内规格。

① 长度系列（单位为 mm）：2、2.5、3、4、5、6~16（2 进位）、20~80（5 进位）。GB/T 818 的 M5 长度范围为 6~45mm。

表 5.2-159　十字槽沉头螺钉（摘自 GB/T 819.2—2016）　　　　（mm）

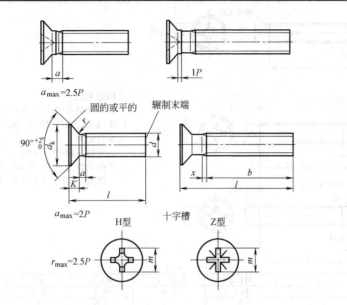

标记示例

螺纹规格 d＝M5、公称长度 l＝20mm、性能等级为 8.8 级、H 型十字槽,其插入深度由制造者任选的系列 1 或系列 2、由制造者任选,不经表面处理的十字槽沉头螺钉标记为

　　螺钉　GB/T 819.2　M5×20

如需要指定插入深度系列时,应在标记中标明十字槽形式及系列数如 H 型,系列 1 的标记:

　　螺钉　GB/T 819.2　M5×20-H1

螺纹规格	d		M2	M2.5	M3	(M3.5)	M4	M5	M6	M8	M10
b	min		25			38					
x	max		1	1.1	1.25	1.5	1.75	2	2.5	3.2	3.8
d_k	max		4.4	5.5	6.3	8.2	9.4	10.4	12.6	17.3	20
K	max		1.2	1.5	1.65	2.35	2.7		3.3	4.65	5
r	max		0.5	0.6	0.8	0.9	1	1.3	1.5	2	2.5
十字槽	系列 1（深的）	槽号	0	1			2		3	4	
		H 型插入深度 max	1.2	1.8	2.1	2.4	2.6	3.2	3.5	4.6	5.7
		H 型插入深度 min	0.9	1.4	1.7	1.9	2.1	2.7	3	4	5.1
		Z 型插入深度 max	1.2	1.73	2.01	2.20	2.51	3.05	3.45	4.60	5.64
		Z 型插入深度 min	0.95	1.48	1.76	1.75	2.06	2.60	3.00	4.15	5.19
	系列 2（浅的）	槽号	0	1			2		3	4	
		H 型插入深度 max	1.2	1.55	1.8	2.1	2.6	2.8	3.3	4.4	5.3
		H 型插入深度 min	0.9	1.25	1.4	1.6	2.1	2.3	2.8	3.9	4.8
		Z 型插入深度 max	1.2	1.47	1.83	2.05	2.51	2.72	3.18	4.32	5.23
		Z 型插入深度 min	0.95	1.22	1.48	1.61	2.06	2.27	2.73	3.87	4.78
l[1]	长度范围		3~20	3~25	4~30	5~35	5~40	6~50	8~60	10~60	12~60
性能等级	钢		8.8								
	不锈钢		A2-70								
	有色金属		CU2、CU3								
表面处理	钢		1)不经处理;2)电镀;3)非电解镀锌片涂层								
	不锈钢		1)简单处理;2)钝化处理								
	有色金属		1)简单处理;2)电镀								

注:尽可能不采用括号内规格。

① 长度系列（单位为 mm）:2、2.5、3、4、5、6~16（2 进位）、20~80（5 进位）。GB/T 818 的 M5 长度范围为 6~45mm。

表 5.2-160　精密机械用十字槽螺钉（摘自 GB/T 13806.1—1992）　　　　　（mm）

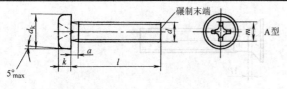

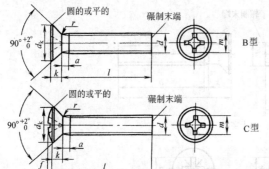

标记示例

螺纹规格 d = M1.6、公称长度 l = 2.5mm、产品等级为 F 级、不经表面处理、用 Q215 制造的 A 型十字槽圆柱头螺钉记为

螺钉　GB/T 13806.1　M1.6×2.5

产品等级为 A 级、用 H68 制造，B 型，其余同上记为

螺钉　GB/T 13806.1　BM1.6×2.5-AH68

螺纹规格	d		M1.2	(M1.4)	M1.6	M2	M2.5	M3
a		max	0.5	0.6	0.7	0.8	0.9	1
d_k	max	A 型	2	2.3	2.6	3	3.8	5
		B 型	2	2.35	2.7	3.1	3.8	5.5
		C 型	2.2	2.5	2.8	3.5	4.3	5.5
k	max	A 型	0.55			0.7	0.9	1.4
		B、C 型	0.7		0.8	0.9	1.1	1.4
H 型十字槽	插入深度	槽号	0				1	
		A 型 min	0.20	0.25	0.28	0.30	0.40	0.85
		A 型 max	0.32	0.35	0.40	0.45	0.60	1.10
		B 型 min	0.5		0.6	0.7	0.8	1.1
		B 型 max	0.7		0.8	0.9	1.1	1.4
		C 型 min	0.7		0.8	0.9	1.1	1.2
		C 型 max	0.9		1.0	1.1	1.4	1.5
l[①] 长度范围			1.6~4	1.8~5	2~6	2.5~8	3~10	4~10
材料			钢:Q215;铜:H68、HPb59-1					
表面处理			1) 不经表面处理;2) 氧化;3) 镀锌钝化					

注：尽可能不采用括号内规格。

① 长度系列（单位为 mm）：1.6、(1.8)、2、(2.2)、2.5、(2.8)、3、(3.5)、4、(4.5)、5、(5.5)、6、(7)、8、(9)、10。

表 5.2-161　开槽带孔球面圆柱头螺钉（摘自 GB/T 832—1988）　　　　　（mm）

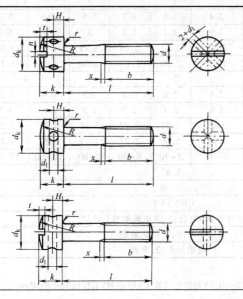

标记示例

螺纹规格 d = M5、公称长度 l = 20mm、性能等级为 4.8 级、不经表面处理的开槽带孔球面圆柱头螺钉标记为

螺钉　GB/T 832　M5×20

（续）

螺纹规格	d	M1.6	M2	M2.5	M3	M4	M5	M6	M8	M10
b		15	16	17	18	20	22	24	28	32
d_k	max	3	3.5	4.2	5	7	8.5	10	12.5	15
k	max	2.6	3	3.6	4	5	6.5	8	10	12.5
n	公称	0.4	0.5	0.6	0.8	1.0	1.2	1.5	2.0	2.5
t	min	0.6	0.7	0.9	1.0	1.4	1.7	2.0	2.5	3.0
d_1	min	1.0			1.2	1.5	2.0		3.0	4.0
H	公称	0.9	1.0	1.2	1.5	2.0	2.5	3.0	4.0	5.0
l[①]	长度范围	2.5~16	2.5~20	3~25	4~30	6~40	8~50	10~60	12~60	20~60
全螺纹时最大长度		50								
性能等级	钢	4.8								
	不锈钢	A1-50、C4-50								
表面处理	钢	1）不经处理；2）镀锌钝化								
	不锈钢	不经处理								

① 长度系列（单位为 mm）：2.5、3、4、5、6~16（2 进位）、20~60（5 进位）。

表 5.2-162　开槽大圆柱头螺钉（摘自 GB/T 833—1988）和开槽球面大圆柱头螺钉（摘自 GB/T 947—1988）

（mm）

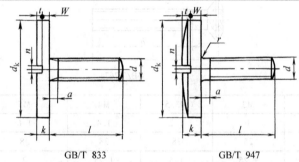

GB/T 833　　　　　　　GB/T 947

标记示例

螺纹规格 d = M5、公称长度 l = 20mm、性能等级为 4.8 级、不经表面处理的开槽大圆柱头螺钉和开槽大球面圆柱头螺钉分别标记为

螺钉　GB/T 833　M5×20

螺钉　GB/T 947　M5×20

螺纹规格	d	M1.6	M2	M2.5	M3	M4	M5	M6	M8	M10
d_k	max	6	7	9	11	14	17	20	25	30
k	max	1.2	1.4	1.8	2	2.8	3.5	4	5	6
a	max	0.7	0.8	0.9	1	1.4	1.6	2	2.5	3
n	公称	0.4	0.5	0.6	0.8	1.0	1.2	1.5	2.0	2.5
t	min	0.6	0.7	0.9	1	1.4	1.7	2.0	2.5	3
W	min	0.26	0.36	0.56	0.66	1.06	1.22	1.3	1.5	1.8
l[①] 长度范围	GB/T 833	2.5~5	3~6	4~8	4~10	5~12	6~14	8~16	10~16	12~20
	GB/T 947	2~5	2.5~6	3~8	4~10	5~12	6~14	8~16	10~16	12~20
性能等级	钢	4.8								
	不锈钢	A1-50、C4-50								
表面处理	钢	1）不经处理；2）镀锌钝化								
	不锈钢	不经处理								

① 长度系列（单位为 mm）：2.5、3、4、5、6~16（2 进位）、20。

表 5.2-163　内六角花形低圆柱头螺钉(GB/T 2671.1—2004)、内六角花形盘头螺钉(GB/T 2672—2004)、内六角花形沉头螺钉(GB/T 2673—2007)、内六角花形半沉头螺钉(GB/T 2674—2004)　（mm）

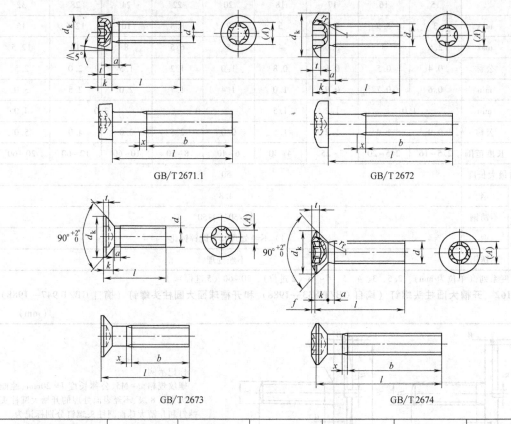

螺纹规格 d		M2	M2.5	M3	(M3.5)	M4	M5
a	max	0.8	0.9	1	1.2	1.4	1.6
b	min	25	25	25	38	38	38
x	max	1	1.1	1.25	1.5	1.75	2
d_k 公称= max	GB/T 2671.1	3.8	4.5	5.5	6	7	8.5
	GB/T 2672	4	5	5.6	7	8	9.5
	GB/T 2673	—	—	—	—	—	—
	GB/T 2674	3.8	4.7	5.5	7.3	8.4	9.3
k 公称= max	GB/T 2671.1	1.55	1.85	2.4	2.6	3.1	3.65
	GB/T 2672	1.6	2.1	2.4	2.6	3.1	3.7
	GB/T 2673	—	—	—	—	—	—
	GB/T 2674	1.2	1.5	1.65	2.35	2.7	2.7
r_f ≈	GB/T 2672	3.2	4	5	6	6.5	8
	GB/T 2674	4	5	6	8.5	9.5	9.5
f≈	GB/T 2674	0.5	0.6	0.7	0.8	1	1.2
六角花形	槽号	6	8	10	15	20	25
	t min GB/T 2671.1	0.71	0.78	1.01	1.07	1.27	1.52
	GB/T 2672	0.63	0.91	1.01	1.07	1.27	1.52
	GB/T 2673	—	—	—	—	—	—
	GB/T 2674	0.63	0.91	0.88	1.27	1.42	1.65
A 参考		1.75	2.4	2.8	3.35	3.95	4.5
l[①] 长度范围		3~20	3~25	4~30	5~35	5~40	6~50

（续）

螺纹规格 d		M6	M8	M10	M12	(M14)	M16	M20
a	max	2	2.5	3	3.5	4	4	5
b	min	38	38	38	48	48	48	48
x	max	2.5	3.2	3.8	4.3	5	5	6.3
d_k 公称= max	GB/T 2671.1	10	13	16	—	—	—	—
	GB/T 2672	12	16	20	—	—	—	—
	GB/T 2673	11.3	15.8	18.3	22	25.5	29	36
	GB/T 2674	11.3	15.8	18.3				
k 公称= max	GB/T 2671.1	4.4	5.8	6.9	—	—	—	—
	GB/T 2672	4.6	6	7.5	—	—	—	—
	GB/T 2673	3.3	4.65	5	6	7	8	10
	GB/T 2674	3.3	4.65	5	—	—	—	—
r_f ≈	GB/T 2672	10	13	16				
	GB/T 2674	12	16.5	19.5				
$f≈$	GB/T 2674	1.4	2	2.3				
六角花形	槽号	30	45/40②	50	55	55	60	80
	t min GB/T 2671.1	1.9	2.66	3.04	—	—	—	—
	GB/T 2672	2.02	2.79	3.62	—	—	—	—
	GB/T 2673	1.4	2.1	2.3	3.02	3.22	3.62	5.42
	GB/T 2674	2.02	2.92	3.42				
	A 参考	5.6/4.15②	7.95/5②	8.95/6.62②	8.2②	8.2②	9.8②	13②
l①	长度范围	8~60	10~60③	12~60③	20~80	25~80	25~80	35~80
性能等级	GB/T 2671.1	钢:4.8、5.8;不锈钢:A2-50、A2-70、A3-50、A3-70;铜:CU2、CU3						
	GB/T 2672	钢:4.8;不锈钢:A2-70、A3-70;铜:CU2、CU3						
	GB/T 2673	钢:4.8;不锈钢:A2-70、A3-70;铜:CU2、CU3						
	GB/T 2674	钢:4.8;不锈钢:A2-70、A3-70;铜:CU2、CU3						
表面处理		钢:1)不经处理、2)电镀按 GB/T 5267.1、3)非电解锌片涂层按 GB/T 5267.2;不锈钢:简单处理;铜:1)简单处理、2)电镀按 GB/T 5267.1						

注: 尽可能不采用括号内的规格。

① 长度系列（单位为 mm）: 3、4、5、6~12（2 进位）、(14)、16、20~50（5 进位）、(55)、60、(65)、70、(75)、80。

② GB/T 2673 的槽号及尺寸 A（max）。

③ GB/T 2671.1、GB/T 2673 最大长度至 80mm。

标记示例

螺纹规格 d=M6、公称长度 l=30mm、性能等级为 4.8 级、不经表面处理的内六角花形低圆柱头螺钉、内六角花形盘头螺钉、内六角花形沉头螺钉、内六角花形半沉头螺钉分别标记为

螺钉 GB/T 2671.1 M6×30

螺钉 GB/T 2672 M6×30

螺钉 GB/T 2673 M6×30

螺钉 GB/T 2674 M6×30

表 5.2-164 内六角花形圆柱头螺钉（GB/T 2671.2—2004） （mm）

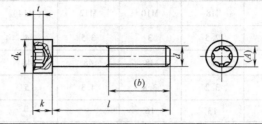

螺纹规格 d			M2	M2.5	M3	M4	M5	M6	M8
b	参考		16	17	18	20	22	24	28
d_k	max（光滑头）		3.8	4.5	5.5	7	8.5	10	13
	max（滚花头）		3.98	4.68	5.68	7.22	8.72	10.22	13.27
k	max		2	2.5	3	4	5	6	8
六角花形	槽号		6	8	10	20	25	30	45
	t	min	0.71	0.91	1.01	1.42	1.65	2.02	2.92
	A	参考	1.75	2.4	2.8	3.95	4.5	5.6	7.95
$l^①$ 长度范围			3~20	4~25	5~30	6~40	8~50	10~60	40~80
性能等级			钢:8.8、9.8、10.9、12.9;不锈钢:A2-70、A4-70、A3-70、A5-70,铜:CU2、CU3						
表面处理			钢:1)氧化、2)电镀按 GB/T 5267.1、3)非电解锌片涂层按 GB/T 5267.2;不锈钢:简单处理;铜:1)简单处理、2)电镀按 GB/T 5267.1						
螺纹规格 d			M10	M12	(M14)	M16	(M18)	M20
b	参考		32	36	40	44	48	52
d_k	max（光滑头）		16	18	21	24	27	30
	max（滚花头）		16.27	18.27	21.33	24.33	27.33	30.33
k	max		10	12	14	16	18	20
六角花形	槽号		50	55	60	70	80	90
	t	min	3.62	4.82	5.62	6.62	7.50	8.69
	A	参考	8.95	11.35	13.45	15.7	17.75	20.2
$l^①$ 长度范围			45~100	55~120	60~140	65~160	70~180	80~200
性能等级			钢:8.8、9.8、10.9、12.9;不锈钢:A2-70、A4-70、A3-70、A5-70,铜:CU2、CU3					
表面处理			钢:1)氧化、2)电镀按 GB/T 5267.1、3)非电解锌片涂层按 GB/T 5267.2;不锈钢:简单处理;铜:1)简单处理、2)电镀按 GB/T 5267.1					

注:尽可能不采用括号内的规格。

① 长度系列（单位为 mm）:3、4、5、6~12（2 进位）、16、20~70（5 进位）、80~160（10 进位）、180、200。

标记示例

螺纹规格 d=M6、公称长度 l=50mm、性能等级为 8.8 级、表面氧化的内六角花形圆柱头螺钉的标记为

螺钉 GB/T 2671.2 M6×50

表 5.2-165　开槽锥端紧定螺钉（摘自 GB/T 71—1985）、开槽平端紧定螺钉（摘自 GB/T 73—1985）、
开槽凹端紧定螺钉（摘自 GB/T 74—1985）、开槽长圆柱端紧定螺钉（摘自 GB/T 75—1985）

（mm）

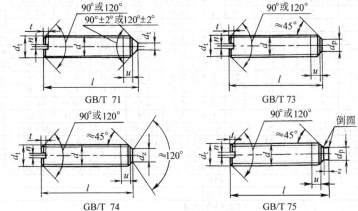

GB/T 71　　GB/T 73
GB/T 74　　GB/T 75

标记示例

螺纹规格 d＝M5、公称长度
l＝12mm、性能等级为 14H 级、
表面氧化的开槽锥端紧定螺钉
标记为

螺钉　GB/T 71　M5×12

螺纹规格	d	M1.2	M1.6	M2	M2.5	M3	M4	M5	M6	M8	M10	M12
d_f	≈					螺纹小径						
d_p	max	0.6	0.8	1.0	1.5	2.0	2.5	3.5	4.0	5.5	7.0	8.5
n	公称	0.2		0.25			0.4		0.6	0.8	1	1.2	1.6	2
t	max	0.52	0.74	0.84	0.95	1.05	1.42	1.63	2	2.5	3	3.6
	min	0.4	0.56	0.64	0.72	0.8	1.12	1.28	1.6	2	2.4	2.8
d_t	max	0.12	0.16	0.2	0.25	0.3	0.4	0.5	1.5	2	2.5	3
z	max	—	1.05	1.25	1.5	1.75	2.25	2.75	3.25	4.3	5.3	6.3
d_z	max		0.8	1	1.2	1.4	2	2.5	3	5	6	8
长度范围[①]	GB/T 71	2~6	2~8	3~10	3~12	4~16	6~20	8~25	8~30	10~40	12~50	14~60
	GB/T 73	2~6	2~8	2~10	2.5~12	3~6	4~20	5~25	6~30	8~40	10~50	12~60
	GB/T 74	—	2~8	2.5~10	3~12	3~16	4~20	5~25	6~30	8~40	10~50	12~60
	GB/T 75	—	2.5~8	3~10	4~12	5~16	6~20	8~25	8~30	10~40	12~50	14~60
性能等级	钢					14H、22H						
	不锈钢					A1-50						
表面处理	钢					1) 氧化；2) 镀锌钝化						
	不锈钢					不经处理						

① 长度系列（单位：mm）：2、2.5、3、4、5、6~12（2 进位）、(14)、16、20~50（5 进位）、(55)、60。

表 5.2-166　内六角平端紧定螺钉（摘自 GB/T 77—2007）、内六角锥端紧定螺钉（摘自 GB/T 78—2007）、
内六角圆柱端紧定螺钉（摘自 GB/T 79—2007）、内六角凹端紧定螺钉（摘自 GB/T 80—2007）

（mm）

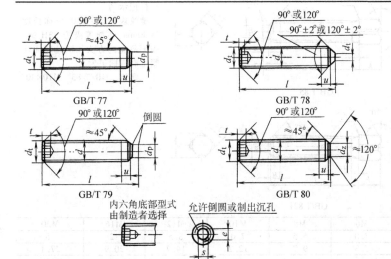

GB/T 77　　GB/T 78
GB/T 79　　GB/T 80

内六角底部型式
由制造者选择

允许倒圆或制出沉孔

标记示例

螺纹规格 d＝M6、公称长度 l＝12mm、
性能等级为 33H 级、表面氧化的内六角
平端紧定螺钉标记为

螺钉　GB/T 77　M6×12

螺纹规格 d＝M6、公称长度 l＝12mm、
z_{min}＝3mm（长圆柱端）、性能等级为 33H
级、表面氧化的内六角圆柱端紧定螺钉
标记为

螺钉　GB/T 79　M6×12

当采用短圆柱端时，应加 z 的标记（如
z_{min}＝1.5mm）：

螺钉　GB/T 79　M6×12×1.5

（续）

螺纹规格 d		M1.6	M2	M2.5	M3	M4	M5	M6	M8	M10	M12	M16	M20	M24
d_p	max	0.8	1.0	1.5	2.0	2.5	3.5	4.0	5.5	7.0	8.5	12.0	15.0	18.0
d_f	≈	螺纹小径												
e	min	0.809	1.011	1.454	1.733	2.303	2.873	3.443	4.583	5.723	6.863	9.149	11.429	13.716
s	公称	0.7	0.9	1.3	1.5	2.0	2.5	3.0	4.0	5.0	6.0	8.0	10.0	12.0
t min	①	0.7	0.8	1.2		1.5	2.0		3.0	4.0	4.8	6.4	8.0	10.0
	②	1.5	1.7	2.0		2.5	3.0	3.5	5.0	6.0	8.0	10.0	12.0	15.0
z max	短圆柱端	0.65	0.75	0.88	1.0	1.25	1.5	1.75	2.25	2.75	3.25	4.3	5.3	6.3
	长圆柱端	1.05	1.25	1.5	1.75	2.25	2.75	3.25	4.3	5.3	6.3	8.36	10.36	12.43
z min	短圆柱端	0.4	0.5	0.63	0.75	1.0	1.25	1.5	2.0	2.5	3.0	4.0	5.0	6.0
	长圆柱端	0.8	1.0	1.25	1.5	2.0	2.5	3.0	4.0	5.0	6.0	8.0	10.0	12.0
d_z	max	0.8	1.0	1.2	1.4	2.0	2.5	3.0	5.0	6.0	8.0	10.0	14.0	16.0
d_t	max	0						1.5	2.0	2.5	3.0	4.0	5.0	6.0
l③ 长度范围	GB/T 77	2~8	2~10	2.5~12	3~16	4~20	5~25	6~30	8~40	10~50	12~60	16~60	20~60	25~60
	GB/T 78	2~8	2~10	2.5~12	3~16	4~20	5~25	6~30	8~40	10~50	10~60	16~60	20~60	25~60
	GB/T 79	2~8	2.5~10	3~12	4~16	5~20	6~25	8~30	8~40	10~50	12~60	16~60	20~60	25~60
	GB/T 80	2~8	2~10	2.5~12	3~16	4~20	5~25	6~30	8~40	10~50	12~60	16~60	20~60	25~60
性能 等级	钢	45H												
	不锈钢	A1、A2												
	有色金属	CU2、CU3、AL4												
表面 处理	钢	1）氧化；2）镀锌钝化												
	不锈钢	简单处理												
	有色金属	简单处理												

① 短螺钉的最小扳手啮合深度。

② 长螺钉的最小扳手啮合深度。

③ 长度系列（单位为 mm）：2、2.5、3、4、5、6~12（2 进位）、(14)、16、20~50（5 进位）、(55)、60。

表 5.2-167 方头长圆柱球面端紧定螺钉（摘自 GB/T 83—1988）、方头凹端紧定螺钉（摘自 GB/T 84—1988）、
方头长圆柱端紧定螺钉（摘自 GB/T 85—1988）、方头短圆柱锥端紧定螺钉（摘自 GB/T 86—1988）、
方头倒角端紧定螺钉（摘自 GB/T 821—1988）　　　　　（mm）

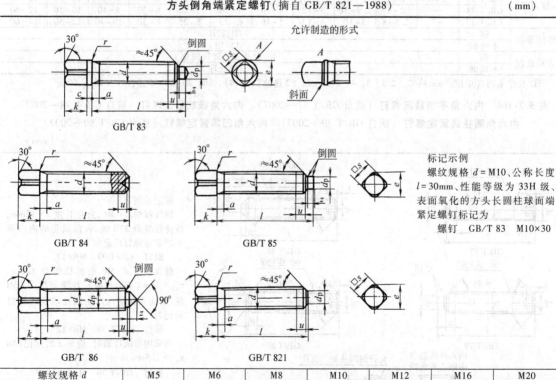

允许制造的形式

GB/T 83

GB/T 84　　GB/T 85

GB/T 86　　GB/T 821

标记示例

螺纹规格 d＝M10、公称长度 l＝30mm、性能等级为 33H 级、表面氧化的方头长圆柱球面端紧定螺钉标记为

　　螺钉　GB/T 83　M10×30

螺纹规格 d		M5	M6	M8	M10	M12	M16	M20
d_p	max	3.5	4.0	5.5	7.0	8.5	12	15
e	min	6	7.3	9.7	12.2	14.7	20.9	27.1
s	公称	5	6	8	10	12	17	22

（续）

螺纹规格 d		M5	M6	M8	M10	M12	M16	M20
k　公称	GB/T 83	—	—	9	11	13	18	23
	GB/T 84 GB/T 85 GB/T 86 GB/T 821	5	6	7	8	10	14	18
c	≈	—	—	2		3	4	5
z　min	GB/T 83	—	—	4	5	6	8	10
	GB/T 85	2.5	3	4	5	6	8	10
	GB/T 86	3.5	4	5	6	7	9	11
d_z	max	2.5	3	5	6	7	10	13
	min	2.25	2.75	4.7	5.7	6.64	9.64	12.57
l① 长度范围	GB/T 83	—	—	16~40	20~50	25~60	30~80	35~100
	GB/T 84	10~30	12~30	14~40	20~50	25~60	30~80	40~100
	GB/T 85 GB/T 86	12~30	12~30	14~40	20~50	25~60	25~80	40~100
	GB/T 821	8~30	8~30	10~40	12~50	14~60	20~80	40~100
性能等级	钢	33H、45H						
	不锈钢	A1-50、C4-50						
表面处理	钢	1)氧化;2)镀锌钝化						
	不锈钢	不经处理						

① 长度系列（单位为 mm）：8、10、12、(14)、16、20~50（5 进位）、(55)、60~100（10 进位）。

表 5.2-168　内六角圆柱头螺钉（摘自 GB/T 70.1—2008）　　　　（mm）

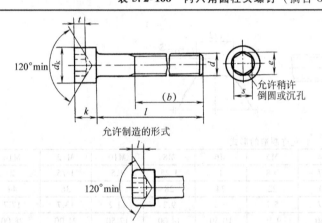

标记示例

螺纹规格 d = M5、公称长度 l = 20mm、性能等级为 8.8 级、表面氧化的内六角圆柱头螺钉标记为

螺钉　GB/T 70.1　M5×20

螺纹规格 d		M1.6	M2	M2.5	M3	M4	M5	M6	M8	M10	M12
b	参考	15	16	17	18	20	22	24	28	32	36
d_k　max	光滑	3	3.8	4.5	5.5	7	8.5	10	13	16	18
	滚花	3.14	3.98	4.68	5.68	7.22	8.72	10.22	13.27	16.27	18.27
k	max	1.6	2	2.5	3	4	5	6	8	10	12
e	min	1.73		2.3	2.87	3.44	4.58	5.72	6.86	9.15	11.43
s	公称	1.5		2	2.5	3	4	5	6	8	10
t	min	0.7	1	1.1	1.3	2	2.5	3	4	5	6
l①	长度范围	2.5~16	3~20	4~25	5~30	6~40	8~50	10~60	12~80	16~100	20~120
性能等级	钢	d<3：按协议；3mm≤d≤39mm：8.8、10.9、12.9；d>39：按协议									
	不锈钢	d≤24mm：A2-70、A4-70；24mm<d≤39mm：A2-50、A4-50；d>39mm：按协议									
表面处理	钢	1)氧化;2)镀锌钝化									
	不锈钢	不经处理									

螺纹规格 d		(M14)	M16	M20	M24	M30	M36	M42	M48	M56	M64
b 参考		40	44	52	60	72	84	96	108	124	140
d_k　max	光滑	21	24	30	36	45	54	63	72	84	96
	滚花	21.33	24.33	30.33	36.39	45.39	54.46	63.46	72.46	84.54	96.54
k	max	14	16	20	24	30	36	42	48	56	64
e	min	13.72	16.00	19.44	21.73	25.15	30.85	36.57	41.13	46.83	52.53
s	公称	12	14	17	19	22	27	32	36	41	46
t	min	7	8	10	12	15.5	19	24	28	34	38

（续）

螺纹规格 d		(M14)	M16	M20	M24	M30	M36	M42	M48	M56	M64
$l^{①}$	长度范围	25~140	25~160	30~200	40~200	45~200	55~200	60~300	70~300	80~300	90~300
性能等级	钢	\multicolumn{10}{c} $d<3$：按协议；$3\mathrm{mm}\leqslant d\leqslant39\mathrm{mm}$：8.8、10.9、12.9；$d>39$：按协议
	不锈钢	\multicolumn{10}{c} $d\leqslant24\mathrm{mm}$：A2-70、A4-70；$24\mathrm{mm}<d\leqslant39\mathrm{mm}$：A2-50、A4-50；$d>39\mathrm{mm}$：按协议
表面处理	钢	\multicolumn{10}{c} 1）氧化；2）镀锌钝化
	不锈钢	\multicolumn{10}{c} 简单处理

注：尽可能不采用括号内规格。

① 长度系列（单位为mm）：2.5、3、4、5、6~12（2进位）、16、20~70（5进位）、80~160（10进位）、180~300（20进位）。

表5.2-169 内六角平圆头螺钉（摘自 GB/T 70.2—2015）   （mm）

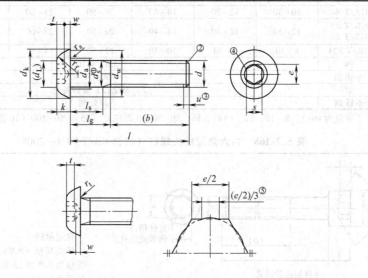

允许制造的形式

螺纹规格 d		M3	M4	M5	M6	M8	M10	M12	M16
P		0.5	0.7	0.8	1	1.25	1.5	1.75	2
b	≈	18	20	22	24	28	32	36	44
d_a	max	3.6	4.7	5.7	6.8	9.2	11.2	13.7	17.7
d_k	max	5.70	7.60	9.50	10.50	14.00	17.50	21.00	28.00
	min	5.40	7.24	9.14	10.07	13.57	17.07	20.48	27.48
d_L	≈	2.6	3.8	5.0	6.0	7.7	10.0	12.0	16.0
d_s	max	3	4	5	6	8	10	12	16
	min	2.86	3.82	4.82	5.82	7.78	9.78	11.73	15.73
d_w	min	5.00	6.84	8.74	9.57	13.07	16.57	19.68	26.68
e	min	2.303	2.873	3.443	4.583	5.723	6.863	9.149	11.429
k	max	1.65	2.20	2.75	3.30	4.40	5.50	6.60	8.80
	min	1.40	1.95	2.50	3.00	4.10	5.20	6.24	8.44
r_f	max	3.70	4.60	5.75	6.15	7.95	9.80	11.20	15.30
	min	3.30	4.20	5.25	5.65	7.45	9.20	10.50	14.50
r_s	min	0.10	0.20	0.20	0.25	0.40	0.40	0.60	0.60
r_t	min	0.30	0.40	0.45	0.50	0.70	0.70	1.10	1.10
s	公称	2	2.5	3	4	5	6	8	10
	max	2.080	2.580	3.080	4.095	5.140	6.140	8.175	10.175
	min	2.020	2.520	3.020	4.020	5.020	6.020	8.025	10.025
t	min	1.04	1.30	1.56	2.08	2.60	3.12	4.16	5.20
w	min	0.20	0.30	0.38	0.74	1.05	1.45	1.63	2.25

（续）

螺纹规格 d		M3	M4	M5	M6	M8	M10	M12	M16
螺杆长度 $l=b+l_g$	全螺纹	6~20	6~25	8~25	10~30	12~35	16~40	20~50	25~60
	部分螺纹	25~30	30~40	30~50	35~60	40~80	45~90	55~90	65~90

注：l 长度数列（单位为 mm）：6~12（2 进位）、16、20、25~70（5 进位）、80、90。
r_s——带无螺纹杆部的螺钉头下圆角半径；
r_t——全螺纹螺钉头下圆角半径。
① 在 l_{smin} 范围内，d_s 应符合规定。
② 按 GB/T 2 倒角端或对 M4 及其以下"辗制末端"。
③ 不完整螺纹的长度 $u \leq 2P$。
④ 内六角口部允许倒圆或沉孔。
⑤ 对切制内六角，当尺寸达到最大极限时，由于钻孔造成的过切不应超过内六角任何一面长度（$e/2$）的 1/3。

材料		钢	不锈钢
机械性能　性能等级		08.8、010.9、012.9/012.9	A2-070、A3-070、A4-070、A5-070、A2-080、A3-080、A4-080、A5-080
表面处理		不经处理 电镀 非电解锌片涂层	简单处理 不锈钢钝化处理

表 5.2-170　内六角沉头螺钉（摘自 GB/T 70.3—2008）　　　　（mm）

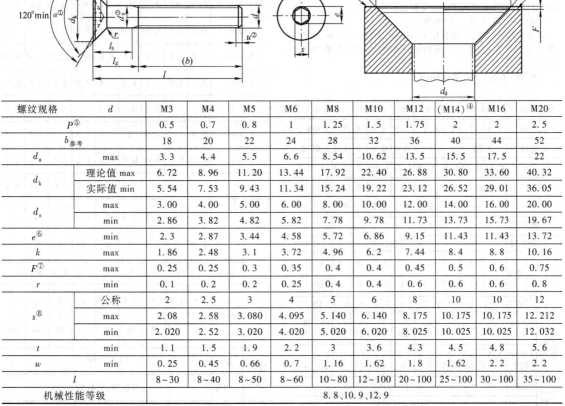

螺纹规格　d		M3	M4	M5	M6	M8	M10	M12	(M14)④	M16	M20
P⑤		0.5	0.7	0.8	1	1.25	1.5	1.75	2	2	2.5
b 参考		18	20	22	24	28	32	36	40	44	52
d_a	max	3.3	4.4	5.5	6.6	8.54	10.62	13.5	15.5	17.5	22
d_k	理论值 max	6.72	8.96	11.20	13.44	17.92	22.40	26.88	30.80	33.60	40.32
	实际值 min	5.54	7.53	9.43	11.34	15.24	19.22	23.12	26.52	29.01	36.05
d_s	max	3.00	4.00	5.00	6.00	8.00	10.00	12.00	14.00	16.00	20.00
	min	2.86	3.82	4.82	5.82	7.78	9.78	11.73	13.73	15.73	19.67
e⑥	min	2.3	2.87	3.44	4.58	5.72	6.86	9.15	11.43	11.43	13.72
k	max	1.86	2.48	3.1	3.72	4.96	6.2	7.44	8.4	8.8	10.16
F⑦	max	0.25	0.25	0.3	0.35	0.4	0.4	0.45	0.5	0.6	0.75
r	min	0.1	0.2	0.2	0.25	0.4	0.4	0.6	0.6	0.6	0.8
s⑧	公称	2	2.5	3	4	5	6	8	10	10	12
	max	2.08	2.58	3.080	4.095	5.140	6.140	8.175	10.175	10.175	12.212
	min	2.020	2.52	3.020	4.020	5.020	6.020	8.025	10.025	10.025	12.032
t	min	1.1	1.5	1.9	2.2	3	3.6	4.3	4.5	4.8	5.6
w	min	0.25	0.45	0.66	0.7	1.16	1.62	1.8	1.62	2.2	2.2
l		8~30	8~40	8~50	8~60	10~80	12~100	20~100	25~100	30~100	35~100
机械性能等级						8.8、10.9、12.9					

① $\alpha = 90° \sim 92°$。
② 不完整螺纹的定长度 $u \leq 2P$。
③ d_s 适用于规定了 l_{smin} 数值的产品。
④ 尽可能不采用括号内的规格。
⑤ P——螺距。
⑥ $e_{min} = 1.14 s_{min}$。
⑦ F 是头部的沉头公差。量规的 F 尺寸公差为：$^{0}_{-0.01}$。
⑧ s 应用综合测量方法进行检验。

表 5.2-171　开槽锥端定位螺钉（摘自 GB/T 72—1988）、
开槽圆柱端定位螺钉（摘自 GB/T 829—1988）
（mm）

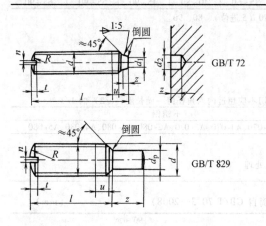

标记示例

螺纹规格 d = M10、公称长度 l = 20mm、性能等级为 14H 级、不经表面处理的开槽锥端定位螺钉标记为

螺钉　GB/T 72　M10×20

螺纹规格 d = M5、公称长度 l = 10mm、长度 z = 5mm、性能等级为 14H 级、不经表面处理的开槽圆柱端定位螺钉标记为

螺钉　GB/T 829　M5×10×5

螺纹规格 d		M1.6	M2	M2.5	M3	M4	M5	M6	M8	M10	M12
d_p max		0.8	1	1.5	2	2.5	3.5	4	5.5	7.0	8.5
n 公称		0.25		0.4		0.6	0.8	1	1.2	1.6	2
t max		0.74	0.84	0.95	1.05	1.42	1.63	2	2.5	3	3.6
R ≈		1.6	2	2.5	3	4	5	6	8	10	12
d_1 ≈					1.7	2.1	2.5	3.4	4.7	6	7.3
d_2（推荐）					1.8	2.2	2.6	3.5	5	6.5	8
z	GB/T 72		—		1.5	2	2.5	3	4	5	6
	GB/T 829 范围		1.5~1.5	2~2	1.5~2.5	2~3	2.5~4	3~5	4~6	5~8	6~10
	系列		1, 1.2, 1.5, 2, 2.5, 3, 4, 5, 6, 8, 10								
l[①] 长度范围	GB/T 72		—		4~16	4~20	5~20	6~25	8~35	10~45	12~50
	GB/T 829		1.5~3	1.5~4	2~5	2.5~6	3~10	4~12	5~16	6~20	8~20
性能等级	钢		14H、33H								
	不锈钢		A1-50、C4-50								
表面处理	钢		1) 不经处理;2) 氧化(仅用于 GB/T 72);3) 镀锌钝化								
	不锈钢		不经处理								

注：尽可能不采用括号内规格。

① 长度系列（单位为 mm）：1.5、2、2.5、3、4、5、6~12（2 进位）、(14)、16、20~50（5 进位）。

表 5.2-172　开槽盘头定位螺钉
（摘自 GB/T 828—1988）　（mm）

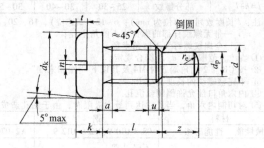

标记示例

螺纹规格 d = M6、公称长度 = 6mm、长度 z = 4mm、性能等级为 14H 级、不经表面处理的开槽盘头定位螺钉标记为

螺钉　GB/T 828 M6×6×4

螺纹规格 d	M1.6	M2	M2.5	M3	M4	M5	M6	M8	M10
a max	0.7	0.8	0.9	1.0	1.4	1.6	2.0	2.5	3.0
d_k max	3.2	4.0	5.0	5.6	8.0	9.5	12.0	16.0	20.0
k max	1.0	1.3	1.5	1.8	2.4	3.0	3.6	4.8	6.0
n 公称	0.4	0.5	0.6	0.8		1.2	1.6	2	2.5
d_p max	0.8	1	1.5	2	2.5	3.5	4	5.5	7
t min	0.35	0.5	0.6	0.7	1.0	1.2	1.4	1.9	2.4
r_e ≈	1.12	1.4	2.1	2.8	3.5	4.9	5.6	7.7	9.8
z 公称	1~1.5	1~1.5	1.2~2	1.5~3	2~4	2.5~5	3~6	4~8	5~10
系列	1, 1.2, 1.5, 2, 2.5, 3, 4, 5, 6, 8, 10								
l[①] 长度范围	1.5~3	1.5~4	2~6	2.5~8	3~10	4~12	5~16	6~20	8~20
性能等级	钢		14H、33H						
	不锈钢		A1-50、C4-50						
表面处理	钢		1) 不经处理;2) 镀锌钝化						
	不锈钢		不经处理						

注：尽可能不采用括号内规格。

① 长度系列（单位为 mm）：1.5、2、2.5、3、4、5、6~12（2 进位）、(14)、16、20。

表 5.2-173 开槽无头螺钉（摘自 GB/T 878—2007）   （mm）

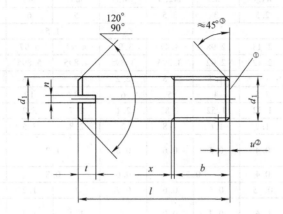

螺纹规格 d		M1	M1.2	M1.6	M2	M2.5	M3	(M3.5)	M4	M5	M6	M8	M10
P		0.25	0.25	0.35	0.4	0.45	0.5	0.6	0.7	0.8	1	1.25	1.5
b	$^{+2P}_{0}$	1.2	1.4	1.9	2.4	3	3.6	4.2	4.8	6	7.2	9.6	12
d_1	min	0.86	1.06	1.46	1.86	2.36	2.86	3.32	3.82	4.82	5.82	7.78	9.78
	max	1.0	1.2	1.6	2.0	2.5	3.0	3.5	4.0	5.0	6.0	8.0	10.0
n	公称	0.2	0.25	0.3	0.3	0.4	0.5	0.5	0.6	0.8	1	1.2	1.6
	min	0.26	0.31	0.36	0.36	0.46	0.56	0.56	0.66	0.86	1.06	1.26	1.66
	max	0.40	0.45	0.50	0.50	0.60	0.70	0.70	0.80	1.0	1.2	1.51	1.91
t	min	0.63	0.63	0.88	1.0	1.10	1.25	1.5	1.75	2.0	2.5	3.1	3.75
	max	0.78	0.79	1.06	1.2	1.33	1.5	1.78	2.05	2.35	2.9	3.6	4.25
x	max	0.6	0.6	0.9	1	1.1	1.25	1.5	1.75	2	2.5	3.2	3.8
长度 l		2.5~4	3~5	4~6	5~8	5~10	6~12	8~(14)	8~(14)	10~20	12~25	14~30	16~35

长度尺寸系列（单位为 mm）:2.5、3、4.5、6、8、10、12、(14)、16、20、25、30、35

注：括号内的尺寸尽量不用。

① 平端（GB/T 2）。

② 不完整螺纹的长度 $u \le 2P$。

③ 45°仅适用于螺纹小径以内的末端部分。

表 5.2-174 开槽圆柱头轴位螺钉（摘自 GB/T 830—1988）、开槽无头轴位螺钉（摘自 GB/T 831—1988）、
开槽球面圆柱头轴位螺钉（摘自 GB/T 946—1988）   （mm）

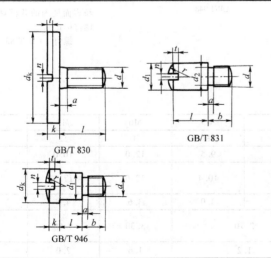

GB/T 831

GB/T 830

GB/T 946

标记示例

螺纹规格 d = M5、公称长度 l = 10mm、性能等级为 8.8 级、不经表面处理的开槽圆柱头轴位螺钉标记为

螺钉 GB/T 830 M5×10

d_1 按 f9 制造时，应加标记 f9

螺钉 GB/T 830 M5f9×10

螺纹规格 d = M5、公称长度 l = 10mm、性能等级为 14H 级、不经表面处理的开槽无头轴位螺钉标记为

螺钉 GB/T 831 M5×10

d_1 按 f9 制造时，应加标记 f9

螺钉 GB/T 831 M5f 9×10

（续）

螺纹规格	d	M1.6	M2	M2.5	M3	M4	M5	M6	M8	M10
b		2.5	3	3.5	4	5	6	8	10	12
a	≈			1			1.5		2	3
d_1	max	2.48	2.98	3.47	3.97	4.97	5.97	7.96	9.96	11.95
	min	2.42	2.92	3.395	3.895	4.895	5.895	7.87	9.87	11.84
d_2		1.1	1.4	1.8	2.2	3	3.8	4.5	6.2	7.8
d_k	max	3.5	4	5	6	8	10	12	15	20
k max	GB/T 830	1.32	1.52	1.82	2.1	2.7	3.2	3.74	5.24	6.24
	GB/T 946	1.2	1.6	1.8	2	2.8	3.5	4	5	6
n 公称	GB/T 830 GB/T 946	0.4	0.5	0.6	0.8		1.2	1.6	2	2.5
	GB/T 831	0.4		0.5	0.6		0.8	1.2	1.6	2
t min	GB/T 830	0.35	0.5	0.6	0.7	1	1.2	1.4	1.9	2.4
	GB/T 831 GB/T 946	0.6	0.7	0.9	1	1.4	1.7	2	2.5	3
r ≈	GB/T 831	2.5		3	3.5	4	5	8	10	12
	GB/T 946	3.5		4	5	6	8	10	12	20
$l^{①}$ 长度范围	GB/T 830 GB/T 946	1~6		1~8		1~10	1~12	1~14	2~16	2~20
	GB/T 831	2~3	2~4	2~5	2.5~6	3~8	4~10	5~12	6~16	6~20
性能等级	钢					GB/T 830、GB/T 946：8.8；GB/T 831：14H				
	不锈钢					A1-50、C4-50				
表面处理	钢					1）不经处理；2）镀锌钝化				
	不锈钢					不经处理				

① 长度系列（单位为 mm）：1、1.2、1.6、2、2.5、3、4、5、6~12（2 进位）、（14）、16、20。

表 5.2-175　开槽盘头不脱出螺钉（摘自 GB/T 837—1988）、开槽沉头不脱出螺钉
（摘自 GB/T 948—1988）、开槽半沉头不脱出螺钉（摘自 GB/T 949—1988）　　（mm）

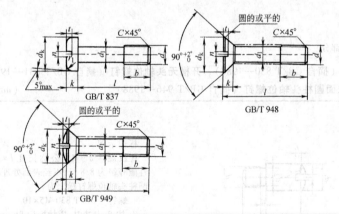

标记示例

螺纹规格 d=M5、公称长度
l=16mm、性能等级为 4.8 级、不
经表面处理的开槽盘头不脱出
螺钉标记为

螺钉　GB/T 837 M5×16

螺纹规格	d	M3	M4	M5	M6	M8	M10
b		4	6	8	10	12	15
d_k max	GB/T 837	5.6	8.0	9.5	12.0	16.0	20.0
	GB/T 948 GB/T 949	6.3	9.4	10.4	12.6	17.3	20.0
k max	GB/T 837	1.8	2.4	3.0	3.6	4.8	6.0
	GB/T 948 GB/T 949	1.65		2.70	3.30	4.65	5.00
n	公称	0.8		1.2	1.6	2.0	2.5

（续）

螺纹规格 d		M3	M4	M5	M6	M8	M10
t　min	GB/T 837	0.7	1.0	1.2	1.4	1.9	2.4
	GB/T 948	0.6	1.0	1.1	1.2	1.8	2.0
	GB/T 949	1.2	1.6	2.0	2.4	3.2	3.8
d_1　max		2.0	2.8	3.5	4.5	5.5	7.0
l[①]　长度范围		10~25	12~30	14~40	20~50	25~60	30~60
性能等级	钢	4.8					
	不锈钢	A1-50、C4-50					
表面处理	钢	1）不经处理；2）镀锌钝化					
	不锈钢	不经处理					

① 长度系列（单位为 mm）：10、12、(14)、16、20~50（5 进位）、(55)、60。

表 5.2-176　六角头不脱出螺钉（摘自 GB/T 838—1988）　　　　　（mm）

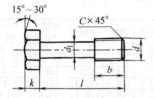

标记示例

螺纹规格 d = M6、公称长度 l = 20mm、性能等级为 4.8 级、不经表面处理的六角头不脱出螺钉标记为

螺钉　GB/T 838 M6×20

螺纹规格 d		M5	M6	M8	M10	M12	M14	M16
b		8	10	12	15	18	20	24
k　公称		3.5	4	5.3	6.4	7.5	8.8	10
s　max		8	10	12	16	18	21	24
e　min		8.79	11.05	14.38	17.77	20.03	23.35	26.75
d_1　max		3.5	4.5	5.5	7.0	9.0	11.0	12.0
l[①]　长度范围		14~40	20~50	25~65	30~80	30~100	35~100	40~100
性能等级	钢	4.8						
	不锈钢	A1-50、C4-50						
表面处理	钢	1）不经处理；2）镀锌钝化						
	不锈钢	不经处理						

① 长度系列（单位为 mm）：(14)、16、20~50（5 进位）、(55)、60、(65)、70、75、80、90、100。

表 5.2-177　滚花头不脱出螺钉（摘自 GB/T 839—1988）　　　　　（mm）

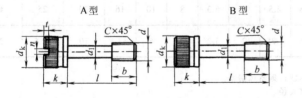

A 型　　　B 型

标记示例

螺纹规格 d = M6、公称长度 l = 20mm、性能等级为 4.8 级、不经表面处理、按 A 型制造的滚花头不脱出螺钉标记为

螺钉　GB/T 839 M6×20

按 B 型制造时，应加标记 B

螺钉　GB/T 839 BM5×16

螺纹规格 d		M3	M4	M5	M6	M8	M10
b		4	6	8	10	12	15
d_k（滚花前）　max		5	8	9	11	14	17
k　max		4.5	6.5	7	10	12	13.5
n　公称		0.8	1.2		1.6	2	2.5
t　min		0.7	1.0	1.2	1.4	1.9	2.4
d_1　max		2.0	2.8	3.5	4.5	5.5	7.0
l[①]　长度范围		10~25	12~30	14~40	20~50	25~60	30~60
性能等级	钢	4.8					
	不锈钢	A1-50、C4-50					
表面处理	钢	1）不经处理；2）镀锌钝化					
	不锈钢	不经处理					

① 长度系列（单位为 mm）：10、12、(14)、16、20~50（5 进位）、(55)、60。

表 5.2-178　吊环螺钉（摘自 GB 825—1988）　　　　　　　（mm）

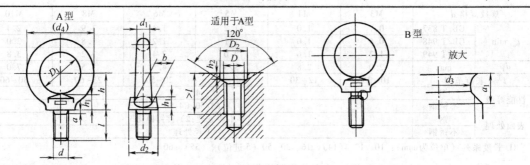

标记示例

螺纹规格 d=M20、材料为 20 钢、经正火处理、不经表面处理的 A 型吊环螺钉标记为

螺钉　GB 825 M20

规格 d		M8	M10	M12	M16	M20	M24	M30	M36	M42	M48	M56	M64	M72×6	M80×6	M100×6
d_1	max	9.1	11.1	13.1	15.2	17.4	21.4	25.7	30	34.4	40.7	44.7	51.4	63.8	71.8	79.2
	min	7.6	9.6	11.6	13.6	15.6	19.6	23.5	27.5	31.2	37.4	41.1	46.9	58.8	66.8	73.6
D_1	公称	20	24	28	34	40	48	56	67	80	95	112	125	140	160	200
	min	19	23	27	32.9	38.8	4638	54.6	65.5	78.1	92.9	109.9	122.3	137	157	196.7
d_2	max	21.1	25.1	29.1	35.2	41.4	49.4	57.7	69	82.4	97.7	114.7	128.4	143.8	163.8	204.2
	min	19.6	23.6	27.6	33.6	69.3	47.6	55.5	66.5	79.2	94.1	111.1	123.9	138.8	158.8	198.6
l 公称		16	20	22	28	35	40	45	55	65	70	80	90	100	115	140
d_2 参考		36	44	52	62	72	88	104	123	144	171	196	221	260	296	350
h		18	22	26	31	36	44	53	63	74	87	100	115	130	150	175
a	max	2.5	3	3.5	4	5	6	7	8	9	10	11		12		
a_1	max	3.75	4.5	5.25	6	7.5	9	10.5	12	13.5	15	16.5		18		
b		10	12	14	16	19	24	28	32	38	46	50	58	72	80	88
d_3	公称 (max)	6	7.7	9.4	13	16.4	19.6	25	30.8	34.6	41	48.3	55.7	63.7	71.7	91.7
	min	5.82	7.48	9.18	12.73	16.13	19.27	24.67	29.91	35.21	40.61	47.91	55.24	63.24	17.24	91.16
D		M8	M10	M12	M16	M20	M24	M30	M36	M42	M48	M56	M64	M72×6	M80×6	M100×6
D_2	公称 (min)	13	15	17	22	28	32	38	45	52	60	68	75	85	95	115
	max	13.43	15.43	17.52	22.52	28.52	32.62	38.62	45.62	52.74	60.74	68.74	75.74	85.87	95.87	115.87
h_2	公称 (min)	2.5	3	3.5	4.5	5	7	8	9.5	10.5	11.5	12.5	13.5		14	
	max	2.9	3.4	3.98	4.98	5.48	7.58	8.58	40.08	11.2	12.2	13.2	14.2		14.7	
起吊质量 /t max	单螺钉起吊	0.16	0.25	0.40	0.63	1	1.6	2.5	4	6.3	8	10	16	20	25	40
	双螺钉起吊	0.08	0.125	0.2	0.32	0.5	0.8	1.25	2	3.2	4	5	8	10	12.5	20

注：1. M8~M36 为商品规格。

2. 起吊质量系指平稳起吊的最大质量。吊环螺钉须整体锻造。

3. A 型无螺纹部分的杆径≈螺纹中径或螺纹大径。

4. 吊环螺钉应进行轴向保证载荷试验，试验后环部的变形率不得大于 0.5%。

5. 吊环螺钉应进行硬度试验，其硬度应取 67~95HRB。

6. 双螺钉起吊时，两环间起吊夹角不得大于 90°。

7. 螺纹公差按 GB/T 197 的 8g 级规定。

表 5.2-179　滚花高头螺钉（摘自 GB/T 834—1988）滚花平头螺钉（摘自 GB/T 835—1988）

（mm）

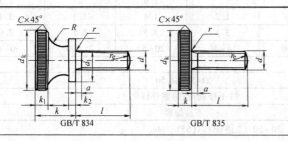

标记示例

螺纹规格 d=M5、公称长度 l=20mm、性能

等级为 4.8 级、不经表面处理的滚花高头螺钉

和滚花平头螺钉分别标记为

螺钉　GB/T 834 M5×20

螺钉　GB/T 835 M5×20

（续）

螺纹规格 d		M1.6	M2	M2.5	M3	M4	M5	M6	M8	M10
d_k	max	7	8	9	11	12	16	20	24	30
k　max	GB/T 834	4.7	5	5.5	7	8	10	12	16	20
	GB/T 835	2		2.2	2.8	3	4	5	6	8
k_1		2		2.2	2.8	3	4	5	6	8
k_2		0.8		1		1.2	1.5	2	2.5	3	3.8
R	≈	1.25		1.5		2		2.5	3	4	5
r	min	0.1				0.2		0.25		0.4	
r_e		2.24	2.8	3.5	4.2	5.6	7	8.4	11.2	14
d_1		4	4.5	5	6	8	10	12	16	20
l[①] 长度范围	GB/T 834	2~8	2.5~10	3~12	4~16	5~16	6~20	8~25	10~30	12~35
	GB/T 835	2~12	4~16	5~16	6~20	8~25	10~25	12~30	16~35	20~45
性能等级	钢	4.8								
	不锈钢	A1-50、C4-50								
表面处理	钢	1) 不经处理;2) 镀锌钝化								
	不锈钢	不经处理								

① 长度系列（单位为 mm）：2、2.5、3、4、5、6、8、10、12、(14)、16、20~45（5 进位）。

表 5.2-180　滚花小头螺钉（摘自 GB/T 836—1988）　　　　（mm）

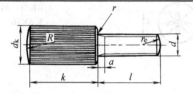

标记示例

螺纹规格 d＝M5、公称长度 l＝20mm、性能等级为 4.8 级、不经表面处理的滚花小头螺钉标记为

螺钉　GB/T 836 M5×20

螺纹规格　d		M1.6	M2	M2.5	M3	M4	M5	M6
d_k	max	3.5	4	5	6	7	8	10
k	max	10	11		12		13	
R	≈	4		5	6	8		10
r	min	0.1				0.2		0.25
r_e		2.24	2.8	3.5	4.2	5.6	7	8.4
l[①]　长度范围		3~16	4~20	5~20	6~25	8~30	10~35	12~40
性能等级	钢	4.8						
	不锈钢	A1-50、C4-50						
表面处理	钢	1) 不经处理;2) 镀锌钝化						
	不锈钢	不经处理						

① 长度系列（单位为 mm）：3、4、5、6、8、10、12、(14)、16、20~40（5 进位）。

表 5.2-181　塑料滚花头螺钉（摘自 GB/T 840—1988）　　　　（mm）

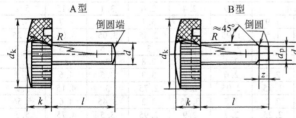

标记示例

螺纹规格 d＝M10、公称长度 l＝30mm、性能等级为 14H 级、表面氧化、按 A 型制造的塑料滚花头螺钉标记为

螺钉　GB/T 840 M10×30

按 B 型制造应加标记 B

螺钉　GB/T 840 B M10×30

螺纹规格　d		M4	M5	M6	M8	M10	M12	M16
d_k	max	12	16	20	25	28	32	40
k	max	5	6		8		10	12
d_p	max	2.5	3.5	4	5.5	7	8.5	12
z	min	2	2.5	3	4	5	6	8
R	≈	25	32	40	50	55	65	80
l[①] 长度范围		8~30	10~40	12~40	16~45	20~60	25~60	30~80
性能等级　钢		—						
表面处理　钢		1) 氧化;2) 镀锌钝化						

① 长度系列（单位为 mm）：8、10、12、16、20~50（5 进位）、60、70、80。

5.5　自攻螺钉（见表 5.2-182～表 5.2-189）

表 5.2-182　十字槽盘头自攻螺钉（摘自 GB 845—1985）、十字槽沉头自攻螺钉（摘自 GB 846—1985）和十字槽半沉头自攻螺钉（摘自 GB 847—1985）　（mm）

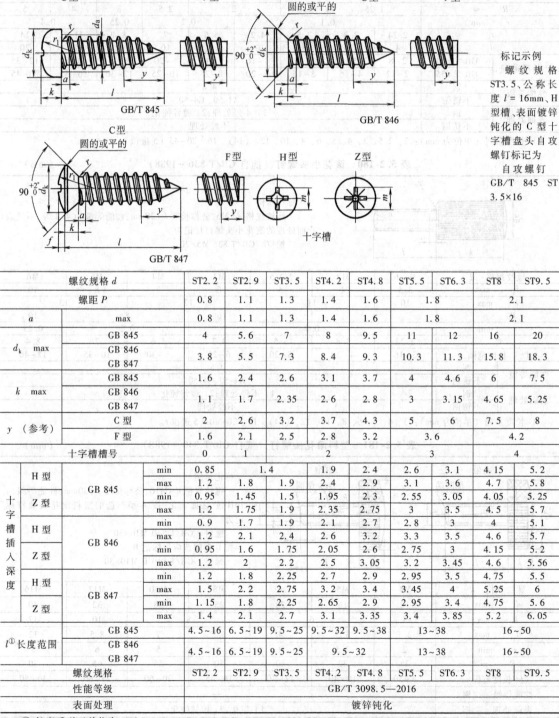

标记示例
螺纹规格 ST3.5、公称长度 $l=16\text{mm}$、H 型槽、表面镀锌钝化的 C 型十字槽盘头自攻螺钉标记为
自攻螺钉 GB/T 845 ST 3.5×16

螺纹规格 d			ST2.2	ST2.9	ST3.5	ST4.2	ST4.8	ST5.5	ST6.3	ST8	ST9.5
螺距 P			0.8	1.1	1.3	1.4	1.6	1.8	1.8	2.1	2.1
a	max		0.8	1.1	1.3	1.4	1.6	1.8	1.8	2.1	2.1
d_k max	GB 845		4	5.6	7	8	9.5	11	12	16	20
	GB 846 / GB 847		3.8	5.5	7.3	8.4	9.3	10.3	11.3	15.8	18.3
k max	GB 845		1.6	2.4	2.6	3.1	3.7	4	4.6	6	7.5
	GB 846 / GB 847		1.1	1.7	2.35	2.6	2.8	3	3.15	4.65	5.25
y（参考）	C 型		2	2.6	3.2	3.7	4.3	5	6	7.5	8
	F 型		1.6	2.1	2.5	2.8	3.2	3.6	3.6	4.2	4.2
十字槽槽号			0	1	2	2	2	3	3	4	4
十字槽插入深度	H 型	GB 845 min	0.85	1.4	1.4	1.9	2.4	2.6	3.1	4.15	5.2
		max	1.2	1.8	1.9	2.4	2.9	3.1	3.6	4.7	5.8
	Z 型	min	0.95	1.45	1.5	1.95	2.3	2.55	3.05	4.05	5.25
		max	1.2	1.75	1.9	2.35	2.75	3	3.5	4.5	5.7
	H 型	GB 846 min	0.9	1.7	1.9	2.1	2.7	2.8	3.1	4	5.1
		max	1.2	2.1	2.4	2.6	3.2	3.3	3.5	4.6	5.7
	Z 型	min	0.95	1.6	1.75	2.05	2.6	2.75	3	4.15	5.2
		max	1.2	2	2.5	2.5	3.05	3	3.45	4.6	5.56
	H 型	GB 847 min	1.2	1.8	2.25	2.7	2.9	2.95	3.5	4.75	6
		max	1.5	2.2	2.75	3.2	3.4	3.45	4	5.25	6
	Z 型	min	1.15	1.8	2.25	2.65	2.9	2.95	3.4	4.75	5.6
		max	1.4	2.1	2.7	3.1	3.35	3.4	3.85	5.2	6.05
l[①]长度范围	GB 845		4.5~16	6.5~19	9.5~25	9.5~32	9.5~38	13~38	13~38	16~50	16~50
	GB 846 / GB 847		4.5~16	6.5~19	9.5~25	9.5~32	9.5~32	13~38	13~38	16~50	16~50
螺纹规格			ST2.2	ST2.9	ST3.5	ST4.2	ST4.8	ST5.5	ST6.3	ST8	ST9.5
性能等级			GB/T 3098.5—2016								
表面处理			镀锌钝化								

① 长度系列（单位为 mm）：4.5、6.5、9.5、13、16、19、22、25、32、38、45、50。

表 5.2-183　开槽盘头自攻螺钉（摘自 GB 5282—1985）、开槽沉头自攻螺钉（摘自 GB 5283—1985）

和开槽半沉头自攻螺钉（摘自 GB 5284—1985）　　　　　　　　　　（mm）

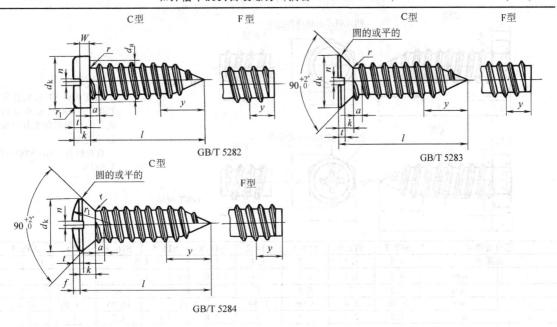

标记示例

螺纹规格 ST3.5、公称长度 $l=16$mm、H 型槽、表面镀锌钝化的 C 型开槽盘头自攻螺钉标记为

　　自攻螺钉　GB 5282 ST 3.5×16

螺纹规格 d		ST2.2	ST2.9	ST3.5	ST4.2	ST4.8	ST5.5	ST6.3	ST8	ST9.5
螺距 P		0.8	1.1	1.3	1.4	1.6	1.8		2.1	
a	max	0.8	1.1	1.3	1.4	1.6	1.8		2.1	
d_k max	GB 5282	4	5.6	7	8	9.5	11	12	16	20
	GB 5283 GB 5284	3.8	5.5	7.3	8.4	9.3	10.3	11.3	15.8	18.3
k max	GB 5282	1.6	2.4	2.6	3.1	3.7	4	4.6	6	7.5
	GB 5283 GB 5284	1.1	1.7	2.35	2.6	2.8	3	3.15	4.65	5.25
n	公称	0.5	0.8	1	1.2		1.6		2	2.5
t min	GB 5282	0.5	0.7	0.8	1	1.2	1.3	1.4	1.9	2.4
	GB 5283	0.4	0.6	0.9	1	1.1		1.2	1.8	2
	GB 5284	0.8	1.2	1.4	1.6	2	2.2	2.4	3.2	3.8
y（参考）	C 型	2	2.6	3.2	3.7	4.3	5	6	7.5	8
	F 型	1.6	2.1	2.5	2.8	3.2	3.6		4.2	
l[①] 长度范围	GB 5282	4.5~16	6.5~19	6.5~22	9.5~25	9.5~32	13~32	13~38	16~50	
	GB 5283	4.5~16	6.5~19	9.5~25	9.5~32		16~38		19~50	22~50
	GB 5284	4.5~16	6.5~19	9.5~22	9.5~25	9.5~32	13~32	13~38	16~50	19~50
性能等级					GB/T 3098.5—2016					
表面处理					镀锌钝化					

① 长度系列（单位为 mm）：4.5、6.5、9.5、13、16、19、22、25、32、38、45、50。

表 5.2-184　六角头自攻螺钉（摘自 GB 5285—1985）和十字槽凹穴

六角头自攻螺钉（摘自 GB/T 9456—1988）　　　　　　　　（mm）

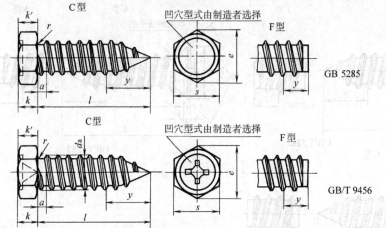

标记示例

螺纹规格 ST 3.5、公称长度 $l = 16$mm、表面镀锌钝化的 C 型六角头自攻螺钉标记为

自攻螺钉　GB 5285 ST 3.5×16

螺纹规格 d			ST2.2	ST2.9	ST3.5	ST4.2	ST4.8	ST5.5	ST6.3	ST8	ST9.5
螺距 P			0.8	1.1	1.3	1.4	1.6	1.8	1.8	2.1	2.1
a		max	0.8	1.1	1.3	1.4	1.6	1.8	1.8	2.1	2.1
s		max	3.2	5	5.5	7	8	8	10	13	16
e		min	3.38	5.4	5.96	7.59	8.71	8.71	10.95	14.26	17.62
k		max	1.3	2.3	2.6	3	3.8	4.1	4.7	6	7.5
十字槽 H 型			—	1	1	2	2	3	3	3	—
	插入深度	min	—	0.95	0.91	1.40	1.80	—	2.36	3.20	—
		max	—	1.32	1.43	1.90	2.33	—	2.86	3.86	—
y　参考	C 型		2	2.6	3.2	3.7	4.3	5	6	7.5	8
	F 型		1.6	2.1	2.5	2.8	3.2	3.6	3.6	4.2	4.2
l[①]长度范围	GB 5285		4.5~16	6.5~19	6.5~22	9.5~25	9.5~32	13~32	13~38	13~50	16~50
	GB/T 9456			6.5~19	9.5~22	9.5~25	9.5~32		13~38	13~50	
性能等级			GB/T 3098.5—2016								
表面处理			镀锌钝化								

① 长度系列（单位为 mm）：4.5、6.5、9.5、13、16、19、22、25、32、38、45、50。

表 5.2-185　十字槽自攻螺钉（摘自 GB/T 13806.2—1992）　　　　　　（mm）

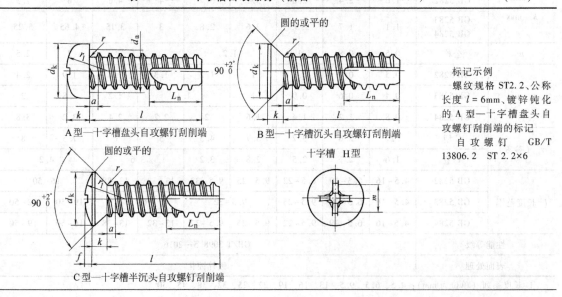

标记示例

螺纹规格 ST2.2、公称长度 $l = 6$mm、镀锌钝化的 A 型—十字槽盘头自攻螺钉刮削端的标记

自攻螺钉　GB/T 13806.2　ST 2.2×6

A 型—十字槽盘头自攻螺钉刮削端

B 型—十字槽沉头自攻螺钉刮削端

十字槽　H 型

C 型—十字槽半沉头自攻螺钉刮削端

（续）

螺纹规格 d			ST1.5	(ST1.9)	ST2.2	(ST2.6)	ST2.9	ST3.5	ST4.2
螺 距 P			0.5	0.6	0.8	0.9	1.1	1.3	1.4
a		max	0.5	0.6	0.8	0.9	1.1	1.3	1.4
d_k　max		A 型	2.8	3.5	4.0	4.3	5.6	7.0	8.0
		B、C 型	2.8	3.5	3.8	4.8	5.5	7.3	8.4
k　max		A 型	0.9	1.1	1.6	2.0	2.4	2.6	3.1
		B、C 型	0.8	0.9	1.1	1.4	1.7	2.35	2.6
L_n　max			0.7	0.9	1.6		2.1	2.5	2.8
十字槽槽号			0				1		2
十字槽插入深度	H 型	A 型 min	0.5	0.7	0.85	1.1	1.4		1.95
		A 型 max	0.7	0.9	1.2	1.5	1.8	1.9	2.35
		B 型 min	0.7	0.8	0.9	1.3	1.7	1.9	2.1
		B 型 max	0.9	1.0	1.2	1.6	2.1	2.4	2.6
	C 型	min	0.9	1.0	1.2	1.4	1.8	2.25	—
		max	1.1	1.2	1.5	1.8	2.2	2.75	—
$l^{①}$　长度范围			4~8		4.5~10	4.5~16	4.5~20	7~25	
性能等级			GB/T 3098.5—2016						
表面处理			镀锌钝化						

注：尽可能不采用括号内规格。

① 长度系列（单位为 mm）：4、(4.5)、5、(5.5)、6、(7)、8、(9.5)、10、13、16、20、(22)、25。

表 5.2-186　十字槽盘头自挤螺钉（摘自 GB/T 6560—2014）、十字槽沉头自挤螺钉
（摘自 GB/T 6561—2014）和十字槽半沉头自挤螺钉（摘自 GB/T 6562—2014）　　（mm）

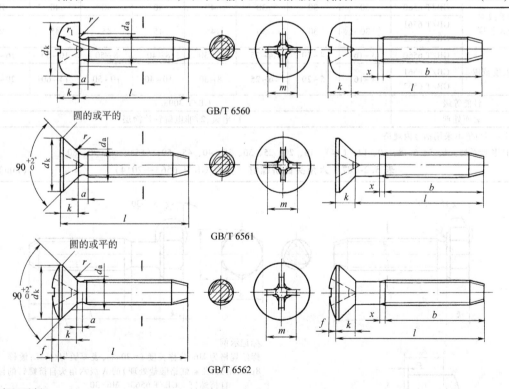

圆的或平的
GB/T 6560

圆的或平的
GB/T 6561

圆的或平的
GB/T 6562

标记示例

螺纹规格为 M5、公称长度 l=20mm、H 型十字槽、表面镀锌、厚度 8μm，光亮、黄彩虹铬盐处理的十字槽盘头自挤螺钉标记为

自挤螺钉　GB/T 6560 M5×20

（续）

螺纹规格			M2	M2.5	M3	M4	M5	M6	M8	M10
	a　max		0.8	0.9	1	1.4	1.6	2	2.5	3
	b　min		25	25	25	38	38	38	38	38
	x　max		1	1.1	1.25	1.75	2	2.5	3.2	3.8
d_k　max	GB/T 6560		4	5	5.6	8	9.5	12	16	20
	GB/T 6561 GB/T 6562		3.8	4.7	5.5	8.4	9.3	11.3	15.8	18.3
k　max	GB/T 6560		1.6	2.1	2.4	3.1	3.7	4.6	6	7.5
	GB/T 6561 GB/T 6562		1.2	1.5	1.65	2.7	2.7	3.3	4.65	5
十字槽槽号			0	1		2		3	4	
十字槽插入深度	H 型	GB/T 6560 min	0.9	1.15	1.4	1.9	2.4	3.1	4	5.2
		GB/T 6560 max	1.2	1.55	1.8	2.4	2.9	3.6	4.6	5.8
		GB/T 6561 min	0.9	1.25	1.4	2.1	2.3	2.8	3.9	4.8
		GB/T 6561 max	1.2	1.55	1.8	2.6	2.8	3.3	4.4	5.3
		GB/T 6562 min	1.2	1.5	1.8	2.7	2.9	3.5	4.75	5.5
		GB/T 6562 max	1.5	1.85	2.2	3.2	3.4	4	5.25	6
	Z 型	GB/T 6560 min	1.17	1.25	1.5	1.89	2.29	3.03	4.05	5.24
		GB/T 6560 max	1.42	1.5	1.75	2.34	2.74	3.46	4.5	5.69
		GB/T 6561 min	0.95	1.22	1.48	2.06	2.27	2.73	3.87	4.78
		GB/T 6561 max	1.2	1.47	1.73	2.51	2.72	3.18	4.32	5.23
		GB/T 6562 min	1.15	1.5	1.83	2.65	2.9	3.4	4.75	5.6
		GB/T 6562 max	1.4	1.75	2.08	3.1	3.35	3.85	5.2	6.05
全螺纹时最大长度	GB/T 6560		30	30	30	40	40	40	40	40
	GB/T 6561 GB/T 6562		30	30	30	45	45	45	45	45
l[①] 长度范围	GB/T 6560		3~16	4~20	4~25	6~30	8~40	8~50	10~60	16~80
	GB/T 6561 GB/T 6562		4~16	5~20	6~25	8~30	10~40	10~50	14~60	20~80
性能等级			GB/T 3098.7							
表面处理			1）电镀；2）非电解锌片涂层							

注：尽可能不采用括号内规格。

① 长度系列：4、5、6、8、10、12、（14）、16、20、25、30、35、40、45、50、（55）、60、70、80。

表 5.2-187　六角头自挤螺钉（摘自 GB/T 6563—2014）　　　　　（mm）

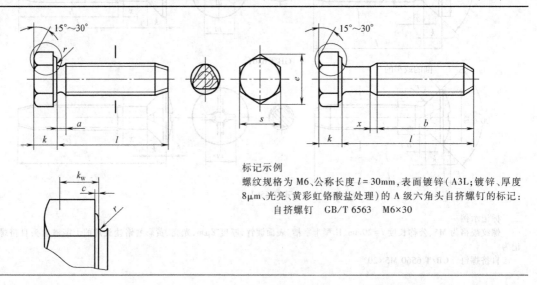

标记示例

螺纹规格为 M6、公称长度 $l=30\text{mm}$，表面镀锌（A3L；镀锌、厚度 8μm、光亮、黄彩虹铬酸盐处理）的 A 级六角头自挤螺钉的标记：

自挤螺钉　GB/T 6563　M6×30

（续）

螺纹规格		M2	M2.5	M3	M4	M5	M6	M8	M10	M12
a	max	1.2	1.35	1.5	2.1	2.4	3	4	4.5	5.3
b	min	25	25	25	38	38	38	38	38	38
c	max	0.25	0.25	0.4	0.4	0.5	0.5	0.6	0.6	0.6
	min	0.10	0.10	0.15	0.15	0.15	0.15	0.15	0.15	0.15
e	min	4.32	5.45	6.01	7.66	8.79	11.05	14.38	17.77	20.03
k	公称	1.4	1.7	2	2.8	3.5	4	5.3	6.4	7.5
r	min	0.1	0.1	0.1	0.2	0.2	0.25	0.4	0.4	0.6
x	max	1	1.1	1.25	1.75	2	2.5	3.2	3.8	4.4
s	max	4	5	5.5	7	8	10	13	16	18
	min	3.82	4.82	5.32	6.78	7.78	9.78	12.78	15.73	17.73
l 长度范围		3~16	4~20	4~25	6~30	8~40	8~50	10~60	12~80	(14)~80
性能等级		GB/T 3098.7								
表面处理		1）电镀；2）非电解锌片涂层								

注：1. 尽可能不采用括号内规格。
　　2. 长度尺寸系列（单位为 mm）：3、4、5、6、8、10、12、(14)、16、20、(5 进位) 50、(55)、60、70、80。

表 5.2-188　十字槽盘头自钻自攻螺钉（摘自 GB/T 15856.1—2002）、十字槽沉头自钻自攻螺钉

（摘自 GB/T 15856.2—2002）和十字槽半沉头自钻自攻螺钉（摘自 GB/T 15856.3—2002）(mm)

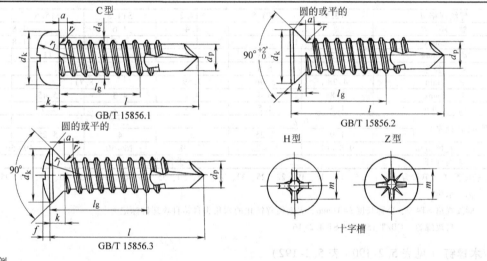

GB/T 15856.1

GB/T 15856.2

GB/T 15856.3

标记示例
螺纹规格 ST 4.2、公称长度 l=16mm、H 型槽表面镀锌钝化的十字槽盘头自钻自攻螺钉标记为
自攻螺钉 GB/T 15856.1 ST 4.2×16

螺纹规格 d				ST2.9	ST3.5	ST4.2	ST4.8	ST5.5	ST6.3
螺　距　P				1.1	1.3	1.4	1.6	1.8	
a			max	1.1	1.3	1.4	1.6	1.8	
d_k max	GB/T 15856.1			5.6	7	8	9.5	11	12
	GB/T 15856.2 GB/T 15856.3			5.5	7.3	8.4	9.3	10.3	11.3
k max	GB/T 15856.1			2.4	2.6	3.1	3.7	4	4.6
	GB/T 15856.2 GB/T 15856.3			1.7	2.35	2.6	2.8	3	3.15
d_p ≈				2.3	2.8	3.6	4.1	4.8	5.8
十字槽号				1		2		3	
十字槽插入深度	H 型	GB/T 15856.1	min	1.4		1.9	2.4	2.6	3.1
			max	1.8	1.9	2.4	2.9	3.1	3.6
	Z 型		min	1.45	1.5	1.95	2.3	2.55	3.05
			max	1.75	1.9	2.35	2.75	3	3.5
	H 型	GB/T 15856.2	min	1.7	1.9	2.1	2.7	2.8	3
			max	2.1	2.4	2.6	3.2	3.3	3.5
	Z 型		min	1.6	1.75	2.05	2.6	2.75	3
			max	2	2.2	2.5	3.05	3.2	3.45
	H 型	GB/T 15856.3	min	1.8	2.25	2.7	2.9	2.95	3.5
			max	2.2	2.75	3.2	3.4	3.45	4
	Z 型		min	1.8	2.25	2.65	2.9	2.95	3.4
			max	2.1	2.7	3.1	3.35	3.4	3.85

（续）

螺纹规格 d		ST2.9	ST3.5	ST4.2	ST4.8	ST5.5	ST6.3
钻削范围（板厚）	≥	0.7			1.75		2
	≤	1.9	2.25	3	4	5.25	6
$l^{①}$　长度范围		13~19	13~25	13~38	16~50	19~50	

① 长度系列（单位为 mm）：13、16、19、22、25、32、38、45、50。

表 5.2-189　六角法兰面自钻自攻螺钉（GB/T 15856.4—2002）和

六角凸缘自钻自攻螺钉（GB/T 15856.5—2002） （mm）

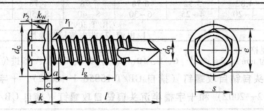

螺纹规格 d		ST2.9	ST3.5	ST4.2	ST4.8	ST5.5	ST6.3
螺 距 P		1.1		1.4	1.6	1.8	
a	max	1.1		1.4	1.6	1.8	
d_c	max	6.3	8.3	8.8	10.5	11	13.5
s	公称	4.0	5.5	7.0	8.0		10.0
e	min	4.28	5.96	7.59	8.71		10.95
k	max	2.8	3.4	4.1	4.3	5.45	5.9
k_w	min	1.3	1.5	1.8	2.2	2.7	3.1
钻削范围（板厚）	≥	0.7			1.75		2
	≤	1.9	2.25	3	4	5.25	6
$l^{①}$　长度范围		9.5~19	13~25	13~38	16~50	19~50	
表面处理		镀锌钝化					

① 长度系列（单位为 mm）：9.5、13、16、19、22、25、32、38、45、50、55、60、65、70、75、80、85、90、95、100。

标记示例

螺纹规格 ST4.2、公称长度 l=16mm、表面镀锌钝化的六角头自钻自攻螺钉标记为

自攻螺钉　GB/T 15856.4 ST 4.2×16

5.6　木螺钉 （见表 5.2-190~表 5.2-192）

表 5.2-190　开槽圆头木螺钉（摘自 GB 99—1986）、开槽沉头木螺钉（摘自 GB/T 100—1986）

和开槽半沉头木螺钉（摘自 GB 101—1986） （mm）

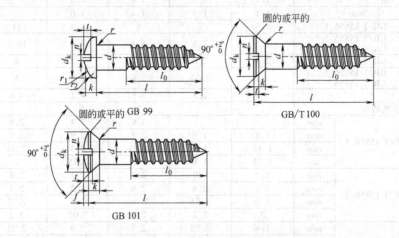

标记示例

公称直径 10mm、长度 100mm、材料为 Q215、不经表面处理的开槽圆头木螺钉标记为

木螺钉　GB 99 10×100

（续）

d	公称	1.6	2	2.5	3	3.5	4	(4.5)	5	(5.5)	6	(7)	8	10
d_k max	GB 99	3.2	3.9	4.63	5.8	6.75	7.65	8.6	9.5	10.5	11.05	13.35	15.2	18.9
	GB/T 100 GB 101	3.2	4	5	6	7	8	9	10	11	12	14	16	20
k	GB/T 99	1.4	1.6	1.98	2.37	2.65	2.95	3.25	3.5	3.95	4.34	4.86	5.5	6.8
	GB/T 100 GB 101	1	1.2	1.4	1.7	2	2.2	2.7	3	3.2	3.5	4	4.5	5.8
n	公称	0.4	0.5	0.6	0.8	0.9	1	1.2	1.2	1.4	1.6	1.8	2	2.5
$r \approx$	GB 99	1.6	2.3	2.6	3.4	4	4.8	5.2	6	6.5	6.8	8.2	9.7	12.1
	GB 101	2.8	3.6	4.3	5.5	6.1	7.3	7.9	9.1	9.7	10.9	12.4	14.5	18.2
t min	GB 99	0.64	0.70	0.90	1.06	1.26	1.38	1.60	1.90	2.10	2.20	2.34	2.94	3.60
	GB/T 100	0.48	0.58	0.64	0.79	0.95	1.05	1.30	1.46	1.56	1.71	1.95	2.2	2.90
	GB 101	0.64	0.74	0.9	1.1	1.36	1.46	1.8	2.0	2.2	2.3	2.8	3.1	4.04
l[①] 长度范围	GB 99	6~12	6~14	6~22	8~25	8~38	12~65	14~80	16~90	22~90	22~120	38~120	65~120	
	GB/T 100	6~12	6~16	6~25	8~30	8~40	12~70	16~85	18~100	25~100	25~120	40~120	75~120	
	GB 101	6~12	6~16	6~25	8~30	8~40	12~70	16~85	18~100	30~100	30~120	40~120	70~120	
材料	碳素钢	Q215、Q235												
	铜及铜合金	H62、HPb59-1												
表面缺陷		螺纹表面不允许有裂纹、折纹。除螺纹最初两扣和螺尾外,不允许有扣不完整,表面不允许有浮锈,不允许有影响使用的裂纹、凹痕、毛刺、圆钝和飞边												

注：尽可能不采用括号内的规格。

① 长度系列（单位为 mm）：6~20（2 进位）、（22）、25、30、（32）、35、（38）、40~90（5 进位）、100、120。

表 5.2-191　六角头木螺钉（摘自 GB 102—1986）　　　　　（mm）

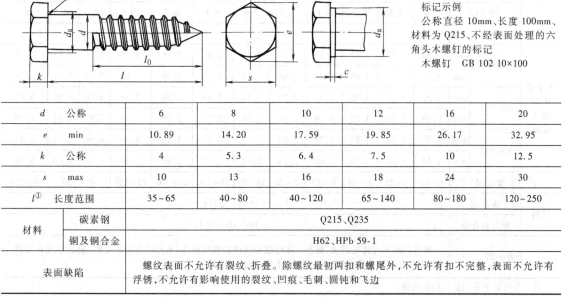

允许制造的型式

标记示例
公称直径 10mm、长度 100mm、材料为 Q215、不经表面处理的六角头木螺钉的标记
木螺钉　GB 102 10×100

d	公称	6	8	10	12	16	20
e	min	10.89	14.20	17.59	19.85	26.17	32.95
k	公称	4	5.3	6.4	7.5	10	12.5
s	max	10	13	16	18	24	30
l[①]	长度范围	35~65	40~80	40~120	65~140	80~180	120~250
材料	碳素钢	Q215、Q235					
	铜及铜合金	H62、HPb 59-1					
表面缺陷		螺纹表面不允许有裂纹、折叠。除螺纹最初两扣和螺尾外,不允许有扣不完整,表面不允许有浮锈,不允许有影响使用的裂纹、凹痕、毛刺、圆钝和飞边					

① 公称长度系列（单位为 mm）：35、40、50、65、80~200（20 进位）、（225）、（250）。

表 5.2-192　十字槽圆头木螺钉（摘自 GB 950—1986）、十字槽沉头木螺钉（摘自 GB 951—1986）
和十字槽沉头木螺钉（摘自 GB 952—1986）　　　　　　　　　　（mm）

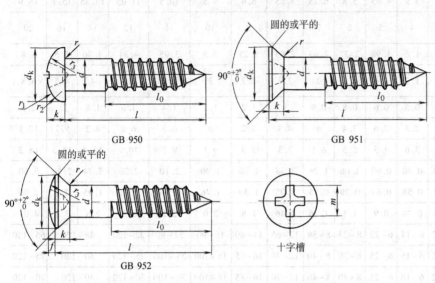

GB 950　　　　　　　GB 951

GB 952　　　　　　十字槽

标记示例

公称直径 10mm、长度 100mm、材料为 Q215、不经表面处理的十字槽圆头木螺钉标记为

木螺钉　GB 950 10×100

d	公称	2	2.5	3	3.5	4	(4.5)	5	(5.5)	6	(7)	8	10
d_k max	GB 950	3.9	4.63	5.8	6.75	7.65	8.6	9.5	10.5	11.05	13.35	15.2	18.9
	GB 951 GB 952	4	5	6	7	8	9	10	11	12	14	16	20
k	GB 950	1.6	1.98	2.37	2.65	2.95	3.25	3.5	3.95	4.34	4.86	5.5	6.8
	GB 951 GB 952	1.2	1.4	1.7	2	2.2	2.7	3	3.2	3.5	4	4.5	5.8
r_1	GB 950	2.3	2.6	3.4	4	4.8	5.2	6	6.5	6.8	8.2	9.7	12.1
	GB 952	3.6	4.3	5.5	6.1	7.3	7.9	9.1	9.7	10.9	12.4	14.5	18.2
十字槽槽号		1			2				3			4	
十字槽（H 型）插入深度	GB 950 max	1.32	1.52	1.63	1.83	2.23	2.43	2.63	2.76	3.26	3.56	4.35	5.35
	GB 950 min	0.9	1.1	1.06	1.25	1.64	1.84	2.04	2.16	2.65	2.93	3.77	4.75
	GB 951 max	1.32	1.52	1.73	2.13	2.73	3.13	3.33	3.36	3.96	4.46	4.95	5.95
	GB 951 min	0.95	1.14	1.20	1.60	2.19	2.58	2.77	2.80	3.39	3.87	4.41	5.39
	GB 952 max	1.52	1.72	1.83	2.23	2.83	3.23	3.43	3.46	4.06	4.56	5.15	6.15
	GB 952 min	1.14	1.34	1.30	1.69	2.28	2.68	2.87	2.90	3.48	3.97	4.60	5.58
l[①]	长度范围	6~16	6~25	8~30	8~40	12~70	16~85	18~100	25~100	25~120	40~120		70~120
材料	碳素钢	Q215、Q235											
	铜及铜合金	H62、HPb59-1											
表面缺陷		螺纹表面不允许有裂纹、折叠。除螺纹最初两扣和螺尾外,不允许有扣不完整,表面不允许有浮锈,不允许有影响使用的裂纹、凹痕、毛刺、圆钝和飞边											

注：尽可能不采用括号内的规格。

① 公称长度系列（单位为 mm）：6~(22)（2 进位）、25、30、(32)、35、(38)、40~90（5 进位）、100、120。

5.7　垫圈和轴端挡圈 （见表 5.2-193 ~ 表 5.2-215）

表 5.2-193　平垫圈 A 级 （摘自 GB/T 97.1—2002） 和倒角型平垫圈 A 级 （摘自 GB/T 97.2—2002）

（mm）

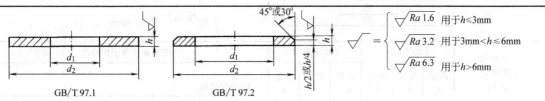

GB/T 97.1　　　　　　　GB/T 97.2

$\sqrt{} = \begin{cases} \sqrt{Ra\,1.6} & 用于 h \leqslant 3mm \\ \sqrt{Ra\,3.2} & 用于 3mm < h \leqslant 6mm \\ \sqrt{Ra\,6.3} & 用于 h > 6mm \end{cases}$

标记示例

标准系列、公称规格 8mm、由钢制造的硬度等级为 200HV 级、不经表面处理、产品等级为 A 级的平垫圈的标记

垫圈　GB/T 97.1　8

由 A2 不锈钢制造，其余同上，标记为

垫圈 GB/T 97.1　8　A2

公称规格（螺纹大径 d）	GB/T 97.1			GB/T 97.2			技术条件和引用标准	
	内径 d_1	外径 d_2	厚度 h	内径 d_1	外径 d_2	厚度 h	1）力学性能	

公称规格（螺纹大径 d）	内径 d_1	外径 d_2	厚度 h	内径 d_1	外径 d_2	厚度 h	技术条件和引用标准
优选尺寸 1.6	1.7	4	0.3	—	—	—	1）力学性能
2	2.2	5	0.3	—	—	—	
2.5	2.7	6	0.5	—	—	—	
3	3.2	7	0.5	—	—	—	2）不锈钢组别：A2、F1、C1、A4、C4（按 GB/T 3098.6）
4	4.3	9	0.8	—	—	—	3）表面处理
5	5.3	10	1	5.3	10	1	①不经表面处理，即垫圈应是本色的并涂有防锈油或按协议的涂层
6	6.4	12	1.6	6.4	12	1.6	②电镀的技术要求按 GB/T 5267.1
8	8.4	16	1.6	8.4	16	1.6	③非电解锌片涂层技术要求按 GB/T 5267.2
10	10.5	20	2	10.5	20	2	④对淬火回火的垫圈应采用适当的涂层或电镀工艺以免氢脆。当电镀或磷化处理垫圈时，应在电镀或涂层后立即进行适当处理，以驱除有害的氢脆
12	13	24	2.5	13	24	2.5	⑤所有公差适用于镀或涂前尺寸
16	17	30	3	17	30	3	
20	21	37	3	21	37	3	
24	25	44	4	25	44	4	
30	31	56	4	31	56	4	
36	37	66	5	37	66	5	
42	45	78	8	45	78	8	
48	52	92	8	52	92	8	
56	62	105	10	62	105	10	
64	70	115	10	70	115	10	
非优选尺寸 14	15	28	2.5	15	28	2.5	
18	19	34	3	19	34	3	
22	23	39	3	23	39	3	
27	28	50	4	28	50	4	
33	34	60	5	34	60	5	
39	42	72	6	42	72	6	
45	48	85	8	48	85	8	
52	56	98	8	56	98	8	
60	66	110	10	66	110	10	

力学性能表：

硬度等级	硬度范围
钢 200HV	200 ~ 300HV
钢 300HV	300 ~ 370HV
不锈钢 200HV	200 ~ 300HV

表 5.2-194　小垫圈 A 级（摘自 GB/T 848—2002）**和大垫圈 A 级**（摘自 GB/T 96.1—2002）（mm）

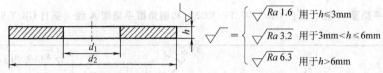

$$\sqrt{} = \begin{cases} \sqrt{Ra\,1.6} & 用于 h \leqslant 3mm \\ \sqrt{Ra\,3.2} & 用于 3mm < h \leqslant 6mm \\ \sqrt{Ra\,6.3} & 用于 h > 6mm \end{cases}$$

公称规格（螺纹大径 d）		GB/T 848			GB/T 96.1			技术条件和引用标准		
		内径 d_1	外径 d_2	厚度 h	内径 d_1	外径 d_2	厚度 h			
优选尺寸	1.6	1.7	3.5	0.3	—	—	—	1）力学性能		
	2	2.2	4.5	0.3	—	—	—	硬度等级		硬度范围
	2.5	2.7	5	0.5	—	—	—	钢	200HV	200～300HV
	3	3.2	6	0.5	3.2	9	0.8		300HV	300～370HV
	4	4.3	8	0.5	4.3	12	1	不锈钢	200HV	200～300HV
	5	5.3	9	1	5.3	15	1			
	6	6.4	11	1.6	6.4	18	1.6	2）不锈钢组别：A2、F1、C1、A4、C4（按 GB/T 3098.6）		
	8	8.4	15	1.6	8.4	24	2	3）表面处理		
	10	10.5	18	1.6	10.5	30	2.5	①不经表面处理,即垫圈应是本色的并涂有防锈油或按协议的涂层		
	12	13	20	2	13	37	3	②电镀的技术要求按 GB/T 5267.1		
	16	17	28	2.5	17	50	3	③非电解锌片涂层技术要求按 GB/T 5267.2		
	20	21	34	3	21	60	4	④对淬火回火的垫圈应采用适当的涂层或电镀工艺以免氢脆。当电镀或磷化处理垫圈时,应在电镀或涂层后立即进行适当处理,以驱除有害的氢脆		
	24	25	39	4	25	72	5	⑤所有公差适用于镀或涂前尺寸		
	30	31	50	4	33	92	6			
	36	37	60	5	39	110	8			
非优选尺寸	3.5	3.7	7	0.5	3.7	11	0.8			
	14	15	24	2.5	15	44	3			
	18	19	30	3	19	56	4			
	22	23	37	4	23	66	5			
	27	28	44	4	30	85	5			
	33	34	56	5	36	105	6			

表 5.2-195　平垫圈 C 级（摘自 GB/T 95—2002）、**大垫圈 C 级**
（摘自 GB/T 96.2—2002）**和特大垫圈 C 级**（摘自 GB/T 5287—2002）　　　　（mm）

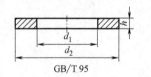
GB/T 95

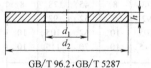
GB/T 96.2, GB/T 5287

公称规格（螺纹大径 d）		GB/T 95			GB/T 96.2			GB/T 5287		
		内径 d_1	外径 d_2	厚度 h	内径 d_1	外径 d_2	厚度 h	内径 d_1	外径 d_2	厚度 h
优选尺寸	1.6	1.8	4	0.3	—	—	—	—	—	—
	2	2.4	5	0.3	—	—	—	—	—	—
	2.5	2.9	6	0.5	—	—	—	—	—	—
	3	3.4	7	0.5	3.4	9	0.8	—	—	—
	4	4.5	9	0.8	4.5	12	1	—	—	—
	5	5.5	10	1	5.5	15	1	5.5	18	2

（续）

公称规格	GB/T 95			GB/T 96.2			GB/T 5287		
（螺纹大径 d）	内径 d_1	外径 d_2	厚度 h	内径 d_1	外径 d_2	厚度 h	内径 d_1	外径 d_2	厚度 h
优选尺寸 6	6.6	12	1.6	6.6	18	1.6	6.6	22	2
8	9	16	1.6	9	24	2	9	28	3
10	11	20	2	11	30	2.5	11	34	3
12	13.5	24	2.5	13.5	37	3	13.5	44	4
16	17.5	30	3	17.5	50	3	17.5	56	5
20	22	37	3	22	60	4	22	72	6
24	26	44	4	26	72	5	26	85	6
30	33	56	4	33	92	6	33	105	6
36	39	66	5	39	110	8	39	125	8
42	45	78	8	—	—	—	—	—	—
48	52	92	8	—	—	—	—	—	—
56	62	105	10	—	—	—	—	—	—
64	70	115	10	—	—	—	—	—	—
非优选尺寸 3.5	3.9	8	0.5	3.9	11	0.8	—	—	—
14	15.5	28	2.5	15.5	44	3	15.5	50	4
18	20	34	3	20	56	4	20	60	5
22	24	39	3	24	66	5	24	80	6
27	30	50	4	30	85	6	30	98	6
33	36	60	5	36	105	6	36	115	8
39	42	72	6	—	—	—	—	—	—
45	48	85	8	—	—	—	—	—	—
52	56	98	8	—	—	—	—	—	—
60	66	110	10	—	—	—	—	—	—

注：材料为钢；硬度等级 100HV；硬度范围为 100~200HV。

表 5.2-196　平垫圈用于螺钉和垫圈组合件（摘自 GB/T 97.4—2002）　　　（mm）

螺钉和垫圈组合件用 A 级垫圈分为三种形式
S 型：小系列，优先用于内六角圆柱头螺钉和圆柱头机器螺钉
N 型：标准系列，优先用于六角头螺栓（螺钉）
L 型：大系列，优先用于六角头螺栓（螺钉）

公称规格	S 型			N 型			L 型		
（螺纹大径 d）	内径 d_1	外径 d_2	厚度 h	内径 d_1	外径 d_2	厚度 h	内径 d_1	外径 d_2	厚度 h
2	1.75	4.5	0.6	1.75	5	0.6	1.75	6	0.6
2.5	2.25	5	0.6	2.25	6	0.6	2.25	8	0.6
3	2.75	6	0.6	2.75	7	0.6	2.75	9	0.8
3.5	3.2	7	0.8	3.2	8	0.8	3.2	11	0.8
4	3.6	8	0.8	3.6	9	0.8	3.6	12	1
5	4.55	9	1	4.55	10	1	4.55	15	1
6	5.5	11	1.6	5.5	12	1.6	5.5	18	1.6
8	7.4	15	1.6	7.4	16	1.6	7.4	24	2
10	9.3	18	2	9.3	20	2	9.3	30	2.5
12	11	20	2	11	24	2.5	11	37	3

注：1. 材料为钢；硬度等级为 200HV（硬度范围为 200~300HV）、300HV（硬度范围为 300~370HV）。
　　2. 图同表 5.2-193 左图。

表 5.2-197　A 级平垫圈用于自攻螺钉和垫圈组合件（摘自 GB/T 97.5—2002）　　　（mm）

公称规格	N 型（标准系列）			L 型（大系列）		
（螺纹大径 d）	内径 d_1	外径 d_2	厚度 h	内径 d_1	外径 d_2	厚度 h
2.2	1.9	5	1	1.9	7	1
2.9	2.5	7	1	2.5	9	1
3.5	3	8	1	3	11	1
4.2	3.55	9	1	3.55	12	1
4.8	4	10	1	4	15	1.6
5.5	4.7	12	1.6	4.7	15	1.6
6.3	5.4	14	1.6	5.4	18	1.6
8	7.15	16	1.6	7.15	24	2
9.5	8.8	20	2	8.8	30	2.5

注：图同表 5.2-193 左图。

表 5.2-198　栓接结构用平垫圈淬火并回火（摘自 GB/T 18230.5—2000）　　　　　　　　（mm）

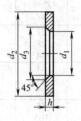
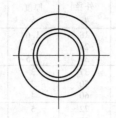

标记示例
公称规格 16mm、淬火并回火的栓接结构用平垫圈的标记

　　垫圈　GB/T 18230.5　16

公称规格（螺纹大径 d）		12	16	20	(22)	24	(27)	30	36
d_1	min	13	17	21	23	25	28	31	37
	max	13.43	17.43	21.52	23.52	25.52	28.52	31.62	37.62
d_2	min	23.7	31.4	38.4	40.4	45.4	50.1	54.1	64.1
	max	25	33	40	42	47	52	56	66
h	公称	3.0	4.0	4.0	5.0	5.0	5.0	5.0	5.0
	min	2.5	3.5	3.5	4.5	4.5	4.5	4.5	4.5
	max	3.8	4.8	4.8	5.8	5.8	5.8	5.8	5.8
d_3	min	15.2	19.2	24.4	26.4	28.4	32.4	35.4	42.4
	max	16.04	20.04	25.24	27.44	29.44	33.4	36.4	43.4

注：1. 硬度为 35~45HRC。

2. 表面处理：常规的氧化，可选择的有电镀锌（GB/T 5267.1）、电镀镉（GB/T 5267.1）、热浸镀锌（GB/T 13912）、粉末渗锌（JB/T 5067），必须有驱氢措施。

3. 热浸垫圈的最低硬度为 26HRC。

表 5.2-199　钢结构用高强度垫圈（摘自 GB/T 1230—2006）**和
钢结构用扭剪型高强度螺栓连接副用垫圈**（GB/T 3632—2008）　　　　　　　　（mm）

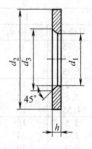

标记示例
规格为 20mm、热处理硬度为 35~45HRC 的钢结构用高强度垫圈的标记
　　垫圈　GB/T 1230　20

规格（螺纹大径 d）		12	16	20	(22)	24	(27)	30
d_1	min	13	17	21	23	25	28	31
	max	13.43	17.43	21.52	23.52	25.52	28.52	31.62
d_2	min	23.7	31.4	38.4	40.4	45.4	50.1	54.1
	max	25	33	40	42	47	52	56
h	公称	3.0	4.0	4.0	5.0	5.0	5.0	5.0
	min	2.5	3.5	3.5	4.5	4.5	4.5	4.5
	max	3.8	4.8	4.8	5.8	5.8	5.8	5.8
d_3	min	15.23	19.23	24.32	26.32	28.32	32.84	35.84
	max	16.03	20.03	25.12	27.12	29.12	33.64	36.64
每 1000 个钢垫圈的理论质量/kg		10.47	23.40	33.55	43.34	55.76	66.52	75.42

注：1. 括号内的规格为第二选择系列。

2. 钢结构用扭剪高强度螺栓垫圈（GB/T 3632—2008），数据同本表，但无 M12 规格。

表 5.2-200　**工字钢用方斜垫圈**（摘自 GB/T 852—1988）**和槽钢用方斜垫圈**（摘自 GB/T 853—1988）

（mm）

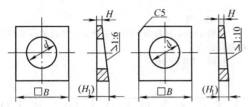

标记示例
　　规格 16mm、材料为 Q215、不经表面处理的工字钢用方斜垫圈标记为
　　　　垫圈　GB/T 852 16

规格（螺纹大径）		6	8	10	12	16	(18)	20	(22)	24	(27)	30	36
d	min	6.6	9	11	13.5	17.5	20	22	24	26	30	33	39
B		16	18	22	28	35	40			50		60	70
H		2						3					
(H_1)	GB/T 852	4.7	5	5.7	6.7	7.7	9.7			11.3		13	14.7
	GB/T 853	3.6	3.8	4.2	4.8	5.4	7			8		9	10
材料及热处理		Q215、Q235											
表面处理		不经处理											

注：尽可能不采用括号内的规格。

表 5.2-201　**球面垫圈**（摘自 GB/T 849—1988）**和锥面垫圈**（摘自 GB/T 850—1988）　（mm）

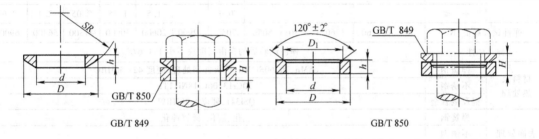

GB/T 849　　　　　　　　　　　　　　GB/T 850

标记示例
　　规格 16mm、材料为 45 钢、热处理硬度 40~48HRC、表面氧化处理的球面垫圈标记为
　　　　垫圈　GB/T 849 16

规格（螺纹大径）			6	8	10	12	16	20	24	30	36	42	48
GB/T 849	d	min	6.40	8.40	10.50	13.00	17.00	21.00	25.00	31.00	37.00	43.00	50.00
	D	max	12.5	17.00	21.00	24.00	30.00	37.00	44.00	56.00	66.00	78.00	92.00
	h	max	3.00	4.00		5.00	6.00	6.60	9.60	9.80	12.00	16.00	20.00
	SR		10	12	16	20	25	32	36	40	50	63	70
GB/T 850	d	min	8	10	12.5	16	20	25	30	36	43	50	60
	D	max	12.5	17	21	24	30	37	44	56	66	78	92
	h	max	2.6	3.2	4	4.7	5.1	6.6	6.8	9.9	14.3	14.4	17.4
	D_1		12	16	18	23.5	29	34	38.5	45.2	64	69	78.6
H	$\approx$		4	5	6	7	8	10	13	16	19	24	30
材料及热处理			45 钢，热处理硬度为 40~48HRC										
表面处理			氧化										

表 5.2-202 标准型弹簧垫圈（摘自 GB 93—1987）、轻型弹簧垫圈（摘自 GB 859—1987）
和重型弹簧垫圈（摘自 GB/T 7244—1987） （mm）

标记示例
规格 16mm、材料为 65Mn、表面氧化处理的标准型弹簧垫圈标记为
垫圈 GB 93 16

规格（螺纹大径）			2	2.5	3	4	5	6	8	10	12	(14)	16	(18)
d	min		2.1	2.6	3.1	4.1	5.1	6.1	8.1	10.2	12.2	14.2	16.2	18.2
GB 93	S	公称	0.5	0.65	0.8	1.1	1.3	1.6	2.1	2.6	3.1	3.6	4.1	4.5
	b	公称	0.5	0.65	0.8	1.1	1.3	1.6	2.1	2.6	3.1	3.6	4.1	4.5
	H	max	1.25	1.63	2	2.75	3.25	4	5.25	6.5	7.75	9	10.25	11.25
	m	≤	0.25	0.33	0.4	0.55	0.65	0.8	1.05	1.3	1.55	1.8	2.05	2.25
GB 859	S	公称	—		0.6	0.8	1.1	1.3	1.6	2	2.5	3	3.2	3.6
	b	公称	—		1	1.2	1.5	2	2.5	3	3.5	4	4.5	5
	H	max	—		1.5	2	2.75	3.25	4	5	6.25	7.5	8	9
	m	≤	—		0.3	0.4	0.55	0.65	0.8	1	1.25	1.5	1.6	1.8
GB/T 7244	S	公称	—					1.8	2.4	3	3.5	4.1	4.8	5.3
	b	公称						2.6	3.2	3.8	4.3	4.8	5.3	5.8
	H	max						4.5	6	7.5	8.75	10.25	12	13.25
	m	≤						0.9	1.2	1.5	1.75	2.05	2.4	2.65
弹性试验载荷/N			700	1160	1760	3050	5050	7050	12900	20600	30000	41300	56300	69000
弹 性			弹性试验后的自由高度应不小于 $1.67S_{公称}$											
材料及热处理	弹簧钢		65Mn、70、60Si2Mn,淬火并回火处理,硬度 42~50HRC											
	不锈钢		30Cr13、06Cr18Ni11Ti											
	铜及铜合金		QSi3-1,硬度 ≥90HBW											
表面处理	弹簧钢		氧化、磷化、镀锌钝化											
	不锈钢		—											
	铜及铜合金		—											

规格（螺纹大径）			20	(22)	24	(27)	30	(33)	36	(39)	42	(45)	48
d	min		20.2	22.5	24.5	27.5	30.5	33.5	36.5	39.5	42.5	45.5	48.5
GB 93	S	公称	5	5.5	6	6.8	7.5	8.5	9	10	10.5	11	12
	b	公称	5	5.5	6	6.8	7.5	8.5	9	10	10.5	11	12
	H	max	12.5	13.75	15	17	18.75	21.25	22.5	25	26.25	27.5	30
	m	≤	2.5	2.75	3	3.4	3.75	4.25	4.5	5	5.25	5.5	6
GB 859	S	公称	4	4.5	5	5.5	6						
	b	公称	5.5	6	7	8	9		—				
	H	max	10	11.25	12.5	13.75	15						
	m	≤	2	2.25	2.5	2.75	3						
GB/T 7244	S	公称	6	6.6	7.1	8	9	9.9	10.8				
	b	公称	6.4	7.2	7.5	8.5	9.3	10.2	11.0		—		
	H	max	15	16.5	17.75	20	22.5	24.75	27				
	m	≤	3	3.3	3.55	7	7.5	7.95	5.4				
弹性试验载荷/N			88000	110000	127000	167000	204000	255000	298000	343000	394000	457000	518000
弹 性			弹性试验后的自由高度应不小于 $1.67S_{公称}$										

（续）

规格(螺纹大径)		20	(22)	24	(27)	30	(33)	36	(39)	42	(45)	48
d	min	20.2	22.5	24.5	27.5	30.5	33.5	36.5	39.5	42.5	45.5	48.5
材料及 热处理	弹簧钢	65Mn、70、60Si2Mn，淬火并回处理，硬度 42~50HRC										
	不锈钢	30Cr13、06Cr18Ni11Ti										
	铜及铜合金	QSi3-1，硬度≥90HBW										
表面处理	弹簧钢	氧化、磷化、镀锌钝化										
	不锈钢	—										
	铜及铜合金	—										

注：尽可能不采用括号内的规格。

表 5.2-203　鞍形弹簧垫圈（摘自 GB/T 7245—1987）**和波形弹簧垫圈**（摘自 GB/T 7246—1987）

（mm）

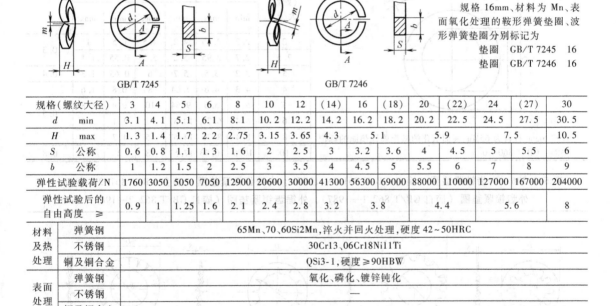

标记示例

规格 16mm、材料为 Mn、表面氧化处理的鞍形弹簧垫圈、波形弹簧垫圈分别标记为

垫圈　GB/T 7245　16

垫圈　GB/T 7246　16

规格(螺纹大径)		3	4	5	6	8	10	12	(14)	16	(18)	20	(22)	24	(27)	30
d	min	3.1	4.1	5.1	6.1	8.1	10.2	12.2	14.2	16.2	18.2	20.2	22.5	24.5	27.5	30.5
H	max	1.3	1.4	1.7	2.2	2.75	3.15	3.65	4.3	5.1		5.9		7.5		10.5
S	公称	0.6	0.8	1.1	1.3	1.6	2	2.5	3	3.2	3.6	4	4.5	5	5.5	6
b	公称	1	1.2	1.5	2	2.5	3	3.5	4	4.5	5	5.5	6	7	8	9
弹性试验载荷/N		1760	3050	5050	7050	12900	20600	30000	41300	56300	69000	88000	110000	127000	167000	204000
弹性试验后的 自由高度 ≥		0.9	1	1.25	1.6	2.1	2.4	2.8	3.2	3.8		4.4		5.6		8
材料 及热 处理	弹簧钢	65Mn、70、60Si2Mn，淬火并回火处理，硬度 42~50HRC														
	不锈钢	30Cr13、06Cr18Ni11Ti														
	铜及铜合金	QSi3-1，硬度≥90HBW														
表面 处理	弹簧钢	氧化、磷化、镀锌钝化														
	不锈钢	—														
	铜及铜合金	—														

注：尽可能不采用括号内的规格。

表 5.2-204　波形弹性垫圈（摘自 GB/T 955—1987）　　　　（mm）

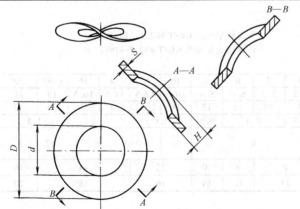

标记示例

规格 6mm、材料为 65Mn、表面氧化的波形弹性垫圈的标记

垫圈　GB/T 955　16

（续）

规格 （螺纹大径）	d min	d max	D min	D max	H min	H max	S	规格 （螺纹大径）	d min	d max	D min	D max	H min	H max	S
3	3.2	3.5	7.42	8	0.8	1.6		16	17	17.43	29	30	3.2	3.3	1.5
4	4.3	4.6	8.42	9	1	2	0.5	(18)	19	19.52	33	34	3.3	6.5	1.5
5	5.3	5.6	10.30	11	1.1	2.2		20	21	21.52	35	36	3.7	7.4	1.6
6	6.4	6.76	11.30	12	1.3	2.6		(22)	23	23.52	39	40	3.9	7.8	1.8
8	8.4	8.76	14.30	15	1.5	3	0.8	24	25	25.52	43	44	4.1	8.2	1.8
10	10.5	10.93	20.16	21	2.1	4.2	1.0	(27)	28	28.52	49	50	4.7	9.4	
12	13	13.43	23.16	24	2.5	5	1.2	30	31	31.62	54.8	56	5	10	2
(14)	15	15.43	27.16	28	3	5.9	1.5								

注：尽可能不采用括号内的规格。

表 5.2-205　鞍形弹性垫圈（摘自 GB/T 860—1987）　　　　（mm）

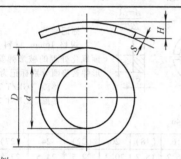

标记示例

规格 6mm、材料为 65Mn、表面氧化的鞍形弹性垫圈的标记

垫圈　GB/T 860　6

规格 （螺纹 大径）	d min	d max	D min	D max	H min	H max	S
2	2.2	2.45	4.2	4.5	0.5	1	0.3
2.5	2.7	2.95	5.2	5.5	0.55	1.1	0.3
3	3.2	3.5	5.7	6	0.65	1.3	0.4
4	4.3	4.6	7.64	8	0.8	1.6	
5	5.3	5.6	9.64	10	0.9	1.8	0.5
6	6.4	6.76	10.57	11	1.1	2.2	
8	8.4	8.76	14.57	15	1.7	3.4	
10	10.5	10.93	17.57	18	2	4	0.8

表 5.2-206　内齿锁紧垫圈（摘自 GB/T 861.1—1987）**、内锯齿锁紧垫圈**（摘自 GB/T 861.2—1987）**、外齿锁紧垫圈**（摘自 GB/T 862.1—1987）**、外锯齿锁紧垫圈**（摘自 GB/T 862.2—1987）（mm）

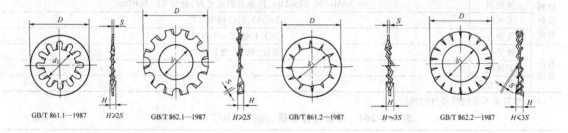

GB/T 861.1—1987　　H>2S　　　　GB/T 862.1—1987　　H>2S　　　　GB/T 861.2—1987　　H>3S　　　　GB/T 862.2—1987　　H<3S

标记示例

规格 6mm、材料为 65Mn、表面氧化的垫圈标记　　　　　　　外齿锁紧垫圈 GB/T 862.1—1987　6

内齿锁紧垫圈 GB/T 861.1—1987　6　　　　　　　　　　　外锯齿锁紧垫圈 GB/T 862.2—1987　6

内锯齿锁紧垫圈 GB/T 861.2—1987　6

规格（螺纹大径）		2	2.5	3	4	5	6	8	10	12	(14)	16	(18)	20
d₁	min	2.2	2.7	3.2	4.3	5.3	6.4	8.4	10.5	12.5	14.5	16.5	19	21
D	max	4.5	5.5	6	8	10	11	15	18	20.5	24	26	30	33
S		0.3		0.4	0.5	0.6		0.8	1.0		1.2		1.5	
齿数 min	GB/T 861.1 GB/T 862.1	6				8			9	10		12		
	GB/T 861.2	7				9		10	12		14		16	
	GB/T 862.2	9				11		12	14		16		18	20

注：1. 尽可能不采用括号内的规格。

　　2. 材料为 65Mn。

表 5.2-207 锥形锁紧垫圈（摘自 GB/T 956.1—1987）和锥形锯齿锁紧垫圈（摘自 GB/T 956.2—1987）
（mm）

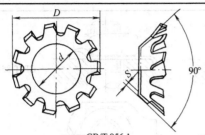

GB/T 956.1

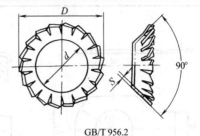

GB/T 956.2

标记示例
规格 6mm、材料为 65Mn、表面氧化的锥形锁紧垫圈
垫圈 GB/T 956.1 6

规格（螺纹大径）		3	4	5	6	8	10	12
d	min	3.2	4.3	5.3	6.4	8.4	10.5	12.5
$D \approx$		6	8	9.8	11.8	15.3	19	23
S		0.4	0.5	0.6	0.6	0.8	1.0	1.0
齿数	GB/T 956.1	6	8	8	10	10	10	10
	GB/T 956.2	12	14	14	16	18	20	26

表 5.2-208 圆螺母用止动垫圈（摘自 GB/T 858—1988）
（mm）

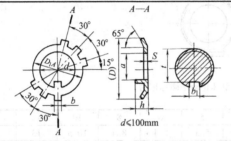

$d \leqslant 100\text{mm}$

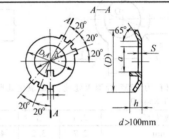

$d > 100\text{mm}$

标记示例
规格为 16mm、材料为 Q215、经退火、表面氧化的圆螺母用止动垫圈
垫圈 GB/T 858 16

规格(螺纹大径)	d	D(参考)	D_1	S	b	a	h	每1000个的质量/kg ≈	轴端 b_1	轴端 t
10	10.5	25	16	1	3.8	8	3	1.91	4	7
12	12.5	28	19			9		2.3		8
14	14.5	32	20			11		2.5		10
16	16.5	34	22			13		2.99		12
18	18.5	35	24			15		3.04		14
20	20.5	38	27		4.8	17	4	3.5	5	16
22	22.5	42	30			19		4.14		18
24	24.5	45	34			21		5.01		20
25①	25.5	45	34			22		4.7		—
27	27.5	48	37			24		5.4		23
30	30.5	52	40			27		5.87		26
33	33.5	56	43	1.5		30	5	10.01		29
35①	35.5	56	43			32		8.75		—
36	36.5	60	46		5.7	33		10.76	6	32
39	39.5	62	49			36		11.06		35
40①	40.5	62	49			—		10.33		—
42	42.5	66	53			39		12.55		38
45	45.5	72	59			42		16.3		41
48	48.5	76	61			45		17.68		44
50①	50.5	76	61			47		15.86		—
52	52.5	82	67		7.7	49	6	21.12	8	48
55①	56	82	67			52		17.67		—
56	57	90	74			53		26		52
60	61	94	79			57		28.4		56
64	65	100	84	1.5	7.7	61	6	31.55	8	60
65①	66	100	84			62		30.35		—
68	69	105	88			65		34.69		64
72	73	110	93			69		37.9		68
75①	76	110	93		9.6	71		33.9	10	—
76	77	115	98			72		41.27		70
80	81	120	103			76		44.7		74
85	86	125	108			81		46.72		79
90	91	130	112			86		64.82		84
95	96	135	117			91		67.4		89
100	101	140	122	2	11.6	96	7	69.97	12	94
105	106	145	127			101		72.54		99
110	111	156	135			106		89.08		104
115	116	160	140			111		91.33		109
120	121	166	145		13.5	116		94.96	14	114
125	126	170	150			121		97.21		119
130	131	176	155			126		100.8		122
140	141	186	165			136		106.7		132
150	151	206	180			146		175.9		142
160	161	216	190			156		185.1		149
170	171	226	200	2.5	15.5	166	8	194	16	159
180	181	236	210			176		202.9		169
190	191	246	220			186		211.7		179
200	201	256	230			196		220.6		189

① 仅用于滚动轴承锁紧装置。

表 5.2-209　单耳止动垫圈（摘自 GB/T 854—1988）和双耳止动垫圈（摘自 GB/T 855—1988）

（mm）

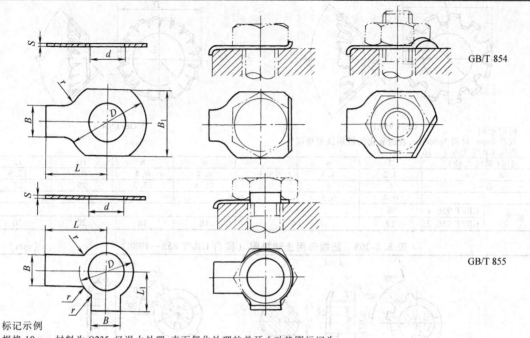

GB/T 854

GB/T 855

标记示例

规格 10mm、材料为 Q235、经退火处理、表面氧化处理的单耳止动垫圈标记为

垫圈　GB/T 854 10

规格（螺纹大径）		2.5	3	4	5	6	8	10	12	(14)	16
d	min	2.7	3.2	4.2	5.3	6.4	8.4	10.5	13	15	17
L	公称	10	12	14	16	18	20	22	28		
L_1	公称	4	5	7	8	9	11	13	16		
S		0.4			0.5				1		
B		3	4	5	6	7	8	10	12		15
B_1		6	7	9	11	12	16	19	21	25	32
r	GB/T 854	2.5				4		6		10	
	GB/T 854	1						2			
D　max	GB/T 854	8	10	14	17	19	22	26	32		40
	GB/T 854	5		8	9	11	14	17	22		27
材料及热处理		Q215、Q235、10、15，退火									
表面处理		氧化									
规格（螺纹大径）		(18)	20	(22)	24	(27)	30	36	42	48
d	min	19	21	23	25	28	31	37	43	50
L	公称	36		42		48	52	62	70	80
L_1	公称	22		25		30	32	38	44	50
S		1					1.5			
B		18		20		24	26	30	35	40
B_1		38		39	42	48	55	65	78	90
r	GB/T 854	10					15			
	GB/T 854	3							4	
D　max	GB/T 854	45		50		58	63	75	88	100
	GB/T 854	32		36		41	46	55	65	75
材料及热处理		Q215、Q235、10、15，退火								
表面处理		氧化								

注：尽可能不采用括号内的规格。

表 5.2-210 外舌止动垫圈 （摘自 GB/T 856—1988）   （mm）

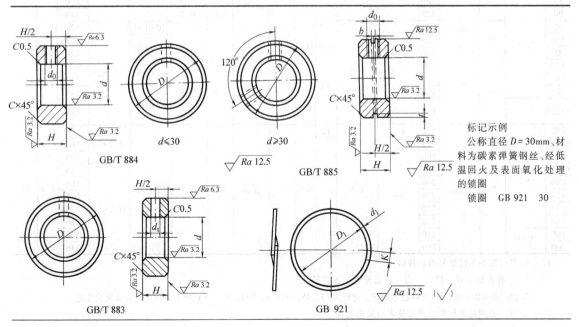

标记示例

规格 10mm、材料为 Q215、经退火处理、表面氧化处理的外舌止动垫圈标记为

垫圈　GB/T 856 10

规格(螺纹大径)		2.5	3	4	5	6	8	10	12	(14)	16
d	min	2.7	3.2	4.2	5.3	6.4	8.4	10.5	13	15	17
D	max	10	12	14	17	19	22	26	32		40
b	max	2	2.5			3.5			4.5		5.5
L	公称	3.5	4.5	5.5	7	7.5	8.5	10	12		15
S		0.4				0.5			1		
d_1		2.5	3			4			5		6
t		3			4			5	6		
材料及热处理		Q215、Q235、10、15、退火									
表面处理		氧化									
规格(螺纹大径)		(18)	20	(22)	24	(27)	30	36	42	48
d	min	19	21	23	25	28	31	37	43	50
D	max	45		50		58	63	75	88	100
b	max	6		7		8		11		13
L	公称	18		20		23	25	31	36	40
S		1					1.5			
d_1		7		8		9		12		14
t		7				10			12	13
材料及热处理		Q215、Q235、10、15、退火								
表面处理		氧化								

注：尽可能不采用括号内的规格。

表 5.2-211 锥销锁紧挡圈（摘自 GB/T 883—1986）、**螺钉锁紧挡圈**（摘自 GB/T 884—1986）、

带锁圈的螺钉锁紧挡圈（摘自 GB/T 885—1986）**和钢丝锁圈**（摘自 GB 921—1986） （mm）

标记示例

公称直径 $D=30$mm、材料为碳素弹簧钢丝、经低温回火及表面氧化处理的锁圈

锁圈　GB 921　30

（续）

公称直径 d		H		D	C		d_t	d_0	b		t		圆锥销 GB/T 117—2000 (推荐)	螺钉 GB/T 71—1985 (推荐)	钢丝锁圈		
基本尺寸	极限偏差	基本尺寸	极限偏差		GB/T 883	GB/T 884、GB/T 885			基本尺寸	极限偏差	基本尺寸	极限偏差			公称直径 D_1	d_1	K
8				20	0.5		3	M5			1.8	±0.18		M5×8	15		
(9)	+0.036 0	10	0 −0.36	22									3×22		17	0.7	2
10															20		
12				25		0.5							3×25				
(13)																	
14	+0.043 0	12	0 −0.43	28	0.5		4		1	+0.20 +0.06			4×28	M6×10	23	0.8	3
15				30											25		
16													4×32				
17				32				M6	2			±0.20			27		
18													4×32				
(19)				35			5								30		
20													4×35				
22	+0.052 0			38	1								5×40		32		
25				42											35	1	6
28		14		45	1		6	M8	1.2	+0.31 +0.06	2.5	±0.25	5×45	M8×12	38		
30	+0.062 0			48									6×50		41		
32				52									6×55		44	1	
35		16		56				M10	1.6		3	±0.30		M10×16	47	1.4	
40	+0.062 0	16		62			6						6×60	M10×16	54		6
45				70									6×70		62		
50		18		80									8×80		71	1.4	
55				85			8	M10	1.6		3	±0.30	8×90		76		
60				90	1	1								M10×20	81		
65	+0.074 0	20		95									10×100		86		9
70				100											91		
75				110			10								100		
80		22		115									10×120	M12×25	105		
85				120											110		
90				125							3.6	±0.36			115		
95	+0.087 0	25	0 −0.52	130									10×130		120		
100				135				M12	2					10×140	124	1.8	
105				140											129		
110				150	1.5	1.5	12						12×150	M12×25	136		12
115		30		155							4.5	±0.45			142		
120				160									12×160		147		
(125)	+0.10 0			165											152		
130				170	1.5		12							M12×25	156		
(135)				175											162		
140				180											166		
(145)	+0.10 0			190											176		
150		30	0 −0.52	200	—	1.5		M12	2	+0.31 +0.06	4.5	±0.45	12×180		186	1.8	
160				210										M12×30	196		
170				220											206		
180				230											216		
190	+0.0115 0			240											226		
200				250											236		

注：1. 尽可能不采用括号内的规格。

2. d_1 孔在加工时，只钻一面；在装配时钻透并铰孔。

3. 挡圈按 GB/T 959.2—1986 技术规定，材料为 35、45、Q235A、Y12、35、45 钢淬火并回火及表面氧化处理。

4. 钢丝锁圈应进行低温回火及表面氧化处理。

表 5.2-212　螺钉紧固轴端挡圈（GB/T 891—1986）和螺栓紧固轴端挡圈（GB/T 892—1986）　（mm）

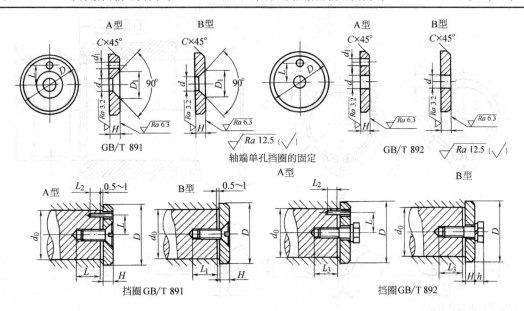

标记示例

　　挡圈 GB/T 891—1986　45（公称直径 $D=45$mm、材料为 Q235A、不经表面处理的 A 型螺钉紧固轴端挡圈）

　　挡圈 GB/T 891—1986　B45（公称直径 $D=45$mm、材料为 Q235A、不经表面处理的 B 型螺钉紧固轴端挡圈）

轴径 d_0 ≤	公称直径 D	H	L	d	d_1	C	D_1	螺钉紧固轴端挡圈			螺栓紧固轴端挡圈					安装尺寸（参考）			
								螺钉 GB/T 819.1—2016（推荐）	1000 个质量 /kg≈		圆柱销 GB/T 119.1—2000（推荐）	螺栓 GB/T 5783—2016（推荐）	垫圈 GB/T 93—1987（推荐）	1000 个质量 /kg≈		L_1	L_2	L_3	h
									A 型	B 型				A 型	B 型				
16	22	4	—	5.5	2.1	0.5	11	M5×12	—	10.7	A2×10	M5×16	5	—	11.2	14	6	16	4.8
18	25								—	14.2				—	14.7				
20	28		7.5						17.9	18.1				18.4	18.6				
22	30								20.8	21.0				21.3	21.5				
25	32	5	10	6.6	3.2	1	13	M6×16	28.7	29.2	A3×12	M6×20	6	29.7	30.2	18	7	20	5.6
28	35								34.8	35.3				35.8	36.3				
30	38								41.5	42.0				42.5	43.0				
32	40		12						46.3	46.8				47.3	47.8				
35	45								59.5	59.9				60.5	60.9				
40	50								74.0	74.5				75.0	75.5				
45	55	6	16	9	4.2	1.5	17	M8×20	108	109	A4×14	M8×25	8	110	111	22	8	24	7.4
50	60								126	127				128	129				
55	65								149	150				151	152				
60	70								174	175				176	177				
65	75		20						200	201				202	203				
70	80								229	230				231	232				
75	90	8	25				—		M12×25	381	383	A5×16	M12×30	12	383	390	26	10	28	11.5
85	100								427	429				434	436				

　　注：1. 当挡圈装在带螺纹孔的轴端时，紧固用螺钉允许加长。

　　　　2. "轴端单孔挡圈的固定"不属 GB/T 891—1986、GB/T 892—1986，供参考。

　　　　3. 材料为 Q235A、35、45 钢。

表 5.2-213　轴用弹簧挡圈（摘自 GB/T 894—2017）

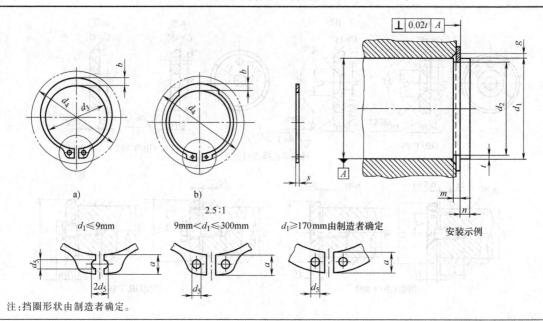

注：挡圈形状由制造者确定。

公称规格	挡圈					沟槽				其他					
d_1	s	d_3	a max	b ≈	d_5 min	d_2	m H13	t	n min	d_4	F_N /kN	$F_R^①$ /kN	g	$F_{Rg}^①$ /kN	极限转速 /(r/min)
3	0.40	2.7	1.9	0.8	1.0	2.8	0.5	0.10	0.3	7.0	0.15	0.47	0.5	0.27	360000
4	0.40	3.7	2.2	0.9	1.0	3.8	0.5	0.10	0.3	8.6	0.20	0.50	0.5	0.30	211000
5	0.60	4.7	2.5	1.1	1.0	4.8	0.7	0.10	0.3	10.3	0.26	1.00	0.5	0.80	154000
6	0.70	5.6	2.7	1.3	1.2	5.7	0.8	0.15	0.5	11.7	0.46	1.45	0.5	0.90	114000
7	0.80	6.5	3.1	1.4	1.2	6.7	0.9	0.15	0.5	13.5	0.54	2.60	0.5	1.40	121000
8	0.80	7.4	3.2	1.5	1.2	7.6	0.9	0.15	0.6	14.7	0.81	3.00	0.5	2.00	96000
9	1.00	8.4	3.3	1.7	1.2	8.6	1.1	0.20	0.6	16.0	0.92	3.50	0.5	2.40	85000
10	1.00	9.3	3.3	1.8	1.5	9.6	1.1	0.20	0.6	17.0	1.01	4.00	1.0	2.40	84000
11	1.00	10.2	3.3	1.8	1.5	10.5	1.1	0.25	0.8	18.0	1.40	4.50	1.0	2.40	70000
12	1.00	11.0	3.3	1.8	1.7	11.5	1.1	0.25	0.8	19.0	1.53	5.00	1.0	2.40	75000
13	1.00	11.9	3.4	2.0	1.7	12.4	1.1	0.30	0.9	20.2	2.00	5.80	1.0	2.40	66000
14	1.00	12.9	3.5	2.1	1.7	13.4	1.1	0.30	0.9	21.4	2.15	6.35	1.0	2.40	58000
15	1.00	13.8	3.6	2.2	1.7	14.3	1.1	0.35	1.1	22.6	2.66	6.90	1.0	2.40	50000
16	1.00	14.7	3.7	2.2	1.7	15.2	1.1	0.40	1.2	23.8	3.26	7.40	1.0	2.40	45000
17	1.00	15.7	3.8	2.3	1.7	16.2	1.1	0.40	1.2	25.0	3.46	8.00	1.0	2.40	41000
18	1.20	16.5	3.9	2.4	2.0	17.0	1.30	0.50	1.5	26.2	4.58	17.0	1.5	3.75	39000
19	1.20	17.5	3.9	2.5	2.0	18.0	1.30	0.50	1.5	27.2	4.48	17.0	1.5	3.80	35000
20	1.20	18.5	4.0	2.6	2.0	19.0	1.30	0.50	1.5	28.4	5.06	17.1	1.5	3.85	32000
21	1.20	19.5	4.1	2.7	2.0	20.0	1.30	0.50	1.5	29.6	5.36	16.8	1.5	3.75	29000
22	1.20	20.5	4.2	2.8	2.0	21.0	1.30	0.50	1.5	30.8	5.65	16.9	1.5	3.80	27000
24	1.20	22.2	4.4	3.0	2.0	22.9	1.30	0.55	1.7	33.2	6.75	16.1	1.5	3.65	27000
25	1.20	23.2	4.4	3.0	2.0	23.9	1.30	0.55	1.7	34.2	7.05	16.2	1.5	3.70	25000
26	1.20	24.2	4.5	3.1	2.0	24.9	1.30	0.55	1.7	35.5	7.34	16.1	1.5	3.70	24000
28	1.50	25.9	4.7	3.2	2.0	26.6	1.60	0.70	2.1	37.9	10.00	32.1	1.5	7.50	21200
29	1.50	26.9	4.8	3.4	2.0	27.6	1.60	0.70	2.1	39.1	10.37	31.8	1.5	7.45	20000
30	1.50	27.9	5.0	3.5	2.0	28.6	1.60	0.70	2.1	40.5	10.73	32.1	1.5	7.65	18900
32	1.50	29.6	5.2	3.6	2.5	30.3	1.60	0.85	2.6	43.0	13.85	31.2	2.0	5.55	16900
34	1.50	31.5	5.4	3.8	2.5	32.3	1.60	0.85	2.6	45.4	14.72	31.3	2.0	5.60	16100
35	1.50	32.2	5.6	3.9	2.5	33.0	1.60	1.00	3.6	46.8	17.80	30.8	2.0	5.55	15500
36	1.75	33.2	5.6	4.0	2.5	34.0	1.85	1.00	3.0	47.8	18.33	49.4	2.0	9.00	14500

（续）

标准型（A 型）

公称规格 d_1	挡圈					沟槽				其他					
	s	d_3	a max	b ≈	d_5 min	d_2	m H13	t	n min	d_4	F_N /kN	$F_R^{①}$ /kN	g	$F_{Rg}^{①}$ /kN	极限转速 /(r/min)
38	1.75	35.2	5.8	4.2	2.5	36.0	1.85	1.00	3.0	50.2	19.30	49.5	2.0	9.10	13600
40	1.75	36.5	6.0	4.4	2.5	37.0	1.85	1.25	3.8	52.6	25.30	51.0	2.0	9.50	14300
42	1.75	38.5	6.5	4.5	2.5	39.5	1.85	1.25	3.8	55.7	26.70	50.0	2.0	9.45	13000
45	1.75	41.5	6.7	4.7	2.5	42.5	1.85	1.25	3.8	59.1	28.60	49.0	2.0	9.35	11400
48	1.75	44.5	6.9	5.0	2.5	45.5	1.85	1.25	3.8	62.5	30.70	49.4	2.0	9.55	10300
50	2.00	45.8	6.9	5.1	2.5	47.0	2.15	1.50	4.5	64.5	38.00	73.3	2.0	14.40	10500
52	2.00	47.8	7.0	5.2	2.5	49.0	2.15	1.50	4.5	66.7	39.70	73.1	2.5	11.50	9850
55	2.00	50.8	7.2	5.4	2.5	52.0	2.15	1.50	4.5	70.2	42.00	71.4	2.5	11.40	8960
56	2.00	51.8	7.3	5.5	2.5	53.0	2.15	1.50	4.5	71.6	42.80	70.8	2.5	11.35	8670
58	2.00	53.8	7.3	5.6	2.5	55.0	2.15	1.50	4.5	73.6	44.30	71.1	2.5	11.50	8200
60	2.00	55.8	7.4	5.8	2.5	57.0	2.15	1.50	4.5	75.6	46.00	69.2	2.5	11.30	7620
62	2.00	57.8	7.5	6.0	2.5	59.0	2.15	1.50	4.5	77.8	47.50	69.3	2.5	11.45	7240
63	2.00	58.8	7.6	6.2	2.5	60.0	2.15	1.50	4.5	79.0	48.30	70.2	2.5	11.60	7050
65	2.50	60.8	7.8	6.3	3.0	62.0	2.65	1.50	4.5	81.4	49.80	135.6	2.5	22.70	6640
68	2.50	63.5	8.0	6.5	3.0	65.0	2.65	1.50	4.5	84.8	52.20	135.9	2.5	23.10	6910
70	2.50	65.5	8.1	6.6	3.0	67.0	2.65	1.50	4.5	87.0	53.80	134.2	2.5	23.00	6530
72	2.50	67.5	8.2	6.8	3.0	69.0	2.65	1.50	4.5	89.2	55.30	131.8	2.5	22.80	6190
75	2.50	70.5	8.4	7.0	3.0	72.0	2.65	1.50	4.5	92.7	57.60	130.0	2.5	22.80	5740
78	2.50	73.5	8.6	7.3	3.0	75.0	2.65	1.50	4.5	96.1	60.00	131.3	3.0	19.75	5450
80	2.50	74.5	8.6	7.4	3.0	76.5	2.65	1.75	5.3	98.1	71.60	128.4	3.0	19.50	6100
82	2.50	76.5	8.7	7.6	3.0	78.5	2.65	1.75	5.3	100.3	73.50	128.0	3.0	19.60	5860
85	3.00	79.5	8.7	7.8	3.5	81.5	3.15	1.75	5.3	103.3	76.20	215.4	3.0	33.40	5710
88	3.00	82.5	8.8	8.0	3.5	84.5	3.15	1.75	5.3	106.5	79.00	221.8	3.0	34.85	5200
90	3.00	84.5	8.8	8.2	3.5	86.5	3.15	1.75	5.3	108.5	80.80	217.2	3.0	34.40	4980
95	3.00	89.5	9.4	8.6	3.5	91.5	3.15	1.75	5.3	114.8	85.50	212.2	3.5	29.25	4550
100	3.00	94.5	9.6	9.0	3.5	96.5	3.15	1.75	5.3	120.2	90.00	206.4	3.5	29.00	4180
105	4.00	98.0	9.9	9.3	3.5	101.0	4.15	2.00	6.0	125.8	107.60	471.8	3.5	67.70	4740
110	4.00	103.0	10.1	9.6	3.5	106.0	4.15	2.00	6.0	131.2	113.00	457.0	3.5	66.90	4340
115	4.00	108.0	10.6	9.8	3.5	111.0	4.15	2.00	6.0	137.3	118.20	438.6	3.5	65.50	3970
120	4.00	113.0	11.0	10.2	3.5	116.0	4.15	2.00	6.0	143.1	123.50	424.6	3.5	64.50	3685
125	4.00	118.0	11.4	10.4	4.0	121.0	4.15	2.00	6.0	149.0	128.70	411.5	4.0	56.50	3420
130	4.00	123.0	11.6	10.7	4.0	126.0	4.15	2.00	6.0	154.4	134.00	395.5	4.0	55.20	3180
135	4.00	128.0	11.8	11.0	4.0	131.0	4.15	2.00	6.0	159.8	139.20	389.5	4.0	55.40	2950
140	4.00	133.0	12.0	11.2	4.0	136.0	4.15	2.0	6.0	165.2	144.5	376.5	4.0	54.4	2760
145	4.00	138.0	12.2	11.5	4.0	141.0	4.15	2.0	6.0	170.6	149.6	367.0	4.0	53.8	2600
150	4.00	142.0	13.0	11.8	4.0	145.0	4.15	2.5	7.5	177.3	193.0	357.5	4.0	53.4	2480
155	4.00	146.0	13.0	12.0	4.0	150.0	4.15	2.5	7.5	182.3	199.6	352.9	4.0	52.6	2710
160	4.00	151.0	13.3	12.2	4.0	155.0	4.15	2.5	7.5	188.0	206.1	349.2	4.0	52.2	2540
165	4.00	155.5	13.5	12.5	4.0	160.0	4.15	2.5	7.5	193.4	212.5	345.3	5.0	41.4	2520
170	4.00	160.5	13.5	12.9	4.0	165.0	4.15	2.5	7.5	198.4	219.1	349.2	5.0	41.9	2440
175	4.00	165.5	13.5	13.5	4.0	170.0	4.15	2.5	7.5	203.4	225.5	340.1	5.0	40.7	2300
180	4.00	170.5	14.2	13.5	4.0	175.0	4.15	2.5	7.5	210.0	232.2	345.3	5.0	41.4	2180
185	4.00	175.5	14.2	14.0	4.0	180.0	4.15	2.5	7.5	215.0	238.6	336.7	5.0	40.4	2070
190	4.00	180.5	14.2	14.0	4.0	185.0	4.15	2.5	7.5	220.0	245.1	333.8	5.0	40.0	1970
195	4.00	185.5	14.2	14.0	4.0	190.0	4.15	2.5	7.5	225.0	251.8	325.4	5.0	39.0	1835
200	4.00	190.5	14.2	14.0	4.0	195.0	4.15	2.5	7.5	230.0	258.3	319.2	5.0	38.3	1770
210	5.00	198.0	14.2	14.0	4.0	204.0	5.15	3.0	9.0	240.0	325.1	598.2	6.0	59.9	1835
220	5.00	208.0	14.2	14.0	4.0	214.0	5.15	3.0	9.0	250.0	340.8	572.4	6.0	57.3	1620
230	5.00	218.0	14.2	14.0	4.0	224.0	5.15	3.0	9.0	260.0	356.6	548.9	6.0	55.0	1445
240	5.00	228.0	14.2	14.0	4.0	234.0	5.15	3.0	9.0	270.0	372.6	530.3	6.0	53.0	1305
250	5.00	238.0	14.2	14.0	4.0	244.0	5.15	3.0	9.0	280	388.3	504.3	6.0	50.5	1180
260	5.00	245.0	16.2	16.0	5.0	252.0	5.15	4.0	12.0	294	535.8	540.6	6.0	54.6	1320

（续）

标准型（A型）														

公称规格	挡圈					沟槽				其他					
d_1	s	d_3	a max	b ≈	d_5 min	d_2	m H13	t	n min	d_4	F_N /kN	$F_R^{①}$ /kN	g	$F_{Rg}^{①}$ /kN	极限转速 /(r/min)
270	5.00	255.0	16.2	16.0	5.0	262.0	5.15	4.0	12.0	304	556.6	525.3	6.0	52.5	1215
280	5.00	265.0	16.2	16.0	5.0	272.0	5.15	4.0	12.0	314	576.6	508.2	6.0	50.9	1100
290	5.00	275.0	16.2	16.0	5.0	282.0	5.15	4.0	12.0	324	599.1	490.8	6.0	49.2	1005
300	5.00	585.0	16.2	16.0	5.0	292.0	5.15	4.0	12.0	334	619.1	475.0	6.0	47.5	930

重型（B型）														

公称规格	挡圈					沟槽				其他					
d_2	s	d_3	a max	b ≈	d_5 min	d_2	m H13	t	n min	d_4	F_N /kN	$F_R^{①}$ /kN	g	$F_{Rg}^{①}$ /kN	n_{Pb1}^d /(r/min)
15	1.50	13.8	4.8	2.4	2.0	14.3	1.60	0.35	1.1	25.1	2.66	15.5	1.0	6.40	57000
16	1.50	14.7	5.0	2.5	2.0	15.2	1.60	0.40	1.2	26.5	3.26	16.6	1.0	6.35	44000
17	1.50	15.7	5.0	2.6	2.0	16.2	1.60	0.40	1.2	27.5	3.46	18.0	1.0	6.70	46000
18	1.50	16.5	5.1	2.7	2.0	17.0	1.60	0.50	1.5	28.7	4.58	26.6	1.5	5.85	42750
20	1.75	18.5	5.5	3.0	2.0	19.0	1.85	0.50	1.5	31.6	5.06	36.3	1.5	8.20	36000
22	1.75	20.5	6.0	3.1	2.0	21.0	1.85	0.50	1.5	34.6	5.65	36.0	1.5	8.10	29000
24	1.75	22.2	6.3	3.2	2.0	22.9	1.85	0.55	1.7	37.3	6.75	34.2	1.5	7.60	29000
25	2.00	23.2	6.4	3.4	2.0	23.9	2.15	0.55	1.7	38.5	7.05	45.0	1.5	10.30	25000
28	2.00	25.9	6.5	3.5	2.0	26.6	2.15	0.70	2.1	41.7	10.00	57.0	1.5	13.40	22200
30	2.00	27.9	6.5	4.1	2.0	28.6	2.15	0.70	2.1	43.7	10.70	57.0	1.5	13.60	21100
32	2.00	29.6	6.5	4.1	2.5	30.3	2.15	0.85	2.6	45.7	13.80	55.5	2.0	10.00	18400
34	2.50	31.5	6.6	4.2	2.5	32.3	2.65	0.85	2.6	47.9	14.70	87.0	2.0	15.60	17800
35	2.50	32.2	6.7	4.2	2.5	33.0	2.65	1.00	3.0	49.1	17.80	86.0	2.0	15.40	16500
38	2.50	35.2	6.8	4.3	2.5	36.0	2.65	1.00	3.0	52.3	19.30	101.0	2.0	18.60	14500
40	2.50	36.5	7.0	4.4	2.5	37.5	2.65	1.25	3.8	54.7	25.30	104.0	2.0	19.30	14300
42	2.50	38.5	7.2	4.5	2.5	39.5	2.65	1.25	3.8	57.2	26.70	102.0	2.0	19.20	13000
45	2.50	41.5	7.5	4.7	2.5	42.5	2.65	1.25	3.8	60.8	28.6	100.0	2.0	19.1	11400
48	2.50	44.5	7.8	5.0	2.5	45.5	2.65	1.25	3.8	64.4	30.7	101.0	2.0	19.5	10300
50	3.00	45.8	8.0	5.1	2.5	47.0	3.15	1.50	4.5	66.8	38.0	165.0	2.0	32.4	10500
52	3.00	47.8	8.2	5.2	2.5	49.0	3.15	1.50	4.5	69.3	39.7	165.0	2.5	26.0	9850
55	3.00	50.8	8.5	5.4	2.5	52.0	3.15	1.50	4.5	72.9	42.0	161.0	2.5	25.6	8960
58	3.00	53.8	8.8	5.6	2.5	55.0	3.15	1.50	4.5	76.5	44.3	160.0	2.5	26.0	8200
60	3.00	55.8	9.0	5.8	2.5	57.0	3.15	1.50	4.5	78.9	46.0	156.0	2.5	25.4	7620
65	4.00	60.8	9.3	6.3	3.0	62.0	4.15	1.50	4.5	84.6	49.8	346.0	2.5	58.0	6640
70	4.00	65.5	9.5	6.6	3.0	67.0	4.15	1.50	4.5	90.0	53.8	343.0	2.5	59.0	6530
75	4.00	70.5	9.7	7.0	3.0	72.0	4.15	1.50	4.5	95.4	57.6	333.0	2.5	58.0	5740
80	4.00	74.5	9.8	7.4	3.0	76.5	4.15	1.75	5.3	100.6	71.6	328.0	3.0	50.0	6100
85	4.00	79.5	10.0	7.8	3.5	81.5	4.15	1.75	5.3	106.0	76.2	383.0	3.0	59.4	5710
90	4.00	84.5	10.2	8.2	3.5	86.5	4.15	1.75	5.3	111.5	80.8	386.0	3.0	61.0	4980
100	4.0	94.5	10.5	9.0	3.5	96.5	4.15	1.75	5.3	122.1	90.0	368.0	3.0	51.6	4180

注：1. F_N 为材料下屈服强度 R_{eL}＝200MPa 的沟槽承载能力。
　　2. F_R 为直角接触的挡圈承载能力。
　　3. F_{Rg} 为倒角接触的挡圈承载能力。
　　4. 挡圈安装工具按 JB/T 3411.47 的规定。
① 适用于 C67S、C75S 制造的挡圈。

表 5.2-214　孔用弹性挡圈（摘自 GB/T 893—2017）　　　　　　　（mm）

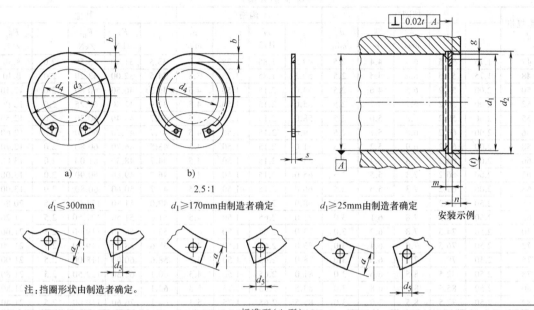

注:挡圈形状由制造者确定。

公称规格	挡圈					沟槽				其他				
d_1	s	d_3	a max	b ≈	d_5 min	d_2	m H13	t	n min	d_4	F_N /kN	$F_R^{[1]}$ /kN	g	$F_{Rg}^{[1]}$ /kN
8	0.80	8.7	2.4	1.1	1.0	8.4	0.9	0.20	0.6	3.0	0.86	2.00	0.5	1.50
9	0.80	9.8	2.5	1.3	1.0	9.4	0.9	0.20	0.6	3.7	0.96	2.00	0.5	1.50
10	1.00	10.8	3.2	1.4	1.2	10.4	1.1	0.20	0.6	3.3	1.08	4.00	0.5	2.20
11	1.00	11.8	3.3	1.5	1.2	11.4	1.1	0.20	0.6	4.1	1.17	4.00	0.5	2.30
12	1.00	13	3.4	1.7	1.5	12.5	1.1	0.25	0.8	4.9	1.60	4.00	0.5	2.30
13	1.00	14.1	3.6	1.8	1.5	13.6	1.1	0.30	0.9	5.4	2.10	4.20	0.5	2.30
14	1.00	15.1	3.7	1.9	1.7	14.6	1.1	0.30	0.9	6.2	2.25	4.50	0.5	2.30
15	1.00	16.2	3.7	2.0	1.7	15.7	1.1	0.35	1.1	7.2	2.80	5.00	0.5	2.30
16	1.00	17.3	3.8	2.0	1.7	16.8	1.1	0.40	1.2	8.0	3.40	5.50	1.0	2.60
17	1.00	18.3	3.9	2.1	1.7	17.8	1.1	0.40	1.2	8.8	3.60	6.00	1.0	2.50
18	1.00	19.5	4.1	2.2	2.0	19	1.1	0.50	1.5	9.4	4.80	6.50	1.0	2.60
19	1.00	20.5	4.1	2.2	2.0	20	1.1	0.50	1.5	10.4	5.10	6.80	1.0	2.50
20	1.00	21.5	4.2	2.3	2.0	21	1.1	0.50	1.5	11.2	5.40	7.20	1.0	2.50
21	1.00	22.5	4.2	2.4	2.0	22	1.1	0.50	1.5	12.2	5.70	7.60	1.0	2.60
22	1.00	23.5	4.2	2.5	2.0	23	1.1	0.50	1.5	13.2	5.90	8.00	1.0	2.70
24	1.20	25.9	4.4	2.6	2.0	25.2	1.3	0.60	1.8	14.8	7.70	13.90	1.0	4.60
25	1.20	26.9	4.5	2.7	2.0	26.2	1.3	0.60	1.8	15.5	8.00	14.60	1.0	4.70
26	1.20	27.9	4.7	2.8	2.0	27.2	1.3	0.60	1.8	16.1	8.40	13.85	1.0	4.60
28	1.20	30.1	4.8	2.9	2.0	29.4	1.3	0.70	2.1	17.9	10.50	13.30	1.0	4.50
30	1.20	32.1	4.8	3.0	2.0	31.4	1.3	0.70	2.1	19.9	11.30	13.70	1.0	4.60
31	1.20	33.4	5.2	3.2	2.5	32.7	1.3	0.85	2.6	20.0	14.10	13.80	1.0	4.70
32	1.20	34.4	5.4	3.2	2.5	33.7	1.3	0.85	2.6	20.6	14.60	13.80	1.0	4.70
34	1.50	36.5	5.4	3.3	2.5	35.7	1.60	0.85	2.6	22.6	15.40	26.20	1.5	6.30
35	1.50	37.8	5.4	3.4	2.5	37.0	1.60	1.00	3.0	23.6	18.80	26.90	1.5	6.40
36	1.50	38.8	5.4	3.5	2.5	38.0	1.60	1.00	3.0	24.6	19.40	26.40	1.5	6.40
37	1.50	39.8	5.5	3.6	2.5	39	1.60	1.00	3.0	25.4	19.80	27.10	1.5	6.50
38	1.50	40.8	5.5	3.7	2.5	40	1.60	1.00	3.0	26.4	22.50	28.20	1.5	6.70
40	1.75	43.5	5.8	3.9	2.5	42.5	1.85	1.25	3.8	27.8	27.00	44.60	2.0	8.30
42	1.75	45.5	5.9	4.1	2.5	44.5	1.85	1.25	3.8	29.6	28.40	44.70	2.0	8.40
45	1.75	48.5	6.2	4.3	2.5	47.5	1.85	1.25	3.8	32.0	30.20	43.10	2.0	8.20

（续）

标准型（A 型）

公称规格 d_1	挡圈					沟槽				其他				
	s	d_3	a max	b ≈	d_5 min	d_2	m H13	t	n min	d_4	F_N /kN	$F_R^{①}$ /kN	g	$F_{Rg}^{①}$ /kN
47	1.75	50.5	6.4	4.4	2.5	49.5	1.85	1.25	3.8	33.5	31.40	43.50	2.0	8.30
48	1.75	51.5	6.4	4.5	2.5	50.5	1.85	1.25	3.8	34.5	32.00	43.20	2.0	8.40
50	2.00	54.2	6.5	4.6	2.5	53.0	2.15	1.50	4.5	36.3	40.50	60.80	2.0	12.10
52	2.00	56.2	6.7	4.7	2.5	55.0	2.15	1.50	4.5	37.9	42.00	60.25	2.0	12.00
55	2.00	59.2	6.8	5.0	2.5	58.0	2.15	1.50	4.5	40.7	44.40	60.30	2.0	12.50
56	2.00	60.2	6.8	5.1	2.5	59.0	2.15	1.50	4.5	41.7	45.20	60.30	2.0	12.60
58	2.00	62.2	6.9	5.2	2.5	61.0	2.15	1.50	4.5	43.5	46.70	60.80	2.0	12.70
60	2.00	64.2	7.3	5.4	2.5	63.0	2.15	1.50	4.5	44.7	48.30	61.00	2.0	13.00
62	2.00	66.2	7.3	5.5	2.5	65.0	2.15	1.50	4.5	46.7	49.80	60.90	2.0	13.00
63	2.00	67.2	7.3	5.6	2.5	66.0	2.15	1.50	4.5	47.7	50.60	60.80	2.0	13.00
65	2.50	69.2	7.6	5.8	3.0	68.0	2.65	1.50	4.5	49.0	51.80	121.00	2.5	20.80
68	2.50	72.5	7.8	6.1	3.0	71.0	2.65	1.50	4.5	51.6	51.50	121.50	2.5	21.20
70	2.50	74.5	7.8	6.2	3.0	73.0	2.65	1.50	4.5	53.6	56.20	119.00	2.5	21.00
72	2.50	76.5	7.8	6.4	3.0	75.0	2.65	1.50	4.5	55.6	58.00	119.20	2.5	21.00
75	2.50	79.5	7.8	6.6	3.0	78.0	2.65	1.50	4.5	58.6	60.00	118.00	2.5	21.00
78	2.50	82.5	8.5	6.6	3.0	81.0	2.65	1.50	4.5	60.1	62.30	122.50	2.5	21.80
80	2.50	85.5	8.5	6.8	3.0	83.5	2.65	1.75	5.3	62.1	74.60	120.90	2.5	21.80
82	2.50	87.5	8.5	7.0	3.0	85.5	2.65	1.75	5.3	64.1	76.60	119.00	2.5	21.40
85	3.00	90.5	8.6	7.0	3.5	88.5	3.15	1.75	5.3	66.9	79.50	201.40	3.0	31.20
88	3.00	93.5	8.6	7.2	3.5	91.5	3.15	1.75	5.3	69.9	82.10	209.40	3.0	32.70
90	3.00	95.5	8.6	7.6	3.5	93.5	3.15	1.75	5.3	71.9	84.00	199.00	3.0	31.40
92	3.00	97.5	8.7	7.8	3.5	95.5	3.15	1.75	5.3	73.7	85.80	201.00	3.0	32.00
95	3.00	100.5	8.8	8.1	3.5	98.5	3.15	1.75	5.3	76.5	88.60	195.00	3.0	31.40
98	3.00	103.5	9.0	8.3	3.5	101.5	3.15	1.75	5.3	79.0	91.30	191.00	3.0	31.00
100	3.00	105.5	9.2	8.4	3.5	103.5	3.15	1.75	5.3	80.6	93.10	188.00	3.0	30.80
102	4.00	108	9.5	8.5	3.5	106.0	4.15	2.00	6.0	82.0	108.80	439.00	3.0	72.60
105	4.00	112	9.5	8.7	3.5	109.0	4.15	2.00	6.0	85.0	112.00	436.00	3.0	73.00
108	4.00	115	9.5	8.9	3.5	112.0	4.15	2.00	6.0	88.0	115.00	419.00	3.0	71.00
110	4.00	117	10.4	9.0	3.5	114.0	4.15	2.00	6.0	88.2	117.00	415.00	3.0	71.00
112	4.00	119	10.5	9.1	3.5	116.0	4.15	2.00	6.0	90.0	119.00	418.00	3.0	72.00
115	4.00	122	10.5	9.3	3.5	119.0	4.15	2.00	6.0	93.0	122.00	409.00	3.0	71.20
120	4.00	127	11.0	9.7	3.5	124.0	4.15	2.00	6.0	96.9	127.00	396.00	3.0	70.00
125	4.00	132	11.0	10.0	4.0	129.0	4.15	2.00	6.0	101.9	132.00	385.00	3.0	70.00
130	4.00	137	11.0	10.2	4.0	134.0	4.15	2.00	6.0	106.9	138.00	374.00	3.0	69.00
135	4.00	142	11.2	10.5	4.0	139.0	4.15	2.00	6.0	111.5	143.00	358.00	3.0	67.00
140	4.00	147	11.2	10.7	4.0	144.0	4.15	2.00	6.0	116.5	148.00	350.00	3.0	66.50
145	4.00	152	11.4	10.9	4.0	149.0	4.15	2.00	6.0	121.0	153.00	336.00	3.0	65.00
150	4.00	158	12.0	11.2	4.0	155.0	4.15	2.50	7.5	124.8	191.00	326.00	3.0	64.00
155	4.00	164	12.0	11.4	4.0	160.0	4.15	2.50	7.5	129.8	206.00	324.00	3.5	55.00
160	4.00	169	13.0	11.6	4.0	165.0	4.15	2.50	7.5	132.7	212.00	321.00	3.5	54.40
165	4.00	174.5	13.0	11.8	4.0	170.0	4.15	2.50	7.5	137.7	219.00	319.00	3.5	54.00
170	4.00	179.5	13.5	12.2	4.0	175.0	4.15	2.50	7.5	141.6	225.00	349.00	3.5	59.00
175	4.00	184.5	13.5	12.7	4.0	180.0	4.15	2.50	7.5	146.6	232.00	351.00	3.5	59.00
180	4.00	189.5	14.2	13.2	4.0	185.0	4.15	2.50	7.5	150.2	238.00	347.00	3.5	58.50
185	4.00	194.5	14.2	13.7	4.0	190.0	4.15	2.50	7.5	155.2	245.00	349.00	3.5	57.50
190	4.00	199.5	14.2	13.8	4.0	195.0	4.15	2.50	7.5	160.2	251.00	340.00	3.5	57.50
195	4.00	204.5	14.2	14.0	4.0	200.0	4.15	2.50	7.5	165.2	258.00	330.00	3.5	55.50
200	4.00	209.5	14.2	14.0	4.0	205.0	4.15	2.50	7.5	170.2	265.00	325.00	3.5	55.00
210	5.00	222.0	14.2	14.0	4.0	216.0	5.15	3.00	9.0	180.2	333.00	601.00	4.0	89.50
220	5.00	232.0	14.2	14.0	4.0	226.0	5.15	3.00	9.0	190.2	349.00	574.00	4.0	85.00
230	5.00	242.0	14.2	14.0	4.0	236.0	5.15	3.00	9.0	200.2	365.00	549.00	4.0	81.00
240	5.00	252.0	14.2	14.0	4.0	246.0	4.15	3.00	9.0	210.2	380.00	525.00	4.0	77.50

（续）

标准型（A 型）

公称规格 d_1	挡圈					沟槽				其他				
	s	d_3	a max	b ≈	d_5 min	d_2	m H13	t	n min	d_4	F_N /kN	$F_R^①$ /kN	g	$F_{Rg}^①$ /kN
250	5.00	262.0	16.2	16.0	5.0	256.0	5.15	3.00	9.0	220.2	396.00	504.00	4.0	75.00
260	5.00	275.0	16.2	16.0	5.0	268.0	5.15	4.00	12.0	226.0	553.00	538.00	4.0	80.00
270	5.00	285.0	16.2	16.0	5.0	278.0	5.15	4.00	12.0	236.0	573.00	518.00	4.0	77.00
280	5.00	295.0	16.2	16.0	5.0	288.0	5.15	4.00	12.0	246.0	593.00	499.00	4.0	74.00
290	5.00	305.0	16.2	16.0	5.0	298.0	5.15	4.00	12.0	256.0	615.00	482.00	4.0	71.50
300	5.00	315.0	16.2	16.0	5.0	308.0	5.15	4.00	12.0	266.0	636.00	466.00	4.0	69.00

重型（B 型）

公称规格 d_1	挡圈					沟槽				其他				
	s	d_3	a max	b ≈	d_5 min	d_2	m H13	t	n min	d_4	F_N /kN	$F_R^①$ /kN	g	$F_{Rg}^①$ /kN
20	1.50	21.5	4.5	2.4	2.0	21.0	1.60	0.50	1.5	10.5	5.40	16.0	1.0	5.60
22	1.50	23.5	4.7	2.8	2.0	23.0	1.60	0.50	1.5	12.1	5.90	18.0	1.0	6.10
24	1.50	25.9	4.9	3.0	2.0	25.2	1.60	0.60	1.8	13.7	7.70	21.7	1.0	7.20
25	1.50	26.9	5.0	3.1	2.0	26.2	1.60	0.60	1.8	14.5	8.00	22.8	1.0	7.30
26	1.50	27.9	5.1	3.1	2.0	27.2	1.60	0.60	1.8	15.3	8.40	21.6	1.0	7.30
28	1.50	30.1	5.3	3.2	2.0	29.4	1.60	0.70	2.1	16.9	10.50	20.8	1.0	7.00
30	1.50	32.1	5.5	3.3	2.0	31.4	1.60	0.70	2.1	18.4	11.30	21.4	1.0	7.20
32	1.50	34.4	5.7	3.4	2.0	33.7	1.60	0.85	2.6	20.0	14.60	21.4	1.0	7.30
34	1.75	36.5	5.9	3.7	2.5	35.7	1.85	0.85	2.6	21.6	15.40	35.6	1.5	8.60
35	1.75	37.8	6.0	3.8	2.5	37.0	1.85	1.00	3.0	22.4	18.80	36.6	1.5	8.70
37	1.75	39.8	6.2	3.9	2.5	39.0	1.85	1.00	3.0	24.0	19.80	36.8	1.5	8.80
38	2.00	40.8	6.3	3.9	2.5	40.0	1.85	1.00	3.0	24.7	22.50	38.3	1.5	9.10
40	2.00	43.5	6.5	3.9	2.5	42.5	2.15	1.25	3.8	26.3	27.00	58.4	2.0	10.90
42	2.00	45.5	6.7	4.1	2.5	44.5	2.15	1.25	3.8	27.9	28.40	58.5	2.0	11.00
45	2.00	48.5	7.0	4.3	2.5	47.5	2.15	1.25	3.8	30.3	30.20	56.5	2.0	10.70
47	2.00	50.5	7.2	4.4	2.5	49.5	2.15	1.25	3.8	31.9	31.40	57.0	2.0	10.80
50	2.50	54.2	7.5	4.6	2.5	53.0	2.65	1.50	4.5	34.2	40.50	95.50	2.0	19.00
52	2.50	56.2	7.7	4.7	2.5	55.0	2.65	1.50	4.5	35.8	42.00	94.60	2.0	18.80
55	2.50	59.2	8.0	5.0	2.5	58.0	2.65	1.50	4.5	38.2	44.40	94.70	2.0	19.60
60	3.00	64.2	8.5	5.4	2.5	63.0	3.15	1.50	4.5	42.1	48.30	137.00	2.0	29.20
62	3.00	66.2	8.6	5.5	2.5	65.0	3.15	1.50	4.5	43.9	49.80	137.00	2.0	29.20
65	3.00	69.2	8.7	5.8	3.0	68.0	3.15	1.50	4.5	46.7	51.80	174.00	2.5	30.00
68	3.00	72.5	8.8	6.1	3.0	71.0	3.15	1.50	4.5	49.5	54.50	174.50	2.5	30.60
70	3.00	74.5	9.0	6.2	3.0	73.0	3.15	1.50	4.5	51.1	56.20	171.00	2.5	30.30
72	3.00	76.5	9.2	6.4	3.0	75.0	3.15	1.50	4.5	52.7	58.00	172.00	2.5	30.30
75	3.00	79.5	9.3	6.6	3.0	78.0	3.15	1.50	4.5	55.5	60.00	170.00	2.5	30.30
80	4.00	85.5	9.5	7.0	3.0	83.5	4.15	1.75	5.3	60.0	74.60	308.00	2.5	56.00
85	4.00	90.5	9.7	7.2	3.5	88.5	4.15	1.75	5.3	64.6	79.50	358.00	3.0	55.00
90	4.00	95.5	10.0	7.6	3.5	93.5	4.15	1.75	5.3	69.0	84.00	354.00	3.0	56.00
95	4.00	100.5	10.3	8.1	3.5	98.5	4.15	1.75	5.3	73.4	88.60	347.00	3.0	56.00
100	4.00	105.5	10.5	8.4	3.5	103.5	4.15	1.75	5.3	78.0	93.10	335.00	3.0	55.00

注：1. F_N 为材料下屈服强度 $R_{eL}=200\text{MPa}$ 的沟槽承载能力。

　　2. F_R 为直角接触的挡圈承载能力。

　　3. F_{Rg} 为倒角接触的挡圈承载能力。

　　4. 挡圈安装工具按 JB/T 3411.47 的规定。

① 适用于 C67S、C75S 制造的挡圈。

表 5.2-215　孔用钢丝挡圈（摘自 GB 895.1—1986）和轴用钢丝挡圈（摘自 GB 895.2—1986）（mm）

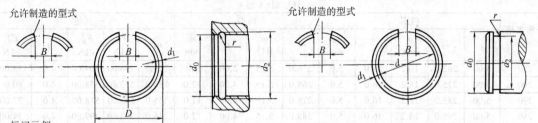

标记示例

孔径 $d_0 = 40$mm、材料为碳素弹簧钢丝、经低温回火及表面氧化处理的孔用钢丝挡圈

挡圈　GB 895.1—1986　40

孔径轴径 d_0	d_1	r	挡圈 GB 895.1—1986 D 基本尺寸	极限偏差	B	挡圈 GB 895.2—1986 d 基本尺寸	极限偏差	B	沟槽 GB 895.1—1986 d_2 基本尺寸	极限偏差	沟槽 GB 895.2—1986 d_2 基本尺寸	极限偏差	1000 个质量/kg≈ GB 895.1—1986	GB 895.2—1986
4	0.6	0.4	—			3		1	—		3.4		—	
5			—			4	0 / −0.18		—		4.4	±0.037	—	0.03
6			—			5			—		5.4		—	0.037
7	0.8	0.5	8.0	+0.22 / 0	4	6	0 / −0.22	2	7.8	±0.045	6.2	±0.045	0.0735	0.076
8			9.0			7			8.8		7.2		0.0859	0.089
10			11.0			9			10.8		9.2		0.0934	0.114
12	1.0	0.6	13.5	+0.43 / 0	6	10.5	0 / −0.47	3	13.0	±0.055	11.0	±0.055	0.205	0.204
14			15.5			12.5			15.0		13.0		0.244	0.243
16	1.6		18.0		8	14.0			17.6	±0.065	14.4		0.705	0.726
18			20.0			16.0			19.6		16.4		0.804	0.825
20	2.0	1.1	22.5	+0.52 / 0	10	17.5	0 / −0.52		22.0	±0.105	18.0	±0.09	1.32	1.437
22			24.5			19.5			24.0		20.0	±0.105	1.47	1.592
24			26.5			21.5			26.0		22.0		1.63	1.747
25			27.5			22.5			27.0		23.0		1.70	1.824
26			28.5			23.5			28.0		24.0		1.79	1.902
28			30.5	+0.62 / 0		25.5			30.0		26.0		1.94	2.057
30			32.5			27.5			32.0		28.0		2.10	2.212
32	2.5	1.4	35.0	+1.00 / 0	12	29.0	0 / −1.00	4	34.5	±0.125	29.5	±0.125	3.47	3.659
35			38.0			32.0			37.6		32.5		3.85	4.022
38			41.0			35.0			40.6		35.5		4.20	4.386
40			43.0		16	37.0			42.6		37.5		4.43	4.628
42			45.0			39.0			44.5		39.5		4.54	4.87
45			48.0			42.0			47.5		42.5		4.89	5.233
48			51.0			45.0			50.5	±0.150	45.5	±0.15	5.24	5.596
50			53.0			47.0			52.5		47.5		5.51	5.838
55	3.2	1.8	59.0	+1.20 / 0	20	51.0	0 / −1.20	4	58.2		51.8		9.805	10.43
60			64.0			56.0			63.2		56.8		10.80	11.43
65			69.0			61.0			68.2		61.8		11.79	12.22
70			74.0			66.0			73.2		66.8		12.46	13.41
75			79.0			71.0			78.2		71.8		13.47	14.40
80			84.0	+1.40 / 0	25	76.0	0 / −1.40	5	83.2	±0.175	76.8	±0.175	14.45	15.39
85			89.0			81.0			88.2		81.8		15.44	16.39
90			94.0			86.0			93.2		86.8		16.43	17.38
95	3.2	1.8	99.0	+1.40 / 0	25	91.0	0 / −1.40	5	98.2	±0.175	91.8	±0.175	17.42	18.31
100			104.0		32	96.0			103.2		96.8		17.97	19.36
105			109.0			101.0			108.2		101.8		18.96	20.35
110			114.0			106.0			113.2		106.8		19.96	21.34
115			119.0			111.0			118.2		111.8		20.95	22.34
120			124.0	+1.60 / 0		116.0	0 / −1.60		123.2	±0.200	116.8	±0.20	21.94	23.33
125			129.0			121.0			128.2		121.8		22.93	24.32

注：材料按 GB/T 959.2—1986 选用碳素弹簧钢丝，低温回火。

5.8　螺钉、垫圈组合件（见表 5.2-216 ~ 表 5.2-221）

表 5.2-216　十字槽沉头螺钉和锥形锁紧垫圈组合件（摘自 GB/T 9074.9—1988）和十字槽半沉头螺钉　　　和锥形锁紧垫圈组合件（摘自 GB/T 9074.10—1988）　　　　　　　　　　　　　　　（mm）

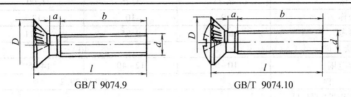

GB/T 9074.9　　　　　　　GB/T 9074.10

标记示例

螺纹规格 d = M6、公称长度 l = 20mm、性能等级为 4.8 级、表面镀锌钝化的十字槽半沉头螺钉和锥形锁紧垫圈组合件标记为

螺钉组合件　GB/T 9074.10 M5×20

螺纹规格　d		M3	M4	M5	M6	M8
a 　max		1.0	1.4	1.6	2.0	2.5
b 　min		25	38			
D ≈		6.0	8.0	9.8	11.8	15.3
全螺纹时最大长度		30	45			
l[①] 长度范围		8 ~ 30	10 ~ 35	12 ~ 40	14 ~ 50	16 ~ 60
相关标准	螺钉 GB/T 9074.9	GB/T 819.1				
	GB/T 9074.10	GB/T 820				
	垫圈	GB/T 9074.28				
	表面处理	1）镀锌钝化;2）氧化				
	其他技术要求	垫圈应能自由转动而不脱落				

① 长度系列（单位为 mm）：8、10、12、(14)、16、20~50（5 进位）。

表 5.2-217　十字槽凹穴六角头螺栓和平垫圈组合件（摘自 GB/T 9074.11—1988）、　　　十字槽凹穴六角头螺栓和弹簧垫圈组合件（摘自 GB/T 9074.12—1988）和　　　十字槽凹穴六角头螺栓、弹簧垫圈和平垫圈组合件（摘自 GB/T 9074.13—1988）　　　（mm）

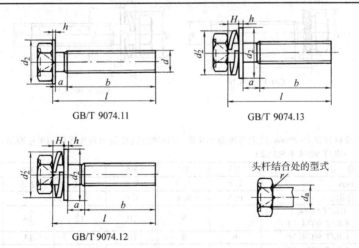

GB/T 9074.11　　　　　　　GB/T 9074.13

GB/T 9074.12　　　　　　　头杆结合处的型式

标记示例

螺纹规格 d = M5、公称长度 l = 20mm、性能等级为 5.8 级、表面镀锌钝化的十字槽凹穴六角头螺栓和平垫圈组合件标记为

螺钉组合件　GB/T 9074.11 M5×20

螺纹规格　d	M4	M5	M6	M8
a 　max	1.4	1.6	2.0	2.5

（续）

螺纹规格 d		M4	M5	M6	M8
b	min			38	
h	公称	0.8	1.0		1.6
H	公称	2.75	3.25	4.00	5.00
d_2	公称	9	10	12	16
d_2'	(参考)	6.78	8.75	10.71	13.64
全螺纹时最大长度				40	
$l^{①}$	长度范围	10~35	12~40	14~50	16~60
相关标准	螺栓			GB/T 29.2	
	垫圈 GB/T 9074.11				
	垫圈 GB/T 9074.12			GB/T 9074.26	
	垫圈 GB/T 9074.13			GB/T 9074.26	
表面处理				1) 镀锌钝化；2) 氧化	
其他技术要求				垫圈应能自由转动而不脱落	

① 长度系列（单位为 mm）：8、10、12、(14)、16、20~50（5 进位）。

表 5.2-218 螺栓或螺钉和平垫圈组合件（摘自 GB/T 9074.1—2002）、六角头螺栓和弹簧垫
圈组合件（摘自 GB/T 9074.15—1988）、六角头螺栓和外锯齿锁紧垫圈组合件
（摘自 GB/T 9074.16—1988）和六角头螺栓和弹簧垫圈及平垫圈组合件（摘自 GB/T 9074.17—1988）

（mm）

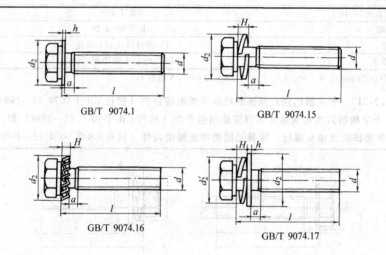

GB/T 9074.1   GB/T 9074.15

GB/T 9074.16   GB/T 9074.17

标记示例

螺纹规格 d=M5、公称长度 l=20mm、性能等级为 8.8 级、表面镀锌钝化的六角头螺栓和平垫圈组合件标记为
  螺钉组合件 GB/T 9074.1 M5×20

螺纹规格 d		M3	M4	M5	M6	M8	M10	M12
a	max	1.0	1.4	1.6	2.0	2.5	3.0	3.5
h	公称	0.5	0.8	1.0		1.6	2.0	2.5
d_2 公称	GB/T 9074.1 GB/T 9074.17	7	9	10	12	16	20	24
	GB/T 9074.16	6	8	10	11	15	18	—
H 公称	GB/T 9074.15 GB/T 9074.17	1.6	2.2	2.6	3.2	4.0	5.0	6.0
H ≈	GB/T 9074.16	1.2	1.5		1.8	2.4	3.0	—
d_2'	(参考)	5.23	6.78	8.75	10.71	13.64	16.59	19.53
$l^{①}$ 长度范围	GB/T 9074.1 GB/T 9074.15 GB/T 9074.16	8~30	10~35	12~40	16~50	20~65	25~80	30~100
	GB/T 9074.17				20~50	25~65	30~80	35~100

（续）

相关标准	螺　栓		GB/T 5783
	垫圈	GB/T 9074.1	
		GB/T 9074.15	GB/T 9074.26
		GB/T 9074.16	GB/T 9074.27
		GB/T 9074.17	GB/T 9074.26
	表面处理		1）镀锌钝化；2）氧化
	其他技术要求		垫圈应能自由转动而不脱落

① 长度系列（单位为 mm）：8、10、12、16、20~50（5 进位）、（55）、60、（65）、70~100（10 进位）。

表 5.2-219　自攻螺钉和平垫圈组合件（GB/T 9074.18—2002）　　　　（mm）

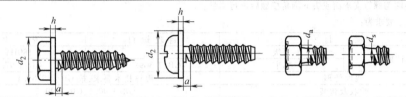

螺纹规格	$a^{②}$ max	d_a max	平垫圈尺寸①			
			标准系列　N 型		大系列　L 型	
			h 公称	d_2 max	h 公称	d_2 max
ST2.2	0.8	2.1	1	5	1	7
ST2.9	1.1	2.8	1	7	1	9
ST3.5	1.3	3.3	1	8	1	11
ST4.2	1.4	4.03	1	9	1	12
ST4.8	1.6	4.54	1	10	1.6	15
ST5.5	1.8	5.22	1.6	12	1.6	15
ST6.3	1.8	5.93	1.6	14	1.6	18
ST8	2.1	7.76	1.6	16	2	24
ST9.5	2.1	9.43	2	20	2.5	30

① 摘自 GB/T 97.5 的尺寸。

② 尺寸 a，在垫圈与螺钉支承面或头下圆角接触后进行测量。组合件的技术要求如下：

　　a. 组合件中自攻螺钉的力学性能应符合 GB/T 3098.5 的规定。

　　b. 组合件中垫圈的硬度应为 90~320HV，组合件中各件代号为：

自攻螺钉代号		平垫圈代号		组合件的标记内容
引用标准	代号	引用标准	代号	对元件的描述
GB 5285　六角头自攻螺钉	S1	GB/T 97.5　平垫圈	N	本国家标准编号 自攻螺钉的特性
GB 845　十字槽盘头自攻螺钉	S2	GB/T 97.5　平垫圈	L	标明自攻螺钉类型代号
GB 5282　开槽盘头自攻螺钉	S3	—	—	标明垫圈形式代号

　　c. 标记示例

六角头自攻螺钉和平垫圈组合件包括：一个 GB/T 5285-ST4.2×16、锥端（C）六角头自攻螺钉（代号 S1）和一个 GB/T 97.5 标准系列垫圈（代号 N）的标记为

自攻螺钉和垫圈组合件 GB/T 9074.18-ST4.2×16-C-S1-N

表 5.2-220　十字槽凹穴六角头自攻螺钉和平垫圈组合件（GB/T 9074.20—2004）　　　　（mm）

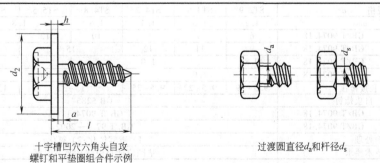

十字槽凹穴六角头自攻
螺钉和平垫圈组合件示例　　　　　　　　过渡圆直径 d_a 和杆径 d_s

（续）

螺纹规格	$a^{②}$ max	d_a max	平垫圈尺寸[1]					
			标准系列　N 型			大系列　L 型		
			h 公称		d_2 max	h 公称		d_2 max
ST2.9	1.1	2.8	1		7	1		9
ST3.5	1.3	3.3	1		8	1		11
ST4.2	1.4	4.03	1		9	1		12
ST4.8	1.6	4.54	1		10	1.6		15
ST6.3	1.8	5.93	1.6		14	1.6		18
ST8	2.1	7.76	1.6		16	2		24

[1] 摘自 GB/T 97.5 的尺寸。

② 尺寸 a 在垫圈与螺钉支承面或头下圆角接触后进行测量。

a. 组合件的技术要求为：

项　目		自攻螺钉	垫　圈
机械性能	等级	—	180HV
	标准	GB/T 3098.5	GB/T 97.5
表面处理		镀锌技术要求，按 GB/T 5267.1	
验收及包装		GB/T 90.1、GB/T 90.2	

注：为避免在热处理的过程中对垫圈硬度的影响，组合前应对垫圈采取适当的防护措施，如镀铜。

b. 自攻螺钉和垫圈的形式及代号

产　品	代　号	形　式	标准编号
十字槽凹穴六角头自攻螺钉	S1	—	GB/T 9456
平垫圈　用于自攻螺钉和垫圈组合件	N	标准系列	GB/T 97.5
	L	大系列	

c. 标记示例：

十字槽凹穴六角头自攻螺钉和平垫圈组合件包括：一个 GB/T 9456 ST4.2×16、锥端（C）十字槽凹穴六角头自攻螺钉（代号 S1）和一个 GB/T 97.5 标准系列垫圈（代号 N）组合件表面镀锌钝化（省略标记）的标记为

自攻螺钉和垫圈组合件　GB/T 9074.20　ST4.2×16-S1-N

十字槽凹穴六角头自攻螺钉和平垫圈组合件包括：一个 GB/T 9456 ST4.2×16、锥端（C）十字槽凹穴六角头自攻螺钉（代号 S1）和一个 GB/T 97.5 大系列垫圈（代号 L）组合件表面镀锌钝化（省略标记）的标记为

自攻螺钉和垫圈组合件　GB/T 9074.20　ST4.2×16-S1-L

表 5.2-221　六角头自攻螺钉和平垫圈组合件（摘自 GB/T 9074.18—2002）

和六角头自攻螺钉和大垫圈组合件（摘自 GB/T 9074.18—2002）　　　　　（mm）

GB/T 9074.18　　　　　GB/T 9074.18

标记示例

螺纹规格 ST3.5、公称长度 l =16mm、表面镀锌钝化、C 型六角头自攻螺钉和平垫圈组合件标记为

自攻螺钉组合件　GB/T 9074.18　ST3.5×16

螺纹规格　d			ST2.9	ST3.5	ST4.2	ST4.8	ST5.5	ST6.3	ST8
a'　max			1.1	1.3	1.4	1.6	1.8		2.1
d_2	公称	GB/T 9074.18	6	8	9	10	12	14	
		GB/T 9074.18	9	11	12	15		18	21
h	公称	GB/T 9074.18	0.8	1.0	1.0	1.6			
		GB/T 9074.18	1.0			1.6			2.0
l[1]	长度范围		9.5~19	9.5~22	9.5~25	13~32		13~38	16~50
相关标准	自攻螺钉		GB 5285						
	垫圈	GB/T 9074.18	GB/T 9074.1						
		GB/T 9074.18	GB/T 97.5—2002						
表面处理			1）镀锌钝化；2）氧化						
其他技术要求			垫圈应能自由转动而不脱落						

[1] 长度系列（单位为 mm）：9.5、13、16、19、22、25、32、38、45、50。

第3章 键、花键和销连接

1 键连接

1.1 键和键连接的类型、特点及应用（见表5.3-1）

表5.3-1 键和键连接的类型、特点及应用

类型		结构图例	特点和应用
平键连接	普通平键 GB/T 1096—2003 薄型平键 GB/T 1567—2003	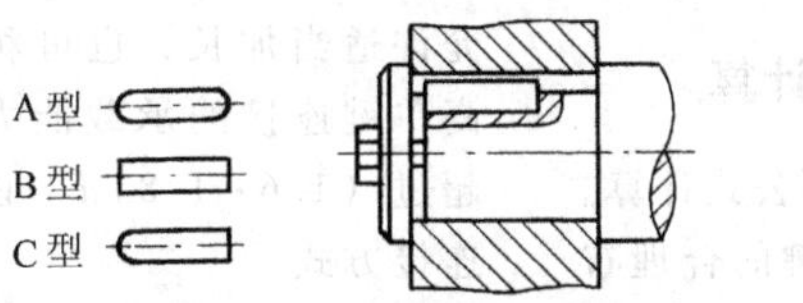 A型 B型 C型	靠侧面传递转矩,对中好,易拆装。无轴向固定作用。精度较高,用于高速轴或受冲击、正反转的场合。薄型平键用于薄壁结构和传递转矩较小的传动。A型用于键槽刀加工键槽,键在槽中固定好,但应力集中较大;B型用于盘铣刀加工轴上键槽,应力集中较小;C型用于轴端
	导向平键 GB/T 1097—2003	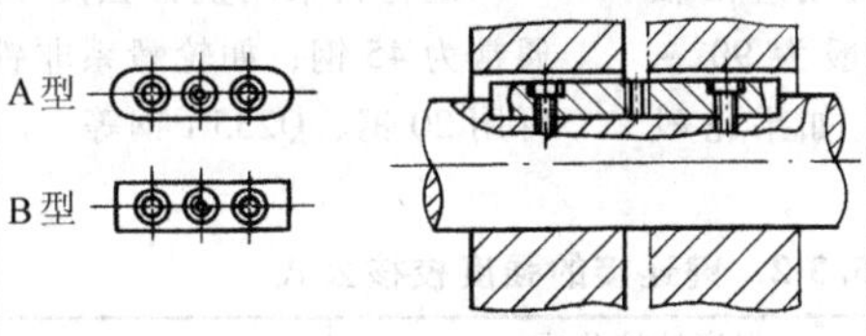 A型 B型	靠侧面传递转矩,对中好,易拆装。无轴向固定作用。用螺钉把键固定在轴上。中间的螺纹孔用于起出键。用于轴上零件沿轴移动量不大的场合,如变速箱中的滑移齿轮
	滑键	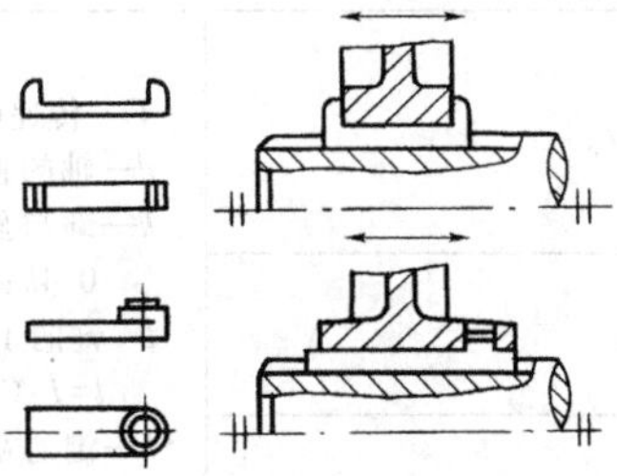	靠侧面传递转矩,对中好,易拆装。键固定在轮毂上,用于轴上零件移动量较大的结构
半圆键连接	半圆键 GB/T 1099.1—2003	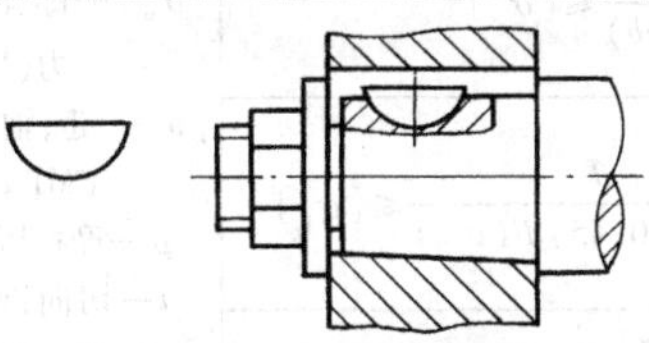	靠侧面传递转矩,键可在轴槽中沿槽底圆弧滑动,装拆方便,但要加长键时,必定使键槽加深而使轴强度削弱。一般用于轻载,常用于轴的键形轴端
楔键连接	普通楔键 GB/T 1564—2003 钩头楔键 GB/T 1565—2003 薄型楔键 薄型钩头楔键 GB/T 16922—1997	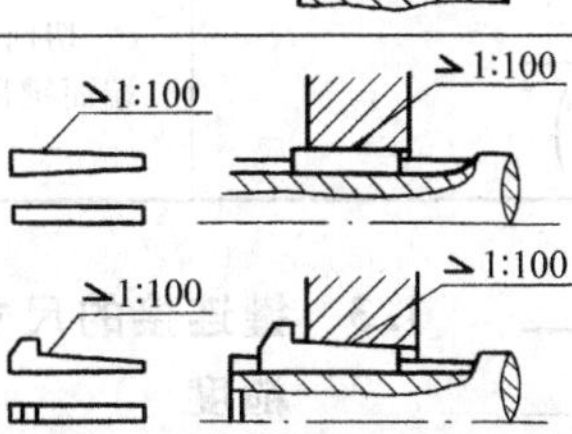 1:100	键的上表面和毂槽都有1:100的斜度,装配时打入、楔紧,键的上下两面与轴和轮毂接触是工作面。对轴上零件有轴向固定作用。但由于楔紧力的作用使轴上零件偏心,导致对中精度不高,转速也受到限制。钩头供装拆用,但应加保护罩,以免伤人
切向键连接	切向键 GB/T 1974—2003	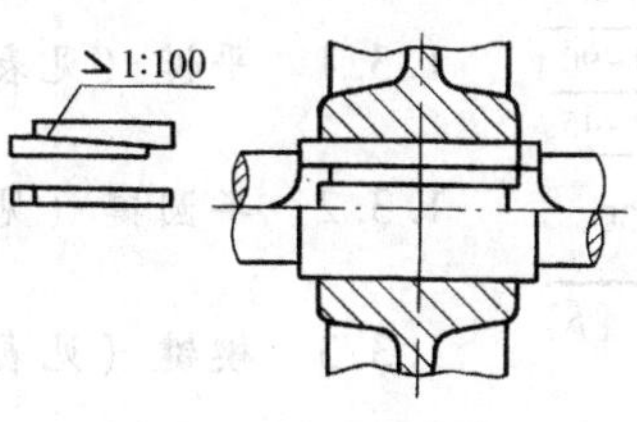 1:100	由两个斜度为1:100的楔键组成。能传递较大的转矩,一对切向键只能传递一个方向的转矩,传递双向转矩时,要用两对切向键,互成120°~135°。用于载荷大、对中要求不高的场合。键槽对轴的削弱大,常用于直径大于100mm的轴

（续）

类型		结构图例	特点和应用
端面键	端面键	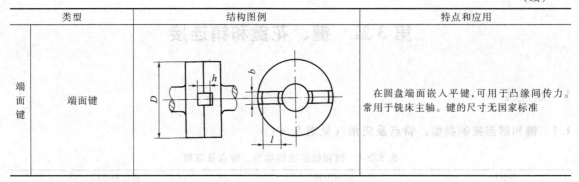	在圆盘端面嵌入平键,可用于凸缘间传力。常用于铣床主轴。键的尺寸无国家标准

1.2   键的选择和键连接的强度校核计算

键连接的强度校核按表 5.3-2 中所列公式计算。如强度不够,可采用双键,这时应考虑键的合理布置:两个平键最好相隔 180°;两个半圆键则应沿轴布置在同一条直线上;两个楔键夹角一般为 90°~120°。双键连接的强度按 1.5 个键计算。如果轮毂允许适当加长,也可相应地增加键的长度,以提高单键连接的承载能力。但一般采用的键长不宜超过 $(1.6 \sim 1.8)d$。必要时加大轴径或改用其他连接方式。

键材料采用抗拉强度不低于 590MPa 的键用钢,通常为 45 钢;如轮毂系非铁金属或非金属材料,键可用 20 钢、Q235A 钢等。

表 5.3-2   键连接的强度校核公式

键的类型		计算内容	强度校核公式	说 明
半圆键		连接工作面挤压	$\sigma_p = \dfrac{2T}{dkl} \leqslant [\sigma_p]$	T—传递的转矩(N·mm)
平键	静连接	连接工作面挤压	$\sigma_p = \dfrac{2T}{dkl} \leqslant [\sigma_p]$	d—轴的直径(mm) k—键与轮毂的接触高度(mm);平键 $k=0.4h$;半圆键 k 查表 5.3-7
	动连接	连接工作面压强	$p = \dfrac{2T}{dkl} \leqslant [p]$	l—键的工作长度(mm),A 型,$l=L-b$;B 型,$l=L$;C 型,$l=L-b/2$
楔键		连接工作面挤压	$\sigma_p = \dfrac{12T}{bl(b\mu d+b)} \leqslant [\sigma_p]$	b—键的宽度(mm)
切向键		连接工作面挤压	$\sigma_p = \dfrac{T}{(0.5\mu+0.45)dl(t-c)} \leqslant [\sigma_p]$	$[\sigma_p]$—键、轴、轮毂三者中最弱材料的许用挤压应力(MPa),见表 5.3-3 $[p]$—键、轴、轮毂三者中最弱材料的许用压强(MPa)见表 5.3-3
端面键		连接工作面挤压	$\sigma_p = \dfrac{4T}{Dhl\left(1-\dfrac{l}{D}\right)^2}$	μ—摩擦因数,对钢和铸铁 $\mu=0.12\sim0.17$ t—切向键工作面宽度(mm) c—切向键倒角的宽度(mm) 端面键尺寸见表 5.3-1 图

表 5.3-3   键连接的许用应力(MPa)

许用应力	连接工作方式	键或毂,轴的材料	载 荷 性 质		
			静载荷	轻微冲击	冲击
许用挤压应力 $[\sigma_p]$	静连接	钢	125~150	100~120	60~90
		铸铁	70~80	50~60	30~45
许用压强 $[p]$	动连接	钢	50	40	30

注:如与键有相对滑动的键槽经表面硬化处理,$[p]$ 可提高 2~3 倍。

1.3   键连接的尺寸系列、公差配合和表面粗糙度

1.3.1   平键(见表 5.3-4~表 5.3-6)

1.3.2   半圆键(见表 5.3-7)

1.3.3   楔键(见表 5.3-8、表 5.3-9)

表 5.3-4　普通平键（摘自 GB/T 1095—2003、GB/T 1096—2003）　　　　　（mm）

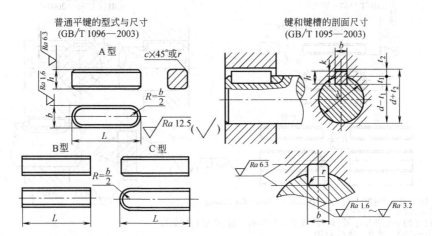

普通平键的型式与尺寸
(GB/T 1096—2003)

键和键槽的剖面尺寸
(GB/T 1095—2003)

标记示例:圆头普通平键(A 型),$b=10$mm,$h=8$mm,$L=25$mm
GB/T 1096—2003　键　10×8×25
对于同一尺寸的平头普通平键(B 型)或单圆头普通平键(C 型),标记为
GB/T 1096—2003　键　B10×8×25
GB/T 1096—2003　键　C10×8×25

轴径 d	键的公称尺寸				每 100mm 质量 /kg	键槽尺寸					圆角半径 r	
	b(h8)	h(h11)	c 或 r	L(h14)		轴 t_1 公称尺寸	公差	毂 t_2 公称尺寸	公差	b	min	max
6~8	2	2		6~20	0.003	1.2		1				
>8~10	3	3	0.16~0.25	6~36	0.007	1.8	+0.1 0	1.4	+0.1 0		0.08	0.16
>10~12	4	4		8~45	0.013	2.5		1.8				
>12~17	5	5		10~56	0.02	3.0		2.3				
>17~22	6	6	0.25~0.4	14~70	0.028	3.5		2.8			0.16	0.25
>22~30	8	7		18~90	0.044	4.0		3.3				
>30~38	10	8		22~110	0.063	5.0		3.3				
>38~44	12	8		28~140	0.075	5.0		3.3				
>44~50	14	9	0.4~0.6	36~160	0.099	5.5	+0.2 0	3.8	+0.2 0		0.25	0.4
>50~58	16	10		45~180	0.126	6.0		4.3				
>58~65	18	11		50~200	0.155	7.0		4.4				
>65~75	20	12		56~220	0.188	7.5		4.9		公称尺寸同键,公差见表5.3-9		
>75~85	22	14		63~250	0.242	9.0		5.4				
>85~95	25	14	0.6~0.8	70~280	0.275	9.0		5.4			0.4	0.6
>95~110	28	16		80~320	0.352	10.0		6.4				
>110~130	32	18		90~360	0.452	11		7.4				
>130~150	36	20		100~400	0.565	12		8.4				
>150~170	40	22		100~400	0.691	13		9.4				
>170~200	45	25	1~1.2	110~450	0.883	15		10.4			0.7	1.0
>200~230	50	28		125~500	1.1	17		11.4				
>230~260	56	32		140~500	1.407	20		12.4				
>260~290	63	32	1.6~2.0	160~500	1.583	20	+0.3 0	12.4	+0.3 0		1.2	1.6
>290~330	70	36		180~500	1.978	22		14.4				
>330~380	80	40		200~500	2.512	25		15.4				
>380~440	90	45	2.5~3	220~500	3.179	28		17.4			2	2.5
>440~500	100	50		250~500	3.925	31		19.5				
L 系列	6,8,10,12,14,16,18,20,22,25,28,32,36,40,45,50,56,63,70,80,90,100,110,125,140,160,180,200,220, 250,280,320,360,400,450,500											

注:1. 在工作图中,轴槽深用 $d-t_1$ 或 t_1 标注,毂槽深用 $d+t_2$ 标注。$(d-t_1)$ 和 $(d+t_2)$ 尺寸偏差按相应的 t_1 和 t_2 的偏差选取,但 $(d-t_1)$ 偏差取负号 $(-)$。
　　2. 当键长大于 500mm 时,其长度应按 GB/T 321—2005 优先数和优先数系的 R20 系列选取。
　　3. 表中每 100mm 长的质量系指 B 型键。
　　4. 键高偏差对于 B 型键应为 h9。
　　5. 当需要时,键允许带起键螺孔,起键螺孔的尺寸按键宽参考表 5.3-6 中的 d_0 选取。螺孔的位置距键端为 $b~2b$,较长的键可以采用两个对称的起键螺孔。

表 5.3-5 薄型平键（摘自 GB/T 1566—2003）   （mm）

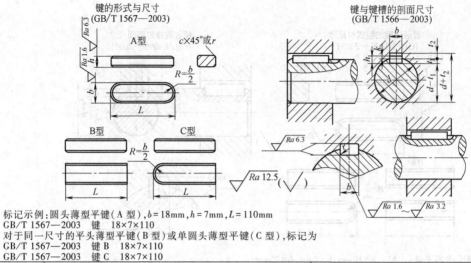

键的形式与尺寸（GB/T 1567—2003）   键与键槽的剖面尺寸（GB/T 1566—2003）

标记示例：圆头薄型平键（A 型），$b=18\text{mm}$，$h=7\text{mm}$，$L=110\text{mm}$
GB/T 1567—2003 键 18×7×110
对于同一尺寸的平头薄型平键（B 型）或单圆头薄型平键（C 型），标记为
GB/T 1567—2003 键 B 18×7×110
GB/T 1567—2003 键 C 18×7×110

轴 径	键 的 公 称 尺 寸					键 槽 尺 寸					
						轴 t_1		毂 t_2			
d	$b(\text{h9})$	$h(\text{h11})$	c 或 r	$L(\text{h14})$	每 100mm 质量/kg	公称尺寸	公差	公称尺寸	公差	b	圆角半径 r
12~17	5	3		10~56	0.012	1.8		1.4			
>17~22	6	4	0.25~0.4	14~70	0.019	2.5	+0.1 0	1.8	+0.1 0		0.16~0.25
>22~30	8	5		18~90	0.031	3		2.3			
>30~38	10	6		22~110	0.047	3.5		2.8			
>38~44	12	6		28~140	0.0565	3.5	+0.1 0	2.8	+0.1 0		
>44~50	14	6	0.4~0.6	36~160	0.066	3.5		2.8		公称尺寸同键，公差见表5.3-9	0.25~0.4
>50~58	16	7		45~180	0.088	4		3.3			
>58~65	18	7		50~200	0.099	4		3.3			
>65~75	20	8		56~220	0.126	5		3.3			
>75~85	22	9		63~250	0.155	5.5		3.8			
>85~95	25	9	0.6~0.8	70~280	0.177	5.5	+0.2 0	3.8	+0.2 0		0.4~0.6
>95~110	28	10		80~320	0.22	6		4.3			
>110~130	32	11		90~360	0.276	7		4.4			
>130~150	36	12	1.0~1.2	100~400	0.339	7.5		4.9			0.70~1.0
L 系列	10,12,14,16,18,20,22,25,28,32,36,40,45,50,56,63,70,80,90,100,110,125,140,160,180,200,220,250,280,320,360,400										

注：表中每 100mm 长的质量系指 B 型键。

表 5.3-6 导向平键（摘自 GB/T 1097—2003）   （mm）

键的形式和尺寸（GB/T 1097—2003）

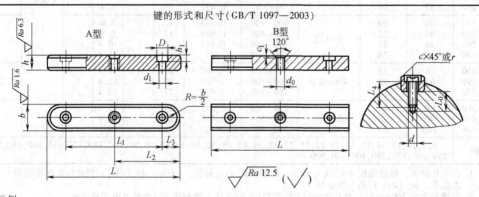

标记示例：
圆头导向平键（A 型），$b=16\text{mm}$，$h=10\text{mm}$，$L=100\text{mm}$
GB/T 1097 键 16×10×100
方头导向平键（B 型），$b=16\text{mm}$，$h=10\text{mm}$，$L=100\text{mm}$
GB/T 1097 键 B16×10×100

（续）

b(h8)	8	10	12	14	16	18	20	22	25	28	32	36	40	45
h(h11)	7	8	8	9	10	11	12	14	14	16	18	20	22	25
c 或 r	0.25~0.4	0.4~0.6					0.6~0.8				1.0~1.2			
h_1	2.4		3.0	3.5		4.5			6		7	8		
d_0	M3		M4	M5		M6			M8		M10	M12		
d_1	3.4		4.5	5.5		6.6			9		11	14		
D	6		8.5	10		12			15		18	22		
c_1	0.3					0.5						1.0		
L_0	7	8	10			12			15		18	22		
螺钉 ($d_0 \times L_4$)	M3×8	M3×10	M4×10	M5×10	M5×10	M6×12	M6×12	M6×16	M8×16	M8×16	M10×20	M12×25		
L 范围	25~90	25~110	28~140	36~160	45~180	50~200	56~220	63~250	70~280	80~320	90~360	100~400	100~400	110~450
每100mm长质量/kg	0.0392	0.06	0.071	0.091	0.114	0.143	0.175	0.228	0.25	0.324	0.402	0.515	0.602	0.837

L 与 L_1、L_2、L_3 的对应长度系列

L	25	28	32	36	40	45	50	56	63	70	80	90	100	110	125	140	160	180	200	220	250	280	320	360	400	450
L_1	13	14	16	18	20	23	26	30	36	40	48	54	60	66	75	80	90	100	110	120	140	160	180	200	220	250
L_2	12.5	14	16	18	20	22.5	25	28	31.5	35	40	45	50	55	62	70	80	90	100	110	125	140	160	180	200	225
L_3	6	7	8	9	10	11	12	13	14	15	16	18	20	22	25	30	35	40	45	50	55	60	70	80	90	100

注：1. b 和 h 根据轴径 d 由表 5.3-4 选取。

2. 固定螺钉按 GB/T 65—2016《开槽圆柱螺钉》的规定。

3. 键槽的尺寸应符合 GB/T 1095—2003《平键 键槽的剖面尺寸》的规定，见表 5.3-4。

4. 当键长大于 450mm 时，其长度按 GB/T 321—2005《优先数和优先数系》的 R20 系列选取。

5. 每100mm长重量系指 B 型键。

表 5.3-7 半圆键（摘自 GB/T 1099.1—2003）　　　　　　（mm）

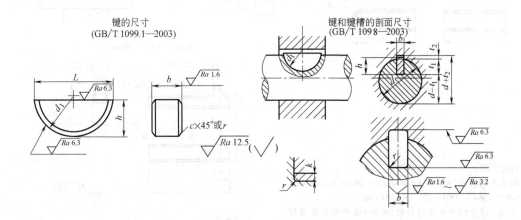

键的尺寸
(GB/T 1099.1—2003)

键和键槽的剖面尺寸
(GB/T 1098—2003)

标记示例：
半圆键 $b=8$mm，$h=11$mm，$d_1=28$mm
GB/T 1099—2003　键　8×11×28

（续）

轴 径 d		键的公称尺寸						键槽尺寸					
传递转矩用	定位用	b (h9)	h (h11)	d_1 (h12)	$L \approx$	c	每 1000 件的质量 /kg	轴 t_1 公称尺寸	公差	轮毂 t_2 公称尺寸	公差	k	圆角半径 r
3~4	3~4	1.0	1.4	4	3.9		0.031	1.0		0.6		0.4	
>4~5	>4~6	1.5	2.6	7	6.8		0.153	1.3		0.8		0.72	
>5~6	>6~8	2.0	2.6	7	6.8	0.16~0.25	0.204	1.8	$^{+0.1}_{0}$	1.0		0.97	0.08~0.16
>6~7	>8~10	2.0	3.7	10	9.7		0.414	2.9		1.0		0.95	
>7~8	>10~12	2.5	3.7	10	9.7		0.518	2.7		1.2		1.2	
>8~10	>12~15	3.0	5.0	13	12.7		1.10	3.8		1.4		1.43	
>10~12	>15~18	3.0	6.5	16	15.7		1.8	5.3		1.4	$^{+0.1}_{0}$	1.4	
>12~14	>18~20	4.0	6.5	16	15.7		2.4	5.0		1.8		1.8	
>14~16	>20~22	4.0	7.5	19	18.6		3.27	6.0	$^{+0.2}_{0}$	1.8		1.75	0.16~0.25
>16~18	>22~25	5.0	6.5	16	15.7	0.25~0.4	3.01	4.5		2.3		2.35	
>18~20	>25~28	5.0	7.5	19	18.6		4.09	5.5		2.3		2.32	
>20~22	>28~32	5.0	9.0	22	21.6		5.73	7.0		2.3		2.29	
>22~25	>32~36	6.0	9.0	22	21.6		6.88	6.5		2.8		2.87	
>25~28	>36~40	6.0	10	25	24.5		8.64	7.5	$^{+0.3}_{0}$	2.8	$^{+0.2}_{0}$	2.83	
>28~32	40	8.0	11	28	27.4	0.4~0.6	14.1	8		3.3		3.51	0.25
>32~38	—	10	13	32	31.4		19.3	10		3.3		3.67	~0.4

（最后一列 b：公称尺寸同键，公差见表 5.3-9）

注：轴和毂键槽宽度 b 极限偏差按表 5.3-9 中一般连接或较紧连接。

表 5.3-8　楔键（摘自 GB/T 1563—2003）　　　　　　　　　　　（mm）

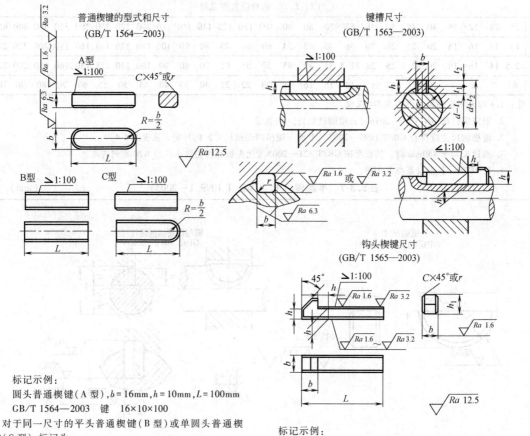

普通楔键的型式和尺寸
(GB/T 1564—2003)

键槽尺寸
(GB/T 1563—2003)

A 型

B 型　C 型

钩头楔键尺寸
(GB/T 1565—2003)

标记示例：

圆头普通楔键（A 型），$b = 16$mm，$h = 10$mm，$L = 100$mm

GB/T 1564—2003　键　16×10×100

对于同一尺寸的平头普通楔键（B 型）或单圆头普通楔键（C 型），标记为

GB/T 1564—2003　键 B　16×10×100

GB/T 1564—2003　键 C　16×10×100

标记示例：

钩头楔键，$b = 16$mm，$h = 10$mm，$L = 100$mm

GB/T 1565—2003　键　16×10×100

（续）

轴 径	键的公称尺寸						键　槽				
	b	h	C 或 r	h₁	L(h14)		轴 t₁		轮毂 t₂		圆角半径
d	(h9)	(h11)			GB/T 1564 —2003	GB/T 1565 —2003	公称尺寸	公差	公称尺寸	公差	r
6~8	2	2	0.16		6~20	—	1.2		0.5		0.08
>8~10	3	3	~		6~36	—	1.8		0.9		~
>10~12	4	4	0.25	7	8~45	14~45	2.5	+0.1 0	1.2	+0.1 0	0.16
>12~17	5	5	0.25	8	10~56	14~56	3.0		1.7		0.16
>17~22	6	6	~	10	14~70		3.5		2.2		~
>22~30	8	7	0.4	11	18~90		4.0		2.4		0.25
>30~38	10	8		12	22~110		5.0		2.4		
>38~44	12	8	0.4	12	28~140		5.0		2.4		
>44~50	14	9	~	14	36~160		5.5		2.9		0.25 ~0.40
>50~58	16	10	0.6	16	45~180		6.0		3.4		
>58~65	18	11		18	50~200		7.0	+0.2 0	3.4	+0.2 0	
>65~75	20	12		20	56~220		7.5		3.9		
>75~85	22	14	0.6	22	63~250		9.0		4.4		0.40
>85~95	25	14	~	22	70~280		9.0		4.4		~
>95~110	28	16	0.8	25	80~320		10.0		5.4		0.60
>110~130	32	18		28	90~360		11.0		6.4		
>130~150	36	20		32	100~400		12		7.1		0.70
>150~170	40	22	1.0	36	100~400		13		8.1		~
>170~200	45	25	~1.2	40	110~450	110~400	15		9.1		1.00
>200~230	50	28		45	125~500		17		10.1		
>230~260	56	32	1.6	50	140~500		20		11.1		1.2
>260~290	63	32	~	50	160~500		20	+0.3 0	11.1	+0.3 0	~
>290~330	70	36	2.0	56	180~500		22		13.1		1.6
>330~380	80	40	2.5	63	200~500		25		14.1		2.0
>380~440	90	45	~	70	220~500		28		16.1		~
>440~500	100	50	3.0	80	250~500		31		18.1		2.5

L系列	6,8,10,12,14,16,18,20,22,25,28,32,36,40,45,50,56,63,70,80,90,100,110,125,140,160,180,200,220, 250,280,320,360,400,450,500

注：1. 安装时，键的斜面与轮毂槽的斜面紧密配合。

　　2. 键槽宽 b（轴和毂）尺寸公差 D10。

表 5.3-9　薄型楔键和键槽的剖面尺寸及公差（摘自 GB/T 16922—1997）　　　　　（mm）

标记示例：
圆头薄型楔键（A 型）$b = 16\text{mm}$，$h = 7\text{mm}$，$L = 100\text{mm}$
GB/T 16922—1997　键 A 16×7×100
平头薄型楔键（B 型）$b = 16\text{mm}$，$h = 7\text{mm}$，$L = 100\text{mm}$
GB/T 16922—1997　键 B 16×7×100
单圆头薄型楔键（C 型）$b = 16\text{mm}$，$h = 7\text{mm}$，$L = 100\text{mm}$
GB/T 16922—1997　键 C 16×7×100

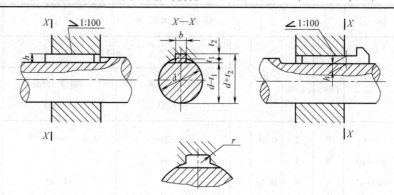

键槽局部放大

| 轴
基本直径
d | 键
公称尺寸
$b×h$ | 键槽（轮毂） | | | | | | 平台（轴） | | 长度 L
H14 |
| | | 宽度 b | | 深度 t_2 | | 半径 r | | 深度 t_1 | | |
		公称 尺寸	极限偏差 D10	公称 尺寸	极限 偏差	最小	最大	公称 尺寸	极限 偏差	
22~30	8×15	8	+0.098 +0.040	1.7		0.16	0.25	3.0		20~70
>30~38	10×6	10		2.2	+0.1 0			3.5	+0.1 0	25~40
>38~44	12×6	12		2.2				3.5		32~125
>44~50	14×6	14	+0.120 +0.050	2.2		0.25	0.40	3.5		36~140
>50~58	16×7	16		2.4				4		45~180
>58~65	18×7	18		2.4				4		50~200
>65~75	20×8	20		2.4				5		56~220
>75~85	22×9	22	+0.149 +0.065	2.9		0.40	0.60	5.5		63~250
>85~95	25×9	25		2.9				5.5		70~280
>95~110	28×10	28		3.4	+0.2 0			6	+0.2 0	80~320
>110~130	32×11	32		3.4				7		90~360
>130~150	36×12	36		3.9				7.5		100~400
>160~170	40×14	40	+0.180 +0.080	4.4		0.70	1	9		125~400
>170~200	45×16	45		5.4				10		140~400
>200~230	50×18	50		6.4				11		160~400

注：1.（$d-t$）和（$d+t_1$）两个组合尺寸的极限偏差按相应的 t 和 t_1 的极限偏差选取，但（$d-t$）极限偏差值应取负号。
　　2. L 系列：20、22、25、28、32、36、40、45、50、56、63、70~110（10 进位）、125、140~220（20 进位）、250、280~400（40 进位）。

1.3.4　键用型钢

　　JB/T 7930—1995[注]《键用型钢》规定了平键、普通楔键和薄型楔键用型钢的剖面尺寸及公差、表面粗糙度、标记示例等内容，供平键（普通平键、导向平键和薄型平键）、普通楔键和薄型楔键（键宽 b 最大到 36mm）批量生产时选用。

　　键用型钢的截面有正方形和长方形两种，这是由键的剖面形状决定的。键用型钢的剖面尺寸、公差及表面粗糙度见表 5.3-10。

　　键用型钢的抗拉强度应不小于 590MPa。

　　键用型钢的材料，一般为 45 或 35 钢。

　　标记示例

　　普通平键或普通楔键用钢 $b = 16\text{mm}$、$h = 10\text{mm}$，

其标记为：

　　键钢　16×10　JB/T 7930—1995

　　薄型平键或薄型楔键用钢 $b = 16\text{mm}$、$h = 7\text{mm}$，

其标记为：

　　键钢　16×7　JB/T 7930—1995

1.3.5　键和键槽的几何公差、配合及尺寸标注

　　1）当键长与键宽比 $L/b \geqslant 8$ 时，键宽在长度方向上的平行度公差等应按 GB/T 1184—1996 选取，当 $b \leqslant 6\text{mm}$

　　[注] JB/T 7930—1995 已经作废，但目前仍有大量应用，此处仅供参考。

取 7 级，$b \geqslant 8 \sim 36$mm 取 6 级，$b \geqslant 40$mm 取 5 级。

2) 轴槽和毂槽对轴线对称度公差等级根据不同工作要求参照键连接的配合按 7~9 级（GB/T 1184—1996）选取。

表 5.3-10　键用型钢的剖面尺寸及公差（摘自 JB/T 7930—1995）　　　　（mm）

图注：Ra 1.6　b　Ra 1.6　Ra 6.3　h　b　Ra 1.6　h　$C \times 45°$　r　Ra 12.5

左半部：

键宽 b	极限偏差 h9	键高 h 普通	极限偏差	薄型	极限偏差 h11	C 或 r min	C 或 r max	每米长质量 普通	每米长质量 薄型
2	0, -0.025	2	0, -0.025			0.16	0.25	0.03	
3	0, -0.025	3	0, -0.025	3	0, -0.060	0.16	0.25	0.07	
4	0, -0.030	4	0, -0.030	3	0, -0.060	0.16	0.25	0.13	
5	0, -0.030	5	0, -0.030	4		0.25	0.40	0.20	0.12
6	0, -0.030	6	0, -0.030	5		0.25	0.40	0.29	0.19
8	0, -0.036	7	0, -0.090	5	0, -0.075	0.25	0.40	0.44	0.31
10	0, -0.036	8	0, -0.090	6	0, -0.075	0.25	0.40	0.63	0.47
12	0, -0.043	8	0, -0.090	6		0.40	0.60	0.75	0.56
14	0, -0.043	9		6		0.40	0.60	0.99	0.66
16	0, -0.043	10		6		0.40	0.60	1.26	0.88
18	0, -0.043	11	0, -0.110	7	0, -0.090	0.40	0.60	1.55	0.99
20	0, -0.052	12	0, -0.110	7	0, -0.090	0.60	0.80	1.88	1.26
22	0, -0.052	14	0, -0.110	8	0, -0.090	0.60	0.80	2.42	1.55

右半部：

键宽 b	极限偏差 h9	键高 h 普通	极限偏差	薄型	极限偏差 h11	C 或 r min	C 或 r max	每米长质量 普通	每米长质量 薄型
25	0, -0.052	14	0, -0.110	9	0, -0.090	0.60	0.80	2.75	1.77
28	0, -0.052	16	0, -0.110	10	0, -0.090	0.60	0.80	3.52	2.20
32	0, -0.062	18	0, -0.110	11	0, -0.110	0.60	0.80	4.52	2.76
36	0, -0.062	20	0, -0.130	12	0, -0.110	0.60	0.80	5.65	3.39
40	0, -0.062	22	0, -0.130			1.0	1.20	6.91	
45	0, -0.062	25	0, -0.130			1.0	1.20	8.83	
50	0, -0.062	28	0, -0.130			1.0	1.20	10.99	
56	0, -0.074	32	0, -0.160			1.6	2.0	14.07	
63	0, -0.074	32	0, -0.160			1.6	2.0	15.83	
70	0, -0.074	36	0, -0.160			1.6	2.0	19.78	
80	0, -0.074	40	0, -0.160			1.6	2.0	25.12	
90	0, -0.087	45	0, -0.160			2.5	3.0	31.79	
100	0, -0.087	50	0, -0.160			2.5	3.0	39.25	

当同时采用平键与过盈配合连接，特别是过盈量较大时，则应严格控制键槽的对称度公差，以免装配困难。

3) 键和键槽配合的松紧，取决于键槽宽公差带的选取，如何选取见表 5.3-11。

4) 在工作图中，轴槽深用（$d-t_1$）或 t_1 标注，轮槽深用（$d+t_2$）标注。（$d-t_1$）和（$d+t_2$）两个组合尺寸的偏差应按相应的 t_1 和 t_2 的偏差选取，但（$d-t_1$）的偏差值应取负值（-），对于楔键，（$d+t_2$）及 t_2 指的是大端轮毂槽深度。

表 5.3-11　键和键槽尺寸公差带（摘自 GB/T 1095—2003，GB/T 1096—2003）　　　　（mm）

宽度 b	公称尺寸	2	3	4	5	6	8	10	12	14	16	18	20	22
	极限偏差 h8	0, -0.014		0, -0.018			0, -0.022		0, -0.027				0, -0.033	
高度 h	公称尺寸	2	3	4	5	6	7	8	8	9	10	11	12	14
	极限偏差 矩形 h11	—							0, -0.090				0, -0.110	
	极限偏差 方形 h8	0, -0.014		0, -0.018										
宽度 b	公称尺寸	25	28	32	36	40	45	50	56	63	70	80	90	100
	极限偏差 h8	0, -0.033		0, -0.039					0, -0.046				0, -0.054	
高度 h	公称尺寸	14	16	18	20	22	25	28	32	32	36	40	45	50
	极限偏差 矩形 h11	0, -0.110					0, -0.130				0, -0.160			
	极限偏差 方形 h8	—												

（续）

键尺寸 b×h	键槽											
	宽度 b						深度				半径 r	
	公称尺寸	极限偏差					轴 t_1		毂 t_2			
		正常连接		紧密连接	松连接		公称尺寸	极限偏差	公称尺寸	极限偏差		
		轴 N9	毂 JS9	轴和毂 P9	轴 H9	毂 D10					min	max
2×2	2	-0.004 -0.029	±0.0125	-0.006 -0.031	+0.025 0	+0.060 +0.020	1.2	+0.1 0	1.0	+0.1 0	0.08	0.16
3×3	3						1.8		1.4			
4×4	4	0 -0.030	±0.015	-0.012 -0.042	+0.030 0	+0.078 +0.030	2.5		1.8			
5×5	5						3.0		2.3			
6×6	6						3.5		2.8		0.16	0.25
8×7	8	0 -0.036	±0.018	-0.015 -0.051	+0.036 0	+0.098 +0.040	4.0		3.3			
10×8	10						5.0		3.3			
12×8	12	0 -0.043	±0.0215	-0.018 -0.061	+0.043 0	+0.120 +0.050	5.0	+0.2 0	3.3	+0.2 0	0.25	0.40
14×9	14						5.5		3.8			
16×10	16						6.0		4.3			
18×11	18						7.0		4.4			
20×12	20	0 -0.052	±0.026	-0.022 -0.074	+0.052 0	+0.149 +0.065	7.5		4.9			
22×14	22						9.0		5.4		0.40	0.60
25×14	25						9.0		5.4			
28×16	28						10.0		6.4			
32×18	32	0 -0.062	±0.031	-0.026 -0.088	+0.062 0	+0.180 +0.080	11.0		7.4			
36×20	36						12.0		8.4			
40×22	40						13.0		9.4		0.70	1.00
45×25	45						15.0		10.4			
50×28	50						17.0		11.4			
56×32	56	0 -0.074	±0.037	-0.032 -0.106	+0.074 0	+0.220 +0.100	20.0	+0.3 0	12.4	+0.3 0		
63×32	63						20.0		12.4		1.20	1.60
70×36	70						22.0		14.4			
80×40	80						25.0		15.4			
90×45	90	0 -0.087	±0.0435	-0.037 -0.124	+0.087 0	+0.260 +0.120	28.0		17.4		2.00	2.50
100×50	100						31.0		19.5			

1.3.6　切向键（见表 5.3-12）

表 5.3-12　切向键（摘自 GB/T 1974—2003） （mm）

普通切向键、强力切向键及键槽尺寸（GB/T 1974—2003）

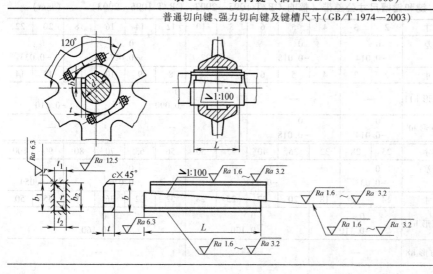

标记示例:

一对切向键，厚度 t = 8mm，计算宽度 b = 24mm，长度 L = 100mm

GB/T 1974　键　8×24×100

（续）

普通切向键

轴径 d	键 厚度 t 尺寸	键 厚度 t 偏差 h11	键 计算宽度 b	键 倒角 s min	键 倒角 s max	键槽 深度 轮毂 t_1 尺寸	轮毂 t_1 偏差	键槽 深度 轴 t_2 尺寸	轴 t_2 偏差	键槽 计算宽度 轮毂 b_1	键槽 计算宽度 轴 b_2	半径 R max	半径 R min
60	7	0 / -0.090	19.3	0.6	0.8	7	0 / -0.2	7.3	+0.2 / 0	19.3	19.6	0.6	0.4
63			19.8							19.8	20.2		
65			20.1							20.1	20.5		
70			21.0							21.0	21.4		
71	8		22.5			8		8.3		22.5	22.8		
75			23.2							23.2	23.5		
80			24.0							24.0	24.4		
85			24.8							24.8	25.2		
90			25.6							25.6	26.0		
95	9		27.8			9		9.3		27.8	28.2		
100			28.6							28.6	29.0		
110			30.1							30.1	30.6		
120	10	0 / -0.110	33.2	1.0	1.2	10		10.3		33.2	33.6	1.0	0.7
125			33.9							33.9	34.4		
130			34.6							34.6	35.1		
140	11		37.7			11		11.4		37.7	38.3		
150			39.1							39.1	39.7		
160	12		42.1			12		12.4		42.1	42.8		
170			43.5							43.5	44.2		
180			44.9							44.9	45.6		
190	14		49.6			14		14.4		49.6	50.3		
200			51.0							51.0	51.7		
220	16		57.1	1.6	2.0	16		16.4		57.1	57.8	1.6	1.2
240			59.9							59.9	60.6		
250	18		64.6			18		18.4	+0.3 / 0	64.6	65.3		
260			66.0							66.0	66.7		
280	20	0 / -0.130	72.1	2.5	3.0	20	0 / -0.3	20.4		72.1	72.8	2.5	2.0
300			74.8							74.8	75.5		
320	22		81.0			22		22.4		81.0	81.6		
340			83.6							83.6	84.3		
360	26		93.2			26		26.4		93.2	93.8		
380			95.9							95.9	96.6		
400			98.6							98.6	99.3		
420	30	0 / -0.160	108.2	3.0	4.0	30		30.4		108.2	108.8	3.0	2.5
440			110.9							110.9	111.6		
450			112.3							112.3	112.9		
460			113.6							113.6	114.3		
480	34		123.1			34		34.4	+0.3 / 0	123.1	123.8		
500			125.9							125.9	126.6		
530	38		136.7			38		38.4		136.7	137.4		
560			140.8							140.8	141.5		
600	42		153.1			42		42.4		153.1	153.8		
630			157.1							157.1	157.8		

（续）

强力型切向键及键槽尺寸

轴径 d	键 厚度 t		键 计算宽度 b	键 倒角 s		键槽 深度 轮毂 t₁		键槽 深度 轴 t₂		键槽 计算宽度 轮毂 b₁	键槽 计算宽度 轴 b₂	键槽 半径 R	
	尺寸	偏差 h11		min	max	尺寸	偏差	尺寸	偏差	b₁	b₂	max	min
100	10	0 −0.090	30			10	0 −0.2	10.3	+0.2 0	30	30.4		
110	11		33			11		11.4		33	33.5		
120	12		36			12		12.4		36	36.5		
125	12.5		37.5	1.0	1.2	12.5		12.9		37.5	38.0	1.0	0.7
130	13	0 −0.110	39			13		13.4		39	39.5		
140	14		42			14		14.4		42	42.5		
150	15		45			15		15.4		45	45.5		
160	16		48			16		16.4		48	48.5		
170	17		51			17		17.4		51	51.5		
180	18		54			18		18.4		54	54.5		
190	19		57	1.6	2.0	19		19.4		57	57.5	1.6	1.2
200	20		60			20		20.4		60	60.5		
220	22		66			22		22.4		66	66.5		
240	24	0 −0.130	72			24		24.4		72	72.5		
250	25		75			25		25.4		75	75.5		
260	26		78			26		26.4		78	78.5		
280	28		84	2.5	3.0	28	0 −0.3	28.4	+0.3 0	84	84.5	2.5	2.0
300	30		90			30		30.4		90	90.5		
320	32		96			32		32.4		96	96.5		
340	34		102			34		34.4		102	102.5		
360	36		108			36		36.4		108	108.5		
380	38		114			38		38.4		114	114.5		
400	40	0 −0.160	120			40		40.4		120	120.5		
420	42		126			42		42.4		126	126.5		
440	44		132			44		44.4		132	132.5		
450	45		135			45		45.4		135	135.5		
460	46		138	3.0	4.0	46		46.4		138	138.5	3.0	2.5
480	48		144			48		48.4		144	144.5		
500	50		150			50		50.5		150	150.7		
530	53		159			53		53.5		159	159.7		
560	56	0 −0.190	168			56		56.5		168	168.7		
600	60		180			60		60.5		180	180.7		
630	63		189			63		63.5		189	189.7		

注：1. 当轴径 d 位于两相邻轴径值之间时

切向键及键槽：

采用大轴径值的 t 和 t_1、t_2，但 b 和 b_1、b_2 须按式（1）、式（2）计算：

$$b = b_1 = \sqrt{t(d-t)} \tag{1}$$

$$b_2 = \sqrt{t_2(d-t_2)} \tag{2}$$

强力型切向键及键槽：

键与键槽的尺寸按式（3）、式（4）计算：

$$t = t_1 = 0.1d \tag{3}$$

$$b = b_1 = 0.3d \tag{4}$$

$$t_2 = t + 0.3\text{mm}（当 t \leqslant 10\text{mm}） \tag{5}$$

$$t_2 = t + 0.4\text{mm}（当 10\text{mm} < t \leqslant 45\text{mm}） \tag{6}$$

$$t_2 = t + 0.5\text{mm}（当 t > 45\text{mm}） \tag{7}$$

$$b_2 = \sqrt{t_2(d-t_2)} \tag{8}$$

2. 当轴径 d 超过 630mm 时

切向键及键槽：

推荐：$t = t_1 = 0.07d$，$b = b_1 = 0.25d$；

强力型切向键及键槽：

推荐：$t = t_1 = 0.1d$，$b = b_1 = 0.3d$。

2　花键连接

2.1　花键基本术语（摘自 GB/T 15758—2008）

GB/T 15758—2008 适用于矩形、渐开线和端齿花键，其他花键也可参照使用。

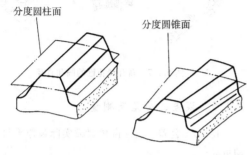

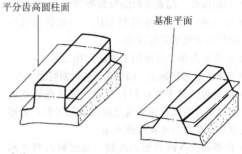

图 5.3-1　齿线

3）基准平面。渐开线花键的基本齿条或端齿花键上的假想平面。在该平面上，齿厚与齿距之比为一个给定的标准值（通常为 0.5）。

4）平齿根花键。在渐开线花键同一齿槽上，两侧渐开线齿形各由一段齿根圆弧与齿根圆相连接的花键，如图 5.3-2a 所示。

5）圆齿根花键。在渐开线花键端平面同一齿槽上，两侧渐开线齿形由一段或近似一段齿根圆弧与齿根圆相连接的花键，如图 5.3-2b 所示。

6）结合深度。内花键小圆至外花键大圆的径向距离（不包括倒棱深度），如图 5.3-3 所示。

7）齿形裕度。在渐开线花键连接中，渐开线齿形超过结合深度的径向距离，如图 5.3-3 所示。用来补偿内花键小圆和外花键大圆相对于分度圆的同轴度误差。

8）工作齿面。在花键副工作时，内外花键传递转矩或运动的齿面（含齿形裕度部分），如图 5.3-3 所示。

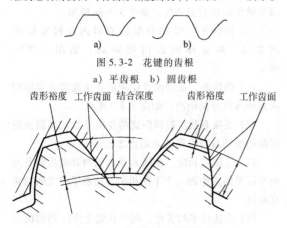

图 5.3-2　花键的齿根
a）平齿根　b）圆齿根

图 5.3-3　结合深度和齿形裕度

2.1.1　一般术语

1）花键连接。两零件上等距分布且齿数相同的键齿相互连接，并传递转矩或运动的同轴偶件。

2）齿线。渐开线花键分度圆柱面或分度圆锥面、矩形花键平分齿高的圆柱面和端齿花键平分工作齿高的基准平面与齿面的交线（图 5.3-1）。

2.1.2　花键的种类

1）矩形花键。端平面上外花键的键齿或内花键的键槽，两侧齿形为相互平行的直线且对称于轴平面的花键。分为圆柱直齿矩形花键和圆柱斜齿矩形花键。

2）渐开线花键。键齿在圆柱（或圆锥）上，且齿形为渐开线的花键。分为圆柱直齿渐开线花键、圆锥直齿渐开线花键和圆柱斜齿渐开线花键。

2.1.3　齿廓

1）基本齿廓。基本齿条的法向齿廓，是确定花键尺寸的依据（见图 5.3-4）。

2）基本齿条。直径为无穷大的无误差的理想渐开线花键。

3）基准线。基本齿条的法平面与基准平面的交线。基准线是横贯基本齿廓的一条直线，以此线为基准，确定基本齿廓的尺寸，如图 5.3-4 所示。

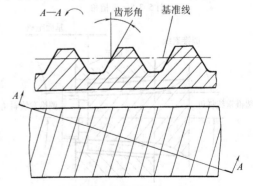

图 5.3-4　基本齿廓

4) 齿形角。过基本齿廓与基准线交点的径向线与齿廓所夹锐角，如图5.3-4所示。

2.1.4　基本参数

1) 模数。表示渐开线花键键齿大小的参数，其数值为齿距除以圆周率 π 所得的商，以 mm 计。

2) 法向模数。法向齿距除以圆周率 π 所得的商。

3) 端面模数。端面齿距除以圆周率 π 所得的商。

4) 压力角。过渐开线齿形上任一点的径向线与过该点的齿形切线所夹的锐角。

5) 标准压力角。分度圆上的法向压力角。

6) 齿距。在分度圆上，两相邻同侧齿面间的弧长。

7) 螺旋角。对于圆柱斜齿花键，圆柱螺旋线的切线与通过切点的圆柱体素线之间所夹的锐角。对渐开线花键通常系指分度圆的螺旋角。

8) 齿槽角。直线齿形内花键，其齿槽两侧齿形的夹角，如图5.3-5所示。

9) 圆锥素线。小径圆锥表面与通过花键轴平面的交线，如图5.3-6所示。

10) 圆锥素线斜角。内外花键圆锥素线与花键轴线所夹锐角，如图5.3-6所示。

11) 基面。在圆锥花键连接中，规定花键参数、尺寸公差的端平面。基面的位置规定在外花键小端并应与设计给定的内花键基面重合，如图5.3-6所示。

12) 基面距离。从基面到圆锥内花键小端端面的距离，如图5.3-6所示。

13) 分度圆。渐开线花键分度圆柱面或分度圆锥面与端平面的交线。它（对圆锥直齿花键为基面上的分度圆）是计算花键尺寸的基准圆，该圆上的模数和压力角为设计值，如图5.3-7所示。

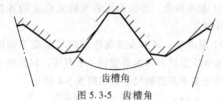

图 5.3-5　齿槽角

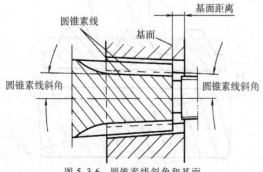

图 5.3-6　圆锥素线斜角和基面

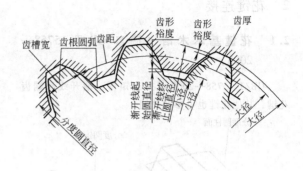

图 5.3-7　渐开线花键的圆和直径

2.1.5　误差、公差及测量

1) 加工公差。实际齿槽宽或实际齿厚允许的变动量。

2) 综合误差。花键齿槽或键齿的形状误差和位置误差的综合。

3) 综合公差。允许的综合误差。

4) 总公差。加工公差与综合公差之和。

5) 齿距累积误差。在分度圆上（矩形花键在大圆上），任意两同侧齿面间的实际弧长与理论弧长之差的最大绝对值。

6) 齿形误差。在齿形工作部分（包括齿形裕度部分，不包括齿顶倒棱）包容实际齿形的两条理论齿形之间的法向距离。

7) 齿向误差。在花键长度范围内，包容实际齿线的两条理论齿线之间的弧长。

8) 齿槽角极限偏差。实际齿槽角相对于基本齿槽角的上、下偏差。

9) 齿圈径向跳动。花键在一转范围内，测头在齿槽内或键齿上于分度圆附近双面接触，测头相对于回转轴线的最大变动量，如图5.3-8a所示。

10) 棒间距。借助两量棒测量内花键实际齿槽宽时，两量棒间的内侧距离，如图 5.3-8b 所示。

11) 跨棒距。借助两量棒测量外花键实际齿厚时两量棒间的外侧距离，如图5.3-9所示。

12) 变换系数。跨棒距值的变换系数，其值为跨棒距的变动量与齿厚的变动量之比。

13) 公法线长度。相隔 K 个齿的两外侧齿面各与两平行平面之中的一个平面相切，此两平面之间的垂直距离。

14) 公法线平均长度。同一花键上实际测得的公法线长度的平均值。

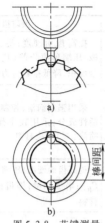

图 5.3-8 花键测量

a) 外花键齿圈径向跳动 b) 内花键棒间距

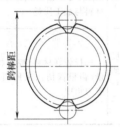

图 5.3-9 外花键跨棒距

2.2 花键连接的强度计算

2.2.1 通用简单算法

此法适用于矩形花键和渐开线花键。

花键连接的类型和尺寸通常根据被连接件的结构特点、使用要求和工作条件选择。为避免键齿工作表面压溃（静连接）或过度磨损（动连接），应进行必要的强度校核计算，计算公式如下：

静连接

$$\sigma_p = \frac{2T}{\psi Zhld_m} \leqslant [\sigma_p]$$

动连接

$$p = \frac{2T}{\psi Zhld_m} \leqslant [p]$$

式中 T——传递转矩（N·mm）；

ψ——各齿间载荷不均匀系数，一般取 $\psi = 0.7 \sim 0.8$，齿数多时取偏小值；

Z——花键的齿数；

d_m——平均直径，$d_m = \dfrac{D+d}{2}$；

D——花键大径；

d——花键小径；

h——键齿工作高度（mm）；

矩形花键 $h = \dfrac{D-d}{2} - 2C$；

C——倒角尺寸（mm）；

渐开线花键 $h = \begin{cases} m, & \alpha_D = 30° \\ 0.8m, & \alpha_D = 45° \end{cases}$; $d_m = D$；

m——模数（mm）；

l——齿的工作长度（mm）；

d_m——平均直径（mm）；

$[\sigma_p]$——花键连接许用挤压应力（MPa），见表 5.3-13；

$[p]$——许用压强（MPa），见表 5.3-13。

表 5.3-13 花键连接的许用挤压应力和许用压强

(MPa)

连接工作方式		许用值	使用和制造情况	齿面未经热处理	齿面经热处理
静连接		许用挤压应力 $[\sigma_p]$	不良	35~50	40~70
			中等	60~100	100~140
			良好	80~120	120~200
动连接	空载下移动	许用压强 $[p]$	不良	15~20	20~35
			中等	20~30	30~60
			良好	25~40	40~70
	载荷作用下移动	许用压强 $[p]$	不良	—	3~10
			中等	—	5~15
			良好	—	10~20

注：1. 使用和制造不良，系指受变载、有双向冲击、振动频率高和振幅大、润滑不好（对动连接）、材料硬度不高和精度不高等。

2. 同一情况下，$[\sigma_p]$ 或 $[p]$ 的较小值用于工作时间长和较重要的场合。

3. 内、外花键材料的抗拉强度不低于 590MPa。

2.2.2 花键承载能力计算（精确算法）

GB/T 17855—1999《花键承载能力计算方法》规定了花键承载能力计算的主要内容，包括：花键受载分析、系数的确定和齿面接触强度、齿根抗弯强度、齿根抗剪强度、齿面耐磨损能力的计算方法及外花键扭转与弯曲承载能力计算方法等内容。

（1）常见的失效形式（见表 5.3-14）

（2）承载能力计算

在产品设计时，应根据花键零件的具体结构、受力状态、材料热处理及硬度、精度等级等情况，选择上述内容的全部或部分进行花键承载能力计算。

1）术语与代号。在花键承载能力计算中采用的术语和代号见表 5.3-15。

2）受力分析。

① 无载荷。对于无误差的花键连接，在其无载荷状态时（不计自重，下同），内、外花键各齿的中心线（或对称面）是重合的。键齿两侧间隙相等，均为作用侧隙之半，如图 5.3-10a 所示。

表 5.3-14　花键常见的失效形式

失效形式	主要特征	主要原因	预防措施
键齿面压溃	键齿面及次表面材料出现明显的金属流动;在齿顶、齿端出现飞边;键齿面被压陷,作用侧隙增大	花键材料硬度偏低;接触应力过高;单项误差(ΔF_p、Δf_f、ΔF_β)偏大	提高齿面硬度;提高花键的公差等级、压缩单项公差(F_p、f_f、F_β),增加接触面积,降低接触应力
键齿面磨损	键齿面材料大量磨掉;齿厚明显减薄(或齿槽宽增大);工作齿面与键齿面非工作部分交界处出现台阶;作用侧隙增大	存在摩擦磨损或微动磨损;有较大振动和冲击载荷;润滑不良,润滑油有杂质,产生磨粒磨损或有活性成分,产生腐蚀磨损;作用侧隙偏大	采用强制润滑;控制润滑油清洁度及活性成分;采用较小作用侧隙;键齿面喷涂(镀)相应材料
键齿面柔伤(冷作硬化伤)	键齿接触表面局部呈疲劳片状剥落;有冷作硬化现象;常发生在齿端、齿根、齿顶或几个键齿上	键齿表面局部应力过大;齿面硬度低;受变动载荷;花键的单项误差(ΔF_p、Δf_f、ΔF_β)偏大	提高齿面硬度;压缩单项公差(F_p、f_f、F_β);增加润滑;键齿面喷涂(镀)相应材料
键齿过载断裂	通常发生在键齿根部;断口有呈放射状裂纹高速扩展区;断口无贝壳纹疲劳线和明显的宏观塑性变形	键齿所受弯曲应力过高;载荷严重集中,突然过载;单项误差偏大(载荷偏向齿端、齿顶或集中在个别齿上);材料缺陷	设计时充分考虑强度裕度;防止过载(采取安全设置);缩小单项公差;控制材料与加工质量
键齿疲劳断裂	一般疲劳折断的键齿断口分3个区 断裂源区:疲劳折断的发源处,是贝壳纹疲劳线的焦点,位于齿根受拉处 疲劳扩展区:有由焦点向外扩展的疲劳线(或放射状台阶) 瞬断区:类似过载断裂的断口	齿根受交变应力过大,花键强度裕度小;材料或热处理等因素(如材料缺陷、热处理齿根有裂纹);齿根最小曲率半径小,应力集中大	选择较好材料;控制材料和热处理质量(齿根探伤);采用圆齿根花键,减小应力集中

表 5.3-15　术语、代号及说明 （GB/T 17855—1999）

序号	术语	代号	单位	说　明
1	输入转矩	T	N·m	输入给花键副的转矩
2	输入功率	P	kW	输入给花键副的功率
3	转速	n	r/min	花键副的转速
4	名义切向力	F_t	N	花键副所受的名义切向力
5	平均圆直径	d_m	mm	矩形花键大径与小径之和的一半
6	单位载荷	W	N/mm	单一键齿在单位长度上所受的法向载荷
7	键数(齿数)	N	—	花键的键数(齿数)
8	结合长度	l	mm	内花键与外花键相配合部分的长度(按名义值)
9	压轴力	F	N	花键副所受的与轴线垂直的径向作用力
10	弯矩	M_b	N·m	作用在花键副上的弯矩
11	使用系数	K_1	—	主要考虑由于传动系统外部因素而产生的动力过载影响的系数
12	齿侧间隙系数	K_2	—	当花键副承受压轴力时,考虑花键副齿侧配合间隙(过盈)对各键齿上所受载荷影响的系数
13	分配系数	K_3	—	考虑由于花键的齿距累积误差(分度误差)影响各键齿载荷分配不均的系数
14	轴向偏载系数	K_4	—	考虑由于花键的齿向误差和安装后花键副的同轴度误差,以及受载后花键扭转变形,影响各键齿沿轴向受载不均匀的系数
15	齿面压应力	σ_H	MPa	键齿表面计算的平均接触压应力
16	工作齿高	h_w	mm	键齿工作高度,$h_w = h_{min}$
17	外花键大径	D	mm	外花键大径的公称尺寸
18	内花键小径	d	mm	内花键小径的公称尺寸
19	齿面接触强度的计算安全系数	S_H	—	S_H 值一般可取 1.25～1.50 较重要的及淬火的花键取较大值,一般的未经淬火的花键取较小值

（续）

序号	术语	代号	单位	说　明
20	齿面许用压应力	$[\sigma_H]$	MPa	
21	材料的屈服强度	$R_{p0.2}$	MPa	花键材料的屈服强度(按表层取值)
22	齿根弯曲应力	σ_F	MPa	花键齿根的计算弯曲应力
23	全齿高	h	mm	花键的全齿高，$h=(D-d)/2$
24	弦齿厚	S_{Fn}	mm	花键齿根危险截面(最大弯曲应力处)的弦齿厚
25	许用齿根弯曲应力	$[\sigma_F]$	MPa	
26	材料的抗拉强度	R_m	MPa	花键材料的抗拉强度
27	抗弯强度的计算安全系数	S_F	—	一般情况 S_F 取 1.25~2.00
28	齿根最大切应力	τ_{Fmax}	MPa	
29	切应力	τ_{tn}	MPa	靠近花键收尾处的切应力
30	应力集中系数	α_{tn}	—	
31	外花键小径	d	mm	外花键小径的公称尺寸
32	作用直径	d_h	mm	当量应力处的直径，相当于光滑扭棒的直径
33	齿根圆角半径	ρ	mm	一般指外花键齿根圆弧最小曲率半径
34	许用切应力	$[\tau_F]$	MPa	
35	齿面磨损许用压应力	$[\sigma_{H1}]$	MPa	花键副在 10^8 次循环数以下工作时的许用压应力
36	齿面磨损许用压应力	$[\sigma_{H2}]$	MPa	花键副长期工作无磨损的许用压应力
37	当量应力	σ_V	MPa	计算花键扭转与抗弯强度时，切应力与弯曲应力的合成应力
38	弯曲应力	σ_{Fa}	MPa	计算花键扭转与抗弯强度时的弯曲应力
39	转换系数	K	—	确定作用直径 d_h 的转换系数
40	许用应力	$[\sigma_V]$	MPa	计算花键扭转与抗弯强度时的许用应力
41	作用侧隙	C_V	mm	花键副的全齿侧隙
42	位移量	e_0	mm	花键副的内外花键两轴线的径向相对位移量

②受纯转矩载荷。对无误差的花键连接，在其只传递转矩 T 而无压轴力 F 时，同侧的各齿面在转矩的作用下，彼此接触、作用侧隙相等，内、外花键的两轴线仍是同轴的，如图 5.3-10b 所示。所有键齿承受同样大小的载荷，如图 5.3-11 所示。

③受纯压轴力载荷。对无误差的花键连接，在只承受压轴力 F 不受转矩 T 时，内、外花键的两轴线出现一个相对位移量 e_0（图 5.3-10c）。当花键副回转时，各键齿两侧面所受载荷的大小按图 5.3-12 周期性变化。此时，花键副容易磨损。

④受转矩和压轴力两种载荷。对无误差的花键连接，在其承受转矩 T 和压轴力 F 两种载荷时，内、外花键的相对位置和各键齿所受载荷的大小和方向，决定于所受转矩 T 和压轴力 F 的大小及两者的比例。

当花键副所受的载荷主要是转矩 T，压轴力 F 是次要的或很小时，该花键副回转后，各键齿两侧面的受力状态发生周期性变化，如图 5.3-13 所示。

当花键副所受的载荷主要是压轴力 F，转矩 T 是次要的或很小时，该花键副回转后，各键齿两侧面受力状态发生周性变化，如图 5.3-14 所示。在这种情况下，花键副也容易磨损。

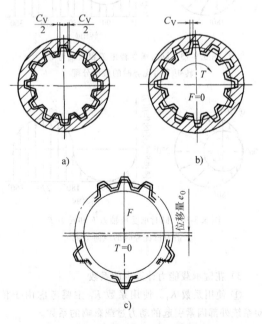

图 5.3-10　内、外渐开线花键的相对位置
a）无载荷、有间隙　b）只承受转矩 T 无压轴力 F　c）只承受压轴力 F 无转矩 T

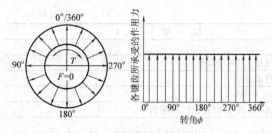

图 5.3-11　只传递转矩 T 无压轴力
F 时的载荷分配

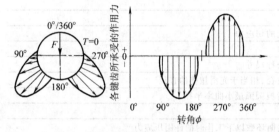

图 5.3-12　只承受压轴力 F 而无转矩 T 时
的载荷分配

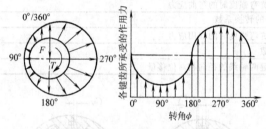

图 5.3-13　同时承受转矩 T 和压轴力 F，
转矩 T 占优势时的载荷分配

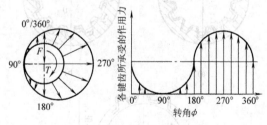

图 5.3-14　同时承受压轴力 F 和转矩 T，
压轴力占优势时的载荷分配

3）花键承载能力计算中的系数。

① 使用系数 K_1。使用系数 K_1 主要考虑由于传动系统外部因素引起的动力过载影响的系数。

该系数可以通过精密测量获得，也可经过对全系统分析后确定。在上述方法不能实现时，可参考表 5.3-16 取值。

② 齿侧间隙系数 K_2。当花键副承受压轴力 F 作用时，其各键齿的受力状态将失去均匀性。因花键侧

隙发生变化，内、外花键的两轴线将出现一个位移量 e_0，如图 5.3-10c 所示。该位移量会影响花键的承载能力。这一影响用齿侧间隙系数 K_2 予以考虑。对小径定心的矩形花键，可取 $K_2 = 1.1 \sim 2.0$。

表 5.3-16　使用系数 K_1

原动机	工作机（输出端）		
（输入端）	均匀、平稳	中等冲击	严重冲击
均匀、平稳	1.00	1.25	1.75 或更大
轻微冲击	1.25	1.50	2.00 或更大
中等冲击	1.50	1.75	2.25 或更大

注：1. 均匀平稳的原动机：电动机、蒸汽机、燃气轮机等。

2. 轻微冲击的原动机：多缸内燃机等。

3. 中等冲击的原动机：单缸内燃机等。

4. 均匀平稳的工作机：电动机、带式输送机、通风机、透平压缩机、均匀密度材料搅拌机等。

5. 中等冲击的工作机：机床主传动、非均匀密度材料搅拌机、多缸柱塞泵、航空或舰船螺旋桨等。

6. 严重冲击的工作机：冲床、剪床、轧机、钻机等。

当压轴力较小、花键副精度较高时，可取 $K_2 = 1.1 \sim 3.0$；当压轴力较大、花键副精度较低时，可取 $K_2 = 2.0 \sim 3.0$；当压轴力为零时（只承受转矩），$K_2 = 1.0$。

③ 分配系数 K_3。花键副的内花键和外花键的两轴线在同轴状态下，由于花键位置度误差（键齿等分度误差、对称度误差）的影响，使各键齿所受载荷不同。这种影响用分配系数 K_3 予以考虑。

符合 GB/T 1144 标准规定的精密传动用的矩形花键，$K_3 = 1.1 \sim 1.2$；符合该标准规定的一般用途的矩形花键，$K_3 = 1.3 \sim 1.6$。对于经过磨合，各键齿均可参与工作，且受载荷基本相同的花键副，取 $K_3 = 1.0$。

④ 轴向偏载系数 K_4。由于花键侧面对轴线的平行度误差、安装后的同轴度误差和受载后的扭转变形，使键齿沿轴向所受载荷不均匀。用轴向偏载系数 K_4 予以考虑。其值可从表 5.3-17 中选取。

对磨合后的花键副，各键齿沿轴向载荷分布基本相同时，可取 $K_4 = 1.0$。

当花键精度较高、花键结合长度 l 和平均圆直径 d_m 较小时，表 5.3-17 中的轴向偏载系数 K_4 取较小值，反之取较大值。

4）计算公式。矩形花键承载能力计算公式见表 5.3-18。

例 5.3-1　中系列矩形花键副：$6 \times 21 \dfrac{H7}{f7} \times 25 \dfrac{H10}{a11} \times 5 \dfrac{H11}{d10}$，已知输入功率 $P = 8.83kW$，转速 $n = 1275r/min$，输入端连接离合器（平稳），输出端连接齿轮（轻微冲击），花键结合长度 $l = 30mm$，工作齿高 $h_w = 2mm$，

全齿高 $h = 2$mm，齿根圆角半径 $\rho = 0.2$mm，大径 $D = 25$mm，小径 $d = 21$mm，材料为低碳合金钢，表面渗碳淬火，表面硬度为 58~64HRC，$R_{p0.2} \geqslant 965$MPa，$R_m = 1080$MPa。校核花键强度。

表 5.3-17　轴向偏载系数 K_4

系列或模数/mm	平均圆直径 d_m/mm	l/d_m		
		≤1.0	>1.0~1.5	>1.5~2.0
轻系列或 $m \leqslant 2$	≤30	1.1~1.3	1.2~1.6	1.3~1.7
	>30~50	1.2~1.5	1.4~2.0	1.5~2.3
	>50~80	1.3~1.7	1.6~2.4	1.7~2.9
	>80~120	1.4~1.9	1.8~2.8	1.9~3.5
	>120	1.5~2.1	2.0~3.2	2.1~4.1
中系列或 $2<m \leqslant 5$	≤30	1.2~1.6	1.3~2.1	1.4~2.4
	>30~50	1.3~1.8	1.5~2.5	1.6~3.0
	>50~80	1.4~2.0	1.7~2.9	1.8~3.6
	>80~120	1.5~2.2	1.9~3.3	2.0~4.2
	>120	1.6~2.4	2.1~3.6	2.2~4.8
$5<m \leqslant 10$	≤30	1.3~2.0	1.4~2.8	1.5~3.4
	>30~50	1.4~2.2	1.6~3.2	1.7~4.0
	>50~80	1.5~2.4	1.8~3.6	1.9~4.6
	>80~120	1.6~2.6	2.0~3.9	2.1~5.2
	>120	1.7~2.8	2.2~4.2	2.3~5.6

解　① 载荷计算：

输入转矩 $T = 9549 \times P/n$

$= 9549 \times 8.83/1275$N·m

$= 66.13$N·m

名义切向力 $F_t = 2000 \times T/d_m$

$= 2000 \times 66.13/[(25+21)/2]$N

$= 5750.4$N

单位载荷 $W = F_t/(Nl)$

$= 5750.4/(6 \times 30)$N/mm

$= 31.95$N/mm

② 齿面接触强度计算：

齿面压应力 $\sigma_H = W/h_w$

$= 31.95/2$MPa

$= 15.98$MPa

齿面许用压应力

$[\sigma_H] = R_{p0.2}/(S_H K_1 K_2 K_3 K_4)$

$= 965/(1.4 \times 1.25 \times 1.2 \times 1.3 \times 1.4)$MPa

$= 252.5$MPa

表 5.3-18　计算公式

	项　目	代号	公　式
载荷计算	输入转矩	T	$T = 9549P/n$
	名义切向力	F_t	$F_t = 2000T/d_m$
	单位载荷	W	$W = F_t/(Nl)$
齿面接触强度计算	齿面压应力	σ_H	$\sigma_H = W/h_w$　式中：$h_w = h_{min}$
	齿面许用压应力	$[\sigma_H]$	$[\sigma_H] = \sigma_{0.2}/(S_H K_1 K_2 K_3 K_4)$
	满足条件		$\sigma_H \leqslant [\sigma_H]$
齿根抗弯强度计算	齿根弯曲应力	σ_F	$\sigma_F = 6hW/S_{Fn}^2$　式中：S_{Fn} 按最小键宽或齿根过渡曲线上的最小键宽（两者的小值）
	许用弯曲应力	$[\sigma_F]$	$[\sigma_F] = \sigma_b/(S_F K_1 K_2 K_3 K_4)$　式中：$S_F = 1.25~2.00$
	满足条件		$\sigma_F \leqslant [\sigma_F]$
齿根抗剪强度计算	齿根最大扭转切应力	τ_{Fmax}	$\tau_{Fmax} = \tau_{tn}\alpha_{tn}$　式中：$\tau_{tn} = \dfrac{16000T}{\pi d_h^3}$　$d_h = d + \dfrac{Kd(D-d)}{D}$　K 值：轻系列取 0.50，中系列取 0.45　$\alpha_{tn} = \dfrac{d}{d_h}\left\{1 + 0.17\dfrac{h}{\rho}\left(1 + \dfrac{3.94}{0.1 + \dfrac{h}{\rho}}\right) + \dfrac{6.38\left(1 + 0.1\dfrac{h}{\rho}\right)}{\left[2.38 + \dfrac{d}{2h}\left(\dfrac{h}{\rho} + 0.04\right)^{1/3}\right]^2}\right\}$
	许用切应力	$[\tau_F]$	$[\tau_F] = [\sigma_F]/2$
	满足条件		$\tau_{Fmax} \leqslant [\tau_F]$
10^8 循环数下工作耐磨损计算	齿面压应力	σ_H	$\sigma_H = W/h_w$　式中：$h_w = h_{min}$
	齿面磨损许用应力	$[\sigma_{H1}]$	见表 5.3-19
	满足条件		$\sigma_H \leqslant [\sigma_{H1}]$
长期工作无磨损计算	齿面压应力	σ_H	$\sigma_H = W/h_w$　式中：$h_w = h_{min}$
	齿面磨损许用应力	$[\sigma_{H2}]$	见表 5.3-19
	满足条件		$\sigma_H \leqslant [\sigma_{H2}]$

（续）

项　　目	代号	公　式
外花键扭转与抗弯强度计算	当量应力　σ_V	$\sigma_V=\sqrt{\sigma_{Fn}^2+3\tau_{tn}^2}$ 式中：$\sigma_{Fn}=\dfrac{32000M_b}{\pi d_h^2}$ $\tau_{tn}=\dfrac{16000T}{\pi d_h^3}$ $d_h=D_{ie}+\dfrac{KD_{ie}(D_{ce}-D_{ie})}{D_{ce}}$ K 值：轻系列取 0.50、中系列取 0.45
	许用应力　$[\sigma_V]$	$[\sigma_V]=R_{p0.2}/(S_FK_1K_2K_3K_4)$ 式中：$S_F=1.25\sim2.00$
	满足条件	$\sigma_V\leqslant[\sigma_V]$

取：$S_H=1.4$、$K_1=1.25$、$K_2=1.2$、$K_3=1.3$、$K_4=1.4$

计算结果：满足 $\sigma_H\leqslant[\sigma_H]$ 条件，安全。

③ 齿根抗弯强度计算：

齿根弯曲应力　$\sigma_F=6hW/S_{Fn}^2$

$\qquad=6\times2\times31.95/5^2\,\mathrm{MPa}$

$\qquad=15.3\,\mathrm{MPa}$

齿根许用弯曲应力

$[\sigma_F]=R_m/(S_FK_1K_2K_3K_4)$

$\qquad=1080/(1.5\times1.25\times1.2\times1.3\times1.4)\,\mathrm{MPa}$

$\qquad=263.7\,\mathrm{MPa}$

取 $S_F=1.5$

计算结果：满足 $\sigma_F\leqslant[\sigma_F]$ 条件，安全。

④ 齿根抗剪强度计算：

齿根最大扭转切应力

$\qquad\tau_{Fmax}=\tau_{tn}\alpha_{tn}$

$\qquad=29.5\times3.2\,\mathrm{MPa}$

$\qquad=94.4\,\mathrm{MPa}$

$d_h=d+\dfrac{Kd(D-d)}{D}$

$\quad=\left[21+\dfrac{0.45\times21(25-21)}{25}\right]\mathrm{mm}$

$\quad=22.51\,\mathrm{mm}$

上式中由表 5.3-20 查得 $K=0.45$

$\tau_{tn}=\dfrac{16000T}{\pi d_h^3}$

$\qquad=\dfrac{16000\times66.13}{\pi\times22.51^3}\,\mathrm{MPa}=29.5\,\mathrm{MPa}$

$\alpha_{tn}=\dfrac{d}{d_h}\left\{1+0.17\dfrac{h}{\rho}\left(1+\dfrac{3.94}{0.1+\dfrac{h}{\rho}}\right)+\dfrac{6.38\left(1+0.1\dfrac{h}{\rho}\right)}{\left[2.38+\dfrac{d}{2h}\left(\dfrac{h}{\rho}+0.04\right)^{1/3}\right]^2}\right\}$

$=\dfrac{21}{22.51}\left\{1+0.17\times\dfrac{2}{0.2}\left(1+\dfrac{3.94}{0.1+\dfrac{2}{0.2}}\right)+\dfrac{6.38\left(1+0.1\times\dfrac{2}{0.2}\right)}{\left[2.38+\dfrac{21}{2\times2}\left(\dfrac{2}{0.2}+0.04\right)^{1/3}\right]^2}\right\}=3.2$

许用切应力 $[\tau_F]=(\sigma_F)/2$

$\qquad=263.7/2\,\mathrm{MPa}=131.9\,\mathrm{MPa}$

计算结果：满足 $\tau_{Fmax}\leqslant[\tau_F]$ 条件，安全。

⑤ 齿面耐磨损能力计算：

花键副在 10^8 循环数下工作时耐磨损能力计算：

齿面压应力 $\sigma_H=15.98\,\mathrm{MPa}$

齿面磨损许用压应力 $[\sigma_{H1}]=205\,\mathrm{MPa}$（查表 5.3-19 得）

表 5.3-19　σ_{H1}值、σ_{H2}值（摘自 GB/T 17855—1999）

						σ_{H2}值	
未经热处理 20HRC	调质处理 28HRC	淬　火			渗碳、渗氮、淬火 60HRC	未经热处理	0.028×布氏硬度值
		40HRC	45HRC	50HRC		调质处理	0.032×布氏硬度值
95	110	135	170	185	205	淬火	0.3×洛氏硬度值
						渗碳、渗氮淬火	0.4×洛氏硬度值

计算结果：满足 $\sigma_H\leqslant[\sigma_{H1}]$ 条件，安全。

花键副长期工作无磨损时耐磨损能力计算：

齿面压应力 $\sigma_H=22.8\,\mathrm{MPa}$

齿面磨损许用压应力 $[\sigma_{H2}]=0.4\times58\,\mathrm{MPa}=23.2\,\mathrm{MPa}$（查表 5.3-19 得）

计算结果：满足 $\sigma_H\leqslant[\sigma_{H2}]$ 条件，可以长期无磨损（或很少磨损）工作。

⑥ 外花键的抗剪与抗弯强度计算：

当量应力 $\sigma_V=\sqrt{\sigma_{Fn}^2+3\tau_{tn}^2}$

$\qquad=\sqrt{0^2+3\times29.5^2}\,\mathrm{MPa}$

= 51.1MPa　　　($M_b = 0$、$\sigma_{Fn} = 0$) 　　　　　　　　　　1.25×1.2×1.3×1.4)MPa = 235.7MPa

许用应力$[\sigma_V] = R_{p0.2}/(S_F K_1 K_2 K_3 K_4) = 965/(1.5 \times$ 　　　　计算结果：满足 $\sigma_V \leqslant [\sigma_V]$ 条件，安全。

表 5.3-20　K 值

轻系列矩形花键	0.5	较少齿渐开线花键	0.3
中系列矩形花键	0.45	较多齿渐开线花键	0.15

2.3　矩形花键连接

2.3.1　矩形花键公称尺寸系列（见表 5.3-21、表 5.3-22）

表 5.3-21　矩形花键公称尺寸系列（摘自 GB/T 1144—2001）　　　　（mm）

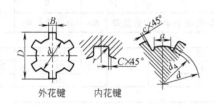

外花键　　内花键

标记示例	
花键规格	$N \times d \times D \times B$　例如 6×23×26×6
花键副	$6 \times 23\dfrac{H7}{f7} \times 26\dfrac{H10}{a11} \times 6\dfrac{H11}{d10}$　GB/T 1144—2001
内花键	6×23H7×26H10×6H11　GB/T 1144—2001
外花键	6×23f7×26a11×6d10　GB/T 1144—2001

小径 d	轻 系 列					中 系 列				
	规格 $N \times d \times D \times B$	C	r	参考		规格 $N \times d \times D \times B$	C	r	参考	
				d_{1min}	a_{min}				d_{1min}	a_{min}
11						6×11×14×3	0.2	0.1		
13						6×13×16×3.5				
16						6×16×20×4			14.4	1.0
18						6×18×22×5	0.3	0.2	16.6	1.0
21						6×21×25×5			19.5	2.0
23	6×23×26×6	0.2	0.1	22	3.5	6×23×26×6			21.2	1.2
26	6×26×30×6			24.5	3.8	6×26×32×6			23.6	1.2
28	6×28×32×7			26.6	4.0	6×28×34×7			25.8	1.4
32	8×32×36×6	0.3	0.2	30.3	2.7	8×32×38×6	0.4	0.3	29.4	1.0
36	8×36×40×7			34.4	3.5	8×36×42×7			33.4	1.0
42	8×42×46×8			40.5	5.0	8×42×48×8			39.4	2.5
46	8×46×50×9			44.6	5.7	8×46×54×9			42.6	1.4
52	8×52×58×10			49.6	4.8	8×52×60×10	0.5	0.4	48.6	2.5
56	8×56×62×10			53.5	6.5	8×56×65×10			52.0	2.5
62	8×62×68×12			59.7	7.3	8×62×72×12			57.7	2.4
72	10×72×78×12	0.4	0.3	69.6	5.4	10×72×82×12			67.7	1.0
82	10×82×88×12			79.3	8.5	10×82×92×12	0.6	0.5	77.0	2.9
92	10×92×98×11			89.6	9.9	10×92×102×11			87.3	4.5
102	10×102×108×16			99.6	11.3	10×102×112×16			97.7	6.2
112	10×112×120×18	0.5	0.4	108.8	10.5	10×112×125×18			106.2	4.1

注：1. r—圆角半径；D—大径；B—键宽或键槽宽。

　　2. d_1 和 a 值仅适用于展成法加工。

表 5.3-22　矩形内花键形式及长度系列（摘自 GB/T 10081—2005）　　　　（mm）

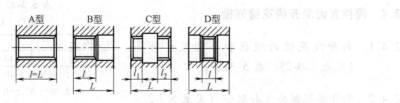

（续）

花键小径 d	11	13	16~21	23~32	36~52	56~62	72	82~112
花键长度 l 或 l_1+l_2	10~50		10~80		22~120		32~200	
孔的最大长度 L	50		80		120	200	250	300
花键长度 l 或 l_1+l_2 系列	10,12,15,18,22,25,28,30,32,36,38,42,45,48,50,56,60,63,71,75,80,85,90,95,100,110,120,130,140,160,180,200							

2.3.2　矩形花键的公差与配合（见表 5.3-23、表 5.3-24）

表 5.3-23　矩形花键的尺寸公差带和表面粗糙度 Ra（摘自 GB/T 1144—2001）　　（μm）

内 花 键							外 花 键						装配形式
d		D		B			d		D		B		
公差带	Ra	公差带	Ra	拉削后不热处理	拉削后热处理	Ra	公差带	Ra	公差带	Ra	公差带	Ra	
				公差带									
一般用													
H7	0.8~1.6	H10	3.2	H9	H11	3.2	f7	0.8~1.6	a11	3.2	d10	1.6	滑动
							g7				f9		紧滑动
							h7				h10		固定
精密传动用													
H5	0.4	H10	3.2	H7,H9		3.2	f5	0.4	a11	3.2	d8	0.8	滑动
							g5				f7		紧滑动
							h5				h8		固定
H6	0.8						f6	0.8			d8		滑动
							g6				f7		紧滑动
							h6				h8		固定

注：1. 精密传动用的内花键，当需要控制键侧配合间隙时，槽宽可选用 H7，一般情况下可选用 H9。

　　2. d 为 H6 和 H7 的内花键允许与高一级的外花键配合。

表 5.3-24　矩形花键的位置度、对称度公差（摘自 GB/T 1144—2001）　　（mm）

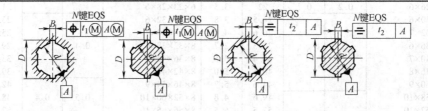

键槽宽或键宽 B		3	3.5~6	7~10	12~18
		位置度公差 t_1			
键槽		0.010	0.015	0.020	0.025
键	滑动、固定	0.010	0.015	0.020	0.025
	紧滑动	0.006	0.010	0.013	0.016
		对称度公差 t_2			
一般用		0.010	0.012	0.015	0.018
精密传动用		0.006	0.008	0.009	0.011

注：花键的等分度公差值等于键宽的对称度公差。

2.4　圆柱直齿渐开线花键连接

2.4.1　渐开线花键的模数和公称尺寸计算（见表 5.3-25、表 5.3-26）

2.4.2　渐开线花键公差与配合（见表 5.3-27~表 5.3-33）

表 5.3-25　渐开线花键模数 m

（摘自 GB/T 3478.1—2008）　（mm）

0.25	0.5	(0.75)	1	(1.25)	1.5	(1.75)	2
2.5	3	(4)	5	(6)	(8)	10	

注：1. 括号内为第二系列，优先采用第一系列。

　　2. 30°、37.5°压力角花键无 $m=0.25$mm，45°压力角模数范围 0.25~2.5mm。

表 5.3-26　渐开线花键的公称尺寸计算

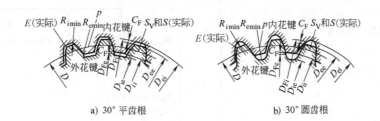

a) 30°平齿根　　　　　　　　　　b) 30°圆齿根

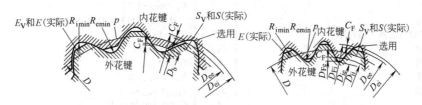

c) 37.5°圆齿根　　　　　　　　　d) 45°圆齿根

项　　目	代号	公式或说明
分度圆直径	D	$D = mz$
基圆直径	D_b	$D_b = mz\cos\alpha_D$
齿距	p	$p = \pi m$
内花键大径公称尺寸	D_{ei}	
30°平齿根		$D_{ei} = m(z+1.5)$
30°圆齿根		$D_{ei} = m(z+1.8)$
37.5°圆齿根		$D_{ei} = m(z+1.4)$（见注 1）
45°圆齿根		$D_{ei} = m(z+1.2)$（见注 1）
内花键大径下偏差		0
内花键大径公差		从 IT12、IT13 或 IT14 选取
内花键渐开线终止圆直径最小值	D_{Fimin}	
30°平齿根和圆齿根		$D_{Fimin} = m(z+1)+2C_F$
37.5°圆齿根		$D_{Fimin} = m(z+0.9)+2C_F$
45°圆齿根		$D_{Fimin} = m(z+0.8)+2C_F$
内花键小径公称尺寸	D_{ii}	$D_{ii} = D_{Femax}+2C_F$（见注 2）
基本齿槽宽（内花键分度圆上弧齿槽宽）	E	$E = 0.5\pi m$
作用齿槽宽（理想全齿外花键分度圆上弦齿厚）	E_V	
作用齿槽宽最小值	E_{Vmin}	$E_{Vmin} = 0.5\pi m$
实际齿槽宽最大值（实测单个齿槽弧齿宽）	E_{max}	$E_{max} = E_{Vmin}+(T+\lambda)$
实际齿槽宽最小值	E_{min}	$E_{min} = E_{Vmin}+\lambda$
作用齿槽宽最大值	E_{Vmax}	$E_{Vmax} = E_{max}-\lambda$
外花键大径公称尺寸	D_{ee}	
30°平齿根和圆齿根		$D_{ee} = m(z+1)$
37.5°圆齿根		$D_{ee} = m(z+0.9)$
45°圆齿根		$D_{ee} = m(z+0.8)$

(续)

项 目	代号	公式或说明
外花键渐开线起始圆直径最大值	D_{Femax}	$D_{Femax} = 2\sqrt{(0.5D_b)^2 + \left(\dfrac{0.5D\sin\alpha_D - \dfrac{h_s - \dfrac{0.5es_V}{\tan\alpha_D}}{\sin\alpha_D}}{}\right)^2}$ （见注3）式中 $h_s = 0.6m$
外花键小径公称尺寸	D_{ie}	
30°平齿根		$D_{ie} = m(z-1.5)$
30°圆齿根		$D_{ie} = m(z-1.8)$
37.5°圆齿根		$D_{ie} = m(z-1.4)$
45°圆齿根		$D_{ie} = m(z-1.2)$
外花键小径公差		从IT12、IT13和IT14中选取
基本齿厚（外花键分度圆上弧齿厚）	S	$S = 0.5\pi m$
作用齿厚最大值	S_{Vmax}	$S_{Vmax} = S + es_V$
实际齿厚最小值	S_{min}	$S_{min} = S_{Vmax} - (T+\lambda)$
实际齿厚最大值	S_{max}	$S_{max} = S_{Vmax} - \lambda$
作用齿厚最小值	S_{Vmin}	$S_{Vmin} = S_{min} + \lambda$
齿形裕度	C_F	$C_F = 0.1m$（见注4）
内、外花键齿根圆弧最小曲率半径	R_{imin} R_{emin}	
30°平齿根		$R_{imin} = R_{emin} = 0.2m$
30°圆齿根		$R_{imin} = R_{emin} = 0.4m$
37.5°圆齿根		$R_{imin} = R_{emin} = 0.3m$
45°圆齿根		$R_{imin} = R_{emin} = 0.25m$

注：1. 45°齿根内花键允许选用平齿根，此时，内花键大径公称尺寸 D_{ei} 应大于内花键渐开线终止圆直径最小值 D_{Fimin}。

2. 对所有花键齿侧配合类别，均按 H/h 配合类别取 D_{Femax} 值。

3. 表中公式是按齿条形刀具加工原理推导的。

4. 对基准齿形，齿形裕度 C_F 均等于 $0.1m$；对花键，除 H/h 配合类别外，其他各种配合类别的齿形裕度均有变化。m 为模数。

5. 内花键基准齿形的齿根圆角半径 ρ_{Fi} 和外花键基准齿形的齿根圆角半径 ρ_{Fe} 均为定值。工作中允许平齿根和圆齿根的基准齿形在内、外花键上混合使用。

（1）渐开线花键公差

渐开线花键的公差等级是指齿槽宽与齿厚及其有关参数，即齿距累积误差、齿形误差和齿向误差的公差等级，公差等级按总公差（$T+\lambda$）的大小划分。按

GB 3478.1—2008，对30°压力角渐开线花键，规定了4、5、6、7四个公差等级。对45°压力角渐开线花键，规定了6、7两个公差等级。对于4、5级，通常需磨削加工；对6、7级，只需滚齿、插齿或拉削加工。

表 5.3-27   渐开线花键公差计算式   （μm）

公差等级	齿槽宽和齿厚的总公差 （$T+\lambda$）	综合公差 λ	齿距累积公差 F_p	齿形公差 f_f	齿向公差 F_β
4	$10i^{①} + 40i^{②}$		$2.5\sqrt{L} + 6.3$	$1.6\varphi_f + 10$	$0.8\sqrt{g} + 4$
5	$16i^{①} + 64i^{②}$	$\lambda = 0.6$	$3.55\sqrt{L} + 9$	$2.5\varphi_f + 16$	$1.0\sqrt{g} + 5$
6	$25i^{①} + 100i^{②}$	$\sqrt{(F_p)^2 + (f_f)^2 + (F_\beta)^2}$	$5\sqrt{L} + 12.5$	$4\varphi_f + 25$	$1.25\sqrt{g} + 6.3$
7	$40i^{①} + 160i^{②}$		$7.1\sqrt{L} + 18$	$6.3\varphi_f + 40$	$2.0\sqrt{g} + 10$
说明	L—分度圆周长之半（mm），即 $L = \pi mz/2$；φ_f—公差因数，$\varphi_f = m + 0.0125D$（mm）；g—花键长度（mm）				

注：加工公差 T 为总公差（$T+\lambda$）与综合公差 λ 之差，即（$T+\lambda$）$-\lambda$。

① 以分度圆直径 D 为基础的公差，其公差单位 i 为：

当 $D \leqslant 500$mm 时，$i = 0.45\sqrt[3]{D} + 0.001D$

当 $D > 500$mm 时；$i = 0.004D + 2.1$

② 以基本齿槽宽 E 或基本齿厚 S 为基础的公差，其公差单位 i 为：

$i = 0.45\sqrt[3]{E} + 0.001E$ 或 $i = 0.45\sqrt[3]{S} + 0.001S$

式中，D、E 和 S 的单位为 mm。

表 5.3-28 总公差（$T+\lambda$）、综合公差 λ、齿距累积公差 F_p 和齿形公差 f_f （μm）

z	公差等级 4				5				6				7			
	$T+\lambda$	λ	F_p	f_f	$T+\lambda$	λ	F_p	f_f	$T+\lambda$	λ	F_p	f_f	$T+\lambda$	λ	F_p	f_f
								$m=1\,\text{mm}$								
11	31	13	17	12	50	19	24	19	78	27	33	30	124	41	48	47
12	31	13	17	12	50	19	24	19	79	28	34	30	126	42	49	47
13	32	13	18	12	51	19	25	19	79	28	35	30	127	42	50	47
14	32	13	18	12	51	20	26	19	80	29	36	30	128	43	51	47
15	32	14	18	12	52	20	26	19	81	29	37	30	129	43	52	47
16	32	14	19	12	52	20	27	19	81	29	38	30	130	44	54	48
17	33	14	19	12	52	20	27	19	82	30	38	30	131	45	55	48
18	33	14	20	12	53	21	28	19	82	30	39	30	132	45	56	48
19	33	14	20	12	53	21	28	19	83	31	40	30	133	46	57	48
20	33	15	20	12	53	21	29	19	84	31	41	30	134	46	58	48
21	34	15	21	12	54	21	29	19	84	31	41	30	134	47	59	48
22	34	15	21	12	54	22	30	19	85	32	42	30	135	47	60	48
23	34	15	21	12	54	22	30	19	85	32	43	30	136	48	61	48
24	34	15	22	12	55	22	31	19	86	32	43	30	137	48	62	48
25	34	16	22	12	55	22	31	19	86	33	44	30	138	48	62	48
26	35	16	22	12	55	23	32	19	86	33	44	30	138	49	63	48
27	35	16	23	12	56	23	32	19	87	33	45	30	139	49	64	48
28	35	16	23	12	56	23	33	19	87	34	46	30	140	50	65	48
29	35	16	23	12	56	23	33	19	88	34	46	30	140	50	66	49
30	35	16	23	12	56	24	33	19	88	34	47	30	141	51	67	49
31	35	17	24	12	57	24	34	19	89	34	47	31	142	51	68	49
32	36	17	24	12	57	24	34	20	89	35	48	31	142	52	68	49
33	36	17	24	12	57	24	35	20	89	35	48	31	143	52	69	49
34	36	17	25	12	57	24	35	20	90	35	49	31	144	52	70	49
35	36	17	25	12	58	25	35	20	90	36	50	31	144	53	71	49
36	36	17	25	12	58	25	36	20	91	36	50	31	145	53	71	49
37	36	18	25	12	58	25	36	20	91	36	51	31	145	54	72	49
38	36	18	26	12	58	25	36	20	91	37	51	31	146	54	73	49
39	37	18	26	12	59	25	37	20	92	37	52	31	147	54	74	49
40	37	18	26	12	59	26	37	20	92	37	52	31	147	55	74	49
								$m=2\,\text{mm}$								
11	39	16	21	14	63	23	30	22	98	33	42	34	157	49	60	54
12	40	16	22	14	64	23	31	22	99	34	43	34	159	50	62	54
13	40	16	22	14	64	23	32	22	100	34	44	34	160	51	63	55
14	40	17	23	14	65	24	33	22	101	35	46	34	162	52	65	55
15	41	17	23	14	65	24	33	22	102	36	47	34	163	53	67	55
16	41	17	24	14	66	25	34	22	103	36	48	35	164	54	68	55
17	41	17	25	14	66	25	35	22	104	37	49	35	166	55	70	55
18	42	18	25	14	67	26	36	22	104	37	50	35	167	55	71	55
19	42	18	26	14	67	26	36	22	105	38	51	35	168	56	73	56
20	42	18	26	14	68	26	37	22	106	38	52	35	169	57	74	56
21	43	19	27	14	68	27	38	22	106	39	53	35	170	58	76	56
22	43	19	27	14	69	27	39	22	107	39	54	35	171	58	77	56
23	43	19	28	14	69	28	39	22	108	40	55	35	172	59	78	56
24	43	19	28	14	69	28	40	23	108	40	56	35	173	60	80	56
25	44	20	28	14	70	28	40	23	109	41	57	35	174	60	81	57
26	44	20	29	14	70	19	41	23	110	41	58	36	175	61	82	57
27	44	20	29	14	70	29	42	23	110	42	59	36	176	62	83	57

（续）

z	4				5				6				7			
	$T+\lambda$	λ	F_p	f_f	$T+\lambda$	λ	F_p	f_f	$T+\lambda$	λ	F_p	f_f	$T+\lambda$	λ	F_p	f_f
							$m=2\,\mathrm{mm}$									
28	44	20	30	14	71	29	42	23	111	42	59	36	177	62	85	57
29	44	21	30	14	71	30	43	23	111	43	60	36	178	63	86	57
30	45	21	31	14	72	30	43	23	112	43	61	36	179	64	87	57
31	45	21	31	14	72	30	44	23	112	44	62	36	180	64	88	57
32	45	21	31	14	72	31	45	23	113	44	63	36	181	65	89	58
33	45	22	32	15	73	31	45	23	113	45	63	36	181	66	90	58
34	46	22	32	15	73	31	46	23	114	45	64	36	182	66	91	58
35	46	22	33	15	73	31	46	23	114	45	65	36	183	67	92	58
36	46	22	33	15	73	32	47	23	115	46	66	37	184	67	94	58
37	46	22	33	15	74	32	47	23	115	46	66	37	184	68	95	58
38	46	23	34	15	74	32	48	23	116	47	67	37	185	69	96	59
39	46	23	34	15	74	33	48	23	116	47	68	37	186	69	97	59
40	47	23	34	15	75	33	49	23	117	48	69	37	187	70	98	59
							$m=2.5\,\mathrm{mm}$									
11	42	17	23	15	68	24	32	23	106	35	45	36	170	53	65	58
12	43	17	23	15	69	25	33	23	107	36	47	37	171	54	67	58
13	43	17	24	15	69	25	34	23	108	37	48	37	173	55	69	58
14	44	18	25	15	70	26	35	23	109	38	50	37	174	56	71	59
15	44	18	25	15	70	26	36	23	110	38	51	37	176	57	72	59
16	44	19	26	15	71	27	37	23	111	39	52	37	177	58	74	59
17	45	19	27	15	71	27	38	24	112	40	53	37	179	59	76	59
18	45	19	27	15	72	28	39	24	112	40	55	37	180	60	78	59
19	45	20	28	15	72	28	40	24	113	41	56	37	181	61	79	59
20	46	20	28	15	73	29	40	24	114	42	57	37	182	62	81	60
21	46	20	29	15	73	29	41	24	115	42	58	38	184	62	82	60
22	46	21	30	15	74	29	42	24	115	43	59	38	185	63	84	60
23	46	21	30	15	74	30	43	24	116	43	60	38	186	64	85	60
24	47	21	31	15	75	30	43	24	117	44	61	38	187	65	87	60
25	47	21	31	15	75	31	44	24	118	44	62	38	188	66	88	61
26	47	22	32	15	76	31	45	24	118	45	63	38	189	66	90	61
27	48	22	32	15	76	31	46	24	119	45	64	38	190	67	91	61
28	48	22	33	15	76	32	46	24	119	46	65	39	191	68	92	61
29	48	22	33	15	77	32	47	25	120	47	66	39	192	69	94	61
30	48	23	33	15	77	33	48	25	121	47	67	39	193	69	95	62
31	49	23	34	16	78	33	48	25	121	48	68	39	194	70	96	62
32	49	23	34	16	78	33	49	25	122	48	69	39	195	71	98	62
33	49	24	35	16	78	34	49	25	122	49	69	39	196	71	99	62
34	49	24	35	16	79	34	50	25	123	49	70	39	197	72	100	62
35	49	24	36	16	79	34	51	25	123	50	71	39	198	73	101	63
36	50	24	36	16	79	35	51	25	124	50	72	39	198	73	102	63
37	50	25	36	16	80	35	52	25	125	51	73	40	199	74	104	63
38	50	25	37	16	80	35	52	25	125	51	74	40	200	75	105	63
39	50	25	37	16	80	36	53	25	126	51	74	40	201	75	106	63
40	50	25	38	16	81	36	53	25	126	52	75	40	202	76	107	64
							$m=3\,\mathrm{mm}$									
11	45	18	24	15	72	26	35	25	113	38	48	39	181	57	69	61
12	46	18	25	16	73	26	36	25	114	39	50	39	182	58	71	62
13	46	19	26	16	74	27	37	25	115	39	52	39	184	59	74	62

（续）

z	公差等级															
	4				5				6				7			
	$T+\lambda$	λ	F_p	f_f	$T+\lambda$	λ	F_p	f_f	$T+\lambda$	λ	F_p	f_f	$T+\lambda$	λ	F_p	f_f
							$m=3$mm									
14	46	19	27	16	74	28	38	25	116	40	53	39	186	60	76	62
15	47	19	27	16	75	28	39	25	117	41	55	39	187	61	78	62
16	47	20	28	16	76	29	40	25	118	42	56	39	189	62	80	63
17	48	20	29	16	76	29	41	25	119	42	57	40	190	63	82	63
18	48	21	29	16	77	30	42	25	120	43	59	40	192	64	83	63
19	48	21	30	16	77	30	43	25	121	44	60	40	194	66	85	63
20	49	21	31	16	78	31	44	25	121	44	61	40	194	66	87	64
21	49	22	31	16	78	31	44	25	122	45	62	40	196	67	89	64
22	49	22	32	16	79	32	45	26	123	46	63	40	197	68	90	64
23	50	22	32	16	79	32	46	26	124	46	65	40	198	69	92	64
24	50	23	33	16	80	32	47	26	125	47	66	41	199	69	93	65
25	50	23	33	16	80	33	48	26	125	48	67	41	200	70	95	65
26	50	23	34	16	81	33	48	26	126	48	68	41	201	71	97	65
27	51	24	34	16	81	34	49	26	127	49	69	41	203	72	98	65
28	51	24	35	16	81	34	50	26	127	49	70	41	204	73	100	66
29	51	24	36	17	82	35	50	26	128	50	71	41	205	74	101	66
30	51	24	36	17	82	35	51	26	129	51	72	41	206	74	102	66
31	52	25	37	17	83	35	52	26	129	51	73	42	207	75	104	66
32	52	25	37	17	83	36	53	27	130	52	74	42	208	76	105	66
33	52	25	37	17	83	36	53	27	130	52	75	42	209	77	107	67
34	52	26	38	17	84	37	54	27	131	53	76	42	210	78	108	67
35	53	26	38	17	84	37	55	27	132	53	77	42	210	78	109	67
36	53	26	39	17	85	37	55	27	132	54	78	42	211	79	110	67
37	53	26	39	17	85	38	56	27	133	54	79	42	212	80	112	68
38	53	27	40	17	85	38	57	27	133	55	79	43	213	81	113	68
39	54	27	40	17	86	38	57	27	134	55	80	43	214	81	114	68
40	54	27	41	17	86	39	58	27	134	56	81	43	215	82	115	68
							$m=5$mm									
11	54	22	30	19	86	31	42	30	134	46	59	48	215	69	84	76
12	54	22	31	19	87	32	43	30	136	47	61	48	217	70	87	76
13	55	23	32	19	88	33	45	30	137	48	63	48	219	72	90	77
14	55	23	33	19	89	34	46	31	138	49	65	48	221	73	92	77
15	56	24	33	20	89	34	48	31	140	50	67	49	223	75	95	77
16	56	24	34	20	90	35	49	31	141	51	68	49	225	76	98	78
17	57	25	35	20	91	36	50	31	142	52	70	49	227	77	100	78
18	57	25	36	20	91	36	51	31	143	53	72	50	229	79	102	78
19	58	26	37	20	92	37	52	31	144	54	74	50	230	80	105	79
20	58	26	38	20	93	38	53	32	145	55	75	50	232	81	107	79
21	58	27	38	20	93	38	54	32	146	56	77	50	233	82	109	80
22	59	27	39	20	94	39	56	32	147	57	78	50	235	84	111	80
23	59	28	40	20	95	39	57	32	148	57	80	51	237	85	113	80
24	59	28	41	20	95	40	58	32	149	58	81	51	238	86	115	81
25	60	28	41	20	96	41	59	32	150	59	82	51	239	87	117	81
26	60	29	42	21	96	41	60	32	150	60	84	52	241	88	119	82
27	61	29	43	21	97	42	61	33	151	61	85	52	242	89	121	82
28	61	30	43	21	97	42	62	33	152	61	87	52	243	90	123	82
29	61	30	44	21	98	43	63	33	153	62	88	52	245	92	125	83
30	61	30	45	21	98	43	63	33	154	63	89	52	246	93	127	83
31	62	31	45	21	99	44	64	33	155	64	90	53	247	94	129	84
32	62	31	46	21	99	44	65	34	155	64	92	53	248	95	130	84
33	62	31	46	21	100	45	66	34	156	65	93	53	250	96	132	84
34	63	32	47	21	100	45	67	34	157	66	94	54	251	97	134	85
35	63	32	48	22	101	46	68	34	158	67	95	54	252	98	136	85
36	63	33	48	22	101	46	69	34	158	67	96	54	253	99	137	86
37	64	33	49	22	102	47	70	34	159	68	98	54	254	100	139	86
38	64	33	49	22	102	47	70	34	160	69	99	54	255	101	141	86
39	64	34	50	22	103	48	71	34	160	69	100	55	257	102	142	87
40	64	34	51	22	103	48	72	35	161	70	101	55	258	103	144	87

注：当齿数 z 超出表中值时，上述公差可用表 5.3-27 中公式计算。

表 5.3-29 齿向公差 F_β (μm)

花键长度 g 公差等级	5	10	15	20	25	30	35	40	45	50	55	60	70	80	90	100
4	6	7	7	8	8	8	9	9	9	10	10	10	11	11	12	12
5	7	8	9	9	10	10	11	11	12	12	12	13	13	14	14	15
6	9	10	11	12	13	14	14	15	15	16	16	17	17	18	19	—
7	14	16	18	19	20	21	22	23	23	24	25	25	27	28	29	30

注：当花键长度 g（mm）不为表中数值时，可按表 5.3-27 中公式计算。

表 5.3-30 内花键小径 D_{ii} 极限偏差和外花键大径 D_{ee} 公差 (μm)

直径 D_{ii} 和 D_{ee} /mm	内花键小径 D_{ii} 极限偏差			外花键大径 D_{ee} 公差		
	模 数 m/mm					
	0.25~0.75	1~1.75	2~10	0.25~0.75	1~1.75	2~10
	H10	H11	H12	IT10	IT11	IT12
≤6	+48 / 0			48		
>6~10	+58 / 8	+90 / 0		58		
>10~18	+70 / 0	+110 / 0	+180 / 0	70	110	
>18~30	+84 / 0	+130 / 0	+210 / 0	84	130	210
>30~50	+100 / 0	+160 / 0	+250 / 0	100	160	250
>50~80	+120 / 0	+190 / 0	+300 / 0	120	190	300
>80~120		+220 / 0	+350 / 0		220	350
>120~180		+250 / 0	+400 / 0		250	400
>180~250			+460 / 0			460
>250~315			+520 / 0			520
>315~400			+570 / 0			570
>400~500			+630 / 0			630
>500~630			+700 / 0			700
>630~800			+800 / 0			800
>800~1000			+900 / 0			900

注：若花键尺寸超出表中数值时，按 GB/T 1800.1—2009 取值。

表 5.3-31 作用齿槽宽 E_V 下偏差和作用齿厚 S_V 上偏差 (μm)

分度圆直径 D /mm	基 本 偏 差						
	H	d	e	f	h	js	k
	作用齿槽宽 E_V 下偏差	作用齿厚 S_V 上偏差					
		es_V					
≤6	0	−30	−20	−10	0		
>6~10	0	−40	−25	−13	0		
>10~18	0	−50	−32	−16	0		
>18~30	0	−65	−40	−20	0	$+\dfrac{(T+\lambda)}{2}$	$+(T+\lambda)$
>30~50	0	−80	−50	−25	0		
>50~80	0	−100	−60	−30	0		
>80~120	0	−120	−72	−36	0		

（续）

分度圆直径 D /mm	基 本 偏 差						
	H	d	e	f	h	js	k
	作用齿槽宽 E_V 下偏差	作用齿厚 S_V 上偏差					
		es_V					
>120~180	0	−145	−85	−43	0		
>180~250	0	−170	−100	−50	0		
>250~315	0	−190	−110	−56	0		
>315~400	0	−210	−125	−62	0	$+\dfrac{(T+\lambda)}{2}$	$+(T+\lambda)$
>400~500	0	−230	−135	−68	0		
>500~630	0	−260	−145	−76	0		
>630~800	0	−290	−160	−80	0		
>800~1000	0	−320	−170	−86	0		

注：1. 当表中的作用齿厚上偏差 es_V 值不能满足需要时，对 30°压力角花键允许采用 GB/T 1800.1—2009 中的基本偏差 c 或 b；对 45°压力角花键，允许采用 e 或 d。

2. 总公差 $(T+\lambda)$ 的数值见表 5.3-28。

表 5.3-32　外花键小径 D_{ie} 和大径 D_{ee} 的上偏差 $es_V/\tan\alpha_D$

分度圆直径 D /mm	标 准 压 力 角 α_D						
	30°	30°	30°	45°	30°和45°	30°	30°和45°
	d	e	f		h	js	k
	$es_V/\tan\alpha_D/\mu m$						
≤6	−52	−35	−17	−10	0		
>6~10	−69	−43	−12	−13	0		
>10~18	−87	−55	−28	−16	0		
>18~30	−113	−69	−35	−20	0		
>30~50	−139	−87	−43	−25	0		
>50~80	−173	−104	−52	−30	0		
>80~120	−208	−125	−62	−36	0		
>120~180	−251	−147	−74	−43	0	$+(T+\lambda)/2\tan\alpha_D$ [①]	$+(T+\lambda)/\tan\alpha_D$ [①]
>180~250	−294	−173	−87	−50	0		
>250~315	−329	−191	−97	−56	0		
>315~400	−364	−217	−107	−62	0		
>400~500	−398	−234	−118	−68	0		
>500~630	−450	−251	−132	−76	0		
>630~800	−502	−277	−139	−80	0		
>800~1000	−554	−294	−149	−86	0		

① 对于大径，取值为零。

表 5.3-33　参数表示例　(mm)

内 花 键 参 数 表			外 花 键 参 数 表		
齿数	z	24	齿数	z	24
模数	m	2.5	模数	m	2.5
压力角	α_D	30°	压力角	α_D	30°
公差等级和配合类别	5H	5H (GB/T 3478.1—2008)	公差等级和配合类别	5h	5h (GB/T 3478.1—2008)
大径	D_{ei}	$\phi 63.75^{+0.30}_{0}$	大径	D_{ee}	$\phi 62.50^{0}_{-0.30}$
渐开线终止圆直径最小值	D_{Fimin}	$\phi 63$	渐开线起始圆直径最大值	D_{Femax}	$\phi 57.24$
小径	D_{ii}	$\phi 57.74^{+0.30}_{0}$	小径	D_{ie}	$\phi 56.25^{0}_{-0.30}$
实际齿槽宽最大值	E_{max}	4.002	作用齿厚最大值	S_{Vmax}	3.927
作用齿槽宽最小值	E_{Vmin}	3.927	实际齿厚最小值	S_{min}	3.852
实际齿槽宽最小值	E_{min}	3.957	作用齿厚最小值	S_{Vmin}	3.882
作用齿槽宽最大值	E_{Vmax}	3.972	实际齿厚最大值	S_{max}	3.897
齿根圆弧最小曲率半径	R_{imin}	R0.50	齿根圆弧最小曲率半径	R_{emin}	R0.50
齿距累积公差	F_P	0.043	齿距累积公差	F_P	0.043
齿形公差	f_f	0.024	齿形公差	f_f	0.024
齿向公差	F_β	0.010	齿向公差	F_β	0.010

（2）渐开线花键齿侧配合

渐开线花键连接，键齿侧面既起驱动作用，又有自动定心作用。齿侧配合采用基孔制，用改变外花键作用齿厚上偏差的方法实现不同的配合。齿侧配合的公差带分布如图 5.3-15 所示。齿侧配合的性质取决于最小作用侧隙与公差等级无关（配合类别 H/k 和 H/js 除外）。

在连接中允许不同公差等级的内、外花键相互配合。

按 GB/T 3478.1—2008 的规定，对 $\alpha_D = 30°$ 渐开线花键连接，规定 6 种齿侧配合类别：H/k、H/js、H/h、H/f、H/e 和 H/d；对 $\alpha_D = 45°$ 渐开线花键连接，规定 3 种齿侧配合类别：H/k、H/h 和 H/f。

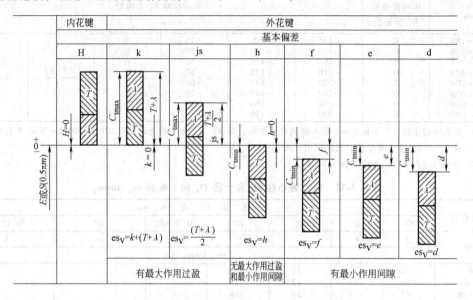

图 5.3-15　齿侧配合公差带分布

2.4.3　渐开线花键参数标注与标记

（1）渐开线花键参数表

在零件图上，应给出制造花键时所需的全部尺寸、公差和参数，列出参数表，见表 5.3-33。表中项目可按需增减，必要时可画出齿形图。

（2）渐开线花键标记方法

在有关图样和技术文件中，需要标记时，应符合如下规定：

内花键：INT

外花键：EXT

花键副：INT/EXT

齿数：z（前面加齿数值）

模数：m（前面加模数值）

30°平齿根：30P

30°圆齿根：30R

45°圆齿根：45

公差等级：4、5、6 或 7（当内、外花键公差等级不同时，见表 5.3-34 中例 2）

配合类别：H（内花键）

　　　　　k、js、h、f、e 或 d（外花键）

标准号：GB/T 3478.1—2008

表 5.3-34　标记示例

	示　例		标　记　方　法
例 1	花键副，齿数 24，模数 2.5，30°圆齿根，公差等级为 5 级，配合类别为 H/h	花键副	INT/EXT　$24z×2.5m×30R×5H/5h$　GB/T 3478.1—2008
		内花键	INT　$24z×2.5m×30R×5H$　GB/T 3478.1—2008
		外花键	EXT　$24z×2.5m×30R×5h$　GB/T 3478.1—2008
例 2	花键副，齿数 24，模数 2.5，内花键为平齿根，其公差等级为 6 级，外花键为圆齿根，其公差等级为 5 级，配合类别为 H/h	花键副	INT/EXT　$24z×2.5m×30P/R×6H/5h$　GB/T 3478.1—2008
		内花键	INT　$24z×2.5m×30P×6H$　GB/T 3478.1—2008
		外花键	EXT　$24z×2.5m×30R×5h$　GB/T 3478.1—2008
例 3	花键副，齿数 24，模数 2.5，45°标准压力角，内花键公差等级为 6 级，外花键公差等级为 7 级，配合类别为 H/h	花键副	INT/EXT　$24z×2.5m×45×6H/7h$　GB/T 3478.1—2008
		内花键	INT　$24z×2.5m×45×6H$　GB/T 3478.1—2008
		外花键	EXT　$24z×2.5m×45×7h$　GB/T 3478.1—2008

2.5　圆锥直齿渐开线花键（摘自 GB/T 18842—2008）

2.5.1　术语、代号和定义（见表 5.3-35）

GB/T 18842—2008 用于内花键齿形为直线，外花键齿形为渐开线，标准压力角 45°，模数为 0.50~1.50mm，锥度为 1∶15 的圆锥直齿渐开线花键。

2.5.2　几何尺寸计算公式（见表 5.3-36）

表 5.3-35　圆锥直齿渐开线花键专用的术语、代号和定义

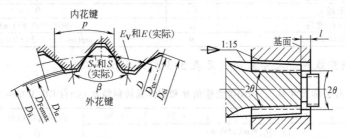

术语	代号	定义
基面		规定花键参数、尺寸及其公差的端平面。基面的位置规定在外花键的小端，并与设计给定的内花键基面重合
圆锥素线		小径圆锥面与花键轴平面的交线
齿槽角	β	内花键同一齿槽两侧齿形所夹的锐角
圆锥素线斜角	θ	内外花键圆锥素线与花键轴线所夹的锐角
基面距离	l	从基面到内花键小径端面的距离

表 5.3-36　圆锥直齿渐开线花键几何尺寸计算公式（摘自 GB/T 18842—2008）

项　目	代号	公式或说明
模数	m	0.5,0.75,1.00,1.25,1.50
齿数	z	
标准压力角	α_D	45°
分度圆直径	D	mz
基圆直径	D_b	$mz\cos\alpha_D$
齿距	p	πm
内花键大径公称尺寸	D_{ei}	$m(z+1.2)$
内花键大径下偏差		
内花键大径公差		从 IT12、IT13 或 IT14 中选取（见 GB/T1800.2）
内花键小径公称尺寸	D_{ii}	$D_{Femax}+2C_F$（取 D_{Femax} 公式中 $es_V=0$）
内花键小径极限偏差		见表 5.3-38
基本齿槽宽	E	$0.5\pi m$
作用齿槽宽最小值	E_{Vmin}	$0.5\pi m$
实际齿槽宽最大值	E_{max}	$E_{Vmin}+(T+\lambda)$
实际齿槽宽最小值	E_{min}	$E_{Vmin}+\lambda$
作用齿槽宽最大值	E_{Vmax}	$E_{Vmin}-\lambda$
外花键作用齿厚上偏差	es_V	$(T+\lambda)$（按基本偏差 k）
外花键大径公称尺寸	D_{ee}	$m(z+0.8)$
外花键大径极限偏差		见表 5.3-38
外花键渐开线起始圆直径最大值	D_{Femax}	$2\sqrt{(0.5D_b)^2+\left(\dfrac{0.5D\sin\alpha_D-\dfrac{0.5m-\dfrac{0.5es_V}{\tan\alpha_D}}{\sin\alpha_D}}{}\right)^2}$
外花键小径公称尺寸	D_{ie}	$m(z-1.2)$

（续）

项 目	代号	公式或说明
外花键小径上偏差		$+(T+\lambda)$
外花键小径公差		从 IT12、IT13 或 IT14 中选取
基本齿厚	S	$0.5\pi m$
作用齿厚最大值	S_{Vmax}	$S+es_V$
实际齿厚最小值	S_{min}	$S_{Vmax}-(T+\lambda)$
实际齿厚最大值	S_{max}	$S_{Vmax}-\lambda$
作用齿厚最小值	S_{Vmin}	$S_{min}+\lambda$
齿形裕宽	C_F	$0.1m$
内花键齿槽角	β	$90°-360°E/(\pi D)$
圆锥素线斜角	θ	$\arctan[(z-1.2)/30(z+0.8)]$

2.5.3 圆锥直齿渐开线花键尺寸系列（见表 5.3-37、表 5.3-38）

表 5.3-37　外花键大径公称尺寸 D_{ee}、内圆锥齿槽角 β 和圆锥素线斜角 θ（摘自 GB/T 18842—2008）

m	0.50	0.75	1.00	1.25	1.50	内花键齿槽角	内花键圆锥
z			$D_{ee}=m(z+0.8)$			β	素线斜角 θ
32	16.4	24.6	32.8	41.0	49.2	84°22′3″	1°47′34″
34	17.4	26.1	34.8	43.5	52.2	84°42′21″	1°47′58″
36	18.4	27.6	36.8	46.0	55.2	85°	1°48′20″
38	19.4	29.1	38.8	48.5	58.2	85°15′47″	1°48′39″
40	20.4	30.6	40.8	51.0	61.2	85°30′	1°48′56″
44	22.4	33.6	44.8	56.0	67.2	85°54′33″	1°49′26″
48	—	36.6	48.8	61.0	73.2	86°15′	1°49′51″
52	—	—	—	66.0	79.2	86°32′18″	1°50′13″

注：当表中尺寸不能满足要求时，允许选用不按表中规定的齿数，但必须保持本标准的几何参数关系和公差配合，以便采用标准刀具。此时，相应的公差见 GB/T 3478.1，β 和 θ 值按表 5.3-36 中公式计算。

表 5.3-38　圆锥渐开线花键尺寸（摘自 GB/T 18842—2008）　　　　（mm）

齿数 z	分度圆直径 D	内 花 键						外 花 键				渐开线起始圆直径最大值 D_{Femax}
		大径 D_{ei}	小径 D		齿槽最大宽度		基本距离 l（参考）	大径 D_{ee}		小径 D_{ie}	作用齿厚	
			公称尺寸	极限偏差	实际槽宽 E_{max} 6H / 7H	作用槽宽 E_{Vmax} 6H / 7H		公称尺寸	极限偏差		最大值 S_{Vmax} 6k / 7k	最小值 S_{Vmin} 6k / 7k	
					$m=0.5, E=S=E_{Vmin}=S_{min}=0.5\pi m=0.785$								
32	16.0	16.60	15.61	+0.076 / 0	0.855 / 0.898	0.826 / 0.855	3	16.40	0 / -0.070	15.40	0.855 / 0.895	0.814 / 0.828	15.51
34	17.0	17.60	16.61	+0.076 / 0	0.856 / 0.899	0.827 / 0.856	3	17.40	0 / -0.070	16.40	0.856 / 0.899	0.814 / 0.828	16.51
36	18.0	18.60	17.61	+0.076 / 0	0.857 / 0.899	0.828 / 0.856	3	18.40	0 / -0.070	17.40	0.857 / 0.899	0.814 / 0.829	17.51
38	19.0	19.60	18.61	+0.084 / 0	0.857 / 0.900	0.828 / 0.856	4	19.40	0 / -0.084	18.40	0.857 / 0.900	0.815 / 0.829	18.51
40	20.0	20.60	19.61	+0.084 / 0	0.858 / 0.901	0.828 / 0.856	4	20.40	0 / -0.084	19.40	0.858 / 0.901	0.815 / 0.830	19.51
44	22.0	22.60	21.61	+0.084 / 0	0.859 / 0.903	0.828 / 0.857	4	22.40	0 / -0.084	21.40	0.859 / 0.903	0.816 / 0.831	21.51
					$m=0.75, E=S=E_{Vmin}=S_{min}=0.5\pi m=1.178$								
32	24.0	24.90	23.41	+0.084 / 0	1.259 / 1.307	1.227 / 1.260	4	24.60	0 / -0.084	23.10	1.259 / 1.307	1.210 / 1.225	23.26

（续）

齿数 z	分度圆直径 D	内 花 键 大径 D_{ei}	小径 D 公称尺寸	小径 D 极限偏差	齿槽最大宽度 实际槽宽 E_{max} $\dfrac{6H}{7H}$	齿槽最大宽度 作用槽宽 E_{Vmax} $\dfrac{6H}{7H}$	基本距离 l （参考）	外 花 键 大径 D_{ee} 公称尺寸	大径 D_{ee} 极限偏差	小径 D_{ie}	作用齿厚 最大值 S_{Vmax} $\dfrac{6k}{7k}$	作用齿厚 最小值 S_{Vmin} $\dfrac{6k}{7k}$	渐开线起始圆直径最大值 D_{Femax}
					$m=0.75, E=S=S_{Vmin}=S_{min}=0.5\pi m=1.178$								
34	25.5	26.40	24.91		$\dfrac{1.259}{1.308}$	$\dfrac{1.227}{1.260}$	4	26.10		24.60	$\dfrac{1.259}{1.308}$	$\dfrac{1.210}{1.226}$	24.76
36	27.0	27.90	26.41	$\dfrac{+0.084}{0}$	$\dfrac{1.260}{1.309}$	$\dfrac{1.227}{1.260}$	4	27.60	$\dfrac{0}{-0.084}$	26.10	$\dfrac{1.260}{1.309}$	$\dfrac{1.211}{1.227}$	26.26
38	28.5	29.40	27.91		$\dfrac{1.261}{1.310}$	$\dfrac{1.228}{1.261}$	5	29.10		27.60	$\dfrac{1.261}{1.310}$	$\dfrac{1.211}{1.227}$	27.76
40	30.0	30.90	29.41		$\dfrac{1.261}{1.311}$	$\dfrac{1.228}{1.261}$	5	30.60		29.10	$\dfrac{1.261}{1.311}$	$\dfrac{1.212}{1.228}$	29.26
44	33.0	33.90	32.41	$\dfrac{+0.100}{0}$	$\dfrac{1.263}{1.313}$	$\dfrac{1.228}{1.262}$	5	33.60	$\dfrac{0}{-0.100}$	32.10	$\dfrac{1.263}{1.313}$	$\dfrac{1.213}{1.229}$	32.26
48	36.0	36.90	35.41		$\dfrac{1.264}{1.315}$	$\dfrac{1.228}{1.262}$	5	36.60		35.10	$\dfrac{1.264}{1.315}$	$\dfrac{1.214}{1.231}$	35.26
					$m=1.00, E=S=E_{Vmin}=S_{min}=0.5\pi m=1.571$								
32	32.0	33.20	31.22		$\dfrac{1.660}{1.713}$	$\dfrac{1.625}{1.661}$	5	32.80		30.80	$\dfrac{1.660}{1.713}$	$\dfrac{1.606}{1.623}$	31.02
34	34.0	35.20	33.22		$\dfrac{1.661}{1.715}$	$\dfrac{1.626}{1.663}$	5	34.80		32.80	$\dfrac{1.661}{1.715}$	$\dfrac{1.606}{1.623}$	33.02
36	36.0	37.20	35.21		$\dfrac{1.662}{1.716}$	$\dfrac{1.626}{1.663}$	5	36.80		34.80	$\dfrac{1.662}{1.716}$	$\dfrac{1.607}{1.624}$	35.01
38	38.0	39.20	37.21	$\dfrac{+0.160}{0}$	$\dfrac{1.662}{1.717}$	$\dfrac{1.626}{1.663}$	6	38.80	$\dfrac{0}{-0.160}$	36.80	$\dfrac{1.662}{1.717}$	$\dfrac{1.608}{1.625}$	37.01
40	40.0	41.20	39.21		$\dfrac{1.663}{1.718}$	$\dfrac{1.626}{1.663}$	6	40.80		38.80	$\dfrac{1.663}{1.718}$	$\dfrac{1.608}{1.626}$	39.01
44	44.0	45.20	43.21		$\dfrac{1.664}{1.720}$	$\dfrac{1.626}{1.664}$	6	44.80		42.80	$\dfrac{1.664}{1.720}$	$\dfrac{1.609}{1.627}$	43.01
48	48.0	49.20	47.21		$\dfrac{1.665}{1.722}$	$\dfrac{1.626}{1.664}$	6	48.80		46.80	$\dfrac{1.665}{1.722}$	$\dfrac{1.610}{1.629}$	47.01
					$m=1.25, E=S=E_{Vmin}=S_{min}=0.5\pi m=1.963$								
32	40.0	41.50	39.02		$\dfrac{2.059}{2.117}$	$\dfrac{2.022}{2.062}$	6	41.00		38.50	$\dfrac{2.059}{2.117}$	$\dfrac{2.000}{2.018}$	38.77
34	42.5	44.00	41.52		$\dfrac{2.060}{2.118}$	$\dfrac{2.022}{2.062}$	6	43.50	$\dfrac{0}{-0.160}$	41.00	$\dfrac{2.060}{2.118}$	$\dfrac{2.001}{2.019}$	41.27
36	45.0	46.50	44.02	$\dfrac{+0.160}{0}$	$\dfrac{2.061}{2.119}$	$\dfrac{2.022}{2.062}$	6	46.00		43.50	$\dfrac{2.061}{2.119}$	$\dfrac{2.002}{2.020}$	43.77
38	47.5	49.00	46.52		$\dfrac{2.061}{2.121}$	$\dfrac{2.022}{2.063}$	6	48.50		46.00	$\dfrac{2.061}{2.121}$	$\dfrac{2.002}{2.021}$	46.27
40	50.0	51.50	49.02		$\dfrac{2.062}{2.122}$	$\dfrac{2.022}{2.063}$	6	51.00		48.50	$\dfrac{2.062}{2.122}$	$\dfrac{2.003}{2.022}$	48.77
44	55.0	56.50	54.01		$\dfrac{2.064}{2.124}$	$\dfrac{2.023}{2.063}$	6	56.00		53.50	$\dfrac{2.064}{2.124}$	$\dfrac{2.004}{2.024}$	53.76
48	60.0	61.50	59.01	$\dfrac{+0.190}{0}$	$\dfrac{2.065}{2.126}$	$\dfrac{2.023}{2.064}$	6	61.00	$\dfrac{0}{-0.190}$	58.50	$\dfrac{2.065}{2.126}$	$\dfrac{2.005}{2.025}$	58.76
52	65.0	66.50	64.01		$\dfrac{2.066}{2.128}$	$\dfrac{2.023}{2.064}$	6	66.00		63.50	$\dfrac{2.066}{2.128}$	$\dfrac{2.007}{2.027}$	63.76

（续）

齿数 z	分度圆直径 D	内 花 键						外 花 键					
		大径 D_{ei}	小径 D 公称尺寸	小径 D 极限偏差	齿槽最大宽度 实际槽宽 E_{max} $\frac{6H}{7H}$	齿槽最大宽度 作用槽宽 E_{Vmax} $\frac{6H}{7H}$	基本距离 l（参考）	大径 D_{ee} 公称尺寸	大径 D_{ee} 极限偏差	小径 D_{ie}	作用齿厚 最大值 S_{Vmax} $\frac{6k}{7k}$	作用齿厚 最小值 S_{Vmin} $\frac{6k}{7k}$	渐开线起始圆直径最大值 D_{Femax}
$m=1.5, E=S=E_{Vmin}=S_{min}=0.5\pi m=2.356$													
32	48.0	49.80	46.82	+0.160 / 0	2.458 / 2.520	2.418 / 2.461	6	49.20	0 / −0.160	46.20	2.458 / 2.520	2.396 / 2.415	46.52
34	51.0	52.80	49.82		2.459 / 2.521	2.418 / 2.461	6	52.20		49.20	2.459 / 2.521	2.397 / 2.416	49.52
36	54.0	55.80	52.82		2.460 / 2.523	2.419 / 2.461	6	55.20	0 / −0.190	52.20	2.460 / 2.523	2.397 / 2.417	52.52
38	57.0	58.80	55.82	+0.190 / 0	2.461 / 2.524	2.419 / 2.462	6	58.20		55.20	2.461 / 2.524	2.398 / 2.418	55.52
40	60.0	61.80	58.82		2.462 / 2.525	2.419 / 2.462	6	61.20		58.20	2.462 / 2.525	2.399 / 2.419	58.52
44	66.0	67.80	64.82		2.463 / 2.528	2.419 / 2.463	6	67.20		64.20	2.463 / 2.528	2.400 / 2.421	64.52
48	72.0	73.80	70.82		2.465 / 2.532	2.420 / 2.464	6	73.20		70.20	2.465 / 2.530	2.401 / 2.422	70.52
52	78.0	79.80	76.81		2.466 / 2.532	2.420 / 2.464	6	79.20		76.20	2.466 / 2.532	2.403 / 2.424	76.51

注：表中分子分母表示不同精度时对应的 E_{max}、E_{Vmax}、S_{Vmax}、S_{Vmin} 值。

2.5.4 圆锥直齿渐开线花键公差（见表 5.3-39～表 5.3-41）

表 5.3-39 齿槽宽和齿厚的公差（6级用） （μm）

m	0.50				0.75				1.00				1.25				1.50			
z	T+λ	λ	F_p	f_f	T+λ	λ	F_p	f_f	T+λ	λ	F_p	f_f	T+λ	λ	F_p	f_f	T+λ	λ	F_p	f_f
32	70	29	38	28	81	32	43	29	89	35	48	31	96	37	52	32	102	40	56	33
34	71	29	38	28	81	32	44	29	90	35	49	31	97	38	53	32	103	41	57	34
36	72	29	39	28	82	33	45	29	91	36	50	31	98	39	55	32	104	41	59	34
38	73	30	40	28	83	33	46	29	91	37	51	31	98	39	56	32	105	42	60	34
40	74	30	41	28	83	34	47	30	92	37	52	31	99	40	57	32	106	43	61	34
44	75	31	42	28	85	35	48	30	93	38	54	31	101	41	59	33	107	44	63	34
48	76	32	43	28	86	36	50	30	95	39	56	31	102	42	61	33	109	45	66	35
52	76	32	44	28	87	37	52	30	96	40	58	32	103	44	63	33	110	47	68	35

表 5.3-40 齿槽宽和齿厚的公差（7级用） （μm）

m	0.50				0.75				1.00				1.25				1.50			
z	T+λ	λ	F_p	f_f	T+λ	λ	F_p	f_f	T+λ	λ	F_p	f_f	T+λ	λ	F_p	f_f	T+λ	λ	F_p	f_f
32	113	43	54	44	129	47	62	47	142	52	68	49	154	55	74	51	164	59	80	53
34	114	43	55	44	130	48	63	47	144	52	70	49	155	56	76	51	165	60	82	53
36	114	44	56	45	131	49	64	47	145	53	71	49	156	57	78	51	166	61	83	54
38	115	45	57	45	132	49	66	47	146	54	73	49	158	58	79	52	168	62	85	54
40	116	46	58	45	133	50	67	47	147	55	74	49	159	59	81	52	169	63	87	54
41	118	46	60	45	135	51	69	47	149	56	77	50	161	61	84	52	172	65	90	55
48	119	47	62	45	137	53	71	48	151	58	80	50	163	62	87	53	174	66	94	55
52	121	48	63	45	139	54	74	48	153	59	82	50	165	64	90	53	176	68	97	56

表 5.3-41 花键的齿向公差 F_β （μm）

花键长度/mm		~15	>20~25	>25~30	>30~35	>35~40	>40~45	>45~50	>50~55	>55~60	>60~70	>70~80	>80
公差等级	6级	11	12	13	13	14	14	15	15	16	16	17	17
	7级	18	19	20	21	22	23	23	24	25	25	27	28

2.5.5 参数表示示例（见表5.3-42、表5.3-43）

表 5.3-42 内花键参数表（示例）

齿数	32
模数	1mm
齿槽角	84°22′03″
实际齿槽宽最大值	1.660（参考）
作用齿槽宽最大值	1.625mm
作用齿槽宽最小值	1.571mm
公差等级与配合类别	6H GB/T 18842—2008
配对零件图号	×××—××—××

表 5.3-43 外花键参数表（示例）

齿数	32
模数	1mm
标准压力角	45°
实际齿厚最大值	1.571（参考）
作用齿厚最大值	1.606mm
作用齿厚最小值	1.660mm
公差等级与配合类别	6K GB/T 18842—2008
配对零件图号	×××—××—××

3 销连接

3.1 销连接的类型、特点和应用（见表5.3-44）

表 5.3-44 销连接的类型、特点和应用

类型	结构图例	特点和应用
圆柱销 GB/T 119.1—2000 GB/T 119.2—2000		主要用于定位，也可用于连接。直径偏差有 u6、m6、h8、h11 四种以满足不同的使用要求。常用的加工方法是配钻、铰，以保证要求的装配精度
内螺纹圆柱销 GB/T 120.1—2000 GB/T 120.2—2000		主要用于定位，也可用于连接。内螺纹供拆卸用，有 A、B 两种规格。B 型用于不通孔。直径偏差只有 n6 一种。销钉直径最小为6mm。常用的加工方法是配钻、铰，以保证要求的装配精度
无头销轴 GB/T 880—2008		两端用开口销锁住，拆卸方便。用于铰链连接处
弹性圆柱销 直槽 重型 GB/T 879.1—2000 弹性圆柱销 直槽 轻型 GB/T 879.2—2000		有弹性，装配后不易松脱。钻孔精度要求低，可多次拆装。刚性较差，不适用于高精度定位。可用于有冲击、振动的场合
弹性圆柱销 卷制 重型 GB/T 879.3—2000 弹性圆柱销 卷制 标准型 GB/T 879.4—2000 弹性圆柱销 卷制 轻型 GB/T 879.5—2000		销钉由钢板卷制，加工方便。有弹性，装配后不易松脱。钻孔精度要求低，可多次拆装。刚性较差，不适用于高精度定位。可用于有冲击、振动的场合
圆锥销 GB/T 117—2000		有 1:50 的锥度，与有锥度的铰制孔相配。拆装方便，可多次拆装，定位精度比圆柱销高。能自锁。一般两端伸出被连接件，以便拆装
内螺纹圆锥销 GB/T 118—2000		螺纹孔用于拆卸，可用于不通孔。有 1:50 的锥度，与有锥度的铰制孔相配。拆装方便，可多次拆装，定位精度比圆柱销高。能自锁。一般两端伸出被连接件，以便拆装

（续）

类型	结构图例	特点和应用
螺尾锥销 GB/T 881—2000		螺纹孔用于拆卸,拆卸方便,有 1:50 的锥度,与有锥度的铰制孔相配。拆装方便,可多次拆装,定位精度比圆柱销高。能自锁。一般两端伸出被连接件,以便拆装
开尾圆锥销 GB/T 877—1986		有 1:50 的锥度,与有锥度的铰制孔相配。打入销孔后,末端可以稍张开,避免松脱,用于有冲击、振动的场合
开口销 GB/T 91—2000		用于锁定其他零件,如轴、槽形螺母等。是一种较可靠的锁紧方法,应用广泛
销轴 GB/T 882—2008		用于作铰接轴,用开口销锁紧,工作可靠

类型	结构图例		特点和应用
槽销　带导杆及 全长平行沟槽 GB/T 13829.1—2004		沿销体素线辗压或模锻 3 条（相隔 120°）不同形状和深度的沟槽,打入销孔与孔壁压紧,不易松脱。能承受振动和变载荷。销孔不需铰光,可多次装拆	全长有平行槽,端部有导杆或倒角。销与孔壁间压力分布较均匀。用于有严重振动和冲击载荷的场合
槽销　带倒角及全长平行沟槽 GB/T 13829.2—2004			
槽销　中部槽长 为 1/3 全长 GB/T 13829.3—2004			槽中部的短槽等于全长的 1/2 或 1/3,常用作心轴,将带毂的零件固定在有槽处
槽销　中部槽长 为 1/2 全长 GB/T 13829.4—2004			
槽销　全长锥槽 GB/T 13829.5—2004			槽为楔形,作用与圆锥销相似,销与孔壁间压力分布不均匀。比圆锥销拆装方便而定位精度较低
槽销　半长锥槽 GB/T 13829.6—2004			
槽销　半长倒锥槽 GB/T 13829.7—2004			常用作轴杆
圆头槽销 GB/T 13829.8—2004			可代替铆钉或螺钉,用于固定标牌、管夹子等
沉头槽销 GB/T 13829.9—2004			

3.2　销的选择和销连接的强度计算

定位销一般用两个，其直径根据结构决定，应考虑在拆装时不产生永久变形。中小尺寸的机械常用直径为 10~16mm 的销钉。

销的材料通常为 35、45 钢，并进行硬化处理，许用切应力 $[\tau]$ = 80~100MPa，许用弯曲应力 $[\sigma_b]$ = 120~150MPa；弹性圆柱销多用 65Mn，其许用切应力

[τ] = 120~130MPa。受力较大、要求抗腐蚀等的场合可以采用 30CrMnSiA、1Cr13、2Cr15、H63、1Cr18Ni9Ti。

安全销的材料，可选用 35、45、50 或 T8A、T10A，热处理后硬度为 30~36HRC。销套材料可用

45、35SiMn、40Cr 等，热处理后硬度为 40~50HRC。安全销的抗剪强度极限可取为 τ_b = (0.6~0.7) R_m，R_m 为材料的抗拉强度。

销的强度计算公式见表 5.3-45。

表 5.3-45 销的强度计算公式

销的类型	受 力 情 况 图	计 算 内 容	计 算 公 式
圆柱销	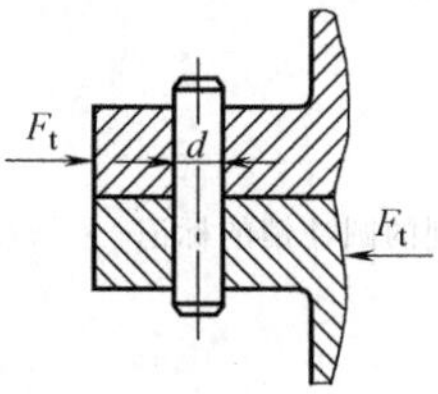	销的抗剪强度	$\tau = \dfrac{4F_t}{\pi d^2 z} \leqslant [\tau]$
圆柱销	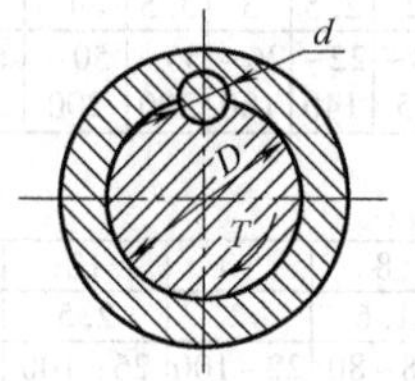 $d = (0.13 \sim 0.20)D$ $l = (1.0 \sim 1.5)D$	销或被连接零件工作面的抗压强度	$\sigma_p = \dfrac{4T}{Ddl} \leqslant [\sigma_p]$
		销的抗剪强度	$\tau = \dfrac{2T}{Ddl} \leqslant [\tau]$
圆锥销	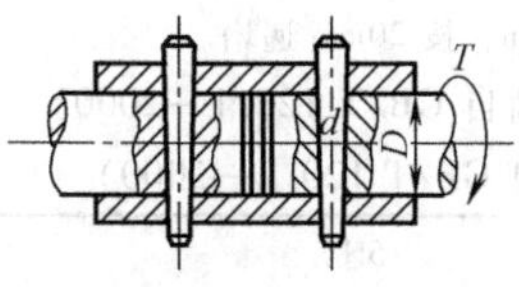 $d = (0.2 \sim 0.3)D$	销的抗剪强度	$\tau = \dfrac{4T}{\pi d^2 D} \leqslant [\tau]$
销轴	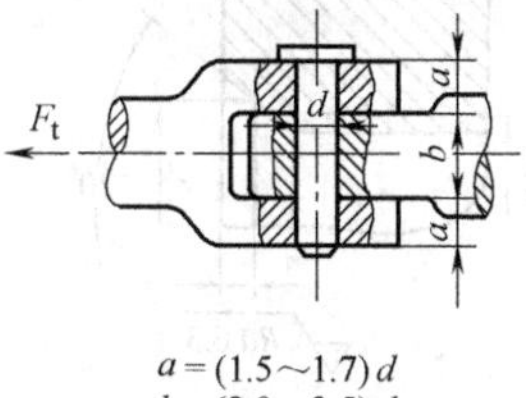 $a = (1.5 \sim 1.7)d$ $b = (2.0 \sim 3.5)d$	销或拉杆工作面的抗压强度	$\sigma_p = \dfrac{F_t}{2ad} \leqslant [\sigma_p]$ 或 $\sigma_p = \dfrac{F_t}{bd} \leqslant [\sigma_p]$
		销轴的抗剪强度	$\tau = \dfrac{F_t}{2 \times \dfrac{\pi d^2}{4}} \leqslant [\tau]$
		销轴的抗弯强度	$\sigma_b \approx \dfrac{F_t(a + 0.5b)}{4 \times 0.1 d^3} \leqslant [\sigma_b]$
安全销	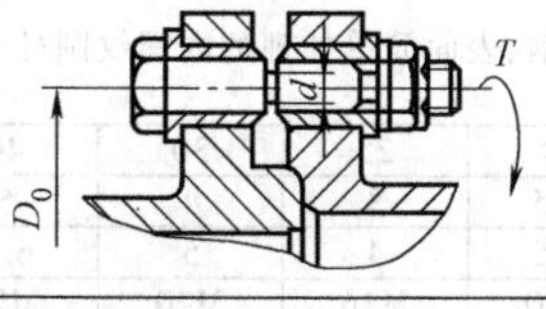	销的直径	$d = 1.6 \sqrt{\dfrac{T}{D_0 z \tau_b}}$
说明	F_t—横向力（N） T—转矩（N·mm） z—销的数量 d—销的直径（mm），对于圆锥销，d 为平均直径 l—销的长度（mm） D—轴径（mm）		D_0—安全销中心圆直径（mm） [τ]—销的许用切应力（MPa） [σ_p]—销连接的许用挤压应力（MPa） [σ_b]—许用弯曲应力（MPa） τ_b—销材料的抗剪强度（MPa）

注：若两个弹性圆柱销套在一起使用，其抗剪强度可取两个销抗剪强度之和。

3.3 销的标准件

3.3.1 圆柱销（见表 5.3-46～表 5.3-50）

表 5.3-46 圆柱销 不淬硬钢和奥氏体不锈钢（摘自 GB/T 119.1—2000）

圆柱销 淬硬钢和马氏体不锈钢（摘自 GB/T 119.2—2000）　　　（mm）

末端形状由制造商确定

允许倒圆或凹穴

标记示例

公称直径 $d=8$mm、公差为 m6、公称长度 $l=30$、材料为钢、不经淬火、不经表面处理的圆柱销的标记

销 GB/T 119.1 8m6×30

尺寸公差同上，材料为钢、普通淬火（A 型）、表面氧化处理的圆柱销的标记

销 GB/T 119.2 8×30

尺寸公差同上，材料为 C1 组马氏体不锈钢表面氧化处理的圆柱销的标记

销 GB/T 119.2 6×30-C1

	d	0.6	0.8	1	1.2	1.5	2	2.5	3	4	5	6	8	10	12	16	20	25	30	40	50
	c	0.12	0.16	0.2	0.25	0.3	0.35	0.4	0.5	0.63	0.8	1.2	1.6	2	2.5	3	3.5	4	5	6.3	8
GB/T119.1	l	2~6	2~8	4~10	4~12	4~16	6~20	6~24	8~30	8~40	10~50	12~60	14~80	18~95	22~140	26~180	35~200	50~200	60~200	80~200	95~200

GB/T119.1
1. 钢硬度 125～245HV30，奥氏体不锈钢 A1 硬度 210～280HV30
2. 表面粗糙度公差 m6，$Ra \le 0.8\mu m$；公差 h8；$Ra \le 1.6\mu m$

	d	1	1.5	2	2.5	3	4	5	6	8	10	12	16	20
	c	0.2	0.3	0.35	0.4	0.5	0.63	0.8	1.2	1.6	2	2.5	3	3.5
GB/T 119.2	l	3~10	4~16	5~20	6~24	8~30	10~40	12~50	14~60	18~80	22~100	26~100	40~100	50~100

GB/T 119.2
1. 钢 A 型，普通淬火，硬度 550～650HV30，B 型表面淬火，表面硬度 600～700HV1，渗碳深度 0.25～0.4mm，550HV1。马氏体不锈钢 C1，淬火并回火，硬度 460～560HV30
2. 表面粗糙度 $Ra \le 0.8\mu m$

注：l 系列（公称尺寸，单位 mm）：2，3，4，5，6，8，10，12，14，16，18，20，22，24，26，28，30，32，35，40，45，50，55，60，65，70，75，80，85，90，100，公称长度大于 100mm，按 20mm 递增。

表 5.3-47 内螺纹圆柱销 不淬硬钢和奥氏体不锈钢（摘自 GB/T 120.1—2000）

内螺纹圆柱销 淬硬钢和马氏体不锈钢（摘自 GB/T 120.2—2000）　　　（mm）

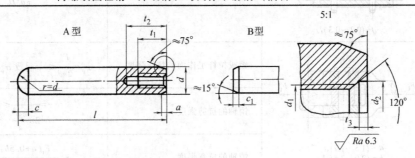

A 型—球面圆柱端，适用于普通淬火钢和马氏体不锈钢

B 型—平端，适用于表面淬火钢，其余尺寸见 A 型

标记示例：

公称直径 $d=10$mm、公差为 m6、公称长度 $l=60$mm、材料为 A1 组奥氏体不锈钢、表面简单处理的内螺纹圆柱销

销 GB/T 120.1—2000 10×60-A1

d（公称）m6	6	8	10	12	16	20	25	30	40	50
a	0.8	1	1.2	1.6	2	2.5	3	4	5	6.3
c_1	1.2	1.6	2	2.5	3	3.5	4	5	6.3	8
d_1	M4	M5	M6	M6	M8	M10	M16	M20	M20	M24
t_1	6	8	10	12	16	18	24	30	30	36
t_2　min	10	12	16	20	25	28	35	40	40	50
c	2.1	2.6	3	3.8	4.6	6	6	7	8	10
l（商品规格范围）	16~60	18~80	22~100	26~120	32~160	40~200	50~200	60~200	80~200	100~200
l 系列（公称尺寸）	16,18,20,22,24,26,28,30,32,35,40,45,50,55,60,65,70,75,80,85,90,95,100,120,140,160,180,200,公称长度大于 200mm，按 20mm 递增									

表 5.3-48　无头销轴（摘自 GB/T 880—2008）

（mm）

A 型
（无开口销孔）

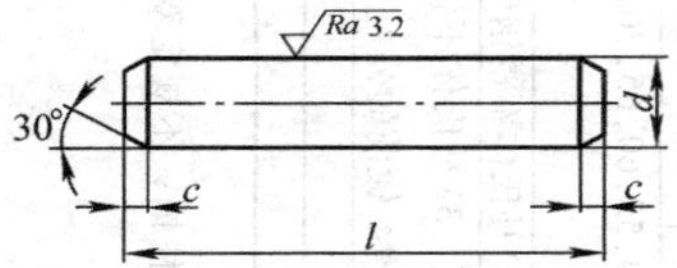

B 型 ①②
（带开口销孔）

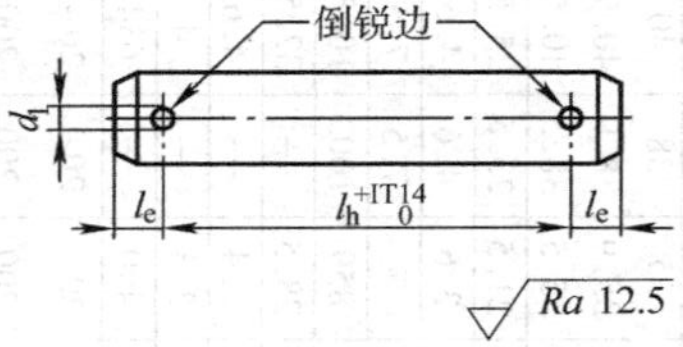

标记示例

公称直径 d=20mm，长度 l=100mm，由易切削钢制造的硬度为 125~245HV、表面氧化处理的 B 型无头销轴的标记
销　GB/T 880　20×100

开口销孔为 6.3mm，其余要求与上述示例相同的无头销的标记
销　GB/T 880　20×100×6.3

孔距 l_h=80mm，开口销孔为 6.3mm，其余要求与上述示例相同的标记
销　GB/T 880　20×100×6.3×80

孔距 l_h=80mm，其余要求与上述示例相同的无头销轴的标记
销　GB/T 880　20×100×80

注：用于铁路和开口销承受交变横向力的场合，推荐采用表中规定的下一档较大的开口销及相应的孔径。
① 其余尺寸、角度和表面粗糙度值见 A 型。
② 某些情况下，不能按 $l-l_e$ 计算 l_h 尺寸，所需要的尺寸应在标记（见标记示例）中注明，但不允许 l_h 尺寸小于表中规定的数值。

d（公称）	3	4	5	6	8	10	12	14	16	18	20	22	24	27	30	33	36	40	45	50	55	60	70	80	90	100
d h11	3	4	5	6	8	10	12	14	16	18	20	22	24	27	30	33	36	40	45	50	55	60	70	80	90	100
d_1 H13	0.8	1	1.2	1.6	2	3.2	3.2	4	4	5	5	6	6.3	6.3	8	8	8	8	10	10	10	10	13	13	13	13
c max	1	1	2	2	2	2	3	3	3	3	4	4	4	4	4	4	4	4	4	4	6	6	6	6	6	6
l_e min	1.6	2.2	2.9	3.2	3.5	4.5	5.5	6	6	7	8	8	9	9	10	10	10	10	12	12	14	14	16	16	16	16
l（公称）	6~30	8~40	10~50	12~60	16~80	20~100	24~120	28~140	32~160	36~180	40~200	45~200	50~200	55~200	60~200	65~200	70~200	80~200	90~200	100~200	120~200	120~200	140~200	160~200	180~200	200~200

注：1. 长度 l 系列：6~32（2 进位），35~100（5 进位），120~200 及 200 以上（20 进位）。
2. 长度 l 公差：6~10 为±0.25，12~50 为±0.5，55~200 为±0.75。

表 5.3-49　弹性圆柱销直槽重型（GB/T 879.1—2000）、弹性圆柱销直槽轻型（GB/T 879.2—2000）　（mm）

对 $d \geqslant 10$mm 的单性销，也可由制造商选用单面倒角的形式

标记示例

公称直径 $d = 6$mm、公称长度 $l = 30$mm、材料为钢（St）、热处理硬度 500～560HV30、表面氧化处理、直槽、重型（轻型）弹性圆柱销

销　GB/T 879.1（879.2）　6×30

	公称	1	1.5	2	2.5	3	3.5	4	4.5	5	6	8	10	12	13
d	max	1.3	1.8	2.4	2.9	3.4	4.0	4.6	5.1	5.6	6.7	8.5	10.8	12.8	13.8
	min	1.2	1.7	2.3	2.8	3.3	3.8	4.4	4.9	5.4	6.4	8.5	10.5	12.5	13.5
GB/T 879.1	d_1	0.8	1.1	1.5	1.8	2.1	2.3	2.8	2.9	3.4	4	5.5	6.5	7.5	8.5
	a max	0.35	0.45	0.55	0.6	0.7	0.8	0.85	1.0	1.1	1.4	2.0	2.4	2.4	2.4
	s	0.2	0.3	0.4	0.5	0.6	0.75	0.8	1	1	1.2	1.5	2	2.5	2.5
	G^*_{min}/kN	0.7	1.5	2.82	4.38	6.32	9.06	11.24	15.36	17.54	26.04	42.76	70.16	104.1	115.1
GB/T 879.2	d_1	—	—	1.9	2.3	2.7	3.1	3.4	3.9	4.4	4.9	7	8.5	10.5	11
	a max			0.4	0.45	0.45	0.5	0.7	0.7	0.7	0.9	1.8	2.4	2.4	2.4
	s			0.2	0.25	0.3	0.35	0.5	0.5	0.5	0.75	0.75	1	1	1.2
	G^*_{min}/kN			1.5	2.4	3.5	4.6	8	8.8	10.4	18	24	40	48	66
商品规格 l		4～20	4～20	4～30	4～30	4～40	4～40	4～50	5～50	5～80	10～100	10～120	10～160	10～180	10～180
l 系列		\multicolumn{14}{l}{4,5,6,8,10,12,14,16,18,20,22,24,26,28,30,32,35,40,45,50,55,60,65,70,75,80,85,90,95,100,120,140,160,180,200}
材　料		\multicolumn{14}{l}{1)钢：由制造商任选，优质碳素钢或硅锰钢。2)奥氏体不锈钢(A)。3)马氏体不锈钢(C)}
表面处理		\multicolumn{14}{l}{1)钢：不经处理；氧化；磷化；镀锌钝化。2)奥氏体不锈钢：简单处理。3)马氏体不锈钢：简单处理。4)其他表面镀层或表面处理，应由供需双方协议。5)所有公差仅适用于涂、镀前的公差}
直　槽		\multicolumn{14}{l}{采用标准的、槽的形状和宽度由制造商任选}
表　面		\multicolumn{14}{l}{不允许有不规则的和有害的缺陷；销的任何部位不得有毛刺}

	公称	14	16	18	20	21	25	28	30	32	35	38	40	45	50
d	max	14.8	16.8	18.9	20.9	21.9	25.9	28.9	30.9	32.9	35.9	38.9	40.9	45.9	50.9
	min	14.5	16.5	18.5	20.5	21.5	25.1	28.5	30.5	32.5	35.5	38.5	40.5	45.5	50.5
GB/T 879.1	d_1	8.5	10.5	11.5	12.5	13.5	15.5	17.5	18.5	20.5	21.5	23.5	25.5	28.5	31.5
	a max	2.4	2.4	2.4	3.4	3.4	3.4	3.4	3.4	3.6	4.6	4.6	4.6	4.6	4.6
	s	3	3	3.5	4	4	5	5.5	6	6	7	7.5	7.5	8.5	9.5
	G^*_{min}/kN	144.7	171	222.5	280.6	298.2	438.5	452.6	631.4	684	859	1003	1068	1360	1685
GB/T 879.2	d_1	11.5	13.5	15	16.5	17.5	21.5	23.5	25.5	—	28.5	—	32.5	37.5	40.5
	a max	2.4	2.4	2.4	2.4	2.4	3.4	3.4	3.4	—	3.4	—	4.6	4.6	4.6
	s	1.5	1.5	1.7	2	2	2	2.5	2.5	—	3.5	—	4	4	5
	G^*_{min}/kN	84	98	126	158	168	202	280	302	—	490	—	634	720	1000
商品规格 l		10～200	10～200	10～200	10～200	14～200	14～200	14～200	14～200	20～200	20～200	20～200	20～200	20～200	20～200
l 系列		\multicolumn{14}{l}{4,5,6,8,10,12,14,16,18,20,22,24,26,28,30,32,35,40,45,50,55,60,65,70,75,80,85,90,95,100,120,140,160,180,200}
材　料		\multicolumn{14}{l}{1)钢：由制造商任选，优质碳素钢或硅锰钢。2)奥氏体不锈钢(A)。3)马氏体不锈钢(C)}
表面处理		\multicolumn{14}{l}{1)钢：不经处理；氧化；磷化；镀锌钝化。2)奥氏体不锈钢：简单处理。3)马氏体不锈钢：简单处理。4)其他表面镀层或表面处理，应由供需双方协议。5)所有公差仅适用于涂、镀前的公差}
直　槽		\multicolumn{14}{l}{采用标准的、槽的形状和宽度由制造商任选}
表　面		\multicolumn{14}{l}{不允许有不规则的和有害的缺陷；销的任何部位不得有毛刺}

注：1. a 值为参考。

　　2. G^*_{min} 为最小双面剪切载荷值（kN），仅适用钢和马氏体不锈钢；对奥氏体不锈钢弹性柱销，不规定双面剪切载荷值。

　　3. 公称长度大于 200mm，按 20mm 递增。

　　4. d 的 max 及 min 尺寸为装配前尺寸。

　　5. 销孔的公称直径应等于弹性销的公称直径（d 公称），其公差带为 H12。

　　6. 由于弹性圆柱销带开口，槽口位置不应装在销子受压的一面，在组装图上应表示槽口方向。销子装入允许的最小销孔时，槽口也不得完全闭合。

　　7. 详细的材料成分及技术条件，请见相关国家标准。

弹性圆柱销　卷制　重型（GB/T 879.3—2000）

表 5.3-50　弹性圆柱销　卷制　标准型（GB/T 879.4—2000）

弹性圆柱销　卷制　轻型（GB/T 879.5—2000）　　　　　　　　（mm）

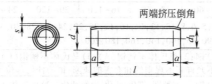

标记示例

公称直径 d=6mm、公称长度 l=30mm、材料为钢（St）、热处理硬度 420～545HV30、表面氧化处理、卷制、重型（标准型、轻型）弹性圆柱销

　销　GB/T 879.3（879.4、879.5）　6×30

公称直径 d=6mm、公称长度 l=30mm、材料为奥氏体不锈钢（A）、不经处理、表面简单处理、卷制、重型（标准型、轻型）弹性圆柱销

　销　GB/T 879.3（879.4、879.5）　6×30-A

d 公称			0.8	1	1.2	1.5	2	2.5	3	3.5	4
GB/T 879.3	d 装配前	max	—	—	—	1.71	2.21	2.73	3.25	3.79	4.3
		min	—	—	—	1.61	2.11	2.62	3.12	3.46	4.15
	s		—	—	—	0.17	0.22	0.28	0.33	0.39	0.45
	G_{min}/kN	①	—	—	—	1.9	3.5	5.5	7.6	10	13.5
		②	—	—	—	1.45	2.5	3.8	5.7	7.6	10
GB/T 879.4	d 装配前	max	0.91	1.15	1.35	1.73	2.25	2.78	3.3	3.85	4.4
		min	0.85	1.05	1.25	1.62	2.13	2.65	3.15	3.67	4.2
	s		0.07	0.08	0.1	0.13	0.17	0.21	0.25	0.29	0.33
	G_{min}/kN	①	0.4	0.6	0.9	1.45	2.5	3.9	5.5	7.5	9.6
		②	0.3	0.45	0.65	1.05	1.9	2.9	4.2	5.7	7.6
GB/T 879.5	d 装配前	max	—	—	—	1.75	2.28	2.82	3.35	3.87	4.45
		min	—	—	—	1.62	2.13	2.65	3.15	3.67	4.2
	s		—	—	—	0.08	0.11	0.14	0.17	0.19	0.22
	G_{min}/kN	①	—	—	—	0.8	1.5	2.3	3.3	4.5	5.7
		②	—	—	—	0.65	1.1	1.8	2.5	3.4	4.4
d_1 装配前			0.75	0.95	1.15	1.4	1.9	2.4	2.9	3.4	3.9
a			0.3	0.3	0.4	0.5	0.7	0.7	0.9	1	1.1
商品规格 l			4～16			4～24	4～40		5～45	6～50	8～60

技术条件	材料	1)钢;2)奥氏体不锈钢(A);3)马氏体不锈钢(C)
	表面缺陷	不允许有不规则的和有害的缺陷;销的任何部位不得有毛病
	表面处理	1)钢:不经处理;氧化;磷化;镀锌钝化。2)奥氏体不锈钢(A)和马氏体不锈钢(C):简单处理。3)其他表面镀层或表面处理应由供需双方协议。4)所有公差仅适用于涂、镀前的公差

d 公称			5	6	8	10	12	14	16	20
GB/T 879.3	d 装配前	max	5.35	6.4	8.55	10.65	12.75	14.85	16.9	21
		min	5.15	6.18	8.25	10.3	11.7	13.6	16.4	20.4
	s		0.56	0.67	0.9	1.1	1.3	1.6	1.8	2.2
	G_{min}/kN	①	20	30	53	84	120	165	210	340
		②	15.5	23	41	64	91	—	—	—
GB/T 879.4	d 装配前	max	5.5	6.5	8.83	10.8	12.85	14.95	17	21.1
		min	5.25	6.25	8.3	10.35	12.4	14.45	16.45	20.4
	s		0.42	0.5	0.67	0.84	1	1.2	1.3	1.7
	G_{min}/kN	①	15	22	39	62	89	120	155	250
		②	11.5	16.8	30	48	67	—	—	—
GB/T 879.5	d 装配前	max	5.5	6.55	8.65	—	—	—	—	—
		min	5.2	6.25	8.3	—	—	—	—	—
	s		0.28	0.33	0.45	—	—	—	—	—
	G_{min}/kN	①	9	13	23	—	—	—	—	—
		②	7	10	18	—	—	—	—	—

（续）

d（公称）	5	6	8	10	12	14	16	20
d_1（装配前）	4.85	5.85	7.8	9.75	11.7	13.6	15.6	19.6
a	1.3	1.5	2	2.5	3	3.5	4	4.5
商品规格 l	10~60	12~75	16~120	20~120	24~160	28~200	32~200	45~200
l 系列	4,5,6,8,10,12,14,16,18,20,22,24,26,28,30,32,35,40,45,50,55,60,65,70,75,80,85,90,95,100,140,160,180,200							

技术条件	材料	1)钢;2)奥氏体不锈钢(A);3)马氏体不锈钢(C)
	表面缺陷	不允许有不规则的和有害的缺陷;销的任何部位不得有毛病
	表面处理	1)钢:不经处理;氧化;磷化;镀锌钝化。2)奥氏体不锈钢(A)和马氏体不锈钢(C):简单处理。3)其他表面镀层或表面处理应由供需双方协议。4)所有公差仅适用于涂、镀前的公差

注：1. G_{min} 为最小双面剪切载荷（kN）。

2. 公称长度大于 200mm，按 20mm 递增（GB/T 879.3 和 GB/T 879.4）；公称长度大于 120mm，按 20mm 递增（GB/T 879.5）。

3. 同表 5.3-49 注 4、5 及 7。其中仅 GB/T 879.4 的公差带为：H12 适用于 $d \geqslant 1.5$mm；H10 适用于 $d \leqslant 1.2$mm。

① 适用于钢和马氏体不锈钢产品。

② 适用于奥氏体不锈钢产品。

3.3.2　圆锥销（表 5.3-51 ~ 表 5.3-54）

表 5.3-51　圆锥销（摘自 GB/T 117—2000）　　　　　（mm）

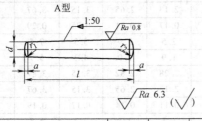

$r_1 \approx d$

$r_2 \approx \dfrac{a}{2} + d + \dfrac{(0.021)^2}{8a}$

标记示例

公称直径 $d = 10$mm，长度 $l = 60$mm，材料 35 钢，热处理硬度 28 ~ 38HRC，表面氧化处理的 A 型圆锥销

销 GB/T 117　10×60

d（公称）h10	0.6	0.8	1	1.2	1.5	2	2.5	3	4	5
a≈	0.08	0.1	0.12	0.16	0.2	0.25	0.3	0.4	0.5	0.63
l 系列（公称尺寸）	2,3,4,5,6,8,10,12,14,16,18,20,22,24,26,28,30,32,35,40,45,50,55,60,65,70,75,80,85,90,95,100,公称长度大于100mm,按20mm递增									
l（商品规格范围）	4~8	5~12	6~16	6~20	8~24	10~35	10~35	12~45	14~55	18~60
d（公称）h10	6	8	10	12	16	20	25	30	40	50
a≈	0.8	1	1.2	1.6	2	2.5	3	4	5	6.3
l（商品规格范围）	22~90	22~120	26~160	32~180	40~200	45~200	50~200	55~200	60~200	65~200
l 系列（公称尺寸）	2,3,4,5,6,8,10,12,14,16,18,20,22,24,26,28,30,32,35,40,45,50,55,60,65,70,75,80,85,90,95,100,公称长度大于100mm,按20mm递增									

注：1. A 型（磨削）：锥面表面粗糙度 $Ra = 0.8\mu$m。

　　B 型（切削或冷镦）：锥面表面粗糙度 $Ra = 3.2\mu$m。

2. 材料：钢、易切钢（Y12、Y15）、碳素钢（35、28 ~ 38HRC、45、38 ~ 46HRC）、合金钢（30CrMnSiA35 ~ 41HRC）、不锈（1Cr13、2Cr13、Cr17Ni2、0Cr18Ni9Ti）。

表 5.3-52　内螺纹圆锥销（摘自 GB/T 118—2000）　　　　　（mm）

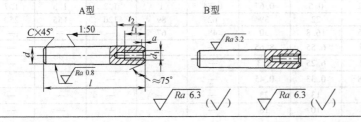

标记示例

公称直径 $d = 10$mm、长度 $l = 60$mm、材料为 35 钢、热处理硬度 28 ~ 38HRC、表面氧化处理的 A 型内螺纹圆锥销

销　GB/T 118　10×60

（续）

d（公称）h10	6	8	10	12	16	20	25	30	40	50
a	0.8	1	1.2	1.6	2	2.5	3	4	5	6.3
d_1	M4	M5	M6	M8	M10	M12	M16	M20	M20	M24
t_1	6	8	10	12	16	18	24	30	30	36
t_2 min	10	12	16	20	25	28	35	40	40	50
d_2	4.3	5.3	6.4	8.4	10.5	13	17	21	21	25
l（商品规格范围）	16~60	18~80	22~100	26~120	32~160	40~200	50~200	60~200	80~200	100~200
l 系列（公称尺寸）	16,18,20,22,24,26,28,30,32,35,40,45,50,55,60,65,70,75,80,85,90,95,100,公称长度大于100mm,按20mm递增									

表 5.3-53 螺尾锥销（摘自 GB/T 881—2000） （mm）

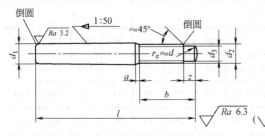

标记示例

公称直径 $d_1 = 8$mm、公称长度 $l = 60$mm、材料为 Y12 或 Y15、不经热处理、不经表面氧化处理的螺尾锥销

销 GB/T 881 8×60

d_1（公称）h10	5	6	8	10	12	16	20	25	30	40	50
a max	2.4	3	4	4.5	5.3	6	6	7.5	9	10.5	12
b max	15.6	20	24.5	27	30.5	39	39	45	52	65	78
d_2	M5	M6	M8	M10	M12	M16	M16	M20	M24	M30	M36
d_3 max	3.5	4	5.5	7	8.5	12	12	15	18	23	28
z max	1.5	1.75	2.25	2.75	3.25	4.3	4.3	5.3	6.3	7.5	9.4
l（商品规格范围）	40~50	45~60	55~75	65~100	85~120	100~160	120~190	140~250	160~280	190~320	220~400
l 系列（公称尺寸）	40,45,50,55,60,65,75,85,100,120,140,160,190,220,250,280,320,360,400										

表 5.3-54 开尾锥销（摘自 GB/T 877—2000） （mm）

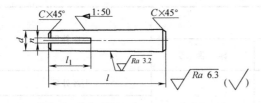

标记示例

公称直径 $d = 10$mm、长度 $l = 60$mm、材料为 35 钢、不经热处理及表面处理的开尾锥销

销 GB/T 877 10×60

d（公称）h10	3	4	5	6	8	10	12	16
n（公称）	0.8		1		1.6		2	
l_1	10		12	15	20	25	30	40
$C \approx$	0.5		1			1.5		
l（商品规格范围）	30~55	35~60	40~80	50~100	60~120	70~160	80~120	100~200
l 系列（公称尺寸）	30,32,35,40,45,50,55,60,65,70,75,80,85,90,95,100,120,140,160,180,200							

3.3.3 开口销和销轴（见表 5.3-55~表 5.3-57）

表 5.3-55 开口销（摘自 GB/T 91—2000） （mm）

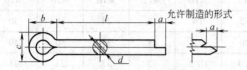

允许制造的形式

标记示例

公称直径 $d=5$mm、长度 $l=50$mm、材料为 Q215 或 Q235 不经表面处理的开口销

销 GB/T 91 5×50

d(公称)			0.6	0.8	1	1.2	1.6	2	2.5	3.2	4	5	6.3	8	10	13	16	20
c max			1	1.4	1.8	2	2.8	3.6	4.6	5.8	7.4	9.2	11.8	15	19	24.8	30.8	38.5
$b\approx$			2	2.4	3	3	3.2	4	5	6.4	8	10	12.6	16	20	26	32	40
a max			1.6				2.5			3.2		4				6.3		
适用的直径	螺栓	>	—	2.5	3.5	4.5	5.5	7	9	11	14	20	27	39	56	80	120	170
		≤	2.5	3.5	4.5	5.5	7	9	11	14	20	27	39	56	80	120	170	—
	U形销	>	—		2	3	4	5	6	8	9	12	17	23	29	44	69	110	160
		≤	2		3	4	5	6	8	9	12	17	23	29	44	69	110	160	—
l(商品长度规格范围)			4 ~ 12	5 ~ 16	6 ~ 20	8 ~ 25	8 ~ 32	10 ~ 40	14 ~ 50	18 ~ 63	22 ~ 80	32 ~ 100	40 ~ 125	45 ~ 160	45 ~ 200	71 ~ 250	112 ~ 280	160 ~ 280
l系列(公称尺寸)			4,5,6,8,10,12,14,16,18,20,22,25,28,32,36,40,45,50,56,63,71,80,90,100,112,120,125, 140,160,180,200,224,250,280																

注：1. 销孔的公称直径等于 d（公称）。销孔直径推荐的公差为：$d\leqslant1.2$mm，H13；$d>1.2$mm，H14。

2. $a_{min}=\dfrac{1}{2}a_{max}$。

3. 根据使用需要，由供需双方协议，可采用 d（公称）为 3.6mm 或 12mm 的规格。

表 5.3-56 开口销材料

		材 料		表面处理
	种 类	牌 号	标 准 号	
材料及表面处理	碳素钢	Q215A、Q235A Q215B、Q235B	GB/T 700	不经处理
				镀锌钝化按 GB/T 5267.1
				磷化按 GB/T 11376
	不锈钢	06Cr18Ni11Ti	GB/T 1220	简单处理
	铜及其合金	H63	GB/T 5231—2012	简单处理

表 5.3-57　销轴（摘自 GB/T 882—2008）　　（mm）

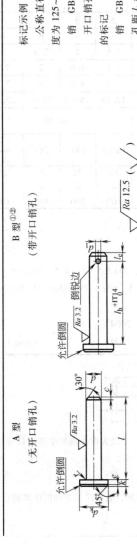

A 型（无开口销孔）　　B 型[①②]（带开口销孔）

d 公称	h11	3	4	5	6	8	10	12	14	16	18	20	22	24	27	30	33	36	40	45	50	56	60	70	80	90	100
d_k	h14	5	6	8	10	14	18	20	22	25	28	30	33	36	40	44	47	50	55	60	66	72	78	90	100	110	120
d_1	H13	0.8	1	1.2	1.6	2	3.2	3.2	4	4	5	5	5	6.3	6.3	8	8	8	8	10	10	10	10	13	13	13	13
c	max	1	1	1	2	2	2	3	3	3	4	4	4	4	4	4	4	4	4	4	4	6	6	6	6	6	6
e	≈	0.5	0.5	1	1	1	1	1.6	1.6	1.6	1.6	2	2	2	2	2	2	2	2	2	2	3	3	3	3	3	3
k	js14	1	1.2	1.6	2	3	4	4	4	4.5	4.5	5	5.5	6	6	8	8	8	8	9	9	11	12	13	13	13	13
l_e	min	1.6	2.2	2.9	3.2	3.5	4.5	5.5	6	6	7	8	8	9	9	10	10	10	10	12	12	14	14	16	16	16	16
l（公称）		6~30	8~40	10~50	12~60	16~80	20~100	24~120	28~140	32~160	36~180	40~200	45~200	50~200	55~200	60~200	65~200	70~200	80~200	90~200	100~200	120~200	120~200	140~200	160~200	180~200	200

注：用于铁路和开口销承受交变横向力的场合，推荐采用表中规定的下一档较大的开口销及相应的孔径。

① 其余尺寸、角度和表面粗糙度值见 A 型。

② 某些情况下，不能按 $l-l_e$ 计算 l_h 尺寸，所需要的尺寸应在标记（见标记示例）中注明，但不允许 l_h 尺寸小于表中规定的数值。

标记示例：

公称直径 $d=20$mm，长度 $l=100$mm，由钢制造的硬度为 125~245HV、表面氧化处理的 B 型销轴的标记

销　GB/T 882　20×100

开口销孔为 6.3mm，其余要求与上述示例相同的销轴的标记

销　GB/T 882　20×100×6.3

孔距 $l_h=80$mm，开口销孔为 6.3mm，其余要求与上述示例相同的销轴的标记

销　GB/T 882　20×100×6.3×80

孔距 $l_h=80$mm，其余要求与上述示例相同的销轴的标记

销　GB/T 882　20×100×80

注：1. 长度 l 系列：6~32（2进位），35~100（5进位），120~200 及 200 以上（20进位）。

2. 长度 l 公差：6~10 为±0.25，12~50 为±0.5，55~200 为±0.75。

3. 圆角 r 半径：$d=3$~16 为 $r=0.6$，$d=18$~200 为 $r=1$。

3.3.4　槽销（见表 5.3-58～表 5.3-63）

表 5.3-58　槽销　带导杆及全长平行沟槽（GB/T 13829.1—2004）

**　　　　　　　槽销　带倒角及全长平行沟槽（GB/T 13829.2—2004）**　　　　　（mm）

标记示例：公称直径 $d=6$mm、公称长度 $l=50$mm、材料为碳钢、硬度为 125～245HV30、不经表面处理的带导杆及全长平行沟槽或带倒角及全长平行沟槽的槽销，标记为

　　销　GB/T 13829.1　6×50

　　销　GB/T 13829.2　6×50

　　公称直径 $d=6$mm、公称长度 $l=50$mm、材料为 A1 组奥氏体不锈钢、硬度为 210～280HV30、表面简单处理的带导杆及全长平行沟槽的槽销，标记为

　　销　GB/T 13829.1　6×50-A1

d（公称）	1.5	2	2.5	3	4	5	6	8	10	12	16	20	25
d 公差		h9							h11				
l_{1max}	2	2	2.5	2.5	3	4	4	5	5	5	5	7	7
l_{1min}	1	1	1.5	1.5	2	2	3	3	4	4	4	6	6
$C_2 \approx$	0.2	0.25	0.3	0.4	0.5	0.63	0.8	1	1.2	1.6	2	2.5	3
$C_3 \approx$	0.12	0.18	0.25	0.3	0.4	0.5	0.6	0.8	1	1.2	1.6	2	2.5
C_1	0.6	0.8	1	1.2	1.4	1.7	2.1	2.6	3	3.8	4.6	6	7.5
d_2	1.60	2.15	2.65	3.20	4.25	5.25	6.30	8.30	10.35	12.35	16.40	20.50	25.50
d_2 的偏差	$^{+0.05}_{0}$			±0.05						±0.10			
最小抗剪力（双剪）/kN	1.6	2.84	4.4	6.4	11.3	17.6	25.4	45.2	70.4	101.8	181	283	444
l（商品规格范围）	8～20	8～30	10～30	10～40	10～60	14～60	14～80	14～100	14～100	18～100	22～100	26～100	26～100

注：1. 最小抗剪力仅适用于由碳钢制成的槽销。

　　2. 扩展直径 d_2 仅适用于由碳钢制成的槽销。对于其他材料，由供需双方协议。

　　3. 扩展直径 d_2 应使用光滑通、止环规进行检验。

　　4. l 系列（公称尺寸）为 8±0.25、10±0.25、12±0.5、14±0.5、16±0.5、18±0.5、20±0.5、22±0.5、24±0.5、26±0.5、28±0.5、30±0.5、32±0.5、35±0.5、40±0.5、45±0.5、50±0.5、55±0.75、60±0.75、65±0.75、70±0.75、75±0.75、80±0.75、85±0.75、90±0.75、95±0.75、100±0.75。

表 5.3-59　槽销　中部槽长为 1/3 全长（GB/T 13829.3—2004）

**　　　　　　　槽销　中部槽长为 1/2 全长（GB/T 13829.4—2004）**　　　　　（mm）

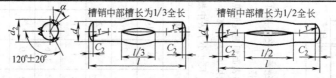

标记示例：公称直径 $d=6$mm、公称长度 $l=50$mm、材料为碳钢、硬度为 125～245HV30、不经表面处理的中部槽长为 1/3 全长或中部槽长为 1/2 全长的槽销，标记为

　　销　GB/T 13829.3　6×50

　　销　GB/T 13829.4　6×50

　　公称直径 $d=6$mm、公称长度 $l=50$mm、材料为 A1 组奥氏体不锈钢、硬度为 210～280HV30、表面简单处理的中部槽长为 1/3 全长的槽销，标记为

　　销　GB/T 13829.3　6×50—A1

（续）

d（公称）	1.5	2	2.5	3	4	5	6	8	10	12	16	20	25
d 公差	h9				h11								
$C_2 \approx$	0.2	0.25	0.3	0.4	0.5	0.63	0.8	1	1.2	1.6	2	2.5	3
d_2	1.60	2.10	2.60	3.10	4.15 4.20 4.25 4.30	5.15 5.20 5.25 5.30	6.15 6.25 6.30 6.35	8.20 8.25 8.30 8.35 8.40	10.20 10.30 10.40 10.45 10.40	12.25 12.30 12.40 12.50	16.25 16.30 16.40 16.50	20.25 20.30 20.40 20.50	25.25 25.30 25.40 25.50
	1.63	2.15	2.65	3.15									
				3.20									
d_2 的偏差	+0.05 0				±0.05					±0.10			
最小抗剪力（双剪）/kN	1.6	2.84	4.4	6.4	11.3	17.6	25.4	45.2	70.4	101.8	181	283	444
l（商品规格范围）	8~20	8~30	10~30	10~40	10~60	14~60	14~80	14~100	14~100	18~100	22~100	26~100	26~100

注：1. 最小抗剪力仅适用于由碳钢制成的槽销。

2. 扩展直径 d_2 仅适用于由碳钢制成的槽销。对于其他材料，由供需双方协议。

3. 扩展直径 d_2 应使用光滑通、止环规进行检验。

4. l 系列（公称尺寸）为 8±0.25、10±0.25、12±0.5、14±0.5、16±0.5、18±0.5、20±0.5、22±0.5、24±0.5、26±0.5、28±0.5、30±0.5、32±0.5、35±0.5、40±0.5、45±0.5、50±0.5、55±0.75、60±0.75、65±0.75、70±0.75、75±0.75、80±0.75、85±0.75、90±0.75、95±0.75、100±0.75、120±0.75、140±0.75、160±0.75、180±0.75、200±0.75。

d_2	1.60	1.63	2.10	2.15	2.60	2.65	3.10	3.15	3.20	4.15	4.20	4.25	4.30
l（商品规格范围）	8~12	14~20	12~20	22~30	12~16	18~30	12~16	18~24	26~40	18~20	22~30	32~45	50~60
d_2	5.15	5.20	5.25	5.30	6.15	6.25	6.30	6.35	8.20	8.25	8.30	8.35	8.40
l（商品规格范围）	18~20	22~30	32~55	60	22~24	26~35	40~60	65~80	26~30	32~35	40~45	50~65	70~100
d_2	10.20	10.30	10.40	10.45	10.40	12.25	12.30	12.40	12.50	16.25	16.30	16.40	16.50
l（商品规格范围）	32~40	45~55	60~75	80~100	120~160	40~45	50~60	65~80	85~200	45	50~60	65~80	85~200
d_2	20.25	20.30	20.40	20.50	25.25	25.30	25.40	25.50					
l（商品规格范围）	45~50	55~65	70~90	95~200	45~50	55~65	70~90	95~200					

表 5.3-60 槽销 全长锥槽（GB/T 13829.5—2004） （mm）

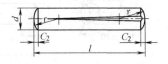

标记示例：公称直径 d = 6mm、公称长度 l = 50mm、材料为碳钢、硬度为 125~245HV30、不经表面处理的全长锥槽的槽销，标记为

销 GB/T 13829.5 6×50

公称直径 d = 6mm、公称长度 l = 50mm、材料为 A1 组奥氏体不锈钢、硬度为 210~280HV30、表面简单处理的全长锥槽的槽销，标记为

销 GB/T 13829.5 6×50—A1

d（公称）	1.5	2	2.5	3	4	5	6	8	10	12	16	20	25
d 公差	h8				h11								
$C_2 \approx$	0.2	0.25	0.3	0.4	0.5	0.63	0.8	1	1.2	1.6	2	2.5	3

（续）

d_2												
1.63 1.6	2.15	2.7 2.65	3.25 3.3 3.25 3.2	4.3 4.35 4.3 4.25	5.3 5.35 5.3 5.25	6.3 6.35 6.3 6.25	8.35 8.4 8.55 8.3 8.25	10.4 10.45 10.4 10.35 10.3	12.4 12.45 12.4 12.3	16.65 16.6 16.55 16.5	20.6	25.6
d_2 的偏差	$^{+0.05}_{0}$				±0.05						±0.10	
最小抗剪力 （双剪）/kN	1.6	2.84	4.4	6.4	11.3	17.6	25.4	45.2	70.4	101.8	181	283	444
l（商品规 格范围）	8~20	8~30	10~30	10~40	10~60	14~60	14~80	14~100	14~100	18~100	22~100	26~100	26~100

注：1. 最小抗剪力仅适用于由碳钢制成的槽销。

2. 扩展直径 d_2 仅适用于由碳钢制成的槽销。对于其他材料，由供需双方协议。

3. 扩展直径 d_2 应使用光滑通、止环规进行检验。

4. l 系列（公称尺寸）为 8±0.25、10±0.25、12±0.5、14±0.5、16±0.5、18±0.5、20±0.5、22±0.5、24±0.5、26±0.5、28±0.5、30±0.5、32±0.5、35±0.5、40±0.5、45±0.5、50±0.5、55±0.75、60±0.75、65±0.75、70±0.75、75±0.75、80±0.75、85±0.75、90±0.75、95±0.75、100±0.75、120±0.75。

d_2	1.63	1.6	2.15	2.7	2.65	3.25	3.3	3.25	3.2	4.3	4.35	4.3	4.25
l（商品规 格范围）	8~10	12~20	8~30	8~16	18~30	8	10~16	18~24	26~40	8~10	12~20	22~35	40~60
d_2	5.3	5.35	5.3	5.25	6.3	6.35	6.3	6.25	8.35	8.4	8.55	8.3	8.25
l（商品规 格范围）	8~12	14~20	22~40	45~60	10~12	14~30	32~50	55~80	12~16	18~30	32~55	60~80	85~100
d_2	10.4	10.45	10.4	10.35	10.3	12.4	12.45	12.4	12.3	16.65	16.6	16.55	16.5
l（商品规 格范围）	14~20	22~40	45~60	65~100	120	14~20	22~40	45~65	70~120	24	26~50	55~90	95~120
d_2	20.6	25.6											
l（商品规 格范围）	26~120	26~120											

表 5.3-61　槽销　半长锥槽（GB/T 13829.6—2004）　　　　（mm）

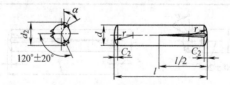

标记示例：公称直径 d=6mm、公称长度 l=50mm、材料为碳钢、硬度为 125~245HV30、不经表面处理的半长锥槽的槽销，标记为

销　GB/T 13829.6　6×50

公称直径 d=6mm、公称长度 l=50mm、材料为 A1 组奥氏体不锈钢、硬度为 210~280HV30、表面简单处理的半长锥槽的槽销，标记为

销　GB/T 13829.6　6×50—A1

d（公称）	1.5	2	2.5	3	4	5	6	8	10	12	16	20	25
d 公差	h9								h11				
$C_2\approx$	0.2	0.25	0.3	0.4	0.5	0.63	0.8	1	1.2	1.6	2	2.5	3

（续）

d_2	1.63	2.15	2.65 2.70	3.2 3.25 3.3 3.25	4.25 4.3 4.35 4.3	5.25 5.3 5.35 5.3	6.25 6.30 6.35 6.30	8.25 8.3 8.35 8.4 8.35	10.3 10.35 10.4 10.45 10.4 10.35	12.3 12.35 12.4 12.45 12.4 12.35	16.5 16.55 16.6 16.55	20.55 20.6	25.5 25.6
d_2 的偏差	$^{+0.05}_{0}$		±0.05								±0.10		
最小抗剪力（双剪）/kN	1.6	2.84	4.4	6.4	11.3	17.6	25.4	45.2	70.4	101.8	181	283	444
l（商品规格范围）	8~20	8~30	10~30	10~40	10~60	14~60	14~80	14~100	14~100	18~100	22~100	26~100	26~100

注：1. 最小抗剪力仅适用于由碳钢制成的槽销。

2. 扩展直径 d_2 仅适用于由碳钢制成的槽销。对于其他材料，由供需双方协议。

3. 扩展直径 d_2 应使用光滑通、止环规进行检验。

4. l 系列（公称尺寸）为 8±0.25、10±0.25、12±0.5、14±0.5、16±0.5、18±0.5、20±0.5、22±0.5、24±0.5、26±0.5、28±0.5、30±0.5、32±0.5、35±0.5、40±0.5、45±0.5、50±0.5、55±0.75、60±0.75、65±0.75、70±0.75、75±0.75、80±0.75、85±0.75、90±0.75、95±0.75、100±0.75、120±0.75、140±0.75、160±0.75、180±0.75、200±0.75。

d_2	1.63	2.15	2.65	2.7	3.2	3.25	3.3	3.25	4.25	4.30	4.35	4.30	5.25
l（商品规格范围）	8~20	8~30	8~10	12~30	8~10	12~16	18~30	32~40	10~12	14~20	22~40	45~60	10~12
d_2	5.30	5.35	5.30	6.25	6.30	6.35	6.30	8.25	8.3	8.35	8.4	8.35	10.30
l（商品规格范围）	14~20	22~50	55~60	10~16	18~24	26~60	65~80	14~16	18~20	22~40	45~75	80~100	14~20
d_2	10.35	10.40	10.45	10.40	10.35	12.30	12.35	12.40	12.45	12.40	12.35	16.50	16.55
l（商品规格范围）	22~24	26~45	50~80	85~120	140~200	18~20	22~24	26~45	50~80	85~120	140~200	26~30	32~55
d_2	16.60	16.55	20.55	20.60	25.50	25.60							
l（商品规格范围）	60~100	120~200	26~50	55~200	26~50	55~200							

表 5.3-62　槽销　半长倒锥槽（GB/T 13829.7—2004）　　（mm）

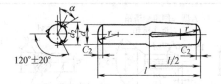

标记示例：公称直径 $d=6\text{mm}$、公称长度 $l=50\text{mm}$、材料为碳钢、硬度为 125~245HV30、不经表面处理的半长倒锥槽的槽销，标记为

　销　GB/T 13829.5　6×50

公称直径 $d=6\text{mm}$、公称长度 $l=50\text{mm}$、材料为 A1 组奥氏体不锈钢、硬度为 210~280HV30、表面简单处理的半长倒锥槽的槽销，标记为

　销　GB/T 13829.5　6×50—A1

d（公称）	1.5	2	2.5	3	4	5	6	8	10	12	16	20	25
d 公差	h9			h11									
$C_2\approx$	0.2	0.25	0.3	0.4	0.5	0.63	0.8	1	1.2	1.6	2	2.5	3

（续）

d_2	1.6 1.63	2.1 2.15	2.6 2.65 2.70	3.1 3.15 3.2 3.25	4.15 4.2 4.25 4.30	5.15 5.2 5.25 5.30	6.15 6.25 6.3 6.35	8.2 8.25 8.3 8.35 8.4 8.35	10.2 10.3 10.4 10.45 10.4	12.25 12.3 12.4 12.5 12.45	16.25 16.3 16.4 16.5 16.45	20.25 20.3 20.4 20.5 20.45	25.25 25.3 25.4 25.5 25.45
d_2 的偏差	$^{+0.05}_{0}$	±0.05								±0.10			
最小抗剪力（双剪）/kN	1.6	2.84	4.4	6.4	11.3	17.6	25.4	45.2	70.4	101.8	181	283	444
l（商品规格范围）	8~20	8~30	8~30	8~40	10~60	10~60	12~80	14~100	18~160	26~200	26~200	26~200	26~200

注：1. 最小抗剪力仅适用于由碳钢制成的槽销。

2. 扩展直径 d_2 仅适用于由碳钢制成的槽销。对于其他材料，由供需双方协议。

3. 扩展直径 d_2 应使用光滑通、止环规进行检验。

4. l 系列（公称尺寸）为 8±0.25、10±0.25、12±0.5、14±0.5、16±0.5、18±0.5、20±0.5、22±0.5、24±0.5、26±0.5、28±0.5、30±0.5、32±0.5、35±0.5、40±0.5、45±0.5、50±0.5、55±0.75、60±0.75、65±0.75、70±0.75、75±0.75、80±0.75、85±0.75、90±0.75、95±0.75、100±0.75、120±0.75、140±0.75、160±0.75、180±0.75、200±0.75。

d_2	1.6	1.63	2.1	2.15	2.6	2.65	2.7	3.1	3.15	3.2	3.25	4.15	4.2
l（商品规格范围）	8~10	12~20	8~16	18~30	8~12	14~20	22~30	8~12	14~16	18~24	26~40	10~12	14~20
d_2	4.25	4.3	5.15	5.2	5.25	5.3	6.15	6.25	6.3	6.35	8.2	8.25	8.3
l（商品规格范围）	22~35	40~60	10~12	14~20	22~35	40~60	12~16	18~24	26~40	45~80	14~20	22~24	26~30
d_2	8.35	8.4	8.35	10.2	10.3	10.4	10.45	10.4	12.25	12.3	12.4	12.5	12.45
l（商品规格范围）	32~45	50~75	80~100	18~24	26~35	40~50	55~90	95~60	26~30	32~40	45~55	60~100	120~200
d_2	16.25	16.3	16.40	16.5	16.45	20.25	20.3	20.4	20.5	20.45	25.25	25.3	25.4
l（商品规格范围）	26~30	32~40	45~55	60~100	120~200	26~35	40~45	50~55	60~120	140~200	26~35	40~45	50~55
d_2	25.5	25.45											
l（商品规格范围）	60~120	140~200											

表 5.3-63　圆头槽销（GB/T 13829.8—2004）　沉头槽销（GB/T 13829.9—2004）　（mm）

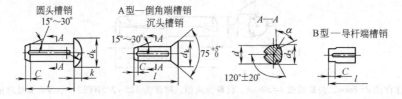

标记示例：公称直径 $d=6$mm、公称长度 $l=50$mm、材料为冷镦钢、硬度为 125~245HV30、不经表面处理的圆头槽销或沉头槽销的槽销，标记为

销　GB/T 13829.8　6×50

销　GB/T 13829.9　6×50

如果要指明用 A 型—倒角端槽销或 B 型—导杆端槽销，标记为

销　GB/T 13829.8　6×50-A

销　GB/T 13829.9　6×50-B

（续）

d	公称	1.4	1.6	2	2.5	3	4	5	6	8	10	12	16	20
	max	1.40	1.60	2.00	2.500	3.000	4.0	5.0	6.0	8.00	10.00	12.0	16.0	20.0
	min	1.35	1.55	1.95	2.425	2.925	3.9	4.9	5.9	7.85	9.85	11.8	15.8	19.8
d_k	max	2.6	3.0	3.7	4.6	5.45	7.25	9.1	10.8	14.4	16.0	19.0	25.0	32.0
	min	2.2	2.6	3.3	4.2	4.95	6.75	8.5	10.2	13.6	14.9	17.7	23.7	30.7
k	max	0.9	1.1	1.3	1.6	1.95	2.55	3.15	3.75	5.0	7.4	8.4	10.9	13.9
	min	0.7	0.9	1.1	1.4	1.65	2.25	2.85	3.45	4.6	6.5	7.5	10.0	13.0
$r\approx$		1.4	1.6	1.9	2.4	2.8	3.8	4.6	5.7	7.5	8	9.5	13	16.5
C		0.42	0.48	0.6	0.75	0.9	1.2	1.5	1.8	2.4	3.0	3.6	4.8	6
d_2		1.50	1.70	2.15	2.70	3.20	4.25	5.25	6.30	8.30	10.35	12.35	16.40	20.50
d_2 的偏差			$^{+0.05}_{0}$					±0.05					±0.10	
l(商品规格范围)		3~6	3~8	3~10	3~12	4~16	5~20	6~25	8~30	10~40	12~40	16~40	20~40	25~40

注:1. 扩展直径 d_2 仅适用于由冷镦钢制成的槽销。对于其他材料,由供需双方协议。

2. 扩展直径 d_2 应使用光滑通、止环规进行检验。

3. l 系列(公称尺寸)为 3±0.2、4±0.3、5±0.3、6±0.3、8±0.3、10±0.3、12±0.4、16±0.4、20±0.5、25±0.5、30±0.5、35±0.5、40±0.5。

第4章 过盈连接

过盈连接是利用零件间的配合过盈实现连接,这种连接结构简单,定心精度好,可承受转矩、轴向力或两者复合的载荷,而且承载能力高,在冲击、振动载荷下也能较可靠地工作,缺点是结合面加工精度要求较高,装配不便,虽然连接零件无键槽削弱,但配合面边缘处应力集中较大。过盈连接主要用在重型机械、起重机械、船舶、机车及通用机械,且多为中等和大尺寸。

1 过盈连接的类型、特点和应用(见表5.4-1)

表5.4-1 过盈连接的类型、特点和应用

类型	结构图例	特点和应用
圆柱面过盈连接	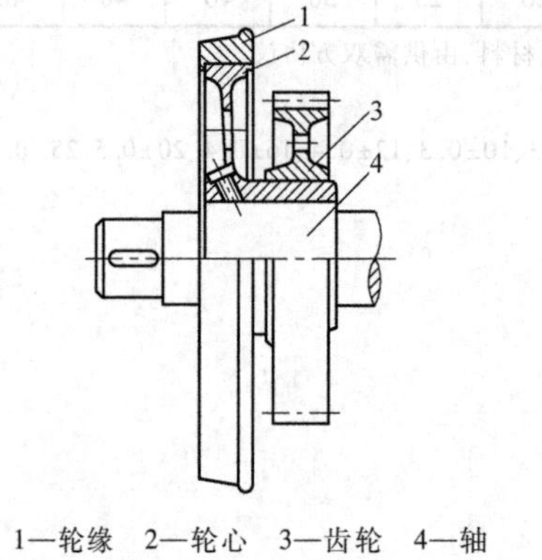 1—轮缘 2—轮心 3—齿轮 4—轴	圆柱面过盈连接的过盈量是由所选择的配合来确定的。当过盈量及配合尺寸较小时,一般采用在常温下直接压入法装配;当过盈量及配合尺寸较大时,常用温差法装配 圆柱面过盈连接结构简单,加工方便。不宜多次装拆。应用广泛,常用于轮毂连接,轮圈与轮心、滚动轴承与轴的连接,曲轴的连接等
圆锥面过盈连接	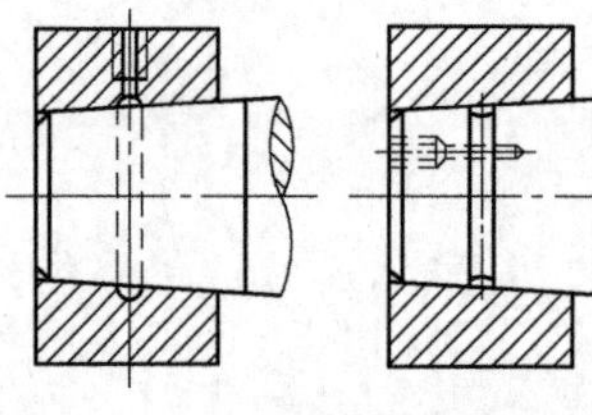	圆锥面过盈连接是利用包容件与被包容件相对轴向位移压紧获得过盈结合。可利用螺纹连接件实现轴向相对位移和压紧;也可利用液压装入和拆下。圆锥面过盈连接时压合距离短,装拆方便,装拆时结合面不易擦伤;但结合面加工不便。这种连接多用于承载较大且需多次装拆的场合,尤其适用于大型零件,如轧钢机械、螺旋桨尾轴等

装配方法	特点和适用场合	
压入法	工艺简单,但配合表面易擦伤,削弱了连接的紧固性,适用于过盈量不大或尺寸较小的场合	
温差法	将包容件置于电炉、煤气炉或热油中加热;或将被包容件用干冰、液态空气或置于低温箱中冷却;也可同时加热包容件和冷却被包容件	工艺较压入法复杂,配合表面不易擦伤,可重复装拆,适用于过盈量或尺寸较大的场合,温差法尤其适用于经热处理或涂覆过的表面,液压法主要用于圆锥面过盈连接
液压法	将高压油压入配合表面,使包容件胀大、被包容件缩小,同时施以不大的轴向力,两者相对移动到预定位置,然后排出高压即可得过盈连接,对配合面的接触精度要求较高,需要高压液压泵等专用设备	

2 圆柱面过盈连接计算

2.1 计算基础

2.1.1 两个简单厚壁圆筒在弹性范围内连接的计算

弹性范围是指包容件和被包容件由于结合压力而产生的变形与应力成线性关系,亦即连接件的应力低于其材料的下屈服强度(R_{eL} 或 $R_{p0.2}$)。

2.1.2 计算的假定条件

1)包容件与被包容件处于平面应力状态,即轴向应力 $\sigma_z = 0$。

2)包容件与被包容件在结合长度上结合压力为常数。

3）材料的弹性模量为常数。

4）计算的强度理论，按变形能理论。

2.1.3　计算用的符号（见表5.4-2）

2.1.4　直径变化量的计算公式

1）包容件直径变化量 e_a

$$e_a=\frac{p_f d_f}{E_a}\left(\frac{1+q_a^2}{1-q_a^2}+\nu_a\right)$$

2）被包容件直径变化量

$$e_i=\frac{p_f d_f}{E_i}\left(\frac{1+q_i^2}{1-q_i^2}-\nu_i\right)$$

3）有效过盈量 δ_e

$$\delta_e=e_a+e_i$$

表5.4-2　过盈连接计算用的符号（摘自GB/T 5371—2004）

符号	含　义	单　位	符号	含　义	单　位
δ	过盈量	mm	F_{xi}	压入力	N
δ_e	有效过盈量	mm	F_{xe}	压出力	N
δ_b	基本过盈量	mm	F_a	轴向力	N
d_f	结合直径	mm	T	转矩	N·mm
d_a	包容件外径	mm	F_t	传递力	N
d_i	被包容件内径	mm	μ	摩擦因数	—
l_f	结合长度	mm	ν	泊松比	—
q_a	包容件直径比	—	R_{eL}	下屈服强度	MPa
q_i	被包容件直径比	—	R_m	抗拉强度	MPa
S_a	包容件的压平深度	mm	E	弹性模量	MPa
S_i	被包容件的压平深度	mm	Ra	轮廓算术平均偏差	mm
e_a	包容件直径变化量	mm	注：除另有说明外，表中符号再加下标“a”表示包容件；“i”表示被包容件		
e_i	被包容件直径变化量	mm			
p_f	结合压力	MPa			

2.2　最小过盈量计算公式（见表5.4-3、表5.4-4、图5.4-1）

表5.4-3　过盈连接传递负荷所需的最小过盈量计算公式（摘自GB/T 5371—2004）

序号	计算内容		计算公式	说　明
1	传递载荷所需的最小结合压力	传递转矩	$p_{f\,min}=\dfrac{2T}{\pi d_f^2 l_f \mu}$	—
		承受轴向力	$p_{f\,min}=\dfrac{F_a}{\pi d_f l_f \mu}$	—
		传递力	$p_{f\,min}=\dfrac{F_t}{\pi d_f l_f \mu}$	$F_t=\sqrt{F_a^2+\left(\dfrac{2T}{d_f}\right)^2}$
2	包容件直径比		$q_a=\dfrac{d_f}{d_a}$	
3	被包容件直径比		$q_i=\dfrac{d_i}{d_f}$	对实心轴 $q_i=0$
4	包容件传递载荷所需的最小直径变化量		$e_{a\,min}=p_{f\,min}\dfrac{d_f}{E_a}C_a$	$C_a=\dfrac{1+q_a^2}{1-q_a^2}+\nu_a$
5	被包容件传递载荷所需的最小直径变化量		$e_{i\,min}=p_{f\,min}\dfrac{d_f}{E_i}C_i$	$C_i=\dfrac{1+q_i^2}{1-q_i^2}-\nu_i$
6	传递载荷所需的最小有效过盈量		$\delta_{e\,min}=e_{a\,min}+e_{i\,min}$	—
7	考虑压平量的最小过盈量		$\delta_{min}=\delta_{e\,min}+2(S_a+S_i)$	对纵向过盈连接取 $S_a=1.6Ra_a$，$S_i=1.6Ra_i$

表 5.4-4 过盈连接件不产生塑性变形所允许的最大有效过盈量计算公式（摘自 GB/T 5371—2004）

序号	计算内容	计算公式	说 明
1	包容件不产生塑性变形所允许的最大结合压力	塑性材料：$p_{fa\,max}=aR_{eLa}$ 脆性材料：$p_{fa\,max}=b\dfrac{R_{ma}}{2\sim3}$	$a=\dfrac{1-q_a^2}{\sqrt{3+q_a^4}}$，$b=\dfrac{1-q_a^2}{1+q_a^2}$ a、b 值可查图 5.4-1
2	被包容件不产生塑性变形所允许的最大结合压力	塑性材料：$p_{fi\,max}=cR_{eL\,i}$ 脆性材料：$p_{fi\,max}=c\dfrac{R_{mi}}{2\sim3}$	$c=\dfrac{1-q_i^2}{2}$，c 值可查图 5.4-1 实心轴 $q_i=0$，此时 $c=0.5$
3	连接件不产生塑性变形的最大结合压力	$p_{f\,max}$ 取 $p_{fa\,max}$ 和 $p_{fi\,max}$ 中的较小者	
4	连接件不产生塑性变形的传递力	$F_t=p_{f\,max}\cdot\pi d_f l_f\mu$	μ 值可查表 5.4-6、表 5.4-7
5	包容件不产生塑性变形所允许的最大直径变化量	$e_{a\,max}=\dfrac{p_{f\,max}d_f}{E_a}C_a$	$C_a=\dfrac{1+q_a^2}{1-q_a^2}+\nu_a$ E_a、E_i、ν_a、ν_i 查表 5.4-8
6	被包容件不产生塑性变形所允许的最大直径变化量	$e_{i\,max}=\dfrac{p_{f\,max}d_f}{E_i}C_i$	$C_i=\dfrac{1+q_i^2}{1-q_i^2}-\nu_i$ E_a、E_i、ν_a、ν_i 查表 5.4-8
7	连接件不产生塑性变形所允许的最大有效过盈量	$\delta_{e\,max}=e_{a\,max}+e_{i\,max}$	—

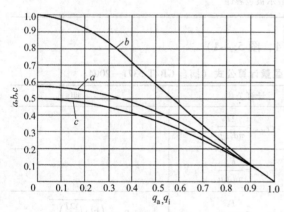

图 5.4-1 系数 a、b、c

2.3 配合的选择

1）过盈配合按 GB/T 1800.1、GB/T 1800.2 和 GB/T 1801 的规定选择。

2）选出的配合，其最大过盈量 $[\delta_{max}]$ 和最小过盈量 $[\delta_{min}]$ 应满足下列要求：

① 保证过盈连接传递给定的载荷：

$$[\delta_{min}]>\delta_{min}。$$

② 保证连接件不产生塑性变形：

$$[\delta_{max}]\leqslant\delta_{e\,max}。$$

3）配合的选择步骤。

① 初选基本过盈量 δ_b。

一般情况，可取 $\delta_b\approx\dfrac{\delta_{min}+\delta_{e\,max}}{2}$。

当要求有较多的连接强度储备时，可取 $\delta_{e\,max}>\delta_b>\dfrac{\delta_{min}+\delta_{e\,max}}{2}$。

当要求有较多的连接件材料强度储备时，可取 $\delta_{min}<\delta_b<\dfrac{\delta_{min}+\delta_{e\,max}}{2}$。

② 按初选的基本过盈量 δ_b 和结合直径 d_f，由图 5.4-2 查出配合的基本偏差代号。

③ 按基本偏差代号和 $\delta_{e\,max}$、δ_{min}，由 GB/T 1801 和 GB/T 1800.2 确定选用的配合和孔、轴公差带。

2.4 校核计算 （见表 5.4-5～表 5.4-8）

表 5.4-5 校核计算

序号	计算内容	计算公式	说 明
1	最小传递力	$F_{t\,min}=[p_{f\,min}]\pi d_f l_f\mu$	$[p_{f\,min}]=\dfrac{[\delta_{min}]-2(S_a+S_i)}{d_f\left(\dfrac{C_a}{E_a}+\dfrac{C_i}{E_i}\right)}$

（续）

序号	计算内容	计算公式	说 明
2	包容件的最大应力	塑性材料：$\sigma_{a\max} = \dfrac{[p_{f\max}]}{a}$ 脆性材料：$\sigma_{a\max} = \dfrac{[p_{f\max}]}{b}$	$[p_{f\max}] = \dfrac{[\delta_{\max}]}{d_f\left(\dfrac{C_a}{E_a} + \dfrac{C_i}{E_i}\right)}$
3	被包容件的最大应力	$\sigma_{f\max} = \dfrac{[p_{f\max}]}{c}$	
4	包容件的外径扩大量	$\Delta d_a = \dfrac{2p_f d_a q_a^2}{E_a(1 - q_i^2)}$	p_f 取 $(p_{f\max})$ 或 $(p_{f\min})$
5	被包容件的内径缩小量	$\Delta d_i = \dfrac{2p_f d_i}{E_i(1 - q_i^2)}$	p_f 取 $(p_{f\max})$ 或 $(p_{f\min})$

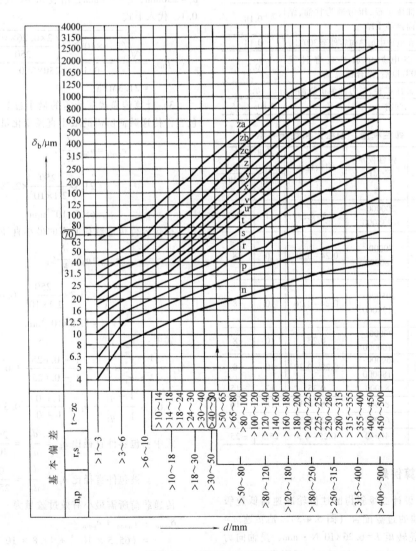

图 5.4-2 过盈配合选择线图

表 5.4-6　纵向过盈连接的摩擦因数

（用压入法实现的过盈连接）

材　　料	摩擦因数 μ	
	无润滑	有润滑
钢-钢	0.07~0.16	0.05~0.13
钢-铸钢	0.11	0.08
钢-结构钢	0.10	0.07
钢-优质结构钢	0.11	0.08
钢-青铜	0.15~0.2	0.03~0.06
钢-铸铁	0.12~0.15	0.05~0.10
铸铁-铸铁	0.15~0.25	0.05~0.10

表 5.4-7　横向过盈连接的摩擦因数

（用胀缩法实现的过盈连接）

材料	结合方式、润滑	摩擦因数 μ
钢-钢	油压扩径，压力油为矿物油	0.125
	油压扩径，压力油为甘油，结合面排油干净	0.18
	在电炉中加热包容件至 300℃	0.14
	在电炉中加热包容件至 300℃以后，结合面脱脂	0.2
钢-铸铁	油压扩径，压力油为矿物油	0.1
钢-铝镁合金	无润滑	0.10~0.15

表 5.4-8　弹性模量、泊松比和线胀系数

材　　料	弹性模量 E/MPa $\approx$	泊松比 ν $\approx$	线胀系数 α/$(10^{-6}$/℃$)$	
			加热 $\approx$	冷却 $\approx$
碳钢、低合金钢、合金结构钢	200000~235000	0.3~0.31	11	-8.5
灰铸铁 HT150 HT200	70000~80000	0.24~0.25	10	-8
灰铸铁 HT250 HT300	105000~130000	0.24~0.26	10	-8
可锻铸铁	90000~100000	0.25		-8
非合金球墨铸铁	160000~180000	0.28~0.29	10	-8
青铜	85000	0.35	17	-15
黄铜	80000	0.36~0.37	18	-16
铝合金	69000	0.32~0.36	21	-20
镁合金	40000	0.25~0.3	25.5	-25

2.5　设计计算例题

例 5.4-1　设计二级斜齿圆柱齿轮减速器低速级焊接大齿轮与轴的过盈配合（图 5.4-3）。轴转速 $n=30.5$r/min，齿轮转矩 $T=6.26\times10^7$N·mm，受轴向力 $F_a=2.6\times10^4$N。轴材料为 42CrMoA，屈服强度 $R_{eLa}=930$MPa，轮毂材料为 45 钢，屈服强度 $R_{eLa}=355$MPa。轴与轮毂配合面直径 $d_f=250$mm，配合面轮毂长度 $l_f=300$mm，轮毂外径 $d_a=400$mm，轮毂表面粗糙度 $Ra3.2\mu m$，轴表面粗糙度 $Ra1.6\mu m$。若载荷全部由过盈配合传递，键作为辅助连接，选择轴与孔的配合。

解

1）在计算中忽略轮辐和轮缘的作用，只考虑轮毂与轴进行过盈配合计算，并忽略键和键槽的影响。

2）计算传递 T、F_a 所需最小的压强 p_{fmin}（表 5.4-3）为

$$p_{fmin}=\frac{\sqrt{{F_a}^2+\left(\dfrac{2T}{d_f}\right)^2}}{\mu\pi d_f l_f}$$

按已知条件，$F_a=2.6\times10^4$N，$T=6.26\times10^7$N·mm，$d_f=250$mm，$l_f=300$mm，由表 5.4-6 查得摩擦因数 $\mu=0.1$。代入上式

$$p_{fmin}=\frac{\sqrt{(2.6\times10^4)^2+\left(\dfrac{2\times6.26\times10^7}{250}\right)^2}}{0.1\times\pi\times250\times300}\text{MPa}$$

$$=21.3\text{MPa}$$

3）计算传递载荷所需的最小过盈。由表 5.4-3，包容件传递载荷所需的最小直径变化量为

$$e_{amin}=p_{fmin}\frac{d_f}{E_a}C_a$$

$$=21.3\times\frac{250}{2.1\times10^5}\times2.582\text{mm}$$

$$=65.5\times10^{-3}\text{mm}$$

被包容件传递载荷所需的最小直径变化量为

$$e_{imin}=p_{fmin}\frac{d_f}{E_i}C_i$$

$$=21.3\times\frac{250}{2.1\times10^5}\times0.7\text{mm}$$

$$=17.8\times10^{-3}\text{mm}$$

式中：

$$C_a=\frac{1+q_a^2}{1-q_a^2}+\nu_a=\frac{1+0.625^2}{1-0.625^2}+0.3=2.582$$

$$C_i=\frac{1+q_i^2}{1-q_i^2}+\nu_i=\frac{1+0}{1-0}-0.3=0.7$$

式中：包容件直径比 $q_a=\dfrac{d_f}{d_a}=\dfrac{250}{400}=0.625$

被包件直径比 $q_i=\dfrac{d_i}{d_f}=\dfrac{0}{250}=0$

传递载荷所需最小有效过盈量为

$$\delta_{emin}=e_{amin}+e_{imin}$$

$$=(65.5\times10^{-3}+17.8\times10^{-3})\text{mm}$$

$$=83.3\times10^{-3}\text{mm}$$

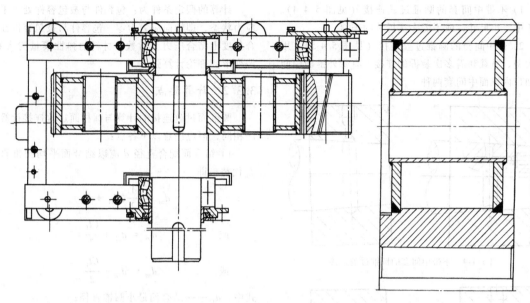

图 5.4-3　二级斜齿圆柱齿轮减速器（局部）和大齿轮

考虑压平量的最小过盈，由表 5.4-3

$$\begin{aligned}\delta_{\min} &= \delta_{e\min} + 2(S_a + S_i)\\ &= [83.3 + 2(1.6 + 1.6)] \times 10^{-3}\text{mm}\\ &= 89.7 \times 10^{-3}\text{mm}\end{aligned}$$

4）按 GB/T 1800.2 选择适当的配合（图 5.4-2）。

决定选 $250\dfrac{H7}{S6}$，其偏差为 $250S6^{+0.169}_{+0.140}$，$250H7^{+0.46}_{+0}$

最小过盈 $Y_{\min} = 140\mu\text{m} - 46\mu\text{m} = 94\mu\text{m} = 94 \times 10^{-3}\text{mm}$

最大过盈 $Y_{\max} = 169\mu\text{m} = 169 \times 10^{-3}\text{mm}$

5）计算连接件不产生塑性变性的最大有效过盈。

轴和轮都是塑性材料，由表 5.4-4 得计算公式。

包容件不产生塑性变形所允许的最大结合压力：

$$p_{fa\max} = aR_{eLa} = 0.343 \times 355\text{MPa} = 121.8\text{MPa}$$

式中 $a = \dfrac{1 - q_a^2}{\sqrt{3 + q_a^4}} = \dfrac{1 - 0.625^2}{\sqrt{3 + 0.625^4}} = 0.343$（也可由

图 5.4-1 查得）

被包容件不产生塑变形所允许的最大结合压力：

$$p_{fi\max} = cR_{eLi} = 0.5 \times 930\text{MPa} = 465\text{MPa}$$

式中 $c = \dfrac{1 - q_i^2}{2} = \dfrac{1 - 0}{2} = 0.5$（也可由图 5.4-1 查得）

连接件不产生塑性变性的最大结合力（取 $p_{fa\max}$ 与 $p_{fi\max}$ 中的较小值）：

$$p_{f\max} = 121.8\text{MPa}$$

包容件不产生塑性变形所允许的最大直径变化量：

$$\begin{aligned}e_{a\max} &= \frac{p_{f\max}d_f}{E_a}C_a\\ &= \frac{121.8 \times 250}{2.1 \times 10^5} \times 2.582\text{mm}\end{aligned}$$

$$= 0.374\text{mm}$$

被包容件不产生塑性变形所允许的最大直径变化量：

$$\begin{aligned}e_{i\max} &= \frac{p_{f\max}d_f}{E_i}C_i\\ &= \frac{121.8 \times 250}{2.1 \times 10^5} \times 0.7\text{mm} = 0.102\text{mm}\end{aligned}$$

连接件不产生塑性变形所允许的最大有效过盈：

$$\begin{aligned}\delta_{e\max} &= e_{a\max} + e_{i\max}\\ &= (0.374 + 0.102)\text{mm} = 0.476\text{mm}\\ \delta_{e\max} &> \text{最大过盈 } Y_{\max} = 0.169\text{mm}\end{aligned}$$

结论：选择 250H7/S6 配合，合理可行。

3　圆锥过盈配合的计算和选用（摘自 GB/T 15755—1995）

3.1　圆锥过盈连接的特点

圆锥过盈连接的特点：

1）包容件和被包容件不需加热或冷却即可装配。

2）可实现较小直径的连接。

3）当轴向定位要求不高时，可得到配合零件的互换性。

4）可通过控制轴向位移来精确地调整其过盈量。

5）可以实现多次拆装，不用压入设备，不损伤其结合面。

3.2　圆锥过盈连接的形式及应用

圆锥过盈连接有以下两种形式：

1) 不带中间套的圆锥过盈连接（见图 5.4-4）。用于中、小尺寸，或不需多次拆装的连接。

2) 带中间套的圆锥过盈连接（见图 5.4-5）。用于大型、重载和需多次装拆的连接。有带外锥面中间套和带内锥面中间套两种。

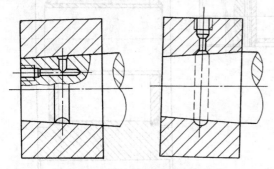

图 5.4-4　不带中间套的圆锥过盈连接

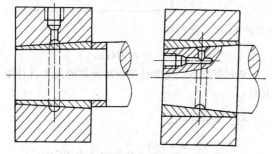

图 5.4-5　带中间套的圆锥过盈连接

3.3　圆锥过盈连接的计算和选用

3.3.1　计算基础与假定条件

本计算以两个简单厚壁圆筒在弹性范围内的连接为计算基础。

计算的假定条件为：包容件与被包容件处于平面应力状态，即轴向应力为零。包容件与被包容件在结合长度上结合压力为常数，材料的弹性模量为常数；按变形能理论计算强度。

3.3.2　计算要点

圆锥面过盈连接的计算与圆柱面过盈连接计算方法相同，但应注意以下各点：

1) 结合面配合直径 d 应以结合面平均圆锥直径 d_m 代替，即

$$d_m = \frac{1}{2}(d_{f1} + d_{f2})$$

或

$$d_m = d_{f1} + \frac{Cl_f}{2}$$

或

$$d_m = d_{f2} - \frac{Cl_f}{2}$$

式中　d_{f1}——结合面最小圆锥直径；

d_{f2}——结合面最大圆锥直径；

l_f——结合面圆锥长度；

C——结合面锥度。

2) 材料是否产生塑性变形，应以装拆油压进行计算，装拆油压一般比实际结合压力大 10%。

3) 用油压装拆时，结合面间存在油膜，因此装拆时的摩擦因数与连接工作时的摩擦因数不同。推荐取：连接工作时的摩擦因数 $\mu = 0.12$；用油压装拆时的摩擦因数 $\mu = 0.02$。

4) 圆锥过盈连接的锥度 C，推荐选用 1:20、1:30、1:50。其结合长度推荐为 $l_f \leqslant 1.5 d_m$。

3.4　油压装拆圆锥过盈连接的参数选择（表 5.4-9）

表 5.4-9　油压装拆圆锥过盈连接的参数选择　　　　　　　　　　（mm）

计算内容	计算公式	说　明
确定中间套尺寸	外锥面中间套：$d_{f1} = 1.03d + 3$ 　　　　　　$d_{f2} = d_{f1} + Cl_f$ 内锥面中间套：$d_{f2} = 0.97d - 3$ 　　　　　　$d_{f1} = d_{f2} - Cl_f$	带中间套的圆锥过盈连接须进行此项计算 d_{f1}—中间套最小圆锥直径 d_{f2}—中间套最大圆锥直径 d—中间套圆柱面直径 C—结合面锥度 l_f—结合长度
中间套与相关圆柱面配合	外锥面中间套：推荐 $d \leqslant 100\text{mm}$ 时，按 $\dfrac{\text{G6}}{\text{h5}}$ $200\text{mm} \geqslant d > 100\text{mm}$ 时，按 $\dfrac{\text{G7}}{\text{h6}}$ $d > 200\text{mm}$ 时，按 $\dfrac{\text{G7}}{\text{h7}}$ 内锥面中间套：推荐 $d \leqslant 100\text{mm}$ 时，按 $\dfrac{\text{H6}}{\text{n5}}$ $d > 100\text{mm}$ 时，按 $\dfrac{\text{H7}}{\text{p6}}$	

（续）

计算内容	计算公式	说明
中间套与相关件圆柱面配合极限间隙	X_{min} X_{max}	按国家标准极限与配合的有关规定查取、计算
轴向位移量 E_a 的极限值	不带中间套：$E_{amin} = \dfrac{1}{C} Y_{min}$ $E_{amax} = \dfrac{1}{C} Y_{max}$ 带中间套：$E_{amin} = \dfrac{1}{C} \{ Y_{min} + X_{min} \}$ $E_{amax} = \dfrac{1}{C} \{ Y_{max} + X_{max} \}$	Y_{min}——圆锥配合的最小过盈 Y_{max}——圆锥配合的最大过盈
装配时中间套变形所需压力	$\Delta p_f = \dfrac{EX_{max}}{2d} \left[1 - \left(\dfrac{d}{d_m} \right)^2 \right]$	
配合的最大结合压力	不带中间套 $[p_{fmax}] = \dfrac{Y_{max}}{d_m \left(\dfrac{C_2}{E_2} + \dfrac{C_1}{E_1} \right)}$ 带中间套 $[p_{fmax}] = \dfrac{Y_{max}}{d_m \left(\dfrac{C_2}{E_2} + \dfrac{C_1}{E_1} \right)} + \Delta p_f$	
装拆油压	$p_x = 1.1 [p_{fmax}]$	应使 $p_x < \min [p_{1max}, p_{2max}]$ p_{1max}、p_{2max} 由表 5.4-3 求得
压入力	$F_{xi} = p_x \pi d_m l_f \left(\mu + \dfrac{C}{2} \right)$	油压装配时摩擦因数推荐取 $\mu = 0.02$ 式中　C——锥度
压出力	$F_{xe} = p_x \pi d_m l_f \left(\mu - \dfrac{C}{2} \right)$	拆卸时的摩擦因数，推荐取 $\mu = 0.02$，当 F_{xe} 为负值时，应注意采用安全措施，防止弹出

3.5　设计计算例题（根据 GB/T 15755—1995 例题编写）

例 5.4-2　圆锥过盈配合结构见图 5.4-6 所示，包容件与被包容件材料为 35CrMo，调质处理，硬度为 269~302HBW，中间套材料为 45 钢，调质硬度为 241~286HBW。包容件外径 $d_2 = 460mm$，中间套圆柱面直径 $d = 300mm$，结合面最大圆锥直径 $d_{f2} = 320mm$，结合面长度 $l_f = 400mm$，结合面锥度 $C = 1 : 50 = 0.02$，包容件和被包容件的屈服强度 $R_{eL2} = R_{eL1} = 540MPa$，包容件、被包容件和中间套的弹性模量 $E_2 = E_1 = E = 2.1 \times 10^5 MPa$。包容件和被包容件泊松比 $\nu_2 = \nu_1 = 0.3$。传递转矩 $T = 370kN \cdot m$，承受轴向力 $F_a = 470kN$。圆锥、圆柱结合面的轮廓算术平均偏差 $Ra = 0.0016mm$。

解

1）计算此圆锥过盈配合传递的力所需最小压强。

$$p_{min} = \dfrac{K \sqrt{F_a^2 + \left(\dfrac{2T}{d_m} \right)^2}}{\mu \pi d_m l_f}$$

$$= \dfrac{1.5 \sqrt{470000^2 + \left(\dfrac{2 \times 370000000}{316} \right)^2}}{0.12 \times \pi \times 316 \times 400} MPa$$

$$= 75.2MPa$$

式中，结合面平均圆锥直径 $d_m = d_{f2} - \dfrac{Cl_f}{2} = \left(320 - \dfrac{\dfrac{1}{50} \times 400}{2} \right) mm = 316mm$。

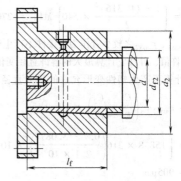

图 5.4-6　圆锥过盈配合例题

根据 GB/T 15755—1995 推荐取 $K = 1.2 \sim 3$，$\mu = 0.12$，本题中取 $K = 1.5$。

2）计算传递外载荷所需最小过盈。

$$\delta_{\text{emin}} = p_{\text{min}} d_{\text{m}} \left(\frac{C_1}{E_1} + \frac{C_2}{E_2} \right) \times 10^3$$

$$= \left[75.2 \times 316 \times \left(\frac{0.7 + 3.0877}{2.1 \times 10^5} \right) \times 10^3 \right] \mu\text{m}$$

$$= 428.6 \mu\text{m}$$

式中

$$C_1 = \frac{1 + (d_1/d_{\text{m}})^2}{1 - (d_1/d_{\text{m}})^2} - \nu_1 = \frac{1 + \left(\frac{0}{316} \right)^2}{1 - \left(\frac{0}{310} \right)^2} - 0.3$$

$$= 0.7$$

$$C_2 = \frac{1 + (d_{\text{m}}/d_2)^2}{1 - (d_{\text{m}}/d_2)^2} - \nu_2 = \frac{1 + \left(\frac{316}{460} \right)^2}{1 - \left(\frac{316}{460} \right)^2} + 0.3$$

$$= 3.0877$$

3）考虑压平量的要求最小过盈量。

$$\delta_{\text{min}} = \delta_{\text{emin}} + 2u \times 2$$

$$= \delta_{\text{emin}} + 2 \times 1.6(R_{a1} + R_{a2}) \times 2$$

$$= \left[428.6 + 2 \times 1.6(1.6 + 1.6) \times 2 \right] \mu\text{m}$$

$$= 449.1 \mu\text{m}$$

式中因为锥套内外与轴和包容件接触，共有 4 个表面，所以 $2u$ 应加倍计算。

4）计算不产生塑性变形所容许的最大结合压力。
对包容件：

$$p_{\text{max2}} = \frac{1 - (d_{\text{m}}/d_2)^2}{\sqrt{3 + (d_{\text{m}}/d_2)^4}} \times R_{\text{eL2}}$$

$$= \left[\frac{1 - (316/460)^2}{\sqrt{3 + (316/460)^4}} \times 540 \right] \text{MPa} = 158.8 \text{MPa}$$

对被包容件：

$$p_{\text{max1}} = \frac{1 - (d_1/d_{\text{m}})^2}{2} R_{\text{eL1}}$$

$$= \left[\frac{1 - (0/316)^2}{2} \times 540 \right] \text{MPa} = 270 \text{MPa}$$

取 p_{max1}、p_{max2} 之较小者作为连接件不产生塑性变形的最大允许值，并按它计算最大的容许直径变化量。

5）计算不产生塑性变形允许的最大直径变化量。

$$\delta_{\text{emax}} = p_{\text{max2}} d_{\text{m}} \left(\frac{C_1}{E_1} + \frac{C_2}{E_2} \right) \times 10^3$$

$$= \left[158.8 \times 316 \left(\frac{0.7 + 3.0877}{2.1 \times 10^5} \right) \times 10^3 \right] \mu\text{m}$$

$$= 905 \mu\text{m}$$

6）选择配合。

① 确定内外锥直径公差。内外锥的锥度为 1：50，选取内锥公差 H7，外锥公差 h6。

② 选定过盈量。

要求最小过盈 $Y_{\text{min}} > \delta_{\text{min}} = 449.1 \mu\text{m}$

最大过盈 $Y_{\text{max}} < \delta_{\text{emax}} = 905 \mu\text{m}$

据此，按国家标准选 $\phi316 \dfrac{\text{H7}}{\text{x6}}$，其公差为

$$\phi316\text{H7}^{+0.57}_{+0} \qquad \phi316\times6^{+0.626}_{+0.590}$$

由以上数据求得 $Y_{\text{min}} = (590-57) \mu\text{m} = 533 \mu\text{m}$

$$Y_{\text{max}} = 626 \mu\text{m}$$

③ 选定中间套与轴的圆柱面配合。

选配合 $\phi300 \dfrac{\text{G7}}{\text{h7}}$

$$\phi300\text{G7}^{+0.69}_{+0.17} \qquad \phi300\text{h7}^{0}_{-0.52}$$

由以上数据求得

最大间隙 $X_{\text{max}} = (69+52) \mu\text{m} = 121 \mu\text{m}$

最小间隙 $X_{\text{min}} = (17-0) \mu\text{m} = 17 \mu\text{m}$

7）计算轴向位移的极限值。

$$E_{\text{amax}} = \frac{Y_{\text{max}} + X_{\text{max}}}{C} = \frac{0.626 + 0.121}{\frac{1}{50}} \text{mm} = 37.35 \text{mm}$$

$$E_{\text{amin}} = \frac{Y_{\text{min}} + X_{\text{max}}}{C} = \frac{0.533 + 0.121}{\frac{1}{50}} \text{mm} = 32.7 \text{mm}$$

8）装配时中间套变形所需的压力

$$\Delta p_{\text{f}} = \frac{E X_{\text{max}}}{2d} \left[1 - \left(\frac{d}{d_{\text{m}}} \right)^2 \right]$$

$$= \left\{ \frac{2.1 \times 10^5 \times 0.121}{2 \times 300} \times \left[1 - \left(\frac{300}{316} \right)^2 \right] \right\} \text{MPa}$$

$$= 4.18 \text{MPa}$$

9）实际最大结合压力

$$[p_{\text{fmax}}] = \frac{Y_{\text{max}}}{d_{\text{m}} \left(\dfrac{C_2}{E_2} + \dfrac{C_1}{E_1} \right)} + \Delta p_{\text{f}}$$

$$= \left[\frac{0.626}{316 \left(\dfrac{3.0877 + 0.7}{2.1 \times 10^5} \right)} + 4.18 \right] \text{MPa}$$

$$= 114 \text{MPa}$$

10）装拆油压

$$p_{\text{x}} = 1.1 [p_{\text{fmax}}] = (1.1 \times 114) \text{MPa}$$

$$= 125.4 \text{MPa}$$

11）压入力

$$F_{\text{xi}} = p_{\text{x}} \pi d_{\text{m}} l_{\text{f}} \left(\mu + \frac{C}{2} \right)$$

$$= \left[125.4 \times \pi \times 316 \times 400 \times \left(0.2 + \frac{0.02}{2} \right) \right] \text{kN}$$

$$= 1494\text{kN}$$

12) 压出力

$$\begin{aligned}
F_{xe} &= p_x \pi d_m l_f \left(\mu - \frac{C}{2} \right) \\
&= 125.4 \times \pi \times 316 \times 400 \times \\
&\quad \left(0.02 - \frac{0.02}{2} \right) = 498\text{kN}
\end{aligned}$$

校核计算：

1) 实际最小结合压力。

$$\begin{aligned}
[p_{f\min}] &= \frac{Y_{\min} - 2 \times 2u}{d_m \left(\dfrac{C_1}{E_1} + \dfrac{C_2}{E_2} \right)} \\
&= \frac{0.533 - 2 \times 2 \times 1.6 \times (0.0016 + 0.0016)}{316 \times \left(\dfrac{0.7 + 3.0877}{2.1 \times 10^5} \right)} \text{MPa} \\
&= 89.92\text{MPa}
\end{aligned}$$

2) 传递最小载荷。

传递转矩：

$$\begin{aligned}
T_{\min} &= \frac{[p_{f\min}] \pi d_m^2 l_f \mu}{2} \\
&= \frac{89.92 \times \pi \times 316^2 \times 400 \times 0.12}{2} \text{kN} \cdot \text{m} \\
&= 677\text{kN} \cdot \text{m}
\end{aligned}$$

传递力：

$$\begin{aligned}
F_{t\min} &= [p_{f\min}] \pi d_m l_f \mu \\
&= (89.92 \times \pi \times 316 \times 400 \times 0.12)\text{kN} \\
&= 4285\text{kN}
\end{aligned}$$

3) 零件的应力。

包容件最大应力：

$$\begin{aligned}
\sigma_{2\max} &= \frac{p_x}{\dfrac{1 - (d_m/d_2)^2}{\sqrt{3 + (d_m/d_2)^4}}} \\
&= \frac{125.4}{\dfrac{1 - (316/460)^2}{\sqrt{3 + (316/460)^4}}} \text{MPa} = 426.4\text{MPa} < R_{eL2}
\end{aligned}$$

被包容件最大应力：

$$\begin{aligned}
\sigma_{1\max} &= \frac{p_x}{\dfrac{1 - (d_1/d_m)^2}{2}} = \frac{125.4}{\dfrac{1 - (0/316)^2}{2}} \text{MPa} \\
&= 250.8\text{MPa} < R_{eL1}
\end{aligned}$$

3.6　结构设计

3.6.1　结构要求

1) 为降低圆锥面过盈连接两端的应力集中，在包容件或被包容件端部可采用卸载槽、过渡圆弧等结构型式。

2) 连接件材料相同时，为避免黏着和装拆时表面擦伤，包容件和被包容件的结合面应具有不同的表面硬度。

3) 为便于装拆，将包容件结合面的两端加工成15°的倒角，或将被包容件两端加工成过渡圆槽。

4) 进油孔和进油环槽可以设在包容件上，也可以设在被包容件上，以结构设计允许和装拆方便为准。进油环槽的位置，应放在大约位于包容件的重心处，但不能离两端太近，以免影响密封性。

5) 进油环槽的边缘必须倒圆，以免影响结合面压力油的挤出。

6) 为使油压分布均匀，并能迅速建立油压和释放油压，应在包容件或被包容件结合面上刻排油槽，其方法如下：

在被包容件的结合面上，沿轴向刻有 4~8 条均匀分布的细刻线（见图 5.4-7）。也可在包容件的结合面上，刻一条螺旋形的细刻线（见图 5.4-8）。

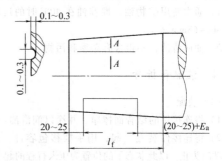

图 5.4-7　均匀分布的细刻线

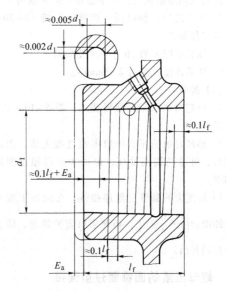

图 5.4-8　螺旋形的细刻线

7）需多次装拆或大尺寸圆锥过盈连接时，应采用中间套。中间套一般采用 45 碳素结构钢，并经调质处理，其硬度为 241~286HBW。

8）经多次装拆的圆锥过盈连接，由于表面压平过盈量减小，设计压入行程应比计算值加大 0.5~1mm。

3.6.2　对结合面的要求

（1）尺寸精度

包容件最大圆锥直径公差按 GB/T 1800.1 规定的 IT6 或 IT7 选取；被包容件的最大圆锥直径公差按 GB/T 1800.1 规定的 IT5 或 IT6 选取。

（2）表面粗糙度

对圆锥面：当 $d_m \leqslant 180$mm 时，$Ra \leqslant 0.8\mu$m；$d_m >$ 180mm 时，$Ra \leqslant 1.6\mu$m。对圆柱面：$Ra \leqslant 1.6\mu$m。

（3）接触精度

圆锥面接触率，应不低于 80%。

3.6.3　压力油的选择

1）通常使用矿物油，推荐油在 40℃ 时的运动黏度为 46~68mm²/s。

2）油应清洁，不得含有杂质和污物。

3.6.4　装配和拆卸

（1）装配

1）将连接件的结合面擦净，并涂以润滑油。

2）将连接件装在一起，用手推移包容件，直至推不动时为止，以此状态下的位置为压入行程的起点。

3）压装开始时，轴向压力不能过大。以后随着油压的加大而逐步提高，但不能超过最大轴向压力。

4）压装之后，轴向压力应继续保持 15~30min，以免包容件脱出。

5）压装后应放置 3h 才可承受负荷。

6）压装速度一般为 2~5mm/s。

（2）拆卸

1）拆卸时高压油应缓慢注入，需 5~10min 才可将套脱开。

2）拆卸时油的压力一般不超过规定值。当拆卸困难时，可适当提高油压，但最大不得超过规定值的 10%。

3）锥度大的圆锥过盈连接件，在油压下脱开时有自卸能力 $\left(\mu - \dfrac{C}{2} < 0 \right)$，必须采取防护措施，防止包容件自动弹出。

3.7　螺母压紧的圆锥面过盈连接

这种连接如图 5.4-9 所示。拧紧螺母可使配合面压紧形成过盈结合，多用于轴端连接，有时可作为过载保护装置。

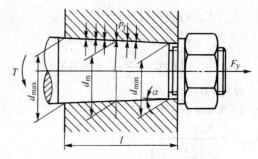

图 5.4-9　螺母压紧的过盈连接

配合面的锥度小时，所需的轴向力小，但不易拆卸；锥度大时，拆卸方便，但所需轴向力增大。通常锥度可取 1:30~1:8。

连接的计算可根据圆锥面过盈连接的特点参考表 5.4-9 公式进行。

图 5.4-9 中轴向力 F_y 与锥面间压力 p_f、传递转矩 T 之间的关系式为

$$F_y = p_f \pi dl \tan \left(\frac{\alpha}{2} + \rho \right)$$

$$T = p_f \pi d_m^2 l \mu / 2$$

式中　d_m——锥面平均直径；

　　　l——锥面长度；

　　　ρ——摩擦角，可取为 $6° \sim 7°$，$\tan\rho = \mu$；

　　　α——锥顶角，$\tan\alpha = 1:30 \sim 1:8$。

4　胀紧连接套（摘自 GB/T 28701—2012）

4.1　概述

胀紧连接套的结构如图 5.4-10 所示。在轴与毂孔之间装入一对或数对以内、外锥面贴合的胀套。在轴向压力作用下，内套缩小，外套胀大，形成过盈配合，靠摩擦力传递转矩或轴向力，或二者的复合作用。

胀套连接作为一种新的轴毂连接方式，应用越来越广泛，主要有以下特点：

1）定心精度好。

2）制造和安装简单，安装胀套的轴和孔的加工不像过盈配合那样要求高精度的制造公差。安装胀套也无须加热、冷却或加压设备，只需螺钉按规定的力矩拧紧即可，并且调整方便，可以将轮毂在轴上很方便地调整到所需位置。

3）有良好的互换性，且拆卸方便。

4）胀套连接可以承受重载荷。一个胀套不够，

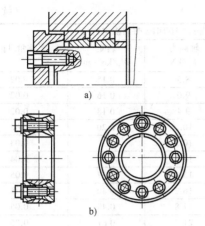

图 5.4-10　胀紧连接套的结构

还可多个串联使用。

5）胀套连接靠摩擦传动，对被连接件没有键槽削弱，没有相对运动，胀套在胀紧后，无正反转的运动误差，适用于精密的运动链传动。

6）有安全保护作用。

7）由于要在轴和毂孔间安装胀套，应用有时受到结构尺寸的限制。

按 GB/T 28701—2012 的规定，胀紧连接套分为 19 种（ZJ1~ZJ19）。

胀紧连接套的型号表示方法如下：

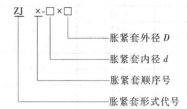

标记示例

示例 1：内径 $d = 100$mm，外径 $D = 145$mm 的 ZJ2 型胀紧连接套：

胀紧套 ZJ2-100×145　GB/T 28701—2012

示例 2：内径 $d = 120$mm，外径 $D = 165$mm 的 ZJ9A 型胀紧连接套：

胀紧套 ZJ9A-120×165　GB/T 28701—2012

4.2　基本参数和主要尺寸（见表 5.4-10~表 5.4-28）

表 5.4-10　ZJ1 型胀紧连接套的基本参数和主要尺寸

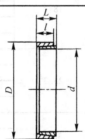

公称尺寸/mm				当 $p_f = 100$MPa 时的额定负荷		
d	D	L	l	轴向力 F_t/kN	转矩 M_t/kN·m	质量/kg
8	11			1.2	0.005	0.001
9	12			1.3	0.006	0.001
10	13	4.5	3.7	1.6	0.008	0.002
12	15			2.0	0.012	0.002
13	16			2.4	0.016	0.002
14	18			2.8	0.020	0.004
15	19			3.0	0.022	0.004
16	20			3.2	0.025	0.005
17	21			3.3	0.028	0.005
18	22			3.6	0.032	0.005
19	24			3.8	0.036	0.007
20	25	6.3	5.3	4.0	0.040	0.007
22	26			4.5	0.050	0.007
24	28			4.8	0.055	0.007
25	30			5.0	0.060	0.009
28	32			5.6	0.080	0.009
30	35			6.0	0.09	0.01
32	36			6.4	0.10	0.01

（续）

公称尺寸/mm				当 $p_f = 100MPa$ 时的额定负荷		质量/kg
d	D	L	l	轴向力 F_t/kN	转矩 M_t/kN·m	
35	40			8.5	0.15	0.02
36	42	7.0	6.0	9.0	0.16	0.02
38	44			9.4	0.18	0.02
40	45	8.0	6.6	10.0	0.20	0.02
42	48			10.5	0.22	0.03
45	52			14.6	0.33	0.04
48	55			15.4	0.37	0.05
50	57	10.0	8.6	16.2	0.40	0.05
55	62			17.8	0.49	0.05
56	64			21.7	0.61	0.06
60	68	12.0	10.4	23.5	0.70	0.07
65	73			25.6	0.83	0.08
70	79	14.0	12.2	32.0	1.12	0.11
75	84			34.4	1.29	0.12
80	91			45.0	1.81	0.19
85	96			48.0	2.04	0.20
90	101	17.0	15	51.0	2.29	0.22
95	106			54.0	2.55	0.23
100	114			70.0	3.50	0.38
105	119			73.2	3.82	0.40
110	124	21.0	18.7	77.0	4.25	0.41
120	134			84.0	5.05	0.45
125	139			92.0	5.75	0.62
130	148			124.0	8.05	0.85
140	158	28.0	25.3	134.0	9.35	0.91
150	168			143.0	10.70	0.97
160	178			152.5	12.20	1.02
170	191			192.0	16.30	1.50
180	201	33.0	30.0	204.0	18.30	1.58
190	211			214.0	20.40	1.68
200	224			262.0	26.20	2.32
210	234	38.0	34.8	275.0	28.90	2.45
220	244			288.0	37.70	2.49
240	267	42.0	39.5	358.0	43.00	3.52
250	280	53.0	49.0	415.0	52.00	4.68
260	290			435.0	56.50	4.82
280	313			520.0	72.50	6.27
300	333			555.0	83.00	6.47
320	360			710.0	114.00	10.90
340	380			755.0	128.50	11.50
360	400			800.0	144.00	12.20
380	420	65.0	59.0	845.0	160.50	12.80
400	440			890.0	178.00	13.50
420	460			935.0	196.00	14.10
450	490			998.0	224.50	15.20
480	520			1070.0	256.00	16.00
500	540			1110.0	278.00	16.50

注：p_f 为胀紧连接套与轴结合面上的压力。

表 5.4-11　ZJ2 型胀紧连接套的基本参数和主要尺寸

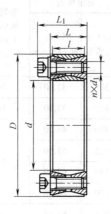

公称尺寸/mm					螺钉		额定负荷		胀紧套与轴结合面上的压力 p_f/MPa	胀紧套与轮毂结合面上的压力 p_f'/MPa	螺钉的拧紧力矩 M_a/N·m	质量/kg
d	D	l	L	L_1	d_1/mm	n	轴向力 F_t/kN	转矩 M_t/kN·m				
19	47	17	20	27.5	M6	8	27	0.25	215	85	14	0.24
20	47					8	27	0.27	210	90		0.23
22								0.30	195	90		0.20
24	50					9	30	0.36		95		0.26
25	50					9	30	0.38	190			0.25
28	55					10	33	0.47	185	95		0.30
30	55					10	33	0.50	175			0.29
35	60					12	40	0.70	180	105		0.32
38	63							0.88	190	115		0.33
38	65					14	46	0.88		110		0.34
40	65					14	46	0.92	180	110		0.34
42	72	20	24	33.5	M8	12	65	1.36	205	120	35	0.48
45	75					12	72	1.62	210	125		0.57
50	80						71	1.77	190	115		0.60
55	85					14	83	2.27	200	130		0.63
60	90					14	83	2.47	180	120		0.69
65	95					16	93	3.04	190	130		0.73
70	110	24	28	39	M10	14	132	4.60	210	130	70	1.26
75	115					14	131	4.90	195	125		1.33
80	120						131	5.20	180	120		1.40
85	125					16	148	6.30	195	130		1.49
90	130					16	147	6.60	180	125		1.53
95	135					18	167	7.90	195	135		1.62
100	145	29	33	47	M12		192	9.60	195	135	125	2.01
105	150					14	190	9.98	165	115		2.10
110	155						191	10.50	180	125		2.15
120	165					16	218	13.10	185	135		2.35
125	170					18	220	13.78	160	118		2.95
130	180					20	272	17.60	165	120		3.51
140	190	34	38	52		22	298	20.90	165	125		3.85
150	200					24	324	24.20	170	125		4.07
160	210					26	350	28.00	170	130		4.30

（续）

公称尺寸/mm					螺钉		额定负荷		胀紧套与轴结合面上的压力 p_f/MPa	胀紧套与轮毂结合面上的压力 p_f'/MPa	螺钉的拧紧力矩 M_a/N·m	质量/kg
d	D	l	L	L_1	d_1/mm	n	轴向力 F_t/kN	转矩 M_t/kN·m				
170	225	38	44	60	M14	22	386	32.80	160	120	190	5.78
180	235					24	420	37.80	165	125		6.05
190	250	46	52	68		28	490	46.50	150	115		8.25
200	260					30	525	52.50				8.65
210	275	50	56	74	M16	24	599	62.89				10.10
220	285					26	620	68.00				11.22
240	305					30	715	85.50	160	125	295	12.20
250	315					32	768	96.00	165	130		12.70
260	325					34	800	104.00				13.20
280	355	60	66	86.5	M18	32	915	128.00	145	115	405	19.20
300	375					36	1020	153.00	150	120		20.50
320	405	72	78	100.5	M20		1310	210.00			580	29.60
340	425							224.00	145	115		31.10
360	455	84	90	116	M22		1630	294.00			780	42.20
380	475						1620	308.00	135	110		44.00
400	495						1610	322.00	130	105		46.00
420	515					40	1780	374.00	135	110		50.00
450	555	96	102	130	M24	40	2050	461.25	125	100	1000	65.00
480	585					42	2160	518.40				71.00
500	605					44	2240	560.00				72.60
530	640					45	2330	617.00	120			83.60
560	670					48	2440	680.00				85.00
600	710					50	2580	775.00				91.00
630	740					52	2680	844.00		105		94.00
670	780					56	2820	944.00		100		101.00
710	820					60	2970	1054.00				106.00
750	860					62	3130	1173.00				112.00
800	910					66	3260	1300.00	115			118.00
850	960					70	3500	1487.00				125.00
900	1010					75	3680	1650.00				132.00
950	1060					80	3870	1838.00				139.00
1000	1110					82	4000	2000.00	110			146.00

表 5.4-12　ZJ3 型胀紧连接套的基本参数和主要尺寸

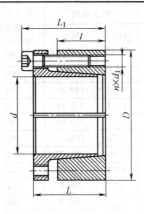

公称尺寸/mm					螺钉		额定负荷		胀紧套与轴结合面上的压力 p_f/MPa	胀紧套与轮毂结合面上的压力 p_f'/MPa	螺钉的拧紧力矩 M_a/N·m	质量/kg
d	D	l	L	L_1	d_1/mm	n	轴向力 F_t/kN	转矩 M_t/kN·m				
20	47	17	28	34	M6	5	37	0.377	286	124	14	0.25
22								0.416	260			0.25
24	50							0.481				0.27
25						6	47	0.585	279	143		0.27
28	55							0.650	260			0.32
30								0.702	247	130		0.35
32	60					8	62	1.001	279	150		0.37
35								1.092	247	143		0.34
38	65							1.183	254	150		0.40
40								1.248	247	137		0.38
45	75	20	33	41	M8	7	100	2.275	299	176	35	0.63
50	80							2.500	273	169		0.68
55	85					8	114	3.185	280	176		0.73
60	90							3.510	247	163		0.78
63	95					9	130	4.134	267	182		0.89
65								4.225	260	180		0.83
70	110	24	40	50	M10	8	183	6.500	286	182	70	1.33
75	115							6.825	260	169		1.40
80	120							7.280	247	163		1.48
85	125					9	207	8.775	260	176		1.55
90	130							9.230	247	169		1.63
95	135					10	229	10.855	260	182		1.70
100	145	26	44	56	M12	8	267	13.380	273	189	125	2.60
110	155							14.625	247	176		2.80
120	165					9	277	18.070	273	189		3.00
130	180	34	54	68		12	400	26.000	247	182		4.60
140	190					9	412	28.925	234	169		4.90
150	200					10	458	34.19	247	182		5.20
160	210					11	504	40.30		189		5.50
170	225	44	64	78	M14	12	549	46.67	195	149	190	7.75
180	235							49.40	189	143		8.15
190	250					15	686	65.13	221	169		9.50
200	260							68.64	208	163		9.90

（续）

公称尺寸/mm					螺钉		额定负荷		胀紧套与轴结合面上的压力 p_f/MPa	胀紧套与轮毂结合面上的压力 p_f'/MPa	螺钉的拧紧力矩 M_a/N·m	质量/kg
d	D	l	L	L_1	d_1/mm	n	轴向力 F_t/kN	转矩 M_t/kN·m				
220	285					12	763	83.85	189	143		13.40
240	305	50	72	88	M16	15	945	114.40	215	169	295	14.30
260	325					18	1144	148.72	234	189		15.50
280	355	60	84	102	M18	16	1232	171.60	195	156	405	22.90
300	375					18	1376	206.70	208	163		24.40
320	405	74	101	121	M20	18	1786	286.00	195	156	580	36.10
340	425					21	2084	354.25	228	176		38.40
360	455					18	2223	400.4	182	143		46.20
380	475	86	116	138	M22	21	2594	492.7	202	163	780	55.00
400	495							518.7	195	156		61.00

表 5.4-13　ZJ4 型胀紧连接套的基本参数和主要尺寸

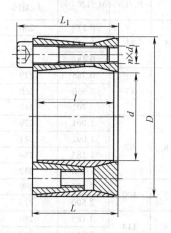

公称尺寸/mm					螺钉		额定负荷		胀紧套与轴结合面上的压力 p_f/MPa	胀紧套与轮毂结合面上的压力 p_f'/MPa	螺钉的拧紧力矩 M_a/N·m	质量/kg
d	D	l	L	L_1	d_1/mm	n	轴向力 F_t/kN	转矩 M_t/kN·m				
70	120					8	197	6.85	201	117		3.3
80	130	56	62	74	M12	12	291	11.65	263	162	145	3.7
90	140						290	13.00	234	150		4.0
100	160						389	19.70	213	133		7.2
110	170					15	483	22.60	242	157		7.7
120	180						482	28.90	222	148		8.3
125	185	74	80	94	M14		480	30.00	212	143	230	8.5
130	190							31.20	205	140		8.8
140	200						574	40.20	227	159		9.3
150	210					18	572	42.90	212	152		10.0
160	230						800	64.00	227	158		14.9
170	240						795	67.80	214	152		15.7
180	250	88	94	110	M16	21	923	83.00	235	170	355	16.4
190	260						921	88.00	223	163		17.2
200	270					24	1050	105.00	242	179		18.8

（续）

公称尺寸/mm					螺钉		额定负荷		胀紧套与轴结合面上的压力 p_f/MPa	胀紧套与轮毂结合面上的压力 p'_f/MPa	螺钉的拧紧力矩 M_a/N·m	质量/kg
d	D	l	L	L_1	d_1/mm	n	轴向力 F_t/kN	转矩 M_t/kN·m				
210	290					20	1118	117.30	197	143		23.0
220	300					21	1120	123.00	189	138		27.7
240	320	110	116	134	M18	24	1280	153.00	198	148	485	29.8
250	330					27	1282	160.20	205	157		31.0
260	340					27	1430	186.00	205	157		32.0
280	370	130	136	156	M20	24	1650	230.00	192	145	690	46.0
300	390							245.00	179	138		49.0

表 5.4-14　ZJ5 型胀紧连接套的基本参数和主要尺寸

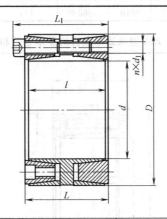

公称尺寸/mm					螺钉		额定负荷		胀紧套与轴结合面上的压力 p_f/MPa	胀紧套与轮毂结合面上的压力 p'_f/MPa	螺钉的拧紧力矩 M_a/N·m	质量/kg
d	D	l	L	L_1	d_1/mm	n	轴向力 F_t/kN	转矩 M_t/kN·m				
100	145					10	288	14.4	192	132		4.1
110	155	60	65	77		10	288	15.8	175	123		4.4
120	165					12	346	20.8	192	139		4.8
130	180				M12	15	433	28.1	193	139	145	6.5
140	190	68	74	86		18	519	36.3	214	157		7.0
150	200					18	519	39.0	200	150		7.4
160	210					21	606	48.5	219	167		7.8
170	225	75	81	95		18	712	60.6	215	162		10.0
180	235				M14	18	712	64.1	203	155	230	10.6
190	250	88	94	108		20	792	75.2	178	135		14.3
200	260					24	950	95.0	203	156		15.0
210	275					18	970	102.0	187	142		17.5
220	285					18	990	109.0	183	141		19.8
240	305	98	104	120	M16	24	1318	158.0	222	176	355	21.4
250	315					24	1340	167.5	215	170		22.0
260	325					25	1370	178.0		172		23.0
280	355	120	126	144	M18	24	1590	222.5	188	149	485	35.2
300	375						1650	248.0	183	146		37.4
320	405	135	142	162	M20	25	2140	344.0	192	152	690	51.3
340	425							365.0	181	144		54.1

（续）

公称尺寸/mm					螺钉		额定负荷		胀紧套与轴结合面上的压力 p_f/MPa	胀紧套与轮毂结合面上的压力 p_f'/MPa	螺钉的拧紧力矩 M_a/N·m	质量/kg
d	D	l	L	L_1	d_1/mm	n	轴向力 F_t/kN	转矩 M_t/kN·m				
360	455	158	165	187	M22	25	2670	480.0	176	139	930	75.4
380	475							508.0	166	133		79.0
400	495							535.0	158	128		82.8
420	515					30	3200	673.0	181	147		86.5
450	555	172	180	204	M24	30	3700	832.5	175	142	1200	112.0
480	585					32	3950	948.0		143		119.0
500	605							988.0	168	139		123.0
530	640	190	200	227	M27	30	4320	1145.0	157	130	1600	151.0
560	670							1210.0	148	124		160.0
600	710					32	4610	1380.0	147			170.0

表 5.4-15　ZJ6 型胀紧连接套的基本参数和主要尺寸

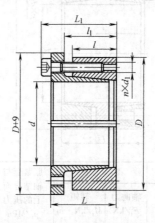

公称尺寸/mm						螺钉		额定负荷		胀紧套与轴结合面上的压力 p_f/MPa	胀紧套与轮毂结合面上的压力 p_f'/MPa	螺钉的拧紧力矩 M_a/N·m	质量/kg
d	D	l	l_1	L	L_1	d_1/mm	n	轴向力 F_t/kN	转矩 M_t/kN·m				
20	47					M6	5	30	0.29	220	95	17	0.25
22	47								0.32	200			0.25
24	50								0.37				0.27
25	50						6	36	0.45	215	110		0.27
28	55	17	22	28	34				0.50	200	100		0.32
30	55								0.54	190			0.35
32	60								0.77	215	115		0.37
35	60						8	48	0.84	190	110		0.34
38	65								0.91	195	115		0.40
40	65								0.96	190	105		0.38
45	75						7	77	1.75	230	135	41	0.63
50	80								1.93	210	130		0.68
55	85	20	25	33	41	M8	8	88	2.45	215	135		0.73
60	90								2.70	190	125		0.78
63	95						9	100	3.18	205	140		0.89
65	95								3.25	200	135		0.83

（续）

公称尺寸/mm						螺钉		额定负荷		胀紧套与轴结合面上的压力	胀紧套与轮毂结合面上的压力	螺钉的拧紧力矩	质量
d	D	l	l_1	L	L_1	d_1/mm	n	轴向力 F_t/kN	转矩 M_t/kN·m	p_f/MPa	p_f'/MPa	M_a/N·m	/kg
70	110								5.00	220	140		1.33
75	115						8	141	5.25	200	130		1.40
80	120	24	30	40	50	M10			5.60	190	125	83	1.48
85	125						9	159	6.75	200	135		1.55
90	130								7.10	190	130		1.63
95	135						10	176	8.35	200	140		1.70
100	145						8	205	10.30	210	145		2.60
110	155	26	32	44	56	M12			11.25	190	135		2.80
120	165						9	231	13.90	210	145		3.00
130	180						12	308	20.00	190	140		4.60
140	190	34	40	54	68		9	317	22.25	180	130	230	4.90
150	200						10	352	26.30	190	140		5.20
160	210						11	387	31.00		145		5.50
170	225					M14	12	422	35.90	150	115		7.75
180	235	44	50	64	78				38.00	145	110		8.15
190	250						15	528	50.10	170	130		9.50
200	260								52.80	160	125		9.90
220	285						12	587	64.50	145	110		13.40
240	305	50	56	72	88	M16	15	734	88.00	165	130	335	14.30
260	325						18	880	114.00	180	145		15.50
280	355						16	948	132.00	150	120		22.90
300	375	60	66	84	102	M18	18	1059	159.00	160	125	485	24.40
320	405					M20	18	1374	220.00	150	120	690	36.10
340	425	74	81	101	121		21	1603	272.50	175	135		38.40
360	455						18	1710	308.00	140	110		46.20
380	475	86	94	116	138	M22	21	1995	379.00	155	125	930	55.00
400	495								399.00	150	120		61.00

表 5.4-16   ZJ7 型胀紧连接套的基本参数和主要尺寸

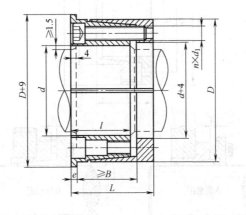

（续）

公称尺寸/mm						螺钉		额定负荷		胀紧套与轴结合面上的压力 p_f/MPa	胀紧套与轮毂结合面上的压力 p'_f/MPa	螺钉的拧紧力矩 M_a/N·m	质量/kg
d	D	l	L	e	B	d_1/mm	n	轴向力 F_t/kN	转矩 M_t/kN·m				
100	145						8	192	9.6	102	70		4.7
110	155	54	75	5	65			191	10.5	92	65		5.1
120	165						9	216	13.0	96	70		5.5
130	180								17.8	100	72		7.5
140	190					M12	12	287	20.2	95	70	145	7.9
150	200	63	84		72				21.6	86	65		8.4
160	210			6			15	360	28.8	101	77		8.9
170	225						16	383	32.6		76		10.5
180	235						8	431	38.8	108	83		11.0
190	250					M14	15	493	46.8	106	81	230	14.3
200	260	69	94		81		16	526	52.8	108	83		15.0
220	285						14	640	70.0	118	91		17.8
240	305	86	112	7	98		16	731	88.0	99	78		23.2
260	325					M16	18	822	107.0	102	82	355	24.8
280	355	94	120		106		20	914	128.0	96	76		33.0
300	375						22	1000	151.0	99	79		36.0
320	405	109	142		125	M20	18	1280	206.0	102	81	690	52.0
340	425			8			20	1420	242.0	106	85		54.0
360	455						20		319.0	113	89		72.0
380	475	120	159		140	M22	20	1770	337.0	107	86	930	75.0
400	495								355.0	101	82		78.0
420	515						22	1980	410.0	106	86		82.0

表 5.4-17　ZJ8 型胀紧连接套的基本参数和主要尺寸

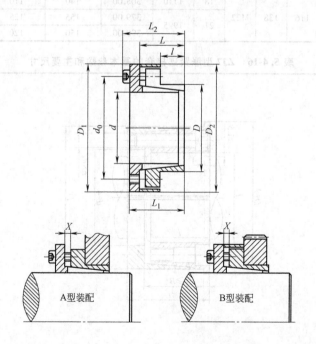

(续)

公称尺寸/mm									螺钉		额定负荷				胀紧套与轴结合面上的压力 p_t/MPa		胀紧套与轮毂结合面上的压力 p'_f/MPa		螺钉的拧紧力矩 M_a/N·m	质量/kg
d	D	d_0	l	L	L_1	L_2	D_1	D_2	d_1/mm	n	轴向力 F_t/kN		转矩 M_t/kN·m							
装配形式											A	B	A	B	A	B	A	B		
6	14	19	10	19.8	22.3	25.3	25	23	M3		6.7	4.2	20	13	297	186	127	80		0.08
8	15	20	12	21.8	24.8	28.8	27	24	M4	3	11.6	7.3	46	29	321	202	171	107		0.10
9	16	21	14	22.8	25.8	29.8	28	25					50	32	243	153	138	87		0.12
10	16						28	25					57	36	220	138			4.9	0.12
11	18	23	14	23	26	30	32	28		4	15.5	9.7	85	53	267	167	163	102		0.14
12	18						32	28					93	58	245	154				0.14
14	23	28.5					38	33					108	68	210	132	128	80		0.15
15	24	32	16	29	36	42	45	40	M6	4	35.5	22.4	285	179	307	193	219	138	17	0.26
16	24						45	40							328	206				0.25
18	26	34	18	34	41	47	47	42					320	200	290	184	202	127		0.27
19	27	35					49	43					335	212	276	174	195	122		0.30
20	28	36					50	44					350	224	262	165	187	118		0.30
22	32	40					54	48					353	231	155	101	106	69		0.38
24	34	42	25	41	48	54	56	50		6	53.4	33.6	636	400	237	149	167	105		0.40
25	34						56	50					665	420	228	143				0.39
28	39	47					61	55					745	470	204	128	146	92		0.47
3.0	41	49					62	57					795	500	189	119	139	87		0.48
32	43	51	32	45	52	58	65	59		8	71.3	44.8	1136	715	237	149	177	111		0.52
35	47	54					69	62					1160	735	152	99	114	74		0.63
38	50	58					72	66					1223	797	140	92	106	70		0.67
40	53	61					75	69					1287	840	133	87	100	66		0.74
42	55	63					78	71					1352	881	127	82	102	66		0.78
45	59	69.5	45	64	72	80	86	80	M8	8	119	77.6	2677	1745	155	102	119	78	41	1.23
48	62	71.5					87	81					2855	1860	145	95	113	74		1.24
50	65	75.5					92	86					2975	1940	140	92	108	70		1.40
55	71	81.5	55	74	82	90	98	92		9	133	87.2	3680	2400	117	77	91	60		1.70
60	77	87.5					104	98					4015	2620	107	70	84	55		1.90
65	84	94.5					111	105					4350	2840	100	65	77	55		2.20
70	90	101.5					119	113	M10		212	139	7440	4850	123	81	96	63	83	3.05
75	95	107					126	119					7970	5200	114	75	91	59		3.32
80	100	112.5	65	87	97	107	131	125		12	283	184	11335	7390	144	94	115	75		3.50
85	106	118.5					137	131					12040	7850	135	88	108	71		3.81
90	112	124.5					144	137					12750	8320	128	83	102	67		4.20

表 5.4-18a　ZJ9A 型胀紧连接套的基本参数和主要尺寸

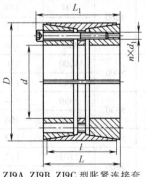

ZJ9A、ZJ9B、ZJ9C 型胀紧连接套

（续）

公称尺寸/mm					螺钉		额定负荷		胀紧套与轴结合面上的压力 p_f/MPa	胀紧套与轮毂结合面上的压力 p_f'/MPa	螺钉的拧紧力矩 M_a/N·m	质量/kg
d	D	l	L	L_1	d_1/mm	n	轴向力 F_t/kN	转矩 M_t/kN·m				
25	55	32	40	46	M6	6	67	0.84	297	101	17	0.47
28								0.94	265			0.44
30								1.00	248			0.42
35	60	44	54	60	M8	7	74	1.30	165	87	41	1.00
40	75			62			145	2.90	282	116		1.10
45	75							3.26	251			1.20
50	80	56	64	72		8	165	4.15	200	98		1.40
55	85					9	186	5.15	205	104		1.60
60	90					10	207	6.20	202	106		1.70
65	95							6.75	187	100		1.90
70	110	70	78	88	M10	11	329	11.50	223	114	83	3.10
80	120						362	14.50	215	115		3.50
90	130					12	390	17.80	208			3.80
100	145	90	100	112	M12	11	527	26.30	200	107	145	6.10
110	155					12	575	31.80	198	110		6.60
120	165					14	670	40.40	212	120		7.20
130	180	104	116	130	M14	12	789	51.50	192	112	230	10.00
140	190					14	920	64.70	208	124		10.60
150	200					15	986	74.2		127		11.30
160	210					16	1050	84.50		128		11.90
170	225	134	146	162	M16	14	1280	108.2	182	113	355	18.00
180	235					15	1370	123.25	184	115		18.80
190	250					16	1460	146	186	116		21.90
200	260							181	177	112		23.00
220	285					18	1820	218	188	115		27.00
240	305					20	1820	218	184	119		29.20
260	325					21	1920	250	178	117		31.50
280	355	165	177	197	M20	18	2550	360	185		690	48.00
300	375					20	2850	428	192	123		51.00
320	405					21	3000	480	188	119		62.00
340	425					22	3140	530	186			66.00
360	455	190	202	222	M22	21	3730	670	176	115	930	91.00
380	475					22	3900	742	175			95.00
400	495							852	181	120		100.00
420	515					24	4260	894	173	116		104.00
440	535							937	165	112		109.00
460	555							980	158	107		113.00
480	575					28	5000	1200	176	121		118.00
500	595							1240	169	117		122.00
520	615					30	5330	1390	174	121		126.00
540	635							1440	168	117		131.00
560	655					32	5680	1590	172	121		135.00
580	675					33	5860	1705	172			140.00
600	695							1760	166	118		144.00

表 5.4-18b　ZJ9B 型胀紧连接套的基本参数和主要尺寸（图同表 5.4-18a）

公称尺寸/mm					螺钉		额定负荷		胀紧套与轴结合面上的压力 p_f/MPa	胀紧套与轮毂结合面上的压力 p_f'/MPa	螺钉的拧紧力矩 M_a/N·m	质量/kg
d	D	l	L	L_1	d_1/mm	n	轴向力 F_t/kN	转矩 M_t/kN·m				
70	110					8	204	7.15	194	107		2.3
80	120	50	60	70	M10	10	250	10.25	212	123	83	2.5
90	130					11	280	12.60	207	125		2.7
100	145					10	372	18.60	205	126		4.1
110	155	60	70	82				20.50	187	118		4.4
120	165					11	408	24.50	188	122		4.8
130	180				M12	14	520	33.80	197	128	145	6.3
140	190					15	557	39.00	196	130		6.6
150	200	65	79	91				41.80	183	123		7.8
160	210					16	593	47.50		125		7.4
170	225	78	92	106		15	764	65.00	193	133		10.7
180	235				M14		766	69.00	182	127	230	11.3
190	250	88	102	116		16	815	77.50	163	103		14.6
200	260					18	1020	102	194	124		15.3
220	285					15	1060	117	174	113		20.2
240	305		108	124	M16	20	1410	170	212	140	355	21.8
260	325	96				21	1480	193	205	138		23.4
280	355		110	130		15	1650	232	213	141		30.0
300	375						1660	249	198	134		31.2
320	405	124	136	156	M20	20	2210	354	191	125	690	48.0
340	425							376	180	119		51.0
360	455						2750	496	185	118		69.0
380	475							524	175	113		73.0
400	495					22	3010	602	183	122		76.0
420	515							694	190	127		80.0
440	535					24	3300	728	166	123		81.0
460	555							760		118		85.0
480	575	140	155	177	M22			830	159	119	930	88.0
500	595					25	3440	861	153	115		91.0
520	615						3850	1003	164	124		95.0
540	635					28	3860	1042	158	120		98.0
560	655							1157	163	125		101.0
580	675					30	4130	1199	158	121		104.0
600	695							1240	153	118		108.0

表 5.4-18c　ZJ9C 型胀紧连接套的基本参数和主要尺寸（图同表 5.4-18a）

公称尺寸/mm					螺钉		额定负荷		胀紧套与轴结合面上的压力 p_f/MPa	胀紧套与轮毂结合面上的压力 p_f'/MPa	螺钉的拧紧力矩 M_a/N·m	质量/kg
d	D	l	L	L_1	d_1/mm	n	轴向力 F_t/kN	转矩 M_t/kN·m				
70	110					8	121	4.25	115	64		2.3
80	120	50	60	70	M10	10	152	6.10	125	73	49	2.5
90	130					11	167	7.50	122	74		2.7
100	145					10	177	8.84	97	60		4.1
110	155	60	70	82				9.74	89	56		4.4
120	165					11	193	11.60	89	58		4.8
130	180				M12	14	247	16.06	93	61	69	6.3
140	190					15	264	18.50	93	62		6.6
150	200	65	79	91				19.86	87	59		7.8
160	210					16	290	23.27	87	60		9.4
170	225	78	92	106		15	363	30.87	92	63		10.7
180	235				M14			32.75	87	60	108	11.3
190	250	88	102	116		16	387	36.80	78	50		14.6
200	260					18	484	48.45	92	59		15.3
220	285					15	505	55.57	83	54		20.2
240	305		108	124	M16	20	673	80.75	100	67	168	21.8
260	325	96				21	705	91.67	97	66		23.4
280	355		110	130		15	877	122.80	114	75		30.0
300	375				M20		887	133.00	106	72	369	21.2
320	405	124	136	156		20	1181	189.00	102	67		48.0
340	425							200.80	96	64		51.0
360	455						1455	262.00	98	62		69.0
380	475							277.70	93	60	495	73.0
400	495					22	1595	319.00	97	65		76.0
420	515						1751	367.80	100	68		80.0
440	535					24	1952	429.50	98	73		81.0
460	555							448.40	94	70		85.0
480	575	140	155	177	M22	25	2040	489.70	94	70		88.0
500	595							508.00	90	68		91.0
520	615					28	2273	591.00	97	73	550	95.0
540	635							614.00	93	71		98.0
560	655							682.60	96	74		101.0
580	675					30	2437	707.40	93	72		104.0
600	695							731.60	90	70		108.0

表 5.4-19   ZJ10 型胀紧连接套的基本参数和主要尺寸

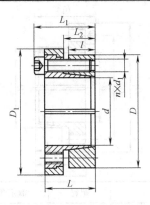

公称尺寸/mm							螺钉		额定负荷		胀紧套与轴结合面上的压力 p_f/MPa	胀紧套与轮毂结合面上的压力 p_f'/MPa	螺钉的拧紧力矩 M_a/N·m	质量/kg
d	D	l	L	L_1	L_2	D_1	d_1/mm	n	轴向力 F_t/kN	转矩 M_t/kN·m				
20	47	26	42	48	29	53	M6	7	0.54	54	276	117	14	0.51
22	47					53			0.60		253	118		0.53
24	50					56			0.65		230	110		0.55
25	50					56			0.68		222	111		0.65
28	55					61			0.76		198	100		0.62
30	55					61			0.82		186	101		0.80
32	60					66		11	1.31	82	261	139		0.70
35	60					66			1.44		240	140		0.81
38	65					71			1.56		220	129		0.77
40	65					71			1.64		209			1.33
42	75	30	51	59	34.5	81	M8	6	2.13	101	213	119	41	1.24
45	75					81			2.28		199			1.44
48	80					86			2.43		186	112		1.41
50	80					86			2.53		179			1.35
55	85					91		9	4.18	152	244	158		1.45
60	90					96			4.56		224	149		1.55
65	95					102			4.94		206	141		1.67
70	110	40	56	66	45	117	M10	7	6.50	186	176	112	83	2.61
75	115					122			7.00		165	107		2.75
80	120					127			7.40		153	102		2.89
85	125					132		8	9.00	213	165	112		3.04
90	130					137			9.60		157	109		3.18
95	135					142		10	12.60	267	185	130		3.33
100	145	46	65	77	52	153	M12	7	13.30	270	153	105	145	4.62
110	155					163			14.70	270	140	99		5.00
120	165					173		8	18.40	309	147	107		5.37
130	180					188		10	25.10	388	171	124		6.46
140	190	51	73.5	87.5	58.5	199	M14	11	40.15	586	213	157	230	7.73
150	200					209		12	47.00	639	217	163		8.21
160	210					219		13	54.30	692	220	167		8.64
170	225					234		14	63.00	746	226	171		10.14
180	235					244			66.00	746	212	162		10.66

表 5.4-20　ZJ11 型胀紧连接套的基本参数和主要尺寸

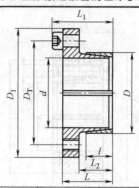

| 公称尺寸/mm | | | | | | | | 螺钉 | | 额定负荷 | | 胀紧套与轴结合面上的压力 p_f/MPa | 胀紧套与轮毂结合面上的压力 p_f'/MPa | 螺钉的拧紧力矩 M_a/N·m | 质量/kg |
d	D	D_T	D_1	l	L	L_1	L_2	d_1/mm	n	轴向力 F_t/kN	转矩 M_t/kN·m				
14	25	33	42			30		M4		64	9.20	109	61	2.9	0.091
16										74		95			0.082
18										82		85			0.072
19										87		80			0.068
20	30	39	50		26					150		124	82	6	0.113
22										165	15.00	113			0.110
24										180		104			0.088
25	36	45	55	16		31	20	M5		187		100			0.144
28										210		89	69		0.121
30										225		83			0.105
32	42	51	62						4	240	15.00	77		6	0.200
35						33				260		71	59		0.173
36					28					270		69			0.162
38	44	54	66			34		M6		400		93	80		0.182
40	48	58	70							425	21.20	88	73	10	0.223
42	48	58	70							446	21.20	83	73	10	0.191
45	55	67	82	20						875		115			0.400
48										935		107	94		0.350
50	62	74	89	20	35	43	25	M8		974	38.90	103		25	0.500
55										1070		94	83		0.410
60	72	84	99	20						1165		86			0.580
65										1265		79	71		0.460

表 5.4-21　ZJ12 型胀紧连接套的基本参数和主要尺寸

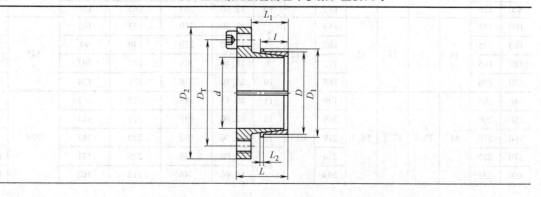

（续）

d	D	D_T	l	L	L_1	L_2	D_1	D_2	d_1/mm	n	F_1/kN	M_1/kN·m	p_f/MPa	p'_f/MPa	M_a/N·m	质量/kg
			公称尺寸/mm						螺钉		额定负荷		胀紧套与轴结合面上的压力	胀紧套与轮毂结合面上的压力	螺钉的拧紧力矩	
9	12	21	11.5	19.5	15	1.5	15	29	M4	3	7.8	0.035	199	149	4.0	0.04
10	13	22					16	30				0.039	180	138		0.04
11	14	23					17	31				0.043	164	129		0.04
12	15	24					18	32				0.047	150	120		0.04
14	18	27	16.0	26.0			22	35		4	10.4	0.073	123	96		0.06
15	19	28					23	36				0.078	115	91		0.07
16	20	29		27.0			24	37		6	15.6	0.125	162	130		0.08
17	21	30					25	38				0.132	151	122		0.10
18	22	33			20	2.0	26	43	M5	4	17.1	0.154	156	128	8.5	0.11
19	24	35					28	45				0.162	149	118		0.12
20	25	36					29	46				0.171	142	114		0.12
22	26	38					30	48				0.188	129	109		0.16
24	28	40					32	50				0.205	118	101		0.16
25	30	42					34	52				0.214	114	95		0.19
28	32	44		28.5	21		36	54		6	25.6	0.358	151	132		0.20
30	35	47					39	57				0.384	141	121		0.23
32	36	49		30.0			41	59				0.410	133	118		0.33
35	40	53	17.5	31.5	23	2.5	45	63				0.448	111	97		0.33
38	44	58		33.0			49	70			36.1	0.686	144	124		0.40
40	45	59	20.0	35.5	26		50	71	M6			0.722	120	106	17.0	0.65
42	48	62		36.5			53	74		8	48.0	1.010	152	133		0.68
45	52	69	25.0	44.5	32	3.0	58	84	M8	6	66.3	1.490	156	135	34.3	0.69
48	55	72					61	87				1.590	146	127		0.74
50	57	74					63	89				1.660	141	124		0.86
55	62	79					68	94				1.820	128	114		1.10
60	68	86	27.0	47.0	34		75	101				1.990	109	96		1.20
65	73	91		49.0			80	106		8	88.5	2.880	134	119		1.30
70	79	97	31.0	53.0	38	3.5	86	112				3.100	108	96		1.70
75	84	102		54.5	39		91	117		10	111	4.160	127	113		2.20
80	91	110	34.0	59.0	42	4.0	99	125				4.440	108	95		2.30

表 5.4-22　ZJ13 型胀紧连接套的基本参数和主要尺寸

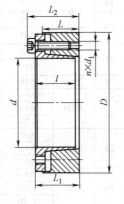

（续）

公称尺寸/mm						螺钉		额定负荷		胀紧套与轴结合面上的压力 p_f/MPa	胀紧套与轮毂结合面上的压力 p'_f/MPa	螺钉的拧紧力矩 M_a/N·m	质量/kg
d	D	l	L	L_1	L_2	d_1/mm	n	轴向力 F_t/kN	转矩 M_t/kN·m				
20	47	20	17	23	29	M6	5	34	0.34	242	121	17	0.25
22									0.38	220			0.24
24	50								0.41	202	114		0.27
25									0.43	194			0.29
28	55						6	43	0.60	208	124		0.31
30									0.64				0.30
35	60						7	51	0.90	194	133		0.33
40	65						8		1.00		140		0.37
45	75	24	20	28	36	M8	6	80	1.80	198	142	41	0.62
50	80						7	92	2.3	208	156		0.67
55	85						8	105	2.9	216	167		0.72
60	90							107	3.2	198	158		0.77
65	95						9	117	3.8	205	169		0.82
70	110	29	24	34	44	M10	8	171	6.0	223	172	83	1.50
75	115								6.4	208	164		1.59
80	120							170	6.8	195	157		1.67
85	125						9	191	8.1	207	170		1.76
90	130						10	213	9.6	217	181		1.84
95	135							210	10.0	206	175		1.90
100	145	33	28	38	50	M12	8	220	11	200	163	145	2.58
110	155						9	254	14	205	171		2.79
120	165	38	33	43	55		10	283	17	209	179		3.00
130	180						12	354	23	201	167		4.10
140	190							342	24	186	158		4.37
150	200						14	400	30	203	175		4.63
160	210						15	438	35	204	179		4.90
170	225	43	38	49	63	M14	12	494	42	186	159	230	6.56
180	235						14	560	51	205	178		6.90
190	250	51	46	57	71		16	640	61	187	158		9.27
200	260						18	720	72	200	171		9.70
220	285	55	50	61	77	M16	16	900	100	207	175	355	12.30
240	305								108	189	164		13.30
260	325						18	1000	130	197	173		14.30
280	355	65	60	73	91	M18	18	1200	170	188	161	485	21.40
300	375						20	1330	200	195	169		22.70
320	405	77	72	85	105	M20	18	1700	275	198	167	930	32.20
340	425						20		290	187	160		34.00
360	455	89	84	99	121	M22	20	2130	385	190	159		47.20
380	475						21	2260	430	189	160		49.50
400	495								450	180	154		51.80
420	515						24	2590	546	196	169		54.20
440	545	101	96	113	137	M24	22	3000	660	190	161	1200	72.00
460	565						24		690	182	156		74.90
480	585								720	174	150		77.90
500	605						28	3520	880	195	170		80.80
520	630								915	178	155		88.10
540	650								950	171	150		91.10
560	670						30	3780	1060	178	156		94.20
580	690								1100	172	152		97.30
600	710								1130	165	148		100.3

表 5.4-23 ZJ14 型胀紧连接套的基本参数和主要尺寸

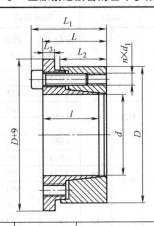

公称尺寸/mm							螺钉		额定负荷		胀紧套与轴结合面上的压力 p_f/MPa	胀紧套与轮毂结合面上的压力 p_f'/MPa	螺钉的拧紧力矩 M_a/N·m	质量/kg
d	D	l	L	L_1	L_2	L_3	d_1/mm	n	轴向力 F_t/kN	转矩 M_t/kN·m				
20	47									0.28	185	93		0.26
22	47						6	28		0.31	168	93		0.25
24	50									0.34	154	87		0.28
25	50	20	23	29	17	3	M6			0.35	148	87	17	0.30
28	55						8	37	0.52	176	105		0.32
30	55								0.56	164	105		0.31
35	60						9	42	0.74	158	109		0.34
40	65						10	46	0.93	154	112		0.38
45	75						8	69	1.56	168	121		0.64
50	80						9	80	2.00	170	127		0.69
55	85	24	28	36	20	4	M8	10	87	2.40	171	133	41	0.75
60	90								2.60	157	126		0.80
65	95						12	105	3.40	174	143		0.85
70	110						10	137	4.80	177	136		1.56
75	115								5.15	166	130		1.65
80	120	29	34	44	24		M10		151	6.05	171	138	83	1.73
85	125								7.0	175	144		1.83
90	130						12	164	7.4	166	138		1.91
95	135								7.8	157	133		1.99
100	145						11	200	10.0	175	142		2.68
110	155	33	38	50	28		M12			11.0	159	133		2.90
120	165						14	263	15.8	186	159		3.10
130	180					5	16	300	19.5	170	142	145	4.25
140	190	38	43	55	33		M12			21.0	158	134		4.50
150	200						18	338	25.4	166	143		4.80
160	210							375	30.0	156	137		5.00
170	225						16	412	35.0	158	135		6.80
180	235	43	49	63	38		M14	18	464	41.8	168	145	230	7.10
190	250						21	537	51.4	156	132		9.60
200	260	51	57	71	46			24	620	62	170	145		10.00
220	285						20	718	79	164	139		12.70
240	305	55	61	77	50		M16	21	766	92	158	137	355	13.80
260	325						24	862	112	167	147		14.80

（续）

公称尺寸/mm							螺钉		额定负荷		胀紧套与轴结合面上的压力 p_f/MPa	胀紧套与轮毂结合面上的压力 p'_f/MPa	螺钉的拧紧力矩 M_a/N·m	质量/kg
d	D	l	L	L_1	L_2	L_3	d_1/mm	n	轴向力 F_t/kN	转矩 M_t/kN·m				
280	355	65	73	91	60		M18		1035	145	159	136	485	22.20
300	375								1166	175	167	145		23.60
320	405	77	85	105	72		M20	24	1510	242	170	144	690	33.40
340	425									257	160	137		35.30
360	455	89	99	121	84		M22		1880	338	156	130	930	49.00
380	475								1890	360	147	125		51.50
400	495							28	2195	439	163	140		53.80
420	515					5		30	2350	494	167	144		56.30
440	545							32	2572	566	161	137		74.80
460	565									592	154	132		77.80
480	585									617	148	128		81.00
500	605	101	113	137	96			36	2893	723	160	139	1200	84.00
520	630									752	146	128		91.60
540	650						M24			781	141	123		94.70
560	670							40	3215	900	151	133		97.90
580	690									932	145	129		101.00
600	710									964	141	125		104.00

表 5.4-24a　ZJ15A 型胀紧连接套的基本参数和主要尺寸

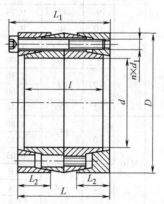

ZJ15 型、ZJ15B 型胀紧连接套

公称尺寸/mm						螺钉		额定负荷		胀紧套与轴结合面上的压力 p_f/MPa	胀紧套与轮毂结合面上的压力 p'_f/MPa	螺钉的拧紧力矩 M_a/N·m	质量/kg
d	D	l	L	L_1	L_2	d_1/mm	n	轴向力 F_t/kN	转矩 M_t/kN·m				
30	55	40	46	52	17	M6	6	60	0.9	132	85	17	0.5
35	60						7	71	1.2	135	93		0.6
40	65						8	75	1.5	125	90		0.7
45	75	48	56	64	20	M8	6	111	2.5	136	98	41	1.1
50	80						7	120	3.0	133	100		1.2
55	85						8	138	3.8	139	108		1.3
60	90							143	4.3	132	106		1.4
65	95						9	163	5.3	139	114		1.5
70	110	58	68	78	24	M10	8	217	7.6	142	109	83	2.6
75	115							219	8.2	133	105		2.8

（续）

公称尺寸/mm						螺钉		额定负荷		胀紧套与轴结合面上的压力 p_f/MPa	胀紧套与轮毂结合面上的压力 p_f'/MPa	螺钉的拧紧力矩 M_a/N·m	质量/kg
d	D	l	L	L_1	L_2	d_1/mm	n	轴向力 F_t/kN	转矩 M_t/kN·m				
80	120						8	217	8.7	124	100		2.9
85	125	58	68	78	24	M10	9	245	10.4	132	108	83	3.1
90	130						10	272	12	138	116		3.2
95	135							271	13	131	111		3.3
100	145						8	317	16	127			4.5
110	155	66	76	88	28		9	340	19	124	104		4.9
120	165						10	377	23	126	108		5.3
130	180					M12	12	453	29	122	101	145	7.3
140	190								32	113	96		7.8
150	200	76	86	98	33		14	528	40	23	106		8.2
160	210							566	45		108		8.7
170	225						12	622	53	113	96		11.6
180	235	86	98	112	38		14	726	65	124	108	230	12.2
190	250					M14	15	829	79	114	96		16.7
200	260	102	114	128	46		16	933	93	121	103		17.4
220	285						15	1141	126	125	106		22.3
240	305	110	122	138	50	M16			137	115	99	355	24.1
260	325						16	1284	167	119	105		25.8
280	355	130	146	164	60	M18		1562	219	114	97	485	38.2
300	375							1735	260	118	102		40.6
320	405	154	170	190	72	M20	18	2230	357	120	101	690	58.6
340	425								379	113			61.8
360	455							2784	501	115	97		85.0
380	475	178	198	220	84	M22	20		555			930	87.2
400	495							2923	585	109	93		93.4
420	515						21	3132	658	111	96		97.5
440	545								696	108	92		128.9
460	565						22	3616	832	103	88		134.1
480	585								868	99	85		139.3
500	605								984	103	90		144.5
520	630	202	226	250	96	M24	26	3938	1024	99	86	1200	157.6
540	650								1063	96	84		163.1
560	670								1181	99	87		168.6
580	690						27	4219	1224	96	84		174.0
600	710								1266		82		179.5

表 5.4-24b　ZJ15B 型胀紧连接套的基本参数和主要尺寸（图同表 5.4-24a）

公称尺寸/mm						螺钉		额定负荷		胀紧套与轴结合面上的压力 p_f/MPa	胀紧套与轮毂结合面上的压力 p_f'/MPa	螺钉的拧紧力矩 M_a/N·m	质量/kg
d	D	l	L	L_1	L_2	d_1/mm	d	轴向力 F_t/kN	转矩 M_t/kN·m				
100	145						8	224	11	90			4.5
110	155	66	76	86	28		9	240	13	88	73		4.9
120	165						10	267	16	89	77		5.3
130	180					M10	12	312	20	84	70	83	7.3
140	190							320	22	80	68		7.8
150	200	76	86	96	33		14	364	27	85	73		8.2
160	210						15	390	31		75		8.7

（续）

公称尺寸/mm						螺钉		额定负荷		胀紧套与轴结合面上的压力 p_f/MPa	胀紧套与轮毂结合面上的压力 p'_f/MPa	螺钉的拧紧力矩 M_a/N·m	质量/kg
d	D	l	L	L_1	L_2	d_1/mm	d	轴向力 F_t/kN	转矩 M_t/kN·m				
170	225	86	98	110	38	M12	12	449	38	82	70	145	11.6
180	235						14	524	47	90	78		12.2
190	250	102	114	126	46		16	599	57	82	69		16.7
200	260						18	674	67	88	75		17.4
220	285	110	122	136	50	M14	16	828	91	91	77	230	22.3
240	305							822	99	83	72		24.1
260	325						18	937	122	87	76		25.8
280	355	130	146	162	60	M16	18	1294	181	94	81	355	38.2
300	375						20	1431	215	97	84		40.6
320	405	154	170	188	72		18	1725	276	93	78		58.6
340	425							1732	294	88	75		61.8
360	455	178	198	216	84	M18	22	2065	372	85	72	485	85.0
380	475								393	81	69		87.2
400	495						24	2068	414	77	66		93.4
420	515						26	2412	507	86	74		97.5
440	545	202	226	246	96	M20	21	2409	530	72	61	690	128.9
460	565						22		554	69	59		134.1
480	585								578	66	57		139.3
500	605								703	74	64		144.5
520	630						26	2811	731	71	62		157.6
540	650								759	68	60		163.1
560	670								843	71	62		168.6
580	690						27	3012	873	68	60		174.0
600	710								903	66	59		179.5

表 5.4-25　ZJ16 型胀紧连接套的基本参数和主要尺寸

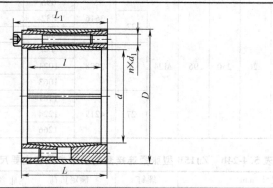

公称尺寸/mm					螺钉		额定负荷		胀紧套与轴结合面上的压力 p_f/MPa	胀紧套与轮毂结合面上的压力 p'_f/MPa	螺钉的拧紧力矩 M_a/N·m	质量/kg
d	D	l	L	L_1	d_1/mm	n	轴向力 F_t/kN	转矩 M_t/kN·m				
45	75							3.90	185	110		1.5
48	80					9	174	4.15	170	105	41	1.7
50	80							4.30	165			1.6
55	85	55	64	72	M8			4.80	150	95		1.7
60	90					11	213	6.40	170	110		1.8
65	95							6.90	155	105		2.0

（续）

公称尺寸/mm					螺钉		额定负荷		胀紧套与轴结合面上的压力 p_f/MPa	胀紧套与轮毂结合面上的压力 p'_f/MPa	螺钉的拧紧力矩 M_a/N·m	质量/kg
d	D	l	L	L_1	d_1/mm	n	轴向力 F_t/kN	转矩 M_t/kN·m				
70	110	70	78	88	M10	11	338	11.8	185	115	83	3.6
75	115					11	338	12.7	170	110		3.8
80	120					12	369	14.7	175	115		4.0
85	125					12	369	15.7	165	110		4.3
90	130					13	400	18.0	170	115		4.5
95	135					13	400	19.0	160	110		4.7
100	145	90	100	112	M12	12	538	26.9	160	110	145	7.2
110	155					13	583	32.0	155			7.7
120	165					15	673	40.3	165	120		8.3
130	180	105	116	130	M14	13	800	52.0	155	115	230	11.7
140	190					15	923	64.6	170			12.5
150	200					16	985	73.8	165	125		13.2
160	210					17	1045	83.7				14.0
170	225	132	146	162	M16	15	1283	109.0	150	115	355	20.6
180	235					16	1369	123.2				21.6
190	250					17	1454	138.0				25.0
200	260					17	1454	145.4	145	110		26.2
220	285					20	1710	188.0	155	120		31.1
240	305					22	1880	225.0				33.6
260	325					22	1880	244.0	145	115		36.1
280	355	160	177	197	M20	20	2670	373.0	155	120	690	54.9
300	375					22	2930	440.0		125		58.3
320	405					22	2930	470.0	145	115		71.0

表 5.4-26a　ZJ17A 型胀紧连接套的基本参数和主要尺寸

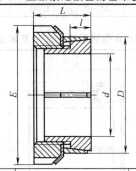

公称尺寸/mm					圆螺母螺纹直径/mm	额定负荷		胀紧套与轴结合面上的压力 p_f/MPa	胀紧套与轮毂结合面上的压力 p'_f/MPa	圆螺母的拧紧力矩 M_a/N·m	质量/kg
d	D	E	l	L		轴向力 F_t/kN	转矩 M_t/N·m				
14		32				5.10	38	200			0.05
15	25				M20×1	5.50	41	185	110	95	
16			16.5			5.45	43	174			0.04
17	26					5.50	47	164	107		
18		6.5			M22×1	5.40	49	155			
18							58	185	112		
19	30	38	18		M25×1.5	6.60	62	176		160	0.06
20							66	167	111		
22	32						73	152	105		

（续）

公称尺寸/mm d	D	E	l	L	圆螺母螺纹直径/mm	额定负荷 轴向力 F_t/kN	转矩 M_t/kN·m	胀紧套与轴结合面上的压力 p_f/MPa	胀紧套与轮毂结合面上的压力 p_f'/MPa	圆螺母的拧紧力矩 M_a/N·m	质量/kg
24	35	45	6.5	18	M30×1.5	8.75	105	185	127	220	0.08
25	35					8.80	110	178			0.07
28	36				M32×1.5	8.55	120	159	124		0.06
28	40	52	7	19.5	M35×1.5	10.60	149	188	141	340	0.09
30	40						160	164	123		
32	42				M36×1.5		170	154	117		
35	45	58	8	21.5	M40×1.5	13.10	230	153	120	480	0.11
36	45					13.30	240	149			0.1
38	48				M42×1.5	13.10	250	141	112		0.12
38	50										0.14
40	50	65	10	24.5	M45×1.5	15.50	310	124	93	680	0.17
40	52							120			
42	55				M48×1.5	15.20	320	114	87		0.2
45	55	70	10	25.5	M50×1.5	17.70	400	122	96	870	0.16
45	57										0.2
48	60	75			M55×2		500	135	105	970	0.21
50	60	75			M55×2	20.80	520	130			0.18
50	62										0.22
55	65	80	12	27.5	M60×2	22.00	610	103	84	1100	0.21
55	68										0.28
56	68						620	101	82		0.26
60	70	85		30	M65×2	26.60	800	113	93	1300	0.24
60	73	85									0.33
63	79	92		30.5	M70×2	31.10	980	107	86	1600	0.43
65	79		14			31.00	1010	104			0.38
70	84	98		31.5	M75×2	35.40	1240	110	92	2000	0.42

表 5.4-26b　ZJ17B 型胀紧连接套的基本参数和主要尺寸

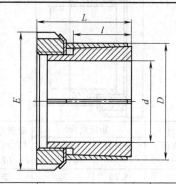

公称尺寸/mm d	D	E	l	L	圆螺母螺纹直径/mm	额定负荷 轴向力 F_t/kN	转矩 M_t/kN·m	胀紧套与轴结合面上的压力 p_f/MPa	胀紧套与轮毂结合面上的压力 p_f'/MPa	圆螺母的拧紧力矩 M_a/N·m	质量/kg
14	25	32	20	30	M20×1	9.1	64	85	45	95	0.08
15	25						70	80			
16	25						73	75			0.07
17				32	M22×1		80	70			
18	30						83	65	40		0.12

（续）

公称尺寸/mm					圆螺母螺纹直径/mm	额定负荷		胀紧套与轴结合面上的压力 p_f/MPa	胀紧套与轮毂结合面上的压力 p'_f/MPa	圆螺母的拧紧力矩 M_a/N·m	质量/kg
d	D	E	l	L		轴向力 F_t/kN	转矩 M_t/kN·m				
19	30	38	20	32	M25×1.5	11.0	105	75	45	160	0.11
20							112	70			0.10
22	35	45	25	36	M30×1.5	14.5	163	70		220	0.17
24							178	65			0.15
25							185	60			0.14
28	40	52		42	M35×1.5	17.5	250	55	40	340	0.22
30							270	50			0.19
32	42		30	44	M36×1.5	21.5	350	60	45	480	0.20
32	45	58			M40×1.5						0.27
35							390	55			0.22
38	50	65		45	M45×1.5	26.0	500			680	0.30
40							520				0.25
45	55	70			M50×1.5	30.0	680	60	50	870	0.29
48	60	75		46	M55×2	35.0	840			970	0.37
50							880				0.32
55	65	80			M60×2	37.5	1030			1100	0.34
60	70	85		52	M65×2	45.0	1360	65	55	1300	0.42

表 5.4-27   ZJ18 型胀紧连接套的基本参数和主要尺寸

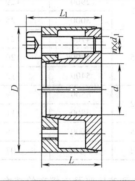

公称尺寸/mm				螺钉		额定负荷		胀紧套与轴结合面上的压力 p_f/MPa	胀紧套与轮毂结合面上的压力 p'_f/MPa	螺钉的拧紧力矩 M_a/N·m	质量/kg
d	D	L	L_1	d_1/mm	n	轴向力 F_t/kN	转矩 M_t/kN·m				
5	16	11	13.5	M2.5	4	2.4	6	159	50	1.2	0.010
6	16						8	147	55		0.012
7	17					2.6	9	122	50		0.013
8	18					2.8	11	113			0.015
9	20	13	15.5			3.6	16	116	52		0.020
10							18	106	53		0.019
11	22						20	97	49		0.024
12							22	90			0.022
14	26	17	20	M3	5	5.6	39	88	48	2.2	0.039
15	28						42	83	44		0.044
16	32		21	M4		9.6	77	132	66	5	0.067
17							82	125	61		0.090
18	35	21	25			9.7	87	102	53		0.087
19							92	97			0.098

（续）

公称尺寸/mm				螺钉		额定负荷		胀紧套与轴结合面上的压力 p_f/MPa	胀紧套与轮毂结合面上的压力 p_f'/MPa	螺钉的拧紧力矩 M_a/N·m	质量/kg
d	D	L	L_1	d_1/mm	n	轴向力 F_t/kN	转矩 M_t/kN·m				
20	47	29	35	M6	5	28	280	155	66	17	0.100
22	47					28	310	142	66		0.110
24	50				5	33	400	154	74		0.200
25	50					33	420	148	74		0.190
28	55	29	35	M6	6	33	470	132	67	17	0.220
30	55					33	500	123	67		0.270
32	60				7	44	710	153	82		0.250
35	60					44	780	141	82		0.360
38	65				8	45	850	130	76		0.430
40	65					45	890	123	76		0.400
42	75	36	44	M8	6	71	1500	150	84	41	0.670
45	75					71	1600	140	84		0.630
48	80					71	1700	130	78		0.740
50	80					72	1800	127	80		0.700
55	85	36	44	M8	8	84	2300	134	87	41	1.100
60	90					84	2500	123	82		1.000
63	95				9	92	2900	129	86		1.000
65	95					92	3000	125	86		0.860
70	110	46	56	M10	8	135	4700	127	81	83	2.150
75	115					135	5100	120	78		2.200
80	120					135	5400	112	75		2.400
85	125				9	152	6500	119	81		2.450
90	130					152	6800	111	77		2.500
95	135				10	168	8000	118	83		2.650
100	145	56	68	M12	8	202	10100	107	74	145	3.850

表 5.4-28　ZJ19 型液压胀紧连接套的基本参数和主要尺寸

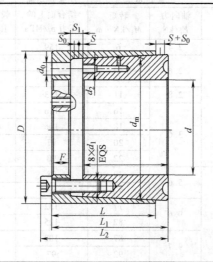

（续）

公称尺寸/mm												螺钉 d_1/mm	注油孔径 d_2	未注入液压油时		螺钉拧紧力矩 M_a/N·m	质量/kg
d	D	d_m	l	L	L_1	L_2	F	d_0	S	S_1	S_0			转矩 M_t/kN·m	压力 p/MPa		
100	145	139	70	85	95	105	15	10	2.9	10		M10		12.5	80	83	6.5
110	155	149												14.0	75		7.0
120	165	159												15.6	70		7.5
130	180	172	104	120	135	147	18	15	3.1	13		M12		31.6	60	145	11.0
140	190	182												36.0	80		12.0
150	200	192							3.4					38.4	75		13.0
160	210	202												41.2	60		14.0
170	230	220	132	150	165	179	20	18	3.6	15	S_0 的值见附录D表D1	M14	Rc1/8	71.0	80	230	22.0
180	240	230												76.4			23.0
200	260	250							4.0					81.0	70		25.0
220	285	274	157	180	200	216	24	18	4.0	25		M16		123	75	355	35.0
240	305	294												135	70		38.0
260	325	314												145	65		41.0
280	345	334							4.6					183	70		44.0
300	365	354												196			48.0
320	405	387	200	237	267	287	35	24	5.0	32		M20	Rc1/4	375	85	690	88.0
340	425	407												402	80		93.0
360	445	427												431			97.0
400	485	467												475	70		107.0
420	505	487												626	85		110.0
460	545	527							6.0					684	80		120.0
500	585	567												740	75		130.0

4.3 胀紧连接套的材料（见表5.4-29）

表 5.4-29 胀紧连接套的材料

胀紧套形式	选用材料		
	普通机械	重型机械	精密机械
ZJ1	45、40Cr	42CrMo、60Si2Mn	42CrMo、60Si2Mn
ZJ2	40Cr、42CrMo、65Mn	40Cr、42CrMo、60Si2Mn	40Cr、42CrMo
ZJ3	45、42CrMo	42CrMo、65Mn	42CrMo
ZJ4、ZJ5	40Cr、42CrMo、65Mn	40Cr、42CrMo、60Si2Mn	40Cr、42CrMo
ZJ6、ZJ7	40Cr、42CrMo	42CrMo、65Mn	42CrMo
ZJ8	45、40Cr	40Cr、42CrMo	
ZJ9A、ZJ9B、ZJ9C	45、40Cr、65Mn	40Cr、42CrMo、65Mn	40Cr、42CrMo
ZJ10、ZJ11、ZJ12	45、40Cr	40Cr、42CrMo、65Mn	
ZJ13、ZJ14、ZJ15	40Cr、65Mn	42CrMo、60Si2Mn	42CrMo
ZJ16	40Cr、42CrMo	40Cr、42CrMo、65Mn	40Cr、42CrMo
ZJ17A、ZJ17B	45、40Cr	40Cr、42CrMo	
ZJ18	45、40Cr、65Mn	40Cr、42CrMo、65Mn	42CrMo
ZJ19	40Cr	42CrMo	

4.4　按传递载荷选择胀套的计算（见表 5.4-30）

表 5.4-30　按传递载荷选择胀套的计算

项　　目	计　算　式	说　　明
选择胀套应满足的条件	传递转矩：$M_t \geqslant M$ 承受轴向力：$F_t \geqslant F_x$ 传递力：$F_t \geqslant \sqrt{F_x^2 + \left(M\dfrac{d}{2}\times10^{-3}\right)^2}$ 承受径向力：$p_f \geqslant \dfrac{F_r}{dl}\times10^3$	M_t——胀套的额定转矩（kN·m） M——需传递的转矩（kN·m） F_t——胀套的额定轴向力（kN） F_x——需承受的轴向力（kN） p_f——胀套与轴结合面上的压强（MPa） F_r——需承受的径向力（kN） d,l——胀套内径和内环宽度（mm）

| 一个连接采用数个胀套时的额定载荷 | 一个胀套的额定载荷小于需传递的载荷时，可用两个以上的胀套串联使用，其总额定载荷为 $M_{tn}=mM_t$ | M_{tn}——n 个胀套总额定载荷
m——载荷系数 |

连接中胀套的数量 n	1	2	3	4
ZJ1 型胀套	1.0	1.56	1.86	2.03
ZJ2~ZJ5 型胀套	1.0	1.8	2.7	—
ZJ9、ZJ13、ZJ15、ZJ16	1.0	1.8	—	—

（注：上表最左侧 m 跨三行）

4.5　结合面公差及表面粗糙度（见表 5.4-31）

表 5.4-31　结合面公差及表面粗糙度

胀套形式	结合面公差			结合面表面粗糙度 $Ra/\mu m$	
	胀套内径 d/mm	与胀套结合的轴的公差带	与胀套结合的孔的公差带	与胀套结合的轴	与胀套结合的孔
ZJ1	所有直径	h8	H8	≤1.6	≤1.6
其他形式	所有直径	h8	H8	≤3.2	≤3.2

4.6　被连接件的尺寸（见表 5.4-32、表 5.4-33）

表 5.4-32　空心轴内径

图　　示	与胀套连接的空心轴内径 d_i

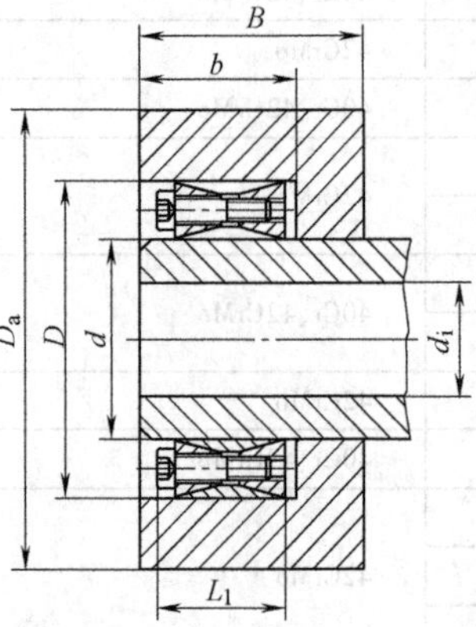

$$d_i \leqslant d\sqrt{\dfrac{R_{eH}-2p_f C}{R_{eH}}}\ (mm)$$

d——胀套内径（mm）
R_{eH}——空心轴材料的屈服强度（MPa）
p_f——胀套与轴结合面上的压强（MPa）

胀套形式	ZJ1			ZJ2		ZJ3、ZJ6 ZJ8、ZJ10 ZJ13、ZJ14	ZJ4、ZJ16、ZJ18	ZJ5、ZJ7、ZJ9、ZJ11、ZJ12、ZJ15、ZJ17、ZJ19
一个连接中的胀套数	1	2	>2	1	2			
系数 C	0.6	0.8	1	0.6	0.8	0.8	0.85	0.9

表 5.4-33 轮毂外径

毂孔与胀套连接形式

毂孔与胀套连接有 A、B、C 三种形式,如图 a~图 h 所示。最好采用毂型 A、C,因其用料少,省工时。毂型 B 用后会产生锈蚀,拆卸困难

毂型 A:$C_1 = 1$

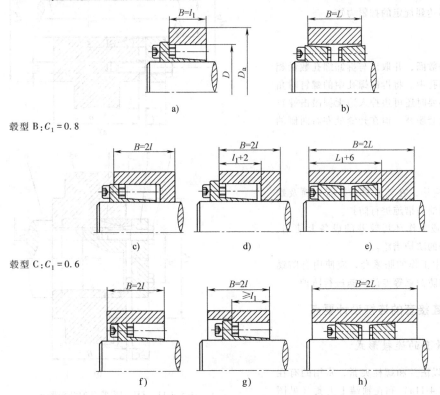

a)

b)

毂型 B:$C_1 = 0.8$

c)

d)

e)

毂型 C:$C_1 = 0.6$

f)

g)

h)

与胀套连接的轮毂外径 D_a

$$D_a \geqslant D\sqrt{\frac{R_{eH} + p'_f C_1}{R_{eH} - p'_f C_1}}$$

式中　D——胀套外径(mm)

　　　R_{eH}——轮毂材料的屈服强度(MPa)

　　　p'_f——胀套与轮毂结合面上的压强(MPa)

　　　C_1——系数,轮毂与装在毂孔中的胀套宽度相同时 $C_1 = 1$

4.7　胀紧连接套安装和拆卸的一般要求

4.7.1　安装准备

结合面的尺寸应按 GB/T 3177 规定的方法进行检验。清除连接件与胀紧套结合面污物,然后均匀地涂抹薄薄一层不含二硫化钼(MoS$_2$)的润滑油或润滑脂。松开所有螺钉数圈,并至少用三个螺钉拧入拆卸螺孔中使其压环与内外锥面保持有一定距离。

4.7.2　安装

1)把连接件之轮毂套在轴上,并推移到设计规定位置。

2)将拧松螺钉的胀紧套平滑地装入连接孔处(要防止结合件的倾斜),然后除去拆卸螺孔中的螺钉,并预紧紧固螺钉,使其固定在设计位置。

3)用力矩扳手对角、交叉、均匀地拧紧胀紧连接套各紧固螺钉,但开缝处两侧的螺钉应依次先后拧

紧。其依次拧紧力矩按下列规定：

第一次：以三分之一拧紧力矩 M_a [拧紧力矩 M_a （N·m）按胀紧套基本参数表中规定] 值拧紧。

第二次：以二分之一拧紧力矩 M_a 值拧紧。

第三次：以拧紧力矩 M_a 值拧紧。

4）最后按螺钉排列顺序依次以拧紧力矩 M_a 值进行检查，确保全部达到规定的拧紧力矩。

4.7.3 拆卸

将所有螺钉转松数圈，并取出与拆卸螺孔数量相同的螺钉拧入拆卸螺孔中。将拆卸螺孔中的螺钉对角逐级、平均拧入，必要时还可边拧入边无损敲击螺钉或连接件，使其胀紧套脱开。但在开缝处左右两侧的螺钉应依次拧入。

4.7.4 防护

1）胀紧套安装完毕，在其胀紧套外露端面及螺钉头部采取涂抹防锈油等措施进行防护。

2）在露天作业或工作环境较差的设备上使用，要定期检查外露部分的防护措施。

3）在腐蚀介质中工作的胀紧套，应使用有防锈功能的胀紧套或增加防护罩等专门措施进行防护。

4.8　ZJ1 型胀紧连接套的连接设计要点

4.8.1　ZJ1 型胀紧套的连接形式

ZJ1 型胀紧套需以法兰和螺栓夹紧，常用的有在轮毂上夹紧（见图 5.4-11a）和在轴端上夹紧（见图 5.4-11b）两种结构型式。

4.8.2　夹紧力

1）ZJ1 型胀紧套的总夹紧力 p_A 等于单件螺栓的夹紧力 p_v 乘以螺栓的数量 Z（即 $p_A = Z p_v$）。单件螺栓的拧紧力矩 M_a 与单件螺栓的夹紧力 p_v 的关系见表 5.4-34。

表 5.4-34　螺栓的夹紧力 p_v

螺栓直径 /mm	力学性能等级 8.8 级		力学性能等级 10.9 级	
	$M_a / \text{N} \cdot \text{m}$	p_v / kN	$M_a / \text{N} \cdot \text{m}$	p_v / kN
M5	6	6.4	8	8.43
M6	10	9.0	14	12.6
M8	25	16.5	35	23.2
M10	49	26.2	69	36.9
M12	86	38.3	120	54.0
M16	210	73.0	295	102.0
M20	410	114.0	580	160.0
M24	710	164.0	1000	230.0

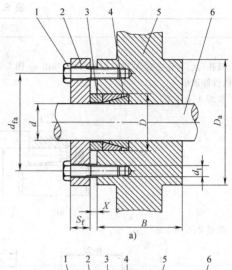

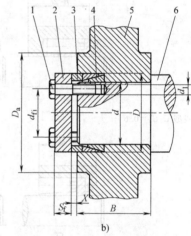

图 5.4-11　ZJ1 型胀紧套的结构形式

a）在轮毂上夹紧 ZJ1 型胀紧套

b）在轴端面上夹紧 ZJ1 型胀紧套

1—螺栓　2—法兰　3—隔套

4—ZJ1 型胀紧套　5—轮毂　6—轴

2）ZJ1 型胀紧套的夹紧过程如图 5.4-12 所示。

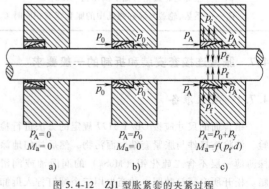

图 5.4-12　ZJ1 型胀紧套的夹紧过程

a）夹紧前　b）消除间隙　c）夹紧胀紧套

按表 5.4-31 规定的公差带时，消除配合间隙所需夹紧力 p_0 见表 5.4-35。

ZJ1 型胀紧套与轴结合面上的压力 $p_f = 100\text{MPa}$ 时所需的有效夹紧力 p_y 见表 5.4-35。

4.8.3 夹紧附件的公称尺寸

1）隔套（见图 5.4-11 中件号 3）的公称尺寸见表 5.4-35。

2）法兰与轮毂端面的距离 X（见图 5.4-11）按连接中胀紧套的数量而定，见表 5.4-35。

3）法兰（见图 5.4-11）的公称尺寸：

$$d_{fa} = D + 10 + d_1 \quad (\text{mm})$$

$$d_{fi} = D - 10 - d_1 \quad (\text{mm})$$

$$S_f \geqslant d_1(a_1 + a/Z) \quad (\text{mm})$$

式中，d_1 为螺栓直径（mm）；

　　　a_1 为系数；

　　　a 为螺栓布置系数，见表 5.4-36；

　　　Z 为螺栓数。

对于法兰的屈服强度 $R_{eH} \geqslant 295\text{MPa}$，螺栓的力学性能等级为 8.8 级时 $a_1 = 1$；

对于法兰的屈服强度 $R_{eH} \geqslant 345\text{MPa}$，螺栓的力学性能等级为 10.9 级时 $a_1 = 1.5$。

表 5.4-35　夹紧力及隔套的公称尺寸

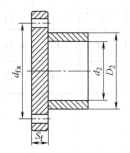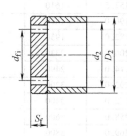

d/mm	D/mm	p_0/kN	$p_f = 100\text{MPa}$ p_y/kN	X/mm 连接中的胀紧套数量				d_2/mm	D_2/mm
				1	2	3	4		
20	25	12.1	18.0					20.2	24.8
22	26	9.1	19.8					22.2	25.8
25	30	9.9	22.5					25.2	29.8
28	32	7.4	25.2	3	3	4	5	28.2	31.8
30	35	8.5	27.0					30.2	34.8
32	36	7.9	28.8					32.2	35.8
35	40	10.1	35.6					35.2	39.8
40	45	13.8	45.0					40.2	44.8
45	52	28.2	66.0				6	45.2	51.8
50	57	23.5	73.0					50.2	56.8
55	62	21.8	80.0	3	4	5		55.2	61.8
60	68	27.4	106.0					60.2	67.8
65	73	25.4	115.0				7	65.2	72.8
70	79	31.0	145.0					70.3	78.7
75	84	34.6	155.0					75.3	83.7
80	91	48.0	203.0					20.3	90.7
85	96	45.6	216.0		5	6		85.3	95.7
90	101	43.4	229.0				8	90.3	100.7
95	106	41.2	242.0					95.3	105.7
100	114	60.7	347	4				100.3	113.7
105	119	63.2	332		6	7	9	105.3	119.7
110	124	66.0	349					110.3	123.7
120	134	60.2	380					120.4	133.6

（续）

d/mm	D/mm	p₀/kN	p_f = 100MPa p_y/kN	X/mm 连接中的胀紧套数量				d₂/mm	D₂/mm
				1	2	3	4		
125	139	70.1	420	5	7	9	11	125.4	138.6
130	148	96.2	558					130.4	147.6
140	158	89.0	600					140.4	157.6
150	168	84.5	643					150.4	167.6
160	178	78.5	686					160.4	177.6
170	191	117.5	865	6	8	11	13	170.5	190.5
180	201	111.2	916					180.5	200.5
190	211	105.0	966					190.5	211.5
200	224	134.0	1180					200.6	223.4
210	234	127.0	1239					210.6	233.4
220	244	122.0	1298					220.6	243.4
240	267	157.5	1610		9	12	14	240.6	266.4
250	280	190.0	1870	7	10	13	16	250.8	279.2
260	290	182.0	1950					260.8	289.2
280	313	206.0	2330		11	14	17	280.8	312.2
300	333	214.0	2490					300.8	332.2
320	360	292.0	3200					321.0	359
340	380	272.0	3400					341.0	379
360	400	258.0	3600					361.0	399
380	420	269.0	3800					381.0	419
400	440	256.0	4000	10	15	15	25	401.0	439
420	460	244.0	4200					421.0	459
450	490	238.0	4500					451.0	489
480	520	239.0	4800					481.0	519
500	540	229.0	5000					501.0	539

表 5.4-36　螺栓布置系数 a

a	六角头螺栓直径 d₁							
	M5	M6	M8	M10	M12	M16	M20	M24
	d_fa 或 d_fi/mm							
3	18	19	26	30	33	41	51	60
4	22	23	32	37	41	50	63	74
5	26	28	38	44	49	60	75	88
6	30	32	44	52	58	71	88	104
7	35	37	51	60	66	82	102	119
8	39	42	58	68	75	92	115	135
9	44	47	65	76	84	103	129	152
10	49	52	72	84	93	114	143	168
11	53	57	78	92	102	125	156	184
12	58	62	85	100	111	136	170	200
13	63	67	92	108	119	147	184	216
14	67	72	99	116	128	158	198	222
15	72	77	106	124	138	170	212	249
16	77	82	113	133	147	181	226	266
17	81	87	120	141	156	192	240	281
18	86	93	127	149	165	203	254	298
19	91	98	134	157	174	214	268	314

（续）

a	六角头螺栓直径 d_1							
	M5	M6	M8	M10	M12	M16	M20	M24
	d_{fa} 或 d_{fi}/mm							
20	96	103	141	165	183	225	282	330
21	100	108	148	174	192	237	296	347
22	105	113	155	182	201	247	309	363
23	110	118	162	190	211	259	324	380
24	115	123	169	198	219	270	338	396
25	119	128	176	206	228	281	351	412
26	124	133	183	215	238	293	365	429
27	129	138	190	222	246	304	379	445
28	134	143	197	231	256	315	394	463
29	138	148	204	239	265	326	407	479
30	143	153	211	247	274	337	421	495

4.8.4　胀紧套数量和夹紧螺栓数量的计算

胀紧套数量及夹紧螺栓数量的计算公式见表 5.4-37。

表 5.4-37　胀紧套数量及夹紧螺栓数量的计算公式

序号	计算内容	计算公式	说　明
1	轮毂不产生塑性变形所容许的最大压力	在轮毂上夹紧（图 5.4-11a） $$p'_{fmax}=\frac{R_{eH}}{C}\left[\frac{(D_a-d_1)^2-D^2}{(D_a-d_1)^2+D^2}\right]$$ 在轴端面上夹紧（图 5.4-11b） $$p'_{fmax}=\frac{R_{eH}}{C}\left[\frac{(D_a^2-D^2)}{(D_a^2+D^2)}\right]$$	R_{eH}—轮毂的屈服强度（MPa） d_1—螺栓直径（mm） C—系数,查表 5.4-32
2	与 p'_{fmax} 相应的压力 p_{fmax}	$$p_{fmax}=\frac{D}{d}p'_{fmax}$$	—
3	胀紧套可传递的负荷	当 $p_f=100$MPa 时,胀紧套可传递的转矩为 M_t 当压力为 p_{fmax} 时,胀紧套可传递的转矩为 $$M_{tmax}=\frac{M_t p_{fmax}}{100}$$	M_t 值查表 5.4-10
4	求载荷系数并求出传递给定负荷所需的胀紧套数 n	$$m\geqslant\frac{M}{M_{tmax}}$$ 由 m 值求出 n	n 值查表 5.4-30
5	传递给定负荷所需的有效夹紧力	当 $p_f=100$MPa 时,胀紧套有效夹紧力为 p_y 当压力为 p_{fmax} 时,胀紧套有效夹紧力为 $$p'_y=\frac{p_y p_{fmax}}{100}$$	p_y 值查表 5.4-35
6	总夹紧力	$p_A=p_0+p'_y$	p_0 值查表 5.4-35
7	螺栓数量	$$Z=\frac{p_A}{p_v}$$	p_v 值查表 5.4-34 Z 值应取整数

4.8.5　计算举例

（1）已知条件

如图 5.4-13 所示，已知 $d=100mm$，$D_a=175mm$，轮毂材料 $R_{eH}=315MPa$，法兰材料 $R_{eH}=295MPa$，需传递的转矩 $M=7.8kN \cdot m$。

试确定胀紧套数量、螺栓数量及法兰尺寸。

（2）计算步骤和结果

见表 5.4-38。

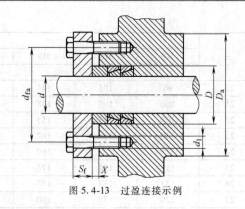

图 5.4-13　过盈连接示例

表 5.4-38　计算步骤和结果

序号	计 算 内 容	计 算 公 式	说　　明
1	选择胀紧套规格	根据 $d=100mm$，选定胀紧套 ZJ1-100×114，即 $d=100mm$，$D=114mm$ 当 $p_f=100MPa$ 时，转矩 $M_t=3.50kN \cdot m$	查表 5.4-10
2	查消除间隙所需夹紧力和有效夹紧力	$p_0=60.70kN$ 当 $p_f=100MPa$ 时，$p_y=347kN$	查表 5.4-35
3	初选螺栓尺寸	根据连接结构选定 螺栓直径 M12，力学性能等级 8.8 级 拧紧力矩 $M_a=86N \cdot m$ 夹紧力 $p_v=38.3kN$	M_a 和 p_v 值查表 5.4-34
4	轮毂不产生塑性变形所容许的最大压力	$p'_{fmax}=\dfrac{R_{eH}}{C}\left[\dfrac{(D_a-d_1)^2-D^2}{(D_a-d_1)^2+D^2}\right]$ $=\dfrac{315}{0.8}\times\left[\dfrac{(175-12)^2-114^2}{(175-12)^2+114^2}\right]$ $=135.1MPa$	C 值查表 5.4-32
5	与 p'_{fmax} 相应的压力 p_{fmax}	$p_{fmax}=p'_{fmax}\dfrac{D}{d}$ $=135.1\times\dfrac{114}{100}$ $=154MPa$	—
6	胀紧套可传递的负荷	$p_f=100MPa$，$M_t=3.50kN \cdot m$，当压力为 $p_{fmax}=154MPa$ 时 $M_{tmax}=\dfrac{M_t p_{fmax}}{100}$ $=\dfrac{3.50\times154}{100}=5.39kN \cdot m$	查表 5.4-10
7	传递负荷所需的胀紧套数量	载荷系数 $m=\dfrac{M}{M_{tmax}}=\dfrac{7.8}{5.39}=1.45$ 胀紧套数量 $n=2$	查表 5.4-30，当 $m<1.56$ 时 $n=2$
8	传递给定负荷所需的有效夹紧力	当 $p_f=100MPa$ 时，$p_y=347kN$ 而 $p_{fmax}=154MPa$，则 $p'_y=\dfrac{p_y p_{fmax}}{100}$ $=\dfrac{347\times154}{100}$ $=534.4kN$	p_y 值查表 5.4-35

（续）

序号	计 算 内 容	计 算 公 式	说 明
9	总夹紧力	$p_A = p_0 + p_y'$ $= 60.7 + 534.4$ $= 595.1 \text{kN}$	p_0 值查表 5.4-35
10	螺栓数量	$Z = \dfrac{p_A}{p_v} = \dfrac{595.1}{38.3} = 15.5$ 取 $Z = 16$	—
11	螺栓的实际拧紧力矩	$p_{f\max} = 154 \text{MPa}$，且按紧力矩 $M_a = 86 \text{N} \cdot \text{m}$ 时需螺栓 $Z = 15.5$ 个，现取螺栓 16 个，则实际拧紧力矩 $M_a = \dfrac{86 \times 15.5}{16} = 83.3 \text{N} \cdot \text{m}$	—
12	确定法兰尺寸	$d_{fa} = D + 10 + d_1$ $= 114 + 10 + 12$ $= 136 \text{mm}$ $S_f = d_1(a_1 + a/Z)$ $= 12 \times \left(1 + \dfrac{15}{16}\right)$ $= 23.25$，取 $S_f = 24 \text{mm}$	a 值查表 5.4-36
13	法兰与轮毂端面的距离	$X = 6$	X 值查表 5.4-35

第 5 章　焊、粘、铆连接

1　焊接

1.1　焊接结构的特点

与螺栓连接、铆接比较，焊接有以下特点：

1）焊接接头强度高。螺栓连接和铆接都要在被连接件上钻孔，这就削弱了连接的强度。而焊缝的强度已经可以达到甚至超过母材的强度。

2）焊接结构的尺寸和形状可以满足大范围的要求。焊接结构的外形尺寸不像铸件或锻件那样受设备条件的限制，制造大型焊接零件是比较容易的。壁的厚度也可以按要求选择，而且可以把差别较大的两段厚度不同的零件焊接起来。还可以采用各种型钢、锻件、铸件焊接成复杂的形状。

3）与铸造比较焊接容易制造封闭的中空零件。与铆接比较焊接件容易制造严密性要求高的零件。

4）铸造需要制造木模（或其他模型）而焊接不需要，因而焊前准备工作简单，生产周期短，在小批或单件生产中这一特点更显得突出。而且焊接容易按要求改变零件的尺寸或形状。

5）焊接件成品率较高而且当出现不合格品时容易修复。

6）焊接容易产生变形和内应力。

7）焊接件的应力集中容易导致结构疲劳破坏或裂纹。

8）焊接接头性能不均匀。

以上 1）~5）为焊接结构的优点，6）~8）为焊接结构的缺点。在工作中应尽量发挥其优点。

1.2　焊接方法及其选择

1.2.1　焊接方法介绍

（1）电弧焊

1）焊条电弧焊。这是发展最早而仍应用最广的方法。它是用外部涂有涂料的焊条作电极和填充金属，电弧在焊条端部和被焊工件表面之间燃烧，涂料在电弧热的作用下产生气体以保护电弧，而熔化产生的熔渣覆盖在熔池表面，防止熔化金属与周围气体的相互作用。熔渣还与熔化金属产生冶金物理化学反应，或添加合金元素，改善焊缝金属性能。焊条电弧焊设备简单，操作灵活，配用相应的焊条可适用于普

通碳钢、低合金结构钢、不锈钢、铜、铝及其合金的焊接。重要铸铁部件的修复，也可采用焊条电弧焊。

2）埋弧焊。它是以机械化连续送进的焊丝作为电极和填充金属。焊接时，在焊接区的上面覆盖一层颗粒状焊剂，电弧在焊剂层下燃烧，将焊丝端部和局部母材熔化，形成焊缝。

在电弧热的作用下，一部分焊剂熔化成熔渣，并与液态金属发生冶金反应，改善焊缝的成分和性能。熔渣浮在金属熔池表面，保护焊缝金属，防止氧、氮等气体的浸入。

埋弧焊可以采用较大的焊接电流。与焊条电弧焊相比，其优点是焊缝质量好，焊接速度快。适用于机械化焊接大型工件的直缝和环缝。

埋弧焊已广泛用于碳钢、低合金结构钢和不锈钢的焊接。

3）钨极惰性气体保护焊。利用钨极和工件之间的电弧使金属熔化形成焊缝。焊接过程中钨极不熔化，只起电极的作用。同时由焊炬的喷嘴送进氩气以保护焊接区。还可根据需要另外添加填充金属焊丝。

此方法能很好地控制电流，是焊接薄板和打底焊的一种很好的方法。它可以用于各种金属焊接，尤其适用于焊接铝、镁及其合金。焊缝质量高，但比其他电弧焊方法的焊接速度慢。

4）熔化极气体保护电弧焊。利用连续送进的焊丝与工件之间燃烧的电弧作热源，由焊炬喷嘴喷出的气体保护电弧进行焊接。

此方法常用的保护气体有氩气、氦气、CO_2 或这些气体的混合气。以氩气或氦气为保护气时，称为熔化极惰性气体保护焊；以惰性气体与氧化性气体（O_2、CO_2）混合气为保护气时，称为气体保护电弧焊；利用 CO_2 作为保护气体时，则称为二氧化碳气体保护焊，简称 CO_2 焊。

这些方法的主要优点是可以方便地进行各种位置的焊接，焊接速度较快，熔敷效率较高。适用于焊接大部分主要金属，包括碳钢、合金钢、不锈钢、铝、镁、铜、钛、锆及镍合金。

5）药芯焊丝电弧焊。这也是利用连续送进的焊丝与工件之间燃烧的电弧为热源来进行焊接的，可以认为是气体保护焊的一种类型。药芯焊丝是由薄钢带卷成圆形钢管，填进各种粉料，经拉制而成焊丝。焊接时，外加保护气体，主要是 CO_2。粉料受热分解或

熔化，起造渣、保护熔池、渗合金及稳弧等作用。

药芯焊丝电弧焊不另加保护气体时，叫作自保护药芯焊丝电弧焊，它以管内粉料分解产生的气体作为保护气体。这种方法焊丝的伸出长度变化不会影响保护效果。自保护焊特别适于露天大型金属结构的安装作业。

药芯焊丝电弧焊可用于大多数黑色金属各种厚度、各种接头的焊接，已经得到了广泛的应用。

（2）电阻焊

以固体电阻热为能源的电阻焊方法，主要有点焊、缝焊及对焊等。

电阻焊一般是利用电流通过工件时所产生的电阻热，将两工件之间的接触表面熔化，从而实现连接的焊接方法。通常使用较大的电流，焊接过程中始终要施加压力。

定位焊和缝焊的特点在于焊接电流（单相）大（几千至几万安培），通电时间短（几周波至几秒），设备昂贵、复杂，生产率高，因此适于大批量生产。主要用于焊接厚度小于 3mm 的薄板组件，如轿车外壳等。各类钢材、铝、镁等有色金属及其合金、不锈钢等均可焊接。

对焊是利用电阻热将两工件沿整个端面同时焊接起来的一种电阻焊方法。对焊的生产率高、易于实现自动化，因而获得广泛应用。例如工件的接长（型材、钢筋、钢轨、管道）；环形工件的对焊（汽车轮辋）；异种金属的对焊（刀具、铝铜导电接头）等。

对焊可分为电阻对焊和闪光对焊两种。电阻对焊是将两工件端面压紧，利用电阻热加热至塑性状态，然后迅速施加顶锻压力完成焊接的方法，适用于小断面（小于 250mm^2）金属型材的对接。

闪光对焊可以焊接碳钢、合金钢、铜、铝、钛和不锈钢等各种金属。预热闪光对焊低碳钢管，最大可以焊接截面 32000mm^2 的管子。

（3）高能焊

1）电子束焊。以集中的高速电子束，轰击工件表面时产生热能进行焊接的方法。电子束产生在真空室内并加速。

电子束焊与电弧焊相比，主要的特点是焊缝熔深大、熔宽小、焊缝金属纯度高。它既可以用在很薄材料的精密焊接，又可以用在很厚的（最厚达 300mm）构件焊接。它可以焊接各种金属，还能解决异种金属、易氧化金属及难熔金属的焊接。此方法主要用于要求高质量产品的焊接，但不适合于大批量产品。

2）激光焊。利用大功率相干单色光子流聚焦而成的激光束为热源进行的焊接。主要采用 CO_2 气体激光器。

此方法的优点是不需要在真空中进行，缺点是穿透力远不如电子束焊。激光焊时能进行精确的能量控制，因而可以实现精密微型器件的焊接。它能用于很多金属，特别是能解决一些难焊金属及异种金属的焊接。

（4）钎焊

利用熔点比被焊材料的熔点低的金属作钎料，加热使钎料熔化，润湿被焊金属表面，使液相与固相之间相互熔解和扩散而形成钎焊接头。

钎料的液相线温度高于 450℃ 而低于母材金属的熔点时，称为硬钎焊；低于 450℃ 时，称为软钎焊。根据热源或加热方法的不同，钎焊可分为火焰钎焊、感应钎焊、炉中钎焊、浸渍钎焊、电阻钎焊等。

钎焊时由于加热温度比较低，故对工件材料的性能影响较小，焊件的应力变形也较小。但钎焊接头的强度一般比较低，耐热能力较差。

钎焊可以用于焊接碳钢、不锈钢、铝、铜等金属材料，还可以连接异种金属、金属与非金属。适合于焊接承受载荷不大或常温下工作的接头，对于精密的、微型的及复杂的多缝的焊件尤其适用。

（5）其他焊接方法

1）电渣焊。这是以熔渣的电阻热为能源的焊接方法。焊接过程是在立焊位置，在由两工件端面与两侧水冷铜滑块形成的装配间隙内进行。焊接时利用电流通过熔渣产生的电阻热，将工件端部熔化。

电渣焊的优点是可焊的工件厚度大（从 30mm 到大于 1000mm），生产率高。主要用于大断面对接接头及 T 形接头的焊接。

电渣焊可用于各种钢结构的焊接，也可用于铸钢件的组焊。电渣焊接头由于加热及冷却均较慢，焊接热影响区宽、显微组织粗大、韧性低，因此焊接以后一般须进行正火处理。

2）高频焊。焊接时利用高频电流在工件内产生的电阻热，使工件焊接区表层加热到熔化或塑性状态，随即施加顶锻力而实现金属的结合。

高频焊要根据产品配备专用设备。生产率高，焊接速度可达 30m/min。主要用于制造管子的纵缝或螺旋缝的焊接。

3）气焊。用气体火焰为热源的焊接方法。应用最多的是以乙炔气作燃料的氧乙炔火焰。此方法设备简单、操作方便。但气焊加热速度及生产率较低，焊接热影响区较大，并且容易引起较大的焊件变形。

气焊可用于黑色金属、有色金属及其合金的焊接。一般适用于维修及单件薄板焊接。

4）气压焊。它也是以气体火焰为热源。焊接时将两对接工件的端部加热到一定温度，随即施加压力，从而获得牢固的接头。气压焊常用于钢轨焊接和钢筋焊接。

5）爆炸焊。利用炸药爆炸所产生的能量实现金属连接。在爆炸波作用下，两件金属瞬间即可被加速撞击形成金属的结合。

在各种焊接方法中，爆炸焊可以焊接的异种金属的组合最广。此法可将冶金上不相容的两种金属焊接成为各种过渡接头。爆炸焊大多用于表面积很大的平板覆层，是制造复合板的高效方法。

6）摩擦焊。它是利用两表面间的机械摩擦所产生的热来实现金属的连接。

摩擦焊时热量集中在接合面处，因此焊接热影响区窄。两表面间须施加压力，在加热终止时增大压力，使热态金属受顶锻而结合。

此方法生产率高，原理上所有能进行热锻的金属都能用此方法焊接。它还可用于异种金属的焊接。适用于工件截面为圆形及圆管的对接。目前最大的焊接截面为 $20000mm^2$。

7）扩散焊。此焊接一般在真空或保护气氛下进行。焊接时，使两被焊工件的表面在高温和较大压力下接触并保温一定时间，经过原子相互扩散而结合。焊前要求工件表面粗糙度低于一定值，并要清洗工件表面的氧化物等杂质。

扩散焊对被焊材料性能几乎不产生有害作用。它可以焊接很多同种和异种金属，以及一些非金属材料，如陶瓷等。它可以焊接复杂的结构及厚度相差很大的工件。

1.2.2　焊接方法的选择

选择焊接方法时，要求能保证焊接产品质量，并使生产率高和成本低。

（1）产品特点

1）产品结构类型。可分为以下四类：

① 结构类，如桥梁、建筑钢结构、石油化工容器等。

② 机械零部件类，如箱体、机架、齿轮等。

③ 半成品类，如各种有缝管、工字梁等。

④ 微电子器件类，如印制电路板元器件与铜箔电路的焊接。

不同类型产品，因焊缝长短、形状、焊接位置、质量要求各不相同，因而适用的焊接方法也不同。

结构类产品中长焊缝和环缝宜采用埋弧焊。焊条电弧焊用于单件、小批量和短焊缝及空间位置焊缝的焊接。机械类产品焊缝一般较短，选用焊条电弧焊及气体保护电弧焊（一般厚度）。薄板件，如汽车车身采用电阻焊。半成品类的产品，焊缝规则、大批量，应采用机械化焊接方法，如埋弧焊、气体保护电弧焊、高频焊。微电子器件要求导电性、受热程度小等，宜采用电子束焊、激光焊、扩散焊及钎焊等方法。

2）工件厚度。各种焊接方法因所用热源不同，各有其适用的材料厚度范围，如图5.5-1所示。

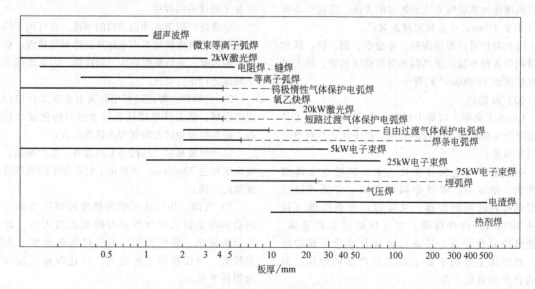

图 5.5-1　各种焊接方法适用的厚度范围

注：1. 由于技术的发展，激光焊及等离子弧焊可焊厚度有增加趋势。
　　2. 虚线表示采用多道焊。

3）接头形式和焊接位置。接头形式有对接、搭接、角接等。对接形式适用于大多数焊接方法。钎焊一般只适用于连接面积比较大而材料厚度较小的搭接接头。

一件产品的各个接头，可能需要在不同的焊接位置焊接，包括平焊、立焊、横焊、仰焊及全位置焊接等。焊接时应尽可能使产品接头处于平焊位置，这样就可以选择优质、高效的焊接方法，如埋弧焊和气体保护电弧焊。

4）母材性能。

① 母材的物理性能。当焊接热导率较高的金属，如铜、铝及其合金时，应选择热输入强度大、具有较高焊透能力的焊接方法，以使被焊金属在最短的时间内达到熔化状态，并使工件变形最小。对于电阻率较高的金属，可采用电阻焊。对于钼、钽等难熔金属，可采用电子束焊。对于异种金属，因其物理性能相差较大，可采用不易形成脆性中间相的方法，如电阻对焊、闪光对焊、爆炸焊、摩擦焊、扩散焊及激光焊等。

② 母材的力学性能。被焊材料的强度、塑性、硬度等力学性能，会影响焊接过程的顺利进行。如爆炸焊时，要求所焊的材料具有足够的强度与延性，并能承受焊接工艺过程中发生的快速变形。选用的焊接方法应该便于得到力学性能与母材相接近的接头。

③ 母材的冶金性能。普通碳钢和低合金钢采用一般的电弧焊方法都可以进行焊接。钢材的合金含量，特别是碳含量越高，越难焊接，可以选用的焊接方法越少。

对于铝、镁及其合金等活性金属材料，不宜选用具有氧化性的 CO_2 电弧焊、埋弧焊，而应选用惰性气体保护焊。对于不锈钢，可采用手工电弧焊和惰性气体保护焊。常用材料适用的焊接方法见表 5.5-1。

表 5.5-1　常用材料适用的焊接方法

材料	厚度/mm	焊条电弧焊	埋弧焊	气体保护电弧焊 射流过渡	潜弧	脉冲弧	短路电弧	管状焊丝电弧焊	钨极惰性气体保护焊	等离子弧焊	电渣焊	气电焊	电阻焊	闪光焊	气焊	扩散焊	摩擦焊	电子束焊	激光焊	硬钎焊 火焰钎焊	炉中钎焊	感应加热钎焊	电阻加热钎焊	浸渍钎焊	红外线钎焊	扩散钎焊	软钎焊
碳钢	~3	△	△			△	△	△	△				△	△	△		△	△		△	△	△					△
	3~6	△	△	△	△	△	△	△	△	△			△	△	△		△	△		△	△	△					△
	6~19	△	△		△			△	△		△		△	△	△		△	△		△							△
	19以上	△	△						△		△	△	△				△	△								△	
低合金钢	~3	△	△			△	△		△				△	△	△		△	△		△	△	△					△
	3~6	△	△	△	△	△	△	△	△				△	△	△		△	△		△	△	△					△
	6~19	△	△		△			△	△		△		△	△	△		△	△		△							△
	19以上	△	△						△		△	△	△				△	△									
不锈钢	~3	△				△	△		△	△			△	△	△		△	△	△	△	△	△					△
	3~6	△	△			△	△	△	△	△			△	△	△		△	△	△	△	△	△					△
	6~19	△	△		△			△	△		△		△	△	△		△	△		△							△
	19以上	△	△						△		△	△	△				△	△									
铸铁	3~6	△													△	△										△	
	6~19	△													△	△										△	
	19以上	△	△												△	△										△	
镍和合金	~3	△				△		△	△				△	△	△		△	△		△	△	△			△	△	△
	3~6	△	△			△		△	△				△	△	△		△	△		△	△	△			△	△	△
	6~19	△	△		△			△	△				△	△	△		△	△		△						△	△
	19以上	△	△						△				△				△	△								△	
铝和合金	~3			△		△			△	△			△	△		△	△	△		△	△	△			△	△	△
	3~6			△		△			△	△			△	△		△	△	△							△	△	△
	6~19			△					△				△	△		△	△	△							△	△	△
	19以上			△					△		△	△	△			△	△	△								△	△

（续）

材料	厚度/mm	焊条电弧焊	埋弧焊	气体保护电弧焊				管状焊丝电弧焊	钨极惰性气体保护焊	等离子弧焊	电渣焊	气电焊	电阻焊	闪光焊	气焊	扩散焊	摩擦焊	电子束焊	激光焊	硬　钎　焊							软钎焊
				射流过渡	潜弧	脉冲弧	短路电弧													火焰钎焊	炉中钎焊	感应加热钎焊	电阻加热钎焊	浸渍钎焊	红外线钎焊	扩散钎焊	
钛和合金	~3					△			△	△				△		△	△	△	△						△	△	
	3~6			△		△			△	△						△		△	△							△	
	6~19			△	△				△	△						△		△	△								
	19以上															△		△									
铜和合金	~3					△			△	△				△	△	△		△	△						△	△	
	3~6			△			△		△	△					△	△		△						△		△	
	6~19	△		△					△	△					△	△		△									
	19以上	△		△					△							△		△									
镁和合金	~3					△			△	△				△		△		△	△							△	
	3~6			△		△			△	△						△		△								△	
	6~19			△					△	△						△		△									
	19以上			△					△							△		△									
难熔合金	~3						△		△	△						△		△	△					△		△	
	3~6								△	△						△		△	△							△	
	6~19															△		△									
	19以上																										

注：有△表示被推荐。

（2）生产条件

1）技术水平。在产品设计时，要考虑制造厂的技术条件，其中焊工水平尤为重要。

通常焊工需经培训合格取证，并要定期复验，持证上岗。焊条电弧焊、钨极氩弧焊、埋弧焊、气体保护电弧焊等都是分别取证。电子束焊、激光焊时，由于设备及辅助装置较为复杂，要求有更高的基础知识和操作技术水平。

2）设备。包括焊接电源、机械化系统、控制系统和辅助设备。

焊接电源有交流电源和直流电源两大类，前者构造简单，成本低。

焊条电弧焊只需一台电源，配用焊接电缆及夹持焊条的焊钳即可，设备最简单。

气体保护电弧焊要有自动送进焊丝装置、自动行走装置、输送保护气体系统、冷却水系统及焊炬等。

真空电子束焊需配用高压电源、真空室和专门的电子枪。激光焊要有一定功率的激光器及聚焦系统。

另外，二者都要有专门的工装和辅助设备，因而成本也比较高。电子束焊机还要有高压安全防护措施，以及防止 X 射线辐射的屏蔽设施。

3）避免污染环境和施工时引起火灾。

1.3　焊接材料

焊接材料包括焊条、焊丝、焊剂、钎料、钎剂、保护气体等。

焊条是涂有药皮的供焊条电弧焊用的熔化电极，它由药皮和焊芯两部分组成，如图 5.5-2 所示。焊条和焊丝的规格、分类、代号、选择参见表 5.5-2～表 5.5-5。

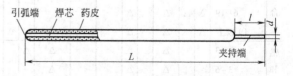

图 5.5-2　焊条的组成

L—焊条长度　l—夹持端长度　d—焊条直径

表 5.5-2　常用碳钢焊条型号

焊条型号	焊条牌号	药皮类型	焊接位置	电流种类	抗拉强度 R_m/MPa	下屈服强度 R_{eL}/MPa	断后伸长率 A(%)	冲击吸收功	
								试验温度/℃	平均值[1]/J
E4303	J422	钛钙型	平、立、横、仰	交流、直流	420	330	22	0	27
E5003	J502	钛钙型	平、立、横、仰	交流、直流	490	400	20	0	27
E5015	J507	低氢钠型	平、立、横、仰	直流反接	490	400	22	−30	27
E5016	J506	低氢钾型	平、立、横、仰	交流直流反接	490	400	22	−30	27

焊条型号	熔敷金属化学成分(质量分数,%)									
	C	Mn	Si	S	P	Ni	Cr	Mo	V	MnNiCrMoV 总量
E4303	—	—	—	≤0.035	≤0.040	—	—	—	—	—
E5003	—	—	—	≤0.035	≤0.040	—	—	—	—	—
E5015	—	≤1.60	≤0.75	≤0.035	≤0.040	≤0.30	≤0.20	≤0.30	≤0.08	≤1.75
E5016	—	≤1.60	≤0.75	≤0.035	≤0.040	≤0.30	≤0.20	≤0.30	≤0.08	≤1.75

[1] 5 个试样,舍去最大值和最小值,其余 3 个值平均,3 个值中要有两个值不小于 27J,另一个值不小于 20J。

表 5.5-3　熔化焊用钢丝举例

钢种	序号	牌号	化学成分(质量分数,%)						S	P
			C	Mn	Si	Cr	Ni	Cu	≤	
碳素结构钢	1	H03A	≤0.10	0.30~0.55	≤0.03	≤0.20	≤0.30	≤0.20	0.030	0.030
	2	H08E	≤0.10	0.30~0.55	≤0.03	≤0.20	≤0.30	≤0.2	0.020	0.020
	3	H08C	≤0.10	0.30~0.55	≤0.03	≤0.10	≤0.10	≤0.20	0.015	0.015
	4	H08MnA	≤0.10	0.80~1.10	≤0.07	≤0.20	≤0.30	≤0.20	0.030	0.030
	5	H15A	0.11~0.18	0.35~0.65	≤0.03	≤0.20	≤0.30	≤0.20	0.030	0.030
	6	H15Mn	0.11~0.18	0.80~1.10	≤0.03	≤0.20	≤0.30	≤0.20	0.035	0.035
合金结构钢	7	H10Mn2	≤0.12	1.50~1.90	≤0.07	≤0.20	≤0.30	≤0.20	0.035	0.035
	8	H10MnSi	≤0.14	0.80~1.10	0.60~0.90	≤0.20	≤0.30	≤0.20	0.035	0.035

表 5.5-4　气体保护焊用焊丝型号举例　　　　　　　　　　(%)

焊丝型号	焊丝牌号	w_C	w_{Mn}	w_{Si}	w_P	w_S	w_{Ni}	w_{Cr}	w_{Mo}	w_{Cu}	其他元素总量 W
ER49-1	MG49-1	≤0.11	1.80~2.10	0.65~0.95	≤0.030	≤0.030	≤0.30	≤0.20	—	≤0.50	
ER50-3	MG50-3	0.06~0.15	0.90~1.40	0.45~0.75	≤0.023	≤0.035	—	—	—	≤0.50	≤0.50
ER50-4	MG50-4	0.07~0.15	1.00~1.50	0.65~0.85	≤0.025	≤0.035	—	—	—	≤0.50	≤0.50
ER55-B2	TGR55CM	0.07~0.12	0.40~0.70	0.40~0.70	≤0.025	≤0.025	≤0.20	1.20~1.50	0.40~0.65	≤0.35	≤0.50
ER62-B3	TGR59C2M	0.07~0.12	0.40~0.70	0.40~0.70	≤0.025	≤0.025	≤0.20	2.30~2.70	0.90~1.20	≤0.35	≤0.50
ER55-B2[1]-MnV	TGR55V	0.06~0.10	1.20~1.60	0.60~0.90	≤0.030	≤0.025	≤0.25	1.00~1.30	0.50~0.70	≤0.35	≤0.50

（续）

焊丝型号	状态	保护气体	抗拉强度 R_m/MPa	比例延伸强度 $R_{p0.2}$/MPa	断后伸长率 A(%)	V型缺口冲击吸收功 试验温度/℃	J	焊丝钢种
ER49-1	焊后状态	CO_2	≥490	≥372	≥20	室温	≥47	碳钢焊丝
ER50-3	焊后状态	CO_2	≥500	≥420	≥22	-18	≥27	碳钢焊丝
ER50-4	焊后状态	CO_2	≥500	≥420	≥22	不要求		碳钢焊丝
ER55-B2	焊后热处理	Ar+1%~5%$w(O_2)$	≥550	≥470	≥19	不要求		铬钼钢焊丝
ER62-B3	焊后热处理	Ar+1%~5%$w(O_2)$	≥620	≥540	≥17	不要求		同上
ER55-B2[①]-MnV	焊后热处理	Ar+20%$w(CO_2)$	≥550	≥440	≥19	室温	≥27	同上

① 另含 w0.20%~0.40%。

表 5.5-5　碳钢药芯焊丝型号举例 （%）

焊丝型号	w_C	w_{Mn}	w_{Si}	w_P	w_S	w_{Ni}	w_{Cr}	w_{Mo}	w_V	w_{Al}
EF01-5020										
EF03-5040	—	≤1.75	≤0.90	≤0.04	≤0.03	≤0.50	≤0.20	≤0.30	≤0.08	≤(1.8)
EF04-5020										

焊丝型号	焊丝牌号	药芯类型	保护气体	电流种类	抗拉强度 R_m/MPa	比例延伸强度 $R_{p0.2}$/MPa	断后伸长率 A(%)	冲击吸收功 试验温度/℃	J≥
EF01-5020	YJ502-1	氧化钛型	二氧化碳	直流,焊丝接正	≥500	≥410	≥22	0	27
EF03-5040	YJ507-1	氧化钙-氟化物型	二氧化碳	直流,焊丝接正	≥500	≥410	≥22	-30	27
EF04-5020	YJ507-2	—	自保护	直流,焊丝接正	≥500	≥410	≥22	0	27

1.4　电弧焊接头的坡口选择（见表 5.5-6）和点焊、缝焊接头尺寸推荐值（见表 5.5-7、表 5.5-8）

表 5.5-6　常用对接接头的坡口形式及应用

坡口形式及简图	适 用 场 合	坡口形式及简图	适 用 场 合
I形坡口	1)适用于 3mm 以下的薄板,不加填充金属 2)板厚不大于 6mm 的手工焊和板厚不大于 20mm 的埋弧焊,但要选择合适的焊接工艺参数和坡口间隙 b 3)当载荷较大时,焊后应在背面补焊封底焊道	双Y形坡口	1)板较厚时,比 Y 形坡口可节省 1/2 的焊缝填充金属,且角变形较小。若由两边交替进行焊接,角变形可进一步减小。采用不对称的双 Y 形坡口,既可降低角变形,又可降低工件的翻转次数 2)背面焊前,要进行清根
卷边坡口	1)适用于 3mm 以下薄板,能防止烧穿和便于焊接,不加填充金属 2)卷边部分较高而未全部熔化时,接头的反面会有严重的应力集中,不宜做工作焊缝,只宜作联系焊缝	U形坡口	1)适用于厚度为 20mm 以上板的焊接,角变形和焊缝填充金属的消耗量都较少,且节省焊接时间 2)坡口的加工较复杂
Y形坡口	1)最常用的坡口形式,适用于 3~30mm 板厚的对接焊 2)焊后有较大的角变形,当板较厚时,焊缝填充金属消耗量较大 3)加工比较方便	窄间隙坡口	1)适用于 60~250mm 板厚的窄间隙埋弧焊,首层焊一道,以后每层焊两道。内部坡口侧可采用任何明弧焊 2)坡口加工困难,加工精度高 3)焊缝填充金属的消耗量极少

注: 参见 GB/T 985.1—2008 气焊、焊条电弧焊、气体保护焊和高能束焊的推荐坡口、GB/T 985.2—2008 埋弧焊的推荐坡口、GB/T 985.3—2008 铝及铝合金气体保护焊的推荐坡口。

表 5.5-7　推荐点焊接头尺寸　　　　　　　　（mm）

薄件厚度 δ	熔核直径 d	单排焊缝最小搭边宽度 b[①]		最小工艺点距[②]			备　注
		轻合金	钢、钛合金	轻合金	低合金钢	不锈钢、耐热钢、耐热合金	
0.3	$2.5^{\pm1}$	8.0	6	8	7	5	
0.5	3.0^{+1}	10	8	11	10	7	
0.8	3.5^{+1}	12	10	13	11	9	
1.0	4.0^{+1}	14	12	14	12	10	
1.2	5.0^{+1}	16	13	15	13	11	
1.5	6.0^{+1}	18	14	20	14	12	
2.0	$7.0^{+1.5}$	20	16	25	18	14	
2.5	$8.0^{+1.5}$	22	18	30	20	16	
3.0	$9.0^{+1.5}$	26	20	35	24	18	
4.0	11^{+2}	30	26	45	32	24	
4.5	12^{+2}	34	30	50	36	26	
5.0	13^{+2}	36	34	55	40	30	
5.5	14^{+2}	38	38	60	46	34	
6.0	15^{+2}	43	44	65	52	40	

① 搭边尺寸不包括弯边圆角半径 r；点焊双排焊缝或连接 3 个以上零件时，搭接边应增加 25%~30%。

② 点焊两板件的板厚比大于 2，或连接 3 个以上零件时，点距应增加 10%~20%。

表 5.5-8　推荐缝焊接头尺寸　（mm）

薄件厚度 δ	焊缝宽度 d	最小搭边宽度 b		备　注
		轻合金	钢、钛合金	
0.3	2.0^{+1}	8	6	
0.5	2.5^{+1}	10	8	
0.8	3.0^{+1}	10	10	
1.0	3.5^{+1}	12	12	
1.2	4.5^{+1}	14	13	
1.5	5.5^{+1}	16	14	
2.0	$6.5^{+1.5}$	18	16	
2.5	$7.5^{+1.5}$	20	18	
3.0	$8.0^{+1.5}$	24	20	

注：1. 搭边尺寸不包括弯边圆角半径 r；缝焊双排焊缝或连接 3 个以上零件时，搭边应增加 25%~35%。

2. 压痕深度 $c' < 0.15\delta$，焊透率 $A = 30\% \sim 70\%$，重叠量 $l'-f = (15 \sim 20)\% l'$ 可保证气密性，而 $l'-f = (40 \sim 50)\% l'$ 可获得最高强度。

1.5　焊接接头的静载强度计算

1.5.1　许用应力设计法

（1）电弧焊接头的静载强度计算

1）基本假定。为简化计算，在焊接接头的静载强度计算中，采用如下假定，即：一不考虑焊接残余应力对焊接接头静载强度的影响；二不考虑焊根和焊趾处的应力集中，以平均应力计算；三焊脚尺寸的大小对角焊缝单位面积的强度没有影响。

2）焊接接头静载强度的简易计算方法。

① 对接焊缝接头。熔透对接接头的静载强度计算公式与基本金属（母材）的计算公式完全相同，焊缝的计算厚度取被连接的两板中较薄板的厚度，焊缝的计算长度一般取焊缝的实际长度。开坡口熔透的 T 形接头和十字接头按对接焊缝进行强度计算，焊缝的计算厚度取立板的厚度。一般情况下，按等强原则选择焊缝填充金属的优质低合金结构钢和碳素结构钢的对接焊缝，可不进行强度计算。对接焊缝受简单载荷作用的强度计算公式见表 5.5-9。

② 角焊缝接头。在其静载强度简化计算中，假定所有角焊缝是在切应力作用下破坏的，其破断面在角焊缝内接三角形的最小高度截面上，且不考虑正面角焊缝与侧面角焊缝的强度差别。角焊缝接头的强度按切应力计算，焊缝的计算长度一般取每条焊缝的实际长度减去 10mm。角焊缝的计算厚度取其内接三角形的最小高度，一般等腰直边角焊缝的计算厚度 $a = K\cos45°$，可取 $a = 0.7K$，见图 5.5-3a 所示。图 5.5-3 是各种形状角焊缝的计算厚度。一般焊接方法的少量熔深不予考虑，而对于埋弧焊和 CO_2 气体保护焊所具有的较大均匀熔深 p 则应予以考虑，其计算厚度 $a = 0.7(K+p)$，见图 5.5-3e。当 $K \leqslant 8mm$ 时，可取 $a = K$；当 $K > 8mm$ 时，熔深一般取 3mm。开坡口部分熔透的角焊缝，其计算厚度按图 5.5-4 所示方法确定。不熔透的对接接头应按角焊缝计算。

表 5.5-9　对接焊缝接头静载强度计算公式

名　称	简　图	计　算　公　式	备　注
对接接头	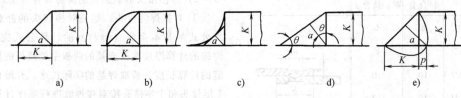	受拉：$\sigma=\dfrac{F}{l\delta}\leqslant[\sigma'_l]$	
		受压：$\sigma=\dfrac{F}{l\delta}\leqslant[\sigma'_a]$	
		受剪：$\tau=\dfrac{F_t}{l\delta}\leqslant[\tau']$	
		平面内弯矩 M_1：$\sigma=\dfrac{6M_1}{l^2\delta}\leqslant[\sigma'_l]$	$[\sigma'_l]$—焊缝的许用拉应力
		平面外弯矩 M_2：$\sigma=\dfrac{6M_2}{l\delta^2}\leqslant[\sigma'_l]$	$[\sigma'_a]$—焊缝的许用压应力
开坡口熔透 T 形接头或十字接头		受拉：$\sigma=\dfrac{F}{l\delta}\leqslant[\sigma'_l]$	$[\tau']$—焊缝的许用切应力
		受压：$\sigma=\dfrac{F}{l\delta}\leqslant[\sigma'_a]$	$\delta\leqslant\delta_1$
		受剪：$\tau=\dfrac{F_t}{l\delta}\leqslant[\tau']$	
		平面内弯矩 M_1：$\sigma=\dfrac{6M_1}{l^2\delta}\leqslant[\sigma'_l]$	
		平面外弯矩 M_2：$\sigma=\dfrac{6M_2}{l\delta^2}\leqslant[\sigma'_l]$	

图 5.5-3　角焊缝的计算厚度

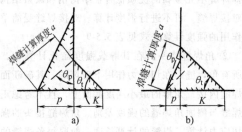

图 5.5-4　部分熔透角焊缝的计算厚度
a) $p>K(\theta_p<\theta_t)$　b) $p<K(\theta_p<\theta_t)$

角焊缝接头的静载强度基本计算公式见表 5.5-10。

在设计计算角焊缝时，一般应遵循以下原则和规定：

a) 侧面或正面角焊缝的计算长度不得小于 $8K$，并不小于 40mm。

b) 角焊缝的最小焊角尺寸不应小于 4mm，当焊件厚度小于 4mm，可与焊件厚度相同。

c) 不是主要用于承载的角焊缝，或因构造上需要而设置的角焊缝，其最小焊角尺寸，可根据被连接板的厚度及焊接工艺要求确定，最小焊角尺寸的数值见表 5.5-11。

d) 在承受静载的次要焊件中，如果计算出的角焊缝焊角尺寸，小于规定的最小值，可采用断续焊缝。断续焊缝的焊角尺寸，可根据折算方法确定。断续焊缝的间距，在受压构件中不应大于 15δ，受拉构件中一般不应大于 30δ。δ 为被连接构件中较薄件的厚度。在腐蚀介质下工作的构件不得采用断续焊缝。

③ 承受复杂载荷的焊接接头强度计算。应分别求出各载荷所引起的应力，然后计算合成应力。在计算合成应力前，先必须明确各应力的方向、性质和位置，确定合成应力最大点（即危险点）的合成应力。在危险点难以确定时，应选几个大应力点计算合成应力，以最大值的点作为危险点。最大正应力和最大切应力不在同一点时，偏于安全的方法，是以最大正应

表 5.5-10　角焊缝接头静载强度基本计算公式

名称	简　图	计　算　公　式	备　　注
搭接接头		受拉或受压：$\tau = \dfrac{F}{a\Sigma l} \leqslant [\tau']$	$[\tau']$—焊缝的许用切应力 $\Sigma l = l_1 + l_2 + \cdots + l_5$
		方法一：分段计算法 $\tau = \dfrac{M}{al(h+a) + \dfrac{ah^2}{6}} \leqslant [\tau']$ 方法二：轴惯性矩计算法 $\tau = \dfrac{M}{I_x} y_{max} \leqslant [\tau']$ 方法三：极惯性矩计算法 $\tau = \dfrac{M}{I_p} r_{max} \leqslant [\tau']$	$I_p = I_x + I_y$ $I_x、I_y$—焊缝计算面积对 x 轴、y 轴的惯性矩 I_p—焊缝计算面积的极惯性矩 y_{max}—焊缝计算截面距 x 轴的最大距离 r_{max}—焊缝计算截面距 O 点的最大距离
T 形接头和十字接头		拉：$\tau = \dfrac{F}{2ah} \leqslant [\tau']$	
		压：$\tau = \dfrac{F}{2ah} \leqslant [\sigma'_a]$	
		平面内弯矩 M_1：$\tau = \dfrac{3M_1}{ah^2} \leqslant [\tau']$	
		平面外弯矩 M_2：$\tau = \dfrac{M_2}{ha(\delta+a)} \leqslant [\tau']$	
		弯：$\tau = \dfrac{4M(R+a)}{\pi[(R+a)^4 - R^4]} \leqslant [\tau']$	在承受压应力时，考虑到板的端面可以传递部分压力，许用应力从 $[\tau']$ 提高到 $[\sigma'_a]$
		扭：$\tau = \dfrac{2T(R+a)}{\pi[(R+a)^4 - R^4]} \leqslant [\tau']$	
		弯：$\tau = \dfrac{M}{I_x} y_{max} \leqslant [\tau']$	
不熔透对接接头		拉：$\tau = \dfrac{F}{2al} \leqslant [\tau']$	V 形坡口： $\alpha \geqslant 60°$时，$a = S$ $\alpha < 60°$时，$a = 0.75S$ U 形、J 形坡口： $\alpha = S$ $I_x = al(\delta - a)^2$ l—焊缝长度
		剪：$\tau = \dfrac{F_t}{2al} \leqslant [\tau']$	
		弯：$\tau = \dfrac{M}{I_x} y_{max} \leqslant [\tau']$	

表 5.5-11　角焊缝的最小焊脚尺寸 K_{min}
（mm）

被焊件中较厚件的厚度	K_{min}	
	碳素钢	低合金钢
$\delta \leqslant 10$	4	6
$10 < \delta \leqslant 20$	6	8
$20 < \delta \leqslant 30$	8	10

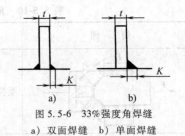

图 5.5-6　33%强度角焊缝
a) 双面焊缝　b) 单面焊缝

力和平均切应力计算其合成应力。

3）按刚度条件选择角焊缝尺寸。焊接机床床身、底座、立柱和横梁等大型机件，一般工作应力较低，只相当于一般结构钢许用应力的 10%～20%。若按工作应力来设计角焊缝尺寸，其值必然很小；若按等强原则选择焊缝，则尺寸将过大，这会增加成本并产生严重的焊接残余应力和变形。因此，这类焊缝不宜再用强度条件选择尺寸，而应根据刚度条件确定焊缝尺寸，根据实践经验提出了如下经验作法，即以被焊件中较薄件强度的 33%、50% 和 100% 作为焊缝强度来确定焊缝尺寸。

例如，对 T 型接头的双面角焊缝，其焊角尺寸 K 与立板板厚 δ 的关系为：

100%强度焊缝：$K = \dfrac{3}{4}\delta$；

50%强度焊缝：$K = \dfrac{3}{8}\delta$；

33%强度焊缝：$K = \dfrac{1}{4}\delta$。

100%强度角焊缝即等强焊缝，主要用于集中载荷作用的部位，如导轨的焊接。50%强度的角焊缝用于焊接箱体中，一般指 $K = \dfrac{3}{4}\delta$ 的单面角焊缝，如图 5.5-5 所示。33%强度的角焊缝，主要用于不承载焊缝，它可以是单面的，也可以是双面的，如图 5.5-6 所示。按刚度条件设计的角焊缝尺寸见表 5.5-12。

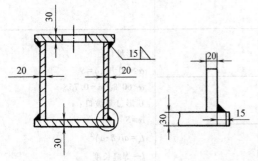

图 5.5-5　50%强度角焊缝

4）焊缝的许用应力。它与焊接工艺、材料、接头形式、焊接检验的程度等因素有关。

表 5.5-12　按刚度条件设计的角焊缝尺寸（mm）

板厚 δ	强 度 设 计	刚 度 设 计	
	100%强度 $K = \dfrac{3}{4}\delta$	50%强度 $K = \dfrac{3}{8}\delta$	33%强度 $K = \dfrac{1}{4}\delta$
6.36	4.76	4.76	4.76
7.94	6.35	4.76	4.76
9.53	7.94	4.76	4.76
11.11	9.53	4.76	4.76
12.70	9.53	4.76	4.76
14.27	11.11	6.35	6.35
15.88	12.70	6.35	6.35
19.05	14.27	7.94	6.35
22.23	15.88	9.53	7.94
25.40	19.05	9.53	7.94
28.58	22.23	11.11	7.94
31.75	25.40	12.70	7.94
34.93	28.58	12.70	9.53
38.10	31.75	14.29	9.53
41.29	34.88	15.88	11.11
44.45	34.95	19.05	11.11
50.86	38.10	19.05	12.70
53.98	41.29	22.23	14.29
56.75	44.45	22.23	14.29
60.33	44.45	25.40	15.88
63.50	47.61	25.40	15.88
66.67	50.80	25.40	19.05
69.85	50.80	25.40	19.05
76.20	56.75	28.58	19.05

机器焊接结构焊缝的许用应力见表 5.5-13。
起重机结构焊缝的许用应力见表 5.5-14。
钢制压力容器焊缝的许用应力见表 5.5-15。
对于高强度钢、高强度铝合金和其他特殊材料制成的、或在特殊工作条件下（高温、腐蚀介质等）使用的焊接结构，其焊缝的许用应力，应按有关规定或通过专门试验确定。

表 5.5-13　机器焊接结构焊缝的许用应力

焊缝种类	应力状态	焊缝许用应力	
		一般 E43×× 型及 E50×× 型焊条电弧焊	低氢焊条电弧焊、埋弧焊、半埋弧焊
对接缝	拉应力	$0.9[\sigma]$	$[\sigma]$
	压应力	$[\sigma]$	$[\sigma]$
	切应力	$0.6[\sigma]$	$0.65[\sigma]$
角焊缝	切应力	$0.6[\sigma]$	$0.65[\sigma]$

注：1. 表中 $[\sigma]$ 为基本金属的许用拉应力。

　　2. 本表适用于低碳钢及 500MPa 级以下的低合金结构钢。

表 5.5-14　起重机结构焊缝的许用应力

焊缝种类	应力种类	符号	用普通方法检查的焊条电弧焊	埋弧焊或用精确方法检查的焊条电弧焊
对接	拉伸、压缩应力	$[\sigma']$	$0.8[\sigma]$	$[\sigma]$
对接及角焊缝	切应力	$[\tau']$	$\dfrac{0.8[\sigma]}{\sqrt{2}}$	$\dfrac{[\sigma]}{\sqrt{2}}$

注：$[\sigma]$ 为基本金属的许用拉应力，$[\sigma']$ 为焊缝金属的许用拉应力，$[\tau']$ 为焊缝的许用切应力。

表 5.5-15　钢制压力容器焊缝的许用应力

无损探伤的程度	焊缝类型		
	双面焊或相当于双面焊的全焊透对接焊缝	单面对接焊缝,沿焊缝根部全长具有紧贴基本金属垫板	单面焊环向对接焊缝,无垫板
100%探伤	$[\sigma]$	$0.9[\sigma]$	
局部探伤	$0.85[\sigma]$	$0.8[\sigma]$	
无法探伤			$0.6[\sigma]$

注：此表系数只适用于厚度不超过 16mm、直径不超过 600mm 的壳体环向焊缝。

（2）电阻焊接头的静载强度计算

点焊接头的静载强度计算中不考虑焊点受力不均匀的影响，焊点内工作应力均匀分布。点焊和缝焊接头受简单载荷作用的静载强度计算公式见表 5.5-16。

碳素结构钢、低合金结构钢和部分铝合金的点焊接头、缝焊接头，其焊缝金属的许用拉应力为 $[\sigma']$，其许用切应力 $[\tau_0'] = (0.3 \sim 0.5)[\sigma']$，抗撕拉许用应力 $[\sigma_0] = (0.25 \sim 0.3)[\sigma']$。

表 5.5-16　电阻焊接头静载强度计算公式

名称	简　图	计　算　公　式	备　注
点焊接头	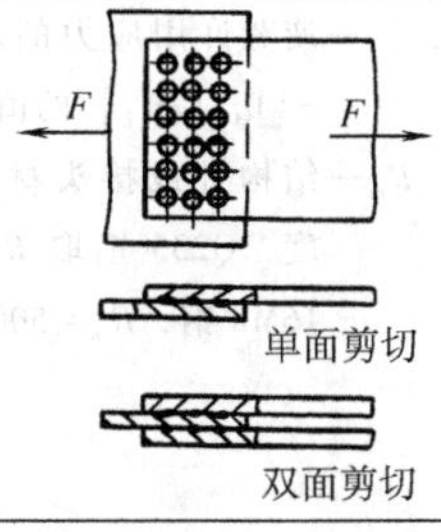 单面剪切 双面剪切	受拉或压 单面剪切：$\tau = \dfrac{4F}{ni\pi d^2} \le [\tau_0']$ 双面剪切：$\tau = \dfrac{2F}{ni\pi d^2} \le [\tau_0']$	$[\tau_0']$—焊点的许用切应力 i—焊点的排数 n—每排焊点个数 d—焊点直径 $y_{\max}$—焊点距 x 轴的最大距离 y_j—j 焊点距 x 轴的距离
	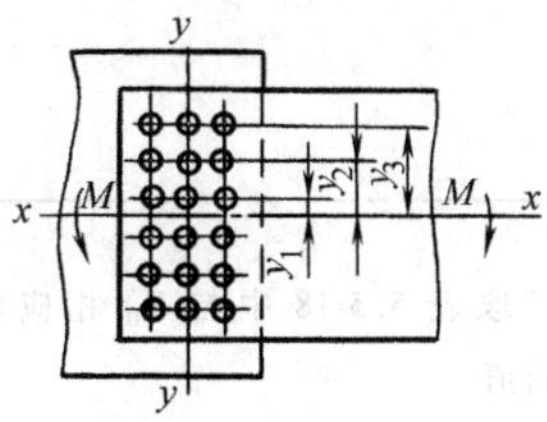	受弯 单面剪切：$\tau = \dfrac{4My_{\max}}{i\pi d^2 \sum\limits_{j=1}^{n} y_j^2} \le [\tau_0']$ 双面剪切：$\tau = \dfrac{4My_{\max}}{n\pi d^2 \sum\limits_{j=1}^{n} y_j^2} \le [\tau_0']$	

（续）

名称	简　图	计算公式	备　注
缝焊接头	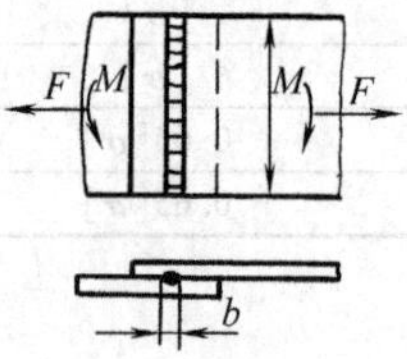	受拉或压：$\tau=\dfrac{F}{bl}\leqslant[\tau_0']$ 受弯：$\tau=\dfrac{6M}{bl^2}\leqslant[\tau_0']$	$[\tau_0']$—缝焊焊缝的许用切应力 b—焊缝宽度 l—焊缝长度

1.5.2 可靠性设计方法

把与设计有关的载荷、强度、尺寸和寿命等数据当作随机变量，用概率论和数理统计方法处理。此种方法已用于机械零件和结构构件设计。在我国建筑行业已按概率理论，制定了建筑结构的极限状态设计法，在 GB 50068—2001《建筑结构可靠度设计统一标准》中采用设计基准期为50年。建筑结构为三个安全等级：一级（破坏后果很严重——重要的工业与民用建筑），二级（破坏后果严重——一般的工业与民用建筑），三级（破坏后果不严重——不重要的建筑物），规定了不同的安全系数。

1.6 焊接接头的疲劳强度计算

1.6.1 许用应力计算法

GB/T 3811—2008《起重机设计规范》中规定了起重机金属结构的疲劳强度计算方法。此方法以疲劳试验或模拟疲劳试验为基础，用按最大、最小应力 σ_{max}、σ_{min} 和平均应力 σ_m 绘出的疲劳曲线图，导出许用应力计算法的公式。

起重机结构中的焊缝疲劳许用应力见表 5.5-17。表中的应力循环特征 r 按以下公式计算。

表 5.5-17 起重机结构中焊缝疲劳许用应力

应力状态		疲劳许用应力计算公式	备　注
$r\leqslant0$	拉伸	$[\sigma_{rl}]=\dfrac{1.67\,[\sigma_{-1}]}{1-0.67r}$	$[\sigma_{-1}]$—疲劳许用应力的基本值（$r=-1$），$[\sigma_{-1}]$ 的值见表 5.5-18 R_m—结构件或接头材料的抗拉强度，Q235 钢取 $R_m=380$MPa；16Mn 钢，$R_m=500$MPa
	压缩	$[\sigma_{ra}]=\dfrac{2\,[\sigma_{-1}]}{1-r}$	
$r>0$	拉伸	$[\sigma_{rl}]=\dfrac{1.67\,[\sigma_{-1}]}{1-\left(1-\dfrac{[\sigma_{-1}]}{0.45R_m}\right)r}$	
	压缩	$[\sigma_{ra}]=\dfrac{2\,[\sigma_{-1}]}{1-\left(1-\dfrac{[\sigma_{-1}]}{0.45R_m}\right)r}$	
剪切疲劳许用应力		$[\tau_r]=\dfrac{[\sigma_{rl}]}{\sqrt{2}}$	取表 5.5-18 中与 K_0 相应的 $[\sigma_{rl}]$ 的值

焊接接头只受正应力时，$r=\dfrac{\sigma_{\min}}{\sigma_{\max}}$；

焊接接头只受切应力时，$r=\dfrac{\tau_{\min}}{\tau_{\max}}$；

焊接接头受正应力 σ_x、σ_y 和切应力 τ_{xy} 时，r 按以下公式分别计算：

$$r_x=\frac{\sigma_{x\min}}{\sigma_{x\max}},\quad r_y=\frac{\sigma_{y\min}}{\sigma_{y\max}},\quad r_{xy}=\frac{\tau_{xy\min}}{\tau_{xy\max}}$$

在计算中各应力应带有各自的正负号。按公式

$$\sigma_{\max}\leqslant[\sigma_r]$$

或

$$\tau_{\max}\leqslant[\tau_r]$$

验算疲劳强度。$[\sigma_r]$ 表示拉伸（或压缩）疲劳许用应力。$[\tau_r]$ 表示剪切疲劳许用应力。当接头同时承受正应力和切应力，强度验算应符合下式：

$$\left(\frac{\sigma_{x\max}}{[\sigma_{rx}]}\right)^2+\left(\frac{\sigma_{y\max}}{[\sigma_{ry}]}\right)^2-\frac{\sigma_{x\max}\sigma_{y\max}}{[\sigma_{rx}][\sigma_{ry}]}$$
$$+\left(\frac{\tau_{xy\max}}{[\tau_r]}\right)^2\leqslant1.1$$

表 5.5-18 是疲劳许用应力的基本值，要结合表 5.5-19 中接头的应力集中情况等级选取。

1.6.2　应力折减系数法

应力折减系数法中，疲劳许用应力 $[\sigma_r]$，是以静载时所选用的焊缝许用应力 $[\sigma']$ 值乘上折减系数 β 而确定的。

$$[\sigma_r]=\beta[\sigma']$$

$$\beta=\frac{1}{(aK_\sigma+b)-(aK_\sigma-b)r}$$

式中　a、b——材料系数，按表 5.5-20 选取；
　　　K_σ——有效应力集中系数，按表 5.5-21 选取；
　　　r——应力循环特征系数。

表 5.5-18　疲劳许用应力基本值 $[\sigma_{-1}]$　　　（MPa）

应力集中情况等级	材料类型	结构工作级别[1]							
		A_1	A_2	A_3	A_4	A_5	A_6	A_7	A_8
K_0	Q235					168.0	133.3	105.8	84.0
	16Mn					168.0	133.3	105.8	84.0
K_1	Q235				170.0	150.0	119.0	94.5	75.0
	16Mn				188.4	150.0	119.0	94.5	75.0
K_2	Q235			170.0	158.3	126.0	100.0	79.4	63.0
	16Mn			198.4	158.3	126.0	100.0	79.4	63.0
K_3	Q235		170.0	141.7	113.0	90.0	71.4	66.7	45.0
	16Mn		178.5	141.7	113.0	90.0	71.4	66.7	45.0
K_4	Q235	135.9	107.1	85.0	67.9	54.0	42.8	34.0	27.0
	16Mn	135.9	107.1	85.0	67.9	54.0	42.8	34.0	27.0

[1] 工作级别由起重机利用等级和载荷状态所确定，详见 GB/T 3811—2008（见本章附录）。

表 5.5-19　应力集中情况等级

接头形式	工艺方法说明	应力集中情况等级	接头形式	工艺方法说明	应力集中情况等级
	对接焊缝 力方向垂直于焊缝 力方向平行于焊缝	K_2 K_1		对接焊缝,焊缝受纵向剪切	K_0

（续）

接头形式	工艺方法说明	应力集中情况等级	接头形式	工艺方法说明	应力集中情况等级
 非对称斜度  对称斜度  无斜度	不同厚度的对接焊缝，力方向垂直于焊缝 非对称斜度（1:4）~（1:5） 非对称斜度 1:3 对称斜度 1:3 对称斜度 1:2 非对称、无斜度	K_1 K_2 K_1 K_2 K_4		承受弯曲和剪切作用 K 形焊缝 双向角焊缝	K_3 K_4
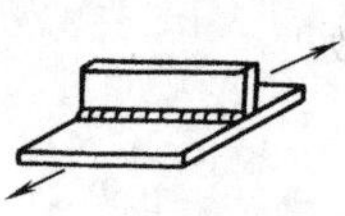 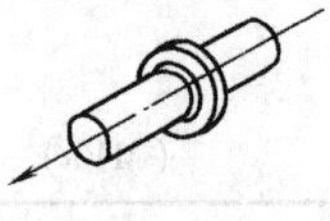	力方向垂直于焊缝，用双面角焊缝把构件焊在主要受力构件上 用连续角焊缝把横隔板、腹板的肋板、圆环或轮毂焊在主要受力构件上（如翼缘或轴）	K_2 K_2	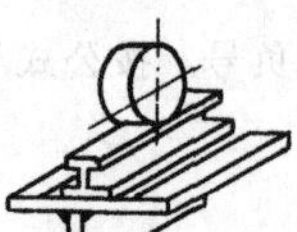	承受集中载荷的翼缘和腹板间的焊缝 K 形焊缝 双面角焊缝	K_3 K_4
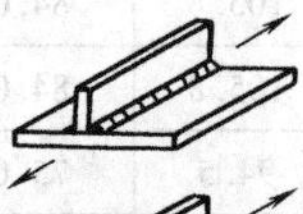 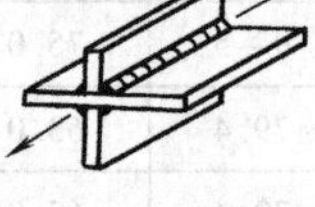			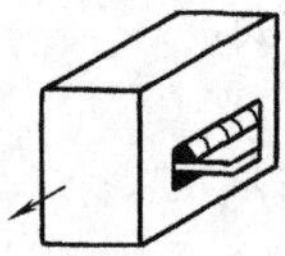 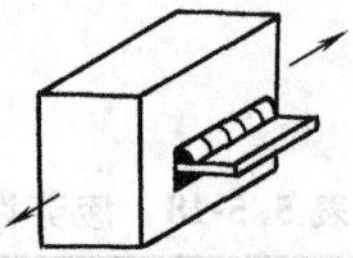	在整体主要构件侧面焊上与其端面成直角布置的构件，力方向平行于焊缝 焊接件两端有侧角或带圆弧 焊接件两端无侧角	K_3 K_4
	角焊缝，力方向平行于焊缝	K_1	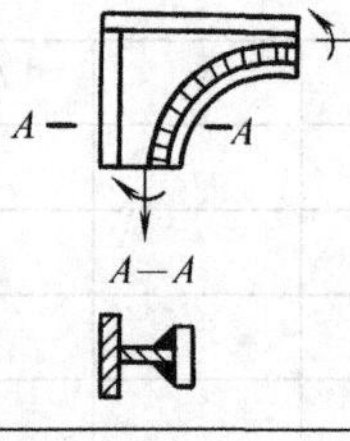 $A—A$ $A—A$	弯曲的翼缘与腹板间的焊缝 K 形焊缝 双面角焊缝	K_3 K_4
	梁的盖板和腹板间的 K 形焊缝或角焊缝，梁的腹板横向对接焊缝	K_1	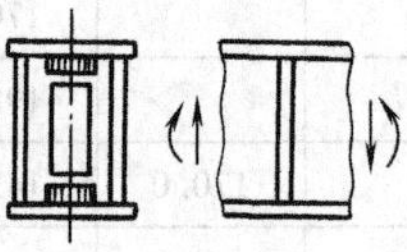	隔板用双面角焊缝（连续）与翼缘和腹板连接 隔板切角 不切角 用断续焊缝连接	K_3 K_4 K_5
			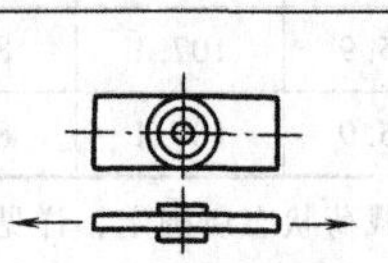	角焊缝	K_3
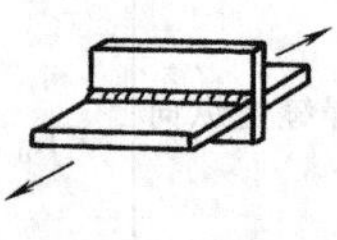	十字接头焊缝，力方向垂直于焊缝 K 形焊缝 双向角焊缝	K_3 K_4		桁架节点各杆件用角焊缝连接	K_4
				用管子制成的桁架，其节点用角焊缝连接	K_4

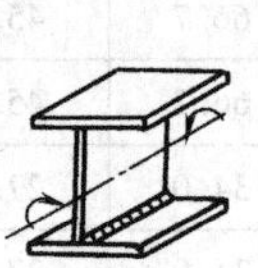

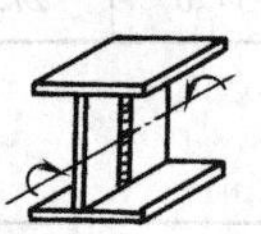

表 5.5-20　材料系数 a 和 b 的值

结构型式	钢种	系数	
		a	b
脉动循环载荷作用下的结构	碳素结构钢	0.75	0.3
	低合金结构钢	0.8	0.3
对称循环载荷作用下的结构	碳素结构钢	0.9	0.3
	低合金结构钢	0.95	0.3

表 5.5-21　焊接结构的有效应力集中系数 K_σ

焊接形式	K_σ		图示（"a-a"表示焊接接头的计算截面）
	碳素结构钢	低合金结构钢	
对接焊缝,焊缝全部焊透	1.0	1.0	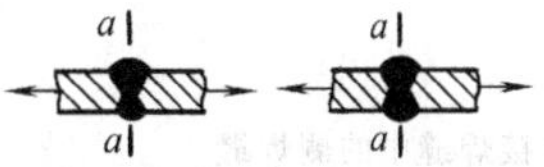
对接焊缝,焊缝根部未焊透	2.67	—	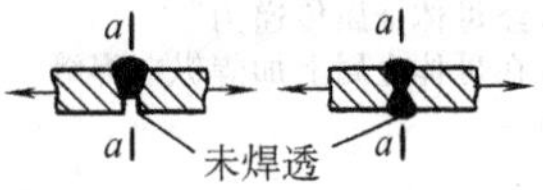
搭接的端焊缝 1) 焊条电弧焊 2) 埋弧焊	2.3 1.7	— —	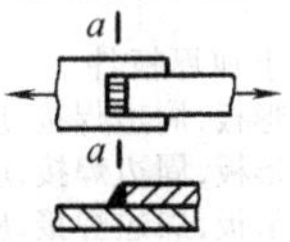
侧缝焊,焊条电弧焊	3.4	4.4	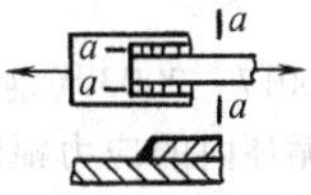
邻近焊缝的母体金属,对接焊缝的热影响区 1) 经机械加工 2) 由焊缝至母体金属的过渡区足够平滑时,未经机械加工 　直焊缝时 　斜焊缝时 3) 由焊缝至母体金属的过渡区足够平滑时,但焊缝高出母体金属 0.2δ,未经机械加工的直焊缝 4) 由焊缝至母体金属的过渡区足够平滑时,有垫圈的管子对接焊缝,未经机械加工 5) 沿力作用线的对接焊缝,未经机械加工	1.1 1.4 1.3 1.8 1.5 1.1	1.2 1.5 1.4 2.2 2.0 1.2	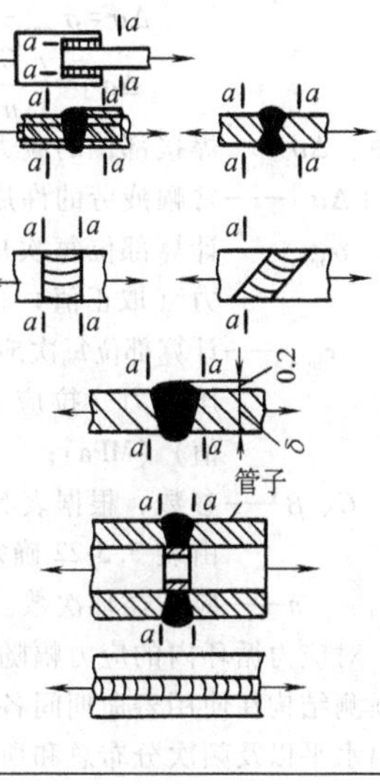

（续）

焊 接 形 式	K_σ		图 示
	碳素结构钢	低合金结构钢	（"a-a"表示焊接接头的计算截面）
邻近焊缝的母体金属，搭接焊缝中端焊缝的热影响区 1）焊趾长度比为 2~2.5 的端焊缝，未经机械加工 2）焊趾长度比为 2~25 的端焊缝，经机械加工 3）焊趾等长度的凸形端焊缝，未经机械加工 4）焊趾长度比为 2~2.5 的端焊缝，未经机械加工，但经母体金属传递力 5）焊趾长度比为 2~2.5 的端焊缝，由焊缝至母体金属的过渡区经机械加工，经母体金属传递力 6）焊趾等长度的凸形端焊缝，未经机械加工，但经母体金属传递力 7）在母体金属上加焊直焊缝	2.4 1.8 3.0 1.7 1.4 2.2 2.0	2.8 2.1 3.5 2.3 1.9 2.6 2.3	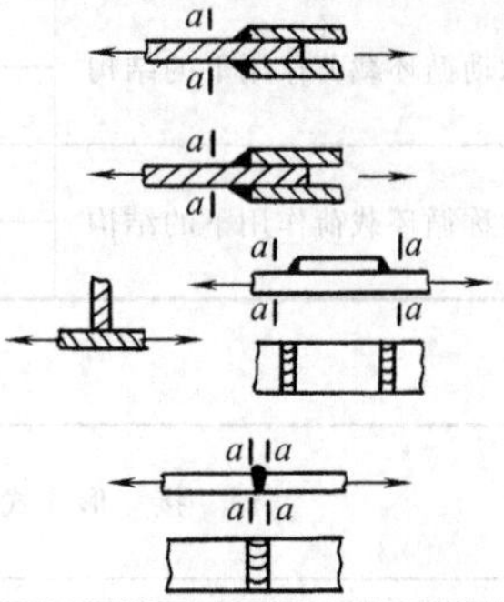
搭接焊缝中的侧焊缝 1）经焊缝传递力，并与截面对称 2）经焊缝传递力，与截面不对称 3）经母体金属传递力 4）在母体金属上加焊纵向焊缝	3.2 3.5 3.0 2.2	3.5 — 3.8 2.5	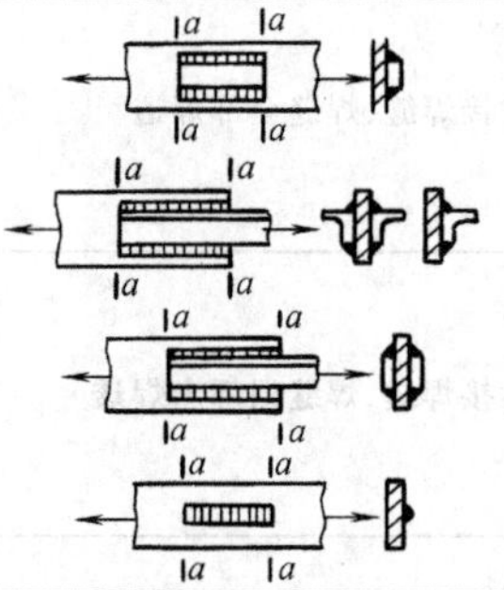
母体金属上加焊板件 1）加焊矩形板，周边焊接，应力集中区未经机械加工 2）加焊矩形板，周边焊接，应力集中区经机械加工 3）加焊梯形板，周边焊接，应力集中区经机械加工	2.5 2.0 1.5	3.5 — 2.0	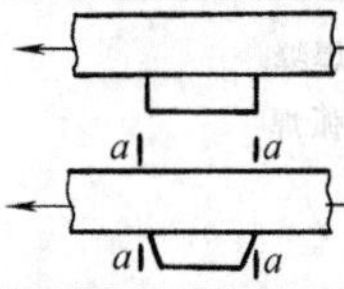
组合焊缝	3.0	—	

GB 50017—2003《钢结构设计规范》规定，对所有应力循环内的应力幅保持常量的常幅疲劳，疲劳强度按下式计算：

$$\Delta\sigma \leqslant [\Delta\sigma]$$
$$\Delta\sigma = \sigma_{max} - \sigma_{min}$$
$$[\Delta\sigma] = \left(\frac{C}{n}\right)^{1/\beta}$$

式中　$\Delta\sigma$——焊接部位的应力幅（MPa）；

　　$[\Delta\sigma]$——常幅疲劳的许用应力幅（MPa）；

　　σ_{max}——计算部位每次应力循环中的最大拉应力（取正值）（MPa）；

　　σ_{min}——计算部位每次应力循环中最小拉应力或压应力（拉应力取正值，压应力取负值）（MPa）；

　　C、β——参数，根据表 5.5-23 提供的连接类别，由表 5.5-22 确定；

　　n——应力循环次数。

对应力循环内的应力幅随机变化的变幅疲劳，若能预测结构在使用寿命期间各种载荷的频率分布、应力幅水平以及频次分布总和所构成的设计应力谱，则可将其折算为等效常幅疲劳，按下式计算：

$$\Delta\sigma_e = \left[\frac{\sum n_i(\Delta\sigma_i)^\beta}{\sum n_i}\right]^{1/\beta} \leqslant [\Delta\sigma]$$

式中　$\Delta\sigma_e$——变幅疲劳的等效应力幅；

　　$\sum n_i$——以应力循环次数表示的结构预期使用寿命；

　　n_i——预期寿命内应力幅达到 $\Delta\sigma_i$ 的应力循环次数。

表 5.5-22　参数 C 和 β 的值

连接类别	1	2	3	4	5	6	7	8
$C(\times10^{12})$	1940	861	3.25	2.18	1.47	0.96	0.65	0.41
β	4	4	3	3	3	3	3	3

以上疲劳强度的计算，都是以"无缺陷"材料的高周疲劳作为研究对象，即低应力、高应力循环次数的疲劳，因此一般不适于高应力、低应力循环次数，由反复性塑性应变产生破坏的低周疲劳问题。而且这类方法由于未考虑焊接结构中的缺陷、焊接接头的非均质性及实际加载频率等，因而疲劳强度计算与实际结构有一定的出入。

表 5.5-23 疲劳计算的构件和连接类别

简 图	说 明	类别	简 图	说 明	类别
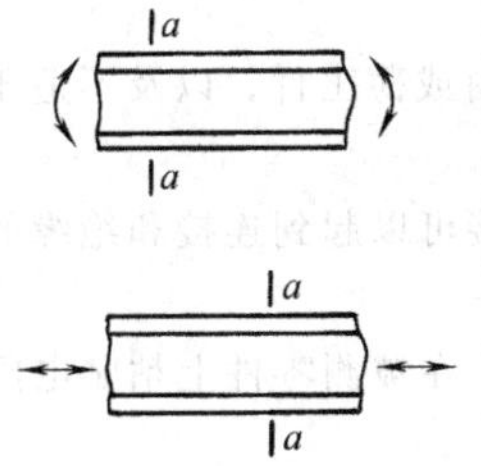	无连接处的主体金属 1)轧制工字钢 2)钢板 ①两侧为轧制边或刨边 ②两侧为自动、半自动切割边(切割质量标准应符合《钢结构工程施工及验收规范》一级标准)	1 1 2		矩形节点板用角焊缝连于构件翼缘或腹板处的主体金属,l>150mm	7
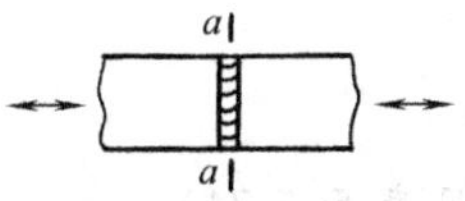	横向对接焊缝附近的主体金属 1)焊缝经加工、磨平及无损检验(符合《钢结构工程施工及验收规范》一级标准) 2)焊缝经检验,外观尺寸符合一级标准	2 3		翼缘板中断处的主体金属板端有正面焊缝	7
				向正面角焊缝过渡处的主体金属	6
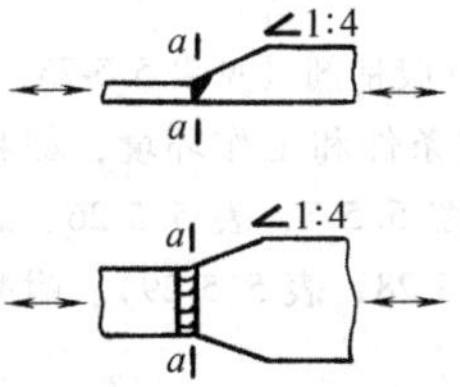	不同厚度(或宽度)横向对接焊缝附近的主体金属,焊缝加工成平滑过渡并经无损检验符合一级标准	2		两侧面角焊缝连接端部的主体金属	8
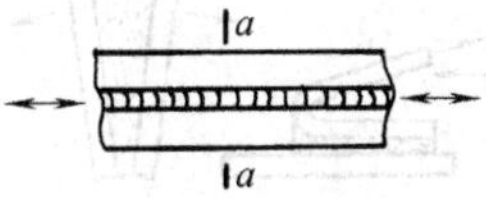	纵向对接焊缝附近的主体金属,焊缝经无损检验及外观尺寸检查均符合二级标准	2		三面围焊的角焊缝端部主体金属	7
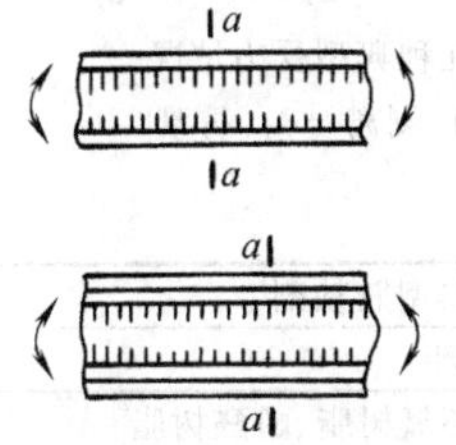	翼缘连接焊缝附近的主体金属(焊缝质量经无损检验符合二级标准) 1)单层翼缘板 ①埋弧焊 ②手弧焊 2)双层翼缘板	 2 3 3		三面围焊或两侧面角焊缝连接的节点板主体金属(节点板计算宽度按扩散角 θ 等于30°考虑)	7
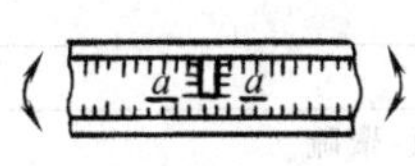	横向肋板端部附近的主体金属 1)肋端不断弧(采用回焊) 2)肋端断弧	 4 5		K形对接焊缝处的主体金属,两板轴线偏离小于0.15δ,焊缝经无损检验且焊趾角 α≤45°	5
	梯形节点板对焊于梁翼缘、腹板以及桁架构件处的主体金属,过渡处在焊后铲平、磨光、圆滑过渡,不得有焊接起弧、灭弧缺陷	5		十字接头角焊缝处的主体金属,两板轴线偏离小于 0.15δ	7
			角焊缝	按有效截面确定的应力幅计算	8

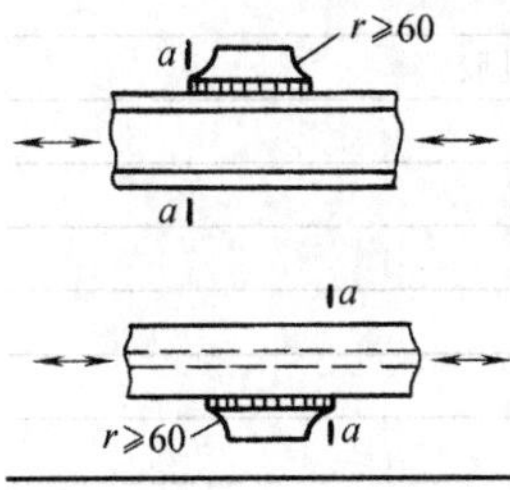

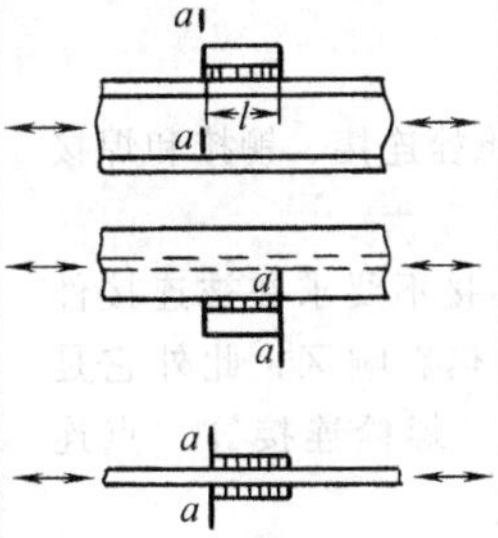

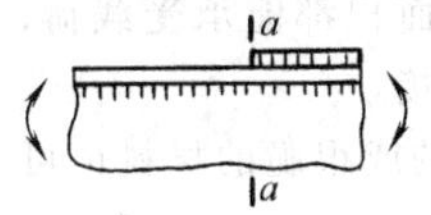

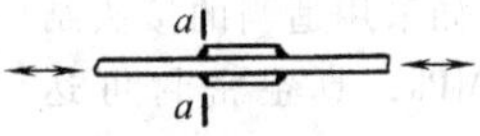

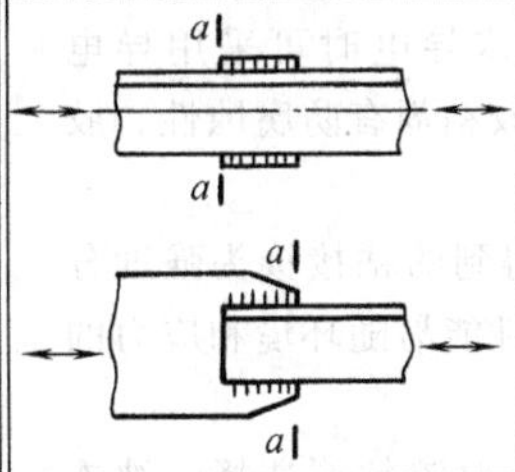

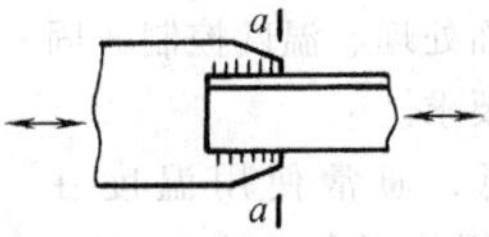

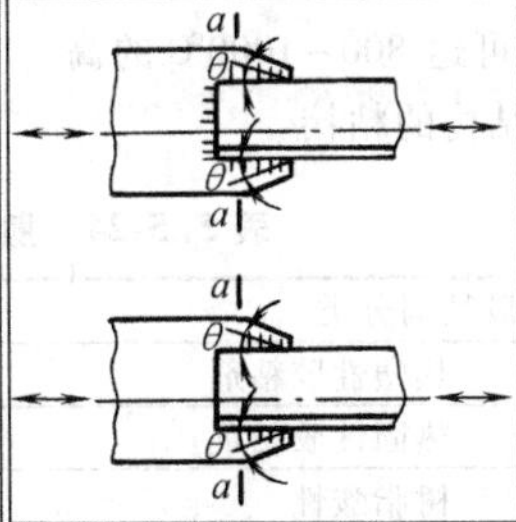

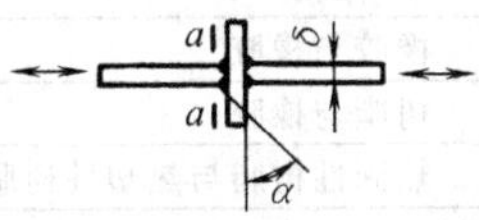

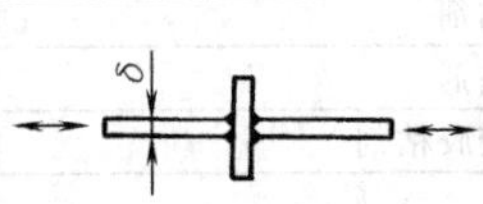

2 粘接

2.1 粘接的特点和应用

　　机械制造中，采用粘接与螺栓连接、铆接和焊接相比，具有以下特点：

　　1）应力分布比较均匀。粘接不要求在被连接件上钻孔，也不像焊接那样存在热影响区，此外它是"面连接"，能避免点焊、铆接、螺栓连接等"点连接"引起的较严重的应力集中。

　　2）传力面积大，整个粘接面积都能承受载荷，使其承载能力可能超过焊接或铆接。

　　3）可粘接不同材料，极薄的或很脆的材料也可采用粘接。

　　4）胶层有较好的密封性，如采用适当的接头结构，粘接接头容器可耐压 30MPa，真空密封可达 1.33×10^{11} MPa，胶粘剂通常具有很好的电绝缘性，最高可达 $10^{13 \sim 14}$ $\Omega mm^2/m$。要求导电时可采用导电胶，其导电率可接近于水银。胶粘剂有防腐蚀性，胶接接头一般不需再做防腐处理。

　　5）当前的粘接技术水平得到的粘接接头强度分散性较大，剥离强度低，粘接性能易随环境和应力的作用发生变化。

　　6）对粘接技术要求较高，对胶粘剂选择、被连接零件的尺寸和公差、粘接表面处理、温度控制、固化和工装等都必须满足严格的要求。

　　7）胶粘剂一般耐热较低，通常使用温度在 150℃ 以下，可在 250℃ 以上使用的不多。以硅酸盐、磷酸盐等为基料的无机胶粘剂可达 800 ~ 1000℃ 的高温，但性能较脆，只用于特殊结构的粘接。

　　以上 1~5 属于优点，6、7 为缺点。因此它的主要应用范围是：

　　1）优先用于轻金属粘接，如飞机结构，可得到高刚度和低重量。

　　2）用于不能焊接的材料或薄工件，以及不适于采用螺栓连接或铆接的工件。

　　3）在电子工业中，粘接可以起到连接和绝缘的作用。

　　4）在应力测量试验中，在被测零件上粘贴电阻应变片。

　　5）在机械制造中用于零件的修复，刀具粘接等。

　　此外，在建筑、纺织、轻工、医学等行业中粘接技术也得到广泛的应用。

2.2 胶粘剂的选择

2.2.1 胶粘剂的分类（见表 5.5-24）

2.2.2 胶粘剂选择原则和常用胶粘剂

　　1）按被粘材料的性质选择胶粘剂（见表 5.5-25）。

　　2）考虑粘接对象的使用条件和工作环境，如粘接接头受力情况和大小（见图 5.5-7、表 5.5-26、表 5.5-27）、环境温度（见表 5.5-28、表 5.5-29）、耐酸碱性能（见表 5.5-30）等。

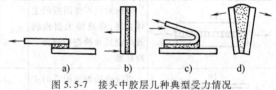

图 5.5-7　接头中胶层几种典型受力情况
a) 剪切　b) 正拉　c) 剥离　d) 劈裂

表 5.5-24　胶粘剂的分类

胶粘剂分类				典型胶粘剂
有机胶粘剂	合成胶粘剂	树脂型	热塑性胶粘剂	α-氰基丙烯酸酯
			热固性胶粘剂	不饱和聚酯、环氧树脂、酚醛树脂
		橡胶型	树脂酸性	氯丁-酚醛
			单-橡胶	氯丁胶浆
		混合型	橡胶与橡胶	氯丁-丁腈
			树脂与橡胶	酚醛-丁腈、环氧-聚硫
			热固性树脂与热塑性树脂	酚醛-缩醛、环氧-尼龙
	天然胶粘剂	动物胶粘剂		骨胶、虫胶
		植物胶粘剂		淀粉、松香、桃胶
		矿物胶粘剂		沥青
		天然橡胶胶粘剂		橡胶水
无机胶粘剂	硫酸盐			石膏
	硅酸盐			水玻璃
	磷酸盐			磷酸-氧化铜
	硼酸盐			

表 5.5-25 常用胶粘剂

被粘物材料名称	胶粘剂名称
钢铁	环氧-聚酰胺胶、环氧-多胺胶、环氧-丁腈胶、环氧-聚砜胶、环氧-硫胶、环氧-尼龙胶、环氧-缩醛胶、酚醛-丁腈胶、第二代丙烯酸酯胶、厌氧胶、α-氰基丙烯酸酯胶、无机胶
铜及其合金	环氧-聚酰胺胶、环氧-丁腈胶、酚醛-缩醛胶、第二代丙烯酸酯胶、α-氰基丙烯酸酯胶、厌氧胶
铝及其合金	环氧-聚酰胺胶、环氧-缩醛胶、环氧-丁腈胶、环氧-脂肪胺胶、酚醛-缩醛胶、酚醛-丁腈胶、第二代丙烯酸酯胶、α-氰基丙烯酸酯胶、厌氧胶、聚氨酯胶
不锈钢	环氧-聚酰胺胶、酚醛-丁腈胶、聚氨酯胶、第二代丙烯酸酯胶、聚苯硫醚胶
镁及其合金	环氧-聚酰胺胶、酚醛-丁腈胶、聚氨酯胶、α-氰基丙烯酸酯胶
钛及其合金	环氧-聚酰胺胶、酚醛-缩醛胶、第二代丙烯酸酯胶
镍	环氧-聚酰胺胶、酚醛-丁腈胶、α-氰基丙烯酸酯胶
铬	环氧-聚酰胺胶、酚醛-丁腈胺、聚氨酯胶
锡	环氧-聚酰胺胶、酚醛-缩醛聚、聚氨酯胶
锌	环氧-聚酰胺胶
铅	环氧-聚酰胺胶、环氧-尼龙胶
玻璃钢(环氧、酚醛、不饱和聚酯)	环氧胶、酚醛-缩醛胶、第二代丙烯酸酯胶、α-氰基丙烯酸酯胶
胶(电)木	环氧-脂肪胺胶、酚醛-缩醛胶、α-氰基丙酸酯胶
层压塑料	环氧胶、酚醛-缩醛胶、α-氰基丙烯酸酯胶
有机玻璃	α-氰基丙烯酸酯胶、聚氨酯胶、第二代丙烯酸酯胶
聚苯乙烯	α-氰基丙烯酸酯胶
ABS	α-氰基烯酸酯胶、第二代丙烯酸酯胶、聚氨酯胶、不饱和聚酯胶
硬聚氯乙烯	过氯乙烯胶、酚醛-氯丁胶、第二代丙烯酸酯胶
软聚氯乙烯	聚氨酯胶、第二代丙烯酸酯胶、PVC 胶
聚碳酸酯	α-氰基丙烯酸酯胶、聚氨酯胶、第二代丙烯酸酯胶、不饱和聚酯胶
聚甲醛	环氧-聚酰胺胶、α-氰基丙烯酸酯胶
尼龙	环氧-聚酰胺胶、环氧-尼龙胶、聚氨酯胶
涤纶	氯丁-酚醛胶、聚酯胶
聚砜	α-氰基丙烯酸酯胶、第二代丙烯酸酯胶、聚氨酯胶、不饱和聚酯胶
聚乙(丙)烯	EVA 热熔胶、丙烯酸压敏胶、聚异丁烯胶
聚四氟乙烯	F-2 胶、F-4D 胶、FS-203 胶
天然橡胶	氯丁胶、聚氨酯胶、天然橡胶胶粘剂
氯丁橡胶	氯丁胶、丁腈胶
丁腈橡胶	丁腈胶
丁苯橡胶	氯丁胶、聚氨酯胶
聚氨酯橡胶	聚氨酯胶、接枝氯丁胶
硅橡胶	硅橡胶胶
氟橡胶	FXY-3 胶
玻璃	环氧-聚酰胺胶、厌氧胶、不饱和聚酯胶
陶瓷	环氧胶

（续）

被粘物材料名称	胶粘剂名称
混凝土	环氧胶、酚醛-氯丁胶、不饱和聚酯胶
木(竹)材	白乳胶、脲醛胶、酚醛胶、环氧胶、丙烯酸酯乳液胶
棉织物	天然胶乳、氯丁胶、白乳胶
尼龙织物	氯丁乳胶、接枝氯丁胶、热熔胶
涤纶织物	氯丁-酚醛胶、氯丁胶乳、热熔胶
纸张	聚乙烯醇胶、聚乙烯醇缩醛胶、白乳胶、热熔胶
泡沫橡胶	氯丁-酚醛胶、聚氨酯胶
聚苯乙烯泡沫	丙烯酸酯浮液
聚氯乙烯泡沫	氯丁胶、聚氨酯胶
聚氨酯泡沫	氯丁-酚醛胶、聚氨酯胶、丙烯酸酯乳液
聚氯乙烯薄膜	过聚乙烯胶、压敏胶
涤纶薄膜	氯丁-酚醛胶
聚丙烯薄膜	热熔胶、压敏胶
玻璃纸	压敏胶
皮革	氯丁胶、聚氨酯胶、热熔胶
人造革	接枝氧丁胶、聚氨酯胶
合成革	接枝氯丁胶、聚氨酯胶
仿牛皮革	聚氨酯胶、接枝氯丁胶、热熔胶
橡塑材料	聚氨酯胶、接枝氯丁胶、热熔胶

表 5.5-26 按受外力大小选择胶粘剂

粘接件的特点	胶粘剂的选择		
	类型	组成	选择实例
必须保持稳定持久和高强度粘接	结构型	热固性树脂	环氧-聚硫橡胶类 酚醛-丁腈橡胶类
不需要保持长久的粘接或者对于粘接强度要求不高	非结构型	热塑性树脂	烯烃类弹性体

表 5.5-27 胶粘剂的强度特性

胶粘剂种类	抗剪	抗拉	剥离	挠曲	扭曲	冲击	蠕变	疲劳
环氧树脂	好	中	差	差	差	差	好	差
酚醛树脂	好	中	差	差	差	差	好	差
氰基丙烯酸脂	好	中	差	差	差	差	好	差
尼龙	好	好	中	好	好	好	中	好
聚乙烯醇缩甲醛	好	好	中	好	好	好	中	好
聚乙烯醇缩丁酯	中	中	中	好	好	好	中	好
氰基橡胶	差	差	中	好	好	好	差	好
硅酮树脂	差	差	中	好	好	好	差	好
热固+热塑性树脂	好	好	好	好	好	好	好	好

在通常情况下，合成树脂类胶粘剂的拉伸、剪切强度较大而剥离强度及撕裂强度较差；合成橡胶类胶粘剂剥离、撕裂强度较高。

对于承受持续性外力作用或者承受冲击外力作用的粘接接头，一般选用耐老化性好的或柔韧的胶粘剂。

在环氧树脂及酸性环氧树脂胶粘剂中，其柔韧性的好坏顺序为：环氧-胺<环氧-聚酰胺<环氧-聚硫橡胶。在酸性酚醛胶粘剂中柔韧性的顺序为：酚醛-环氧<酚醛-聚酯酸乙烯酯<酚醛-丁腈橡胶。

表 5.5-28　耐高温胶粘剂

最高使用温度/℃	胶粘剂牌号
200	TG801、204（JF-1）、J-01、JG-4、F-2、F-3、H-02、J-14、E-8、J-48、SG-200、南大-705、GPS-1
200~250	J-06-2、GPS-4、KH-506
250	609 密封胶、FS-203、GD-401、J-04、J-10、J-15、J-16、YJ-30
300	TG737、30-40 和 P-32 聚酰亚胺
350	J08、J-25、JG-3
400	4017 应变胶、KH-505
450	TG747、B-19 应变胶、J-09
500	604 密封胶、聚苯咪唑
550	聚苯硫醚
>800	TG757、WKT 无机胶
>1200	TG777、WJ2101、WPP-1 无机胶

表 5.5-29　耐低温胶粘剂

胶粘剂牌号	使用温度范围/℃	胶粘剂牌号	使用温度范围/℃
J11	-120~60	ZW-3	-200~70
1# 超低温胶	-273~60	PBI	-253~538
2# 超低温胶	-196~100	203（FSC-3）	-70~100
3# 超低温胶	-200~150	H-01	-170~200
E-6	-196~200	H-066	-196~150
TG106	-196~150	J-15	-70~250
679	-196~150	J-06-2	-196~250
HY-912	-196~50	WP-01 无机胶	-180~600
DW-3	-269~60	TG757	-196~800

表 5.5-30　胶粘剂的耐酸碱性能

胶粘剂	耐酸	耐碱	胶粘剂	耐酸	耐碱
环氧-脂肪胺	尚可	良	聚氨酯	尚可	良
环氧-芳香胺	良	优	α-氰基丙烯酸	尚可	差
环氧-酸酐	良	良	厌氧	良	尚可
环氧-聚酰胺	尚可	差	第二代丙烯酸酯	良	尚可
环氧-聚硫	良	优	有机硅树脂	差	差
环氧-缩醛	良	良	聚乙烯醇	差	差
环氧-尼龙	尚可	差	聚酰亚胺	良	尚可
环氧-丁腈	良	良	白乳胶	尚可	尚可
环氧-酚醛	良	良	氯丁橡胶	良	良
环氧-聚砜	尚可	良	丁腈橡胶	尚可	尚可
酚醛-缩醛	良	尚可	丁苯橡胶	良	良
酚醛-丁腈	良	尚可	丁基橡胶	优	良
酚醛-氯丁	尚可	良	聚硫橡胶	良	良
脲醛	差	尚可	硅橡胶	差	尚可
不饱和聚酯	尚可	尚可	无机	尚可	差

胶粘剂可分为结构型和非结构型两大类。可以按受外力的大小选择不同类型的胶粘剂，见表 5.5-26。

2.3　粘接接头设计

2.3.1　粘接接头设计原则

影响粘接接头强度的因素很多，因此粘接接头的强度试验数据离散性很大，尚难以强度计算结果作为粘接接头的可靠依据。在设计粘接接头时，应注意以下几方面的问题：

1）在可能的条件下，应妥善考虑接头部分的形状和尺寸，适当增加粘接面积，以提高粘接接头的承载能力。

2）尽量使粘缝受剪力或拉力，避免承受剥离和不均匀扯离。

3）为提高接头强度，可采用混合连接方式，如粘接与机械相结合的混合连接，粘接加螺栓、加铆、点焊、穿销、卷边等方式。

4）力求接头加工方便、夹具简单、便于粘后加压等，以保证粘接质量。

5）接头表面粗糙度对有机胶以 $Ra2.5~6.3\mu m$ 为宜，无机胶以 $Ra25~100\mu m$ 为宜。

2.3.2 常用粘接接头形式及其改进结构（见表 5.5-31、表 5.5-32）

表 5.5-31   常用粘接接头形式

名称	简图	特点和应用
对接		粘接面在零件的端面,粘接面积小,承受拉力或不均匀扯离力,强度差,主要用于修补
搭接		常用于薄板连接,胶层主要受剪应力,应用较广
平接		两个被粘接的平面贴合,粘接面积大,强度高,使用广泛
角接	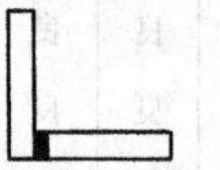	受力面积小,受不均匀扯离力作用,应力集中严重,强度很差,当必须将互相垂直的两板端部连接时,应予以适当补强
T 形接	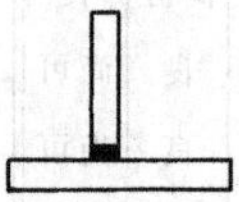	受力面积小,受力情况差,应采用补强结构
套接	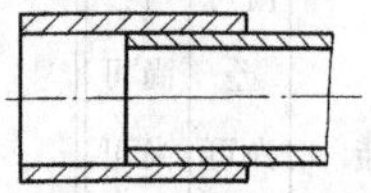	粘接面积大,受力情况好,粘接强度高,但胶层不易控制,两零件对中精度不高

表 5.5-32   粘接接头改进结构

（1）对接结构的改进

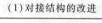 斜接头	将对接接头改为斜接头,不但可以增加粘接面积,而且接头受力由拉力或扯离力改变为主要受剪切力。为提高采用斜接头的效果,建议取 $\alpha \leqslant 45°$
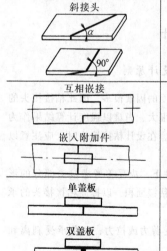 互相嵌接 嵌入附加件	互相嵌入增大了粘接面积,并有帮助胶粘剂承受某些方向外载荷的作用,但形状较复杂,要求较高的加工精度并留有适当的间隙,适用于较厚的零件连接
单盖板 双盖板 	适用于较薄板状零件的连接。用盖板增大了粘接面积。双盖板受力合理,但零件表面有凸起的盖板。单盖板有附加力矩,但可得到一面平整的表面

（2）角接头结构的改进

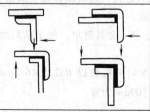	图中的几种结构都能增大粘接面积(与表 5.5-31 中的角接结构比较),但左边两种结构受力对粘接缝为不利的扯离力。而右图两种结构受力情况较为有利

（续）

（3）T形接头结构的改进

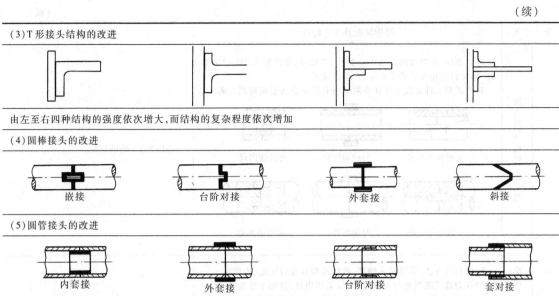

由左至右四种结构的强度依次增大，而结构的复杂程度依次增加

（4）圆棒接头的改进

嵌接	台阶对接	外套接	斜接

（5）圆管接头的改进

内套接	外套接	台阶对接	套对接

（6）圆棒、圆管与平面粘接接头的改进

圆棒与平面粘接		圆管与平面粘接		圆棒与圆管粘接	
嵌接	镶接	嵌接	镶接	套对接	

2.3.3　接头结构强化措施（见表5.5-33）

表 5.5-33　接头结构的强化措施

分　类		结构简图及工艺特点	适用范围
机械加工	嵌入波浪键	1）先在损坏的工件上确定裂纹纹路，分析断裂原因，做出粘接修复方案 2）波浪键凸缘的选用数目，一般为 5、7、9 等单数 3）在待修复的工件裂纹垂直方向上加工波形槽。波形键与波形槽之间的配合，最大允许间隙为 0.1~0.2mm。波形槽深度一般为工件壁厚的 0.7~0.8 倍。波形槽的间距通常控制在 30mm 左右 4）用压缩空气吹净波形槽内的金属屑 5）用小型铆钉枪铆击波浪键，将其嵌入波形槽。铆击前，先将胶涂在槽内及波浪键的粘接部位 6）固化 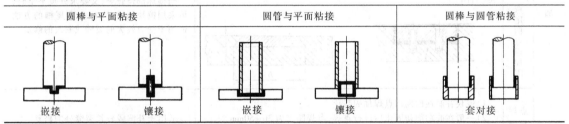	适用于粘接修复壁厚为 8~40mm，承受 6MPa 压力的铸件的断裂处的修复

（续）

分　类		结构简图及工艺特点	适用范围
机械加工	嵌入销钉、螺栓、金属套	嵌入螺栓,在裂纹两端钻出止裂孔,攻螺纹,带胶装入 M5~M8 螺钉,两螺钉间相互重叠 1/4 左右,然后铆平 对于折断工件对接后可在外周或内孔银上金属套而得到加固 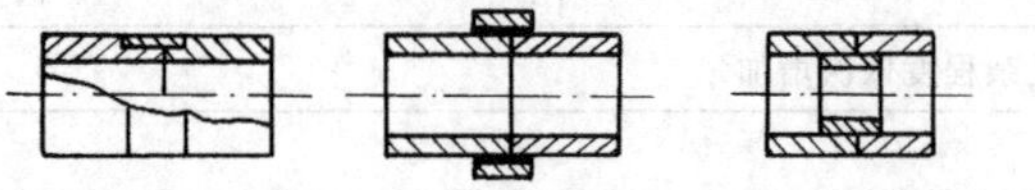 对接嵌外套　对接加外套　对接镶内套 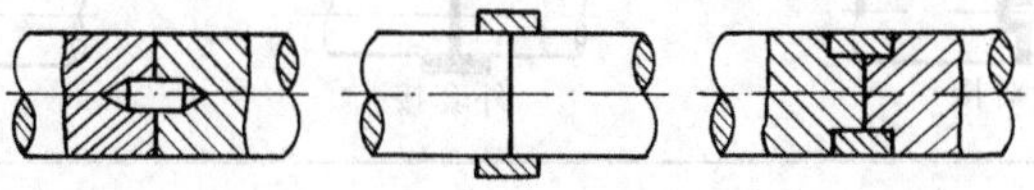 对接嵌销轴　对接加外套　对接嵌外套	适用于管、轴的修复
	镶块与嵌入燕尾槽点焊加固	1)镶块的方法,带胶装入镶块,再以点焊或螺钉固定(左图) 2)在裂缝或断裂处嵌入燕尾槽,效果相当好,但加工复杂 $t=(1/3~2/5)T,b=3T,T$ 为工件壁厚,t 为燕尾槽厚,b 为燕尾槽宽(右图) 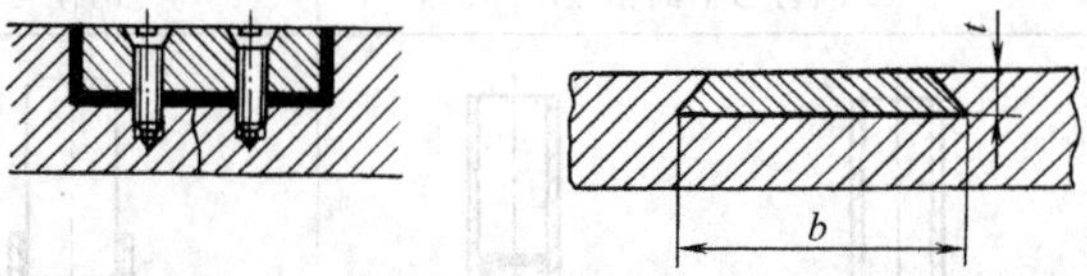 b	当损坏部位较大,又要求外观平整时,可采用镶块的方法,嵌入燕尾槽的方法适用于受力较大的裂缝或断裂的修复
	点焊加固	1)镶块补洞在四周用点焊加固强化 2)一般在胶粘剂初固化后进行点焊,点焊距离为 30~50mm 3)焊后清理角涂胶覆盖	适用于补洞或较长裂缝处的修复
	钢板加固	在损坏处贴上一块钢板,钢板厚可为 2~5mm,材料为 10~30 钢,尺寸要比损坏部位大 30~50mm,钢板要经过适当的表面处理,涂上胶粘剂,贴合后再用螺钉或电焊加固	用于受力较大的断裂部位或孔洞
	构织铁丝网	对于孔洞的粘接修复,可在断面处钻排孔,孔间距为 20~25mm,孔径 2~4mm,孔深 7~12mm,在纵横方向插入相应直径的细铁丝构织成网状,并涂敷胶粘剂,贴上玻璃布再用胶粘剂填平	适用较大孔洞的粘接修复
粘贴玻璃布		在经过处理的被粘表面涂贴上几层玻璃纤维布,能够增加粘接面积,提高结合力,保证胶层厚度,提高粘接强度,是值得采用的好方法 粘贴玻璃布的层数一般为 1~3 层。玻璃布的厚度为 0.05~0.15mm,玻璃布的外层应比内层大,但不应超过粘接面积的 1.5 倍。玻璃布应选用无碱、无蜡类型,且经过一定的处理	适用于裂缝和小孔的修复,且粘接面间空隙较大的场合
防止剥离		为防止从胶层边缘开始产生剥离,采用端部加宽、削薄、斜面、卷边等方法  加宽　　加铆　　卷边　　削薄	用于被粘物中有一种是软质材质的粘接
防止分层		如果平面搭接,使表层受到切应力,会造成材料内部分层破坏,为得到牢固的粘接,应采用斜接接头,让其纵向受力,避免层间剥离	适用于胶合板、纤维板、玻璃钢、石棉板等层压材料

（续）

分　类	结构简图及工艺特点	适用范围
改变接头的几何形状	1）搭接接头末端削成斜角形 2）将接头末端的材料去掉一部分,降低刚性 3）使接头末端弯曲 4）接头末端内部削成斜角 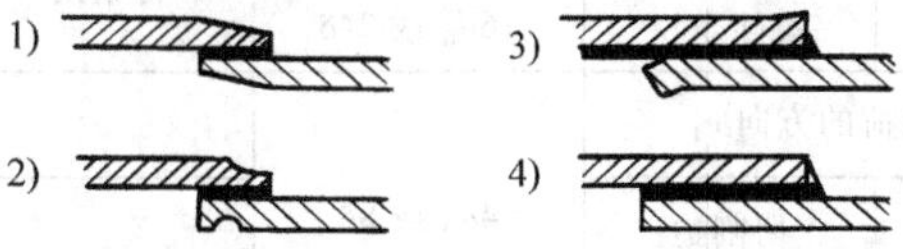 1）　　　　3） 2）　　　　4）	适用于需要较高粘接强度的平面搭接
消除内应力	1）采用需膨胀粘接技术 2）降低固化反应活性 3）在胶粘剂中加入活性增韧剂 4）加入无机粉末填料 5）固化后缓慢冷却 6）后固化	适用于内应力大的粘接修复场合
表面进行化学热处理	金属的结构粘接,经过化学处理后的粘接强度有极大的提高 化学处理就是金属表面脱脂之后,在一定条件下与酸碱溶液接触,通过化学反应在金属表面上生成一层难溶于水的非金属膜,大大改善胶粘剂与表面结合力,从而极大地提高粘接强度	适用于对性能要求较高的粘接修复
偶联剂处理	用偶联剂对被粘接表面处理,是强化粘接的一种有效方法,操作方便,用量少,效果好 偶联剂为 1%～2% 的非水溶液或水溶液,涂敷后要在室温下晾干,再于 80～100℃ 烘干半小时	适用于对性能要求较高的粘接修复
加热固化	加热固化有利于分子进一步扩散渗透、缠结,使化学反应更加完全,提高固化程度和交联程度,减少蠕变,其强度可提高 50%～100%	获得较高的粘接强度
缠绕纤维增强	在粘接接头处带胶缠绕纤维,常用的是玻璃纤维,固化后为玻璃钢结构,强化效果非常好	适用于管或棒等圆形粘接接头

3　铆接

3.1　铆缝的设计

3.1.1　确定钢结构铆缝的结构参数

（1）钉杆直径

一般情况下,按结构尺寸和强度计算确定钉杆直径,按国家标准选择标准铆钉（见表 5.5-42～表 5.5-46）。当制定或修订国家标准"铆钉"（不含抽芯钉）产品标准时,应按表 5.5-34 选用铆钉杆直径。这些杆径也用于非标准产品。

（2）钉孔直径 d_0（见表 5.5-35）

为使铆合时铆钉容易穿过钉孔,应使铆钉孔直径 d_0 大于铆钉杆公称直径 d。

（3）铆钉间的距离

根据连接各部分强度近似相等的条件确定铆钉间的距离。见表 5.5-36。

（4）铆钉长度的计算（见表 5.5-37）

表 5.5-34　铆钉公称杆径（GB/T 18194—2000）　（mm）

基本系列	1	1.2	1.6	2	2.5	3	4	5	6	8	10	12	16	20	24	30	36
第二系列		1.4				3.5			7			14	18	20	27	33	

表 5.5-35　铆钉用通孔直径 d_0（GB/T 152.1—1988）　（mm）

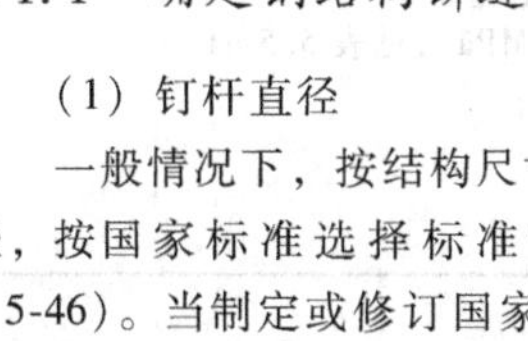	d	0.6	0.7	0.8	1	1.2	1.4	1.6	2	2.5	3	3.5	5
	d_0 精装配	0.7	0.8	0.9	1.1	1.3	1.5	1.7	2.1	2.6	3.1	3.6	4.1	5.2
	d	6	8	10	12	14	16	18	20	22	24	27	30	36
d_0	精装配	6.2	8.2	10.3	12.4	14.5	16.5							
	粗装配	—	—	11	13	15	17	19	21.5	23.5	25.5	28.5	32	38

注：1. 钉孔尽量采用钻孔,尤其是受变载荷的铆缝。也可以先冲（留 3～5mm 余量）后钻,既经济又能保证孔的质量。冲孔的孔壁有冲剪的痕迹及硬化裂纹,故只用于不重要的铆接中。
　　2. 铆钉直径 d 小于 8mm 时一般只进行精装配。

表 5.5-36   铆钉间的距离

名称	位置与方向		最大允许距离 （取两者之小值）	最小允许距离	
间距 t	外　排		$8d_0$ 或 12δ	钉并列	$3d_0$
	中间排	构件受压	$12d_0$ 或 18δ	钉错列	
		构件受拉	$16d_0$ 或 24δ		
边距	平行于载荷的方向 e_1		$4d_0$ 或 8δ	$2d_0$	
	垂直于载 荷的方向 e_2	切割边		$1.5d_0$	
		轧制边		$1.2d_0$	

注：1. 表中 d_0 为铆钉孔的直径，δ 为较薄板件的厚度。
　　2. 钢板边缘与刚性构件（如角钢、槽钢等）相连的铆钉的最大间距，可按中间排确定。
　　3. 有色金属或异种材料（如石棉制动带与铸铁制动瓦）铆缝的结构参数推荐：铆钉直径 $d = 1.5\delta + 2\text{mm}$；间距 $t = (2.5 \sim 3)d$，边距 $e_1 \geqslant d$，$e_2 \geqslant (1.8 \sim 2)d$。

表 5.5-37   铆钉长度推荐计算式

种　类	推荐计算式	说　明
钢制半圆头铆钉	$l = 1.1\Sigma\delta + 1.4d$	l—铆钉未铆合前钉材长度
有色金属半圆头铆钉	$l = \Sigma\delta + 1.4d$	$\Sigma\delta$—被连接件的总厚度。为使铆钉胀满，铆钉孔一般取 $\Sigma\delta \leqslant 5d$ d—铆钉直径

3.1.2   受拉（压）构件的铆接（见表 5.5-38）

表 5.5-38   受拉（压）构件的铆缝计算

计算内容	计算公式	公式中符号说明
被铆件的横 剖面面积 A/mm	受拉构件　$A^{①} = \dfrac{F}{\psi[\sigma]}$ 受压构件　$A^{①} = \dfrac{F}{\zeta[\sigma]}$	F— 作用于构件上的拉（压）外载荷（N） ψ— 铆缝的强度系数，$\psi = \dfrac{t-a}{t}$，初算时可取 $\psi = 0.6 \sim 0.8$ $[\sigma]$— 被铆件的许用拉（压）应力（MPa），见表 5.5-41 ζ— 压杆纵弯曲系数
铆钉直径 d/mm	当 $\delta \geqslant 5\text{mm}$ 时，$d \approx 2\delta$ 当 $\delta = 6 \sim 20\text{mm}$ 时，$d \approx (1.1 \sim 1.6)\delta$ 被连接件的厚度较大时，δ 前面的系 数取较小值	δ— 被铆件中较薄板的厚度。对于双盖板，两盖板厚度之和为一 个被铆件（mm） m— 每个铆钉的抗剪面数量 d_0— 铆钉孔直径（mm），见表 5.5-36
铆钉数量 Z	铆钉抗剪强度 $Z^{②} = \dfrac{4F}{m\pi d_0^2[\tau]}$ 被铆件抗压强度 $Z^{②} = \dfrac{F}{d_0\delta[\sigma]_p}$	$[\tau]$— 铆钉许用切应力（MPa），见表 5.5-41 $[\sigma]_p$— 被铆件的许用挤压应力（MPa），见表 5.5-41

① 按计算面积 A，确定被铆件厚度 δ 或构件尺寸选定后再定 δ 值。
② 铆钉数量 Z，取两式中计算得到的大值，但不少于两个。

							系数 ζ								
λ	10	20	30	40	50	60	70	80	90	100	110	120	140	160	180	200
ζ	0.99	0.96	0.94	0.92	0.89	0.86	0.81	0.75	0.69	0.6	0.52	0.45	0.36	0.29	0.23	0.19
说明	表中：柔度 $\lambda = \dfrac{\mu l}{i_{min}}$；$\mu$—柱端系数；$l$—构件的计算长度（m）；$i_{min}$—被铆件截面最小惯量半径（mm）															

3.1.3   铆钉连接计算

铆缝应首先确定铆钉的排列形式和结构尺寸。求出受力最大的铆钉的载荷（见表 5.5-39），然后校核连接的强度。

分析铆缝的受力时，若构件受一纯力矩或是通过铆钉组形心外一点的外载荷，则认为各铆钉所受的外力与被铆件可能的相对位移成正比，因此，距铆钉组形心距离最大 l_{max} 的铆钉受力最大。若载荷通过铆钉组形心，可认为各铆钉所受的外力均等。

根据铆钉所受的 F_{max}，分别校核铆钉的抗剪强度和被铆件的抗压强度。

$$\tau = \frac{4F_{max}}{\pi d_0^2 m} \leqslant [\tau]$$

$$\sigma_p = \frac{F_{max}}{d_0 \delta} \leqslant [\sigma]_p$$

3.1.4　铆钉材料和连接的许用应力

铆钉必须用高塑性材料制造，常用的铆钉材料及其应用见表 5.5-40，钢结构连接的许用应力见表 5.5-41。

表 5.5-39　受力矩铆缝的铆钉最大载荷的计算

受力简图	铆钉的最大载荷	受力简图	铆钉的最大载荷
	$$F_{max} = \frac{Ml_{max}}{l_1^2 + l_2^2 + \cdots + l_i^2}$$		$F_{max} = R_{max} + \dfrac{Q}{z}$ $R_{max} = \dfrac{ml_{max}}{l_1^2 + l_2^2 + \cdots + l_z^2}$ $M = QL$

表 5.5-40　铆钉材料及其应用

铆钉材料		应　用
钢和合金钢	Q215A、Q235A、ML2、ML3	一般钢结构
	10、15、ML10、ML15	受力较大的钢结构
	ML20MnA	受力很大的钢结构
	06Cr18Ni10Ti	不锈钢、钛合金等耐热耐蚀结构
铜及其合金	T3、H62、HPb59—1	导电结构
	H62 防磁	有防磁要求的结构
铝及其合金	1050A（L3）、1035（L4）	非金属结构、标牌
	2A01（LY1）	受力较小或薄壁件
	2A10（LY10）	一般结构件
	5B05（LF10）	镁合金结构件
	3A21（LF21）	铝合金及非金属结构

表 5.5-41　钢结构连接的许用应力　　　　（MPa）

		材　料	Q215A	Q235A	16Mn
被铆件	$[\sigma]$		140~155	155~170	215~240
	$[\sigma]_p$	钻孔	280~310	310~340	430~480
		冲孔	240~265	265~290	365~410
		材　料	10、15、ML10、ML15		1Cr18Ni9Ti
铆钉	$[\tau]$	钻孔	145		230
		冲孔	115		
	$[\sigma]_p$		240~320		

注：1. 被铆件之一厚度大于 16mm 时，许用应力取小值。
　　2. 受变载荷时，表中数值应减小 10%~20%。

3.2　铆接结构设计中应注意的几个问题

1）铆接结构应具有良好的开敞性，以方便操作。进行结构设计时，应尽量为机械化铆接创造条件。

2）强度高的零件不应夹在强度低的零件之间，厚的、刚性大的零件布置在外侧，铆钉镦头尽可能安排在材料强度大或厚度大的零件一侧；为减少铆件变形，铆钉镦头可以交替安排在被铆接件的两面。

3）铆接厚度一般规定不大于 5d（d 为铆钉直径）；被铆接件的零件不应多于 4 层。在同一结构上铆钉种类不宜太多，一般不要超过两种。在传力铆接中，排在力作用方向的铆钉数不宜超过 6 个，但不应少于 2 个。

4）冲孔铆接的承载能力比钻孔铆接的承载能力约小 20%。因此，冲孔的方法只可用于不受力或受力较小的构件。

5）铆钉材料强度高或被铆件材料较软时，或镦头可能损伤构件时，在铆钉镦头处应加适当材料的薄垫圈。

6）铆钉材料一般应与被铆件相同，以避免因线胀系数不同而影响铆接强度，或与腐蚀介质接触而产生电化腐蚀。

3.3　铆钉

铆钉有空心的和实心的两大类。实心的多用于受力大的金属零件的连接，空心的用于受力较小的薄板或非金属零件的连接。一般机械铆钉的主要类型、参数及其用途，见表 5.5-42~表 5.5-46。

表 5.5-42　一般机械铆钉的主要类型及其参数和用途　　(mm)

标准	参数	d=10	12	14	16	18	20	22	24	27	30	36	用途
GB 863.1—1986 半圆头铆钉（粗制）	l		20~90	22~100	26~110	32~150	32~150	38~180	52~180	55~180	55~180	58~200	用于承受较大剪力的铆缝，如金属结构中桥梁、桁架等
	d_k		22	25	30	33.4	36.4	40.0	44.4	49.4	54.8	63.8	
	K		8.5	9.5	10.5	13.3	14.8	16.3	17.8	20.2	22.2	26.2	
	R		11	12.5	15.5	16.5	18	20	22	26	27	32	
	r		0.6	0.6	0.8	0.8	1	0.8	1.2	1.2	1.6	2	
GB/T 863.2—1986 小半圆头铆钉（粗制）	l	12~15	16~60	20~70	25~80	28~90	30~200	35~200	38~200	40~200	42~200	48~200	用于承受较大剪力
	d_k	16	19	22	25	28	32	36	40	43	48	58	
	$K\approx$	7.4	8.4	9.9	10.9	12.6	14.1	15.1	17.1	18.1	20.3	24.3	
	$R\approx$	8	9.5	11	13	14.5	16.5	18.5	20.5	22	24.5	30	
	r	0.5	0.6	0.6	0.8	0.8	1	1	1.2	1.2	1.6	2	
GB/T 864—1986 平锥头铆钉（粗制）	l		20~100	20~110	24~110	30~150	30~150	38~180	50~180	58~180	65~200	70~200	用于承受较大剪力
	d_k		21	25	29	32.4	35.4	39.9	41.4	46.4	51.4	61.8	
	$K\approx$		10.5	12.8	14.8	16.8	17.8	20.2	22.7	24.7	28.2	34.6	
	r_1		2	2	2	2	3	3	3	3	3	3	
GB 865—1986 沉头铆钉（粗制）	l		20~75	20~100	24~100	28~150	30~150	38~180	50~180	55~180	60~200	65~200	用于表面要求平滑但受力不大的结构
	d_k		19.6	22.5	25.7	29	33.4	37.4	40.4	44.4	51.4	59.3	
	$K\approx$		6	7	8	9	11	12	13	14	17	19	
	b		0.6	0.6	0.6	0.6	0.6	0.6	0.8	0.8	0.8	0.8	
GB 866—1986 半沉头铆钉（粗制）	l		20~75	20~100	24~100	28~150	30~150	38~180	50~180	55~180	60~200	65~200	用于表面光滑但受力不大的结构
	d_k		19.6	22.5	25.7	29	33.4	37.4	40.4	44.4	51.4	59.3	
	$K\approx$		8.8	10.4	11.4	12.8	15.3	16.8	18.8	19.5	23	26	
	$R\approx$		17.5	19.5	24.7	27.7	32	36	38.5	44.5	55	63.6	
	W		6	7	8	9	11	12	13	14	17	19	
	b		0.6	0.6	0.6	0.6	0.6	0.8	0.8	0.8	0.8	0.8	
	r		0.5	0.5	0.5	0.5	0.5	0.5	0.8	0.8	0.8	0.8	

（续）

标准	参数	1	1.2	1.4	1.6	2	2.5	3	3.5	4	5	6	8	10	12	14	16	用途
GB 867—1986 半圆头铆钉	d																	用于承受较大剪力的铆缝,如金属结构中桥梁、桁架等
	l	2~8	2.5~8	3~12	3~12	3~16	5~20	5~26	7~26	7~50	7~55	8~60	16~65	16~85	20~90	22~100	26~110	
	d_k	2	2.3	2.7	3.2	3.74	4.84	5.54	6.59	7.39	9.09	11.35	14.35	17.35	21.42	21.42	29.12	
	K	0.7	0.8	0.9	1.2	1.4	1.8	2.2	2.3	2.6	3.2	3.84	5.04	6.24	8.29	9.0	10.29	
	$R\approx$	1	1.2	1.4	1.6	1.9	2.5	2.9	3.4	3.8	4.7	6	8	9	11	12.5	15.5	
	r	0.1	0.1	0.1	0.1	0.1	0.1	0.1	0.3	0.3	0.3	0.3	0.3	0.3	0.4	0.4	0.4	
GB/T 868—1986 平锥头铆钉（15°）	l					3~16	4~20	6~24	6~28	8~32	10~40	12~10	16~60	16~60	18~110	18~110	24~110	
	d_k					3.84	4.74	5.64	6.59	7.49	9.29	11.15	14.75	18.35	20.12	24.42	28.42	
	K					1.2	1.5	1.7	2	2.2	2.7	3.2	4.24	5.24	6.24	7.29	8.29	
	r_1					0.7	0.7	0.7	1	1	1	1			1.5	1.5	1.5	
GB/T 109—1986 平头铆钉	l		1.5~6	2~7	2~8	4~8	5~10	6~14	6~18	8~22	10~26	12~30	16~30	20~30				用于金属薄板或成皮革、帆布、木材、塑料
	d_k		2.4	2.7	3.2	4.24	5.24	6.24	7.29	8.29	10.29	12.35	16.35	20.42				
	K		0.58	0.58	0.58	0.63	0.68	0.88	0.88	1.13	1.13	1.33	1.33	1.63				
	r		0.1	0.1	0.1	0.1	0.1	0.1	0.1	0.3	0.3	0.3	0.3	0.3				
GB/T 872—1986 扁平头铆钉	l		1.5~6	2.5~8	2.5~10	3~16	3~15	3.5~30	5~36	5~40	6~50	7~50	9~50	10~50				
	d_k		2.4	2.7	3.2	3.84	4.74	5.74	6.79	7.79	9.79	11.85	15.85	19.42				
	K		0.58	0.58	0.58	0.63	0.68	0.88	0.88	1.13	1.13	1.33	1.33	1.63				
	r		0.1	0.1	0.1	0.1	0.1	0.1	0.3	0.3	0.3	0.3	0.3	0.3				
GB/T 869—1986 沉头铆钉	l		1.5~6	2.5~8	2.5~10	3.5~16	5~18	5~22	6~24	6~30	6~50	7~50	9~50	10~50				表面须平滑,受载不大的铆缝
	d_k		2.83	3.45	4.05	4.75	5.35	6.28	7.08	7.98	9.68	10.62	14.22	17.82				
	K		0.5	0.6	0.7	0.8	0.9	1	1.1	1.2	1.4	1.7	2.3	4				
GB 954—1986 120° 沉头铆钉	l	2~8	2.5~8	3~12	3~12	3.5~16	4~15	5~20	6~36	6~42	7~50	8~50	10~50	16~75	18~75	20~100	24~100	
	d_k	2.03	2.83	3.45	3.96	4.75	5.35	6.28	7.08	7.98	9.68	11.72	15.32	17.82	18.86	21.76	24.96	
	K	0.5	0.5	0.6	0.7	0.8	0.9	1	1.1	1.2	1.4	1.7	2.3	4	6	7	8	

沉头铆钉角度：GB/T 869：$d\leqslant10\text{mm}$，α 为 90°；$d>10\text{mm}$，α 为 60°。GB 954：α 为 120°（$\alpha\pm2°$）。

（续）

标 准	简 图	d	1	1.2	1.4	1.6	2	2.5	3	3.5	4	5	6	8	10	12	14	16	用途
GB/T 871—1986 扁圆头铆钉	(R, K, p)	l		1.5~6	2~8	2~8	2~18	3~16	3.5~30	5~36	5~40	6~50	7~50	9~50	10~50				用于受力大的结构
		d_k		2.6	3	3.44	4.24	5.24	6.24	7.29	8.29	10.29	12.35	16.35	20.42				
		K		0.6	0.7	0.8	0.9	0.9	1.2	1.4	1.5	1.9	2.4	3.2	4.24				
		$R\approx$		1.7	1.9	2.2	2.9	4.3	5	5.7	6.8	8.7	9.3	12.2	14.5				
GB 1011—1986 大扁圆头铆钉	(K, R, p, W)	l					3.5~16	3.5~20	3.5~24	6~28	6~32	8~40	10~40	14~50					
		d_k					5.04	6.49	7.49	8.79	9.89	12.45	14.85	19.92					
		K					1	1.4	1.6	1.9	2.1	2.6	3	4.14					
		$R\approx$					3.6	4.7	5.4	6.3	7.3	9.1	10.9	14.5					
GB/T 870—1986 半沉头铆钉 （α±2°；GB/T 870:d≤10mm, α 为 90°；d>10mm, α 为 60°；GB 1012:α 为 120°）		l	2~8	2.5~8	3~12	3~12	3.5~16	5~18	5~22	6~24	6~30	6~50	6~50	12~60	16~75	18~75	20~100	24~100	用于表面要求光滑但受力不大的结构
		d_k	2.03	2.23	2.83	3.03	4.05	4.75	5.35	6.28	7.18	8.98	10.62	14.22	17.82	18.86	21.76	24.96	
		K	0.8	0.85	1.1	1.15	1.55	1.8	2.05	2.4	2.7	3.4	4	5.2	6.6	8.8	10.4	11.4	
		$R\approx$	1.8	1.8	2.5	2.6	3.8	4.2	4.5	5.3	6.3	7.6	9.5	13.6	17	17.5	19.5	24.7	
GB 1012—1986 120°半沉头铆钉		l							5~24	6~28	6~32	8~40	10~40						
		d_k							6.28	7.08	7.98	9.68	11.72						
		K							1.8	1.9	2	2.2	2.5						
		$R\approx$							6.5	7.5	11	15.7	19						
GB 1013—1986 平锥头半空心铆钉 （15°）	(p, r, t)	l			3~8	10~8	4~14	5~16	6~18	8~20	8~24	10~40	12~40	14~50	18~50				用于内部金属材料结构
		d_k			2.7	3.2	3.84	4.74	5.64	6.59	7.49	9.29	11.15	14.75	18.35				
		K			0.9	0.9	1.2	1.5	1.7	2	2.2	2.7	3.2	4.24	5.24				
		r_1			0.7	0.7	0.7	0.7	0.7	1	1	1							
		d_1		0.66	0.77	0.87	1.12	1.62	2.12	2.32	2.62	3.66	4.66	6.16	7.7				
		t		1.44	1.64	1.84	2.24	2.74	3.24	3.79	4.29	5.29	6.29	8.35	10.35				
		r		0.1	0.1	0.1	0.1	0.1	0.1	0.3	0.3	0.3	0.3	0.3	0.3				
GB/T 875—1986 扁平头半空心铆钉 （15°）	(p, r, t)	l		1.5~6	2~7	2~8	2~13	3~15	3.5~30	5~36	5~40	6~50	7~50	9~50	10~50				
		d_k		2.4	2.7	3.2	3.74	4.74	5.74	6.79	7.79	9.79	11.85	15.85	19.42				
		K		0.58	0.58	0.58	0.68	0.68	0.88	0.88	1.13	1.13	1.33	1.33	1.63				
		d_1		0.66	0.77	0.87	0.12	1.62	2.12	2.32	2.62	3.66	4.66	6.16	7.7				
		t		1.44	1.64	1.84	2.21	2.74	3.24	3.79	4.29	5.29	6.29	8.35	10.35				
		r		0.1	0.1	0.1	0.1	0.1	0.1	0.3	0.3	0.3	0.3	0.3	0.3				

（续）

标准	简图	参数	d=1	1.2	1.4	1.6	2	2.5	3	3.5	4	5	6	8	10	用途
GB 1014—1986 大扁圆头半空心铆钉		l					4~14	5~16	6~18	8~20	8~24	10~40	12~40	14~40		铆接方便，用于受力不大的结构
		d_k					5.04	6.49	7.49	8.79	9.89	12.45	14.85	19.92	20.42	
		K					1	1.4	1.6	1.9	2.1	2.6	3	4.14	4.24	
		R					3.6	4.7	5.4	6.3	7.3	9.1	10.9	14.5	14.5	
		d_1					1.12	1.62	2.12	2.32	2.62	3.66	4.66	6.16	7.7	
		t					2.24	2.74	3.24	3.79	4.29	5.29	6.29	8.35	10.35	
		r					0.1	0.1	0.1	0.3	0.3	0.3	0.3	0.3	0.3	
GB/T 873—1986 扁圆头半空心铆钉		l		1.5~6	2~8	2~8	2~13	3~16	3.5~30	5~36	5~40	6~50	7~50	9~50	10~50	用于受力不大的和非金属的结构
		d_k		2.6	3	3.44	4.24	5.24	6.24	7.29	8.29	10.29	12.35	16.35		
		K		0.6	0.7	0.8	0.9	0.9	1.2	1.4	1.5	1.9	2.4	3.2		
		R		1.7	1.9	2.2	2.9	4.3	5	5.7	6.8	8.7	9.3	12.2		
		d_1		0.66	0.77	0.87	1.12	1.62	2.12	2.32	2.62	3.66	4.66	6.16		
		t		1.44	1.64	1.84	2.24	2.74	3.24	3.79	4.29	5.29	6.29	8.35		
		r		0.1	0.1	0.1	0.1	0.1	0.1	0.3	0.3	0.3	0.3	0.3		
GB 876—1986 空心铆钉		l			1.5~5	2~5	2~6	2~8	2~10	2.5~10	3~12	3~15	3~15			用于受力不大的和非金属的结构
		d_k			2.6	2.8	3.5	4	5	5.5	6	8	10			
		K			0.5	0.5	0.6	0.6	0.7	0.7	0.82	1.12	1.12			
		r			0.15	0.2	0.25	0.25	0.25	0.3	0.3	0.5	0.7			
		d_1			0.8	0.9	1.2	1.7	2	2.5	2.9	4	5			
		δ			0.2	0.22	0.25	0.25	0.3	0.3	0.35	0.35	0.35			
GB 827—1986 标牌铆钉		l				3~6	3~8	3~10	4~12	6~18	8~12					用于铆标牌 d_2—推荐孔直径(max)
		d_k				3.2	3.74	4.84	5.54	7.39	9.09					
		K				1.2	1.4	1.8	2	2.6	3.2					
		R				1.6	1.9	2.5	2.9	3.8	4.7					
		d_1				1.75	2.15	2.65	3.15	4.15	5.15					
		P				0.72	0.7	0.72	0.72	0.84	0.92					
		d_2				1.56	1.96	2.46	2.96	3.96	4.96					

GB 827 简图注: $90°\pm3°$；$d\leqslant3\mathrm{mm}, l_1=1\mathrm{mm}$；$d>3\mathrm{mm}, l_1=1.5\mathrm{mm}$

表 5.5-43　120°沉头半空心铆钉（摘自 GB/T 874—1986）　　　　　　（mm）

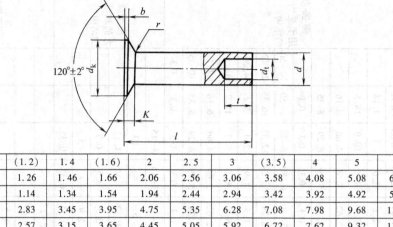

	公称	(1.2)	1.4	(1.6)	2	2.5	3	(3.5)	4	5	6	8
d	max	1.26	1.46	1.66	2.06	2.56	3.06	3.58	4.08	5.08	6.08	8.1
	min	1.14	1.34	1.54	1.94	2.44	2.94	3.42	3.92	4.92	5.92	7.9
d_k	max	2.83	3.45	3.95	4.75	5.35	6.28	7.08	7.98	9.68	11.72	15.82
	min	2.57	3.15	3.65	4.45	5.05	5.92	6.72	7.62	9.32	11.28	15.38
d_t 黑色	max	0.66	0.77	0.87	1.12	1.62	2.12	2.32	2.62	3.66	4.66	6.16
	min	0.56	0.65	0.75	0.94	1.44	1.94	2.14	2.44	3.42	4.42	5.92
有色	max	0.66	0.77	0.87	1.12	1.62	2.12	2.32	2.52	3.46	4.16	4.66
	min	0.56	0.65	0.75	0.94	1.44	1.94	2.14	2.34	3.22	3.92	4.42
t	max	1.44	1.64	1.84	2.24	2.74	3.24	3.79	4.29	5.29	6.29	8.35
	min	0.96	1.16	1.36	1.76	2.26	2.76	3.21	3.71	4.71	5.71	7.65
r	max	0.1	0.1	0.1	0.1	0.1	0.1	0.3	0.3	0.3	0.3	0.3
b	max	0.2	0.2	0.2	0.2	0.2	0.2	0.4	0.4	0.4	0.4	0.4
K	≈	0.5	0.6	0.7	0.8	0.9	1	1.1	1.2	1.4	1.7	2.3
l	公称	1.5~6	2.5~8	2.5~10	3~10	4~14	5~20	6~36	6~42	7~50	8~50	10~50

注：1. 尽可能不采用括号内的规格。

2. d_t 栏内"黑色"适用于由钢材制成的铆钉，"有色"适用于由铝或铜材制成的铆钉。

3. l 长度尺寸系列（单位为 mm）：1.5、2、2.5、3、3.5、4~20 取整数，22~50 取双数。

表 5.5-44　管状铆钉（摘自 JB/T 10582—2006）　　　　　　（mm）

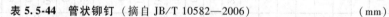
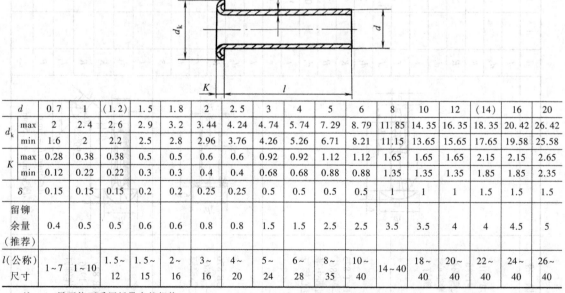

d		0.7	1	(1.2)	1.5	1.8	2	2.5	3	4	5	6	8	10	12	(14)	16	20
d_k	max	2	2.4	2.6	2.9	3.2	3.44	4.24	4.74	5.74	7.29	8.79	11.85	14.35	16.35	18.35	20.42	26.42
	min	1.6	2	2.2	2.5	2.8	2.96	3.76	4.26	5.26	6.71	8.21	11.15	13.65	15.65	17.65	19.58	25.58
K	max	0.28	0.38	0.38	0.5	0.5	0.6	0.6	0.92	0.92	1.12	1.12	1.65	1.65	1.65	2.15	2.15	2.65
	min	0.12	0.22	0.22	0.3	0.3	0.4	0.4	0.68	0.68	0.88	0.88	1.35	1.35	1.35	1.85	1.85	2.35
δ		0.15	0.15	0.15	0.2	0.2	0.25	0.25	0.5	0.5	0.5	0.5	1	1	1	1.5	1.5	1.5
留铆余量（推荐）		0.4	0.5	0.5	0.6	0.6	0.8	0.8	1.5	1.5	2.5	2.5	3.5	3.5	4	4	4.5	5
l（公称）尺寸		1~7	1~10	1.5~12	1.5~15	2~16	3~16	4~20	5~24	6~28	8~35	10~40	14~40	18~40	20~40	22~40	24~40	26~40

注：1. 尽可能不采用括号内的规格。

2. 长度 l 尺寸系列（单位为 mm）：1、1.5、2、2.5、3、3.5、4~40 取整数。

表 5.5-45　沉头半空心铆钉（摘自 GB 1015—1986）　　　　　　　　　（mm）

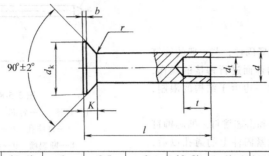

	公称	1.4	(1.6)	2	2.5	3	(3.5)	4	5	6	8	10
d	max	1.46	1.66	2.06	2.56	3.06	3.58	4.08	5.08	6.08	8.1	10.1
	min	1.34	1.54	1.94	2.44	2.94	3.42	3.92	4.92	5.92	7.9	9.9
d_k	max	2.83	3.03	4.05	4.75	5.35	6.28	7.18	8.98	10.62	14.22	17.82
	min	2.57	2.77	3.75	4.45	5.05	5.92	6.82	8.62	10.18	13.78	17.38
d_t 黑色	max	0.77	0.87	1.12	1.62	2.12	2.32	2.62	3.66	4.66	6.16	7.7
	min	0.65	0.75	0.94	1.44	1.94	2.14	2.44	3.42	4.42	5.92	7.4
有色	max	0.77	0.87	1.12	1.62	2.12	2.32	2.52	3.46	4.16	4.66	7.7
	min	0.65	0.75	0.94	1.44	1.94	2.14	2.34	3.22	3.92	4.42	7.4
t	max	1.64	1.84	2.24	2.74	3.24	3.79	4.29	5.29	6.29	8.35	10.35
	min	1.16	1.36	1.76	2.26	2.76	3.21	3.71	4.71	5.71	7.65	9.65
K	≈	0.7	0.7	1	1.1	1.2	1.4	1.6	2	2.4	3.2	4
r	max	0.1	0.1	0.1	0.1	0.1	0.3	0.3	0.3	0.3	0.3	0.3
b	max	0.2	0.2	0.2	0.2	0.2	0.4	0.4	0.4	0.4	0.4	0.4
l	公称	3~8	3~10	4~14	5~16	6~18	8~20	8~24	10~40	12~40	14~40	18~40

注：1. 尽可能不采用括号内的规格。

2. d_t 栏内"黑色"适用于由钢材制成的铆钉，"有色"适用于由铝或铜材制成的铆钉。

3. 长度尺寸系列（单位为 mm）：3、4、5、6、7、8~50 取双数。

表 5.5-46　无头铆钉（摘自 GB 1016—1986）　　　　　　　　　（mm）

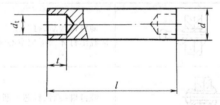

	公称	1.4	2	2.5	3	4	5	6	8	10
d	max	1.4	2	2.5	3	4	5	6	8	10
	min	1.34	1.94	2.44	2.94	3.92	4.92	5.92	7.9	9.9
d_t	max	0.77	1.32	1.72	1.92	2.92	3.76	4.66	6.16	7.2
	min	0.65	1.14	1.54	1.74	2.74	3.52	4.42	5.92	6.9
t	max	1.74	1.74	2.24	2.74	3.24	4.29	5.29	6.29	7.35
	min	1.26	1.26	1.76	2.26	2.76	3.71	4.71	5.71	6.65
l	公称	6~14	6~20	8~30	8~38	10~50	14~60	16~60	18~60	22~60

注：长度 l 尺寸系列（单位为 mm）：6、8、10、12、14、16、18、20、22、24、26、28、30、32、35、38、40、42、45、48、50、52、55、58、60。

3.4 盲铆钉

3.4.1 概述

盲铆钉是用于单面铆接的紧固件，与一般的铆钉不同，它不需要从被连接件的两面进行铆接的操作，因此，可以用于某些被连接件一边由于结构的限制，必须进行单面操作的场合。

常用的盲铆钉有抽芯铆钉和击芯铆钉。抽芯铆钉如图 5.5-8 所示，铆钉插入被紧固件上的通孔以后，钉芯 2 受轴向拉力，钉芯的头部使钉体端 6 变形而形成盲铆头。图 5.5-9 示出铆成的结构。表 5.5-47 示出几种钉芯的结构。

3.4.2 抽芯铆钉的力学性能等级与材料组合（见表 5.5-48）

抽芯铆钉的力学性能等级由两位数字组成，表示不同的钉体与钉芯材料组合或力学性能。同一力学性能等级，不同的抽芯铆钉形式，其力学性能不同。

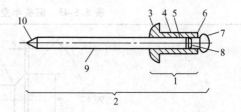

图 5.5-8 抽芯铆钉

1—钉体 2—钉芯 3—钉体头 4—钉体杆
5—钉体孔 6—钉体端 7—钉芯头
8—断裂槽 9—钉芯杆 10—钉芯端

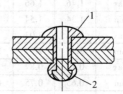

图 5.5-9 盲铆钉装配后

1—突出 2—盲铆头

表 5.5-47 几种钉芯的结构（摘自 GB/T 3099.2—2004）

名　　称	简　图	特　　点
穿越式钉芯		铆钉铆接后，钉芯完全通过钉体孔，形成空心铆钉
断裂式钉芯		铆钉铆接后，钉芯断在芯头与芯杆交接处或其附近，钉芯头和一小部分芯杆留在钉体中
脱出式钉芯		铆钉铆接后，钉芯断在芯头与芯杆交接处或其附近，两者分别脱出钉体而形成空心铆钉
非断裂式钉芯		铆钉铆接后，钉芯不断裂
埋入式钉芯		铆钉铆接后，钉芯杆在钉体内或外的某点断裂
卡紧式钉芯		铆接时，钉芯和（或）钉体预期的变形产生较大的钉芯杆移出阻力，而在铆接后，钉芯在钉体头顶面齐平拉断，使该接头在钉体和钉芯杆上都有抗剪面
击入式钉芯		使用前，钉芯突出在钉体头之外，铆钉插入被紧固件的通孔以后，将钉击入钉体，直到与钉体头顶面齐平。钉体端被扩开，形成盲铆头

表 5.5-48 抽芯铆钉力学性能等级与材料组合（GB/T 3098.19—2004）

性能等级	钉体材料			钉芯材料	
	种类	材料牌号	标准编号	材料牌号	材料编号
06	铝	1035		7A03 5183	GB/T 3190
08	铝合金	5005、5A05	GB/T 3190	10、15、 35、45	GB/T 699 GB/T 3206
10		5052、5A02			
11		5056、5A05			
12		5052、5A02		7A03 5183	GB/T 3190
15		5056、5A05		0Cr18Ni9 1Cr18Ni9	GB/T 4232
20	铜	T1 T2 T3	GB/T 14956	10、15、 35、45	GB/T 699 GB/T 3206
21				青铜①	①
22				0Cr18Ni9 1Cr18Ni9	GB/T 4232
23	黄铜	①	①	①	①
30	碳素钢	08F、10	GB/T 699 GB/T 3206	10、15、 35、45	GB/T 699 GB/T 3206
40	镍铜合金	28-2.5-1.5 镍铜合金 (NiCu28-2.5-1.5)	GB/T 5235		
41				0Cr18Ni9 2Cr13	GB/T 4232
50	不锈钢	0Cr18Ni9 1Cr18Ni9	GB/T 1220	10、15 35、45	GB/T 699 GB/T 3206
51				0Cr18Ni9 2Cr13	GB/T 4232

① 数据待生产验证（含选用材料牌号）。

3.4.3 抽芯铆钉力学性能（见表 5.5-49~表 5.5-55）

表 5.5-49 抽芯铆钉最小剪切载荷——开口型（GB/T 3098.19—2004）

钉体直径 d/mm	性能等级							
	06	08	10 12	11 15	20 21	30	40 41	50 51
	最小剪切载荷/N							
2.4	—	172	250	350	—	650	—	—
3.0	240	300	400	550	760	950	—	1800①
3.2	285	360	500	750	800	1100①	1400	1900①
4.0	450	540	850	1250	1500①	1700	2200	2700
4.8	660	935	1200	1850	2000	2900①	3300	4000
5.0	710	990	1400	2150	3100	3100	—	4700
6.0	940	1170	2100	3200	4300	4300	—	—
6.4	1070	1460	2200	3400	4900	4900	5500	—

① 数据待生产验证（含选用材料牌号）。

表 5.5-50　抽芯铆钉最小拉力载荷——开口型（GB/T 3098.19—2004）

钉体直径 d/mm	性能等级							
	06	08	10 12	11 15	20 21	30	40 41	50 51
	最小拉力载荷/N							
2.4	—	258	350	550		700	—	—
3.0	310	380	550	850	950	1100	—	2200[①]
3.2	370	450	700	1100	1000	1200	1900	2500[①]
4.0	590	750	1200	1800	1800	2200	3000	3500
4.8	860	1050	1700	2600	2500	3100	3700	5000
5.0	920	1150	2000	3100	—	4000	—	5800
6.0	1250	1560	3000	4600	—	4800	—	—
6.4	1430	2050	3150	4850		5700	6800	

① 数据待生产验证（含选用材料牌号）。

表 5.5-51　抽芯铆钉最小剪切载荷——封闭型（GB/T 3098.19—2004）

钉体直径 d/mm	性能等级				
	06	11 15	20 21	30	50 51
	最小剪切载荷/N				
3.0	—	930	—	—	—
3.2	460	1100	850	1150	2000
4.0	720	1600	1350	1700	3000
4.8	1000[①]	2200	1950	2400	4000
5.0	—	2420	—	—	—
6.0	—	3350	—	—	—
6.4	1220	3600[①]		3600	6000

① 数据待生产验证（含选用材料牌号）。

表 5.5-52　抽芯铆钉最小拉力载荷——封闭型（GB/T 3098.19—2004）

钉体直径 d/mm	性能等级				
	06	11 15	20 21	30	50 51
	最小拉力载荷/N				
3.0	—	1080	—	—	—
3.2	540	1450	1300	1300	2200
4.0	760	2200	2000	1550	3500
4.8	1400[①]	3100	2800	2800	4400
5.0	—	3500	—	—	—
6.0	—	4285	—	—	—
6.4	1580	4900[①]	—	4000	8000

① 数据待生产验证（含选用材料牌号）。

表 5.5-53　抽芯铆钉钉头保持能力——开口型（GB/T 3098.19—2004）

钉体直径 d/mm	性能等级	
	06、08、10、11、12、15、20、21、40、41	30、50、51
	钉头保持能力/N	
2.4	10	30
3.0	15	35
3.2	15	35
4.0	20	40
4.8	25	45
5.0	25	45
6.0	30	50
6.4	30	50

表 5.5-54　抽芯铆钉钉芯断裂载荷——开口型（GB/T 3098.19—2004）

钉体材料	铝	铝	铜	钢	镍铜合金	不锈钢
钉芯材料	铝	钢、不锈钢	钢、不锈钢	钢	钢、不锈钢	钢、不锈钢
钉体直径 d/mm	钉芯断裂载荷/N(max)					
2.4	1100	2000	—	2000	—	—
3.0	—	3000	3000	3200	—	4100
3.2	1800	3500	3000	4000	4500	4500
4.0	2700	5000	4500	5800	6500	6500
4.8	3700	6500	5000	7500	8500	8500
5.0	—	6500	—	8000	—	9000
6.0	—	9000	—	12500	—	—
6.4	6300	11000	—	13000	14700	—

表 5.5-55　抽芯铆钉钉芯断裂载荷——封闭型（GB/T 3098.19—2004）

钉体材料	铝	铝	钢	不锈钢
钉芯材料	铝	钢、不锈钢	钢	钢、不锈钢
钉体直径 d/mm	钉芯断裂载荷/N(max)			
3.2	1780	3500	4000	4500
4.0	2670	5000	5700	6500
4.8	3560	7000	7500	8500
5.0	4200	8000	8500	—
6.0	—	—	—	—
6.4	8000	10230	10500	16000

3.4.4　抽芯铆钉尺寸

（1）封闭型平圆头抽芯铆钉（见图 5.5-10、图 5.5-11、表 5.5-56~表 5.5-60）

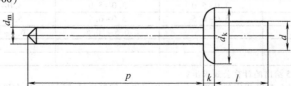

图 5.5-10　封闭型平圆头抽芯铆钉（图 5.5-8、图 5.5-9 适用表 5.5-56~表 5.5-60）

表 5.5-56 抽芯铆钉孔直径 （GB/T 12615.1—2004）

（mm）

公称直径 d	d_{h1}	
	min	max
3.2	3.3	3.4
4	4.1	4.2
4.8	4.9	5.0
5	5.1	5.2
6.4	6.5	6.6

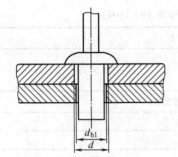

图 5.5-11 封闭型平圆头抽芯铆钉孔

注：表中数字适用图 5.5-9、图 5.5-11。

表 5.5-57 封闭型平圆头抽芯铆钉 11 级尺寸 （GB/T 12615.1—2004）

（mm）

		公称	3.2	4	4.8	5[①]	6.4
钉体	d	max	3.28	4.08	4.88	5.08	6.48
		min	3.05	3.85	4.65	4.85	6.25
	d_k	max	6.7	8.4	10.1	10.5	13.4
		min	5.8	6.9	8.3	8.7	11.6
	k	max	1.3	1.7	2	2.1	2.7
钉芯	d_m	max	1.85	2.35	2.77	2.8	3.71
	p	min	25			27	

铆钉长度 l 公称			推荐的铆接范围[②]			
min	max					
6.5	7.5	0.5~2.0				
8	9	2.0~3.5	0.5~3.5			
8.5	9.5	—	—	0.5~3.5		
9.5	10.5	3.5~5.0	3.5~5.0	3.5~5.0		
11	12	5.0~6.5	5.0~6.5	5.0~6.5		
12.5	13.5	6.5~8.0	6.5~8.0		1.5~6.5	
13	14	—	—	6.5~8.0	—	
14.5	15.5		8~10	8.0~9.5	—	
15.5	16.5				6.5~9.5	
16	17			9.5~11.0	—	
18	19			11~13	—	
21	22			13~16	—	

注：铆钉体的尺寸按 3.4.5 给出的计算公式求出。

① ISO 15973 无此规格。

② 符合表 5.5-57 尺寸和表 5.5-48 规定的材料组合与性能等级的铆钉铆接范围，用最小和最大铆接长度表示。最小铆接长度仅为推荐值。某些使用场合可能使用更小的长度。

表 5.5-58 封闭型平圆头抽芯铆钉 30 级尺寸 （GB/T 12615.2—2004）

（mm）

		公称	3.2	4	4.8	6.4
钉体	d	max	3.28	4.08	4.88	6.48
		min	3.05	3.85	4.65	6.25
	d_k	max	6.7	8.4	10.1	13.4
		min	5.8	6.9	8.3	11.6
	k	max	1.3	1.7	2	2.7
钉芯	d_m	max	2	2.35	2.95	3.9
	p	min	25		27	

铆钉长度 l 公称			推荐的铆接范围[①]		
min	max				
6	7	0.5~1.5	0.5~1.5		
8	9	1.5~3.0	1.5~3.0	0.5~3.0	
10	11	3.0~5.0	3.0~5.0	3.0~5.0	
12	13	5.0~6.5	5.0~6.5	5.0~6.5	
15	16	6.5~10.5	6.5~10.5	6.5~10.5	3.0~6.5
16	17				6.5~8.0
21	22				8.0~12.5

注：铆钉体的尺寸按 3.4.5 给出的计算公式求出。

① 符合表 5.5-58 尺寸和表 5.5-48 规定的材料组合与性能等级的铆钉铆接范围，用最小和最大铆接长度表示。最小铆接长度仅为推荐值。某些使用场合可能使用更小的长度。

表 5.5-59　封闭型平圆头抽芯铆钉尺寸 06 级（GB/T 12615.3—2004）　　　（mm）

		公称	3.2	4	4.8	6.4①
钉体	d	max	3.28	4.08	4.88	6.48
		min	3.05	3.85	4.65	6.25
	d_k	max	6.7	8.4	10.1	13.4
		min	5.8	6.9	8.3	11.6
	k	max	1.3	1.7	2	2.7
钉芯	d_m	max	1.85	2.35	2.77	3.75
	p	min	25		27	

铆钉长度 l 公称		推荐的铆接范围②			
min	max				
8.0	9.0	0.5~3.5	—	1.0~3.5	
9.5	10.5	3.5~5.0	1.0~5.0	—	
11.0	12.0	5.0~6.5		3.5~6.5	—
11.5	12.5	—	5.0~6.5		—
12.5	13.5	—	6.5~8.0	—	1.5~7.0
14.5	15.5			6.5~9.5	7.0~8.5
18.0	19.0			9.5~13.5	8.5~10.0

注：铆钉体的尺寸按 3.4.5 给出的计算公式求出。

① ISO 15975 无此规格。

② 符合表 5.5-59 尺寸和表 5.5-48 规定的材料组合与性能等级的铆钉铆接范围，用最小和最大铆接长度表示。最小铆接长度仅为推荐值。某些使用场合可能使用更小的长度。

表 5.5-60　封闭型平圆头抽芯铆钉 51 级尺寸（GB/T 12615.4—2004）　　　（mm）

		公称	3.2	4	4.8	6.4
钉体	d	max	3.28	4.08	4.88	6.48
		min	3.05	3.85	4.65	6.25
	d_k	max	6.7	8.4	10.1	13.4
		min	5.8	6.9	8.3	11.6
	k	max	1.3	1.7	2	2.7
钉芯	d_m	max	2.15	2.75	3.2	3.9
	p	min	25		27	

铆钉长度 l 公称		推荐的铆接范围①			
min	max				
6	7	0.5~1.5	0.5~1.5		
8	9	1.5~3.0	1.5~3.0	0.5~3.0	
10	11	3.0~5.0	3.0~5.0	3.0~5.0	
12	13	5.0~6.5	5.0~6.5	5.0~6.5	1.5~6.5
14	15	6.5~8.0	6.5~8.0	—	—
16	17		8.0~11.0	6.5~9.0	6.5~8.0
20	21			9.0~12.0	8.0~12.0

注：铆钉体的尺寸按 3.4.5 给出的计算公式求出。

① 符合表 5.5-60 尺寸和表 5.5-48 规定的材料组合与性能等级的铆钉铆接范围，用最小和最大铆接长度表示。最小铆接长度仅为推荐值。某些使用场合可能使用更小的长度。

（2）封闭型沉头抽芯铆钉（见图 5.5-12、图 5.5-13、表 5.5-61）

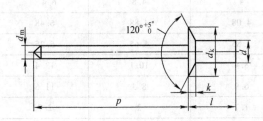

图 5.5-12　封闭型沉头抽芯铆钉

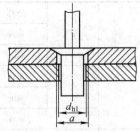

图 5.5-13　沉头抽芯铆钉孔

表 5.5-61　封闭型沉头抽芯铆钉 11 级尺寸（GB/T 12616.1—2004）　　　（mm）

		公称	3.2	4	4.8	5[①]	6.4[①]
钉体	d	max	3.28	4.08	4.88	5.08	6.48
		min	3.05	3.85	4.65	4.85	6.25
	d_k	max	6.7	8.4	10.1	10.5	13.4
		min	5.8	6.9	8.3	8.7	11.6
	k	max	1.3	1.7	2	2.1	2.7
钉芯	d_m	max	1.85	2.35	2.77	2.8	3.75
	p	min	25			27	

铆钉长度 l	公称	推荐的铆接范围[②]				
min	max					
8	9	2.0~3.5	2.0~3.5			
8.5	9.5	—	—	2.5~3.5		
9.5	10.5	3.5~5.0	3.5~5.0	3.5~5.0		
11	12	5.0~6.5	5.0~6.5	5.0~6.5		
12.5	13.5	6.5~8.0	6.5~8.0	—	1.5~6.5	
13	14			6.5~8.0	—	
14.5	15.5		8.0~10.0	8.0~9.5		
15.5	16.5				6.5~9.5	
16	17			9.5~11.0	—	
18	19			11.0~13.0		
21	22			13.0~16.0		

注：铆钉体的尺寸按 3.4.5 给出的计算公式求出。

① ISO 15974 无此规格。

② 符合表 5.5-60 尺寸和表 5.5-48 规定的材料组合与性能等级的铆钉铆接范围，用最小和最大铆接长度表示。最小铆接长度仅为推荐值。某些使用场合可能使用更小的长度。

3.4.5　抽芯铆钉连接计算公式

（1）钉体直径

最大钉体直径

$$d_{max} = d_{公称} + 0.08mm$$

最小钉体直径

$$d_{min} = d_{公称} - 0.15mm$$

（2）头部直径

最大头部直径

$$d_{kmax} = 2.1d_{公称}$$

圆整到小数点后 1 位。

（3）头部直径公差

头部直径公差为：

h16 用于 $d_{公称} = 3.2mm$；

h17 用于 $d_{公称} > 3.2mm$。

（4）头部高度

最大头部高度

$$k_{max} = 0.415d_{公称}$$

圆整到小数点后 1 位。

（5）铆钉孔直径

抽芯铆钉用铆钉孔直径

$$d_{h1max} = d_{公称} + 0.2mm$$

$$d_{h1min} = d_{公称} + 0.1mm$$

3.5 铆螺母（见表 5.5-62~表 5.5-66）

表 5.5-62 平头铆螺母（摘自 GB/T 17880.1—1999） （mm）

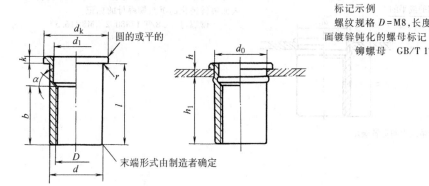

标记示例

螺纹规格 D = M8，长度规格 l = 15mm，材料 ML10，表面镀锌钝化的螺母标记

铆螺母 GB/T 17880.1 M8×15

b = (1.25~1.5D)；α—由制造者确定；

允许在支承面和(或)d 圆周表面制出花纹，其形式与尺寸由制造者确定。

螺纹规格 （6H）	D	M3	M4	M5	M6	M8	M10	M12
	$D \times P$	—	—	—	—	—	M10×1	M12×1.5
d	$^{-0.02}_{-0.10}$	5	6	7	9	11	13	15
d_1	H12	4.0	4.8	5.6	7.5	9.2	11	23
d_k	max	8	9	10	12	14	16	18
k		0.8		1.0	1.5		1.8	
r		0.2				0.3		
d_0	$^{-0.15}_{0}$	5	6	7	9	11	13	15
h_1	参考	5.8	7.5	9.3	11	12.3	15.0	17.5
铆接厚度 h(推荐)					l max			
0.25~1.0		7.5	9.0	11.0				
1.0~2.0		8.5	10.0	12.0				
2.0~3.0		9.5	10.5	13.0				
3.0~4.0		10.5	11.0	14.0				
0.5~1.5					13.5	15.0	18.0	21.0
1.5~3.0					15.0	16.5	19.5	22.5
3.0~4.5					16.5	18.0	21.0	24.0
4.5~6.0					18.0	19.5	22.5	25.5
保证载荷/N min	钢	3900	6800	11500	16500	25000	32000	34000
	铝	1900	4000	6500	7800	12300	17500	—
头部结合力/N min	钢	2236	3220	4648	6149	9034	11926	13914
	铝	1242	1789	2435	3416	5019	6626	—
剪切力/N min	钢	1100	2100	2600	3800	5400	6900	7500
	铝	640	1200	1900	2700	3900	4200	—

注：1. 常用材料：钢—08F，ML10；铝合金—5056，6061。

    2. 表面处理：钢—镀锌钝化，铝合金—不经处理。

表 5.5-63　沉头铆螺母（摘自 GB/T 17880.2—1999）　　　　　　　　　（mm）

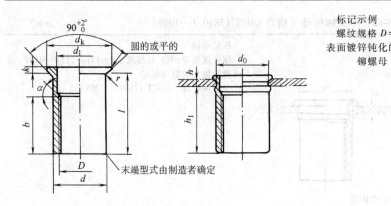

标记示例

螺纹规格 D = M8，长度规格 l = 16.5mm，材料 ML10，表面镀锌钝化的沉头铆螺母的标记

铆螺母　GB/T 17880.2　M8×16.5

b = (1.25~1.5D)；α—由制造者确定；

允许在支承面和（或）d 圆周表面制出花纹，其形式与尺寸由制造者确定。

螺纹规格 （6H）	D	M3	M4	M5	M6	M8	M10	M12
	$D×P$	—	—	—	—	—	M10×1	M12×1.5
d	$^{-0.02}_{-0.10}$	5	6	7	9	11	13	15
d_1	H12	4.0	4.8	5.6	7.5	9.2	11	23
d_k	max	8	9	10	12	14	16	18
k					1.5			
r				0.2			0.3	
d_0	$^{-0.15}_{0}$	5	6	7	9	11	13	15
h_1	参考	5.8	7.5	9.3	11	12.3	15.0	17.5
铆接厚度 h（推荐）					l max			
1.7~2.5		9.0	10.5	12.5				
2.5~3.5		10.0	11.5	13.5				
3.5~4.5		11.0	12.5	14.5				
1.7~3.0					15.0	16.5	19.5	22.5
3.0~4.5					16.5	18.0	19.0	24.0
4.5~6.0					18.0	19.5	22.5	25.5
6.0~7.5							24.0	27.0
保证载荷/N min	钢	3900	6800	11500	16500	25000	32000	34000
	铝	1900	4000	6500	7800	12300	17500	—
头部结合力/N min	钢	2236	3220	4648	6149	9034	11926	13914
	铝	1242	1789	2435	3416	5019	6626	—
剪切力/N min	钢	1100	2100	2600	3800	5400	6900	7500
	铝	640	1200	1900	2700	3900	4200	—

注：1. 常用材料：钢—0F，ML10；铝合金—5056，6061。

　　2. 表面处理：钢—镀锌钝化，铝合金—不经处理。

表 5.5-64 小沉头铆螺母（摘自 GB/T 17880.3—1999） （mm）

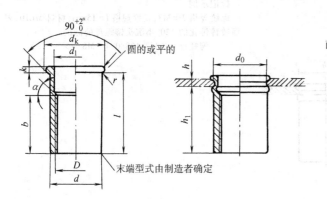

标记示例
螺纹规格 D=M8，长度规格 l=15mm，材料 ML10，表面镀锌钝化的小沉头铆螺母的标记
铆螺母 GB/T 17880.3 M8×15

末端型式由制造者确定

b=(1.25~1.5D)；α—由制造者确定；
允许在支承面和（或）d 圆周表面制出花纹，其形式与尺寸由制造者确定。

螺纹规格 (6H)	D	M3	M4	M5	M6	M8	M10	M12
	$D×P$	—	—	—	—	—	M10×1	M12×1.5
d	$^{-0.02}_{-0.10}$	5	6	7	9	11	13	15
d_1	H12	4.0	4.8	5.6	7.5	9.2	11	23
d_k	max	5.5	6.75	8.0	10.0	12.0	14.5	16.5
k		0.35	0.5	0.6				0.85
r		0.2				0.3		
d_0	$^{-0.15}_{0}$	5	6	7	9	11	13	15
h_1	参考	5.8	7.5	9.3	11	12.3	15.0	17.5
铆接厚度 h（推荐）		l max						
0.5~1.0		7.5	9.0	11.0				
1.0~2.0		8.5	10.0	12.0				
2.0~3.0		9.5	11.0	13.0				
0.5~1.5					13.5	15.0	18.0	21.0
1.5~3.0					15.0	16.5	19.5	22.5
3.0~4.5					16.5	18.0	21.0	24.0
保证载荷/N min	钢	3900	6800	11500	16500	25000	32000	34000
剪切力/N min	钢	1100	2100	2600	3800	5400	6900	7500

注：1. 材料：钢—08F、ML10。
2. 表面处理—镀锌钝化。

表 5.5-65　120°小沉头铆螺母（摘自 GB/T 17880.4—1999）　（mm）

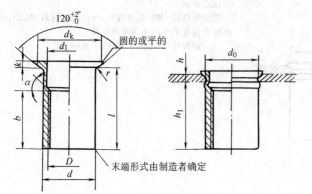

标记示例

螺纹规格 D = M8，长度规格 l = 15mm，材料 ML10，表面镀锌钝化的 120°小沉头铆螺母的标记

铆螺母　GB/T 17880.4　M8×15

末端形式由制造者确定

b = (1.25~1.5D)；α—由制造者确定；

允许在支承面和（或）d 圆周表面制出花纹，其形式与尺寸由制造者确定。

螺纹规格	D	M3	M4	M5	M6	M8	M10	M12
（6H）	$D×P$	—	—	—	—	—	M10×1	M12×1.5
d　$^{-0.02}_{-0.10}$		5	6	7	9	11	13	15
d_1　H12		4.0	4.8	5.6	7.5	9.2	11	23
d_k　max		6.5	8.0	9.0	11.0	13.0	16.0	18.0
k		0.35	0.5		0.6		0.85	
r				0.2			0.3	
d_0　$^{-0.15}_{0}$		5	6	7	9	11	13	15
h_1 参考		5.8	7.5	9.3	11	12.3	15.0	17.5
铆接厚度 h（参考）					l max			
0.5~1.0		7.5	9.0	11.0				
1.0~2.0		8.5	10.0	12.0				
2.0~3.0		9.5	11.0	13.0				
0.5~1.5					13.5	15.0	18.0	21.0
1.5~3.0					15.0	16.5	19.5	22.5
3.0~4.5					16.5	18.0	21.0	24.0
保证载荷/N　min	钢	3900	6800	11500	16500	25000	32000	34000
剪切力/N　min	钢	1100	2100	2600	3800	5400	6900	7500

注：1. 材料：钢—08F、ML10。

　　2. 表面处理—镀锌。

表 5.5-66　平头六角铆螺母（摘自 GB/T 17880.5—1999）　　　　　　（mm）

标记示例
螺纹规格 D＝M8，长度规格 l＝15mm，材料 ML10，表面镀锌钝化的平头六角铆螺母的标记
铆螺母　GB/T 17880.5　M8×15

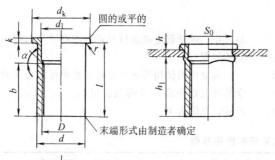

圆的或平的

末端形式由制造者确定

b＝(1.25~1.5D)；α—由制造者确定。

螺纹规格 (6H)	D	M6	M8	M10	M12
	$D×P$	—	—	M10×1	M12×1.5
$d_{-0.10}^{-0.03}$		9	11	13	15
d_1	H_{12}	8	10	11.5	13.5
d_k	max	12	14	16	18
k		1.5	1.5	1.8	1.8
r		0.2	0.3	0.3	0.3
S_0	$_0^{+0.15}$	9	11	13	15
h_1 参考		11	12.3	15.0	17.5
铆接厚度 h(推荐)		l max			
0.5~1.5		13.5	15.0	18.0	21.0
1.5~3.0		15.0	16.5	19.5	22.5
3.0~4.5		16.5	18.0	21.0	24.0
4.5~6.0		18.0	19.5	22.5	25.5
保证载荷/N min	钢	16500	25000	32000	34000
	铝	7800	12300	17500	—
头部结合力/N min	钢	6149	9034	11926	13914
	铝	3415	5019	6626	
剪切力/N min	钢	3800	5400	6900	7500
	铝	2700	3900	4200	—

[附录] 起重机的工作等级和载荷计算（摘自 GB/T 3811—2008）

（1）起重机整机的分级

1）起重机的使用等级。起重机的设计预期寿命，是指设计预设的该起重机从开始使用起到最终报废时止，能完成的总工作循环数。起重机的一个工作循环，是指从起吊一个物品起到能开始起吊下一个物品时止，包括起重机运行及正常的停歇在内的一个完整的过程。

起重机的使用等级，是将起重机可能完成的总工作循环数划分成 10 个等级，用 U_0、U_1、U_2、…、U_9 表示，见附表 1。

附表 1　起重机的使用等级

使用等级	起重机总工作循环数 C_T	起重机使用频繁程度
U_0	$C_T \leqslant 1.60 \times 10^4$	很少使用
U_1	$1.60 \times 10^4 < C_T \leqslant 3.20 \times 10^4$	
U_2	$3.20 \times 10^4 < C_T \leqslant 6.30 \times 10^4$	
U_3	$6.30 \times 10^4 < C_T \leqslant 1.25 \times 10^5$	
U_4	$1.25 \times 10^5 < C_T \leqslant 2.50 \times 10^5$	不频繁使用
U_5	$2.50 \times 10^5 < C_T \leqslant 5.00 \times 10^5$	中等频繁使用
U_6	$5.00 \times 10^5 < C_T \leqslant 1.00 \times 10^6$	较频繁使用
U_7	$1.00 \times 10^6 < C_T \leqslant 2.00 \times 10^6$	频繁使用
U_8	$2.00 \times 10^6 < C_T \leqslant 4.00 \times 10^6$	特别频繁使用
U_9	$4.00 \times 10^6 < C_T$	

2）起重机的起升载荷状态级别。起重机的起升载荷，是指起重机在实际的起吊作业中，每一次吊运的物品质量（有效起重量）与吊具及属具质量的总和（即起升质量）的重力。起重机的额定起升载荷，是指起重机起吊额定起重量时，能够吊运的物品最大质量与吊具及属具质量的总和（即总起升质量）的重力。其单位为牛顿（N）或千牛（kN）。

起重机的起升载荷状态级别，是指在起重机的设计预期寿命期限内，它的各个有代表性的起升载荷值的大小及各相应的起吊次数，与起重机的额定起升载荷值的大小及总的起吊次数的比值情况。

起重机的载荷状态级别及载荷谱系数见附表 2。

附表 2　起重机的载荷状态级别及载荷谱系数

载荷状态级别	起重机的载荷谱系数 K_P	说　明
Q1	$K_P \leqslant 0.125$	很少吊运额定载荷,经常吊运较轻载荷
Q2	$0.125 < K_P \leqslant 0.250$	较少吊运额定载荷,经常吊运中等载荷
Q3	$0.250 < K_P \leqslant 0.500$	有时吊运额定载荷,较多吊运较重载荷
Q4	$0.500 < K_P \leqslant 1.000$	经常吊运额定载荷

如果已知起重机各个起升载荷值的大小及相应的起吊次数，则可用下式算出该起重机的载荷谱系数：

$$K_P = \sum \left[\frac{C_i}{C_T} \left(\frac{P_{Qi}}{P_{Qmax}} \right)^m \right] \quad (1)$$

式中 K_P——起重机的载荷谱系数；

C_i——与起重机各个有代表性的起升载荷相应的工作循环数，$C_i = C_1 C_2 C_3 \cdots C_n$；

C_T——起重机总工作循环数，$C_T = \sum_{i=1}^{n} C_i = C_1 + C_2 + C_3 + \cdots + C_n$；

P_{Qi}——能表征起重机在预期寿命期内工作任务的各个有代表性的起升载荷，$P_{Qi} = P_{Q1} P_{Q2} P_{Q3} \cdots P_{Qn}$；

P_{Qmax}——起重机的额定起升载荷；

m——幂指数，为了便于级别的划分，约定取 $m=3$。

展开后，式（1）变为

$$K_P = \frac{C_1}{C_T} \left(\frac{P_{Q1}}{P_{Qmax}} \right)^3 + \frac{C_2}{C_T} \left(\frac{P_{Q2}}{P_{Qmax}} \right)^3$$
$$+ \frac{C_3}{C_T} \left(\frac{P_{Q3}}{P_{Qmax}} \right)^3 + \cdots + \frac{C_i}{C_T} \left(\frac{P_{Qn}}{P_{Qmax}} \right)^3 \quad (2)$$

由式（2）算得起重机载荷谱系数的值后，即可按附表2确定该起重机的载荷状态级别。

如果不能获得起重机设计预期寿命期内，起吊的各个有代表性的起升载荷值的大小及相应的起吊次数，因而无法通过上述计算得到它的载荷谱系数，以及确定它的载荷状态级别，则可以由制造商和用户协商选出适合于该起重机的载荷状态级别及确定相应的载荷谱系数。

3）起重机整机的工作级别。根据起重机的10个使用等级和4个载荷状态级别，起重机整机的工作级别划分为A1~A8八个级别，见附表3。

附表3 起重机整机的工作级别

载荷状态级别	起重机的载荷谱系数 K_P	起重机的使用等级									
		U_0	U_1	U_2	U_3	U_4	U_5	U_6	U_7	U_8	U_9
Q1	$K_P \leqslant 0.125$	A1	A1	A1	A2	A3	A4	A5	A6	A7	A8
Q2	$0.125 < K_P \leqslant 0.250$	A1	A1	A2	A3	A4	A5	A6	A7	A8	A8
Q3	$0.250 < K_P \leqslant 0.500$	A1	A2	A3	A4	A5	A6	A7	A8	A8	A8
Q4	$0.500 < K_P \leqslant 1.000$	A2	A3	A4	A5	A6	A7	A8	A8	A8	A8

（2）机构的分级

1）机构的使用等级。机构的设计预期寿命，是指设计预设的该机构从开始使用起到预期更换或最终报废为止的总运转时间。它只是该机构实际运转小时数累计之和，而不包括工作中此机构的停歇时间。机构的使用等级，是将该机构的总运转时间分成十个等级，以 T_0、T_1、T_2、$\cdots$、T_9 表示，见附表4。

2）机构的载荷状态级别。机构的载荷状态级别表明了机构所受载荷的轻重情况，附表5列出机构的载荷状态级别及载荷谱系数。机构载荷谱系数 K_m 的四个范围值，它们各代表了机构一个相对应的载荷状态级别。

附表4 机构的使用等级

使用等级	总使用时间 t_T / h	机构运转频繁情况
T_0	$t_T \leqslant 200$	很少使用
T_1	$200 < t_T \leqslant 400$	
T_2	$400 < t_T \leqslant 800$	—
T_3	$800 < t_T \leqslant 1600$	
T_4	$1600 < t_T \leqslant 3200$	不频繁使用

（续）

使用等级	总使用时间 t_T/h	机构运转频繁情况
T_5	$3200 < t_T \leqslant 6300$	中等频繁使用
T_6	$6300 < t_T \leqslant 12500$	较频繁使用
T_7	$12500 < t_T \leqslant 25000$	
T_8	$25000 < t_T \leqslant 50000$	频繁使用
T_9	$50000 < t_T$	

附表5　机构的载荷状态级别及载荷谱系数

载荷状态级别	机构载荷谱系数 K_m	说　明
L1	$K_m \leqslant 0.125$	机构很少承受最大载荷,一般承受轻小载荷
L2	$0.125 < K_m \leqslant 0.250$	机构较少承受最大载荷,一般承受中等载荷
L3	$0.250 < K_m \leqslant 0.500$	机构有时承受最大载荷,一般承受较大载荷
L4	$0.500 < K_m \leqslant 1.000$	机构经常承受最大载荷

机构的载荷谱系数 K_m 可用下式计算:

$$K_m = \sum \left[\frac{t_i}{t_T} \left(\frac{P_i}{P_{max}} \right)^m \right] \quad (3)$$

式中　K_m——机构载荷谱系数;

　　　t_i——与机构承受各个大小不同等级载荷的相应持续时间 (h), $t_i = t_1 t_2 t_3 \cdots t_n$;

　　　t_T——机构承受所有大小不同等级载荷的时间总和 (h), $t_T = \sum\limits_{i=1}^{n} t_i = t_1 + t_2 + t_3 + \cdots + t_n$;

　　　P_i——能表征机构在服务期内工作特征的各个大小不同等级的载荷 (N), $P_i = P_1 P_2 P_3 \cdots P_n$;

　　　P_{max}——机构承受的最大载荷 (N)。

展开后,式 (3) 变为

$$K_m = \frac{t_1}{t_T} \left(\frac{P_1}{P_{max}} \right)^3 + \frac{t_2}{t_T} \left(\frac{P_2}{P_{max}} \right)^3 + \frac{t_3}{t_T} \left(\frac{P_3}{P_{max}} \right)^3$$
$$+ \cdots + \frac{t_n}{t_T} \left(\frac{P_n}{P_{max}} \right)^3 \quad (4)$$

由式 (4) 算得机构载荷谱系数的值后,即可按附表5确定该机构相应的载荷状态级别。

3) 机构的工作级别。机构工作级别的划分,是将各单个机构分别作为一个整体进行的关于其载荷大小程度及运转频繁情况总的评价,它并不表示该机构中所有的零部件都有与此相同的受载及运转情况。

根据机构的10个使用等级和4个载荷状态级别,机构单独作为一个整体进行分级的工作级别划分为M1~M8共八级,见附表6。

附表6　机构的工作级别

载荷状态级别	机构载荷谱系数 K_m	机构的使用等级									
		T_0	T_1	T_2	T_3	T_4	T_5	T_6	T_7	T_8	T_9
		机构的工作级别									
L1	$K_m \leqslant 0.125$	M1	M1	M1	M2	M3	M4	M5	M6	M7	M8
L2	$0.125 < K_m \leqslant 0.250$	M1	M1	M2	M3	M4	M5	M6	M7	M8	M8
L3	$0.250 < K_m \leqslant 0.500$	M1	M2	M3	M4	M5	M6	M7	M8	M8	M8
L4	$0.500 < K_m \leqslant 1.000$	M2	M3	M4	M5	M6	M7	M8	M8	M8	M8